CAILIAO BIAOMIAN YU
JIEMIAN GONGCHENG JISHU

材料表面与界面工程技术

田保红　张毅　刘勇　等 编著

化学工业出版社

·北京·

内容简介

固体界面是指将两个紧密接触的固体分隔开来的若干原子层，其性能与两侧的固体材料的性能明显不同，而固体表面是一种简单的界面，将固体与环境分隔开来。本书着重介绍材料的界面与表面科学与工程应用，内容涵盖固体表面结构、金属表面电子结构、结晶学、固体表面性能以及固-固、固-液、气-固界面结构与性能等内容。

本书适宜材料专业的技术人员参考，亦可供航空航天、电子、能源、轨道交通、机械等专业工程技术人员参考。

图书在版编目（CIP）数据

材料表面与界面工程技术/田保红等编著．—北京：化学工业出版社，2021.5（2024.5重印）

ISBN 978-7-122-38758-5

Ⅰ.①材… Ⅱ.①田… Ⅲ.①工程材料-表面分析 Ⅳ.①TB3

中国版本图书馆CIP数据核字（2021）第050248号

责任编辑：邢 涛　　文字编辑：王 硕 陈小滔

责任校对：宋 玮　　装帧设计：韩 飞

出版发行：化学工业出版社（北京市东城区青年湖南街13号 邮政编码100011）

印 装：北京七彩京通数码快印有限公司

787mm×1092mm 1/16 印张23¾ 字数587千字 2024年5月北京第1版第5次印刷

购书咨询：010-64518888　　售后服务：010-64518899

网 址：http://www.cip.com.cn

凡购买本书，如有缺损质量问题，本社销售中心负责调换。

定 价：158.00元

前言

航空航天技术、半导体信息产业、5G产业，以及薄膜材料、能源环境、化工催化和精密机械、智能装备、高速轨道交通装备等技术领域的发展，都离不开材料表面与界面科学与工程技术的发展。固体界面是指把两个紧密接触的固体分隔开来的若干原子层，界面的性能与界面两侧的固体材料的性能明显不同。而固体表面是一种简单的界面，它将固体与周围环境（如理想条件下的真空）隔离开来。工业领域材料的磨损、腐蚀与断裂失效无不从表面开始，因此材料表面微观结构与其原料加工、制备、服役与失效全寿命周期的物理、化学、物理化学交互作用行为密切相关。

表面工程技术是建立在表面（界面）科学基础之上，由材料、机械、物理、化学、电子等多学科相互复合、渗透而成的一门交叉学科，是在材料、电子信息、5G通信、机械、化工、能源、建筑、航空航天、交通等诸多领域得到广泛应用的工程技术之一。

近年来，随着科学技术的飞速发展，人们对材料在高温、高压、高速、高度自动化和极端苛刻工况下长期稳定运转的性能，尤其是材料的表面性能，如耐磨、耐蚀、耐热、电磁及光学等性能的要求不断提高，使得传统的材料表面改性技术及手段已无法满足需要；与此同时，人们也普遍希望通过对材料表面进行改性，以达到用普通材料替代昂贵材料之目的。因而，表面工程技术迅速成为一门极具研究和应用价值的学科，许多新的表面技术不断涌现，传统的表面技术不断得到改进、完善、交叉和复合，从而大大丰富和发展了原有的表面科学与表面工程学。

本书介绍了材料表面与界面科学的基础知识与主要的表面工程与分析技术，包括工业技术领域中的材料表面与界面、固体表面结构、金属表面电子结构、二维结晶学、固体表面性能、液体及其表面性质、固-液界面、气-固界面、固-固界面、表面工程技术与表面分析技术等；总结了笔者近年来在激光表面处理技术、高速热喷涂技术、化学气相沉积镀膜技术与化学镀膜技术、新型合金的表面与界面等领域取得的一些研究进展。

本书有关研究工作得到国家自然科学基金、原机械工业部机械工业技术发展基金、河南省科技开放合作项目等多项基金的资助。中国科学院金属研究所王胜刚研究员、河南科技大学王顺兴教授、刘素芹副教授、朱宏喜副教授、刘玉亮博士、殷婷实验师等，以及河南科技大学部分材料科学与工程学科硕士研究生、金属材料工程专业本科生参与了相关工作。相关工作还得到有色金属新材料与先进加工技术省部共建协同创新中心、高端轴承摩擦学技术与应用国家地方联合工程实验室、河南省有色金属材料科学与加工技术重点实验室、河南科技大学材料分析中心、河南省工程材料实验教学示范中心等科教平台的大力支持，在此表示衷心的感谢。

本书由田保红、张毅、刘勇和周孟等撰写。河南科技大学材料科学与工程学院任凤章教授参与了第 9.2 节的撰写，殷婷实验师参与了第 8.8 节的撰写，硕士研究生孙文宇参与了第 10.1 节的撰写，王冰洁参与了第 10.2 节的撰写，田卡、孙慧丽、李艳参与了第 10.3 节的撰写，张晓辉参与了第 10.4 节的撰写，杨志强参与了第 10.5 节的撰写。在本书撰写过程中参考了大量相关文献，引用了许多知名学者的成果，笔者在此表示衷心的感谢。限于笔者水平，难免存在疏漏与不当之处，敬请读者批评指正。

编者

2020 年 7 月于河南科技大学

目 录

1 表面科学与工程概论 1

2 固体表面结构 16

3 固体表面性能 61

4 液体及其表面与界面 78

5 固-液界面 99

6 固-气界面 110

7 固-固界面 136

8 表面工程技术概论 146

10 新型合金中的表面与界面 300

参考文献 359

1 表面科学与工程概论

1.1 材料表面

随着航空航天、半导体信息产业、5G产业，以及薄膜材料、能源环境、化工催化和精密机械、智能装备等技术领域的发展，人们已经从理论上充分认识到，并从实验上也能检测到固体表面具有和体相不同的结构与组成，因而具有和体相不同的物理和化学性质。这种“表面”和“体相”特性的差异，一方面为广大科学工作者充分利用“表面”的特殊性质研究和开发高新技术产品提供了依据，另一方面也给从事基础理论研究的学者提出了许多挑战性课题。其中之一便是如何能从理论上确切地表征表面原子或分子的存在状态或结构，因为表征三维体相物质属性的理论，已经不适用于表征固体材料的表面性质与现象。

经过近百年努力，在航空航天、半导体、移动通信等产业，人类创造出历史上最辉煌的科学与技术成就，同时也形成了一门覆盖面最广的交叉学科——表面科学（Surface Science）。表面科学知识的工程应用形成了表面工程技术学科。在很多工业或工程技术领域，表面科学与表面工程技术紧密联系，相互交融，形成多学科高度交叉、高度融合的表面科学与工程学科。

工程技术学科的发展和产业界技术的现实需求是推动人们研究固体表面及相关表面与界面物理化学现象的强大动力，促使人们探索并认识表面特殊现象和行为。固体表面与界面科学的研究技术手段的飞速发展，为人们表征材料表面结构与性能提供了众多途径。

1.1.1 材料表面的基本概念

(1) 表面与界面的概念

固体界面是指把两个紧密接触的固体分隔开来的若干原子层，界面的性能与界面两侧的固体材料明显不同。而固体表面是一种简单的界面，它将固体与周围环境（如理想条件下的真空）隔离开来。

自然界中的物质通常以气、液、固三相形式存在，特定状态下还存在等离子态。在气、液、固三相之中，任何两相或两相以上物质共存时，会分别形成气-液、气-固、液-液、液-固、固-固乃至气-液-固多相界面（interface）。在化工、冶金、新材料、微电子器件、军工技术及生命体系中，都会发现这类共同的相界面问题的存在，并往往成为这些学科研究前沿的重点之一。通常所讲的固体表面（surface）实际上是指气-固两相界面，而看到的液体表面则是气-液两相界面。

因此，表面、界面是指相与相之间的过渡区域，而相指的是物质存在的状态（气、液、固）或结构（晶体的结构、非晶体结构）。表面、界面区的结构（原子结构、电子密度分布等）、能量、组成等都呈现连续的阶梯变化。故此，表面、界面不是几何学上的平面，而是一个结构复杂、厚度约为几个原子或分子尺度的准三维区域。多数时候将界面区作为一个相或层来处理，称作界面相或界面层。

不同学科对材料表面的尺度有不同的理解。从结晶学和固体物理学方面考虑，表面是指晶体三维周期结构同真空之间的过渡区，它包括不具备三维周期结构特征的最外原子层。

Honig 将表面定义为“键合在固体最外面的原子层”，Vickerman 进一步将其指定为固体外表 1～10 个单原子层，通常认为不超过 3～5 个原子层。

实践中，根据不同技术学科领域研究时所感兴趣的表面深度的差别而给表面以不同尺度范围的划分，因为技术科学为解决具体的工程问题，需要获得的往往是特定表面尺度内有关结构的信息。如半导体光电器件研究，很重视几个纳米到亚微米尺度材料的表面或界面特性；对于传统的冶金、机械行业中的表面加工与摩擦磨损、化工设备中的腐蚀与保护等，人们关心并要求解决的则是微米级厚度材料的表面问题；至于化学化工中吸附催化及各种沉积薄膜技术中的表面问题，人们研究的则是外来原子或分子同衬底最外层表面原子之间的相互作用，涉及的表面尺度往往是一个到若干个单原子层。

清华大学曹立礼教授把“表面”定义为将固体本身同环境分开，在结构和物理、化学性质上完全不同于体相的整个外原子层。

结合材料和机械学科群中一些典型的表面问题，可将表面科学主要内容的层次划分为：宏观(mm 尺度)、微观(μm 尺度)、分子与原子(nm 尺度)水平上表征材料表面的几何形状与原子结构；从分子、原子水平上对固体表面的原子或分子排列结构进行表征；在对表面结构的认识与材料或器件的宏观特性之间建立适当的联系，从分子、原子水平上理解表面现象，解决相关技术所涉及的表面与界面问题。

（2） 表面与界面的术语

从原子或分子排列或聚集的角度，可将表面与界面称为物理界面，包括理想界面、清洁表面和吸附表面；从材料宏观角度可称之为材料表面，根据材料的表面作用过程与周围环境的区别将其分为机械作用表面、化学作用表面、固态结合表面、液相或固相沉积界面、凝固共生界面、粉末冶金界面、黏结界面、熔焊界面等。

1） 物理表面

在物理学中，一般将表面定义为从晶体的三维规则空间点阵到体外空间(或真空)之间的过渡区，这个过渡区的厚度随材料的种类不同而异，可以是一个原子层或多个原子层。在此过渡区内，周期点阵遭到严重扰动甚至重构，因此物理界面可视作不同于两相的第三相。

理想表面。它是一种理论上认为的结构完整的二维点阵平面，表面的原子分布位置和电子密度都和体内一样。理想表面忽略了晶体内部周期性势场在晶体表面中断的影响，也忽略了表面上原子的热运动以及出现的晶体缺陷和扩散现象、表面外界环境的作用等。通常可以把晶体的解理面认为是理想表面，但实际上理想表面是不存在的。

清洁表面。它是指在特殊环境中经过特殊处理后获得的表面，是不存在吸附、催化反应或杂质扩散等物理、化学效应的表面。例如，经过诸如离子轰击、高温脱附、超高真空中解理、蒸发薄膜、场效应蒸发、化学反应、分子束外延等特殊处理后，保持在超高真空下，外来污染减少到不能用一般表面分析方法探测的表面。

吸附表面。表面吸附有外来原子的表面层，表面吸附原子可以形成无序的和有序的覆盖层，覆盖层可以具有与基体相同的结构，也可以形成重构表面。当吸附原子和基体原子之间相互作用很强时，则形成表面合金或表面化合物。覆盖层结构中也存在缺陷，且随温度发生改变。

2）材料表面

物理表面通常限于表面以下两三个原子层及其以上的吸附层。而材料科学研究表明，各种表面作用和过程所涉及的区域、空间尺度和状态决定于影响范围的大小和材料与环境条件的特性。最常见的材料表界面类型，可以按照其形成途径划分为以下几种。

机械作用界面。受机械作用而形成的界面，称为机械作用界面。常见的机械作用，包括切削、研磨、抛光、喷砂、变形、磨损等。

化学作用界面。这种由于化学反应、黏结、氧化、腐蚀等化学作用而形成的界面称为化学作用界面。

固态结合界面。由两个固态相直接接触，通过真空、加热、加压、界面固态扩散和反应等途径所形成的界面称为固态结合界面。

液相或气相沉积界面。物质以原子尺度从液相和气相析出，而在固体表面沉积形成的膜层和块体称为液相或气相沉积界面。

凝固共生界面。两个固相同时从液相中凝固析出，并且共同生长，所形成的界面称为凝固共生界面，如共晶合金的液-固结晶界面。

粉末冶金界面。通过冷压、冷等静压、热压、热等静压、烧结、喷射沉积等粉末冶金工艺，将粉末材料致密化，转变为块体所形成的界面，称为粉末冶金界面。

黏结界面。通过无机和有机黏结剂，使两个固体相结合而形成的界面，称为黏结界面。

熔焊界面。在固体表面造成熔体相，然后两者在凝固过程中形成冶金结合的界面。

材料的界面还可以根据材料的类型进行划分，如金属-金属界面、金属-陶瓷界面、树脂-陶瓷界面、金属-高分子界面等。显然不同界面上化学键性质不相同。

1.1.2 材料表面的结构与性能表征

材料的表面特性取决于其表面结构。图1-1所描绘的是纯元素固体 Si(111)表面的原子结构，可以看出，在三维实体内，Si 原子通过 sp^3 杂化而共价结合，并按照一定的点阵规则地排列。但是到了表面，三维周期结构突然中断，平移对称性消失。和体相对比，位于表面上的 Si 原子有两个明显的差别：一是它的原子配位数(coordination number)减少；二是表面上存在不饱和的化学键，称为悬键(dangling bond)。表面原子配位数及自由悬键密度同具体材料的晶体结构及其裸露的晶面指数有关，表 1-1 和表 1-2 分别给出了体心立方晶体表面原子配位数和锗(Ge)晶体不同晶面上悬键密度，以说明它们的差别。

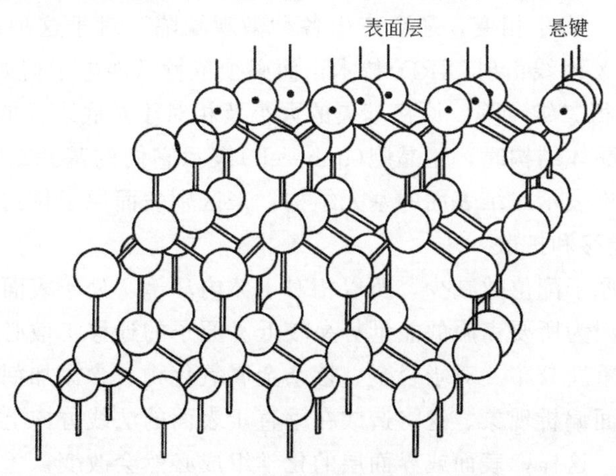

图 1-1　Si(111)晶面原子结构和悬键示意图

表 1-1　体心立方晶体表面原子配位数

表面位置	配位数	表面位置	配位数
正常阵点	8+6	(111)晶面	9
拐角处	5	(100)晶面	8
边缘处	7	—	—

表 1-2　Ge 不同晶面上相对自由键密度

晶面取向	自由悬键密度/(个/cm^2)	相对自由键密度
{100}	1.25×10^{15}	1.00
{110}	8.83×10^{14}	0.71
{111}	7.22×10^{14}	0.58

（1）一般材料表面结构的特点

根据图 1-1 和表 1-1、表 1-2 所列出的数据，可以将一般材料表面结构的特点总结如下。

1）表面原子排列

表面上原子由于配位数减少，缺少相邻的原子，会失去体相内部三维结构状态下原子之间作用力的平衡。这样，解理后那些处于表面上的原子，必然要发生弛豫（relaxation）以寻求新的平衡位置，因而会发生重构（reconstruction）以降低表面的能量。弛豫和重构是金属、大多数化合物解理后普遍存在的一种表面现象。

2）表面原子悬键

表面原子配位数减少，必然造成处于最顶层的原子有剩余价键，如图 1-1 所示。表面上每个 Si 原子有一个悬键，具有给出或接受一个电子的能力，因此易于同环境发生相互作用。这就是固体表面在化学上比较活泼、具有特殊反应能力的物理起源。

对于不同的材料以及不同的晶面，由于自由键密度不同，因而它们的化学反应能力也各不相同。这就是不同金属表面的吸附和催化反应能力有差别的基本原因之一。总之，材料表面的电子结构完全不同于三维体相。

（2）相应的固体表面科学现象

对于材料表面，重要的是上述两个原子排列和电子结构变化特点会引起表面自发形成新的结构，因而会产生一系列特殊的固体表面科学现象。

1）表面原子几何结构的变化与重构

固体表面原子几何结构不同于体相，出现了原子重新排列即重构，形成了新的对称性和原格（unit mesh）结构，发生相变，还会产生各种微观缺陷。对于这种表面结构的测定，不能采用通常三维体相 X 射线衍射（XRD）技术，而必须依赖低能电子衍射（LEED）、扫描隧道显微镜（STM）才能获得二维点阵、原格基矢的大小及相对于基底表面的晶格取向。

在讨论三维体相晶体结构时，用晶胞（unit cell）表示它们的基元结构；而在讨论表面结晶学时，则多采用原格表示二维表面的基元结构，来区别表面原子排列与体相的不同。

2）表面原子的迁移和扩散

由于解理后表面原子配位数减少，所以相对于体内环境，处于表面上的原子的迁移和扩散运动要容易得多，因为所要克服的能量势垒较低。原子的迁移扩散必然引起表面原子的重新排列及相关元素的重新分布。对于合金、掺杂金属氧化物、含添加剂的聚合物及异质多层沉积膜，还会发生表面偏析现象。这将造成在垂直于表面的法线方向上某些元素浓度分布的变化，出现局部富集。这样，表面或界面层的化学组成必然会改变。

3）表面特殊的电子结构

由于三维周期势的突然中断，所以在表面上形成了新的电子结构，如悬键。固体物理中通常将其称为“表面电子态”；固体表面化学则习惯用“表面化学键”来定义表面上这种特殊的电子结构。表面特殊电子结构的存在，是影响表面光、电吸收和发射，以及影响表面或界面电子传输特性的关键因素。

4）表面活化与催化特性

由于表面存在不饱和价键，因此表面的化学性质表现异常活跃。这种特殊的表面电子结构使外来原子、分子易被活化，进一步引起“催化”反应。表面电子结构特性不仅直接影响外来原子或分子在固体表面上的吸附和催化反应，也是影响复合材料结合强度、复层光电薄膜性能的关键因素。

总之，表面上的原子或分子几何排列、电子结构、元素组成及化学状态与体相已完全不同，因而在宏观上将表现出特殊的物理化学性质，这就构成高新技术领域研发利用的基础，形成以电子信息为代表的许多高新技术产业。事实上，对材料表面问题的基础研究及进展将进一步对高新技术产业的发展产生重大影响。

1.2 工业技术领域中的材料表面

20 世纪自然科学的巨大成就之一是量子理论、固体物理和结构化学的发展进步。量子理论使学者对物质的属性有了本质的认识和科学的分类，并能对固体材料的宏观特性，如电、磁、光、声、热的吸收和发射现象做出科学的表征和阐释。近代以来，航天、半导体和能源等领域的发展，极大地推动了基础科学和技术学科的结合，在此历史背景下形成了材料表面与界面科学。基础研究和工业技术领域越来越多的人对表面和界面现象产生浓厚的兴趣，其主要原因是各种工业技术领域中有许多关键技术问题和难题都涉及材料表面和界面问题，这些关键问题的解决促进了技术的突破与产业发展。

（1）经典热电离发射

通过对金属丝(如钨丝)升温，可使金属导带顶部，即费米能级以上的电子获得足够的能量而从表面逃逸到真空，并在加速电场作用下形成具有一定能量的电子束流。这个过程称为热电离发射。这种来自金属表面的电子发射强度及稳定性，对各种电子器件而言都十分重要，如示波管、电视屏、电子显微镜、雷达以及计算机显示器等，都同这种表面热电离发射密切相关。图 1-2 为扫描电子显微镜用钨灯丝电子枪、LaB_6 电子枪和场发射电子枪外观，这三种电子枪是利用金属或化合物的热电离发射产生电子束，经电磁透镜聚焦和电场加速后作为材料结构分析用激发源。实验表明，热电离所发射的电子数，即发射电流，与材料的表面状况、化学组成、晶面取向、表面污染物种类以及污染程度等都有密切的关系。深入分析这些因素及其对宏观特性的影响是提高器件性能的关键，是早期材料表面科学研究的重要内容。

从这些器件中的阴极发射过程中引出了一个重要的物理量——逸出功(work function)，也称功函数，它是表征固体表面电子结构的一个可测量的实用参数，是表面科学中的一个基本概念。

（2）化学工业中材料表面的吸附与催化

吸附(adsorption)和催化(catalysis)是材料表面化学一个重要的研究领域。

外来气体分子通过表面的吸附作用而被“活化”，发生“催化”反应并生成新的物质。

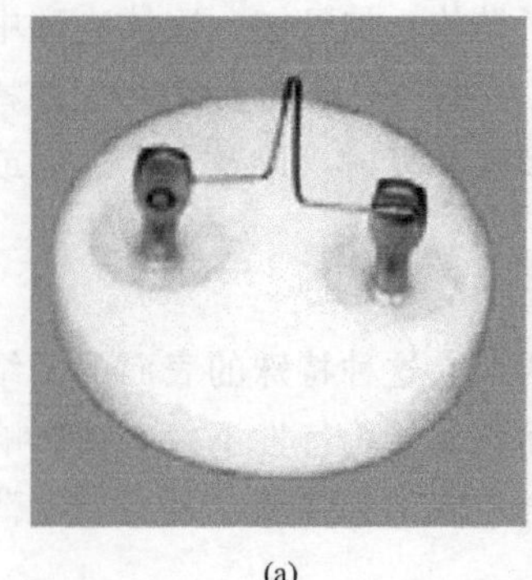
(a)

(b)

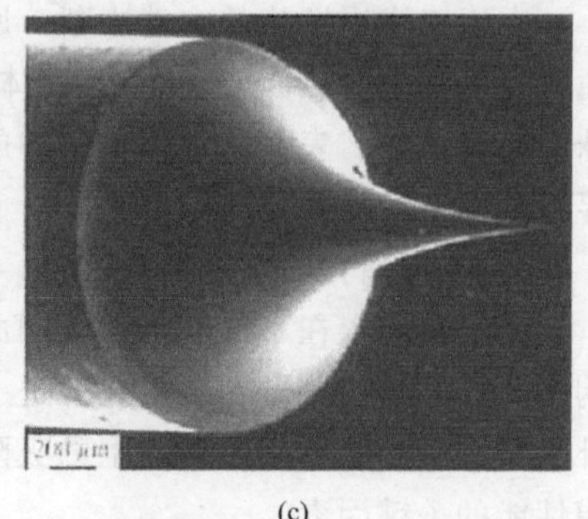

(c)

图 1-2　扫描电子显微镜用钨灯丝电子枪（a）、LaB_6 电子枪（b）和场发射电子枪（c）外观

固体表面仅起到加速化学反应的作用，本身的结构在反应前后并没有发生变化，因而被称为“催化剂”。显然，评价催化剂性能的几个最重要的指标，如转化率、选择性及稳定性，取决于材料的表面特性及气-固界面的作用机制。

在很长的一个时期内，催化剂的制备主要依靠经验。至于气体与固体表面相互作用过程及其产物的形成机制，在缺少表面科学知识和有效的表面分析工具的年代，是很难被认识清楚的。随着人们对固体表面科学问题研究的逐步深入及各种表面分析谱仪的使用，今天人们已能从原子、分子水平上，对许多金属低米勒指数单晶表面上的小分子吸附和催化过程，进行严格的表征及理论计算，部分揭开了催化反应的微观历程，初步建立起从分子设计到实用催化剂制备的研究方法，使催化研究步入了真正的科学时代。图 1-3 为常见商业固体金属催化剂。

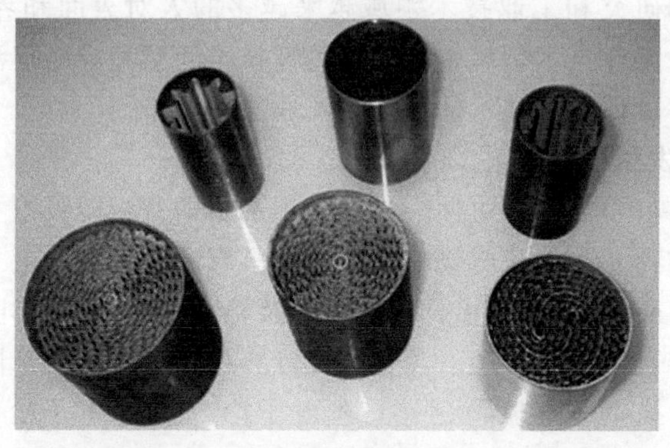

图 1-3　固体金属催化剂

（3）电子信息学科中的半导体表面

光学、半导体、电子信息产业的发展需求，是推动材料表面科学研究的强大动力之一。反过来，材料表面物理和化学问题的研究成果，又极大地推动了微电子工业的发展，这集中体现为：大规模集成电路研发过程中芯片制造和 IC 电路的后封装两个关键性技术成就；计算机中的高密度存储器及读写磁头的研究与生产；平板显示器，特别是有机发光显示器(OLED)的研发竞争，正在进一步推动纳米尺度材料表面科学的研究。图 1-4 显示了半导体集成电路芯片复杂和细微的蚀刻电路形貌，包含了大量的绝缘、导通、阻挡、连接等显微界面。

（4）薄膜材料表面与界面

材料科学与技术的发展水平，是衡量一个国家科学技术发展水平的重要标志之一。高新

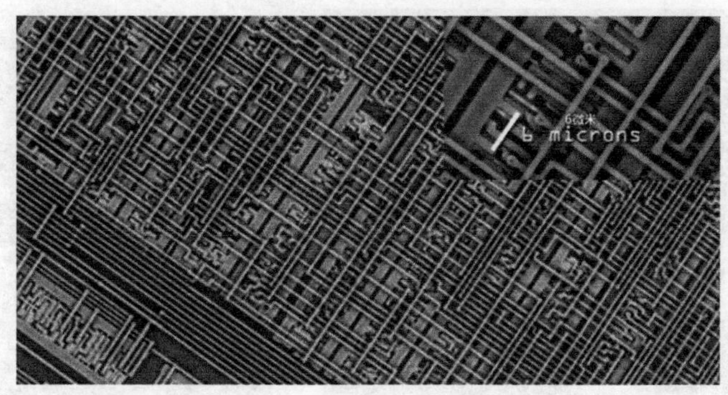

图 1-4 半导体芯片显微结构及局部放大

技术的发展对材料的性能提出了越来越苛刻的要求：材料的工作环境已从适应一般常温工作条件向高温和低温方向发展；从承受大气压力向承受超高真空和超高压力方向发展；从适应通常大气介质环境向适于海洋、地下乃至宇宙空间使用要求发展。

航天飞行器在发射或返回大气层时的成败，在许多情况下都与航天飞行器关键材料能否满足上述特殊环境要求有关。卫星、太空探测器等有时还要求材料在各种辐照、电磁场作用和特殊环境下仍能保持原有的设计性能。

科学与技术发展的历史业已证明，重视材料的整体性能固然重要，但是在许多情况下，首先需要研究与解决的往往是材料的表面问题而不是体相问题。现代材料的研究又向功能化和智能化方向发展，对金属、半导体、陶瓷和高分子材料进行各种类型的组合和复合，将它们制成具有特定功能的单层或多层薄膜器件。二维材料如石墨烯、低维纳米粒子乃至原子簇，都将以新型材料的形式呈现在世人面前。

除了电子信息产品外，从化工防腐保护层到机械零件的减摩抗磨涂层，从优盘使用的闪速存储器(闪存，flash memory)、SSD 固态硬盘到新型 OLED(Organic Light-Emitting Diode 或 Organic Electroluminescence Display)平板显示器和手机屏幕，从民用汽车零部件表面处理到军工武器的隐身技术，已形成了一个庞大的“固体薄膜”研究领域。在这些薄膜材料及相关器件的研究与开发中，都会遇到大量的材料表面和界面物理化学问题需要解决。图 1-5 为负载在铜箔表面的石墨烯薄膜形貌，利用石墨烯的高传导性提高铜箔的导电性和导热性，有望在 5G 设备中得到应用，降低半导体器件的温升，提高其运行可靠性。

机械、石油、化工等工业领域中的固体薄膜或涂层与材料体相或基体的结合界面是影响其使用寿命的关键材料要素之一，膜-基界面结合强度不高、界面应力过大、界面缺陷的存在等导致的界面分离和薄膜剥落是其主要失效形式之一。

(5) 机械工业中的摩擦表面

任何运动的机械都要涉及摩擦、磨损问题。研究摩擦、磨损问题的本质，是要搞清楚两个作相对运动物体的接触界面上所发生的物理化学现象。随着高速、重载条件下机械装备中严重的摩擦、磨损问题不断出现，用传统的流体润滑理论已很难认识并解决这类实际表面问题。因此学者们把表面科学研究方法引入摩擦学研究，在 20 世纪 80 年代初出现并正式形成了一门新兴的学科，称为摩擦化学(Tribochemistry)，它是一门基于机械、材料、物理和化学的交叉学科。

摩擦化学研究的是在有载荷条件下，作相对运动的两相界面上所发生的物理化学过程，重点是研究运动状态下润滑油及其中的添加剂与固体表面的物理化学作用、润滑膜的形成、

图 1-5 负载在铜箔表面的石墨烯薄膜（a）和石墨烯高分辨透射电镜图像（b）

化学结构及其对体系宏观摩擦与磨损特性的影响。在汽车润滑油中添加纳米金属有机螯合物，在减速箱齿轮摩擦表面形成合金减摩耐磨保护膜，是表面摩擦化学的重要研究内容之一。

图 1-6 为在冶金设备摩擦零件表面制备的电弧喷涂 Fe_3Al/WC 高温复合涂层经 650℃滑动摩擦后的表面形貌，可以清晰地看出其表面形成了复杂的致密氧化物保护膜，涂层基体中的 WC 陶瓷强化相可对载荷提供有效支撑，综合作用使涂层具有较高的使用寿命和耐高温摩擦磨损能力。

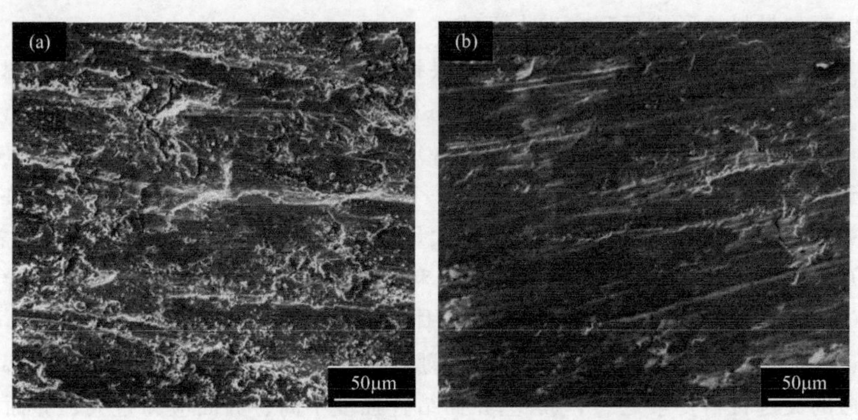

图 1-6 电弧喷涂 Fe_3Al/WC 复合涂层经 650℃滑动摩擦后的表面

（a）Fe_3Al；（b）Fe_3Al/WC

（6）能源和环境工业中的功能材料表面

现代能源的开发必须考虑对人类生存环境的影响，符合节能、环保、绿色的可持续发展战略，这不仅是科技人员在研发新型能源时应当思考的问题，也是各国政府制定能源发展策略和优先立项的前提。当前比较突出的研究课题有汽车尾气催化转化、太阳能的光热和光电转换、储能及新型能源燃料电池等。在这些领域，同样存在许多材料表面与界面的研究课题。

例如，汽车尾气净化器主要是由载体表面的催化剂材料对汽车发动机排出废气中的污染物进行化学转化处理。催化剂是一种加速化学反应且在反应前后自身不被消耗的物质。汽车尾气中的有害气体主要是 CO、HC 和 NO_x。催化剂的作用就是将 CO、HC 和 NO_x 转化为 CO_2、H_2O 和 N_2，实现汽车尾气低污染或无污染排放。现以蜂窝型载体为例，其作用原理如图 1-7 所示。

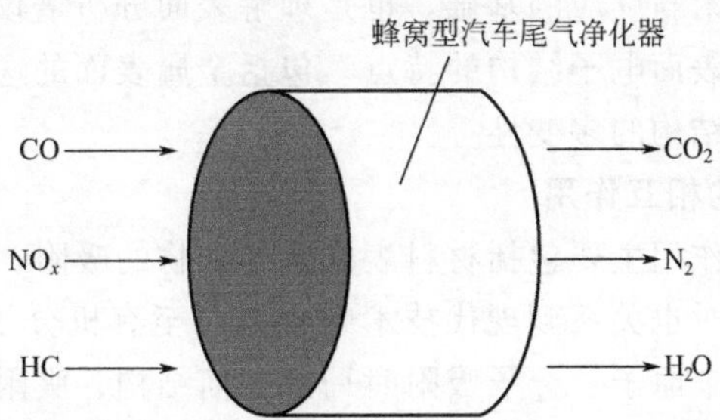

图 1-7　蜂窝型汽车尾气净化器催化剂载体及净化原理示意图

在过去的近半个世纪里，世界范围内工业技术领域的辉煌成果，特别是微电子领域的巨大发展，充分证明了材料表面科学对现代技术发展的巨大贡献。随着科学技术和现代产业的发展，在我国相关技术学科中，已经形成了几个突出的材料表面科学研究领域，按照学科大致分为：信息学科中的“半导体表面”；能源和环境学科中的“催化表面”和“电极表面”；材料学科中的“薄膜表面和界面”；机械学科中的“摩擦表面”；航天技术中的“真空表面”；国防工业中的“特种军工技术表面”；以及纳米科学与技术中的“纳米表面”。

1.3　表面科学与工程技术主要研究内容

近年来，国内外已陆续出版了不少关于表面科学基础知识和研究成果的优秀论著，这些著作内容的侧重点有所不同。这些著作有：《材料表面物理》《材料表面科学》《材料表界面》《固体表面和界面》《表面化学》《表面科学》《表面化学物理》《金属氧化物表面科学》《表面电化学》《低能电子衍射及表面化学》《二维化学》《半导体表面和界面》《先进表面处理和测试技术》《表面涂层技术》《表面工程学》《表面工程与维修》《再制造与循环经济》和《实用表面分析》等。

1.3.1　材料表面科学的研究内容

材料表面科学的研究内容十分广泛，涉及的主要研究内容包括：

(1) 表面原子几何结构

在研究任何固体表面现象时，首先需要观测并了解表面原子的几何结构。所谓表面原子几何结构，主要指一个规则晶体所裸露的表面原子或分子的几何构形，包括表面原子或分子的排列及结构的对称性、表面原子长程有序、各种可能的晶格缺陷以及表面原子结构的测定。这些内容构成了表面晶体学(Surface Crystallography)。

(2) 表面化学组成及原子迁移扩散

固体表面的化学组成是讨论任何材料表面科学的基础之一。这方面内容主要涉及表面原子的种类、数量及其化学状态的测定。对于材料表面实际问题的分析与解决，往往不仅要得到化学组成在表面上的分布，还要测定在垂直表面方向上的浓度梯度。重点是表面化学组成的测定方法，以及直接影响实际工作状态材料和器件表面化学组成的原子迁移和扩散现象及规律。

(3) 表面电子结构

研究材料表面的电子结构，是阐明固体表面光、电、磁、热吸收和发射基本特性的理论基础，是研究表面分子吸附与反应的基础，也是理解表面分析谱仪信息内容的依据。这部分内容主要包括：不同材料表面电子结构的特点，包括金属表面的逸出功、半导体表面能带弯曲、金属氧化物表面电子结构的多变性等。

(4) 外来物同表面的相互作用

外来物同表面的相互作用主要包括材料表面上外来物的吸附、气相沉积。它不仅涉及传统的气体吸附和催化，同时也关系到现代技术中金属乃至有机分子在基底表面的沉积过程。在这一领域，需要研究外来原子、分子吸附时局部几何结构、吸附络合物的构形、外来物相对于衬底表面的取向，以及它们的聚集状态。

(5) 异质固-固界面扩散反应

在构建现代新型材料和器件时，很少使用单一物质，而必须对金属、半导体、陶瓷和聚合物进行设计和组合，以获得特殊的光、电和化学性能，满足技术上对产品特殊性能的要求。这部分内容主要有：固-固界面物理扩散和化学反应的特点，以及界面化合物形成动力学；有机发光显示器等的界面化学和电子结构；运动状态下接触界面的结构特征。

(6) 粒子束和固体表面相互作用及信息

用实验方法研究固体表面结构，通常都是用粒子束作探针，构成各种表面分析谱仪，以获得表面原子、分子的结构信息。所谓粒子束是指电子、光子和离子束。这三种粒子束和固体表面相互作用的机制十分复杂，所产生的信息及可用于表面分析的谱仪种类很多。本书将选择表面化学结构测定中最通用的表面分析谱仪，重点讨论“三束”和固体表面相互作用的物理过程，以及所产生的次级粒子在表面分析中的信息价值。

1.3.2 材料表面实验研究方法

关于材料表面问题的研究存在表面科学与表面技术的研究差别。前者侧重基础研究，后者更多的是针对具体表面技术问题。所以在实验方法上，也就有不同的要求与设计。

表面科学研究的对象是各种材料的单晶表面：实验时，要求在超高真空(UHV，真空度$<10^{-7}$Pa)条件下完成样品的原位制备、处理及结构表征，以保证样品表面在研究的全过程中始终达到分子、原子水平上的“清洁”。对于这类实验研究，必须将样品制备、处理系统和分析谱仪在UHV条件下实现有效联合，并尽可能配备多种功能仪器，如：配备俄歇电子能谱仪(AES)，检测样品表面的清洁程度；配置低能电子衍射仪(LEED)，测定表面结构，研究二维结晶学；配备X射线光电子谱仪(XPS)，获得表面元素组成及化学状态变化；用紫外光电子能谱仪(UPS)及XPS研究表面价带电子结构；配置二次离子质谱仪(SIMS)，以取得表面分子结构、微量掺杂物质及其在表面上的分布；或同时配置高分辨率电子能量损失谱仪(HREELS)，以研究固体表面电子结构，以及同环境气体作用时的成键机制；配备程序升温脱附(TPD)以研究表面脱附产物、脱附规律等。在纳米材料及器件表面研究中，还应当配置各种扫描探针显微镜(SPM)，以观察表面形态变化。人们习惯把这种复杂、昂贵的组合系统称为“微型表面实验室”——表面综合分析系统(包括AES、XPS、FIM、SPM等分析功能)。

这种表面综合分析系统一般是由研究人员根据自己的研究目标和内容而自行设计、搭建的。研究人员可以通过购买谱仪的核心部件组建，乃至自行设计接口和软件，实施起来比较灵活。这种组合系统不足之处在于其不可能同时使每个谱仪的功能得到最好的发挥。

对于大量的表面技术研究课题，如对各种复合材料及异质埋藏界面分析、材料表面改性研究、实用光电器件表面和界面质量控制检测，以及各种类型的材料和器件失效分析等，这些表面问题研究的对象已不是单晶表面上的理想世界，而是材料在实际制备工艺中或具体工作环境下形成的表面。这类样品表面往往还暴露于大气中。对于这类大量的实用表面问题的研究，其目的一般是：测得表面的化学结构和体相的差别；追踪表面或界面的化学结构随着工艺处理或工作环境的变化；测得表层内元素组成及其化学状态在垂直表面方向上的分布；确定微缺陷形成的局部位置，并测得表面缺陷区域同正常区域化学结构的差异；要求获得埋藏界面的化学结构的信息等。

最终，要把上述微观结构与成分等分析结果与材料或器件的宏观特性联系起来，找出表面问题的微观起源及表面结构的形成机制，找出材料或器件的失效原因，为改进工艺、研发新材料找到宏观和微观依据。显然，这类样品表面问题已不限于简单结构的单晶，而是从纳米到微-纳米尺度范围的多晶体或非晶体真实表面。对于大量实际样品表面问题的分析研究，只要采取适当的保护性措施，同样可以得到很好的分析结果，解决工程实际问题。尤其是在大量的薄膜异质界面问题的研究中，表面是否达到原子水平的清洁已不是分析、研究问题的障碍。

1.3.3 材料表面科学的发展

（1）Langmuir 的贡献

20 世纪 20 年代，美国物理学家、化学家欧文·朗缪尔(Irving Langmuir，1881—1957)通过对气体和固体表面相互作用的深入研究，提出了一些至今仍为广大表面领域科学家普遍采纳的基本概念和思想。他是近代固体表面化学的创始者，享有表面科学之父的荣誉；他是表面科学的奠基人。他的主要贡献包括：首先提出了原子清洁表面概念，并由此提出了单层化学吸附、吸附位置、黏着概率、吸附等温线；提出表面非均匀特性；提出化学吸附物之间相互作用的催化机理，以及吸附偶极子之间的排斥作用等。

随着 Langmuir 这些科学思想与概念的提出，在世界范围内许多学者发表了大量研究报告，他们都是采用 Langmuir 所提出的上述基本概念来研究气-固界面相互作用过程，分析、处理实验数据，设计反应器，研发新工艺，等等。在许多经典催化书籍和文献中有专门的章节讨论 Langmuir 吸附等温线、Langmuir 吸附动力学和 Langmuir-Hinshelwood 催化反应机理。在其它学科中，凡讨论与气-固界面有关现象时，Langmuir 理论也起到了指导作用。

（2）材料表面科学形成的背景

20 世纪 60 年代末至今，材料表面化学领域正经历第二次重大变革。其背景之一是技术科学有了重大的突破，宇航和电子技术的发展，特别是超高真空的获得和测量技术的进步，使人们能取得 Langmuir 当年所期待的但未能实现的“原子清洁表面”。超高真空为近代材料表面科学的实验研究提供了基础条件。

按照气体分子运动论，每秒碰撞在 $1cm^2$ 固体表面上的气体分子数为 $3.15\times10^{22}\,p/\sqrt{TM}$。式中，$M$ 为气体分子量；p 为压强(这里以 Torr 作为单位，1Torr=133.3224Pa)。

设固体表面的原子数为 $\rho^{2/3}$，ρ 为固体原子的体积密度。通常 $1cm^2$ 表面的原子数为

$(3\sim5)\times10^{15}$。假设每个表面原子只吸附一个分子，即形成单分子层吸附，同时假设大气的平均分子量为 29，黏着系数为 1.0。这样，在 300K 温度下，可以建立起单位时间内单位面积上所吸附的分子层数 N_s 同环境气体压强 p 之间在数值上的简单关系 $N_s\approx10^6p$[层数·$(s^{-1}\cdot cm^{-2})$]。

相应地，覆盖一个单分子层所需要的时间 $\tau\approx1/N_s\approx10^{-6}/p(s)$。这样，在表面科学中出现了一个衡量固体表面上气体吸附量的单位，称为 Langmuir，简写成 L。$1L\approx10^{-6}$ Torr·s，其含义为一个清洁表面，在 10^{-6} Torr(1.33×10^{-4} Pa)真空条件下仅暴露 1s 就被覆盖上一层单分子。

当然，在理解这个单位时，不能忽略它的前提条件。通常用 Langmuir 来表示样品表面被污染的程度。可用 $\tau=10^{-6}/p$ 来估算表面被污染的速度，确定实验研究时分析室所必须维持的真空度。例如，当样品分析室的真空度为 10^{-9} Torr(1.33×10^{-7} Pa)时，要覆盖一个单分子层气体则需要 1000s；如将分析室真空度维持在 10^{-12} Torr(1.33×10^{-10} Pa)时，表面覆盖一个单分子层则需要 10^6s。

如果固体表面和环境气体之间的相互作用比较弱，气体在固体表面上黏着系数小于 1.0，则在相同的 UHV 条件下覆盖一个单分子层所需要的时间将更长。在实验室中主要采用原位解理或断裂(cleavage and/or fracture)、热脱附(thermo-desorption)、氧化-还原(oxidation and reduction)、原位沉积(deposition)、蒸镀保护层(capping)、溅射清洗表面(cleaning surface with sputtering)等方法制备这种原子清洁的样品表面供分析研究。

总之，UHV 条件是保证在原子、分子水平上研究表面问题的前提，是固体表面科学形成的第一个背景条件。

到了 20 世纪 60 年代末，表面科学得以迅速发展的另一个背景，是固态理论和化学键理论的发展与成熟。人们已发现并认识到固体表面电子结构和体相的差异，证明了表面电子态的存在，并能用化学键理论建立起外来原子、分子和固体表面相互作用的模型，进行比较准确的理论计算。这些成就为研究、分析许多表面科学现象提供了理论依据。

表面科学得以迅速发展的第三个条件是，到了 20 世纪 60 年代末，由于技术科学的突飞猛进和制造业的发展，人们有条件将 20 世纪初所发现的物理现象转变成实用的表面分析谱仪。对粒子束（如光子、电子及离子束）和固体表面相互作用的物理过程及其所产生的次级粒子的信息价值，已有了比较充分的研究与认识，并制成 UHV 条件下各种分析探针，用来测量、表征固体表面形态、化学结构和电子状态。如低能电子衍射、X 射线光电子能谱、紫外光电子能谱、次级离子质谱、高分辨电子能量损失谱、俄歇电子谱及扫描俄歇微探针等相继问世，80 年代又发明了各种扫描探针显微镜。这些谱仪为材料表面科学的研究提供了有力高效的工具，这是 Langmuir 时代无法做到的。

尤为重要的是，借助于这些表面分析谱仪，人们在实验研究中又发现了许多新的表面现象，提出了一些新的概念。如：理想表面、真实表面和重构表面；表面缺陷及结构模型；表面原子的迁移扩散以及表面偏析等。

值得强调的是，今天表面科学家能够在 UHV 系统中制备出各种特征表面；已能测出表面的电子结构、异质界面 Schottky 势垒高度及相关参数对它的影响；已能够把气体分子在固体表面上的活化过程及相应的结构变化测定出来，并能对基元过程以及相应的能级特征做出定量的表征。对材料表面这些新现象的观测和研究，不仅加深了人们对 Langmuir 时代表面化学的理解，同时也推动了表面科学的进一步发展。可以说，没有现代的表面分析谱仪，就不可能有近代表面科学的发展和成就。

(3) 材料表面科学的发展趋势

关于材料表面科学的进一步发展，其中最大的挑战是人们对固体表面上物质的存在状态和表面现象，还不能用简单的物理或化学方式给予一个科学统一的表征。现有表面分析谱仪的能量分辨率、空间分辨率和时间分辨率还很有限，还不能对各种固体表面的相结构、化学组成和电子结构做出令人满意的统一表征。

随着科学与技术的进步，材料表面科学正进入一个新的发展时期，其研究的重点为：

① 把已形成的表面理论和分析技术应用于更复杂的体系(包括生物材料和埋藏界面)，应用于技术上很有价值的表面(光电器件的研发与在线质量监控)，应用于低维表面和界面现象研究。

② 把理论模型提高到在多维空间和时间标度上，去模拟表面和界面上发生的现象，开创新的化学和物理工艺设计前景，去推动化学、生物和电子工业的发展。这一领域正走向模型化和实验的汇合点，正面临开创物理、化学、生物科学和用于工程设计的实用技术相互交叉的革命性机遇。

③ 表面和界面科学研究，正在扩大到星球、宇宙尘埃、生物表面、DNA计算、酶催化作用等学科领域。

④ 纳米尺度材料表面科学与技术的研究。纳米技术是在纳米尺度(＜100nm)上用原子或分子去塑造物质世界，表面科学应当在纳米技术和科学进步这两方面发挥作用。表面科学的发展必将推动更多的新的科学技术的研究与发展，而技术学科领域内各种表面问题的提出和解决，也将进一步扩展、丰富表面科学的内容。生物、医药科学将是表面科学又一个新的生长点；纳米科学与技术必将从表面科学的成就中获得支持，并促进表面科学的进一步发展。

⑤ 低维纳米表面问题的研究，如石墨烯和氧化石墨烯的制备、表征及应用研究是表面领域学者面对的又一新的领域。

1.3.4 材料表面工程技术的发展

表面工程是一个涉及面极广的综合性交叉学科。它的发展不仅在学术上丰富了材料科学、冶金学、机械学、电子学、物理学、化学等基础学科，开辟了新的研究领域，而且在实际应用上为工业生产和国民经济建设做出了重要贡献。材料的破坏，诸如磨损、腐蚀、高温氧化乃至疲劳断裂等往往从表面开始。因此，采用表面技术，根据需要改善材料的表面性能，会有效延长材料的使用寿命，节约资源，提高生产力，减少环境污染。诸多表面技术不仅成为现代制造技术的重要工艺方法，而且在设备的技术改造和维修方面发挥了重要作用。表面工程的最大优势是能够以多种方法制备出本体材料难以甚至无法获得的性能优异的表面涂(膜)层，使装备零部件表面具有比本体材料更高的耐磨性、抗腐蚀性和耐高温能力，因此表面工程所创造的经济价值是巨大的。我国自第六个五年计划以来，在运用表面强化技术制造装备、装置和修复关键机器零件、设备等方面已经取得了上千亿元的经济效益。

表面工程技术大多数是具有重大实用价值的高效益、高效率新技术，多属于高技术范畴。在科学技术飞速发展，并向现实生产力加速转化的今天，表面工程及技术发展迅猛，表面新技术研发应用迅速向现实生产力转化，无疑将加速我国产品与装备制造的技术进步，使产品质量得到提高。下面以作为表面工程技术重要组成部分的热喷涂(Thermal Spraying)技术的发展为例，一窥表面工程技术的发展历程。

早在1910年，瑞士学者M. U. Schoop受儿童铅丸玩具枪的启发发明了第一个金属喷涂装置——金属熔液式喷涂，时称“金属喷镀”。它是将低熔点金属的熔液注入到经过加热的压缩空气气流中，使金属溶液雾化并喷射到基体表面形成涂层。这个装置虽然庞大、效率不高，但已包含了热喷涂的基本原理和过程，开创了热喷涂技术新领域。此后，Schoop致力于喷涂装置的改进，于1912年研制成功了线材火焰喷枪，经改进，线材火焰喷涂方法得到了应用。1913年Schoop提出了电弧喷涂的设计，1916年制成了实用型的电弧喷枪。线材火焰喷涂和电弧喷涂作为主要的热喷涂方法，在20世纪30年代得到了发展，美国METCO金属喷涂工程公司成立后，相继研制出用空气涡轮送丝的E型系列喷枪和用电机送丝的K型系列喷枪。热喷涂锌、铝及其合金用于钢铁构件的防护得到大规模工业应用。

20世纪30年代英国研制成功Schort粉末火焰喷枪，之后出现了METCO-P型粉末火焰喷枪，其它热喷涂专业公司也相应开发了一系列粉末火焰喷枪，使这一热喷涂方法得到了广泛应用。

1943年美国METCO公司首次出版了《金属喷镀》手册。20世纪40年代末期以后，热喷涂技术有了长足的进展。20世纪50年代初期，人们研制出自熔性合金粉末，随后出现了粉末火焰喷焊。自熔性合金粉末的出现，对热喷涂技术在各个工业领域里的推广应用起到了有力的促进作用，使热喷涂技术由原来作为防护和修复手段，发展到制备表面强化涂层用于产品制造。其中，苏联将电弧喷涂大规模应用于拖拉机磨损曲轴的修复，成功修复10余万根曲轴，取得了巨大的经济社会效益。

20世纪50年代末期，由美国联合碳化物公司研制成功的燃气重复爆炸喷涂，用于制备高质量的碳化物和氧化物陶瓷涂层，并首先应用到航空工业中。1959年，美国METCO公司第七次出版《火焰喷涂》(原《金属喷镀》)手册，同时美国Plasmadyne公司开始研制等离子喷涂设备。相隔不久，METCO公司和其它公司也致力于等离子喷涂设备的研究。到了20世纪60年代，等离子喷涂技术已在工业上应用。这改变了热喷涂技术领域的面貌，大大扩充了热喷涂材料和涂层应用的范围，解决了难熔金属材料和陶瓷材料的喷涂问题，并大幅度提高了涂层质量。等离子喷涂技术的发展和应用促进了复合材料的发展，并在制备特殊功能涂层方面开辟了新的领域。20世纪60年代中期研制成功了等离子喷焊技术。20世纪60年代中、末期各种热喷涂技术已趋于完善，应用开始普及，各类喷涂设备和喷涂材料已形成规格化和系列化。随着热喷涂技术的全面发展，国际间的技术交流也在进行，1965年在英国召开了第一届国际金属喷涂会议，此后每2～3年召开一次。

20世纪70年代，热喷涂技术向着高能、高速、高效发展，研制成功了80kW高能等离子喷涂设备、低压等离子喷涂设备和200kW液稳等离子喷涂设备。火焰喷涂设备也向着大功率高效率发展。电弧喷枪较普遍采用封闭式喷嘴，提高了涂层质量。日本研制成功了线爆喷涂装置，解决了喷涂小内孔的困难。在此期间新型热喷涂材料如复合线材、自黏结复合粉末及球化粉等不断涌现。1973年在英国伦敦召开了第七届有关国际热喷涂会议，改名“金属喷涂”(Metal Spraying)；1979年在美国佛罗里达州迈阿密召开的第八届国际热喷涂会议，首次采用“热喷涂”(Thermal Spraying)这一术语。

20世纪80年代热喷涂技术又有了新的发展，突出表现在研制成功超声速火焰喷涂和将电子计算机应用于热喷涂装备中，从而使喷涂涂层向着更高的质量和精密化方向发展。英国、美国形成了巨大的热喷涂经济产业链。

我国热喷涂技术的应用始于20世纪40年代末期，50年代开始制造线材火焰喷枪和粉末气喷枪，发展了丝材电弧喷涂，在上海组建了国内第一个专业化喷涂厂，研制出氧-乙炔火焰丝喷涂及电弧喷涂装置，并对外开展金属喷涂业务。20世纪60年代初期，我国研制成功封闭式喷嘴固定式电弧喷涂枪和陶瓷粉末气喷涂枪。

20世纪60年代中期，我国开始研制等离子喷涂设备和自熔性合金粉末制造技术。等离子弧焰流温度高、等离子喷涂颗粒飞行速度快，涂层结合强度也较高(40～80MPa)，孔隙率小于5%，在我国军工部门得到广泛应用。

20世纪60年代末期，我国开始研究等离子喷焊技术，同时开始应用粉末火焰喷焊技术。20世纪70年代出现了品种和型号较为齐全的喷涂设备和材料，但总的来说进展缓慢，只是到了近几十年才获得了较快的发展。特别是原国家经委(中华人民共和国国家经济委员会)将热喷涂作为国家重点推广项目以后，发展速度更快并取得了显著的经济效益。这一时期，等离子喷涂和喷焊技术已基本成熟，各种热喷涂方法应用于生产，其中火焰喷涂和电弧喷涂大量应用于旧零部件修复。

1981年，由国家经委、国家科委(中华人民共和国国家科学技术委员会)主持在北京召开了首届全国热喷涂会议，会上宣布在国家经委领导下成立了“全国热喷涂协作组”。1991年成立了中国表面工程协会，下设电镀、涂装、热喷涂、特种涂层等11个专业委员会；中国机械工程学会于1993年成立了表面工程分会。上述表面工程协会、学会的成立有力推动了我国表面工程技术的研发与推广应用。

经过近三十年的发展，我国已形成相对完备的热喷涂设备和材料的生产体系，产品门类已较齐全，并建立了全国性、地区性和部门之间的技术协作组织，各种热喷涂方法在产品制造上获得了较广泛的应用，解决了众多产品质量关键问题，取得了显著的技术经济效益。钢铁构件热喷涂锌、铝防护已较广泛应用，每年施工面积达数百万平方米以上，成为钢铁防护的主要方法之一。在热喷涂领域，新设备、新材料、新工艺及新的应用技术不断涌现，如热喷涂纳米结构陶瓷涂层、高熵合金耐磨与耐高温涂层、石墨烯强化合金涂层等，形成了科研、设计、制造和施工专业队伍及推广应用网络，为我国热喷涂技术的发展奠定了坚实的基础。可以预料，热喷涂技术在我国将会得到更加迅速的发展，并在国民经济各个部门得到更广泛的推广应用。

目前，表面工程技术已成为我国制造业的重要组成部分，已发展成为涉及微电子器件、半导体信息产业、装备制造及装备服役全寿命周期的关键制造技术，为我国国民经济和工业产业的健康可持续发展提供了强有力支撑。表面涂(膜)层智能制造、绿色制造、智能分析与检测、智能诊断技术，甚至自修复涂(膜)层技术的发展已成为表面工程技术领域研究热点。

2 固体表面结构

2.1 固体表面形貌

2.1.1 表面几何形状误差

从宏观上看光滑且平整的固体表面，如机器零件光洁的加工表面，在显微镜下观察时，却显示为由许多不规则的、不同形状的微凸峰和凹谷组成的粗糙表面，如图 2-1 所示。这些微凸峰和凹谷称为表面几何特征，对于混合润滑和干摩擦状态下的摩擦、磨损和润滑有着决定性影响。表面几何特征，又称表面几何形状误差，根据尺度分为宏观几何形状误差、中间几何形状误差和微观几何形状误差三类。

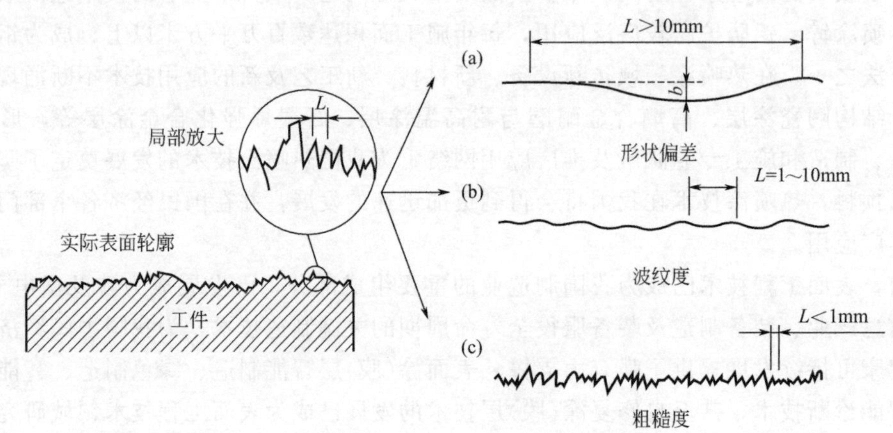

图 2-1 固体实际表面轮廓

(1) 宏观几何形状误差

宏观几何形状误差又称表面形状偏差，主要用直线度和平面度来表示。

直线度是指在指定方向上，其实际的轮廓线与理论直线的直度偏差。当用刀形样板平尺进行校验时，刀口与被检表面的最大空隙 b 即为所检范围内的直线度。而平面度则是指整个平面各方向上所存在的最大直线度，如图 2-1(a)所示。波距 $L>10\text{mm}$ 的偏差属于宏观几何形状误差。

对圆柱形表面而言，在垂直于轴线的横剖面内，典型的误差有椭圆度；在通过轴线的纵剖面内，典型的误差有鼓形度、鞍形度、弯曲度和圆锥度。

(2) 中间几何形状误差

中间几何形状误差又称为表面波纹度，是一种较宏观几何形状误差范围更小的误差，通常采用波纹度表示，它是在表面上周期性重复出现的一种几何形状误差，如图 2-1(b)所示。波距 L 在 1～10mm 间属于波纹度范围。

(3) 微观几何形状误差

表面微观几何形状误差又称为表面粗糙度，它不像表面波纹度那样具有明显的周期性，其波距 $L<1$mm，如图 2-1(c)所示。微观几何形状误差越大，表面越粗糙。一般来说，表面粗糙度是影响摩擦性能最重要的表面几何形状特征。

综上所述，表面粗糙度、波纹度和形状偏差三者，通常以两波峰或波谷的距离（波距）的大小来区别。一般而言，波距大于 10mm 的属于形状偏差；波距为 1～10mm 的属于波纹度范围；波距小于 1mm 的属于表面粗糙度范围，如图 2-1 所示。将图 2-1(a)、(b)和(c)叠加在一起，即是表面的实际几何形状。

2.1.2 表面微观几何形状误差

在摩擦学中，常用的表面形貌参数是微观几何形状误差，即表面粗糙度，它取表面上某一个截面的外形轮廓曲线来表示；根据表示方法的不同，可分为一维、二维和三维的表面形貌参数。

一维形貌通常用轮廓曲线的高度参数来表示，如图 2-2(a)所示，它描绘出沿截面水平方向(x 方向)上轮廓高度 z 的起伏变化，选择轮廓的平均高度线即中心线为 x 轴，使轮廓曲线在 x 轴上、下两侧的面积相等。

一维形貌参数种类繁多，最常用的有：轮廓算术平均偏差 R_a、轮廓均方根偏差 R_q、轮廓最大高度 R_{max}、支承面曲线、中线截距平均值 s_m 等。

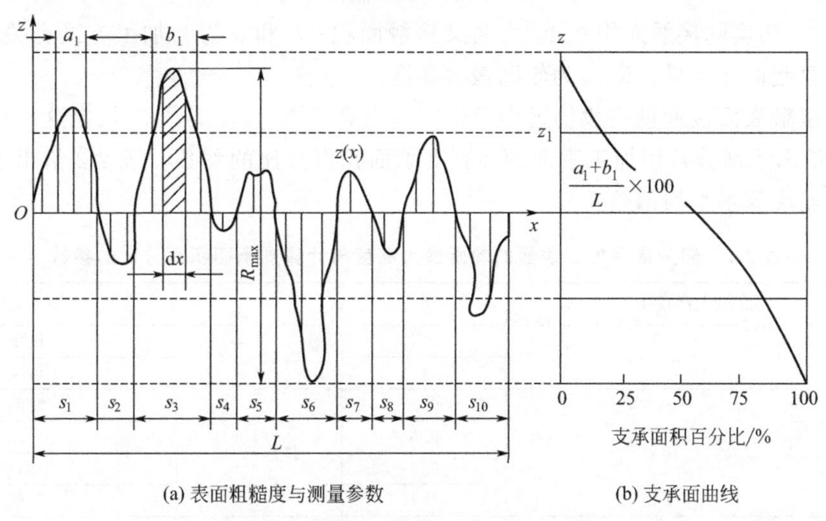

(a) 表面粗糙度与测量参数　　(b) 支承面曲线

图 2-2 表面形貌轮廓与参数示意图

(1) 一维形貌参数

1) 轮廓算术平均偏差 R_a

它是轮廓上各点高度在测量长度 L 范围内的算术平均值，为机械零件常用的表面粗糙度参数之一：

$$R_a=\frac{1}{L}\int_0^L |z(x)|\mathrm{d}x=\frac{1}{n}\sum_{i=1}^{n}|z_i| \tag{2-1}$$

式中，$z(x)$为轮廓高度；L为测量长度；n为测量点数；z_i为各测量点的轮廓高度。

2）轮廓均方根偏差R_q

$$R_q=\sqrt{\frac{1}{L}\int_0^L [z(x)]^2\mathrm{d}x}=\sqrt{\frac{1}{n}\sum_{i=1}^{n}z_i^2} \tag{2-2}$$

3）轮廓最大高度R_{max}

在测量长度内，最高峰与最低谷之间的高度差，称为轮廓最大高度，用R_{max}表示。它表示表面粗糙度的最大起伏量，如图2-2(a)所示。

4）轮廓支承长度率t_p与轮廓支承长度率曲线

在取样长度L内，一条平行于中线的线与轮廓相截所得到的各线段长度b_i之和，叫做轮廓的支承长度η_p，η_p与L之比称为轮廓支承长度率t_p，即$t_p=\frac{\eta_p}{L}$。

轮廓支承长度率曲线是根据轮廓支承长度率绘制的，理论的轮廓支承长度率曲线如图2-2(b)所示。假设粗糙表面磨损到深度z_1时，在图中形成了宽度为a_1和b_1的两个平面，将a_1和b_1求和，并除以L就可以算出在测量长度内轮廓支承长度率t_p，并绘制在图2-2(b)中对应高度的z处，就得到轮廓支承长度率t_p随深度z变化的曲线，即轮廓支承长度率曲线，也叫支承面曲线。z高于最高粗糙峰的支承面积百分比为0，低于最低粗糙谷的百分比为100%。

轮廓支承长度率曲线主要用于计算实际接触面积，实际接触面积是名义接触面积的很小一部分，有时可以用下面的函数来表示两者的关系：

$$\gamma=\frac{A_r}{A_n}=b\left(\frac{a}{R_{max}}\right)^v \tag{2-3}$$

式中，A_r为实际接触面积；A_n为名义接触面积；b和v为与加工方式有关的参数；a为从最高峰算起的接近量；R_{max}为轮廓最大高度。

实际上接触表面接近量一般仍远小于轮廓最大高度R_{max}，式(2-3)仅在这一种条件下适用。表2-1给出了部分常用加工表面的计算支承面积百分比的参数，表2-2给出了部分常用加工表面的轮廓算术平均偏差。

表2-1　部分常用加工表面的轮廓最大高度与计算支承面积百分比的参数

精度等级	轮廓最大高度R_{max}/μm	b	v	加工方法
5	37	0.4	2.1～2.2	铣削
		1		车削
6	18	0.5	1.6～2.0	铣削
		0.6		内圆磨
		0.9		平面磨
		1.4		车削
7	8～9.4	0.6	1.4～2.0	铣削
		0.6		内圆磨
		0.9		外圆磨
		1		平面磨
		1.8		车削

续表

精度等级	轮廓最大高度 $R_{max}/\mu m$	b	v	加工方法
8	4.7	0.7	1.6～1.9	珩磨
		0.9		内圆磨
		1.1		外圆磨
		1.6		平面磨
		2		抛光
		2		车削
9	2.4	1.3	1.4～1.9	外圆磨
		1.4		内圆磨
		2.3		平面磨
		2.4		珩磨
		2.5		抛光
10	1.2	1.9	1.5～1.9	珩磨
		2		外圆磨
		2.4		平面研磨
		2.5		圆柱体研磨
		3.5		抛光
11	0.6	2.5～3	1.4～1.6	珩磨、平面和圆柱体研磨
12	0.3	2.6	1.2～1.3	圆柱体研磨
		3.3		平面研磨
13	0.15	3.3	1.1～1.2	圆柱体研磨
		4.5		平面研磨

表 2-2 部分常用加工表面的轮廓算术平均偏差 R_a

加工方法	轮廓算术平均偏差 $R_a/\mu m$
抛光	0.02～0.25
挤压成型	0.25～4
压铸	0.4～4
研磨	0.5～2.5
钻	2.5～5
切削	3～6

5）中线截距平均值 s_m

中线截距平均值是轮廓与中心线各截点之间的截距在测量长度内的平均值，它反映了粗糙峰的疏密程度，如图 2-2 所示。

$$s_m = \frac{1}{10}\sum_{i=1}^{10} s_i \tag{2-4}$$

应当指出，一维形貌参数不能精确表征表面几何特征。如图 2-3 所示，虽然给出的 4 种表面轮廓的 R_a 值相同，但形貌却相差很大，甚至可能完全相反，如图 2-3(a)和(b)所示。虽然轮廓均方根偏差 R_q 比轮廓算术平均偏差 R_a 稍好一些，但对于图 2-3(a)和(b)两个相反的轮廓仍然无法区别。通常，一维形貌参数仅适用于表征用相同制造方法得到的具有相似轮廓的表面。

如果将一维高度参数和一维波长参数相配合，则可以粗略地构成表面形貌的二维图像。

一维形貌参数难以全面表征表面的摩擦学特性，如表面轮廓曲线的坡度、曲率等都与粗糙表面的摩擦磨损特性密切相关。因此，为了更好地反映粗糙表面的摩擦学状况，有时还需要采用二维形貌参数对其进行表征。

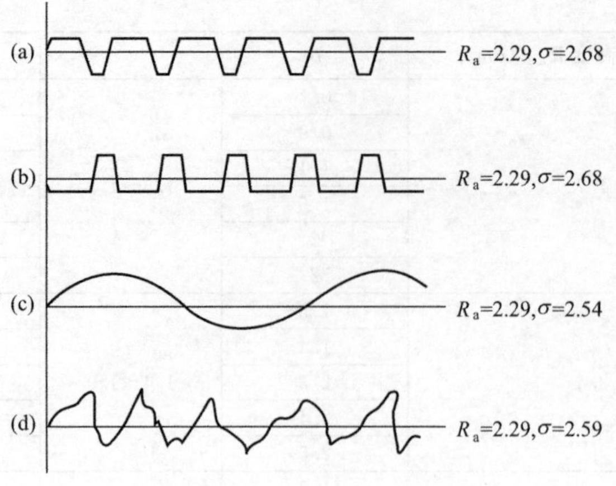

图 2-3　不同轮廓的 R_a 和 σ 值

（2） 二维形貌参数

1） 坡度 $\dot{z}_a$ 或 $\dot{z}_q$

坡度是表面轮廓曲线上各点斜率，即斜率 $\dot{z}=\mathrm{d}z/\mathrm{d}x$ 的绝对值的算术平均值 $\dot{z}_a$ 或者均方根值 $\dot{z}_q$。如图 2-4(a)所示，这一参数对微观弹流润滑效应十分重要。通过坡度密度 $\psi(\dot{z})$ 可以了解粗糙度的倾斜程度的分布情况，如图 2-4(b)所示。

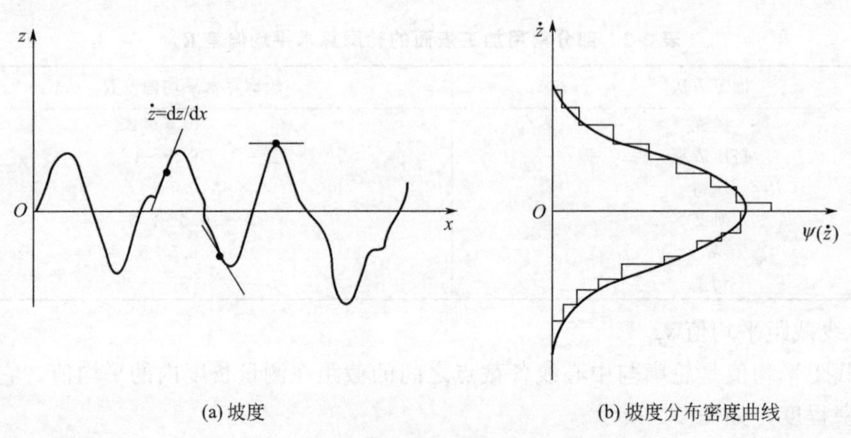

(a) 坡度　　(b) 坡度分布密度曲线

图 2-4　坡度及其分布密度曲线

2） 峰顶曲率 C_a 或 C_q

采用各个粗糙峰顶曲率的算术平均值 C_a 或者均方根值 C_q 反映粗糙峰的尖、平与否。C_a 或 C_q 越大，粗糙峰越尖，反之则越平。峰顶曲率对于润滑和表面接触状况都有影响。

实际中，表征粗糙表面的最好方法是采用三维形貌参数，它们可以给人以直观的表征，一般测量数据较多，采用先进的表面三维形貌仪、三维表面轮廓仪等可以快捷地测试出需要的表面粗糙度参数。

（3） 三维形貌参数

1） 二维轮廓曲线族

如图 2-5 所示，通过一组间隔很密的二维轮廓曲线来表示表面形貌的三维变化。

图 2-5　二维曲线轮廓族

2）等高线图

如图 2-6 所示，用表面形貌的等高线表示表面的起伏变化。

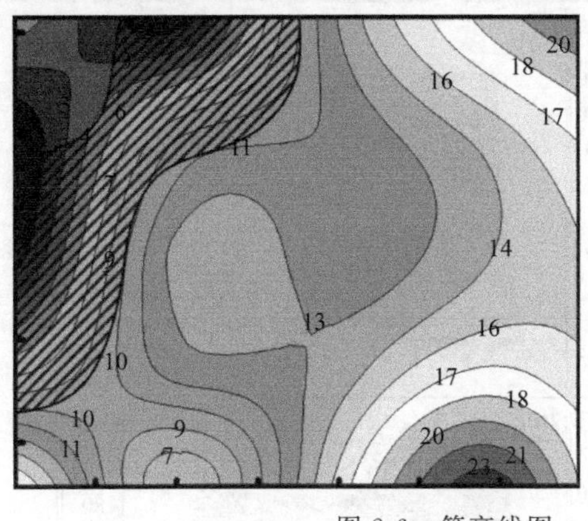

图 2-6　等高线图

3）三维形貌

可以采用激光三维形貌仪直接测量固体表面的三维形貌与相关几何形状参数，如表面粗糙度、轮廓最大高度、轮廓均方根值等。图 2-7 是张晓辉等用扫描电镜和三维形貌仪直接测量得到的氧化石墨烯强化 Al_2O_3-Cu/35W5Cr 复合材料电触头开断 5000 次后表面 SEM 形貌和三维形貌。

2.1.3　表面形貌的统计参数

机械加工的表面形貌包含着周期变化和随机变化两个组成部分，因此采用形貌统计参数来表征表面几何特征比用单一形貌参数更加科学，并能反映更多的信息，这就是将轮廓曲线上各点的高度、波长、坡度和曲率等的变化用概率密度分布函数来表示。

（1）高度分布函数

如图 2-8(a)所示，以 x 轴为横坐标，z 轴为轮廓曲线上各点高度值。概率密度分布曲线的绘制方法如下：由不同高度 z 作等高线，计算它与峰部实体（x 轴以上）或谷部空间（x 轴高度的概率密度分布曲线，如图 2-8(b)所示。

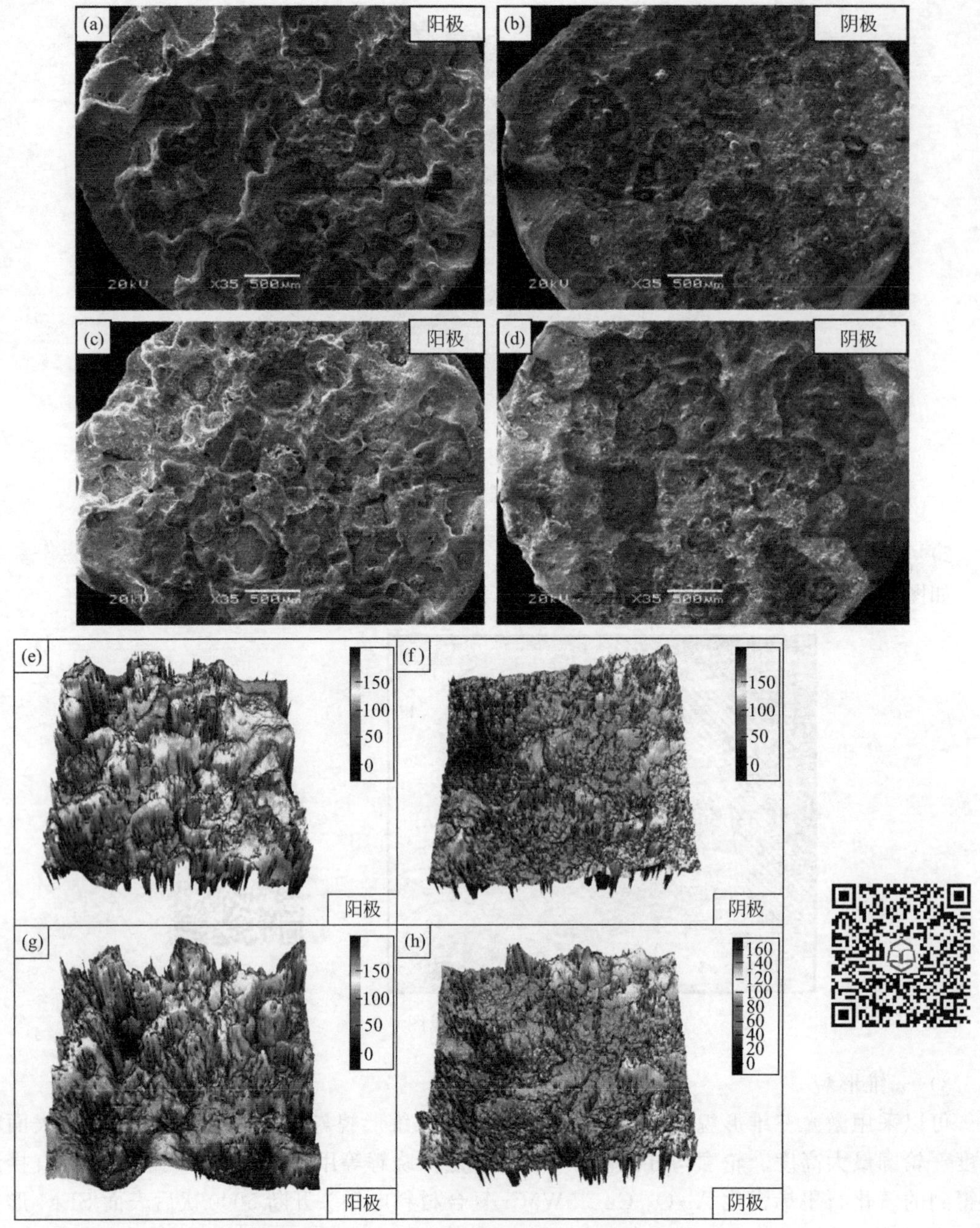

图 2-7　氧化石墨烯强化 Al_2O_3-Cu/35W5Cr 复合材料电触头开断 5000 次后表面 SEM 形貌(a)～(d)和三维形貌(e)～(h)

(a)，(b)，(e)，(f) —0.3%氧化石墨烯；(c)，(d)，(g)，(h)—0.5%氧化石墨烯

以下）交割线段长度的总和$\sum L_i$，以及与测量长度 L 的比值$\sum L_i/L$，用这些比值画出高度分布直方图。如果选取非常多的 z 值，则从直方图可以描绘出一维光滑曲线，这就是轮廓高度的概率密度分布曲线，如图 2-8(b)所示。

切削加工表面的轮廓高度分布接近于高斯分布规律。

高斯概率密度分布函数为：

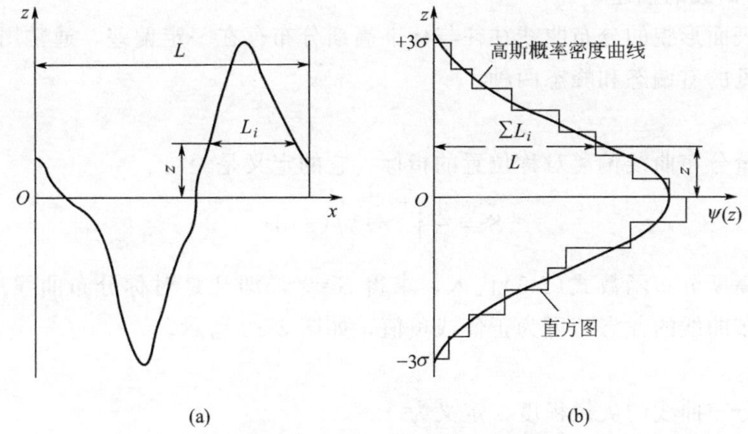

图 2-8　粗糙高度分布密度曲线

$$\psi(z)=\frac{1}{\sigma\sqrt{2\pi}}\exp(-\frac{z^2}{2\sigma^2}) \tag{2-5}$$

式中，σ 为粗糙度的均方值，在高斯分布中称为标准偏差，而 σ^2 称为方差。式(2-5)表示的分布曲线是标准的高斯分布，概率密度分布函数 $\psi(z)$表示不同高度出现的概率。理论上高斯分布曲线的范围为$-\infty\sim+\infty$，但实际上在$-3\sigma\sim+3\sigma$之间包含了分布的99.73%。因此以$\pm3\sigma$ 作为高斯分布的极限，在其以外所产生的误差可以忽略不计。

应当指出，对于二维形貌参数，如轮廓曲线的坡度和峰顶曲率，也可以用它们的概率密度分布曲线来表征变化规律。

首先根据表面轮廓曲线求出若干点的坡度数值$\dot{z}_a=\mathrm{d}z/\mathrm{d}x$，然后依照坡度等于某一数值的点数与总点数的比值作坡度分布的直方图，进而采用上述方法求得坡度分布的概率密度函数 $\psi(\dot{z})$，如图 2-8(b)所示。

对于峰顶曲率 C 或峰顶半径 r，有 $r=1/C$。采用类似的方法也可以求得其概率密度分布函数 $\psi(C)$ 或 $\psi(r)$ 。图 2-9 是根据某一实际切削加工表面求得的峰顶半径分布曲线。

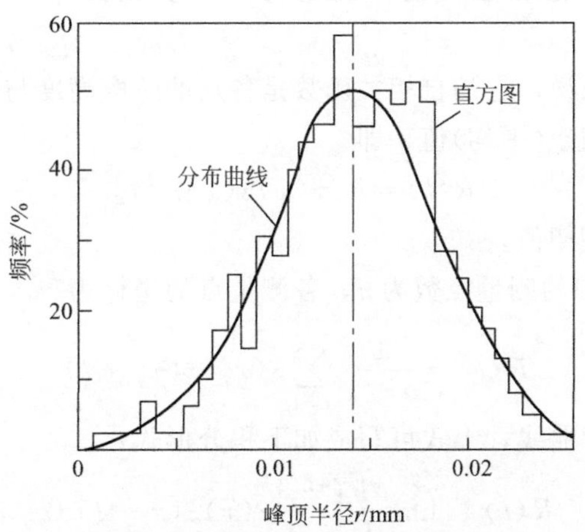

图 2-9　峰顶半径分布密度曲线

(2) 分布曲线的偏差

切削加工表面形貌的分布曲线往往与标准高斯分布存在一定偏差，通常用统计参数表示这种偏差，常见的有偏态和峰态两种。

1) 偏态 S

偏态是衡量分布曲线偏离对称位置的指标，它的定义是

$$S=\frac{1}{\sigma^3}\int_{-\infty}^{+\infty} z^3\psi(z)\mathrm{d}z \tag{2-6}$$

将标准的高斯分布函数式(2-5)代入，求得 $S=0$，即凡是对称分布曲线的偏差 S 均为零，非对称分布曲线的偏态值可为正值或负值，如图 2-10 所示。

2) 峰态 K

峰态表示分布曲线的尖锐程度，定义为

$$K=\frac{1}{\sigma^4}\int_{-\infty}^{+\infty} z^4\psi(z)\mathrm{d}z \tag{2-7}$$

将式(2-5)代入上式，求得标准高斯分布的峰态 $K=3$，而 $K<3$ 的分布曲线称为低峰态，$K>3$ 的分布曲线称为尖峰态，如图 2-11 所示。

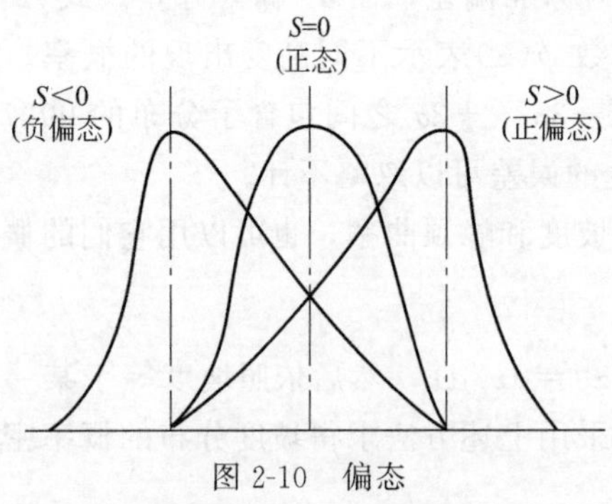

图 2-10 偏态

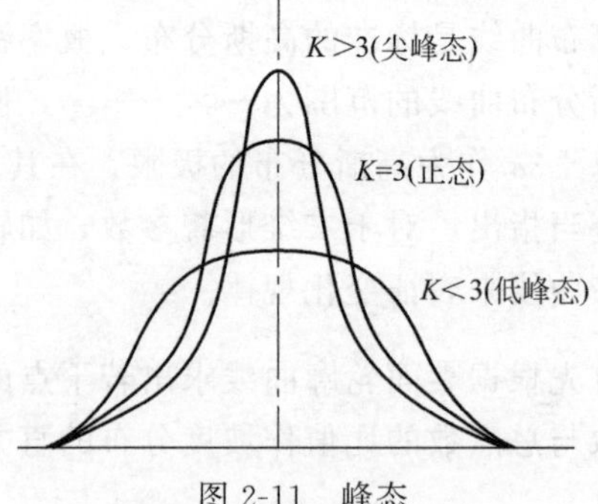

图 2-11 峰态

(3) 表面轮廓的自相关函数

在分析表面形貌参数时，抽样间隔的大小对于绘制直方图和分布曲线有显著影响。为了表达相邻轮廓的关系和轮廓曲线的变化趋势，可引用另一个统计参数，即自相关函数 $R(l)$。

对于一条轮廓曲线来说，它的自相关函数是各点的轮廓高度与该点相距一固定间隔 l 处的轮廓高度乘积的数学期望(平均)值，即

$$R(l)=E[z(x)z(x+l)] \tag{2-8}$$

这里，E 表示数学期望值。

如果在测量长度 L 内的测量点数为 n，各测量点的坐标为 x_i，则

$$R(l)=\frac{1}{n-1}\sum_{i=1}^{n-1} z(x_i)z(x_i+l) \tag{2-9}$$

对于连续函数的轮廓曲线，上式可写成如下积分形式：

$$R(l)=\lim_{L\to\infty}\frac{1}{L}\int_{-L/2}^{+L/2} z(x)z(x+l)\mathrm{d}x \tag{2-10}$$

$R(l)$ 是抽样间隔 l 的函数，当 $l=0$ 时，自相关函数记作 $R(l_0)$，且 $R(l_0)=\sigma^2$(方差)。因此，自相关函数的无量纲形式变为

$$R^*(l)=\frac{R(l)}{R(l_0)}=\frac{R(l)}{\sigma^2} \tag{2-11}$$

图 2-12 为典型轮廓曲线的自相关函数。自相关函数可以分解为两个组成部分：函数的衰减表明相关性随 l 的增加而减小，它代表轮廓的随机分量的变化情况；函数的振荡分量反映表面轮廓周期性变化因素。

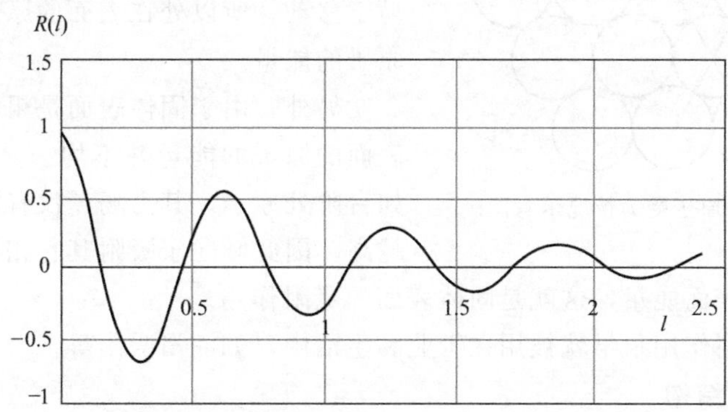

图 2-12 典型的自相关函数

计算实际表面的自相关函数需要采集和处理大量的数据，为简化起见，通常将随机分量表示为按指数关系衰减，而振荡分量按三角函数波动处理。分析表明，粗加工表面（例如 $Ra=16\mu m$ 的粗刨平面）的振荡分量是主要组成部分，而精加工表面(例如 $Ra=0.18\mu m$ 的超精加工平面)的随机分量是主要组成部分。

自相关函数对于研究表面形貌的变化是十分重要的，任何表面形貌的特征都可以用高度分布概率密度函数 $\psi(z)$ 和自相关函数 $R^*(l)$ 来表征。

2.2 固体表面结构

固体多为晶体，其原子排列的周期性，在垂直于表面的方向上突然中断，临近的原子所受内外部的力失去平衡，因此需要通过自洽调整达到新的平衡，这使得表层原子的键长和键角均与体内不同，一般表现为表层原子沿垂直于表面的方向产生一定位移，位移可向外(膨胀)，也可向内(收缩)，这种表面原子相对于体相原子平衡位置发生微量偏离的现象称为表面弛豫(surface relaxation)。

表面区中不同原子层的弛豫程度不同。表层内原子新的平衡位置也可表现为沿表面产生了横向移动，而且其二维周期性也与体内不同，此称为表面重构(或表面再构，surface reconstruction)。

表面区内还可能存在各种缺陷，例如空位、间隙原子、台阶、畴界等各种偏离二维周期性的结构。来自环境的外来原子或分子由于物理作用和化学作用黏附于固体表面的过程称为吸附，吸附物可在固体表面形成无序的或有序的覆盖层，有序覆盖层一般形成重构结构，其二维周期不同于衬底的周期。

2.2.1 固体表面原子受力与实际结构

(1) 固体表面受力

在固体中，处于表面的原子受力情况与内部的原子不同。在固体内部，每个原子周围挤满了其它原子，平均说来，每个原子受到周围原子的作用是对称均匀的；而处在表面的原子，其前后左右的作用力虽是对称均匀的，但上下的作用力不同，如图 2-13 所示。

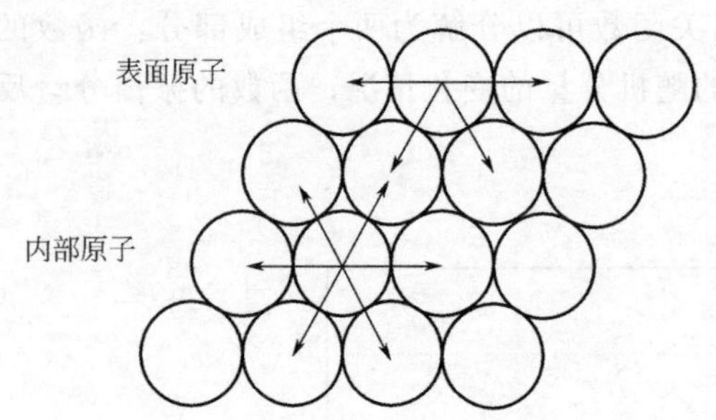

图 2-13　固体中原子受力情况示意图

处于表面的原子有一边的力场没有得到满足，故在固体内部有把表面原子拉向内部的力存在。又由于固体中的原子不像液体中的原子那样易于移动，所以处在表面的原子的能量高于内部原子的能量。

另外，由于固体表面是粗糙不平的，故处在表面的原子的能量并不均一。越是突出的原子，如台阶处原子，其力场越没有满足，表面能量就越高，因此倾向于吸附其它相(气相、液相)分子或固体颗粒来降低表面能量，这就是固体表面的吸附作用。

固体表面的吸附作用很早就被用在工业和生活中，如润滑吸附等。

(2) 金属表面结构

金属表面在加工过程中表层组织结构将发生变化，使表面层由若干层次组成。典型的金属表层结构如图 2-14 所示。

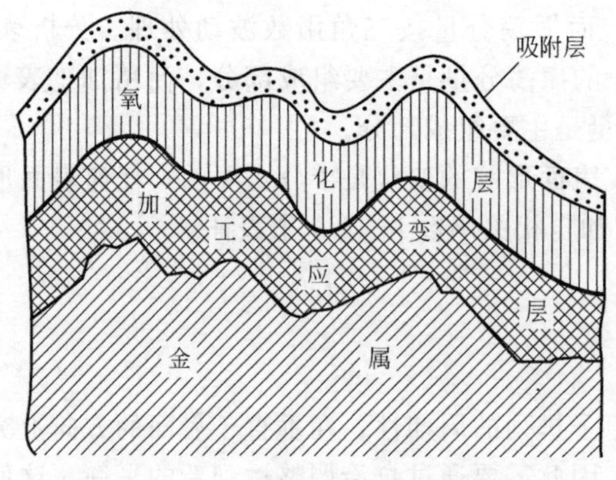

图 2-14　金属表层结构示意图

金属基体之上是加工应变层，它是材料的加工强化层，由轻变形层和重变形层组成，总厚度为数十微米。

由重变形层逐渐过渡到轻变形层，轻变形层之上是贝氏层(Bielby layer)，也称为白亮层，它是由于加工中表层熔化、流动，随后骤冷而形成的非晶或微晶层，厚度约 1μm。

氧化层是由于表面与大气接触，经化学作用而形成的，它的组织结构与氧化程度有关，厚度约 10～20nm。

最外层是环境中气体、液体极性分子和固体颗粒，与表面形成的吸附膜或污染膜，称为吸附层，厚度约 0.3～3nm。

为了描述实际表面的构成，西迈尔兹就把金属材料实际表面区分为两个范围：一是所谓“内表面层”，它包括基体材料层和加工硬化层等；另一部分是所谓“外表面层”，它包括吸附层、氧化层等。对于给定条件下的表面，其实际组成及各层的厚度，与表面制备过程、环境介质以及材料本身的性质有关。因此，实际表面的结构及力学性能与基体材料很不相同，金属表层的强化程度、显微硬度和残余应力等对于摩擦磨损起着重要的影响。

金属摩擦副在摩擦过程中还可能产生复杂的组织结构变化。当摩擦温度超过金属的结构转变温度时，由于表面上的高压力和环境介质的作用，将产生特殊的相变或结构转变。例如，有些合金钢在摩擦过程中会在表层产生一种特殊的奥氏体，它不仅具有很高的硬度，还有一定的塑性。另外，由于摩擦表面产生的压力和温度场反复变化，促使金属中的合金元素向着接触表面扩散，会造成次表层多孔性。

此外，摩擦温度使表层发生再结晶，从而改变材料在摩擦中的塑性。摩擦过程中产生的这些变化对于摩擦表面相互作用的力学性质有很大的影响。

(3) 高分子材料表面结构

高分子材料包括塑料、橡胶和纤维三大类，其中工程塑料可以作为许多机械装备的零件材料。塑料也是固体材料，并与金属存在一些共性，如在常温下保持固定形状、密度不变，具有可加工性等。但是，塑料与金属在本质上有区别，特别是在微观结构上两者是完全不同的，这导致它们的摩擦学性能等也显现出完全不同的特性。

金属是由元素的原子以点阵形式构成的，每个晶胞只有几个原子；而塑料由大分子组成，每个大分子有几万到十几万个原子。金属晶胞间结合键为金属键与共价键，塑料大分子间的结合键为范德华力与氢键，而大分子本身由共价键组成。一般把金属看作刚体或弹性体，而塑料为黏弹性体。

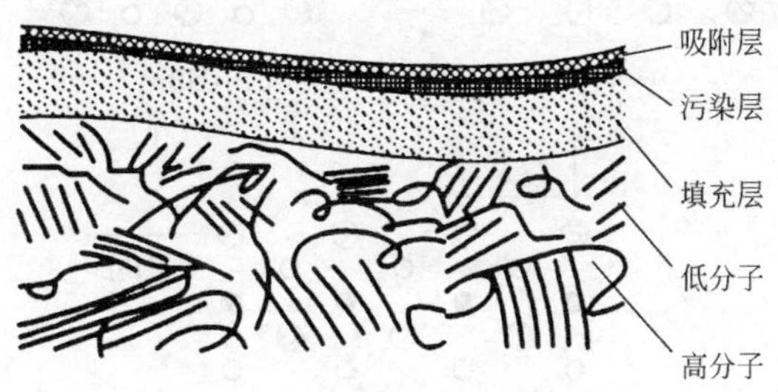

图 2-15　塑料表层的一般结构

塑料的表面也和金属表面一样，通常很容易被污染，其表面被各种各样的污染物与吸附物所覆盖，如图 2-15 所示。塑料一般都是多化学成分的，在其中混有填料、改性原料、增塑剂、稳定剂、润滑剂等，这些材料往往聚集在表层，用金属模具制成的零件表面还有脱模剂等。一般由机加工得到的表面，难得有大分子链存在。

塑料表面具有一定的几何形貌和几何精度。如果塑料零部件是由成形法直接得到的，那么，成形过程中使用的模具的形状和误差将直接反映在塑料表面上；如果是由机加工得到的，则形状与误差由机加工方法与条件决定。但是由于塑料的熔融温度相当低，导热性差，弹性模量小，因此机械加工时比较容易变形，不如金属加工那么精密，而且还会在表层产生弹性效应与滞后效应。

2.2.2 理想表面

为研究表面原子迁移扩散及由此引起的表面原子静态结构变化，有必要首先建立起参照晶面。通常，选择衬底材料的低 Miller 指数晶面作为参照晶面。这种晶面的获得是非常简单的：把一个块状晶体置于 UHV 系统，当真空度优于 1.33×10^{-8} Pa 时，用机械的方法把晶体沿设定的晶面进行解理，得到两个半无限晶体。刚刚解理的晶面，除了形成一个和真空相邻的边界外，其表面上的原子仍保持解理前的三维周期结构，这样的晶面称为理想晶面。

通常所讲的(100)、(110)、(111)晶面，是研究表面原子迁移扩散通道及由此发现、测量静态结构变化的参照与依据。几种典型晶体的低 Miller 指数晶面上原子排布的规律，尤其是不同晶面上每个原子周围的结构细节，可用图 2-16～图 2-19 表示。

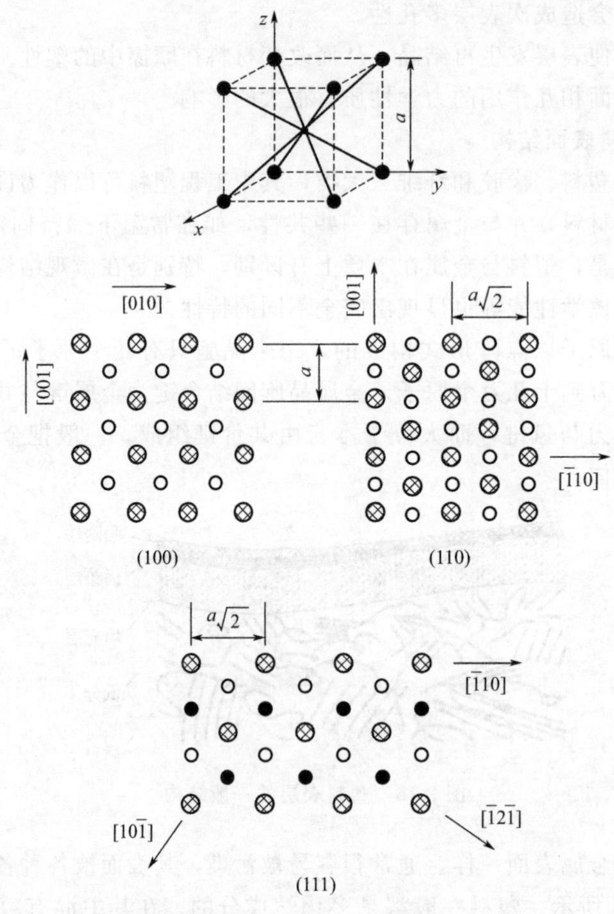

图 2-16　体心立方晶体晶胞及(100)、(110)和(111)晶面上原子排列

⊗最顶层原子；○第二层原子；●第三层原子

上述四种晶体结构不同晶面上的原子排列表明，晶体理想表面原子排列存在如下规律：

① 不同晶面的原子面密度差别很大；

② 最顶层表面原子排列的方式和对称性各不相同，第一、二、三这三个层次原子堆积方式不同；

③ 原子水平上，(100)、(110)和(111)三个不同晶面上晶体结构缺陷形式各不相同。

当原子沿着这些晶面向不同方向迁移时，由于晶面原子几何排列不同，因此表面原子扩散势能、扩散通道的几何结构有很大差别，从而引起表面原子的迁移机制和扩散动力学上的差别，表现为扩散系数同晶面结构、晶面取向有关，呈现各向异性。

对上述几种晶体高 Miller 指数表面的原子结构做进一步分析，会发现上述表观结构差别及所引起的原子宏观扩散特性的差别，必将进一步扩大，这与高 Miller 指数晶面易于形成由 TLK 模型所表征的各种表面缺陷类型有关。不同的表面缺陷，将导致表面原子迁移的扩散现象及扩散机制变得更为复杂。上述分析，都是基于完整三维晶体解理后的理想晶面；

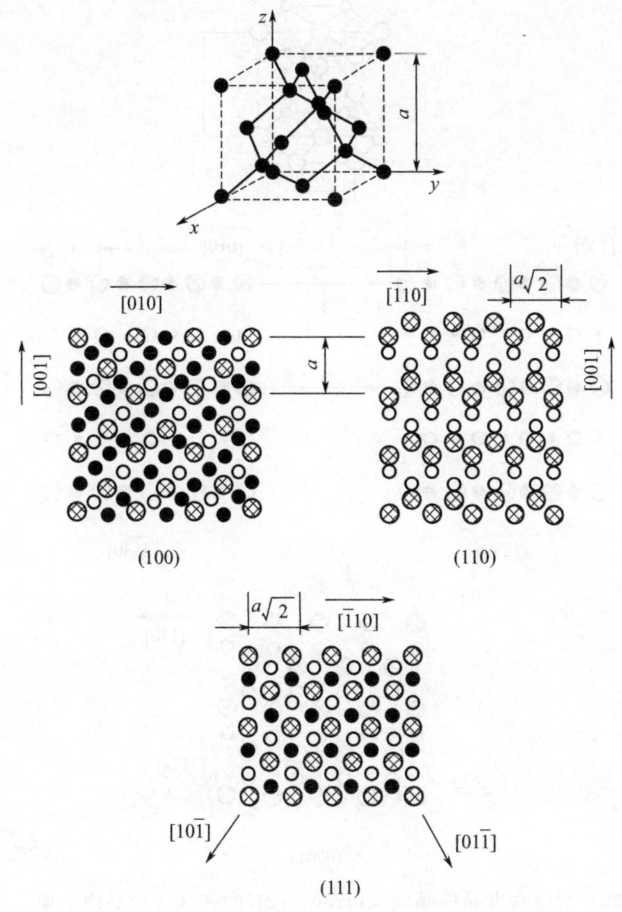

图 2-17 面心立方晶体晶胞及(100)、(110)和(111)晶面上原子排列

⊗最顶层原子；○第二层原子；●第三层原子

实际上，解理后的晶面原子，将在不同的晶向上发生不同程度的弛豫，改变表面原子的键长和键角，形成不同类型的重构表面，产生不同的表面缺陷类型。

2.2.3 表面弛豫与重构结构及类型

(1) 表面弛豫

实际上，解理后晶面上的原子不可能保持原始体相中格点位置，因为表面原子失去相邻原子间作用力的平衡，必然要发生弛豫以获得新的平衡位置，出现重构，表现为晶面上的原子或离子在法线方向上收缩或膨胀，通常第一、二两个原子层之间的距离较体相有所收缩。

表面原子的堆积密度越低，向内收缩得越大，如图 2-20 所示。图中纵坐标中的 $\Delta(d_z)_{12}$ 和 $\Delta(d_z)_{块体}$ 分别代表在晶面法线方向上第一、二两层原子间距和体相原子间距，两者之比 $\Delta(d_z)_{12}/\Delta(d_z)_{块体}$ 则表示法线方向上最顶层原子间距相对于体相的变化，负号表示收缩。横坐标为晶面粗糙度，定义为堆积密度的倒数，它同晶面指数有关。因此，图 2-20 给出的是层间距收缩比例和具体晶面粗糙度的函数关系。不难看出：面心立方和体心立方金属，它们的晶面指数越高，其表面原子堆积密度越低。原子水平方向上表面粗糙度的数值越大，层间收缩的距离也就越大。

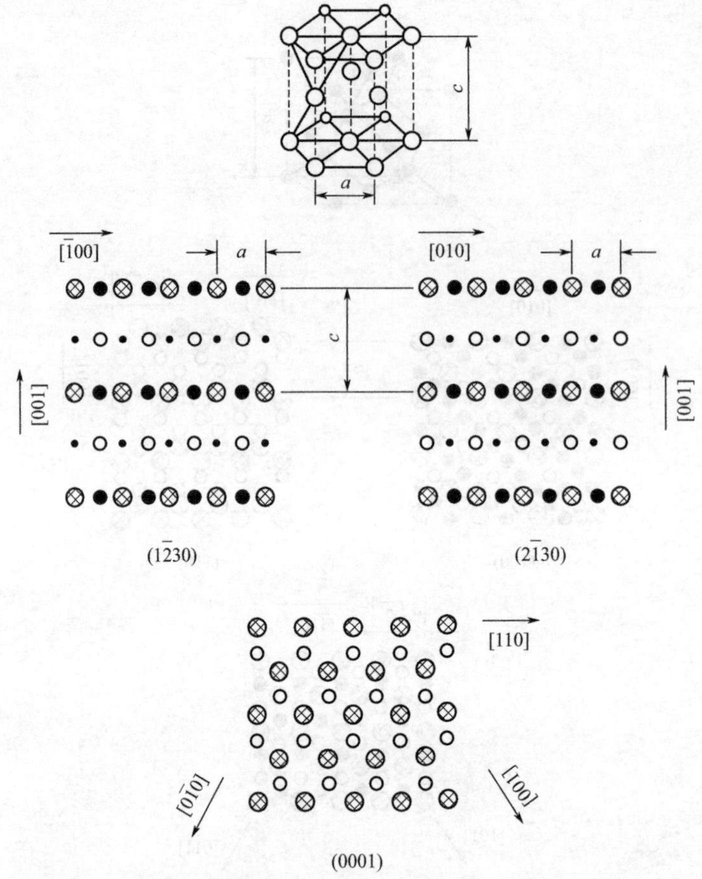

图 2-18 密排六方晶体晶胞及(1$\bar{2}$30)、(2$\bar{1}$30)和(0001)晶面上原子排列

⊗最顶层原子；○第二层原子；●第三层原子

所有晶面 $\Delta(d_z)_{12}/\Delta(d_z)_{块体}$ 都表现为负值，充分说明这两种晶体结构的金属、顶层和次表层之间的距离都小于体相原子间距。应当注意的是，顶层原子弛豫所引起的扰动会传播到体内几个原子层深度，事实上金属表面第二、三层之间的距离也有约 1%的变化，因为从最顶层到体内，必定有一个渐变才能形成新的稳定的重构表面。

(2) 表面重构

对于半导体如 Si、Ge、GaAs、InSb 等，原子间为共价键结合，解理后表面的悬键在无外来原子相互作用时，它必须依靠表面原子自身重新成键而发生重构。这种成键扰动同样要影响几个原子层直至体相晶格结构。图 2-21 是用低能电子衍射(LEED)测得的 Si(100)晶面的(2×1)重构，由此不难看出最顶层平面是由紧扣着的二聚原子所组成，侧视图显示顶层二聚原子横向分别向内收缩 0.043nm 和 0.081nm，这样彼此扣得更近；相反，两个二聚体之间的横向距离则拉开更远，从而形成了(2×1)结构。另一方面，在晶面法线方向上二聚原子向内发生非等距收缩，其差值为 0.031nm。图 2-21 还显示了 Si(100)表面原子弛豫中所波及的范围达到体内第 4 个原子层。

另一种情况是，解理后表面原子在外来原子或分子诱导下发生迁移，形成重构表面。例如，Ni(100)表面上吸附 C 原子，当覆盖量达到有 1/4 单层时，在平行、垂直表面的两个方向上诱导顶层 Ni 原子重构。LEED 测定证明，其重构方式是包围 C 原子的 4 个 Ni 原子相对

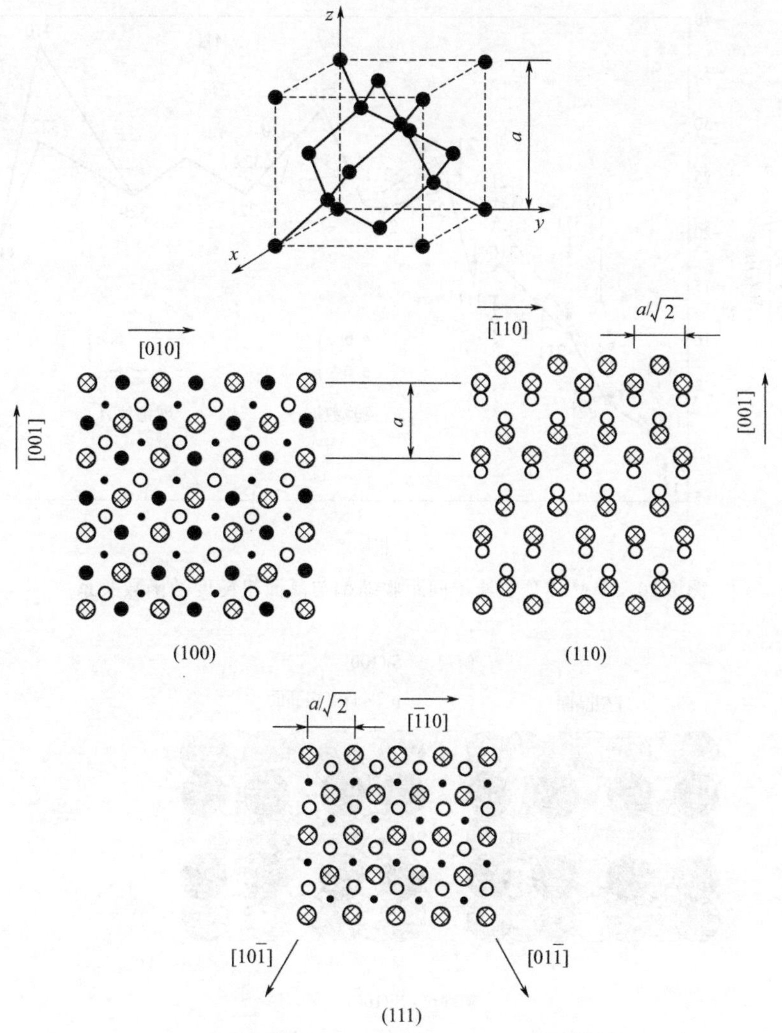

图 2-19 金刚石晶体晶胞及(100)、(110)和(111)晶面上原子排列
⊗最顶层原子；○第二层原子；●第三层原子

于底层旋转约 20°，如图 2-22 所示。对比左、右两侧图可以看出：吸附 C 原子之前的 Ni(100)晶面顶层的 Ni 原子按正方形规则排列，还可看到次表层原子的位置，化学吸附的 C 原子落在 4 个 Ni 原子中间，并保持四重对称特性；但是，很明显，基底 Ni 原子的排列在二维面上转动了约 20°。在垂直于晶面的方向上，也是因为 C 原子的吸附和成键作用，顶层和次表层 Ni 原子之间的距离也有变化，最终形成的表面层结构可表示为 Ni(100)-(2×2)-20°-C。

另一个例子是化学吸附 S 原子后的 Fe(110)表面，也发生了诱导重构，如图 2-23 所示。在密堆积的 Fe(110)晶面上化学吸附 S，不仅诱导 Fe(110)重构，同时，所吸附的硫也形成了四重对称。在吸附质诱导期间所形成的 4 个很强的 Fe—S 键，补偿了相邻 Fe—Fe 键的减弱。不难发现，由于吸附 S 的作用，原 Fe(110)晶面上的原子排列在二维面上发生了一定的扭曲，原格之间的距离也有一定的变化。

这是吸附质诱导衬底表面原子重新排列的两个典型例子，展示了吸附原子的成键作用驱

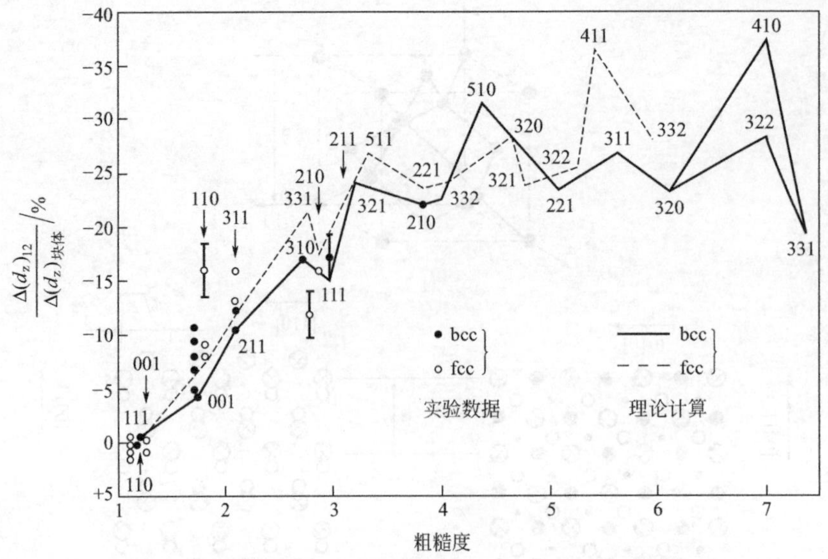

图 2-20 单晶体顶层原子间距收缩率与晶面粗糙度的函数关系

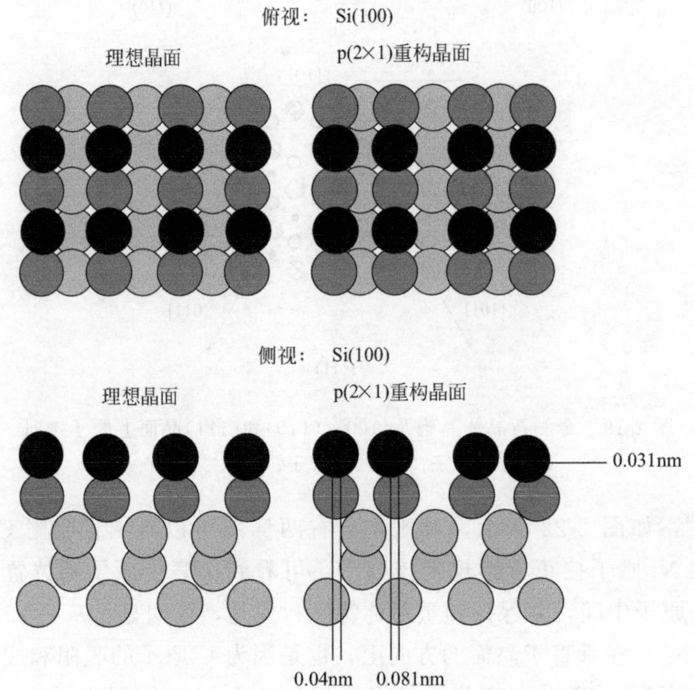

图 2-21 由 LEED 测得的 Si(100)晶面重构示意图

动衬底原子迁移重构。

(3) 金属表面重构类型

清洁金属表面发生重构的现象不太多，大概有三种类型的重构：

1) 位移型重构(displacive reconstruction)

金属 Mo 和 W 都是 BCC 结构，其(100)表面是这种类型重构的例子。表面原子只需沿[011]方向位移 0.03nm，就产生(2×2)重构结构。图 2-24 是 W(100)-(2×2)重构表面的俯

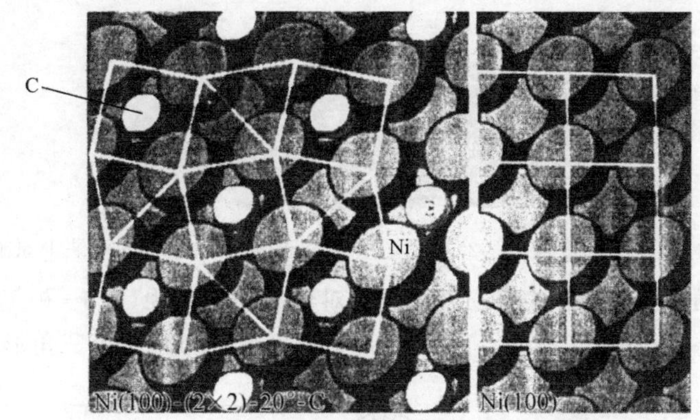

图 2-22 C 化学吸附诱导形成的 Ni(100)表面重构

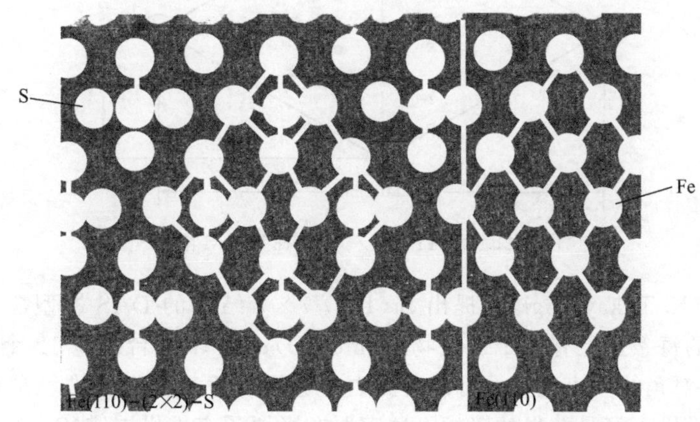

图 2-23 S 化学吸附诱导形成的 Fe(110)表面重构

视图。

2) 缺列型重构 (missing-row reconstruction)

金属 Ir、Pt、Au 都是面心立方结构，它们的(110)表面每隔一列原子失去一列原子，形成(1×2)重构现象，如图 2-25 所示。也有每隔一列原子失去平行的两列的，形成(1×3)重构。

3) 表面顶层形成六角结构

Pt 和 Au 晶体都是面心立方结构，但它们的(0001)表面却形成六角结构。

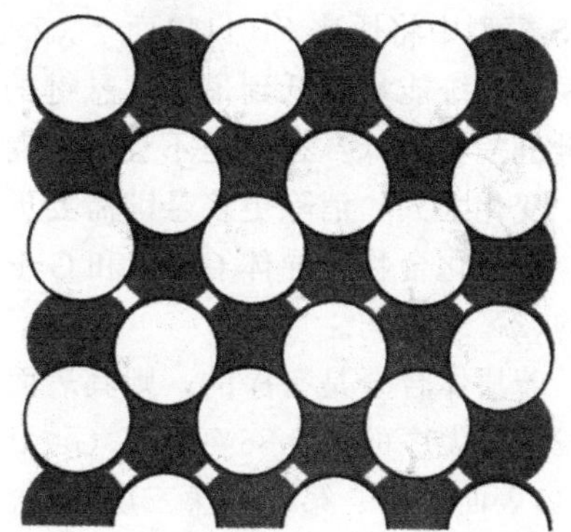

图 2-24 W(100)-(2×2)重构表面的俯视图（白色圆圈表示顶层的 W 原子）

(4) Si(111)-7×7 重构

半导体表面发生重构是常见的，原因是半导体的化学键有高度的方向性。产生某个表面则必然要切断原来穿过该晶面的化学键，使它们变成悬键，这对二维系统来说在能量上是很不利的。半导体表面重构的一个驱动因素就是尽可能减少表面悬键的数目。

最典型的例子是 1959 年 R. E. Schlier 和 H. E. Farnsworth 用 LEED 实验观测到 Si(111)表面经高温退火后形成(7×7)重构。1983 年，G. Bining 等用他们新发明的扫描隧道电子显微镜(STM)直接观测 Si(111)-7×7 原格原子结构的像，如图 2-26 所示。菱形原格角顶是小

图 2-25 FCC(110)表面(1×2)缺列型重构的透视图(透视方向沿缺少原子方向)

洞，菱形长对角线的长度为(4.6±0.1)nm，短对角线的长度为(2.9±0.4)nm，它把菱形分为两半，左右各是一个等边三角形，12 个高台有规则地分布于两个三角形里。

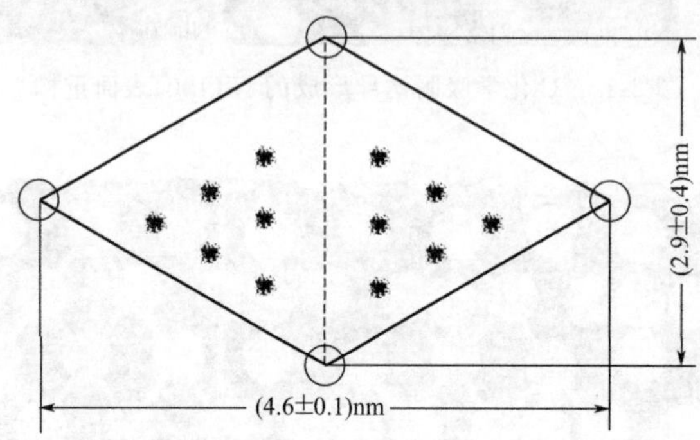

图 2-26 Si(111)-7×7 结构的 STM 图像

1985 年高柳(K. Takayanagi)等提出 Si(111)-7×7 结构的 DAS 模型，如图 2-27 所示。两个等边三角形的每条边上有 3 个二聚物(Dimer,D)；12 个高台对应 12 个叠顶原子(Adatom,A)；如沿长对角线垂直剖开，可以看到右半原子在垂直方向上堆垛是正常的，而左半相对中轴线原子堆垛正好是右半的镜像，这表明左半原子有堆垛层错(Stacking fault,S)，因此称这个模型为 DAS 模型。后来的实验研究和理论计算结果都证实这个模型是合理的。在 DAS 模型中将原来 Si(111)面 7×7 原格范围内的 49 个悬键，经过重组消除了 30 个，关键是表面系统能量降低到最低。悬键的消除率为 61.2%。如果消除更多的悬键会不会使系统能量进一步降低？答案是不会。这是因为系统价键重组仍然受到共价键的空间取向性的限制，变化太大，消除更多悬键需要更多的体系变形能量，反而使系统能量上升。

对于化合物半导体 GaAs 和 GaP 的(111)，由于 Ga 贫化产生 Ga 空位，因而形成了一种新的(2×2)重构。

若块体合金是有序的，则其表面往往也是有序的。若块体合金本身是无序的，则其表面一般也是无序的。1988 年，Y. Gauthier 发现当 Pt_x-Ni_{1-x} 块体合金中 Pt 含量为 50%时，其(111)表面第一、第二、第三层 Pt 含量分别为 88%、9%和 65%。

总之，对于固体表面原子结构是很难由此例推测彼例的，对具体材料的具体表面结构需要进行详细的实验检测及分析研究才能有明确结论。

2.2.4 表面偏析

对于合金、掺杂半导体和陶瓷加工中所用的添加剂，或高分子材料加工中所用的成型添加剂，以及材料中的微量杂质，它们在加工过程中或在特定环境气氛作用下，其中某个元素或化合物会在表面发生富集，这就是表面偏析。

偏析会改变表面化学结构，在合金材料尤其是多层薄膜材料中这是比较普遍的，所以在

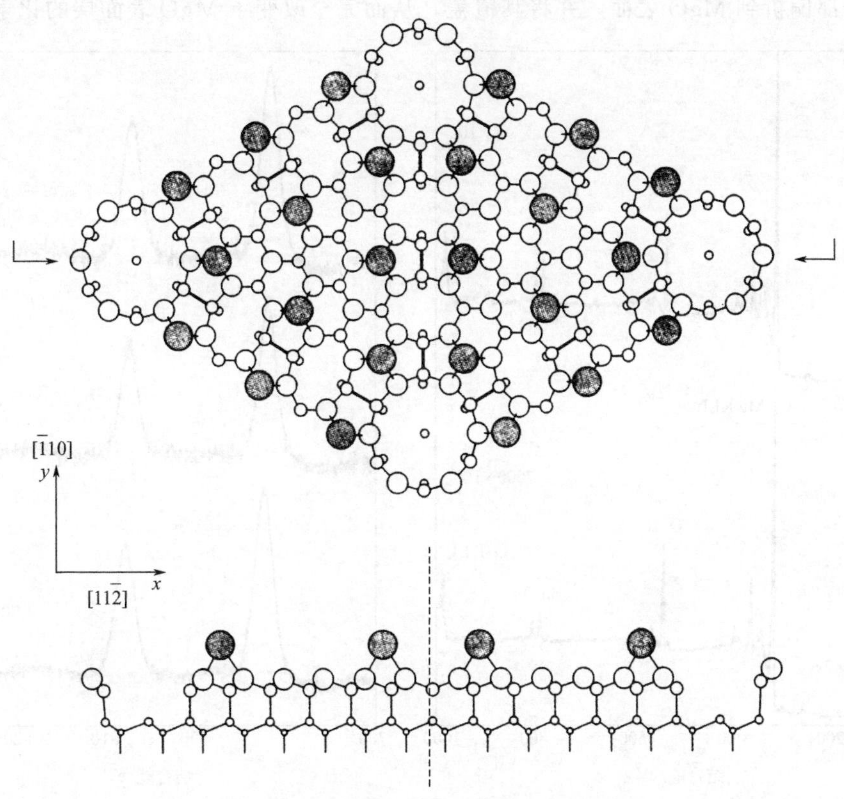

图 2-27　Si(111)-7×7 重构表面的原子排列

研究这类材料表面科学问题时，必须重视表面偏析现象，因为它会改变材料的抗氧化、抗腐蚀性能，改变电、磁性质及表面粘接性能等。

掺杂金属氧化物的表面偏析，是材料表面化学研究的重要内容。因为不论是人为地掺杂，还是客观的微量杂质的存在，都将极大地影响技术陶瓷的电子和力学性能，影响催化剂载体性能及化学传感器的灵敏度。

曹立礼与 Egdell 等对高度离子型化合物 MgO 的同族掺杂 Ca、Sr、Ba 元素的表面偏析，进行过较系统的理论和实验研究。以掺 Ba 的氧化镁为例，样品制备采用的是化学方法。在制得的硝酸镁溶液中掺入 Ca、Sr、Ba 的硝酸盐溶液，使体掺杂物的质量分数分别为 7×10^{-6}、70×10^{-6}、700×10^{-6} 和 7000×10^{-6}，将溶液蒸发干燥制成粉末，再将其压成薄片，并置于氧化铝陶瓷舟形器皿中，在 1400℃高温下连续灼烧 48h，让样品在炉中缓慢冷却至室温后取出，随即放入 UHV 系统，用 XPS 对 MgO 表面上 Sr、Ba 的偏析状况进行分析。

按照上述体掺杂物量和 XPS 检测极限(0.05%～0.1%单原子层)，如果表面没有发生掺杂物的偏析，则对所制备的 Sr-MgO 和 Ba-MgO 陶瓷表面，用 XPS 谱仪是不可能检测到 Sr3d 和 Ba3d 的特征信号，只能接收到很强的 Mg1s 和 O1s 谱峰。但是，XPS 实际检测结果表明，经高温热处理后的掺杂样品表面，即便 MgO 中 Sr、Ba 的掺杂物的质量分数只有 7×10^{-6}，也可以检测到很强的 Sr、Ba 信号。如图 2-28(a)所示，它清楚地证明 Ba 在表面上发生了偏析和富集。同时发现，尽管体掺杂物的质量分数从 7×10^{-6} 提高到 7000×10^{-6}，掺杂量的变化达到 3 个数量级，但 XPS 谱中 $Ba3d_{5/2}$ 信号强度和谱峰结构，几乎不受掺杂物的量的影响，如图 2-28(b)所示。这个结果进一步证明，不论掺杂物的量是高还是低，掺杂物 Ba 几乎都偏析到 MgO 表面，并将其覆盖，从而完全改变了 MgO 表面层的化学组成。

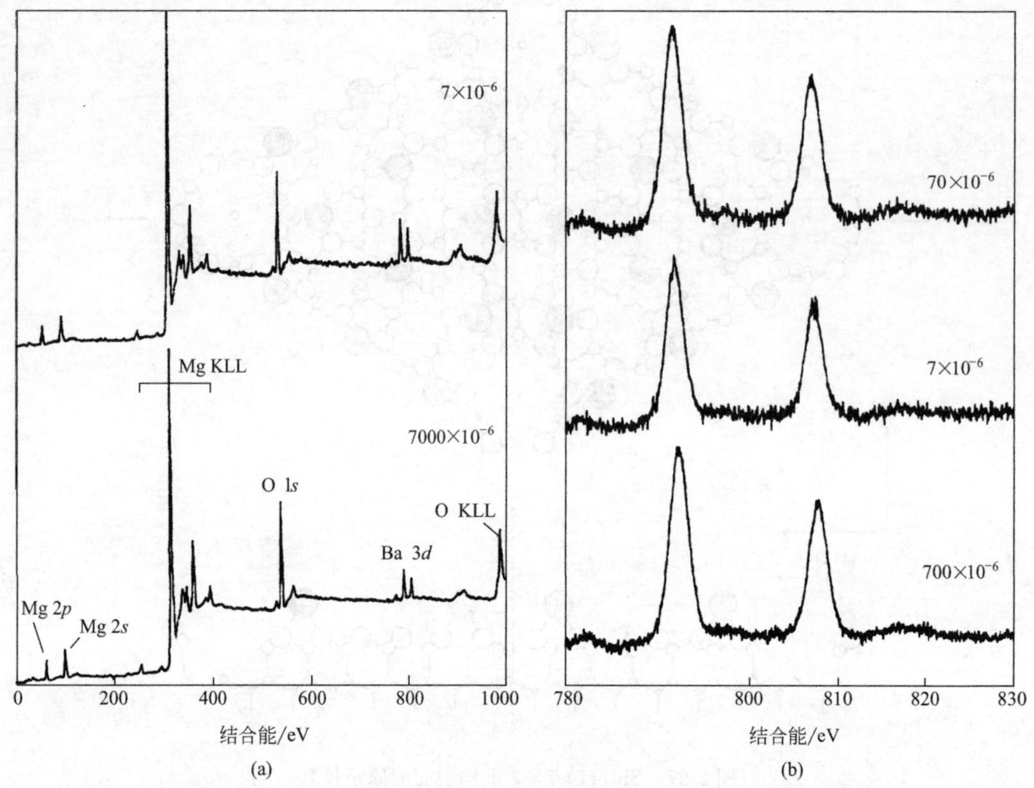

图 2-28 掺杂浓度对 1400℃热处理后的 Ba-MgO 样品 XPS 谱的影响

(a) XPS 全谱；(b) Ba 的 $3d_{5/2}$ XPS 谱

2.2.5 表面缺陷

一般固体材料表面可能存在如晶界、位错等晶体面缺陷、线缺陷，也可能含有如 Frankel 和 Schottky 这类晶体点缺陷。相对于一个三维完整的晶体，表面本身就是一种结构缺陷，其晶体表面上原子的可能结构排列与表面原子迁移扩散密切相关。采用场离子显微镜(FIM)、扫描隧道显微镜(STM)、低能电子衍射(LEED)等实验技术，表面科学家能够对不同金属、氧化物及卤化物表面的原子结构形态进行测试和描绘。在实验和理论计算的基础上，Gjostein 提出一个如图 2-29 所示的 TLK 模型，全面概括了单晶表面上可能存在的各种表面结构缺陷类型，比较真实地反映了实际表面可能存在的结构状态，这一模型被普遍采用来阐述表面扩散现象。

图 2-29 显示的晶体表面的缺陷结构包括：平整的平台(terrace)被一些单原子台阶(ledge)所隔开，而在这些单原子台阶(monoatomic ledge)上因失掉一些原子而形成扭折(kink)，或留下台阶吸附原子(ledge adatom)；而在平台上往往又存在平台吸附原子(terrace adatom)及平台空位(terrace vacancy)。取平台、台阶、扭折这三个主要缺陷的英文名称的第一个字母 T、L、K 概括表面上的缺陷，即晶体表面缺陷的 TLK 模型。图 2-29(b)为 Si 单晶(001)面的 STM 像，清楚地显示了 Si 单晶(001)表面上的平台、台阶和扭折典型形貌。

至于晶面上的台阶数、扭折数和空位数，则同晶体表面本身几何状况有关，主要是同晶

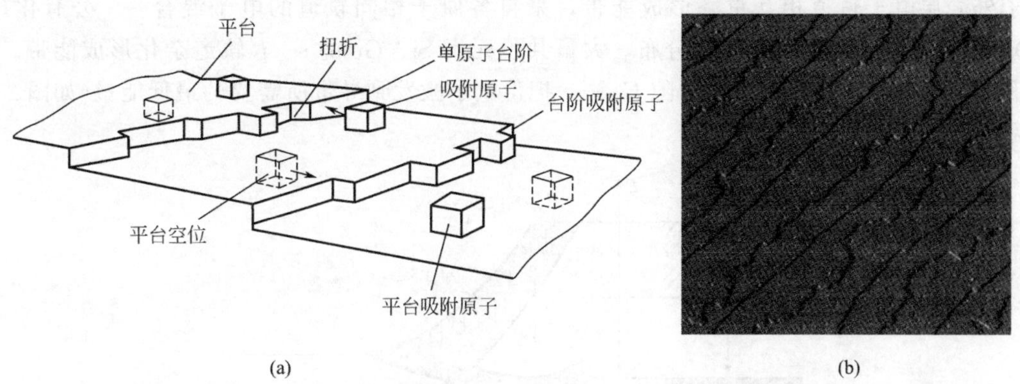

图 2-29 TLK 表面缺陷模型(a)及 Si 单晶(001)面的 STM 像显示的平台-台阶-扭折典型形貌(b)

面指数以及热起伏有关。对于一个确定的晶面，其缺陷浓度只是温度的函数，可用统计热力学方法计算。

任何真实表面上，扭折、台阶和平台都有很高的平衡浓度。如粗糙表面，有 10%～20%原子位于台阶处，扭折处约有 5%原子。有人把台阶和扭折称为表面线缺陷，而把原子空位和吸附原子称为表面点缺陷。这两种缺陷还会随着温度而变化。定性地讲，平台吸附原子和平台空位与相邻表面的键合强度要低于其它缺陷类型，因此这两种缺陷易于形成，并成为表面原子迁移和扩散的主要通道，这也是人们讨论表面原子迁移扩散微观机制的主要依据。

表面化学更重视不同表面缺陷对外来分子表现出的不同化学吸附和反应能力。对于过渡金属及其氧化物，大量的实验结果表明，不同类型的表面缺陷，即不同的原子位置，对分子的吸附能力差别很大，断开高结合能化学键(如 H—H 键,C—H 键,N—O 键,N≡N 键和 C—O 键)的能力也有很大的差别。这是由于不同缺陷处的原子几何结构不同，会造成相关原子局域电荷密度分布发生很大变化；同时，不同的金属原子位置因电荷密度的重新分布而产生较大的表面偶极子，造成它们具有不同的反应能力。

对于相同的分子，不同缺陷还会引起分子不同部位断键，因而形成不同的反应产物，这就是催化反应结构敏感性的物理起源。尽管微观上这些不同的原子位置处催化反应产物不同，但是通常宏观上测得的数据是所有不同原子位置反应产物总和的平均值，当然很难确定每个原子位置上的基元反应。同样，在光电器件制造中，基体表面缺陷的存在会影响薄膜的成核和生长。

2.3 金属表面电子结构

在多电子原子中，当价电子进入原子核内部时，内层电子对原子核的屏蔽作用减小，相当于原子核的有效电荷数增大，也就是说电子所受到的引力增大，原子的体系能量下降。所以由此可以容易得出，当主量子数 n 相同时，不同的轨道角量子数 l 所对应的原子轨道形状不一样，即当价电子处于不同的轨道时，原子的能量降低的幅度也不一样，轨道贯穿的效果越明显，能量降低的幅度越大。根据 Bohr 原子模型，电子绕原子核运动，分成不同能级壳层 K、L、M、N 等，每个能级又分为不同电子壳层 s、p、d、f 等。s、p、d、f 能级的能量有大小之分，这种现象称为能级分裂。大量原子相互接近，原子间距 d 接近晶格常数 a 时，原子外壳层电子轨道相互重叠形成能带，来自各原子相同轨道的电子混合——公有化（杂化），形成特定的电子状态密度分布。大量共价元素 Si、Ge 的 s、p 轨道杂化形成能带。价带和导带之间的能量间隔称为带隙 E_g——把价电子激发到导带所需要的最低能量（如图 2-30 所示）。

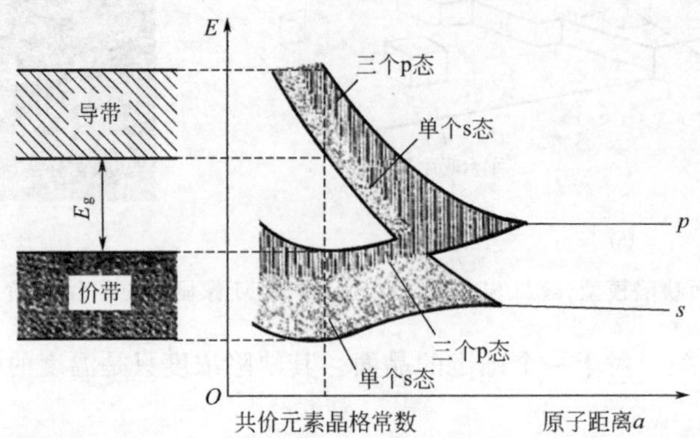

图 2-30　共价结合元素原子间距缩短导致能级分裂展宽形成能带示意图

金属、半导体和绝缘体的能带结构如图 2-31 所示。可以看出，金刚石带隙宽度高达 5.5eV，为绝缘体；半导体 Ge 的能带结构与金刚石类似，即价带填满电子，导带则是空的，其差别是 Ge 的带隙宽度为 0.7eV，其价带顶部即为费米能级，其价带电子比较容易被激发到导带而导电成为导体。而碱金属和金属 Mg 的费米能级均低于价带顶部，其导带能级降低与价带重合或部分重合，其共同特点是导带内电子是半满的，因此在电场作用下能带中的电子可以自由流动，具有传输电子的能力而表现出良好的导电性能。

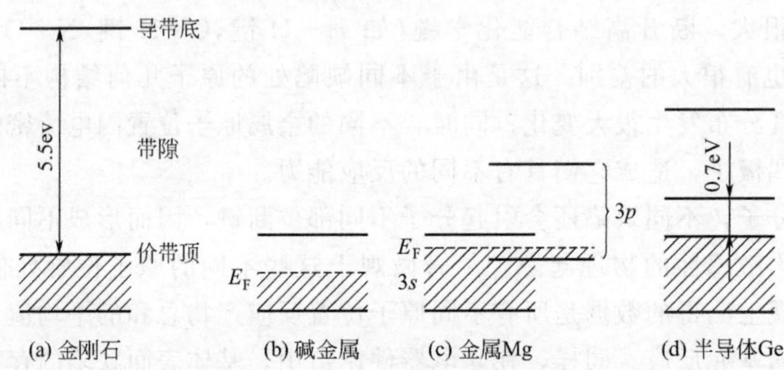

图 2-31　金属、半导体和绝缘体能带结构示意图

结构上，价电子或传导电子与内壳层电子是分开的，价电子在金属中可以自由运动，内壳层电子被原子核紧紧地束缚住。

表征核外电子运动和作用特征的重要概念有费米能 E_F 与费米分布函数、价电子作用的有效半径等。

（1）费米能 E_F 与费米分布函数

用统计热力学表征能带中电子能量分布及其随温度的变化的函数称为费米-狄拉克分布函数，简称费米分布函数，其表达式如下：

$$F(E)=\frac{1}{\exp\left(\frac{E-E_F}{k_B T}\right)+1} \tag{2-12}$$

图 2-32 为费米分布函数特征与温度的关系。$T=0\text{K}$ 时，$F(E)=1$，$E=E_F$，E_F 称为费米能，其表达式为

$$E_F=\left(3\pi^2\frac{N^*}{V}\right)^{2/3}\frac{\hbar^2}{2m}=(3\pi^2 n^*)^{2/3}\frac{\hbar^2}{2m} \tag{2-13}$$

式中，$n^*=\dfrac{N^*}{V}$，定义为单位体积内的电子数，即平均电子密度；m 为电子质量；$\hbar=\dfrac{h}{2\pi}$，h 为普朗克常数，$h=6.626\times10^{-34}\text{J}\cdot\text{s}$。图 2-33 为能带中自由电子分布密度函数示意图。

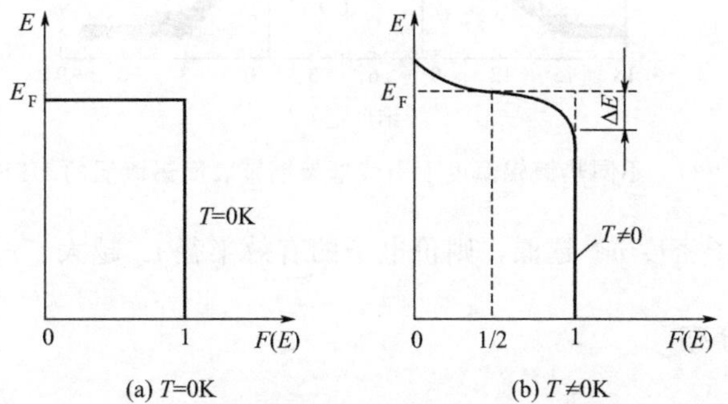

图 2-32　费米分布函数特征与温度的关系

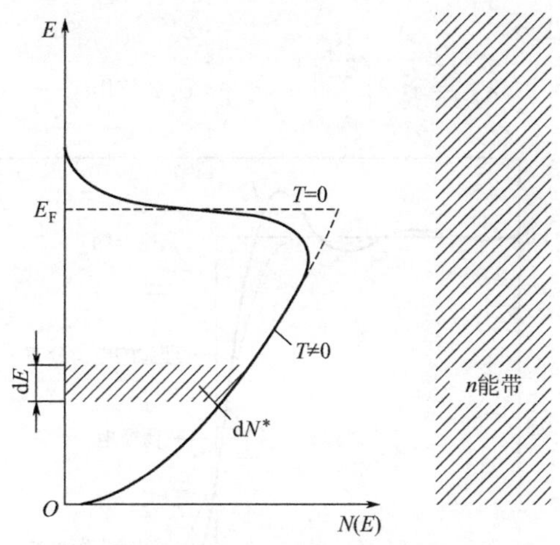

图 2-33　能带中自由电子分布密度函数

实践中常用紫外光电子能谱(UPS)等方法测得电子数-能量分布曲线，即能谱，研究材料表面电子状态分布、费米能级和其它电子结构特征。图 2-34 所示为王胜刚等测得的不同热镀锡温度下引线框架铜带表面锡镀层的表面 UPS 谱，可以看出 260℃和 280℃热镀锡层具有较高的表面电子结合强度。

(2) 价电子作用的有效半径

价电子作用的有效半径 r_s，其定义为

$$\frac{4\pi r_s^3}{3}=\frac{1}{n^*} \tag{2-14}$$

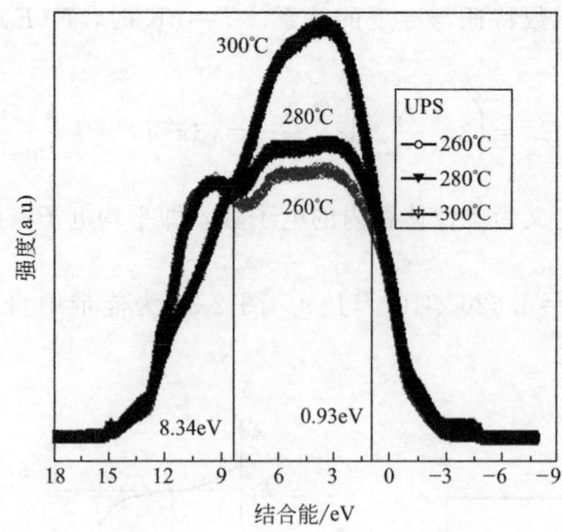

图 2-34　不同热镀锡温度下引线框架铜带表面锡镀层的 UPS 谱

单位体积内价电子密度 n^* 越低，则价电子的有效半径 r_s 越大。r_s 典型值为 0.1nm。

2.3.1　电荷密度分布

金属表面附近的电荷密度分布比较复杂。实际上，从真空向着体内，已经观测到在表面附近电荷密度分布存在如图 2-35 所示的振荡，其振荡范围用费米波长表示。费米波长的定义式为

$$\lambda_F = \pi^{2/3}\left(\frac{32}{9}\right)^{1/3} r_s \approx 3.2739 r_s \tag{2-15}$$

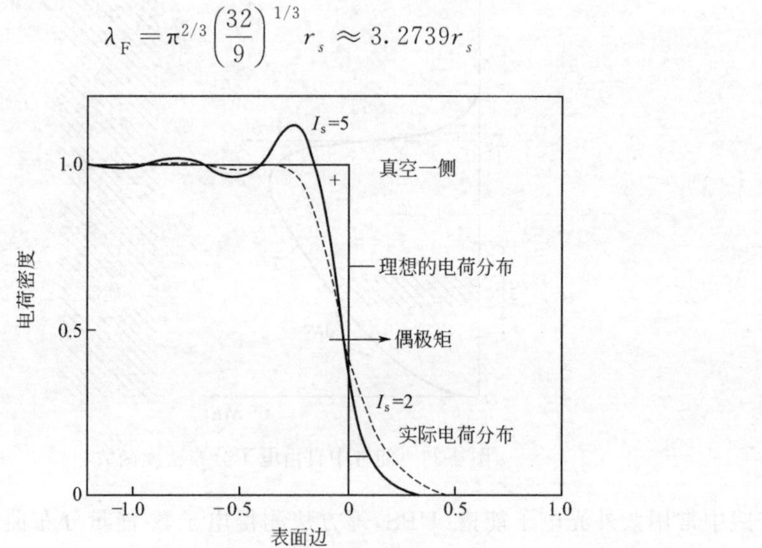

图 2-35　金属-真空界面处电荷密度分布

λ_F 的典型值为 0.5nm。从图 2-35 和费米波长数值可以看出，电子被束缚在表面附近而朝向体内。但是，电子可以通过隧道作用而进入真空一侧，外伸出表面的尺寸 Δx 可用“测不准关系”估算。如将 E_F(约 4eV)等参数代入公式，得

$$\Delta x = \frac{\hbar}{\Delta p} = \frac{\hbar}{(2m_e E_F)^{1/2}} = 0.1\text{nm} \tag{2-16}$$

通常，金属表面电子经隧道作用外溢到真空一侧 0.1～0.3nm 范围，外溢的电荷形成垂直于表面的正、负电荷瞬间分离，从而产生偶极矩，这是金属表面电子结构的最显著特点。

2.3.2 逸出功

由图 2-35 不难看出，由隧道效应所引起的电荷密度分布，在外伸出表面一侧以指数方式迅速衰减到零，同时在相对体内大约 2 倍尺寸范围内，存在电荷密度波动。总之，这种电子隧道效应使得表面外真空一侧出现负电荷过剩，在表面内侧则有等量的正电荷，这样在表面附近便出现了正、负电荷的分离，形成了偶极子，其作用力称为偶极矩，如图 2-36 所示。

表面附近偶极子的强度(通常用符号 D 表示)是讨论金属表面逸出功及其变化的重要依据。

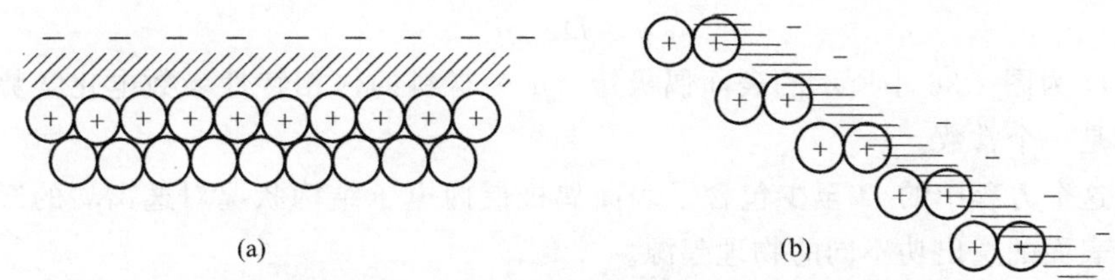

图 2-36　表面附近电荷密度及偶极层形成

(a) 原子密堆积表面，存在大量的偶极子，产生较高的偶极矩 D；

(b) 非原子密堆积表面，存在较少量的偶极子和较低的偶极矩 D

由图 2-33 和图 2-36 可以看出，电子要逃离固体表面必须具有一定的能量，克服由偶极层所形成的表面势垒。通常，将电子逃离固体表面时所必须具有的最低能量定义为逸出功，习惯上用希腊字母 ϕ 表示。在表面科学中，逸出功是一个易于理解但难于准确测定的物理参数，它是讨论许多表面现象时十分有用的概念。

(1) 逸出功的理论表述

逸出功是电子逃离固体表面时所必须克服的最低能量势垒，也称功函数(work function)。假设金属表面势垒的高度是有限的，这样，逸出功的理论定义关系式为

$$\phi = -\mathrm{eV} - \mu \tag{2-17}$$

式中，eV 代表电子正好位于表面外的电位；μ 在热力学上被定义为固体内电子的电化学势。该式说明：逸出功 ϕ 是电子恰好位于金属表面之外的位能 eV 和电子恰好位于表面之内的电化学势 μ 之差。

因为电化学势 μ 是温度的函数，因此它也被定义为 $T=0\mathrm{K}$ 时金属填满电子状态的最高能量。所以也将电化学势称为绝对零度时的费米能，它是一个体相参数。

在讨论表面科学问题时，通常选择电子正好位于表面外真空一侧的电位作为能量参考零点，即令真空能级 $E_{\mathrm{v}}=0$，所以有 $-\mathrm{eV}=E_{\mathrm{v}}=0$。可将上述各参数之间的关系用图 2-37 表示。

在对能量参考零点做出这样的选择之后，式(2-17)可简化为

$$\phi = -\mu \tag{2-18}$$

即材料的逸出功在数值上就等于该材料的体电化学势。

在图 2-37 中还分别标出了 $E_{\mathrm{b}}^{\mathrm{F}}$ 和 $E_{\mathrm{b}}^{\mathrm{V}}$ 的位置，它们分别代表以费米能级和真空能级为参考零点时内层轨道的结合能，因为在用 X 射线光电子能谱测量原子内层轨道结合能，并与

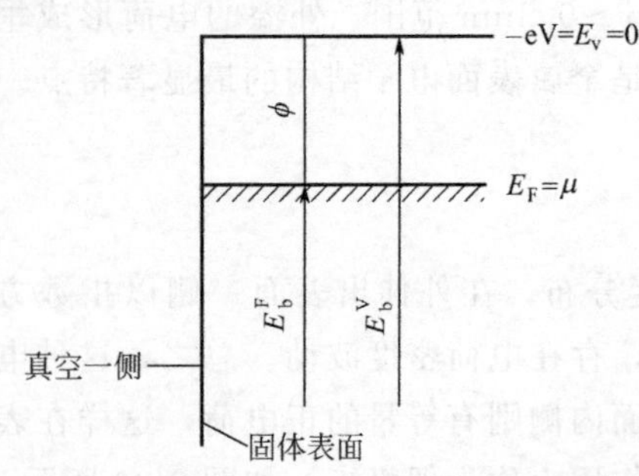

图 2-37　逸出功与相关能量的关系示意图

理论值进行比较时，必须清楚地区分 E_b^F 和 E_b^V 的差别。

由图 2-37 引出逸出功的另一定义式：

$$\phi = E_b^V - E_b^F \tag{2-19}$$

这是一种能量上的相互关系，而不能反映表面结构状态和逸出功之间的内在联系。同样，式(2-18)中电化学势 μ 和费米能也都不能直接反映表面状况对逸出功的影响。最典型的例子就是这些定义公式都不能解释同一晶体不同晶面逸出功大小的差别。

实际上，逸出功是一个对表面状况非常敏感的物理量。因此在实践中提出了一个能反映受表面状况影响的逸出功表达式：

$$\phi = D - \mu \tag{2-20}$$

式中，D 为图 2-36 中所示的表面偶极矩；μ 为材料的体相特性参数电化学势，对每种金属而言它是一个常数。

显然，这个方程中的 D 至少包含了表面偶极层内电子结构状况对逸出功的影响，这正是不同单晶表面的逸出功不同的物理起源。

然而通常材料表面很难具有原子水平的平整，这样带正电的离子实就有可能外延进入偶极层，从而降低偶极矩，导致较低的逸出功。

因此，对于式(2-20)的理解应当是：当不存在表面偶极矩时，逸出功就等于体系的电化学势或等于绝对零度时的费米能。

（2）逸出功经验方程

通常情况下很难应用逸出功的基本概念以及它同其它能量参数的关系去分析实际体系中的表面电现象。Gardy 等基于对实验测得的金属逸出功数据分析，发现并建立起逸出功 ϕ 同相应金属原子电负性(χ_a 值)的关系：

$$\phi \approx 0.871\chi_a + 0.34 \tag{2-21}$$

式(2-21)右边的两项中，第一项代表一个价电子移至无穷远处所需要的能量，乘上系数 0.871 是因为逸出功所代表的是整体金属表面的电子特性，而晶格中的电子在一定程度上是非定域的；然而，χ_a 表示的则是单个原子价电子得失的难易程度，原子价轨道电子是定域的。考虑到单个原子与实际晶体的差别，所以在式中引入系数 0.871。第二项常数 0.34 反映了金属表面偶极层的影响。

如将实验测得的有关金属表面逸出功 ϕ 与原子电负性 χ_a 的数据作图，可得到如图 2-38 所示的结果，其中部分实测值与由式(2-21)所拟合的线性关系有一些偏离。根据经验方程式(2-21)，可以根据周期表中元素的电负性大小，方便地估算该元素固体表面的逸出功大小。当然，这个经验方程也不能说明同一种金属、不同晶面逸出功差别的原因。

上述分析虽然已涉及材料的属性如电化学势 μ 和原子电负性 χ_a 值对逸出功的影响，同时也指出了晶面取向的影响，但在半导体、气-固界面催化、气-熔融金属界面催化等这类研究中，发现影响材料表面逸出功的因素还有很多，简要分析如下。

（3）影响逸出功的因素分析

1）逸出功同晶面结构的关系

由图 2-36 不难看出，不同晶面其裸露的表面原子密度不同，表面原子密度越高，所形

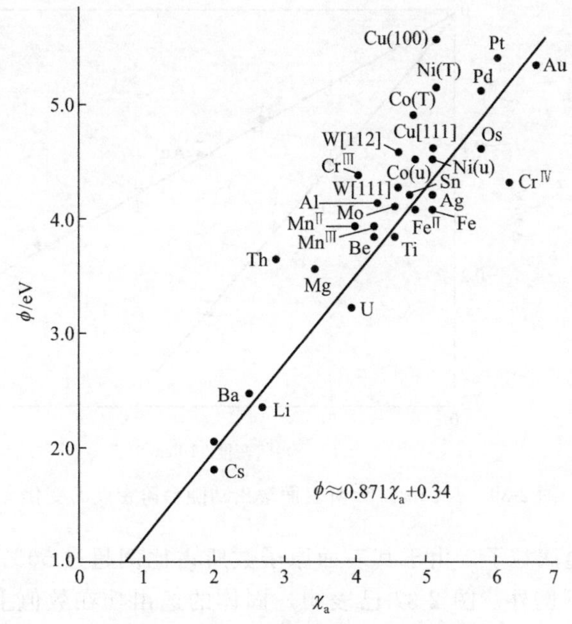

图 2-38　金属及部分氧化物的逸出功 ϕ 随电负性 χ_a 的变化

成的偶极矩强度越高，由此所产生的逸出功也越大。表 2-3 给出了一组难熔金属不同晶面逸出功的实验测定值。

表 2-3　W、Mo 和 Ta 三种难熔金属不同晶面的逸出功

晶面	W		Mo		Ta	
	ϕ/eV	$\phi/(10^{-19}\text{J})$	ϕ/eV	$\phi/(10^{-19}\text{J})$	ϕ/eV	$\phi/(10^{-19}\text{J})$
(110)	4.68	7.50	5.00	8.01	4.80	7.69
(112)	4.69	7.51	4.55	7.29	—	—
(111)	4.39	7.03	4.10	6.57	4.00	6.41
(001)	4.56	7.31	4.40	7.05	4.15	6.65
(116)	4.39	7.03	—	—	—	—

2）台阶表面的逸出功

表面缺陷类型、缺陷数量对金属表面逸出功的影响比较复杂，因为不同的缺陷类型和数量对表面的电荷密度分布会产生不同的影响。

台阶表面是一种规整的表面缺陷，它对逸出功的影响也称为表面粗糙度对逸出功的影响。图 2-39 是 Au 和 Pt 台阶表面逸出功随台阶密度的变化。其中，横坐标为台阶密度，显然，0 点代表无台阶缺陷；纵坐标为逸出功随台阶密度的变化，用 $\Delta\phi$ 表示。由图 2-39 可看出，与平整的表面相比，这两种金属表面的逸出功都随着台阶密度的增加而下降。这是由于台阶表面在原子水平上是粗糙的。这样，原来通过隧道作用进入真空一侧的价电子所形成的偶极矩方向，与重构的台阶原子所形成的偶极矩方向正好相反，结果使总的偶极矩减弱(见图 2-36)。也就是说，粗糙表面的外伸原子进入了原来平整表面的偶极层，并形成了反方向的偶极矩，结果使表面有效偶极矩 D 减少。而作为体相特性的电化学势 μ 不变。在这种情况下，由式(2-20)不难看出，逸出功 ϕ 将随偶极矩 D 的减少而下降。

3）纳米金属颗粒的逸出功

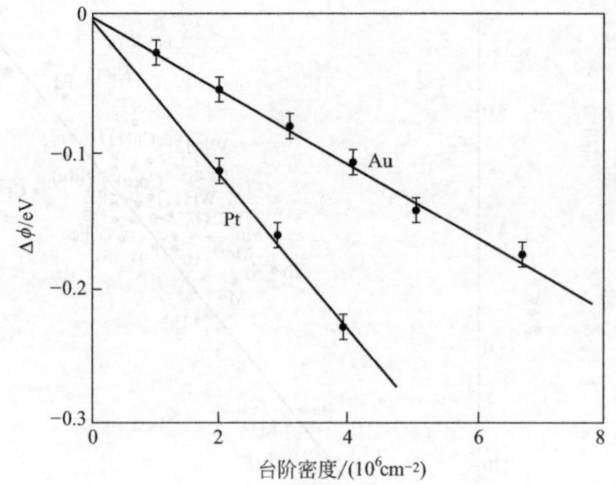

图 2-39　Au 和 Pt 台阶表面逸出功随台阶密度的变化

处于纳米尺度的金属粒子，由于其表面原子数所占比例超过 50%，许多物化性质都发生了变化，逸出功也不例外。图 2-37 已表明，固体的逸出功在数值上就等于它的电离势。实际上，固体的电离势一般低于构成该金属固体的单个原子的电离势，即固体的逸出功通常要低于单个原子的电离势。这是因为构成固体后，有些电子将部分地屏蔽所留下的正电荷空穴。当由若干原子形成纳米尺度的粒子时，其逸出功的大小将随尺寸大小而改变，其数值必定介于单个原子的电离势和固体逸出功之间。

表 2-4 列出了碱金属的逸出功和单个原子电离势的对比，显示出二者较大的差别，如 K 的逸出功为 2.30eV，其电离势为 4.341eV，相差近 1 倍。当然，重要的是要找到随着原子聚集成簇、形成纳米粒子时，单个原子的电离势是如何接近于逸出功数值的。随着尺寸的增加，颗粒的电离势以振荡方式而不是平滑的方式减少，其机制比较复杂，可能涉及原子簇的结构等因素，需要进一步研究。

表 2-4　碱金属的逸出功和单个原子电离势

金属	逸出功		电离势	
	ϕ/eV	$\phi/(10^{-19}\text{J}\cdot\text{mol}^{-1})$	V_{ion}/eV	$V_{ion}/(10^{-19}\text{J}\cdot\text{mol}^{-1})$
Li	2.90	4.60	5.392	8.639
Na	2.75	4.41	5.139	8.234
K	2.30	3.69	4.341	6.955
Rb	2.16	3.46	4.177	6.692
Cs	1.81	3.03	3.894	6.239

4）吸附物种类及覆盖率对逸出功的影响

当外来物在金属表面上吸附或沉积时，必将引起基底表面电子结构变化从而导致逸出功的改变。不同的吸附物种类、吸附物不同的覆盖程度对基底金属表面逸出功的影响会呈现复杂情况。

① 异质金属吸附的影响。金属拥有自由的价电子，不同金属在电子结构上彼此有一定的相似特点。但是，当一种金属吸附到另一种金属基底表面上时，前者对后者的逸出功会产生明显的影响，图 2-40 即为典型一例。

将 Na 沉积在 Rh(111)晶面上，当 Na 的覆盖率由 0 提高到 0.2 时，Rh(111)表面的逸出

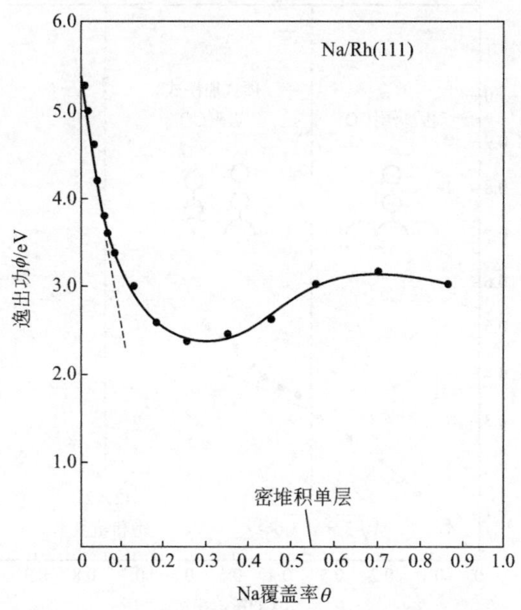

图 2-40　Rh(111)表面逸出功随 Na 覆盖率的变化

功则由 5.4eV 迅速下降到 2.5eV，对碱金属-金属体系所观测到的一个主要特点是电子逸出功的明显降低。

式(2-20)中 $\phi = D - \mu$ 清楚地表明，逸出功来自包括本体和表面两部分的贡献。表面对逸出功的贡献是因为电子外溢到真空一侧形成偶极子，只有这一项对表面吸附原子或分子才是敏感的。值得注意的是，碱金属开始吸附时有很大的电荷转移并有很高的吸附热(约 $251.15\text{kJ}\cdot\text{mol}^{-1}$)，这表明碱金属原子在吸附时发生了电离，它以正离子吸附在 Rh (111) 表面，并将价电子转移到基底，因此它对基底的成键是离子型的。其结果对原表面的偶极矩产生重大影响，降低了 Rh(111)晶面的逸出功。

碱金属在其它过渡金属表面上的化学吸附也有类似情况。然而，在较高的碱金属覆盖率下，逸出功的变化就变得很缓慢，其吸附热也逐步下降到 Na 的升华热($96.27\text{kJ}\cdot\text{mol}^{-1}$)。当表面上 Na 的覆盖率达到 0.9 而接近单原子层覆盖时，逸出功基本接近固体 Na 的逸出功 2.75eV。

W 灯丝表面吸附适量的其它金属如 Th 等，可以降低逸出功、提高发射电流，这就是金属-金属吸附体系研究的实用价值之一。

② 气体吸附对金属表面逸出功的影响。气体在金属表面上的吸附过程是非均相催化的主要内容之一。其中，气体吸附诱导金属表面逸出功的变化，以及由这种变化所能提供的表面化学信息，同时应用低能电子衍射(LEED)对吸附层的原格结构进行表征。图 2-41 为 Rh(111)晶面上吸附 CO 分子后逸出功的变化曲线，可以看出，与吸附金属原子时情况不同，吸附 CO 分子后金属 Rh(111)的逸出功在逐步增加，而且逸出功 ϕ 随 CO 覆盖率的变化特点与 CO 分子在 Rh 表面上成键状况、所形成的吸附层结构具有确定的对应关系。

吸附在金属 Rh(111)表面上的 CO 分子，从表面获得电子或在表面电场作用下被极化产生方向背向表面的偶极子。吸附诱导所产生的偶极矩，与清洁金属表面偶极矩的方向相同，因而逸出功 ϕ 随 CO 吸附量提高而增加。

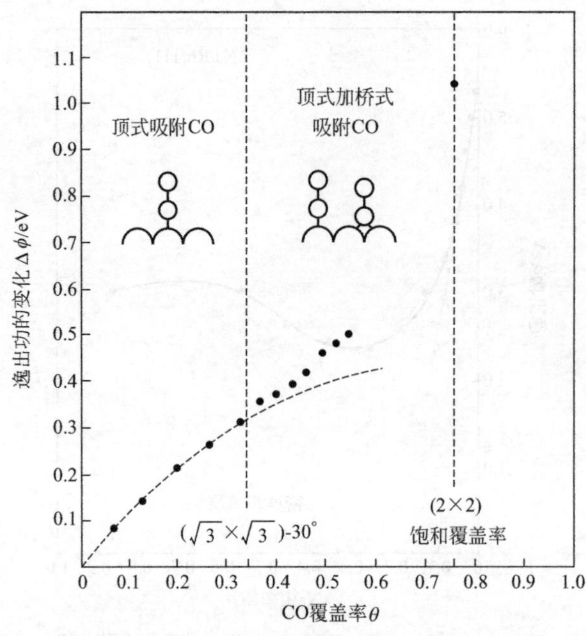

图 2-41　Rh(111)晶面上吸附 CO 分子后逸出功的变化

LEED 测定表明：低覆盖率时，CO 在 Rh(111)晶面上以线性方式与 Rh 原子结合，形成$(\sqrt{3}\times\sqrt{3})$-30°原格结构；随着覆盖率提高到$\theta>0.33$，部分 CO 分子又以桥接方式与表面两个相邻的 Rh 原子结合，呈顶式加桥式吸附，这种吸附方式随覆盖率提高而增多，逸出功随之呈增加趋势。

当$\theta=0.75$，接近饱和覆盖率时，形成了(2×2)原格结构，逸出功突然达到了 1.05eV。逸出功的突然增加是由于桥接 CO 分子比顶部吸附 CO 分子有更大的偶极矩，也可能同饱和覆盖率下吸附层结构有序化有关。这时吸附的 CO 分子，具有与 Rh(111)晶面完全同向的偶极矩排列，因而总的表面偶极矩大大提高，导致逸出功大幅度上升。

与此相反，当 Rh(111)表面吸附 C_2H_4 分子后，观测到逸出功随 C_2H_4 吸附量的增加而逐步下降，这同吸附 CO 结果完全相反，如图 2-42 所示(图中吸附量以单分子层 ML 为单位)。CO 和 C_2H_4 同属可燃性还原气体，为什么前者吸附在 Rh(111)表面引起逸出功的逐步增加，而后者吸附在 Rh(111)表面会造成逸出功的逐步降低呢？根据式(2-20)，C_2H_4 分子吸附在 Rh(111)表面受极化作用后，分子中的电荷产生重新分布，并形成负极靠近表面而正极远离表面的偶极矩。这样，C_2H_4 偶极方向与由 Rh(111)表面电子外溢所形成的偶极矩方向正好相反，因而出现随 C_2H_4 吸附量的增加而逸出功下降的现象。

③ 吸附气体对台阶表面逸出功的影响。与原子平整的理想晶面相比，金属的台阶表面不仅存在原子水平的“粗糙”，更重要的是台阶附近的电荷密度分布与理想晶面完全不同。因此随气体在表面上的吸附，逸出功呈现复杂的变化。图 2-43 为氢吸附在 Pt(111)及 Pt(997)台阶表面时逸出功随覆盖率的变化。对 Pt(111)晶面吸附而言，随着氢吸附量的增加其逸出功逐步减少(图 2-43 曲线 1)，这同 C_2H_4 在 Rh(111)表面吸附时逸出功的变化规律相似。但是对于 Pt(997)台阶表面，逸出功的变化情况就很复杂(图 2-43 曲线 2)。参照图 2-43 下方所示台阶结构和右上角插图不难发现，处于台阶 A、B、C 三个不同位置的原子，其周围的电荷密度分布很不相同，它们的化学活泼性差别也很大，因此氢吸附时存在先后次序。

即当释放少量氢吸附时，必然存在“竞争吸附”。图 2-43 表明，A 位优先吸附，B 位次之，最后是 C 位吸附。

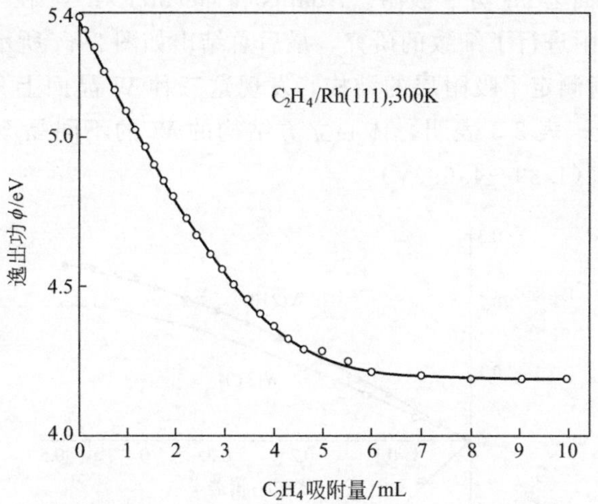

图 2-42　Rh(111)表面逸出功随 C_2H_4 吸附量的变化

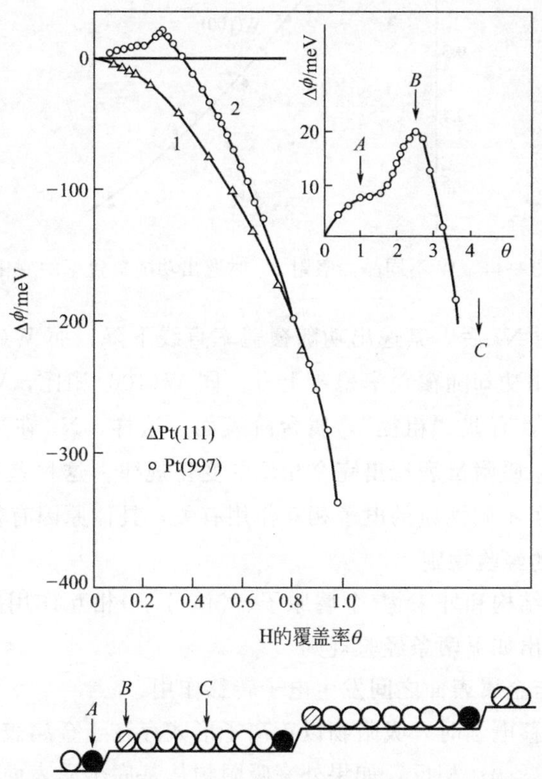

图 2-43　氢吸附在 Pt(111)及 Pt(997)台阶表面时逸出功随覆盖率的变化

当氢首先吸附在台阶下沿 A 位时，台阶晶面逸出功有所增加，表明这个 A 位吸附氢所形成的偶极矩，与 Pt(111)基平面上外溢电子形成的偶极矩的方向一致，因而逸出功增加。随后氢在台阶上沿 B 位吸附，这里吸附氢所诱导的偶极子与 Pt(111)基面偶极子的方向相反，因此逸出功开始减少。随着 Pt(111)基面上大量的氢原子的吸附，逸出功急速下降，H

主要在 C 位台面吸附(图 2-43)，这表明 Pt(111)表面吸附的大量氢，所形成的偶极子与 Pt(111)晶面外溢电子的偶极子的方向是相反的。

④ W 三个不同晶面上 N_2 分子吸附。Adams 和 Germer 对 N_2 在 W(100)、W(210)和 W(310)三个晶面上的吸附进行了细致的研究，最后总结出如图 2-44 所示的一组实验结果。他们同时用低能电子衍射测定了吸附层的结构，发现这三种 W 晶面上只要单分子 N_2 覆盖率达到 0.5，吸附便中止。表 2-3 表明，体心立方结构的 W 的不同晶面的逸出功虽不完全相等，但只有很小的差别(4.39～4.69eV)。

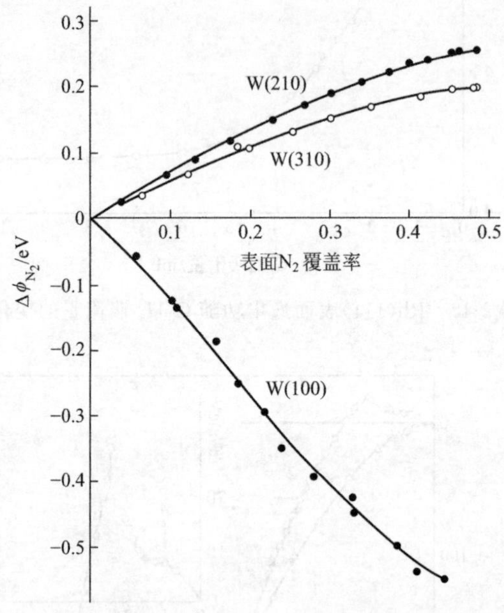

图 2-44　W 不同晶面吸附 N_2 时逸出功随覆盖率的变化

W(100)晶面上吸附 N_2 后，其逸出功随覆盖率直线下降；而 W(210)和 W(310)晶面上吸附 N_2 后，它们的逸出功却随覆盖率稳步上升。同 W(100)相比，W(210)和 W(310)晶面不具有原子水平的平整，有些“粗糙”，属台阶表面。这样，N_2 在这两类不同晶面上吸附时，它们的逸出功随 N_2 吸附量表现出完全相反的变化规律。这种差别可能与三个晶面上吸附 N_2 时，表面上发生了不同性质的电子相互作用有关，具体原因有待进一步探讨。

(4) 逸出功变化的经验规则

基于金属表面电子结构和外来物(金属原子、气体分子)相互作用的特点，可以对金属表面逸出功的变化，总结出如下两条经验规则。

1) 被吸附外来物与金属表面之间发生电子转移作用

当吸附物向表面转移电子时，吸附物以正离子形式存在于金属表面，这时金属基底表面的逸出功将减少，即 $\Delta\phi<0$；相反，如果外来吸附物从基底金属表面获得电子，那么金属基底表面的逸出功将增加，$\Delta\phi>0$。

2) 吸附物受到表面势场影响而被极化

如果外来吸附分子所形成的偶极矩方向，与金属表面外溢电子的偶极矩方向相同，那么金属的逸出功将随吸附量的增加而提高，$\Delta\phi>0$；相反，若吸附分子的偶极矩方向与金属表面外溢电子的偶极矩方向相反，则金属的逸出功将随吸附量增加而减少，$\Delta\phi<0$。

这两条经验规则对于分析具体吸附体系的逸出功变化依然具有一定的参考价值。

(5) 气体吸附对逸出功影响的定量分析

在上述对逸出功变化的定性分析基础上，对于外来物在金属表面上吸附所引起的逸出功变化，需要进一步做定量讨论。

原子或分子在金属表面上的化学吸附，将引起吸附物和金属基底之间的电荷转移，这种电荷转移必然导致金属表面逸出功的变化，其变化量取决于吸附物与基底之间的成键性质，也取决于基底表面上吸附物的覆盖率。设吸附物的表面浓度为 c，被吸附分子的极化率为 α，这时基底逸出功的变化可用 Helmholtz 方程表示：

$$\Delta\phi = 4\pi e D_a^0 c \tag{2-22}$$

式中，D_a^0 代表吸附物浓度很低时产生的诱导偶极矩。显然，它是在表面电场影响下吸附分子内电荷重新分布的结果，其单位为 Debye(德拜，1Debye＝3.33564×10^{-30}C·m)。c 为每 1cm^2 所吸附的分子数。诱导偶极矩 D_a^0 可表示为

$$D_a^0 = qa \tag{2-23}$$

式中，q 为单位电荷；a 为吸附物和表面屏蔽电荷之间的距离。如将有关常数代入，式(2-22)可重新写为

$$\Delta\phi = -3.76 \times 10^{-5} D_a^0 c \tag{2-24}$$

然而，当 C_2H_4、CO、H_2O 和 H_2 这类气体分子在贵金属表面上吸附时，会出现 $\Delta\phi$ 随吸附物极化率 c 呈复杂变化的情况，并不如式(2-24)所示那么简单，原因是随着吸附量的逐步加大，被吸附分子之间发生去极化作用而使 D_a^0 值下降，这时 Helmholtz 方程不再适用。Topping 按去极化模型对 Helmholtz 方程做了如下修正：

$$\Delta\phi = -\frac{4\pi e D_a^0 c}{1 + 9\alpha c^{3/2}} \tag{2-25}$$

用式(2-23)对图2-41中Rh(111)晶面上吸附 CO 分子后逸出功的变化实验结果进行拟合，在 $\theta \leqslant 0.33$(图 2-41 中虚线)时拟合得到：$D_a^0 = -0.2$Debye，$\alpha_{CO} = 0.34 \times 10^{-28}\,m^3$。

2.4 二维结晶学

固体材料有晶体与非晶体之分，表征材料表面原子排列规律的科学称为二维结晶学或表面结晶学。材料表面原子排列的几何结构有长程有序的晶体表面结构与长程无序的非晶表面结构两种类型。

(1) 长程有序的晶体表面结构

由单晶体解理后所得的理想晶面，或者是解理后晶面经过弛豫所形成的重构表面，或者是外来原子在单晶表面上形成有序的吸附层。这类表面原子排列具有确定的形状，有确定的原子间距和周期性，并形成重复的基元结构。

人们把最小的表面重复单元定义为原格，而不是表述体相结构时常用的晶胞。晶体表面原子的排列具有一定的对称性，表现为长程有序。对于这类表面结构问题的研究，不仅关注原格的形状和大小、对称性，还要讨论每个原子周围相邻的原子数及相对其它原子的取向，即所谓短程有序问题，这些内容构成了二维结晶学。

(2) 长程无序的非晶表面结构

玻璃、凝胶、金属玻璃这类非晶材料的表面不存在长程有序。这类材料的非晶表面结构

在实际应用中比较常见。

本节仅介绍第一类材料的长程有序表面结构(二维结晶学)。二维结晶学在分子、原子水平上研究表面原子或分子(包括吸附物的原子或分子)排列规律。一个理想晶体在 UHV 条件下经解理后，形成两个半无限的解理表面，表面只作为三维周期性突然中断的边界，但是仍然保持原有的周期性，这样的表面称为理想晶面，它是讨论表面原子几何结构的基准，通常用低 Miller 指数表征的解理面就是理想晶面。

2.4.1 二维结晶学基本概念

(1) 二维点阵与原格

二维结晶学是研究表面原子的排列规律的科学，即研究二维点阵(2D lattice)及基元结构，由此确定表面原子的排列方式。首先要分析不同晶体解理后表面原子排列的表观特征及自身重构；其次要讨论解理后表面上吸附外来原子或分子，形成新的几何结构(如沉积、外延层)。

二维点阵和基元结构。任何一个三维晶体可用空间点阵和每个格点上基元结构加以表征，其最小的基本单元称为晶胞；对晶体表面上的原子排列，同样能够抽象并形成二维点阵，在每个格点加上基元结构可以完整地表征表面原子的结构，晶格的最小单元称为原格。

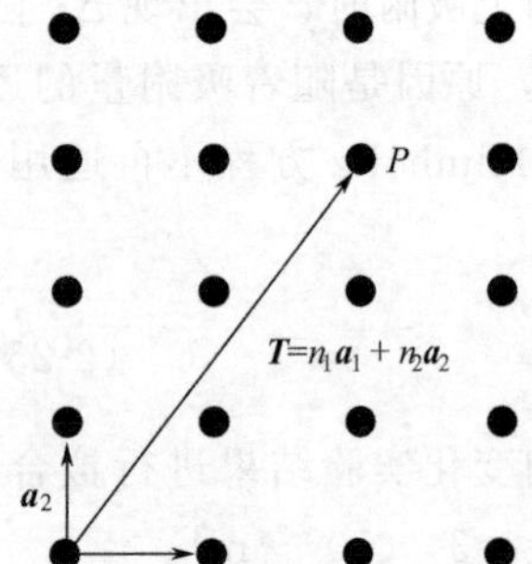

图 2-45 二维点阵的形成和表示

二维点阵如图 2-45 所示，图中 $\boldsymbol{a}_1$ 和 $\boldsymbol{a}_2$ 为原格基矢，$\boldsymbol{T}$ 为平移矢量。由图 2-45 可见，所谓二维点阵就是平面上的点，沿两个方向作周期性排列所形成的无限点的集合，它是实际晶体表面原子排列的几何抽象，每个点周围的情况都是相同的，把这些点称为格点。

对于简单的结构，基元就是单个原子，每个格点代表一个原子；对于复杂的晶面结构，基元则是由多个原子或离子所组成，这时格点所代表的是原子或离子基团的质心。

(2) 二维结构晶系

三维晶体有 32 个点群和 230 个空间群，它们是从所有晶体物质中抽象出来的格点组合，那些能满足对称性要求的点能形成 7 大晶系和 14 种 Bravais 格子，从而将自然界晶体结构概括无遗。但是对于二维晶体表面而言，只有 10 个点群和 17 个空间群，由此只能形成 5 种 Bravais 格子，最终构成 4 个晶系，包括了表面结构的全部类型，如表 2-5 所示。

表 2-5 表面结构 4 个晶系和 5 种 Bravais 格子

原格形状	晶格符号	坐标轴特点及相互关系	晶系	Bravais 格子
斜方形	p	$\|\boldsymbol{a}\|\neq\|\boldsymbol{b}\|,\gamma\neq90°$	斜方	斜方
长方形	p	$\|\boldsymbol{a}\|\neq\|\boldsymbol{b}\|,\gamma=90°$	长方	长方
	c	$\|\boldsymbol{a}\|\neq\|\boldsymbol{b}\|,\gamma=90°$	长方	带心长方
正方形	p	$\|\boldsymbol{a}\|=\|\boldsymbol{b}\|,\gamma=90°$	正方	正方
120°菱形	p	$\|\boldsymbol{a}\|=\|\boldsymbol{b}\|,\gamma=120°$	六角	六角

注：p 代表简单，c 表示带心。

(3) 二维 Bravais 格子

二维周期结构只有 10 个点群，这就限制了可能出现的平移类型。理论上可以证明，这种相互制约的关系导致二维周期结构只可能有正方、长方、带心长方、六角、斜方等 5 种 Bravais 格子，如图 2-46 所示。

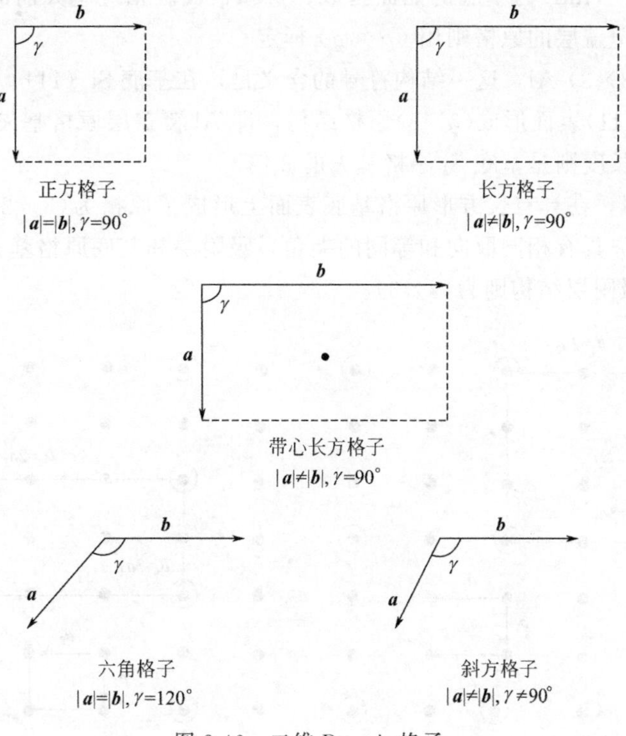

图 2-46　二维 Bravais 格子

2.4.2　二维结构表征

对于由三维周期突然中断所形成的新生表面，原子或离子往往要发生弛豫、重构，这样在二维面上原子排列的规律不同于基体；另外，当外来原子或分子在表面上吸附、反应时，或者用沉积技术在基体表面上生长另一种物质时，必然会在基底表面上形成一种新的表面结构。不论是重构层、吸附层、外延层还是反应层，都应当有一个规则来表征它们的结构特征，这里介绍常用的两种标记方法。

(1) Wood 标记

1964 年，基于 X 射线衍射结晶学，Wood 提出了下列符号标记规则，用来表示实空间表面原子结构和基底原子结构之间的关系。假设基底表面格子的平移矢量为

$$\boldsymbol{T}=m\boldsymbol{a}+n\boldsymbol{b} \tag{2-26}$$

式中，$\boldsymbol{a}$ 和 $\boldsymbol{b}$ 分别代表基底的原格基矢；m 和 n 为任意整数。对于基底表面上的重构层或吸附层，同样可用平移矢量表征它的结构周期性：

$$\boldsymbol{T}_s=m'\boldsymbol{a}_s+n'\boldsymbol{b}_s \tag{2-27}$$

式中，$\boldsymbol{a}_s$ 和 $\boldsymbol{b}_s$ 分别代表吸附层的二维结构原格基矢；m' 和 n' 也是整数。

1) 简单情况

这时吸附层二维原格基矢和基底原格基矢平行，且有

$$|\boldsymbol{a}_s|=p|\boldsymbol{a}|$$

$$|\boldsymbol{b}_s|=q|\boldsymbol{b}|$$

式中，p 和 q 为简单整数。这时吸附层结构可用 R(hkl)($p\times q$)-D 符号表示，其中 R 代表基底的元素符号；(hkl)为基底的晶面指数；p 和 q 代表相应基矢前的比例系数；D 代表吸附物元素名称；覆盖层的原格则用（$p\times q$）标定。

例如 Si(111)(3×3)-Al，这一结构符号的含义是，在基底 Si（111）晶面上吸附了 Al 原子，Al 原子在 Si(111)表面形成(3×3)原格结构，即 Al 覆盖层原格基矢和基底 Si 原格基矢平行，但它的基矢长度则是基底 Si 原格基矢的 3 倍。

图 2-47(a)表明，在具有长方形原格基底表面上形成了原格为(3×2)的吸附层，这时基底和表面的原格基矢具有相同取向和等同的夹角，吸附层和基底原格基矢绝对值成简单整数比；图 2-47(b)的吸附层结构则为(2×3)。

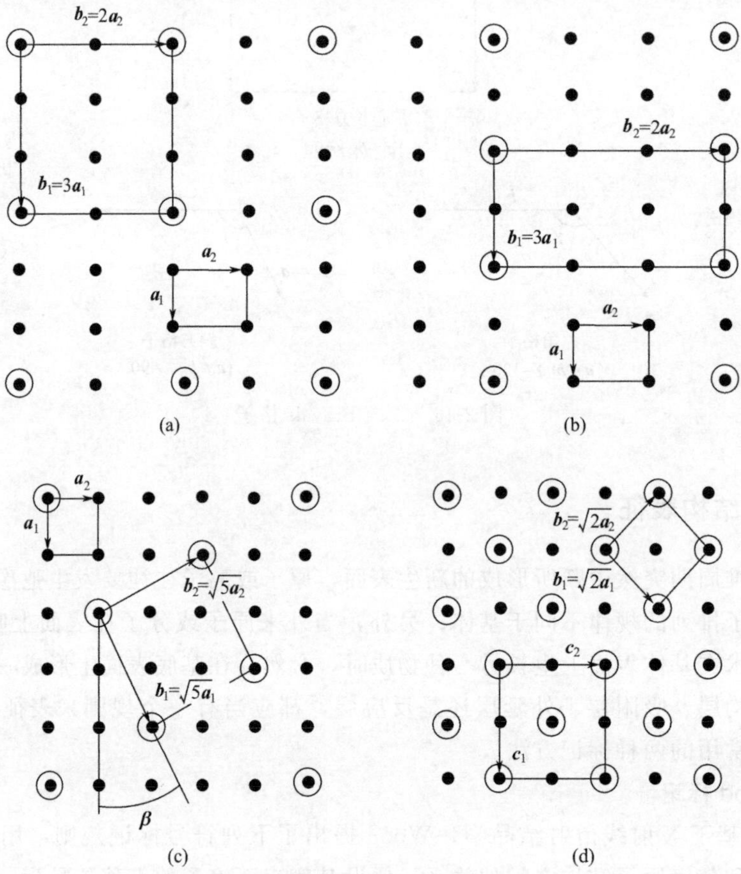

图 2-47　用 Wood 符号表示吸附层结构的几个实例

2）一般情况

这时，把吸附层原格基矢表示为衬底原格基矢的线性组合：

$$\boldsymbol{a}_s=p_1\boldsymbol{a}+q_1\boldsymbol{b}$$

$$\boldsymbol{b}_s=p_2\boldsymbol{a}+q_2\boldsymbol{b}$$

同时有$\langle\boldsymbol{a}_s,\boldsymbol{b}_s\rangle=\langle\boldsymbol{a},\boldsymbol{b}\rangle$，即吸附层两个基矢之间的夹角等于衬底两基矢之间的夹角，这时表面结构的符号表示为

$$R(hkl)\ \frac{|\boldsymbol{a}_s|}{|\boldsymbol{a}|}\times\frac{|\boldsymbol{b}_s|}{|\boldsymbol{b}|}-\alpha-D$$

在该结构表示式中，α 为吸附层原格基矢相对于基底原格基矢的旋转角度，其余符号意义同前。

对于两原格基矢绝对值之比较简单的情况，则将如图 2-47(c)所示的吸附层原格结构表示为

$$R(hkl)(\sqrt{5}\times\sqrt{5})-\beta-D$$

在研究 Ni 单晶表面吸附元素 S 时，人们测得 Ni(100)($\sqrt{2}\times\sqrt{2}$)－45°－S 结构，这个符号表示在 Ni(100)晶面吸附元素 S 后，所形成的原格基矢长度是 Ni 的$\sqrt{2}$倍，S 吸附层两原格基矢和 Ni（100）晶面两原格基矢有相同的夹角 90°，但吸附层 S 和衬底 Ni 表面的原格基矢之间有 45°转角，如图 2-47(d)右上角所示。

如果吸附层原格基矢和基底表面原格基矢之间没有简单的比例关系，两个原格基矢之间不具有相等的夹角，这时吸附层结构就比较复杂。例如，在一个正方形原格衬底上吸附形成六角形顶层，或者在基底上形成多个覆盖层结构[见图 2-47(d)]，这时用简单的 Wood 符号表示比较困难，必须采用更为一般的方式来表征吸附层结构。但是，应当强调，用 Wood 符号表示吸附或重构层的结构是十分简明、清晰的。

（2）矩阵表示

1968 年，Park 和 Madden 首先把矩阵表示引入表面结晶学，提出了一个比较普遍适用的方法，用来表述吸附层与衬底两个原格之间的关系。值得强调的是，这个方法不仅适用于实空间吸附层结构的表示，而且对于表征倒易空间中的衍射斑点，对于建立衍射图和实际表面吸附层结构的联系，都极为方便。

首先对吸附层和衬底原格基矢的符号作如下规定：假设衬底两原格基矢为 $\boldsymbol{a}_1$ 和 $\boldsymbol{a}_2$，吸附物覆盖层的原格基矢分别为 $\boldsymbol{a}_{s1}$ 和 $\boldsymbol{a}_{s2}$，两者之间可用简单的线性组合建立起联系：

$$\boldsymbol{a}_{s1}=m_{11}\boldsymbol{a}_1+m_{12}\boldsymbol{a}_2$$

$$\boldsymbol{a}_{s2}=m_{21}\boldsymbol{a}_1+m_{22}\boldsymbol{a}_2$$

简记为

$$\boldsymbol{a}_s=\boldsymbol{M}\boldsymbol{a}$$

$\boldsymbol{M}$ 为二阶矩阵。

$$\boldsymbol{M}=\begin{pmatrix} m_{11} & m_{12} \\ m_{21} & m_{22} \end{pmatrix}$$

图 2-47(a)的(3×2)吸附层结构，其原格基矢可以表示为：$\boldsymbol{a}_s=\begin{pmatrix} 3 & 0 \\ 0 & 2 \end{pmatrix}\boldsymbol{a}$。

图 2-47(c)的($\sqrt{5}\times\sqrt{5}$)吸附层结构，其原格基矢可以表示为：$\boldsymbol{a}_s=\begin{pmatrix} 2 & 1 \\ -1 & 2 \end{pmatrix}\boldsymbol{a}$。

同样可以写出 Ni(100)吸附层结构：

$$\mathrm{Ni(100)}-(2\times2)-\mathrm{S},\ \boldsymbol{a}_s=\boldsymbol{M}\boldsymbol{a},\ \boldsymbol{M}=\begin{pmatrix} 2 & 0 \\ 0 & 2 \end{pmatrix}$$

$$\mathrm{Ni(100)}-(\sqrt{2}\times\sqrt{2})-45^\circ-\mathrm{S},\ \boldsymbol{a}_s=\boldsymbol{M}\boldsymbol{a},\ \boldsymbol{M}=\begin{pmatrix} 1 & 1 \\ -1 & 1 \end{pmatrix}$$

需要说明的是矩阵符号只能表示初始原格，不能用来表示带心长方形原格。另外，矩阵符号也会引起不明确的理解，如 Wood 符号表示$(\sqrt{2}\times\sqrt{2})-45^\circ$原格，可等价表示为$\begin{pmatrix}1 & -1\\ 1 & 1\end{pmatrix}$、$\begin{pmatrix}1 & 1\\ -1 & 1\end{pmatrix}$、$\begin{pmatrix}-1 & 1\\ -1 & -1\end{pmatrix}$、$\begin{pmatrix}-1 & -1\\ -1 & 1\end{pmatrix}$。

2.4.3 表面台阶结构表示

在催化、半导体以及表面物理研究中，会经常遇到一种特殊的表面结构——台阶表面，这是一种比较规整的缺陷表面，如催化研究中常见到 Pt(s)[9(111)×(100)]、Pt(s)[6(111)×(100)]这类结构符号。下面以图 2-48 所示的 Pt(s)[6(111)×(100)]台阶为例，说明该台阶表面的形成和表示方法。

制备这种台阶表面的方法比较简单，取相对于 Pt(111)晶面旋转 9.5°角进行解理，可获得这一台阶表面。由图 2-48 可见，该台阶表面的平台是含有 6 个 Pt 原子的 Pt(111)晶面，台阶则是 Pt(100)晶面，台阶的高度为(100)晶面单原子间距。

这类有台阶的表面一般地可表示为：

$$\mathrm{R(s)\text{-}}[m(\mathrm{hkl})\times n(\mathrm{h'k'l'})]$$

式中，R 为元素符号；s 代表台阶；m 为平台基准晶面(hkl)的原子数；n 为对应于台阶晶面(h′k′l′)的原子层数。对图 2-48 所示的台阶而言，$m=6$，$n=1$。

显然，如果相对于(111)晶面以不同的角度进行解理，则可以得到结构不同的台阶表面，它们实际上就是高 Miller 指数晶面。

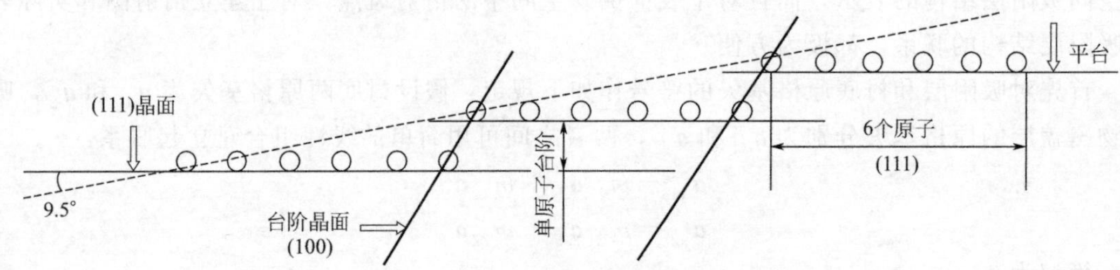

图 2-48 Pt(s)[6(111)×(100)]台阶表面形成及其结构表示

表 2-6 显示了台阶表面和高 Miller 指数表面符号表示的对应关系。需要指出的是，这种台阶表面在较大尺度上会出现如 TLK 模型所概括的各种缺陷，由于它具有特殊的电子结构和化学反应能力，因此在表面科学发展历史上曾一度引起人们的极大兴趣。这里仅就台阶表面上吸附和反应能力的特点，介绍两个有意义的实验结果。

表 2-6 Pt 台阶表面的获得及其晶面指数

解理角度	晶面 Miller 指数	台阶面记号
偏(111)晶面 6.2°	(533)	Pt(s)-[9(111)×(100)]
偏(111)晶面 9.5°	(755)	Pt(s)-[6(111)×(100)]
偏(111)晶面 14.5°	(544)	Pt(s)-[4(111)×(100)]
偏(111)晶面 9.5°,再旋转 20°	(976)	Pt(s)-[7(111)×(100)]

(1) 黏着系数

台阶表面实际上是一种规整的缺陷表面。Hopster 等曾对 O_2 在 Pt(111)及其台阶表面的吸附行为进行了仔细的研究，获得了如图 2-49 所示的结果。由此看出，与 Pt(111)晶面相比，Pt[14(111)×(100)]台阶表面上的黏着系数要高出 2 倍；同时台阶缺陷具有较高的活性，O_2 首先吸附在台阶处，随着台阶逐步被 O_2 占据，以及吸附分子之间的排斥作用增强，随覆盖率增加，黏着系数逐步下降。

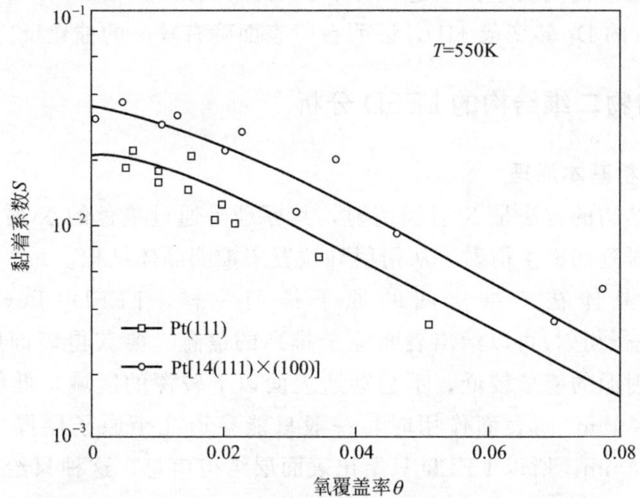

图 2-49　Pt 台阶表面黏着系数 S 和氧覆盖率 θ 的函数关系

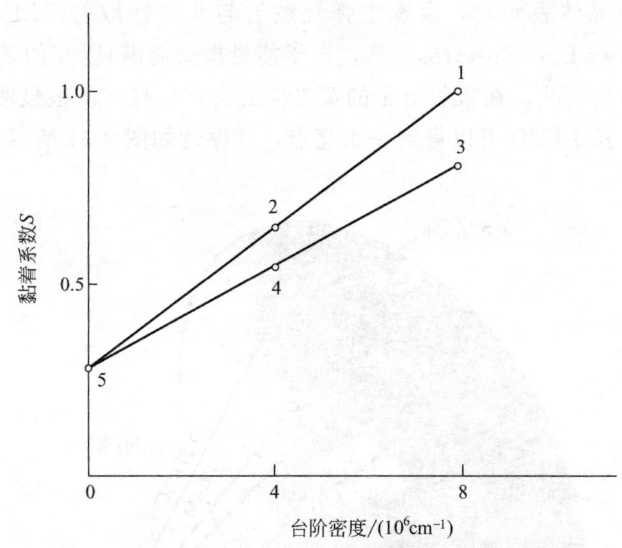

图 2-50　N_2 在 W 不同台阶表面上黏着系数和台阶密度的函数关系

1—W(s)-[6(110)×($1\bar{1}0$)]；2—W(s)-[12(110)×($1\bar{1}0$)]；

3—W(s)-[8(110)×(112)]；4—W(s)-[16(110)×(112)]；5—W(110)

图 2-50 为 N_2 在 W 不同台阶面上黏着系数和台阶密度的函数关系，其中横坐标表示每厘米长度上的台阶数，即台阶密度，纵坐标表示黏着系数；图中所标注的阿拉伯数字 1、2、3 和 4 分别代表 4 种不同的 W 台阶表面，5 则代表(110)面上 N_2 的黏着系数。由图 2-50 不难看出，N_2 在所有台阶表面上的黏着系数都比在简单 W(110)晶面上的数值要高，其中以 1 台阶晶面 W(s)-[6(110)×($1\bar{1}0$)]上的黏着系数 $S=1.0$ 为最高，这是因为它具有较高的台阶

密度。

(2) 反应能力

Somorjai 等曾在上述 Pt(111)及其台阶表面上进行 $H_2+D_2 \longrightarrow 2HD$ 交换反应动力学研究，发现在 300～1000K 温度范围内，在 Pt(111)晶面上几乎测不到任何 HD 信号，说明在该晶面没有发生同位素交换反应；但是，对于 Pt(s)-[6(111)×(100)]台阶表面的测量结果表明，有 5%～10%的 D_2 转变成 HD，证明台阶表面确有较高的催化反应能力。

2.4.4 表面吸附物二维结构的 LEED 分析

(1) LEED 分析基本原理

研究三维晶体结构的方法是 X 射线衍射，其原理是通过单色的 X 射线射到晶体上，由于晶体的空间周期排列而产生衍射，从衍射峰位置来推测晶体结构。

同 XRD 推测晶体在三维空间的原子排列一样，LEED(Low Energy Electron Diffraction，低能电子衍射)可以给出表面原子排列的信息。要获得表面原子排列的周期性的信息，必须使入射源的能量较低，不会穿透表面以下较深的区域，低能电子(0～500eV，电子波长 0.05～0.39nm)同表面作用时，一般只能穿透几个原子层厚度，平均自由程<1nm，约为 0.5～1.0nm。所以 LEED 只给出表面层结构信息。这种只给出表面层结构信息的手段称为表面敏感手段。LEED 同 XRD 非常类似，只不过入射源由 X 射线换成了低能电子。

当低能电子射向晶体表面时，会发生弹性散射与非弹性散射。LEED 研究的是前者。EELS(Electron Energy Loss Spectroscopy，电子能量损失能谱)研究的是后者。弹性散射线之间会相互叠加产生衍射线，在接收电子的荧光屏上会产生亮点。很显然亮点的排列与表面原子的周期性有关。从 LEED 可以得到一组亮点，其原理如图 2-51 所示。

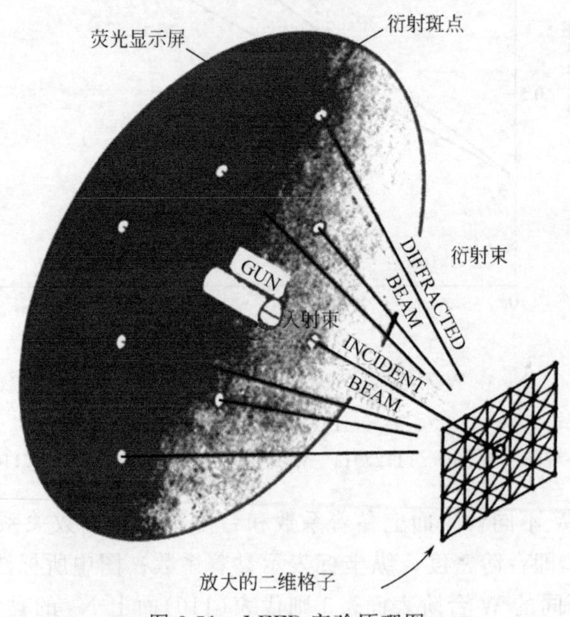

图 2-51 LEED 实验原理图

但是亮点或斑点的位置并不与真实空间的点阵点排列相同。当 X 射线与一个三维规则排列的晶体作用时，衍射图上出现的每一个斑点都代表一个倒易点阵点(每一晶面给出一个斑点)。与之类似，在 LEED 实验中，得到的都是倒易点阵的衍射图像，如图 2-52，其为 Pt(211)晶体表面的 LEED 衍射斑点图。

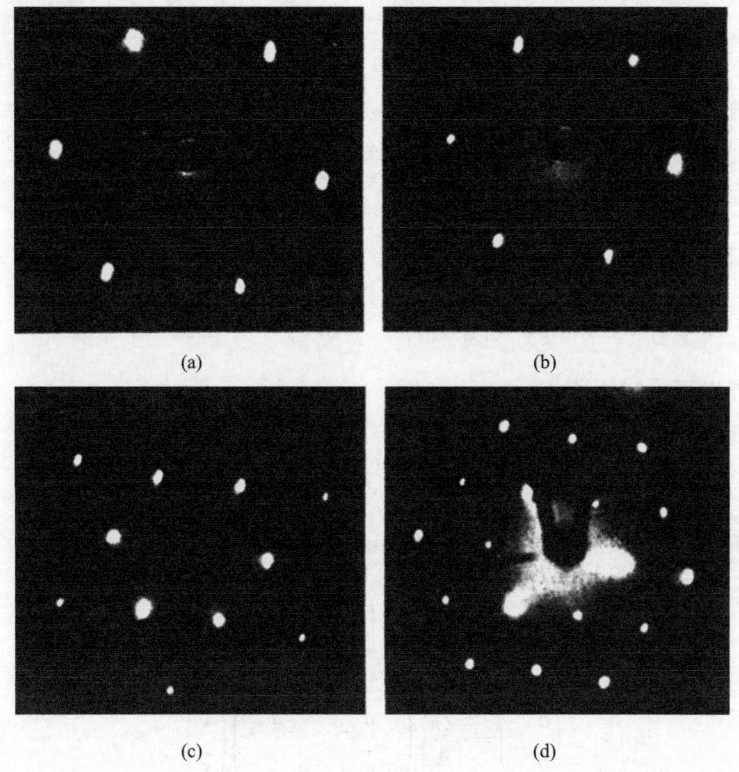

图 2-52 Pt(211)晶体表面的 LEED 衍射斑点图

入射电子束能量分别为：(a) 51eV；(b) 63.5eV；(c) 160eV；(d) 181eV

对于一个表面结构，可用一个平移矢量表示：

$$\boldsymbol{T}=m_1\boldsymbol{a}+m_2\boldsymbol{b}$$

该结构的倒易点阵，设为

$$\boldsymbol{T}^*=m_1^*\boldsymbol{a}^*+m_2^*\boldsymbol{b}^*$$

按定义两点阵矢量间应满足下列关系：

$$\boldsymbol{a}^*\cdot\boldsymbol{a}=2\pi \qquad \boldsymbol{b}^*\cdot\boldsymbol{a}=0$$

$$\boldsymbol{b}^*\cdot\boldsymbol{b}=2\pi \qquad \boldsymbol{a}^*\cdot\boldsymbol{b}=0$$

$$\boldsymbol{a}^*=2\pi\frac{\boldsymbol{b}\cdot\hat{\boldsymbol{z}}}{\boldsymbol{a}\cdot(\boldsymbol{b}\times\boldsymbol{z})}$$

$$\boldsymbol{b}^*=2\pi\frac{\boldsymbol{a}\cdot\hat{\boldsymbol{z}}}{\boldsymbol{a}\cdot(\boldsymbol{b}\times\boldsymbol{z})}$$

$\boldsymbol{z}$ 是垂直于 $\boldsymbol{ab}$ 平面的单位矢量，$\boldsymbol{a}^*$ 垂直于 $\boldsymbol{b}\,\hat{\boldsymbol{z}}$ 平面，$\boldsymbol{b}^*$ 垂直于 $\boldsymbol{a}\,\hat{\boldsymbol{z}}$ 平面。将真实点阵表示为矩阵：

$$\begin{pmatrix}\boldsymbol{a}\\\boldsymbol{b}\end{pmatrix}=\begin{pmatrix}a_{11} & a_{12}\\a_{21} & a_{22}\end{pmatrix}\begin{pmatrix}\hat{\boldsymbol{x}}\\\hat{\boldsymbol{y}}\end{pmatrix}$$

$$\boldsymbol{A}=\begin{pmatrix}a_{11} & a_{12}\\a_{21} & a_{22}\end{pmatrix}$$

$\hat{\boldsymbol{x}}$、$\hat{\boldsymbol{y}}$是 x 和 y 方向的单位矢量。

$$\boldsymbol{A}\cdot\boldsymbol{A}^{-1}=\begin{pmatrix}1 & 0\\0 & 1\end{pmatrix}$$

式中，$\boldsymbol{A}^{-1}$为$\boldsymbol{A}$的逆矩阵。则有

$$\boldsymbol{A}^{-1}=\frac{1}{|\boldsymbol{A}|}\begin{pmatrix}a_{22} & -a_{12}\\-a_{21} & a_{11}\end{pmatrix},|\boldsymbol{A}|=a_{11}a_{22}-a_{12}a_{21}$$

倒易点阵可以表示成矩阵：

$$\begin{pmatrix}\boldsymbol{a}^*\\\boldsymbol{b}^*\end{pmatrix}=2\pi(A^{\mathrm{T}})^{-1}\begin{pmatrix}\hat{\boldsymbol{x}}\\\hat{\boldsymbol{y}}\end{pmatrix}$$

式中，$(\boldsymbol{A}^{\mathrm{T}})^{-1}$为$\boldsymbol{A}^{-1}$的转置矩阵。则有

$$(\boldsymbol{A}^{\mathrm{T}})^{-1}=\frac{1}{|\boldsymbol{A}|}\begin{pmatrix}a_{22} & -a_{21}\\-a_{12} & a_{11}\end{pmatrix}$$

$$\begin{pmatrix}\boldsymbol{a}^*\\\boldsymbol{b}^*\end{pmatrix}=\frac{2\pi}{|\boldsymbol{A}|}\begin{pmatrix}a_{22} & -a_{21}\\-a_{12} & a_{11}\end{pmatrix}\begin{pmatrix}\hat{\boldsymbol{x}}\\\hat{\boldsymbol{y}}\end{pmatrix}$$

$$\boldsymbol{a}^*=\frac{2\pi}{|\boldsymbol{A}|}(a_{22}\hat{\boldsymbol{x}}-a_{21}\hat{\boldsymbol{y}})$$

$$\boldsymbol{b}^*=\frac{2\pi}{|\boldsymbol{A}|}(-a_{12}\hat{\boldsymbol{x}}+a_{11}\hat{\boldsymbol{y}})$$

根据 LEED 衍射斑点确定表面二维原子排列的结构的倒易矢量$\boldsymbol{a}^*$和$\boldsymbol{b}^*$，利用上述矩阵关系即可以求得表面二维原子排列的结构矩阵$\boldsymbol{A}$和点阵矢量$\boldsymbol{a}$和$\boldsymbol{b}$。

（2）LEED分析吸附物的表面结构

一般吸附物的倒易点阵是以底物的倒易点阵作为参考而获得的，即通过将清洁表面的 LEED 衍射图像与同一表面但有吸附物的衍射图像进行对照，观察其差别，而分辨出单纯吸附物本身的衍射图像。以此再换算出真实吸附物的表面结构。

设吸附物倒易点阵与底物倒易点阵之关系可表达为

$$\boldsymbol{a}^{*\prime}=m_{11}^*\boldsymbol{a}^*+m_{12}^*\boldsymbol{b}^*,\ \boldsymbol{b}^{*\prime}=m_{21}^*\boldsymbol{a}^*+m_{22}^*\boldsymbol{b}^*$$

$$\begin{pmatrix}\boldsymbol{a}^{*\prime}\\\boldsymbol{b}^{*\prime}\end{pmatrix}=\boldsymbol{M}^*\begin{pmatrix}\boldsymbol{a}^*\\\boldsymbol{b}^*\end{pmatrix},\boldsymbol{M}^*=\begin{pmatrix}m_{11}^* & m_{12}^*\\m_{21}^* & m_{22}^*\end{pmatrix}$$

吸附物真实点阵与底物点阵之关系可表达为

$$\boldsymbol{a}'=m_{11}\boldsymbol{a}+m_{12}\boldsymbol{b},\ \boldsymbol{b}'=m_{21}\boldsymbol{a}+m_{22}\boldsymbol{b}$$

$$\begin{pmatrix} \boldsymbol{a}' \\ \boldsymbol{b}' \end{pmatrix} = \boldsymbol{M} \begin{pmatrix} \boldsymbol{a} \\ \boldsymbol{b} \end{pmatrix}, \boldsymbol{M} = \begin{pmatrix} m_{11} & m_{12} \\ m_{21} & m_{22} \end{pmatrix}$$

可以证明，$\boldsymbol{M}^* = (\boldsymbol{M}^{\mathrm{T}})^{-1}$。则有

$$m_{11} = \frac{m_{22}^*}{m_{11}^* m_{22}^* - m_{21}^* m_{12}^*}$$

$$m_{12} = \frac{-m_{21}^*}{m_{11}^* m_{22}^* - m_{21}^* m_{12}^*}$$

$$m_{21} = \frac{-m_{12}^*}{m_{11}^* m_{22}^* - m_{21}^* m_{12}^*}$$

$$m_{22} = \frac{m_{11}^*}{m_{11}^* m_{22}^* - m_{21}^* m_{12}^*}$$

举例如下：图 2-53(a)和(b)分别表示乙炔 C_2H_2 在清洁 Pt(111)晶面上吸附前后的 LEED 图，根据该实验结果分析表面吸附物 C_2H_2 的表面结构。从图 2-53 可知：

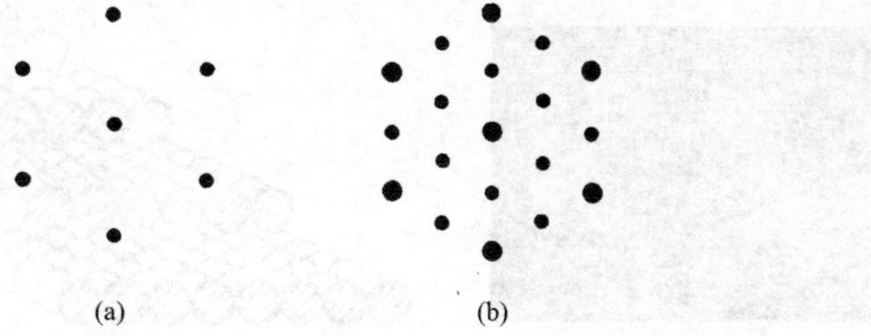

图 2-53 乙炔 C_2H_2 在清洁 Pt(111)晶面上吸附前(a)和吸附后(b)的 LEED 图

$$\begin{pmatrix} \boldsymbol{a}^{*\prime} \\ \boldsymbol{b}^{*\prime} \end{pmatrix} = \boldsymbol{M}^* \begin{pmatrix} \boldsymbol{a}^* \\ \boldsymbol{b}^* \end{pmatrix} = \begin{pmatrix} m_{11}^* & m_{12}^* \\ m_{21}^* & m_{22}^* \end{pmatrix} \begin{pmatrix} \boldsymbol{a}^* \\ \boldsymbol{b}^* \end{pmatrix} = \begin{pmatrix} 1/2 & 0 \\ 0 & 1/2 \end{pmatrix} \begin{pmatrix} \boldsymbol{a}^* \\ \boldsymbol{b}^* \end{pmatrix}$$

$$m_{11} = \frac{m_{22}^*}{m_{11}^* m_{22}^* - m_{21}^* m_{12}^*} = \frac{1/2}{1/4} = 2$$

$$m_{12} = m_{21} = 0$$

$$m_{22} = 2$$

即乙炔 C_2H_2 在 Pt(111)上形成 Pt(111)-(2×2)-C_2H_2 结构，如图 2-54 所示。

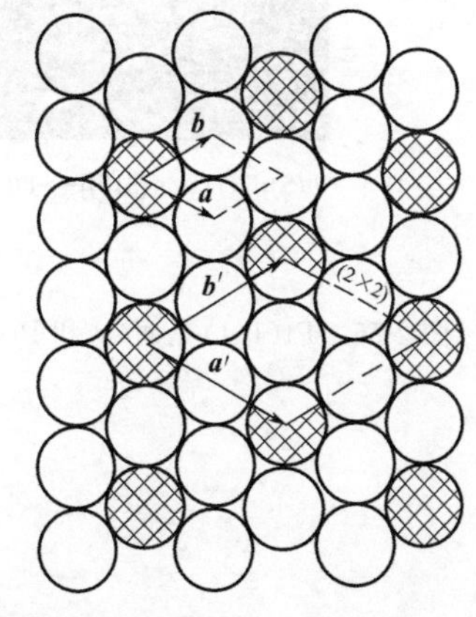

图 2-54 乙炔 C_2H_2 在 Pt(111)上的 Pt(111)-(2×2)-C_2H_2 结构示意图

(3) 台阶表面的 LEED 分析

前面介绍的晶面多是 Miller 指数较低的晶面，它们大多具有最低的表面自由能，结构稳定，便于研究。但实际上在蒸发、凝聚、相转变，化学吸附和催化反应中高 Miller 指数表面（即台阶表面）起着极重要的作用。

高 Miller 指数表面是指由平台、台阶和扭折组成的表面，这些面呈周期性排列。其特征是 LEED 的衍射点会变长，分成一对或多个。有台阶的表面均能观察到双衍射

点，这是阶梯平面有序排列的结果。台阶的周期性叠加到平台周期性上造成平台衍射点的分裂。高 Miller 指数面可以分解成低 Miller 指数面来表示，如：

$$Pt(755)=Pt(s)\text{-}[5(111)+2(100)]$$

$$Pt(10.8.7)=Pt(s)\text{-}[7(111)+2(100)+(110)]\text{或}=Pt(s)\text{-}[7(111)+(310)]$$

这些面中的 Pt 原子具有不同的配位环境，Pt(111)平台上的 Pt 是 9 配位，台阶上为 7，扭折上为 6。可以预期不同配位环境下的 Pt 中心原子会表现出不同的反应性能。图 2-55 为 Pt(111)晶面和 Pt(755)、Pt(10.8.7)面的 LEED 谱图及表面二维结构示意图，台阶表面可以观察到双衍射斑点。

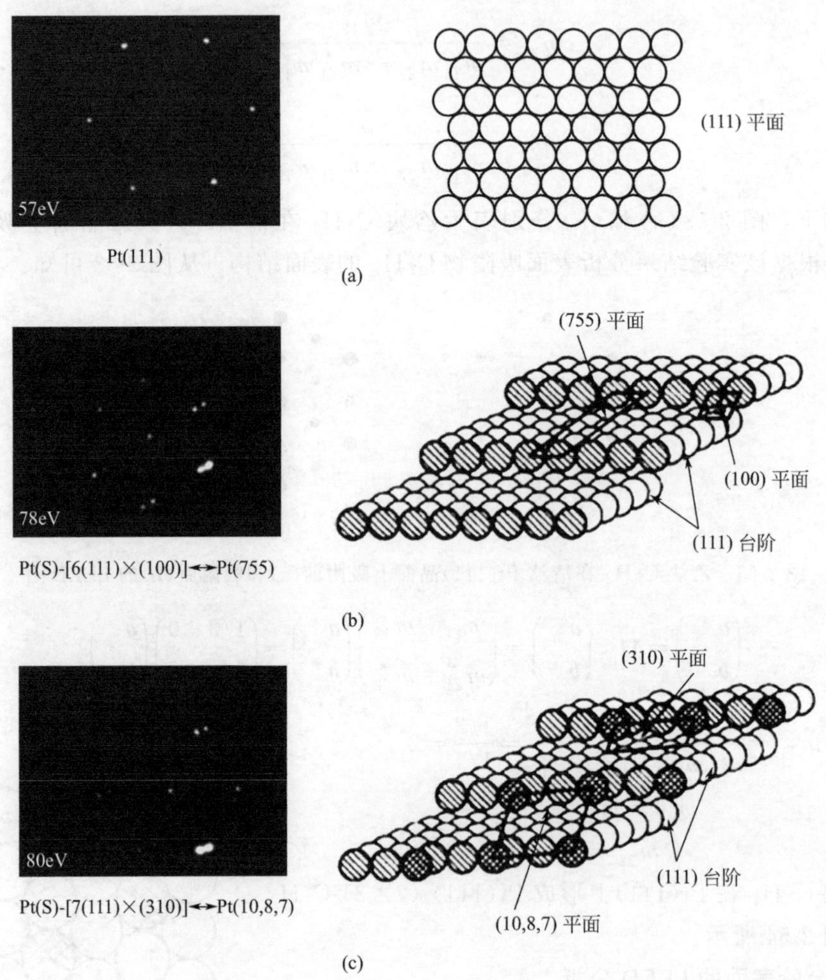

图 2-55　Pt(111)晶面(a)和 Pt(755)(b)、Pt(10.8.7)(c)面的 LEED 谱图及表面二维结构示意图

3 固体表面性能

3.1 固体表面热力学概论

自然界的物质以固、液、气三种形式存在。通常把两种不同形态物质的交界面称为界面，界面又分为表面、晶界、相界。物质的这三种状态之间可以形成 5 种界面：固-固、固-液、固-气、液-液、液-气。固体表面通常是指固-气界面和固-液界面。图 3-1 是雨后荷叶表面的水珠，荷叶表面特殊的微-纳米尺度凸起和蜡质膜是其不粘水和自清洁的主要结构因素。

3.1.1 表面现象研究历程

历史上对表面现象的研究是从力学开始的，早在 19 世纪初就形成了表面张力的概念。

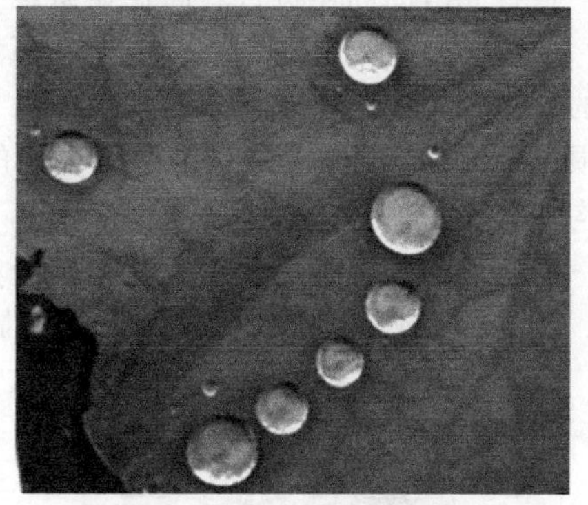

图 3-1 荷叶表面的水珠

1805 年，托马斯•杨(T. Young)最早提出表面张力概念，并将表面张力概念推广应用于有固体的体系，导出了联系气-液、固-液、固-气表面张力与接触角关系的杨氏方程。

1806 年，拉普拉斯(P. S. Laplace)导出了弯曲液面两边附加压力与表面张力和曲率半径的关系，即 Laplace 方程，可用来解释毛细管现象。

1859 年，开尔文(L. Kelvin)将表面扩展时伴随的热效应与表面张力随温度的变化联系起来。后来，他又导出蒸汽压随表面曲率变化的方程，即著名的开尔文方程。

1869 年，达普里(A. Dapre)研究了润湿和黏附现象，将黏附功与表面张力联系起来。

1878 年，表面热力学的奠基人吉布斯(J. W. Gibbs)提出了表面相厚度为零的吉布斯界面模型，他还导出了著名的吉布斯吸附等温式。

1893 年，范德华开始应用统计力学研究表面化学，是用统计力学研究界面现象的前奏。

1913—1942 年期间，美国科学家朗缪尔(I. Langmuir)对蒸发、凝聚、吸附、单分子膜等表面现象的研究尤为突出。为此他于 1932 年荣获诺贝尔奖，并被誉为表面化学的先驱者、新领域的开拓者。

1950 年以后，随着电子及航天科技的发展，新的表面测试技术应运而生，如低能电子衍射、俄歇电子能谱等不断出现，超高真空设备不断完善，可制备足够清洁的表面及复杂表面。表面科学进入从微观水平上研究表面现象的阶段，成为了一门独立的学科。

目前，科学家可在优于 10^{-7}Pa 的超高真空下，从分子或原子水平上研究表面现象。不少科学家致力于催化剂和多相催化过程、有关表面的组成、结构和吸附态对表面反应的影响及表面机理的研究，从而寻找有实用价值的高效催化剂。

2007 年，德国科学家 Gerhard Ertl 因“固-气界面基本分子的过程的研究”获得诺贝尔化学奖。图 3-2 为表面科学领域的部分著名学者。

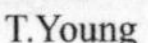

图 3-2 表面科学领域的著名学者（从左到右依次为托马斯·杨、开尔文、吉布斯、朗缪尔和格哈德·埃特尔）

3.1.2 固体表面微观特征

各种光滑的固体材料表面在显微镜下具有形态各异的表面微观形貌。

平时看上去光滑的金属、陶瓷、高分子等固体材料加工表面，在显微镜下呈现出深浅不一的加工痕迹或沟槽，它们通常由刀具、模具、轧辊与固体材料表面之间显微切削、摩擦与磨损形成。例如图 3-3 为轧制铝板表面的微观形貌，可以看出光洁的铝板表面存在深浅不一的沟槽。

经磨制、抛光和腐蚀的金属与陶瓷材料表面，在显微镜下往往呈现出多边形晶粒聚集特征。例如图 3-4 为烧结 CeO_2 陶瓷表面显微组织，显示其由大小不同的多晶体晶粒组成。

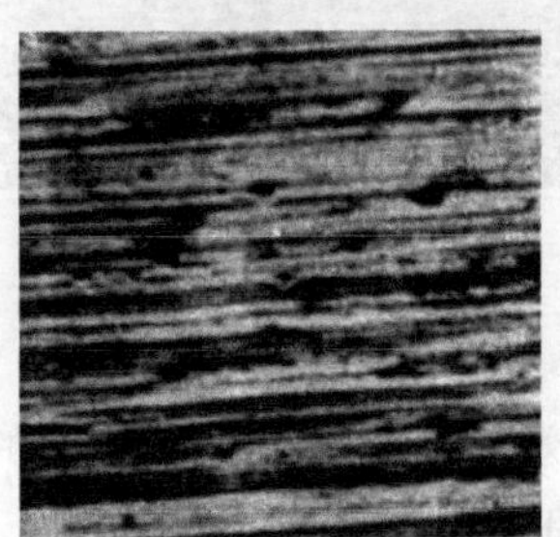

图 3-3 加工铝板表面微观形貌

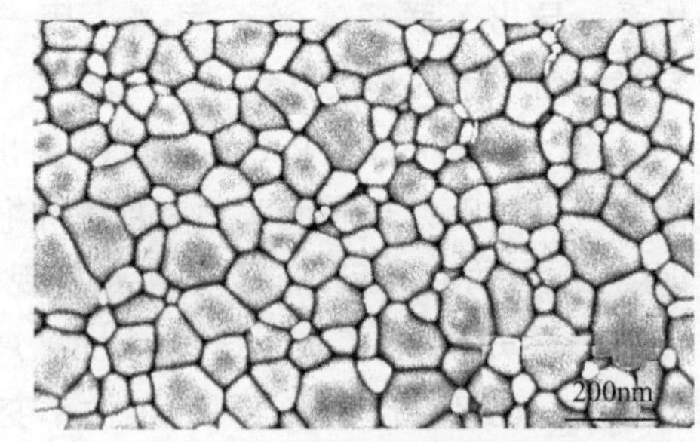

图 3-4 CeO_2 陶瓷表面显微组织

固体薄膜表面的形成遵循晶粒形核与长大规律，显微镜下非抛光固体薄膜表面通常具有球形晶粒特征，由许多大小不一的球形晶粒组成薄膜表面，有时形象地将其称为“菜花”特征。例如图 3-5 为铁电陶瓷薄膜和 Sm 修饰 $PbTiO_3$ 薄膜，可以看出薄膜表面也是由大小不同的晶粒组成，并且薄膜晶粒的形成同样遵循形核和长大的晶体生长规律。

原子力显微镜下可以观察到金属晶体薄膜具有原子级别的台阶与密排晶面。例如图 3-6 为 Si 基体表面蒸镀的 Au 薄膜 STM 伪彩色图像，显示蒸镀 Au 膜表面具有原子密堆积和台阶特征。

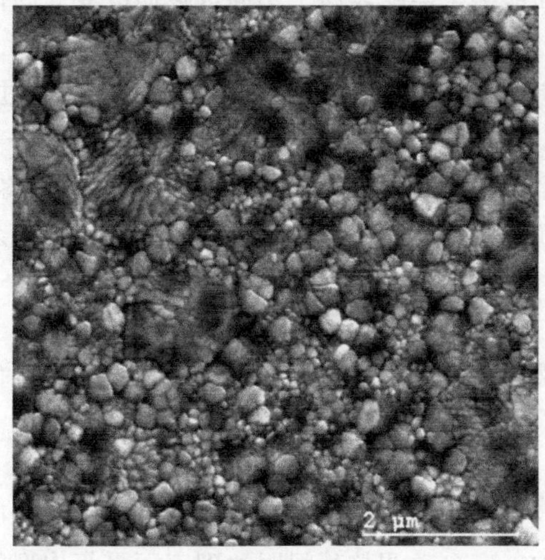

(a) 铁电陶瓷薄膜

(b) Sm修饰$PbTiO_3$薄膜

图 3-5 固体薄膜表面 SEM 形貌

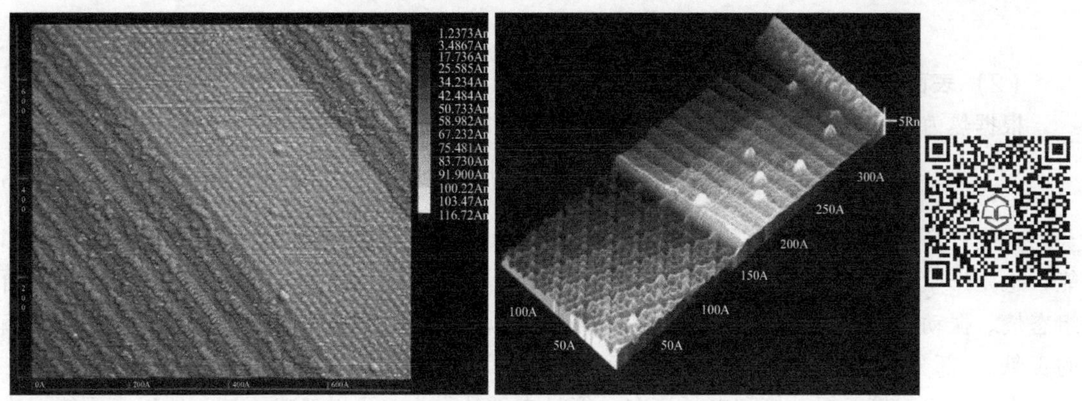

图 3-6 Si 基体表面蒸镀的 Au 薄膜 STM 伪彩色图像

3.1.3 固体的表面张力与表面自由能

液体中原子或分子之间的相互作用力较弱，原子或分子的相对运动较易进行。液体内部原子或分子克服引力迁移到表面，形成新的表面，此时很快达到一种动平衡状态。一般认为，液体的比表面自由能与表面张力在数值上是一致的。

固体与液体不同，固体中原子或分子、离子之间的相互作用力较强。固体可大致分为晶态和非晶态两大类。即使是非晶态固体，由于受到结合键的制约，虽然不具有晶体那样的长程有序结构，但在短程范围内(通常为几个原子)仍具有特定的有序排列。因此，固体中原子或分子、离子彼此间的相对运动比液体要困难得多，直接造成固体表面具有不同于液体表面的一系列特性：

① 固体的表面自由能中包含了弹性能，它在数值上已不等于表面张力。

② 固体表面上的原子组成和排列呈各向异性，不像液体那样表面能是各向同性的。不

同晶面的表面能彼此不同。若表面不均匀，表面能甚至会随表面上不同区域而改变。固体的表面张力也是各向异性的。

③ 实际固体的表面通常处于非平衡状态，决定固体表面形态的主要是形成条件和过程，而表面张力的影响变小。

④ 液体表面张力涉及液体表面的拉应力。液体表面张力功可以通过表面积测算而得到；而固体表面的增加，涉及表面悬键（断键）密度等概念，所以固体的表面能具有更复杂的意义。

⑤ 固体的表面能在概念上不等同于表面张力。但是在一定条件下，尤其是在接近于熔点的高温条件下，固体表面的某些性质类似于液体，此时常用液体表面理论和概念来近似讨论固体表面现象，从而简化计算。

（1）表面应力与表面张力

当把固体切开，形成新表面时，新表面上的分子和原子因不能自由移动，仍停留在原来的位置上，但新表面上的分子和原子因受力不均，有自动调整其间距达到表面平衡构型的倾向，于是产生了表面应力。

定义 τ 为单位长度上的表面应力，则沿着相互垂直的两个表面上的表面应力 τ_1、τ_2 与表面张力 σ 有如下的关系：

$$\sigma=(\tau_1+\tau_2)/2$$

（2）表面能

根据热力学关系，固体的表面能包括自由能和束缚能，即

$$E_s=G_s-TS_s \tag{3-1}$$

式中，E_s 表示表面总能量，代表表面分子相互作用的总内能；G_s 表示总表面(自由)能，也是产生 $1cm^2$ 新表面需消耗的等温可逆功；TS_s 表示表面束缚能，其中表面熵 S_s 由组态熵、振动熵(又称声子熵，表征了晶格振动对熵的贡献)和电子熵(表示电子热运动对熵的贡献)三部分组成，T 表示热力学温度。

实际上组态熵、振动熵和电子熵在总能量中贡献很小，可以忽略不计，所以表面能取决于表面自由能。

对于纯金属，比表面自由能 γ 可写为

$$\gamma=\mathrm{d}F_s/\mathrm{d}A \tag{3-2}$$

式中，$\mathrm{d}F_s/\mathrm{d}A$ 表示形成单位面积表面时系统亥姆霍兹(Helmholtz)自由能 F_s 的变化；A 为表面积。固体的比表面(自由)能 γ 也常简称为表面能。

对于合金系，当温度 T、体积 V 及晶体畸变为常数时：

$$\gamma=\frac{\mathrm{d}F_s}{\mathrm{d}A}-\sum\mu_i\left(\frac{\mathrm{d}n_i}{N_A\mathrm{d}A}\right) \tag{3-3}$$

式中，i 表示合金中所有组元；μ_i 为 i 组元的化学势，$\mathrm{d}n_i/\mathrm{d}A$ 表示由晶体表面积 A 的改变所引起的晶体本体内 i 组元数的变化；N_A 表示阿伏伽德罗常量。

实际测定固体的表面能和表面张力是非常困难的。对于金属晶体，通常采用“零蠕变法”测表面能的大小。如果已知晶界能的大小，对长度为 l、半径为 R、共含有 $(n+1)$ 个

晶粒的试样，其自身重力使它在高温下伸长。但另一方面，表面能及晶界能使试样收缩，这样通过测定蠕变为零的条件，便可计算试样表面能大小。

（3）表面应力和表面 Gibbs 自由能的关系

1）各向同性的固体

对各向同性的固体，因为 $\tau_1=\tau_2=\tau$，所以 $\sigma=\tau$。表面应力可以表达为

$$\tau=\frac{\mathrm{d}(AG_\gamma)}{\mathrm{d}A}=G_\gamma+A\left(\frac{\mathrm{d}G_\gamma}{\mathrm{d}A}\right)$$

特别地，对于液体，由于 $\frac{\mathrm{d}G_s}{\mathrm{d}A}=0$，所以 $\tau=\sigma=G_s$，即：液体的表面应力=表面张力=表面 Gibbs 自由能。

2）各向异性的固体

设各向异性的固体在两个方向上的面积增量各为 $\mathrm{d}A_1$ 和 $\mathrm{d}A_2$（如图 3-7 所示），总的表面自由能增加可表示为

$$\mathrm{d}(A_1G_s)=\tau_1\mathrm{d}A_1,\ \mathrm{d}(A_2G_s)=\tau_2\mathrm{d}A_2$$

$$A_1\mathrm{d}G_s+G_s\mathrm{d}A_1=\tau_1\mathrm{d}A_1,\ A_2\mathrm{d}G_s+G_s\mathrm{d}A_2=\tau_2\mathrm{d}A_2$$

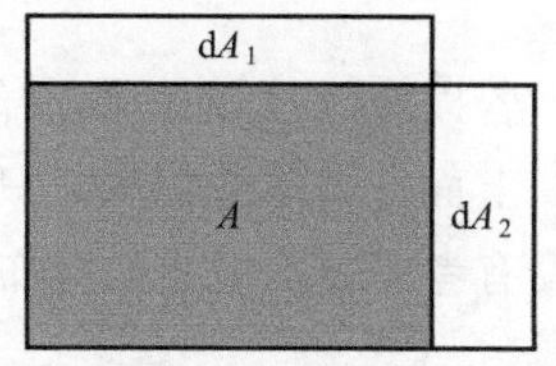

图 3-7　各向异性的固体示意图

即

$$\tau_1=G_s+A_1(\mathrm{d}G_s/\mathrm{d}A_1)$$
$$\tau_2=G_s+A_2(\mathrm{d}G_s/\mathrm{d}A_2)$$

（4）影响表面能的主要因素

影响表面能的因素很多，主要有晶体类型、晶体取向、温度、杂质、表面形状、表面曲率、表面状况等。下面用热力学讨论其中表面温度和晶体取向两个因素。

1）表面温度

由 $\left(\frac{\partial F_S}{\partial T}\right)=-S$，可得

$$U=F_S-T\left(\frac{\partial F_S}{\partial T}\right)\tag{3-4}$$

式中，U 为表面内能。若以 u_A 表示单位面积表面内能，则有

$$u_A=\gamma-T\frac{\partial\gamma}{\partial T}\tag{3-5}$$

$$\frac{\partial\gamma}{\partial T}=\frac{1}{T}(\gamma-u_A)\tag{3-6}$$

由自由能定义可得：$u_A-\gamma=TS/A$，其中 TS/A 恒为正，可知 $u_A>\gamma$ 恒成立。由此：

$$\frac{\partial\gamma}{\partial T}=-\frac{TS}{A}\frac{1}{T}=-\frac{S}{A}\tag{3-7}$$

可以看出 $\frac{\partial\gamma}{\partial T}<0$ 恒成立，这说明表面能 γ 随温度 T 的升高而降低。

2）晶体取向

晶体发生解离而形成新的表面时，要破坏原子间的结合能（键能）。在取向不同的晶面上，原子的密度不相同，因而形成新表面时断键的数目也不同。可以根据断键的情况来估算不同的表面能。其主要方法是温室表面蒸发潜热，即通过表面原子在蒸发态与结合态的能量差来决定表面能。

现以面心立方结构为例。设气化潜热为 $\mu M/N_A$，其中 M 是摩尔质量，N_A 是阿伏伽德罗常量，μ 是单位质量内能。由于面心立方结构中具有 12 个最近邻的原子，蒸发时平均 6 个最近原子的键被切断，因此键的能量为 $\mu M/6N_A$。对于(111)晶面，单位面积有 $2/(a^2\sqrt{3})$个原子(其中 a 为原子间距离)，而对其上的一个原子来说有 3 个键被切断，出现 2 个新的表面，故单位面积的能量为

$$\gamma=\frac{\mu M}{6N_A}\times\frac{1}{2}\times3\times\frac{2}{a^2\sqrt{3}}=\frac{\mu M}{2N_A a^2\sqrt{3}} \tag{3-8}$$

若以新(111)面的表面能作为标准，则面心立方结构各晶面的相对表面能列于表 3-1 中。

上面是大略的估算，只计算了最邻近原子间的键，而没有考虑全部原子间的位能之和，也没有考虑表面电子云分布等因素的影响，因此要精确计算还必须采用严密的方法。

表 3-1　面心立方结构中各晶面上被切断的键数与表面能

晶面	被切断的键的密度	相对表面能
(111)	$6/(a^2\sqrt{3})$	1.00
(100)	$4/a^2$	1.154
(110)	$6/(a^2\sqrt{2})$	1.223
(210)	$14/(a^2\sqrt{10})$	1.275

(5) 准化学方法估算表面能

考虑配位数为 Z、含有 N_A 个原子的晶体共有 $\frac{1}{2}ZN_A$ 个结合键，令每个结合键的结合能为 ε_{AA}，而升华热 ΔH_S 便是破坏所有键所需的能量：

$$\Delta H_S=\frac{1}{2}ZN_A\varepsilon_{AA}$$

对于面心立方晶体，若表面是(111)面，则形成表面便丧失三个结合键，这三个结合键属于两个表面。若无其它变化，则：

$$\Delta U_{SV}=\Delta H_{SV}=\frac{3}{2}N_S\varepsilon_{AA}=\frac{N_S\Delta H_S}{4N_A}$$

面心立方晶体在(100)面形成表面，会丧失 4 个结合键。类似推理，得到(100)面的表面能为：

$$\Delta H_{SV}=\frac{N_S\Delta H_S}{3N_A}$$

表 3-2 和表 3-3 分别为铜、银、金表面能的计算值和实验值，表 3-4 为一些不同晶体结构材料的表面能计算值。

表 3-2　铜、银、金表面能的计算值

金属	原子半径 r/(10^{-10}m)	ΔH_S/(10^5J)	(111)		(100)		ΔH_{SV}平均值/(J/m^2)
			$N_S/10^{15}$	ΔH_{SV}/(J/m^2)	$N_S/10^{15}$	ΔH_{SV}/(J/m^2)	
Cu	1.28	3.394	1.762	2.482	1.526	2.866	2.674
Ag	1.44	2.863	1.392	1.654	1.206	1.910	1.782
Au	1.44	3.654	1.392	2.111	1.206	2.439	2.275

表 3-3　铜、银、金表面能的实验值

金属	试样		气氛	温度/K	ΔG_{SV}/(J/m^2)	ΔH_{SV}/(J/m^2)	ΔS_{SV}/[10^{-3}J/(m^2·K)]
	形状	晶体取向					
Cu	丝	多晶	真空(0.00133Pa)	1220～1320	1.650	2.350	−0.55
Cu	片	单晶(100)面	O_2(10^{-13}Pa)	1200	0.970	—	—
Ag	丝	多晶	He(10^5Pa)	1148～1205	1.140	1.678	−0.47
Au	丝	多晶	He(10^5Pa)	1290～1315	1.400	2.006	−0.43

注：使用零蠕变法测量。

表 3-4　不同晶体结构材料的表面能计算值　　单位：J/m^2

晶体材料	(100)	(110)	(111)	(311)
C(金刚石)	5.71	5.93	4.06	5.51
Si	1.41(1.36)	1.70(1.43)	1.36(1.23)	1.40(1.38)
Ge	1.00	1.17	1.01	0.99
InAs	0.75	0.66	0.67	0.78
Mo	3.34	2.92	3.24	3.11
W	4.64	4.01	4.45	4.18
Al	1.35	1.27	1.2	—
Au	1.63	1.70	1.28	—

注：Si 一行括号内为实验值。

3.1.4　表面能与晶面取向

晶体最密排表面具有最低的表面能。若宏观表面具有高的{hkl}指数时，表面将呈现台阶结构，图 3-8 为一简单立方晶体表面的台阶结构。显然与密排面成 θ 角的晶面所具有的断键数比密排面多，图中所标单位长度与垂直纸面方向上单位长度构成的断键面内，有$(\cos\theta/a)(1/a)$个来源于密排面的断键和$(\sin\theta/a)(1/a)$个来源于台阶上原子的附加断键。每一个断键贡献 1/2 能量，则表面能 γ：

$$\gamma=\Delta E=\frac{(\cos\theta+\sin\theta)\varepsilon}{2a^2} \tag{3-9}$$

依据式(3-9)作图，得到图 3-9，当密排取向($\theta=0°$)时，表面能最低，在图中出现尖点。同理可知，所有的低指数面都应处于低能点上。如果把表面能随 θ 变化的曲线画出，也会出现类似的低能点，但由于熵的影响，低能点不像 E-θ 曲线那样明显。

γ-图用于表征三维空间上表面能随表面取向的关系，其作图方法为：从原点出发引矢径，矢径长度正比于该晶面的表面能大小，方向平行于该晶面法线，连接诸矢径端点的轨迹为一曲面，该曲面即称为 γ-图。图 3-10(a)表示出这种空间曲面的一个截面。

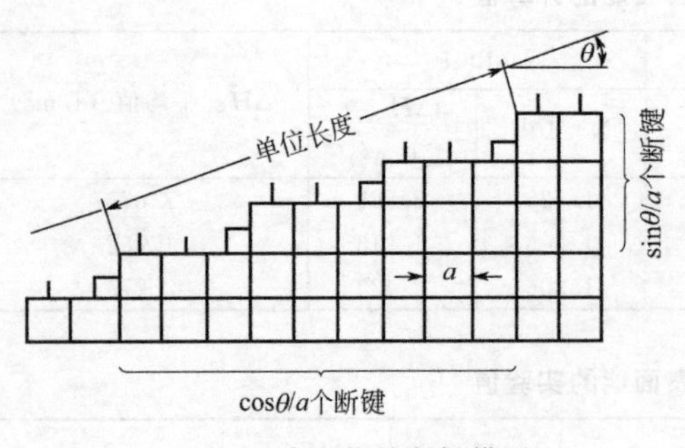

图 3-8 表面能的断键模型

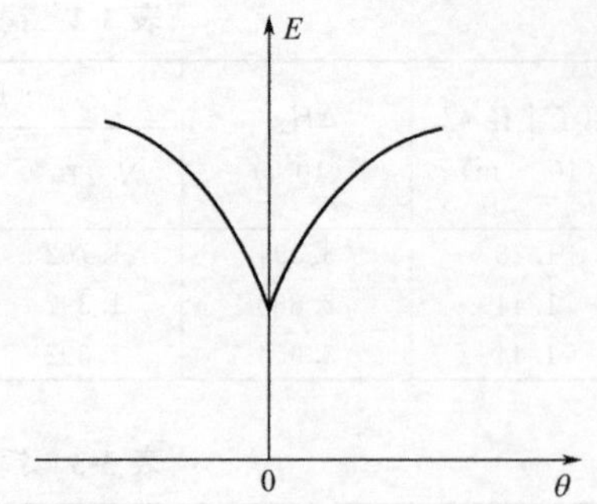

图 3-9 表面能与位向角的关系

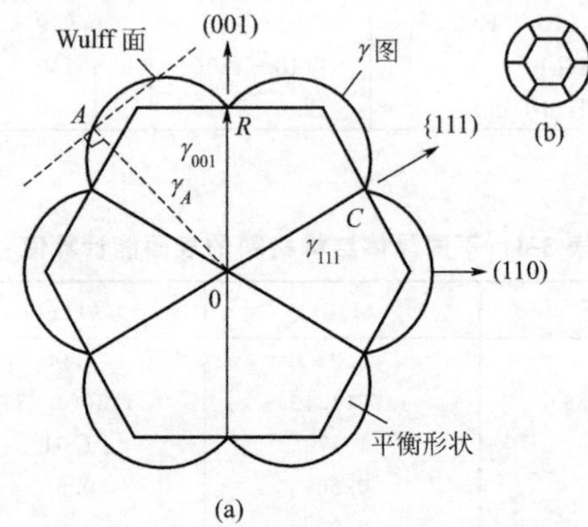

图 3-10 面心立方晶体的 γ-图及其平衡形状：(a)(110)截面；(b)三维平衡形状

利用 γ-图可以分析单晶体的理想平衡形状。对于孤立的单晶体，各面表面能分别为 γ_1，γ_2，…，相应面积分别为 A_1，A_2，…，它的总表面能为 $A_1\gamma_1+A_2\gamma_2+\cdots$。平衡状态下，当体自由能保持恒定时，自由能极小的条件为

$$\int \gamma \mathrm{d}A = \text{极小值} \tag{3-10}$$

若 γ 是各向同性的，其平衡形态为球形，这就是液体所取的外形。对表面能为各向异性的晶体，可按下面的 Wulff(乌尔夫)作图法得出平衡形状：在 γ-图上的每一点作垂直于矢径的平面，去掉这些平面相重叠的区域，剩下体积最小的多面体，就是晶体的平衡形状[图 3-10(b)]。显然在晶体的平衡形状中，诸 γ_i 和原点至第 i 个晶面的距离 h_i 之比为常数：

$$\frac{\gamma_1}{h_1}=\frac{\gamma_2}{h_2}=\cdots=\frac{\gamma_n}{h_n} \tag{3-11}$$

式(3-11)就是 Wulff 法则，即在恒温恒压下，当一定体积的晶体与流体相处于平衡时，它所具有的平衡形态应使其总的界面能最小。

FCC 及 BCC 晶体分别在〈111〉、〈100〉及〈110〉有尖点，因而其平衡晶面分别是{111}、{100}及{110}，这种预测为实验所证实。

晶体的理想平衡形状常常和实际生长出的晶体外形不相符，这主要是因为晶体生长是在非平衡状态下进行的，决定其外形的还有生长动力学的因素。此外，杂质含量等也影响晶体

的表面形态。

总之，固体表面原子的可动性比液体要小得多，因而其表面状态往往取决于形成表面的历史，而不像液体那样取决于表面张力；实际晶体的外形是要受到其动力学过程及其它的非平衡态因素的影响的，因而其外形常常不具有 Wulff 结构。晶体的表面状态及其能量要受到烧结、研磨、抛光等具体制备加工过程的影响。

3.2 固体表面的基本特征

3.2.1 固体表面的基本特性

(1) 固体表面的不均一性

固体表面上的原子(离子)受力是不对称的。由于固体表面原子不能够自由流动，因此研究固体表面比液体更为困难。固体表面的不均一性主要表现在如下几方面。

① 从微-纳米或原子的尺度上来看，实际固体表面是凹凸不平的。

② 绝大多数晶体是各向异性的，因此固体表面在不同方位上也是各向异性的。

③ 同种固体的表面性质会发生与制备或加工过程密切相关的变化。

④ 晶体缺陷如空位或位错等可在表面存在并引起表面性质的变化。

⑤ 固体暴露在空气中，表面易被外来物质所污染，被吸附的外来原子可占据不同的表面原子位置，形成有序或无序排列。

(2) 固体表面力场

晶体中每个质点周围都存在一个力场。在晶体内部，可以认为这个力场是有心的、对称的；但在固体表面，质点排列的周期性被中断，使处于表面上的质点力场对称性破坏，产生有指向的剩余力场，这种剩余力场表现为固体表面对其它物质有吸引作用(如吸附、润湿等)，这种作用力称为固体表面力。表面力主要可分为化学力和范德华力(分子引力)，如图 3-11 所示。

1) 化学力

化学力的本质是静电力。主要来自表面质点的不饱和键，当固体表面质点和被吸附物间发生电子转移时，就产生化学力。它可用表面能的数值来估计，表面能与晶格能成正比，而与吸附物体积成反比。

2) 范德华力

范德华力又称分子引力，主要来源于定向作用力、诱导作用力和分散作用力三种力。

① 定向作用力(静电力)。主要发生在极性物质分子之间，是相邻两个极化分子电矩因极性不同而发生作用的力。

② 诱导作用力。发生在极性物质与非极性物质之间。诱导是指在极性物质作用下，非极性物质被极化诱导出暂态的极化电矩，随后与极性物质产生定向作用。

③ 分散作用力(色散力)。主要发生在非极性物质之间。非极性物质是指其核外电子云呈球形对称而不显示永久的偶极矩。但就电子绕核运动的某一瞬间而言，在空间各个位置上，电子分布并非严格对称，这样就将呈现出瞬间的极化电矩。许多瞬间极化电矩之间以及它对相邻物质的诱导作用都会引起相互作用效应，称为色散力。

在固体表面上，化学力和范德华力可以同时存在，但两者在表面力中所占比例将随具体情况而定。图 3-11 为原子力显微镜(AFM)测量的化学力与范德华力比较，可见，当 AFM 针尖半径接近原子间距时，所测得的范德华力与化学力(原子键合力)相近。

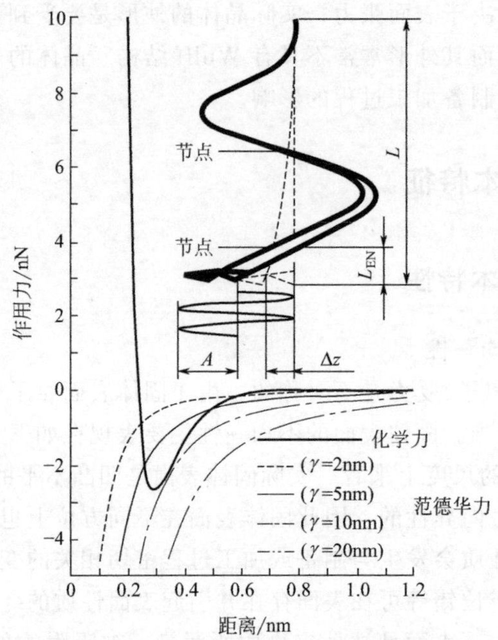

图 3-11 原子力显微镜测量的化学力与范德华力比较(针尖半径 r=2nm、5nm、10nm 和 20nm)

(3) 表面能和表面张力

固体表面能是指通过向表面增加附加原子，从而在新表面形成时所做的功。若用 γ_s 表示固体表面能，则

$$\gamma_s=(\Delta V)_{sv}A_s \quad (3\text{-}12)$$

式中，$(\Delta V)_{sv}$为一个原子表面及内部两种状态的能差；A_s 为新增表面积。

表面张力是沿表面作用在单位长度上的力。由于一般液体表面张力的大小与表面能相等，所以人们常将两者视为一种性质。但是固体是一种刚性物质，表面上的质点没有流动性，能够承受剪应力的作用。因此固体增加单位表面积所需的可逆功(表面能)一般不等于表面张力，其差值与过程的弹性应变有关。也可以说，固体的弹性变形行为改变了增加面积的做功过程，不再使固体的表面能与表面张力在数值上相等。

固体表面张力不等于表面能，且前者大于后者，表面张力可分为表面能及弹性变形能两部分。但是，如果固体在较高的温度下能表现出足够的质点可移动性，则仍可近似认为表面能与表面张力在数值上相等。

固体表面能与温度和介质的关系是：温度上升，表面能上升；介质不同，表面能数值不同。表面杂质的存在可以对物质的表面能产生显著的影响。

如果某物质中含有少量表面张力较小的化学成分，则这些化学成分便会在表面上富集，即使它们的含量很少，也可以使该物质的表面张力大大降低；相反，若含有少量表面张力较大的化学成分，则这些化学成分倾向于在体积内部富集，而对该物质的表面张力影响不大。对物质表面张力能产生强烈影响的化学成分常称为表面活化剂。例如，在铁的熔液中，只要含有 0.05%的氧和硫，就可以使其表面张力由 1.8J/m^2 下降为 1.2J/m^2。对于许多固体金属、氮化物和碳化物的表面，氧能产生类似的影响。

对于一般的表面系统，如果没有外力的作用，其系统总表面能将自发趋向于最低化。由于表面张力或表面能反映的是物质质点间的引力作用，因此随温度的升高，表面能一般会减小。这是因为热运动削弱了质点间的吸引力。

3.2.2 表面弛豫、重构及双电层

任何表面都有自发降低表面能的趋势。在表面张力的作用下，液体是以形成球形表面来降低表面能的，而固体由于质点不能自由流动，只能借助于原子或离子重排、变形、极化并引起晶格畸变来降低表面能。

如果把固体的表面结构看成和体内相同，即体内的晶体结构不变地延续到表面后中断，则这种表面称为理想表面。这是理论上结构完整的二维点阵平面，它忽略了晶体内部周期势场，表面原子的热运动、热扩散和热缺陷，外界对表面的物理化学作用等对晶体表面的影响。对表面结构的研究已表明，真实的清洁表面与理想表面相比主要存在表面弛豫、表面重构、表面双电层等不同。

(1) 表面弛豫

弛豫是指表面结构与体内基本相同，但点阵参数略有差异，及表面原子或离子与体相内的相比，发生一定程度的偏离平衡位置的现象，特别表现在垂直于表面质点方向上的法向位移。

发生弛豫现象的原因是表面质点的受力不对称[见图 3-12(a)]，表面质点间的垂直距离为 d_s，它比体内质点间距 d_0 要大或小。表面弛豫可以存在于几个质点层中，而每一层间的弛豫大小一般不同，且越接近最表层，弛豫现象越显著。图 3-12(b) 为 LiF(001) 面表面弛豫示意图，LiF(001) 表面层晶面间距相对体内收缩 0.1Å(1Å$=10^{-10}$m)，弛豫的结果是产生表面双电层。

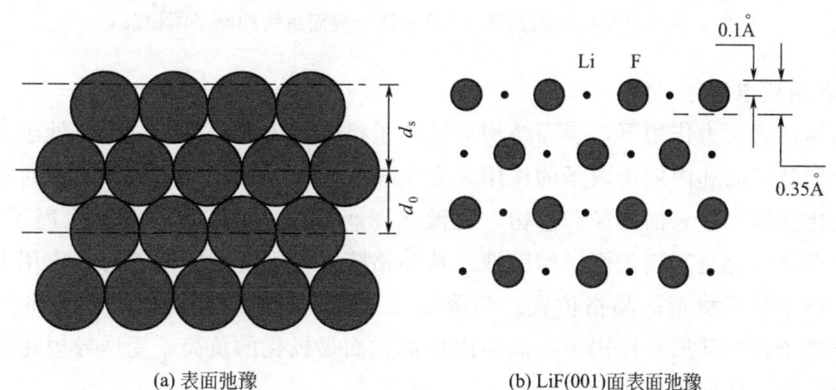

(a) 表面弛豫　　(b) LiF(001)面表面弛豫

图 3-12　表面弛豫(a)和 LiF(001)面表面弛豫(b)示意图

图 3-13 为大阪大学高井义造(Y. Takai)教授等在高分辨透射电子显微镜下获得的 Au 单晶表面的原子台阶结构，可以清楚地看出，Au 单晶表面(110)晶面原子向表面方向松弛 0.02nm(白框内)，而白色箭头所指原子则向晶体内部收缩，即发生表面弛豫。同时可以清晰地看出 Au 单晶表面由众多台阶构成。

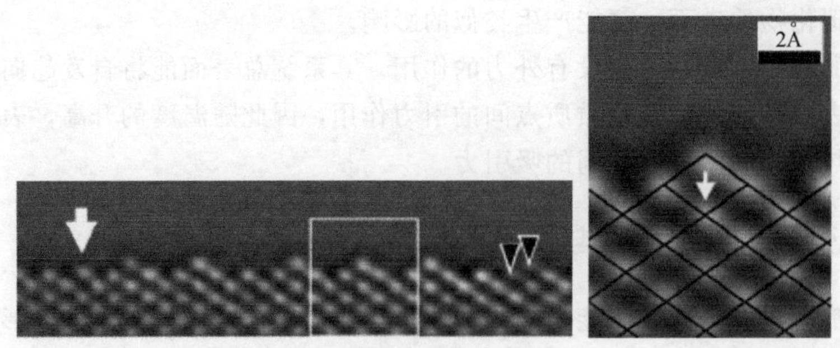

图 3-13 高分辨透射电子显微镜下的 Au 单晶表面的原子结构

（2）表面重构

重构是指表面结构和体相结构出现了本质的不同。重构通常表现为表面超结构的出现，即二维晶胞的基矢按整数倍扩大，如图 3-14 所示。

表面重构现象在硅半导体中经常出现，这可能与硅半导体的键合方向性和四面体配位有关。另外，高分子材料表面为了适应环境的变化也会出现表面重构现象。研究材料表面重构行为，掌握表面重构的规律，对于表面设计，控制表面性能具有重要的意义。

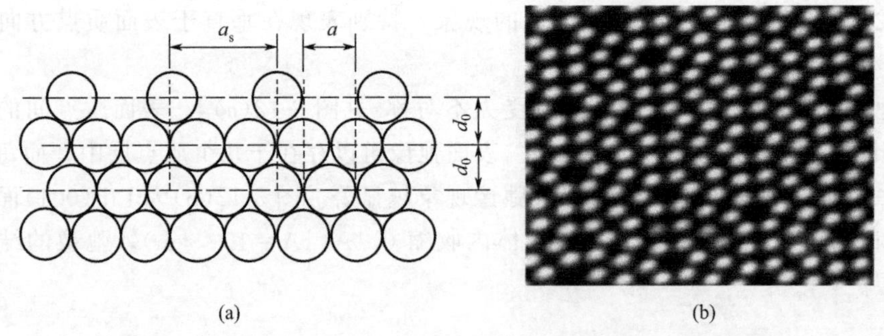

图 3-14 表面重构示意图(a)和单晶硅表面重构的原子图像(b)

（3）表面双电层

离子晶体在表面力作用下，表面结构会受离子极化而重排。这一过程使处于表面层的负离子，只受到其表面和内侧正离子的作用，发生极化变形，诱导出偶极子。随后表面质点通过电子云极化变形产生表面弛豫和重构，弛豫在瞬间即能完成，接着是发生离子重构过程。上述过程的直接变化是影响表面层的键性。从晶格阵点排列的稳定性考虑，作用力较大、极化率小的正离子处于稳定的晶格位置。为降低表面能，各离子周围的作用能将尽量趋于对称，因而正离子在内部质点作用下向晶体内靠拢，而易极化的负离子受诱导极化偶极子的排斥而被推向外侧，从而形成表面双电层。

随着重排过程的进行，表面层中离子间共价键性增强，固体表面好像被一层负离子所屏蔽并导致表面层在组成上非化学计量，重排将使晶体表面能趋于降低。

表面双电层结构已被许多研究直接或间接地证实。图 3-15 是对 NaCl 晶体计算得到的表面双电层厚度的结果。研究表明，产生这种双电层变化的程度主要取决于离子极化能力。极化性能强，则表面能及硬度较小，这是因为较厚的双电层导致表面能和硬度降低；而极化性能弱的，表面能和硬度大，相应的双电层厚度将减小。当晶体表面最外层形成双电层时，它将作用于次内层，引起内层离子的极化与重排。这种作用随着向晶体的纵深推移而逐步衰减，它所能达到的深度，与阴、阳离子的半径差有关，如 NaCl 中半径差较大者，大约可延伸 5 层，半径差较小者，大约可延伸 2～3 层。

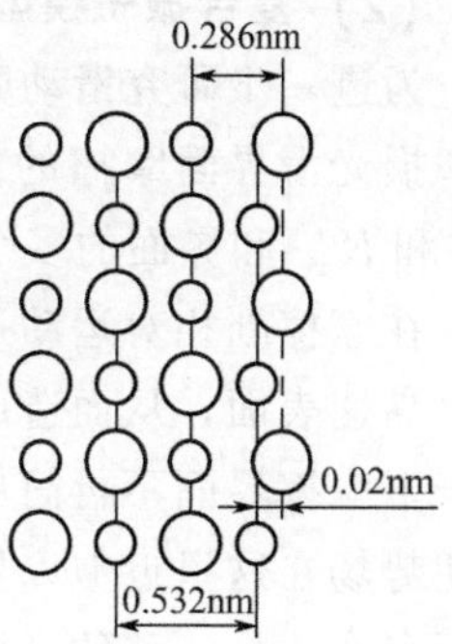

图 3-15 NaCl 晶体表面双电层厚度理论值

金属材料的表面也存在双电层，其产生的原因是晶体周期性被破坏，引起表面附近的电子波函数发生变化，进而影响表面原子的排列，新的原子排列又影响电子波函数，这种相互作用最后建立起一个与晶体内部不同的自洽势，形成表面势垒。当一部分动能较大的电子在隧道效应下穿透势垒时，在表面将形成双电层。图 3-16 示意了这种表面双电层，图 3-16(a)、(b)中的大黑点表示原子中心位置，小黑点表示电子云的密度。

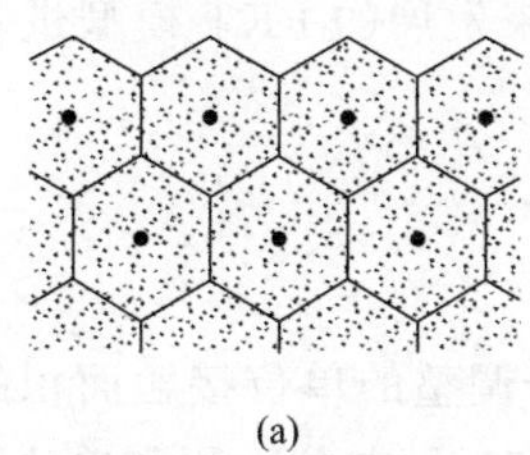
(a)

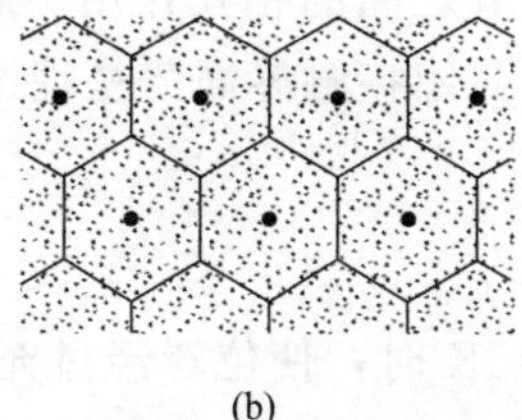
(b)

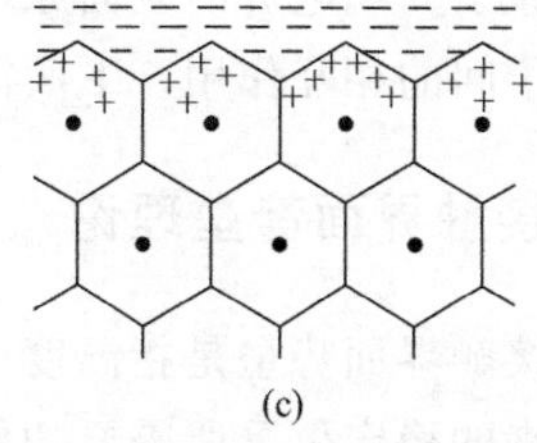
(c)

图 3-16 金属材料表面双电层的形成示意图

(a) 金属晶体内部电子云密度分布；(b) 金属晶体表面电子云密度分布；(c) 金属晶体表面双电层的形成

3.3 界面势垒

微观摩擦学从原子、分子尺度上研究摩擦磨损机理，建立材料微观结构与宏观特性之间的构性关系和定量准则。

(1) 独立振子模型

1929 年，Tomlinson 首次提出固体摩擦能量耗散机理的独立振子(IO)模型，从微观角度解释了摩擦现象，阐述了分子摩擦理论，如图 3-17 所示。图中，A 和 B 分别为用振子和势垒表示的两表面；k 为振子的刚度；E_0 为势垒的最大值。

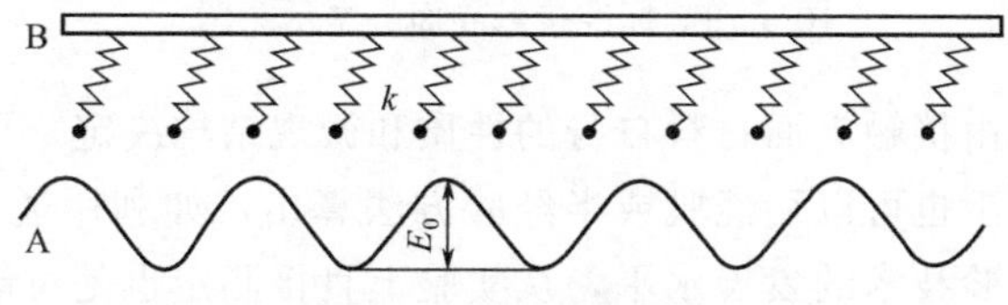

图 3-17 独立振子模型

固体 A 被简化为以单排刚性连接的原子，B 的表面原子之间没有相互作用，但它们受到 A 表面原子势能的作用，并且通过弹簧连接到代表固体 B 其余部分的刚性支承上，这些弹簧通过向支承传递能量，从而使摩擦能量耗散。

独立振子模型在微观摩擦研究中应用较多，如根据独立振子模型研究了不同材料参数对原子尺度黏滑现象的影响，发现基体材料的法向弹性常数对摩擦能量耗散有重要影响，据此模拟原子力显微镜探针对石墨试样的扫描实验，利用该模型与热激发效应进行计算和分析，得到摩擦力随滑动速度改变，它们之间存在对数关系的结论，成功地解释了原子力显微镜扫描实验的结果。

（2）复合振子模型

为进一步研究滑动摩擦过程的能量耗散机理，许中明等在独立振子模型的基础上，提出无磨损光滑界面摩擦的复合振子模型。复合振子模型由宏观整体的弹性振子(刚度分别为 K_A 和 K_B)和界面的多个微观独立振子(刚度分别为 K_{AS}和 K_{BS})共同组成。复合振子模型认为，在摩擦副相对运动过程中，在低速运动表面的振子将高速运动表面能量吸收，而无法返还给高速表面，从而造成了摩擦过程的能量损失。复合振子模型与独立振子模型最大的区别在于下摩擦界面不再简单地采用周期势场来假设，而采用与上界面相同的振子系统来表示，周期势场在这里近似以界面接触刚度来表示。在独立振子模型中，摩擦体系的上下界面之间是不存在能量转移的；而在复合振子模型中，很明显外力做功的部分能量将会通过上摩擦界面传递给下界面，这与实际摩擦系统相符。

FK(Frenkel-Kontorova)模型提出了一个一维的在带正弦电压的基底原子和通过谐波弹簧和用于原子周期电势的表面原子的链之间的相互作用。后来发展的 FKT 模型进一步考虑了界面原子间的相互作用。下面简要介绍接触界面势垒理论。

3.3.1 接触界面势垒理论

标准接触界面势垒是指温度 $T=0\text{K}$ 时，使位置经过充分调整的单位接触面积的界面原子离开原来的稳定位置所需要的能量在单位滑动距离中的总和，即单位面积和单位距离滑动时最大可能的能量耗散量，如图 3-18 所示。图中 A 和 B 之间为摩擦表面；P 为法向载荷；F 为切向载荷；F_s 为摩擦力；ΔE 为势垒变化值；u_0 为移动 l_0 后需要做的功。

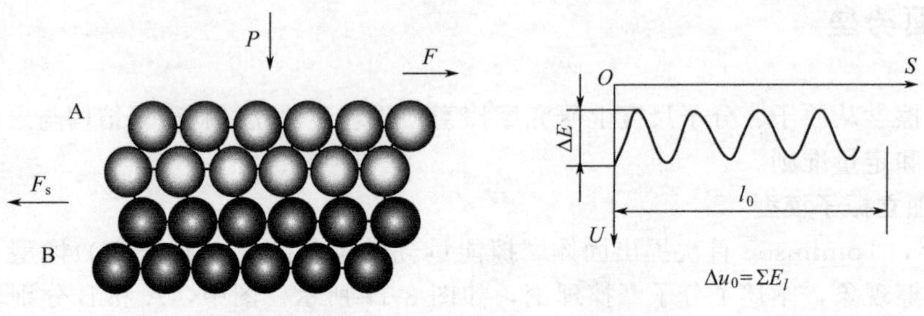

(a) 微观摩擦示意图　　(b) 势能变化与标准接触界面势垒

图 3-18　标准接触界面势垒示意图

标准接触界面势垒由接触界面材料自身的性质和微观结构决定，可以用量子力学的方法计算，在某些简单情况下也可以用经验或半经验方法算出，如利用通用黏附能量函数计算。按照目前纳米摩擦学实验技术的发展水平，从实验上直接测定也是可能的。标准接触界面势垒用 ΔE_0^+ 表示。

接触界面势垒是指使单位接触面积的界面原子离开原来的稳定位置所需要的能量在单位滑动距离内的总和。接触界面势垒除与标准接触界面势垒有关外，还与接触状况、界面温度等参数有关，对于单晶体而言，也与滑动方向有关。接触界面势垒用 ΔE^+ 表示：

$$\Delta E^+=k_1k_2\Delta E_0^+ \tag{3-13}$$

式中，ΔE^+ 为 0K 时标准接触界面势垒，由摩擦副材料的微观结构和性能决定；k_2 表示温度系数；k_1 表示相称度系数，可简化处理为

$$k_1=\frac{p}{[\sigma_{s1}(T)\sigma_{s2}(T)]^{0.5}}+c_0 \tag{3-14}$$

式中，p 为实际接触压力；$\sigma_{s1}(T)$，$\sigma_{s2}(T)$ 分别表示温度为 T 时的两摩擦副材料的屈服强度(硬度)；c_0 为无外加压力时摩擦副材料的相称度系数。这是由于 $T>0K$ 时，界面原子自身具有取决于温度大小的能量，此时拉动原子越过势垒所需做的功比不考虑这个能量时小。

根据量子力学的理论，这个功的数值不是固定的，而是按统计规律分布在某一均值附近。在温度为 T 时，原子由于自身具有的能量能够跳跃到附近另一稳定位置的概率为：

$$\frac{dp(t)}{dt}=-f_0\exp\left(-\frac{\Delta E_a(t)}{k_B T}\right)p(t) \tag{3-15}$$

式中，f_0 为系统的特征迁移频率；ΔE_a 为原子势垒；k_B 为玻尔兹曼(Boltzmann)常数，$k_B=1.380649\times10^{-23}J/K$；$t$ 为时间。

根据式(3-15)求出 $p(t)$，就可以计算出温度系数 $k_2(T)$：

$$k_2(T)=\int_0^{a/v}p(t)dt \tag{3-16}$$

式中，v 为滑动速度；a 为势垒周期。

接触界面势垒有可能大于或等于摩擦副材料中较软者的内聚能，此时真正的滑动界面在材料内部，其接触界面势垒为

$$\Delta E^{+}=\Delta E_1^{+} \tag{3-17}$$

式中，ΔE_1^{+} 为较软材料的势垒，可根据其内聚能计算出来。

3.3.2 通用黏附能量函数及其应用

(1) 通用黏附能量函数

通用黏附能量函数是 Smith 等在当量晶体理论研究中提出的。他们在实验的基础上结合量子力学理论计算，证明金属及共价固体等材料组成的接触界面，其界面能量随界面间隙的变化曲线用 ΔE 和 l_s 两个比例参数进行调整后是相同的(见图 3-19)。各种不同材料接触界面的黏附能可以统一表示为

$$E(y)=\Delta E\times E^*(a^*) \tag{3-18}$$

式中，ΔE 是平衡间距 a_m 时的黏附能；$E^*(a^*)$ 是通用的近似函数，可以用 Rydberg 函数表示，即 $E^*(a^*)=-(1+a^*)e^{-a^*}$；$a^*$ 是经比例调整后的表面间距，$a^*=(y-a_m)/l_s$，其中 y 是界面间距，l_s 是长度比例参数，可以用下式求出：

$$l=\left(\frac{2\gamma d}{C'_{11}}\right)^{0.5}\approx2\left(\frac{2\gamma}{12\pi Br_{WS}}\right)^{0.5} \tag{3-19}$$

式中，d 为界面距离；C'_{11} 为界面的弹性模量；B 为体积弹性模量；γ 为表面自由能；r_{WS} 为晶体的 Wigner-Seitz 半径：

$$r_{WS}=\left(\frac{3}{4\pi n}\right)^{1/3}=\left(\frac{3M}{4\pi\rho N_A}\right)^{1/3}$$

式中，M 为摩尔质量；n 为价电子密度。金属 Li 的 $r_{WS}=3.25a_0$，Na 的 $r_{WS}=3.93a_0$。

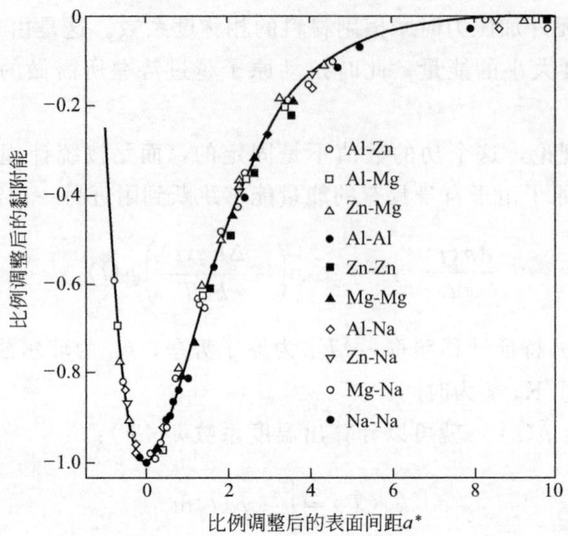

图 3-19　接触表面通用黏附能

(2) 标准接触界面势垒计算

固体相对滑动时，界面势能随着界面层原子微观相对位置的变化而变化，这种变化的主要原因是固体具有很强的体积效应。通过分析固体滑动过程中表面微观间距的变化，就可利用通用黏附能量函数计算出两接触表面能量的变化。因此，标准接触界面势垒可用下式算出：

$$\Delta E_0^+=[E(y_{max})-E(y_{min})]/a \tag{3-20}$$

式中，a 为势能函数变化的周期。对于最简单的情形，即摩擦副为相同的晶体材料时，a 等于晶格常数 a_0。将式(3-18)代入，可得

$$\Delta E_0^+=\Delta E[E^*(a^*)+1] \tag{3-21}$$

式(3-21)中，ΔE 可根据摩擦副材料的表面能求出。当两表面发生接触时，其接触界面能量，即黏附能为

$$w=\gamma_a+\gamma_b-\gamma_{ab} \tag{3-22}$$

式中，γ_a，γ_b 分别为两固体表面的表面自由能；γ_{ab} 为界面自由能。

当摩擦副为同种材料时，可以近似认为 $\gamma_{ab}=0$，$\gamma_a=\gamma_b=\gamma$，即

$$\Delta E=w=2\gamma \tag{3-23}$$

式(3-21)中，经比例调整后的表面间距 a^* 可根据晶体的结构算出。

对于面心立方(fcc)结构固体，如图 3-20(a)、(b)所示，每个周期界面间距的变化为

$$\delta_1 = a_{max} - a_m = \frac{\sqrt{2}}{2}a_0 - \frac{a_0}{2} = 0.207a_0 \tag{3-24}$$

同样，对于体心立方(bcc)结构固体，如图 3-20(c)所示，有

$$\delta_2 = a_{max} - a_m = \sqrt{\left(\frac{\sqrt{3}}{2}a_0\right)^2 - \left(\frac{a_0}{2}\right)^2} - \frac{a_0}{2} = \frac{\sqrt{2}}{2}a_0 - \frac{a_0}{2} = 0.207a_0 \tag{3-25}$$

因此，有

$$a = \frac{0.207a_0}{l_s} \tag{3-26}$$

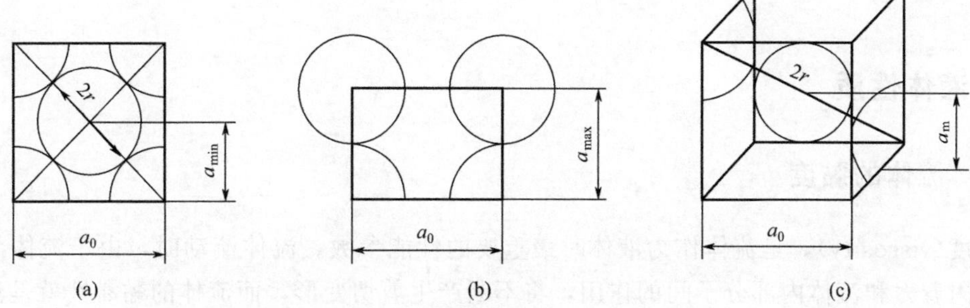

图 3-20　界面间距变化的计算图

(a) 面心立方最小空间；(b) 面心立方最大空间；(c) 体心立方结构固体

将式(3-26)和式(3-23)代入式(3-21)，可得

$$\Delta E_0^+ = \frac{2\gamma}{a_0}\left[1 - \left(1 + \frac{0.207a_0}{l_s}\right)e^{-\frac{0.207a_0}{l_s}}\right] \tag{3-27}$$

接触界面势垒理论把微观振子模型和宏观摩擦学参数通过能量耗散联系到一起，为摩擦过程定量计算提供了理论基础。

4 液体及其表面与界面

4.1 液体性质

4.1.1 流体的黏度

黏度(viscosity)，是流体作为液体时最重要的性能参数。流体流动时，由于流体与固体表面的附着力和流体内部分子间的作用，将不断产生剪切变形，而流体的黏滞性就是流体抵抗剪切变形的能力。黏度是流体黏滞性的度量，用以表征流动时的内摩擦力的大小。

牛顿提出了黏滞剪应力与剪应变率成正比的假设，称为牛顿黏性定律，即

$$\tau = \mu \dot{\gamma}$$

式中，τ 为剪应力，即单位面积上的摩擦力，$\tau = F/A$；$\dot{\gamma}$为剪应变率，即剪应变随时间的变化率，由下式确定：

$$\dot{\gamma} = \frac{\mathrm{d}r}{\mathrm{d}t} = \frac{\mathrm{d}}{\mathrm{d}t}\frac{\mathrm{d}x}{\mathrm{d}z} = \frac{\mathrm{d}}{\mathrm{d}z}\frac{\mathrm{d}x}{\mathrm{d}t} = \frac{\mathrm{d}u}{\mathrm{d}z}$$

由此可知，剪应变率$\dot{\gamma}$等于流动速度沿流体厚度方向的变化梯度。这样，牛顿黏性定律可写成

$$\tau = \mu \frac{\mathrm{d}u}{\mathrm{d}z} \tag{4-1}$$

式中，比例常数 μ 为流体的动力黏度，Pa·s。

动力黏度：黏滞剪应力与剪应变率的比值，也等于单位剪应变率对应的黏滞剪应力。

运动黏度：在工程中，常常将流体的动力黏度 μ 与其密度 ρ 的比值作为流体的黏度，这一黏度因其全部为运动学量纲而被称为运动黏度，常用 ν 表示，单位 m^2/s。运动黏度的表达式为

$$\nu = \frac{\mu}{\rho} \tag{4-2}$$

图 4-1 列出了几种流体的剪应力-剪应变率变化曲线。

4.1.2 非牛顿流体的黏度

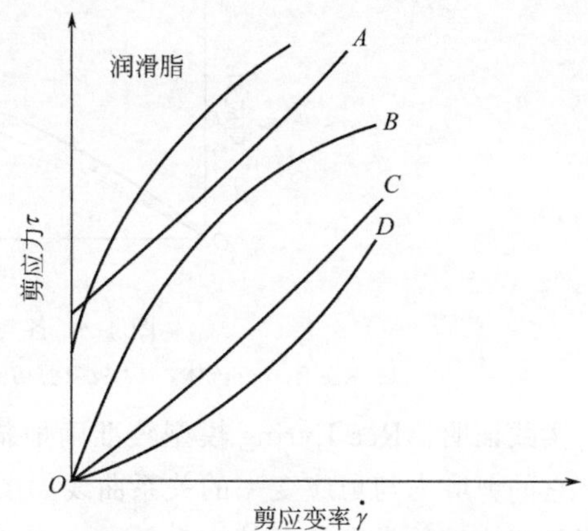

图 4-1　不同类型流体的 τ-$\dot{\gamma}$ 曲线

A—塑性；B—假塑性；C—牛顿性；D—膨胀性

在通常的使用条件下，大部分润滑油可以视为牛顿流体。对于牛顿流体，剪应力与剪应变率的关系是通过原点的直线，如图 4-1 中的曲线 C，直线的斜率表示黏度数值，因此，牛顿流体的黏度只随温度和压力而改变，而与剪应变率无关。

凡是服从牛顿黏性定律的流体统称为牛顿流体，而不符合牛顿定律的流体统称为非牛顿流体，或称具有非牛顿性质的流体。

实践证明，在一般工况条件下的大多数润滑油特别是矿物油均属于牛顿流体。

非牛顿流体可以表现为塑性、假塑性和膨胀性等形式。

对于假塑性和膨胀性流体，通常用指数关系式近似地表征其非线性性质，即

$$\tau=\phi\left(\frac{\mathrm{d}u}{\mathrm{d}z}\right)^n$$

式中，ϕ 和 n 为常数，对于牛顿流体，$n=1$，而 ϕ 定义为动力黏度。

图 4-1 中 A 代表的塑性体亦称 Bingham 体，它显示出该流体具有屈服应力 τ_s，当剪应力超过 τ_s 时才产生流动，其流变关系式为

$$\tau=\tau_s+\phi\frac{\mathrm{d}u}{\mathrm{d}z}$$

润滑脂的非牛顿性质类似于 Bingham 体，但剪应力与剪应变率呈非线性关系。经过长时间剪切后润滑脂的流变特性可近似地表述为

$$\tau=\tau_s+\phi\left(\frac{\mathrm{d}u}{\mathrm{d}z}\right)^n$$

为了改善使用性能，现代润滑油通常含有由多种高分子材料组成的添加剂以及大量使用的合成润滑剂，它们都呈现出强烈的非牛顿性质，使得润滑剂的流变行为成为润滑设计中不可忽视的因素。

有不同的表征各类流体黏度的理论模型，常用的有 Ree-Eyring 流体、极限剪切流体、圆形本构流体和温度效应流体模型，其剪应力-剪应变率模型本构曲线如图 4-2 所示，其本构方程简介如下。

（1）Ree-Eyring 本构方程

$$\dot{\gamma}=\frac{\tau_0}{\mu_0}\sinh\left(\frac{\tau}{\tau_0}\right)$$

这是润滑理论中最常用的非牛顿流体本构方程之一，其主要特点是剪应力与剪应变率的关系是非线性的，并且剪应力可以无限增加。

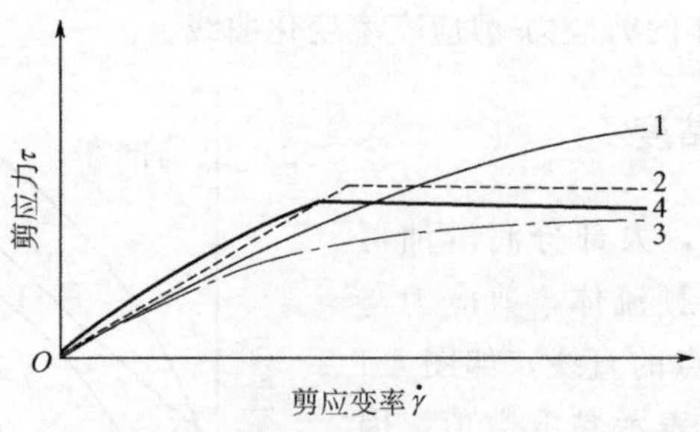

图 4-2 各类流体模型本构曲线

1—Ree-Eyring 流体；2—极限剪切流体；3—圆形本构流体；4—温度效应流体

实践证明，Ree-Eyring 模型较准确地描述了某些液体的流变特性，特别适用于简单流体。它的剪应力与剪应变率的关系曲线如图 4-2 曲线 1 所示。τ_0 和 μ_0 是两个流变参数，其数值和流体的种类和分子结构有关。τ_0 为特征应力，表示剪应变率与剪应力呈现明显的非线性时的剪应力数值；μ_0 为低剪应力时的液体的黏度。

(2) 黏塑性本构方程

图 4-2 中曲线 2 为极限剪切流体模型的流变特性。若令 τ_L 为极限剪应力，则剪应力随剪应变率的变化规律由两条直线描述：

$$\text{当}\ \dot{\gamma}=\frac{\tau}{\mu_0}\ \text{时}, \tau_L \geqslant \mu_0 |\dot{\gamma}|$$

$$\text{当}\ \tau=\tau_L\ \text{时}, \tau_L < \mu_0 |\dot{\gamma}|$$

这一方程的线性部分就代表牛顿流体，当剪应力达到极限剪应力后，其值不再随剪应变率增加而增加。由于本构方程由两条直线构成，因此在它们的交点处的导数出现间断。例如，在弹流润滑条件下，润滑剂在极短的时间内穿过接触区，它所能承受的剪应力存在极限值。极限剪应力 τ_L 的数值随压力和温度而变化。实验表明，润滑油的 $\tau_L \approx 4\times10^5 \sim 2\times10^7$ Pa。

(3) 圆形本构方程

这是近年提出的一种渐进本构方程，通常将其用于温度引起的流体非牛顿特性研究，其曲线有连续的导数，剪应力随剪应变率不断增大而趋近极限值 τ_L，如图 4-2 中曲线 3。其表达式如下：

$$\dot{\gamma}=\frac{\tau_L \tau}{\mu_0 \sqrt{\tau_L^2-\tau^2}}$$

(4) 温度效应本构方程

温度效应本构方程如图 4-2 曲线 4 所示，这是黄平和温诗铸等考虑温度对黏度的影响而推导得到的。该模型的最大特点是在剪应力达到最大值后，随剪应变率的增加，剪应力开始下降。其表达式如下：

$$\tau=\frac{\mu_0 \dot{\gamma}}{\alpha \dot{\gamma}^2+1}$$

式中，$\alpha=2\beta\mu_0 x/\rho c u_0$，其与润滑剂的物理性能、温度特性和摩擦副结构尺寸有关。其中，β 是黏温系数；μ_0 是黏度；x 是计算点距入口处的距离；ρ 是润滑剂的密度；c 是润滑剂的比热容；u_0 是运动表面的速度。

另外，除了图 4-2 中 4 种常用的非牛顿流体模型的本构方程，还有线性黏弹性本构方程、非线性黏弹性本构方程和简单黏弹性本构方程等，这里不再赘述。

4.1.3 黏度的其它性质

润滑问题中，还有一些较重要的流体特性对润滑性能具有显著影响，即黏度-温度特性和黏度-压力特性等。

（1）黏度-温度关系

从分子学的观点来看，流体是由大量的处于无规则运动状态的分子所组成的，流体的黏度是分子间的引力作用和动量的综合表现。

分子间的引力会随着分子间的距离发生明显改变，而分子的动量取决于运动速度。

当温度升高时，流体分子运动的平均速度增大，而分子间的距离也增加。这样就使得分子的动量增加，而分子间的作用力减小。因此，液体的黏度随温度的升高而急剧下降，从而严重影响它们的润滑作用与荷载能力，因此机械装备中常对一些高速运动的摩擦副采取降温设计措施以提高可靠性，如高速切削机床的电主轴。

为了确定摩擦副在实际工况条件下的润滑性能，必须根据润滑剂在工作温度下的黏度进行分析。这样，热分析和温度计算就成为润滑理论的主要问题之一。

1）黏温方程

气体的黏度随温度的升高而略有增加。大多数润滑油的黏度随温度升高会剧烈下降，它们之间的变化规律具有多项式形式。黏度与温度的关系式可以写成如下几种形式：

Reynolds 黏温方程：

$$\mu=\mu_0 e^{-\beta(T-T_0)}$$

Andrade-Erying 黏温方程：

$$\mu=\mu_0 e^{\alpha/T}$$

Slotte 黏温方程：

$$\mu=\frac{S}{(\alpha+T)^m}$$

Vogel 黏温方程：

$$\mu=\mu_0 e^{b/(T+\theta)}$$

式中，μ_0 为 T_0 时的黏度；μ 为温度为 T 时的黏度；β 为黏温系数，可近似取作 0.03；$m=1, 2, \cdots$；θ 为“无限黏度”温度，对于标准矿物油，可取 95℃；α，S，b 均为常数。

这些黏温方程中，Reynolds 黏温方程在数值计算中使用起来较方便，而 Vogel 黏温方程表征黏温关系更为准确。

2）ASTM 黏温方程

美国材料与试验协会(ASTM)用黏度指数来表示黏温关系，并给出相应的黏温线图。其

关系式为

$$(\nu + a) = bd^{\frac{1}{T^c}}$$

式中，ν 为运动黏度；a、b、c、d 均为常数；T 为绝对温度。

当 ν 的单位为 mm^2/s，$a=0.6 \sim 0.75$，$b=1$，$d=10$ 时，在 ASTM 坐标纸上，采用双对数的纵坐标和单对数的横坐标，上式为一直线，其方程为

$$\ln\ln(\nu + a) = A - B\ln T$$

其优点是只需测定两个温度下的黏度值以决定特定待定常数 A 和 B，然后根据直线即可确定其它温度下的黏度。对通常的矿物油采用 ASTM 线图十分有效，还可将直线的倾角用作评定润滑油黏温特性的指标。

（2）黏度-压力关系

当液体或气体所受的压力增加时，分子之间的距离减小而分子间的引力增大，因而黏度增加。通常，当矿物油所受压力超过 0.02GPa 时，黏度随压力的变化就十分显著。

随着压力的增加，黏度的变化率也增加，当压力增到几个吉帕(GPa)时，黏度升高几个量级。当压力更高时，矿物油丧失液体性质而变成蜡状固体。由此可知，对于重载荷流体动压润滑，特别是弹性流体动压润滑状态，黏压特性是非常重要的问题。

表征黏度和压力之间变化规律的黏压方程主要有如下几种形式。

Barus 黏压方程：

$$\mu = \mu_0 e^{\alpha p}$$

Roelands 黏压方程：

$$\mu = \mu_0 e^{\{(\ln\mu_0 + 9.67)[-1+(1+p_0 p)^z]\}}$$

Cameron 黏压方程：

$$\mu = \mu_0 (1 + cp)^{16}$$

上述黏压方程中，μ 为压力为 p 时的黏度；μ_0 为大气压下的黏度；α 为黏压系数；p_0 为压力系数，可取为 5.1×10^{-9}；对一般的矿物油，z 通常可取为 0.68；c 可近似取为 $\alpha/15$。表 4-1 和表 4-2 分别为常用矿物油和部分基础油的黏压系数。

表 4-1　矿物油的黏压系数 α　　单位：$10^{-8}m^2/N$

温度/℃	环烷基			石蜡基		
	锭子油	轻机油	重机油	轻机油	重机油	汽缸油
30	2.1	2.6	2.8	2.2	2.4	3.4
60	1.6	2.0	2.3	1.9	2.1	2.8
90	1.3	1.6	1.8	1.4	1.6	2.2

表 4-2　部分基础油在 25℃ 时的黏压系数 α　　单位：$10^{-8}m^2/N$

润滑油类型	α	润滑油类型	α
石蜡基	1.5～2.4	烷基硅油	1.4～1.8
环烷基	2.5～3.6	聚醚	1.1～1.7
芳香基	4～8	芳香硅油	3～5
聚烯烃	1.5～2.0	氯化烷烃	0.7～5
双酯	1.5～2.5		

在国外很早就有人开始研究润滑油的黏压特性，相继发表了几百种润滑油的黏压数据，

建立的高压黏度计的测量压力达到 3GPa 以上。

(3) 黏度-温度-压力变化关系式

当同时考虑温度和压力对黏度的影响时，通常将黏温、黏压公式组合在一起，采用的表达式如下：

Barus-Reynolds 黏温-黏压方程：

$$\mu = \mu_0 \exp[\alpha p - \beta(T - T_0)]$$

Roelands 黏温-黏压方程：

$$\mu = \mu_0 \exp\left\{(\ln\mu_0 + 9.67)\left[(1 + 5.1 \times 10^{-9} p)^{0.68}\left(\frac{T - 138}{T_0 - 138}\right)^{-1.1} - 1\right]\right\}$$

其中，Barus-Reynolds 式较简单，便于运算；而 Roelands 式则较准确。

(4) 剪应变率稀化

大多数液体在高剪应变率(如 $10^6 \sim 10^8 \mathrm{s}^{-1}$)时黏度将降低而呈非牛顿性。对于两相润滑剂(例如乳化液、润滑脂)以及高黏性的油或含有聚合物的油，则在较低的剪应变率(如 $10^2 \sim 10^6 \mathrm{s}^{-1}$)时就出现非牛顿性，如图 4-3 所示。如 SAE20W/50 润滑油，当剪应变率 $> 10^3 \mathrm{s}^{-1}$ 时，其运动黏度急剧下降，具有剪应变率稀化特性，也称为假塑性(pseudoplastic)特性，表现出非牛顿性。

具有假塑性的液体通常是由无规则排列的长链分子组成的，在剪切作用下分子排列规则化，从而减少相邻层之间的作用而降低了表观黏度。

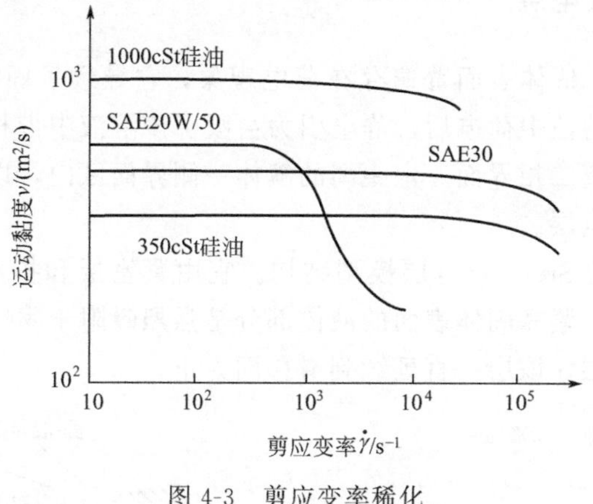

图 4-3 剪应变率稀化

(5) 剪切时间稀化

某些类型的润滑剂(如润滑脂、乳化液)的表观黏度(当时的剪应力与当时的剪应变率的比值)随着剪切持续时间的延长而降低，这种行为称为润滑剂的剪切时间稀化特性或触变性(thixotropic)。

图 4-4 是一种锂基润滑脂在恒温(20℃)、恒剪切速率($100\mathrm{s}^{-1}$)条件下测得的剪应力随剪切时间的变化曲线。图中的每条曲线代表的是该润滑脂经历的剪切时间，可以看出，该润滑脂的表观黏度随剪切持续时间的延长而降低。

流体的触变性通常是可逆的，就是说当剪切作用停止后，经过充分的恢复时间，黏度将回复到原来数值或接近原来数值。

对于润滑脂和稠油乳化剂而言，出现触变性的原因在于它们的结构在剪切作用下不断破坏，同时又自行重建。当润滑脂分子结构破坏不断发展时，表观黏度连续降低，直到破坏与重建达到平衡而获得黏度的稳定值。

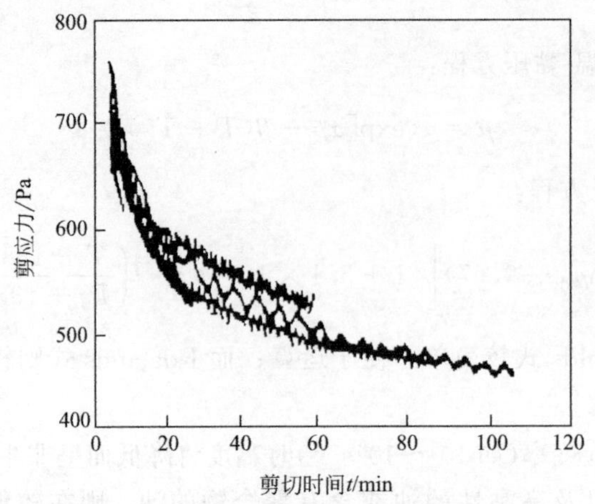

图 4-4　润滑脂的剪切时间稀化特性

4.2　液体边界层性质

4.2.1　液体边界处双电层

固体和液体接触时，固体表面普遍存在荷电现象，它导致了固-液界面的液体一侧带着相反电荷。固体表面在溶液中荷电后，静电引力会吸引该溶液中带相反电荷的离子，它向固体表面靠拢而聚集在距离二相界面一定距离的液体一侧界面区内，以补偿其电荷变化，于是构成了液体边界上的双电层。

图 4-5 所示为典型的 Stern 双电层模型结构。它由紧密层和扩散层两层带电流体组成，因此称为双电层。其中，紧靠固体表面的液体部分是强烈吸附于固体表面的离子层，该层不具有流动性，称为紧密层。该层一直延续到滑移面为止。

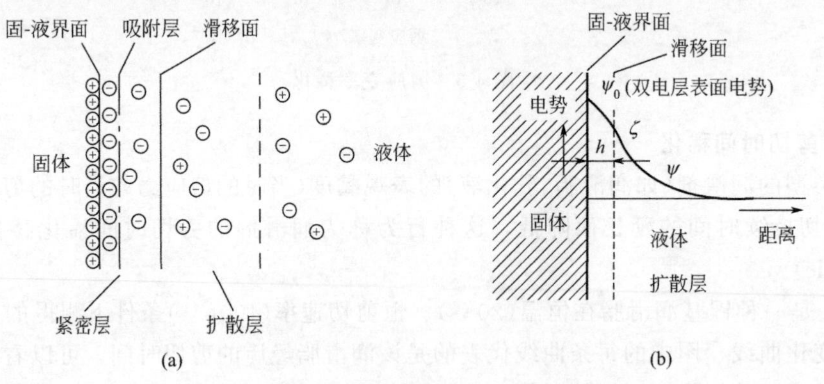

图 4-5　液体双电层 Stern 模型结构示意图

在远离滑移面的区域中，流体离子受静电作用力的影响较小，具有一定的流动性，称作双电层扩散层，其厚度被认为约为3～5倍的紧密层厚度。

滑移面上的电动势称为ζ电势。

在表征双电层的参量中，双电层紧密层的厚度h和ζ电势是非常重要的参量。双电层紧密层的厚度h一般用下式计算：

$$h=k^{-1}=\left(\frac{\varepsilon k_B T}{8\pi n e^2 z^2}\right)^{0.5}$$

式中，$h=k^{-1}$称为德拜(Debye)长度，双电层中扩散层的厚度一般认为是$(3\sim5)k^{-1}$；T为绝对温度，K；ε为介电系数，F/m；k_B为玻尔兹曼常数，$k_B=1.38\times10^{-23}$J/K；n为单位体积体相液体中离子的个数，个/m^{-3}；e为基本电荷，$e=1.602\times10^{-19}$C；z为坐标，m。

4.2.2 电黏度效应

根据双电层理论，当两个双电层相互接近时，两双电层产生叠加，并且两双电层间存在相互作用力。一般情况下，两个相同的双电层(即两双电层界面处的固体一方呈现相同的电性)之间的作用力表现为电斥力，导致液体具有更高的黏度，这一现象称为电黏度效应。这一效应可以导致液体在双电层范围内的承载能力增加。

在薄膜润滑状态下，某些在宏观状态下可忽略的因素对润滑特性的影响不容忽视。Kitahara等在针对双电层的研究中发现，在微管道中流体的黏度明显增加。Prieve等在相应的薄膜润滑研究中考虑了双电层的影响，发现双电层引发动电斥力和电黏滞力，其中动电斥力使摩擦副有分离趋势，并且认为动电斥力是双电层效应的主要作用形式，而双电层电黏滞力相对于流体黏滞力而言非常小。对基于双电层流体动力润滑的雷诺方程建模和计算，发现薄膜润滑中双电层电黏度使得流体的黏度明显增加。

白少先等研究发现，在流体润滑条件下，双电层对摩擦系数具有明显影响；组合滑块试验结果表明，在外电场作用下，当滑动速度较低(小于0.25m/s)时，即润滑膜较薄时，摩擦系数明显增大，增幅可达20%；利用所建立的双电层模型可以较好地描述双电层电黏度对流体润滑性能的影响，根据模型可较准确预测其摩擦系数。

4.3 液体表面与界面性质

4.3.1 表面张力与表面能

(1) 液体表面分子的受力

在本体内的分子所受的力是对称的，但是构成液体的分子在表面上所受的力与体内的不相同，由于没有外流体分子，表面分子的受力不再对称，见图4-6。因为受体内分子吸引试图将表面分子拉入本体内，从而使表面积尽量缩小，将这一体系的表面能降至最小，这个力称为表面张力，或单位面积上的自由能，它对液体表面的物理化学现象起着至关重要的作用。

(2) 表面能

表面层分子相对体相分子是受力不均的，体相分子对表面层分子的引力有使表面缩小的

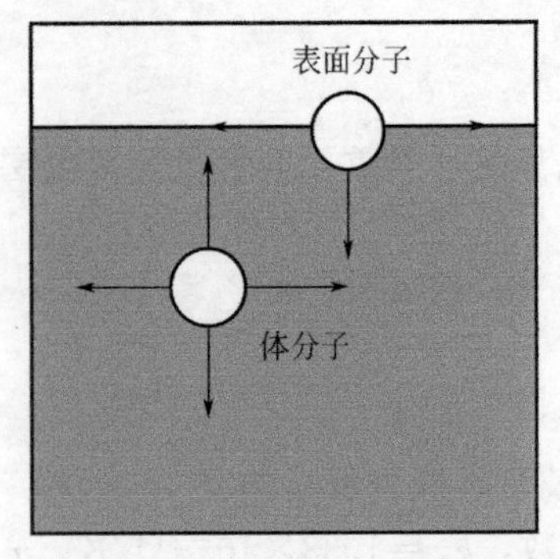

图 4-6 表面分子和体分子受力示意图

趋势，因此若使物系的表面积增加(即表层分子增多)，外界需要做功，增加单位表面积所做的功即表面能。

设 γ 为增加单位表面积时外界所做的表面功，则有

$$-W'=\gamma A$$

表面功随面积的增量为

$$-\delta W'=\gamma \mathrm{d}A$$

式中，γ 为增加液体单位表面积所需的伸展功，与体系的温度、压力、组成有关。

热力学上增加的表面积体系自由焓的变化为

$$\mathrm{d}G=-S\mathrm{d}T+V\mathrm{d}p+\sum_{i=1}^{n}\mu_i\mathrm{d}n_i-\delta W'$$

式中，S 为熵；T 为温度；V 为体积；p 为压力；μ 为物质的自由焓系数；n_i 为物质 i 的物质的量。

当恒温、恒压及物质组成不变时，有

$$\gamma=\left(\frac{\partial G}{\partial A}\right)_{T,P,n_j}$$

可见，表面能 γ 为增加单位表面积物系所增加的自由焓，因此又称为比表面自由焓。当 $\mathrm{d}G<0$ 时，$\mathrm{d}A<0$，表明两相界面自动缩小。

(3) 表面张力

表面张力 γ 的效应亦称为表面能量，是吸引力倾向于将液体表面分子拉向内部，此力与表面底部被压缩分子的排斥力相平衡，压缩效应的结果是液体将其表面积最小化。

为了解表面张力效应，考虑一面液膜(如皂膜)悬挂于U形线框上，其中一边可移动。液膜倾向于将可移动细线拉向内，以减小其表面积。在相反方向施加一力 F，如图 4-7 所示。通过精确测量力 F，可计算其表面张力 γ：

$$\gamma=\frac{F}{2L}$$

γ 可以理解为沿液体表面作用在单位长度上的力，称为表面张力，其垂直地作用于单位长度的表面边沿，方向指向表面“内部”。

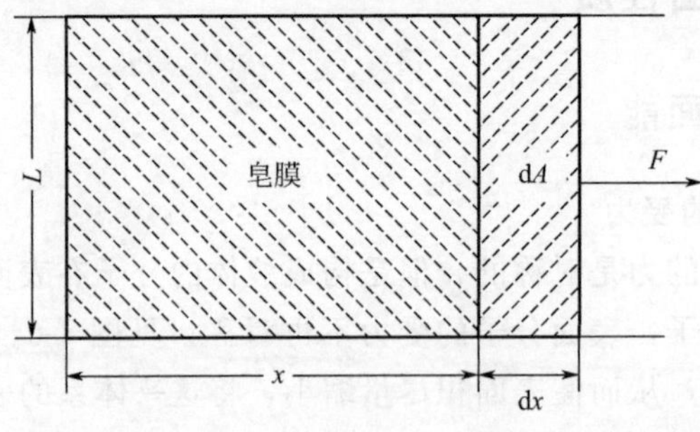

图 4-7 表面张力的测定

液体的表面张力与表面自由焓虽然概念不同，但数值相同，通常不加以严格区别。

影响表面张力的因素有：

① 分子间的作用力。分子间的作用力增大，表面张力就增大。即金属键＞离子键＞极性键＞非极性键。

② 温度。一般情况下温度升高，液体表面张力降低。处于临界温度时，气、液相无区别，界面消失，表面张力趋近于零。

③ 接触的另一相物质特性对液体表面张力的影响。

4.3.2 毛细效应与润湿性

液体沿着缝隙上升或扩散的现象称为毛细现象(capillarity)，如图 4-8 所示。

液体在毛细管中上升的高度与液体的性质和液体-固体表面的润湿情况有关。对表面张力为 γ 的液体，表面张力引起的压力增加为

$$W=\frac{2\gamma}{r}=\rho gh$$

式中，W 为毛细管内的液体所受载荷；g 为重力加速度；h 为液柱高度；r 为液面曲率半径。

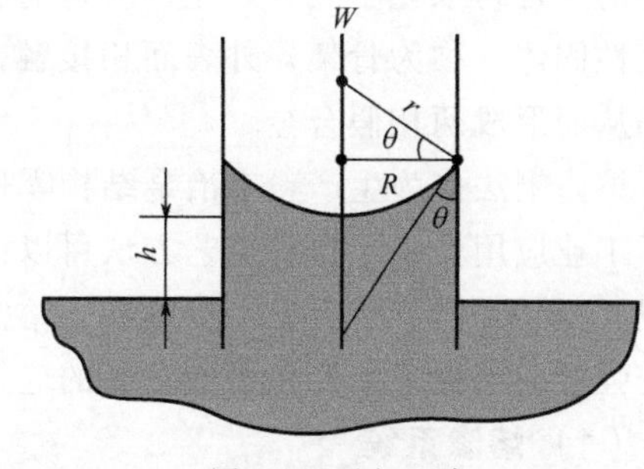

图 4-8 毛细现象

又因为毛细管半径：

$$R=r\cos\theta$$

液柱产生的静压力为

$$\frac{2\gamma\cos\theta}{R}=\rho gh$$

故液体在毛细管中的高度为

$$h=\frac{2\gamma\cos\theta}{\rho gR} \tag{4-3}$$

式中，θ 为润湿角，是液体表面性能的另一个重要参数。

毛细效应：是指当一个细小管径的管子浸入液体时，液体在毛细管内液面上升或下降的一种现象。这种狭窄的管子或流道称为毛细管。液体在毛细管中的自由曲面称为凹凸面。水在玻璃表面的边缘处会稍微向上弯曲，但是水银会在边缘处向下弯曲，见图 4-9。

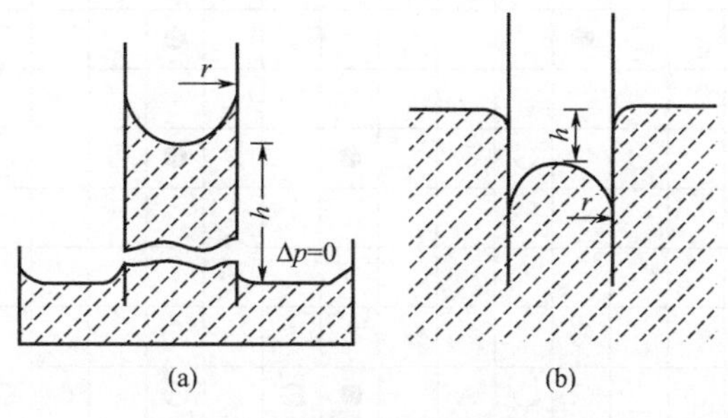

图 4-9 润湿(a)与不润湿(b)

毛细效应的强度可由接触或润湿角 θ 来量化，定义为液体与固体表面的接触点上沿液面的切线与固体表面的夹角。由式(4-3)可知：

① 当 $\theta<90°$时，表面张力沿切线朝向固体表面作用，称此液体为可润湿表面。

② 当 $\theta>90°$时，此液体无法润湿表面。

③ 另外，毛细液柱上升与管径成反比，所以管子的内径越小，管中液体的上升或下降越多。

④ 毛细液柱上升与液体密度成反比，密度较小的液体，毛细液柱上升会越大。

工业上常用毛细效应制备特殊复合材料，如熔渗法就是利用毛细效应的粉末冶金工艺技术之一。

4.3.3 毛细效应在熔渗技术中的应用

熔渗与液相烧结相似，是制取难熔金属与低熔点金属假合金的常用方法。液相烧结时，压坯的一种粉末化学成分熔化，就地消散于整个压坯中形成致密体。而熔渗时，液态金属与多孔性固体（称为骨架）外表面相接触，靠毛细作用力通过连通孔隙将液态金属吸引到骨架内部从而形成两相假合金。

熔渗铜法作为生产粉末冶金结构零件的一种比较经济的方法，早在1940年在北美就获得了工业应用。由于这种工艺方法可以使材料的抗拉强度提高大约1倍，因而受到了人们的重视。近年来，产业界进一步发展了熔渗铜工艺，在保证渗铜材料具有高的抗拉强度和高的冲击强度的前提下，开拓了许多新的应用领域，使得这一工艺更加受到人们的青睐。

(1) 熔渗系统

有许多二元系统都能满足主要的熔渗条件，在这些系统中，可用熔点较低的一种金属熔渗熔点较高的金属或化合物。表4-3列出了在液态部分不相溶或完全不相溶的系统和虽形成有限固溶体或无限固溶体但可利用的系统(如Fe-Cu和Ni-Cu)。表4-3中黑点表示在过去的生产中曾采用过或现在工业上仍在使用的熔渗系统；圆圈表示在实验室中可以熔渗的或根据已确定的准则有可能进行熔渗的系统。

表4-3 二元金属熔渗系统

骨架	熔渗剂																		
	Al	Sb	Bi	Cd	Ca	Co	Cu	Au	Fe	Pb	Mg	Mn	Hg	Ni	Ag	Na	Tl	Sn	Zn
Al			○	○						●						○	○		
Be	○										○								
Cr	○		○	○		○	●			○			○		○		○	○	
Co			○				○			○			○		○		○	○	
Cu		○	●							●			○				○	●	○
Ir								○							○				
Fe	○	○	○	○	○		●			●	○		○		○	○	○	○	○
Pb																○		○	
Mg																○			○
Mn			○							○					○		○		
Mo	○		○	○	○		●	○		○		○	○	○	●			○	○
Ni			○				○			○	○		●		●		○	○	
Nb				○						○			○		○				○
Pt								○							○				
Rh								○							○				

续表

骨架	熔渗剂																		
	Al	Sb	Bi	Cd	Ca	Co	Cu	Au	Fe	Pb	Mg	Mn	Hg	Ni	Ag	Na	Tl	Sn	Zn
Si		○	○	○						○							○	○	
Ag			●										○						
Ta				○				○		○			○		○				○
Ti	○						○											○	
TiC						●	○		●					●					
W	○	○	○	○	○	○	●	○		●		○	○	●	●				○
WC						●	○		○					●	●				
V							○								○				
Zn			○							○						○	○	○	
Zr							○			○					○				

原则上，若骨架在熔渗剂中的溶解度在液态或固态下是无限的(反之，若熔渗剂在骨架中的溶解度在液态或固态下是无限的)，则用熔渗法均可制取均质合金。如以 Cu-10％Al 或 Cu-10％Si 合金完全渗入 Ni 骨架，成功制备含 63％～67％Ni 的 Monel 合金。要制取理想的非均质多相假合金，就要求熔渗剂在骨架中的溶解度在液态无限溶解而在固态有限溶解，而且固态溶解度愈低愈好。

(2) 熔渗动力

二元或两相合金系统的熔渗动力主要来自毛细作用力、液相压力和外加压力(包括顶部正压力和底部负压力)。根据毛细及管束理论，总熔渗动力可以表达为

$$\Delta p = \Delta p_1 + \Delta p_2 + \Delta p_3 \tag{4-4}$$

式中，Δp_1 为毛细作用力，$\Delta p_1 = 2\sigma\cos\theta$ (σ 为铜液表面张力，N/m；θ 为铜液与铬的接触角，°)；Δp_2 为液相压力；Δp_3 为外加压力，如向压坯顶部施加外压或底部抽吸产生负压等。

对铜铬体系而言，铜液与铬的润湿性较好，因而不施加外部压力就能完成熔渗过程，即 $\Delta p_3 = 0$。毛细作用力 Δp_1 为

$$\Delta p_1 = \frac{2\sigma\cos\theta}{R_c} = \rho g h_1 \tag{4-5}$$

式中，R_c 为毛细管的当量半径，m；g 为重力加速度，$g = 9.81\text{m/s}^2$；ρ 为铜液的密度，kg/m^3；h_1 为总熔渗动力作用下铜液在毛细管中上升高度，m。

毛细管当量半径 R_c 为

$$R_c = \frac{f}{2S_0(1-f)} \tag{4-6}$$

式中，f 为孔隙率，对 CuCr50 合金，$f = 55.4\%$；S_0 为铬粉颗粒的比表面积，当铬粉平均直径为 75μm 时，$S_0 = 0.18\mu\text{m}^{-1}$。

根据式(4-6)，$R_c = 3.45 \times 10^{-6}$ m。在 1320℃熔渗时，$\theta = 12°$，$\sigma = 1.238 \times 10^{-2}$ N/m，密

度按等压过程处理，$\rho=7.76\text{g/cm}^3$。根据式(4-5)得到 $h_1=0.092\text{m}$。根据式(4-4)和式(4-5)，总作用力 $\Delta p=7.02\times10^3\text{N/m}^2$。

(3) 熔渗方法

在金属熔渗工艺的发展过程中，使用过许多方法。常用的方法有浸入熔渗法(包括部分浸入和全浸入熔渗)、接触熔渗法、重力-注入熔渗法、外部加压浸渍熔渗法和真空熔渗法等。

1) 部分浸入熔渗法

部分浸入熔渗法是将骨架体的小部分浸于坩埚中的熔融金属浴内，靠毛细管力将液体吸入并沿毛细管上升，排出孔隙中所含的气体，如图 4-10(a)所示。

2) 全浸入熔渗法

全浸入熔渗法是将骨架完全浸于熔体中，使熔体从各个方面向心部渗入。此时，骨架中的气体容积只能通过熔体的填补来消除。为避免挟带气体，必须将骨架缓慢地或分阶段地进行熔渗。采用真空气氛有利于进行脱气，如图 4-10(b)所示。

3) 接触熔渗法

接触熔渗法是将熔渗剂置于骨架顶部或(和)底部，当将熔渗剂置于骨架底部或采用真空气氛时，有助于置换孔隙中的气体，如图 4-10(c)所示。

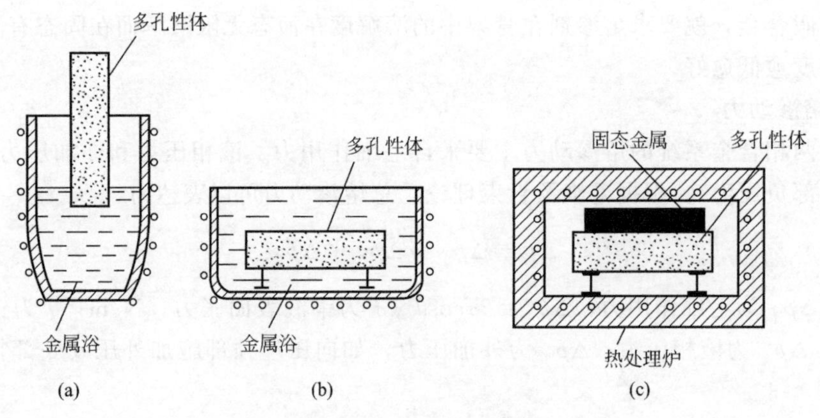

图 4-10 毛细管熔渗法

(a) 部分浸入熔渗法；(b) 全浸入熔渗法；(c) 接触熔渗法

4) 重力-注入熔渗法

重力-注入熔渗法是将骨架依序装在一失蜡铸造的模型中，用外部压力来增强毛细管力，而外部压力是通过骨架上面蓄积的熔渗剂熔体的高度位差产生的。若压头的质量足够大，则可同时熔渗几个骨架，并可像失蜡铸造一样将骨架进行成组排列。该种方法适用于制造精密、异型与具有一定断面的金属陶瓷涡轮叶片。

5) 外部加压浸渍熔渗法

在润湿性差、孔隙的大小和分布不当，或者液体黏度高，毛细作用力无效时，只有借助相当大的外力才能使熔融金属浸渍固体骨架。采用气体或液体、静载荷或油缸内的柱塞来提供这种外力。同时，必须使压力作用于熔体上。

6) 真空熔渗法

可以采用两种方法产生真空。一种方法是通过骨架的连通孔隙系统抽吸液相，从而产生一压力梯度，这就使作用于熔融熔渗剂上的大气压力变成了驱动力。这需要一个装熔融熔渗剂与骨架的密闭系统，然后对骨架端面抽真空，而不与熔体相接触。第二个方法是仅仅将整个熔渗装置置于真空炉中，这种方法对于含有强烈脱气化学成分的系统是实用的。高 Cr 含量的 CuCr 合金一般采用真空熔渗法，可以得到含气(氧、氮)量低的真空断路器触头用 CuCr 合金。

4.3.4 表面活性剂

(1) 表面活性剂的概念

当在溶剂中加入溶质时，溶液的表面张力 σ 会发生改变。通常，把能显著降低液体表面张力的物质称为该液体的表面活性剂。

如图 4-11 所示，在水中加入无机酸、碱、盐及蔗糖和甘油等，会使水的 σ 略为升高(曲线Ⅰ)；加入有机酸、醇、酯、醚、酮等，会使水的 σ 有所降低(曲线Ⅱ)；加入肥皂、合成洗涤剂等，会使 σ 大大下降(曲线Ⅲ)。

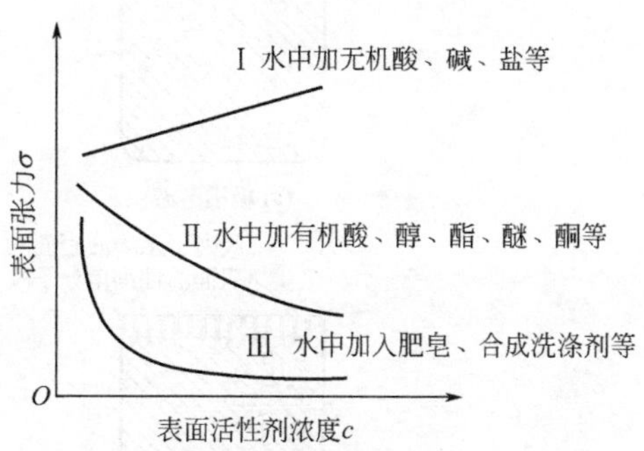

图 4-11 不同溶质浓度对表面张力的影响

(2) 表面活性剂的结构、作用机理与分类

1) 表面活性剂的分子结构

表面活性剂分子都是由亲水性的极性基团(亲水基)和憎水性的非极性基团(亲油基)两部分构成的。例如，表面活性剂油酸的分子结构如图 4-12 所示。油酸一端的—COOH 强极性基团为亲水基，另一端的十六烷基 $CH_3(CH_2)_7=CH(CH_2)_7$ 弱极性或非极性基团为亲油基，也称憎水基。常见的极性亲水基团有—OH、—CHO、—COOH、$—NH_2$、$—SO_3H$ 等。极性弱的亲油基团一般为烷烃基、脂肪酸基、脂肪醇基等。

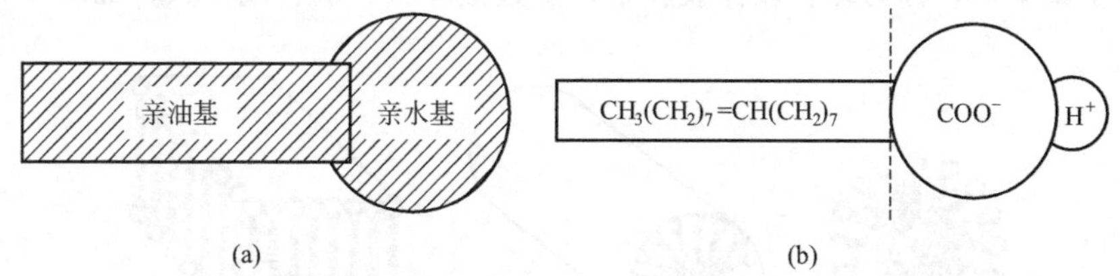

图 4-12 表面活性剂分子模型(a)与油酸的分子结构示意图(b)

2) 表面活性剂的作用机理

将表面活性剂分子加入水中时[见图 4-13(a)、(b)]，憎水基为了逃脱水的包围，使得表面活性剂分子形成两种排布方式，如图 4-13(c)、(d)所示。

图 4-13(a)所示为极稀溶液，添加很少量表面活性剂时表面张力刚要开始下降时的情况，小型胶束均匀分布在溶液内，空气和水的界面上聚集了很少的表面活性剂，空气几乎和水是直接接触的，水的表面张力下降不多，接近纯水的 25℃表面张力 7.2×10^{-2}N/m。

随表面活性剂浓度上升，表面活性剂分子聚集在水面[图 4-13(b)]，其亲水端向水，亲油端向空气，此时只要稍微增加表面活性剂，其分子就会聚集在表面，使空气和水接触面减少，表面张力急剧下降。与此同时，水中的表面活性剂也三三两两地聚集在一起，互相把憎水基靠在一起，开始形成胶束。

继续增加表面活性剂浓度，憎水基被推出水面，伸向空气，亲水基留在水中，结果表面活性剂分子在界面上定向排列，形成单分子表面膜，如图 4-13(c)所示。此时，空气和水完全处于隔绝状态，表面张力从急剧下降进入平台段。如果再提高浓度，则水溶液中的表面活性剂分子就各几十、几百地聚集在一起，排列形成憎水基向里、亲水基向外的胶束。表面活性剂达到形成单分子膜的最低浓度叫临界胶束浓度。

图 4-13(d)表示浓度大于临界胶束浓度时表面活性剂的分子状态，此时若继续增加浓度，表面张力不再变化，只是水溶液中胶束数量增多。

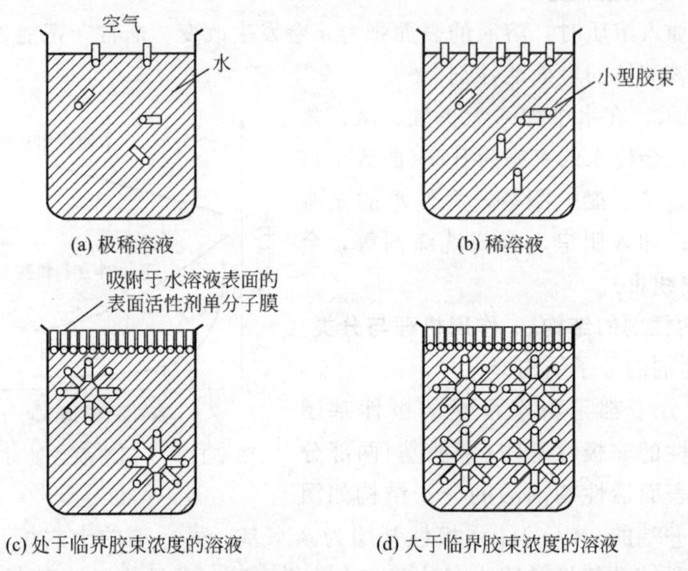

图 4-13 表面活性剂分子在液体内部与液体表面的排布方式

当分散在水中的表面活性剂分子以其非极性部位自相结合时，形成憎水基向里、亲水基朝外的多分子聚集体，称为缔合胶体或胶束，呈近似球状、层状或棒状，如图 4-14 示。

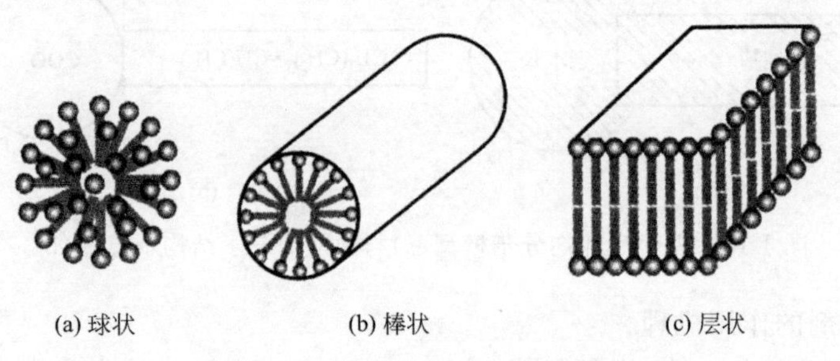

图 4-14 缔合胶体或胶束形态

总之，表面活性剂分子的憎水基和亲水基是构成分子定向排列和形成胶束的根本原因。

3）表面活性剂的分类

① 离子型表面活性剂。离子型表面活性剂包括阴离子表面活性剂、阳离子表面活性剂和两性表面活性剂三类。

a. 阴离子表面活性剂。这类表面活性剂在水中离解后，起活性作用的是阴离子基团。按阴离子基团的性质可分为：

羧酸盐类：通式 $RCOO^-M^+$，其中 R 为金属离子或阳离子，如 Na^+、K^+、NH_4^+ 等。该类表面活性剂俗称肥皂，一般以油脂和碱之间反应制成。常见的有简单的脂肪酸皂类 RCOONa，还有可用于润湿剂的烷基琥珀酸二钠等。

硫酸酯盐类：通式 R—OSO_3M，一般以高级脂肪醇与硫酸酯化剂酯化而成。若醇用月桂醇 $C_{12}H_{25}OH$，则得到十二烷基硫酸酯钠盐，是这类表面活性剂的典型代表，具有良好的乳化与发泡性能。

磺酸盐：一般以 RSO_3Na 表示。典型代表是十二烷基苯磺酸钠，是洗衣粉的主要成分。其它还有俗称拉开粉的烷基萘磺酸盐，主要用作润湿剂、分散剂、乳化剂等，耐酸、耐碱、耐无机盐。脂肪族磺酸盐类表面活性剂的毒性小，易生物降解，产量逐步提高，此类代表有渗透剂 OT(磺化琥珀酸双酯)。

磷酸酯盐类：通式 $ROPO_3Na_2$ 和$(RO)_2PO_2Na$，有单酯盐和双酯盐两种。其性质与硫酸酯盐类似。其特点是抗电解质性及抗硬化性较强，洗净能力好，为低泡表面活性剂。其可作为净洗剂、润湿剂、乳化剂、抗静电剂和抗蚀剂。其不足是含磷，影响水质，应用日益受限。

b. 阳离子表面活性剂。这类表面活性剂在水中离解后，起活性作用的是阳离子。阳离子表面活性剂有铵盐类和季铵盐类两类。除表面活性外，阳离子表面活性剂还具有很强的杀菌作用，可作消毒杀菌剂，如十二烷基二甲基苄基氯化铵，它可首先沉淀蛋白质，然后杀死微生物；另外，该类表面活性剂容易吸附在一般固体表面，可用于矿粉的浮选、降低织物纤维之间的摩擦系数、抗静电等。

铵盐类：伯胺盐、仲胺盐和叔胺盐总称为胺盐类表面活性剂。胺盐类的憎水基一般为 C_{12}～C_{18} 烷基。胺盐类表面活性剂可由高级胺用盐酸或醋酸处理而得，如 $RCH_2NH_3^+$；也可由高级胺与环氧乙烷反应制备。

季铵盐类：由叔胺与烷基化剂反应制得。由于季铵盐的碱性较强，其水溶液加碱后无变化。这类表面活性剂可由高级脂肪胺制得，如十二烷基三甲基氯化铵、十二烷基二甲基苄基氯化铵等。

c. 两性表面活性剂。该类表面活性剂分子中同时具有可电离的阳离子和阴离子。通常阳离子部分都是由铵盐或季铵盐作亲水基，而阴离子部分可以是羧酸盐、硫酸酯盐、磺酸盐等，但商品几乎都是羧酸盐型。

阴离子部分是羧酸基构成的两性表面活性剂，其中由铵盐构成阳离子部分的叫氨基酸型表面活性剂，通式 R—NH—CH_2CH_2COOH，如十二烷基氨基丙酸钠盐 $C_{12}H_{25}NHCH_2CH_2COONa$，这种表面活性剂易溶于水，为透明溶液，发泡性好，呈碱性，洗涤性良好，常作为特殊洗涤剂。由季铵盐构成阳离子部分的叫甜菜碱型两性表面活性剂，这种表面活性剂加水呈透明溶液，泡沫多，去污力强。

两性表面活性剂的特点是毒性低，对皮肤刺激性小，有良好的生物降解性和杀菌抗微生物能力，有优良的抗静电性和柔软平滑性，与其它表面活性剂相容性良好，成本较高。

② 非离子型表面活性剂。非离子型表面活性剂在种类数量上仅次于阴离子表面活性剂，是一类大量使用的重要品种，随着石油化工的发展，其原料环氧乙烷的成本不断降低，非离子型表面活性剂的消费量在逐渐增长，有超过其它表面活性剂的趋势。

非离子型表面活性剂含有在水中不电离的羟基—OH 和醚键—O—，并以它们作为亲水基。由于羟基和醚键的亲水性弱，只靠一个羟基和醚键，弱亲水基团不能将很大的憎水基溶于水中，必须有多个这样的亲水基才能发挥出亲水性，这与只有一个亲水基就能发挥亲水性的阳离子和阴离子表面活性剂有很大不同。

非离子型表面活性剂因为在溶液中不呈离子状态，所以稳定性高，不受强电解质无机盐和酸、碱的影响；与其它类型的表面活性剂相容性好，也不容易在一般固体上强烈吸附。所以非离子型表面活性剂，在某些方面比离子型表面活性剂优越。非离子型表面活性剂按亲水基分类，有聚乙二醇型 $HOCH_2[CH_2OCH_2]_nCH_2OH$ 和多元醇型。

③ 其它表面活性剂。除上述表面活性剂外，还有高分子表面活性剂，如天然的褐藻酸钠、果胶酸钠、壳聚酸、玉米淀粉、其它各种淀粉等，合成的甲基丙烯酸共聚物、马来酸共聚物、聚乙烯亚胺、聚乙烯醇 PVA 等，以及氟系表面活性剂与冠醚类大环化合物表面活性剂等。

表面活性剂在工业生产、采矿、日用化工等行业及产品中有广泛的应用：

① 润湿作用(渗透作用)，可用作润湿剂、渗透剂；

② 乳化作用、分散作用、增溶作用，可用作乳化剂、分散剂、增溶剂；

③ 发泡作用、消泡作用，可用作起泡剂、消泡剂；

④ 洗涤作用，可用作洗涤剂。

(3) LB膜

LB(Langmuir-Blodgett)膜是通过增加表面活性的方法得到的一种有机分子层薄膜。这种薄膜是具有特殊性能的绝缘膜。其合成原理是对固体基底材料，如光洁玻璃、单晶体、半导体或金属，从溶液中将某些有机分子沉积其上并形成单层或多层分子薄膜。这些有机分子通常是脂肪酸及相应的盐类、芳香族化合物、稠环有机物及染料等。其共同特征是具有表面活性剂的结构特征，即同时具有类似油酸结构的憎水(亲油)基团和亲水基团。

LB 膜有较好的介电性能、隧道穿越导电性能以及跳跃导电性能、发光性能等。这些独特的性能在电子元件及集成电路中有重要应用。

LB 膜的制备是用特殊的装置将不溶物膜按一定的排列方式转移到固体支持体上组成单分子层膜。

1）LB 膜制备方法——垂直提拉法

垂直提拉法制备 LB 膜的示意图如图 4-15 所示。首先将经过处理的亲水基片插入覆盖单分子膜的液体中；然后将亲水基片匀速提出，在亲水基片表面形成均匀的 LB 膜层。

垂直提拉法是 LB 膜理论的创始人 Langmuir 和 Blodgett 创立的方法。其操作方法为：将基片垂直插入或提出覆盖有单分子膜的水面来将单分子膜转移到基片表面。采用垂直提拉法，可以制备从几层到几百层可控的 LB 膜。

① 基片类型。采用垂直提拉法所用的基片通常有以下两类。

玻璃类：石英玻璃、硅片、CaF_2 片、云母片、ITO 导电玻璃、盖玻片。

金属类：不锈钢片、半导体基片和铂、金等金属片。

由于基片表面的物理化学性质影响 LB 膜的结构和性质，因此，使用基片前，需要对其进行处理后才可进行 LB 膜沉积。不同的基片有不同的处理方法，一般对玻璃类进行的主要是亲水或疏水处理，首先清洗玻璃，然后用有机溶剂处理。

例如，石英基片的亲水处理方法之一是：先将基片在 CH_2Cl_2 或 $CHCl_3$ 中煮沸 2min 后，用丙酮和二次水依次冲洗，于 1mol/L 的 NaOH 水溶液中超声处理约 5min，用二次水冲洗干净后，再用丙酮洗涤干燥，得亲水基片。另一方法是：石英基片于饱和氢氧化钾-甲醇溶液中浸泡 30min，用蒸馏水清洗，再于三氯甲烷-甲醇(体积比为 1∶1)溶液中浸泡 30min，用二次水洗净。而石英基片的疏水处理方法之一是：将上述洗净的亲水基片浸入 5%的 $MeCl_2Si\text{-}CCl_4$ 水溶液中数分钟，用丙酮冲洗干净，得疏水表面基片。另一方法为将干净的石英基片用六甲基硅烷(Me_6Si_2)超声处理 2min，然后用甲醇冲洗，再用二次水清洗后，干燥。

② 转移比。转移比(r)也称沉积比，是指在 LB 膜的转移过程中，一定表面压下气-水界面单分子膜面积的减小值(A_r)与转移至基片上的膜面积(A_s)之比。r 一般在 0.95～1.05，否则，表明所沉积的 LB 膜的均匀性不是很好。采用垂直提拉法，基片上提时的转移比常略大于基片下伸时的转移比。基片在上提和下伸时的转移比 r 约为 0.95～1.07。

如果将一表面为疏水的基片慢慢插入水中，则亚相表面的单分子膜将以其疏水基朝向基片表面的方式转移到基片上(X型膜)，这导致基片表面变为亲水。如果将亲水表面从带有定向排列的单分子膜的水中提出，则定向单分子层将以亲水基朝向基片表面的方式转移到基片上，并导致基片表面疏水化(Z型膜)。在进行转移时须维持足够的膜压，通常只有凝聚膜才能达到良好的转移效果。采用垂直提拉法时，水面单分子层中会产生非均匀流动，因此容易引起变形。这种流动性变形，可能引起膜层质量的劣化，所以采用一些措施可以控制或减小流动变形的影响。

③ 提膜速度。为了制得完好的 LB 膜，基片表面第二层的沉积一定要好。因此，第一层的拉膜速度要慢，以后各层可适当加快。一般在实验中经常把第一层沉积速度降到 2mm/min，以后各层的速度可以适当增加。沉积的层数越多，对实验操作的要求也越严格。实验表明，在仔细操作的条件下，沉积几十层乃至数百层 LB 膜是完全可能的。

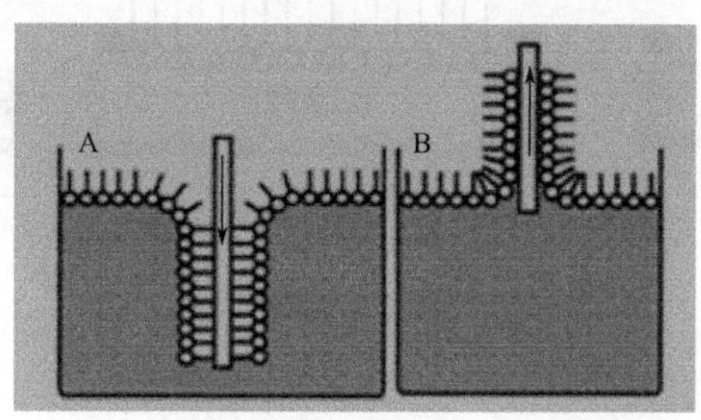

图 4-15　垂直提拉法制备 LB 膜的示意图

2) LB 膜制备方法——水平附着法

水平附着法是由日本的福田(Fukuda)于 1983 年提出的方法，如图 4-16 所示。制备步骤如下。

首先在保持单分子膜表面压恒定的情况下，将表面平滑、保持水平的疏水基片靠近挡板从上向下缓慢下降，并使其与单分子膜面接触[图 4-16(a)]；

然后将一个玻璃挡板放在紧靠挂膜基片的左边，用玻璃挡板刮去残留在基片周围的单分子膜，使基片上升时无第二层膜一起沉积[图 4-16(b)]；

再将挂膜基片从亚相上缓缓提起[图 4-16(c)]；

重复操作即可得到多层 LB 膜[图 4-16(d)]。

水平附着法得到的 LB 膜的优点是：每层单分子层排列整齐，可以制得较为理想的 X 型 LB 膜，无垂直提拉法所造成的流动变形，可以制取取向特性更为优良的 Y 型 LB 膜。

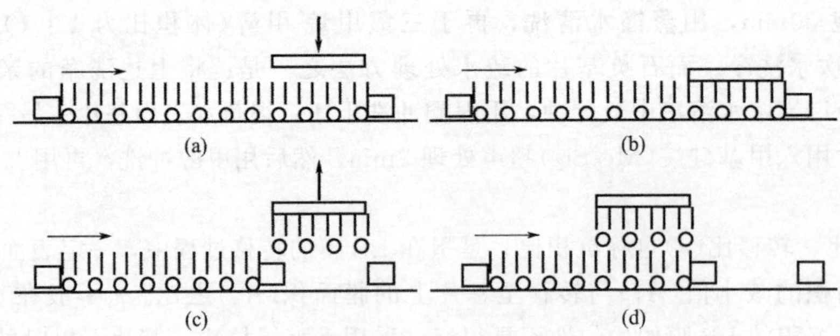

图 4-16　水平附着法制备 LB 膜的示意图

3）LB 膜制备方法——亚相降低法

亚相(subphase)降低法制备 LB 膜的示意图见图 4-17。

首先将亲水基片刚好浸入到亚相表面以下[图 4-17(a)]；

然后在亚相表面铺展并压缩单分子膜[图 4-17(b)]；

在水面单分子膜形成后，从没有膜的地方小心地抽走一部分亚相，这时，水面(亚相)上的单分子膜随亚相慢慢下降，从而沉积到基片上；

将基片提起，即可在基片上得到一层 Z 型单层 LB 膜[图 4-17(c)]；

如此重复多次，即可在基片上沉积多层 Z 型 LB 膜。

此法的最大优点是能最大限度地保持成膜分子在气-水界面上的排列。

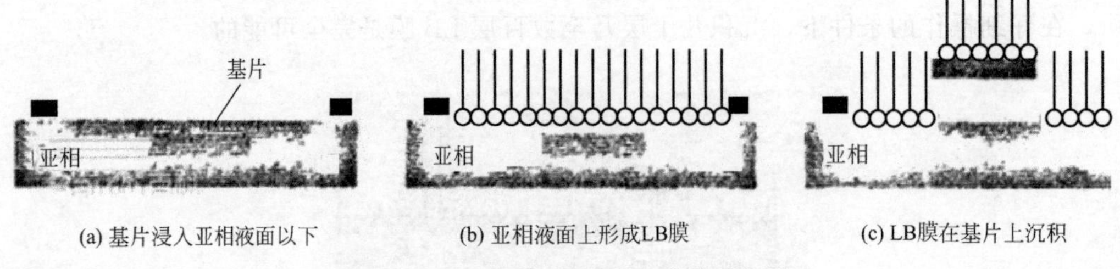

图 4-17　亚相降低法制备 LB 膜的示意图

4）LB 膜制备方法——扩散吸附法

扩散吸附法是先将可溶性物质，如染料，溶于亚相溶液中，然后在该亚相表面上铺展，形成两亲分子(amphiphile，同时具有亲水性和亲脂性的化合物)的单分子膜，靠两亲分子亲水基团与亚相溶液中染料带电部位的库仑相互作用，将溶液中染料分子吸附到亚相的表面，然后二者一起挂膜。例如，辅助成膜两亲分子为 4∶1(物质的量之比)的十八烷酸酯和十八烷基胺，亚相为溶有磺化酞菁铜的弱酸性水溶液时，用吸附法可挂出水溶性磺化酞菁铜的 LB 膜。

当辅助成膜的两亲分子在该亚相表面铺展成膜时，膜内亲水端中的氨基可以转化成—NH_3^+基，通过该基团与磺化酞菁分子的磺酸基所带负电荷的相互作用，将磺化酞菁分子从溶液中吸附到界面。然后用 LB 技术可将混合胺-酯的单分子层连同磺化酞菁层一起转移到干净的玻璃载片上。

5）LB 膜制备方法——单分子层扫动法

当酶及抗体等生物体高分子在水面上展开时，构成其的原子或原子团在空间排列的结构会发生变化，称为“表面重构”，这会影响酶及抗体的反应特性。采用单分子层扫动法，可以避免这种现象发生。单分子层扫动法须在多槽 LB 仪上进行，以使单分子层能从一个槽扫向另一个槽。其操作要求极其严格，每一步，例如，取样单分子层的展开和压缩、从水相中取出、形成复合层、复合层积累等过程，都要在最佳条件下进行。

6）聚合物 LB 膜的制备

根据起始成膜材料的不同，聚合物 LB 膜可由三种不同的途径来制备：

① 单体分子在水面上铺展并压缩形成单分子膜后，即在气-水界面进行聚合反应形成聚合物单分子膜，再转移至基片上组装为聚合物 LB 膜。

② 两亲性的单体小分子在气-水界面上铺展成单分子膜，然后转移到基片上形成单体 LB 膜，再聚合成相应的聚合物 LB 膜。例如，将单体两亲分子先沉积为 LB 膜，然后对所成的膜进行光引发聚合直接得到分子交联的聚合物 LB 膜。

③ 将普通的两亲聚合物直接在水面上铺展形成聚合物单分子膜，然后逐层转移至固体基片上形成聚合物 LB 膜。这类聚合物常有一条主链，主链上含有极性部分或侧基，从而使得聚合物具有亲水性，再连接一长烷基链，使之又具有疏水性。

第一、二两种方法所制备的 LB 膜称为聚合单体膜。第三种方法所制备的 LB 膜称为聚合物 LB 膜。

与有机小分子一样，聚合物 LB 膜制备也是由铺膜、推膜和挂膜三个基本操作构成，即先将聚合物溶液定量地滴加在亚相表面上，待溶剂挥发后表面上就留下聚合物的单分子膜，但所要求的条件比两亲有机小分子的更为严格：①溶剂必须选择挥发性好，能与聚合物形成分子溶液的良性溶剂；②成膜时，必须使成膜物质充分展开。只有聚合物在亚相表面充分展开(一般聚合物是完全可以展开的)时，所得到 LB 膜受溶液与溶剂、浓度、用量的影响才较小。以上几种为典型的 LB 膜制备中的常用方法，除此之外，还有一些其它的方法，例如，接触法、化学反应法等。随着纳米结构材料的需求和研究进展，将会有更多简单、有效的 LB 膜制备方法出现。

7）LB 膜的种类

LB 膜有 Y、Z 和 X 型三种，如图 4-18 所示。Y 型最常见，基片亲水疏水均可；制备 Z 型膜时采用亲水基片；X 型 LB 膜采用疏水基片。

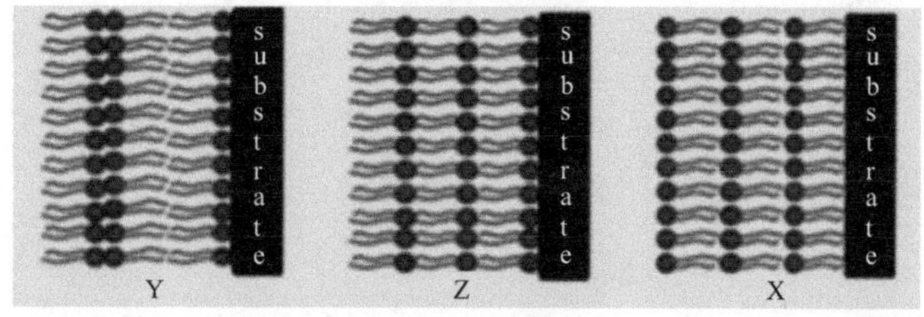

图 4-18　LB 膜的种类

8）LB 膜的特点

LB 膜的优点主要有：

① 膜厚为分子级水平(纳米数量级)，具有特殊的物理化学性质；

② 可以制备单分子膜，也可以逐层累积形成多层 LB 膜，组装方式任意选择；

③ 可以人为选择不同的高分子材料，累积不同的分子层，使之具有多种功能；

④ 成膜可在常温常压下进行，所需能量小，基本不破坏成膜材料的高分子结构；

⑤ LB膜技术在控制膜层厚度及均匀性方面远比常规制膜技术优越；

⑥ 可有效地利用LB膜分子自身的组织能力，形成新的化合物；

⑦ LB膜结构容易测定，易于获得分子水平上的结构与性能之间的关系。

LB膜的主要不足之处有：

① 由于LB膜沉积在基片上时的附着力是分子间作用力，属于物理键力（也叫次价键力），因此膜的力学性能较差；

② 要获得排列整齐而且有序的LB膜，必须使材料含有两性基团，这在一定程度上给LB成膜材料的设计带来困难；

③ 制膜过程中需要使用氯仿等有毒的有机溶剂，这对人体健康和环境具有很大的危害性；

④ 制膜设备昂贵，制膜技术要求很高。

9）LB膜的应用

LB膜主要用于非线性光学器件、半导体器件、传感器（场发射器件、光传感器、生物传感器）和仿生膜、固体润滑膜，也可用于分子自组装——分子工程，制备功能膜，模拟光合作用以研制太阳能分子电池，以及对多种高灵敏度传感器都有重要意义。

在微电子技术中可应用它生产高性能的集成电路器件。

5 固-液界面

表面现象是指相界面上因存在与本体相不同的作用力而产生的一些物理现象，实质上属于界面现象，习惯称为表面现象，例如水滴呈球形、海绵吸水、荷叶不粘水等现象。

一般界面可以分为5种类型(取决于物质的聚集状态)：固-液(S-L)、液-液(L-L)、液-气(L-G)、固-气(S-G)、固-固(S-S)。

本章将讨论固-液间的界面性质。物质的固-液界面的特性直接影响界面的功能。它不仅与固-液物质的性质有关，也与固-液结构、组成、形态和所受作用状态有关。

另外，在考虑固-液性质时，气体的作用是不可忽略的，均是指在常温常压下的结果。

5.1 固-液界面润湿性

5.1.1 表面张力与接触角

(1) 表面张力

当微量的液体与固体表面接触时，液体可能完全取代原来覆盖在固体表面的气体而铺展开，这种情况称为润湿(wetting)。也可能形成一个球形的液滴，与固体只发生点接触而完全不润湿，有时是处于这两种极端状态之间的中间状态。

润湿对人类生活和生产，如洗涤、印染、焊接、机械润滑、注水采油等，起着十分重要的作用。

液体的润湿性通常是指它在固体表面的铺展或聚集的能力。液体表面倾向于收缩，这表现在当外力的影响很小时液滴趋于球形，如常见的液态金属汞珠和荷叶上的水珠。一般认为机械摩擦副边界润滑膜的机理与润滑剂的润湿性有关。

另外，存在润滑油的两接触固体表面间的黏着等现象也与润滑油的表面张力大小密切相关。

液体的表面张力是指液体在与气体接触的界面处形成的表面所产生的表面张力，记作 γ_L。由于固体在与大气接触的界面上也会形成表面，因此也会产生固体表面张力，记作 γ_S。同样，固体和液体接触的界面处所形成的表面将产生固-液界面的表面张力，记作 γ_{SL}。各表面张力的示意图如图5-1所示。

(2) 接触角

对液体表面自动收缩的现象也可以从能量的角度来分析。在通常情况下，确定润湿性是

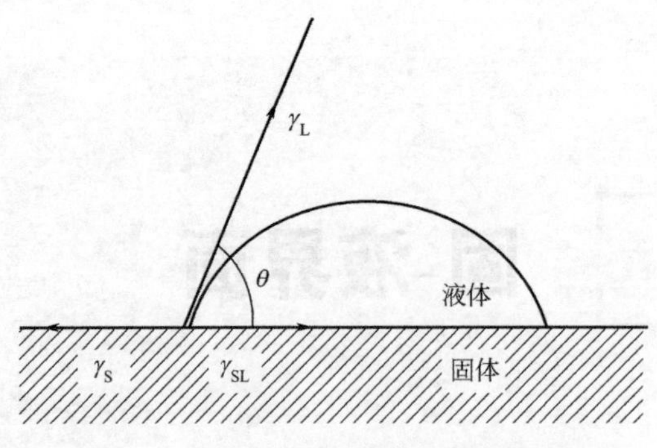

图 5-1　固-液界面的表面张力和接触角

通过测量液体在表面上的接触角实现的。如图 5-1 所示，接触角 θ 定义为固、液、气三相的交界点上固-液界面与液-气界面切线之间的夹角。

由图 5-1 还可以得出，接触角与表面张力之间的关系（Young 方程）为

$$\gamma_S = \gamma_{SL} + \gamma_L \cos\theta \tag{5-1}$$

表面接触角 θ 大，则表示该表面是疏润性的，而接触角 θ 小则表明其为亲润性的，它的黏附能大于液体的内聚能。

表面接触角的大小是由固体和液体的表面张力或表面自由能决定的。接触角 θ 的大小介于完全润湿的 0°和完全不润湿的 180°之间。

一般当 $\theta<90°$ 时称为润湿，当 $\theta>90°$ 时称为不润湿，如图 5-2 所示。

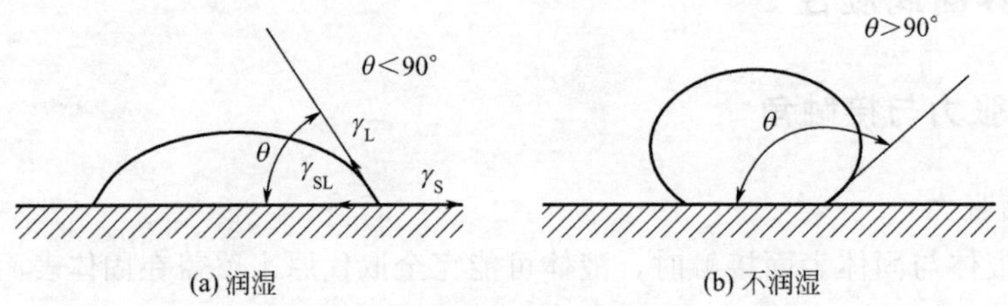

图 5-2　润湿性

接触角与各表面张力的关系为

$$\cos\theta = \frac{\gamma_S - \gamma_{LS}}{\gamma_L} \tag{5-2}$$

图 5-3 表达了三种液体在固体表面的润湿过程。它们分别是液-固相接触而排除空气形成的沾湿过程[图 5-3(a)]；固体完全浸入液体中形成液体对固体表面的浸湿过程[图 5-3(b)]；液体排除固体表面气体在固体表面的润湿铺展过程[图 5-3(c)]。

接触角 θ 可以用投影法等方法测得，液体的表面张力 γ_{GL} 可以用表面张力仪测出，从而可以求得润湿能 $\gamma_S-\gamma_{LS}$（一般来说，γ_S 和 γ_{LS} 难以由实验测定）。

另外，接触角 θ 还与固体表面的粗糙度以及温度等因素有关。

根据 Young 方程 $\gamma_S=\gamma_{LS}+\gamma_L\cos\theta$，总结如下：

① 若 $\gamma_S>\gamma_{LS}$，则 $\cos\theta>0$，$\theta<90°$，液体能够润湿固体；

② 若 $\gamma_S<\gamma_{LS}$，则 $\cos\theta<0$，$\theta>90°$，液体不能够润湿固体；

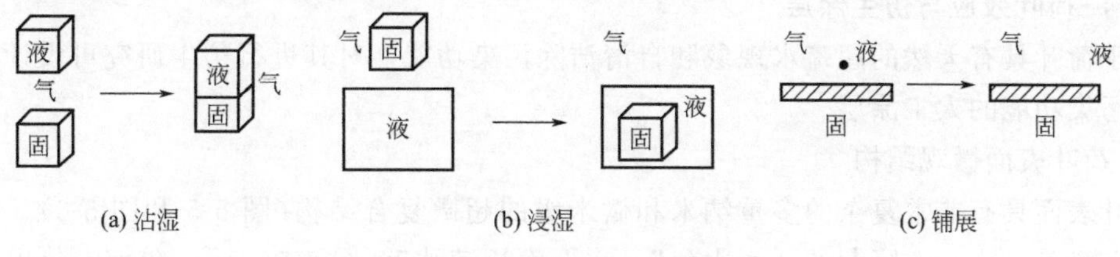

图 5-3　液体对固体的润湿过程

③ 若 $\gamma_S-\gamma_{LS}\geqslant\gamma_L$，则 $\theta=0°$或不存在，完全润湿；

④ 若 $\gamma_S-\gamma_{LS}=-\gamma_L$，则 $\theta=180°$，完全不润湿；

⑤ 固体-水界面接触角$>150°$，称为超疏水现象（superhydrophobic phenomenon）。$\theta>150°$的涂层称为超疏水涂层，多为有机高分子聚合物涂层，用于建筑和汽车玻璃防水，也可用于织物防水（见图 5-4）。

图 5-4　超疏水织物(a)和超疏水玻璃(b)的疏水效果

(3) Young-Dupre 方程

将润湿现象与黏附功 W_{SL} 结合起来考虑，对固-液界面，有

$$W_{SL}=\gamma_{S_V}+\gamma_L-\gamma_{SL}$$

式中，γ_{S_V} 为固体在真空中的表面张力。Young 方程中的 γ_S 为固体表面为饱和液体蒸气时的表面张力，一般有

$$\gamma_{S_V}-\gamma_S=\pi$$

式中，π 称为扩展压。在图 5-1 的气-液-固三相系统中，固-气、液-气均达到平衡，即固、液表面都吸附了气体。黏附功 W_{SL} 可以表示为

$$W_{SL}=\gamma_S+\gamma_L-\gamma_{SL}$$

与 Young 方程结合，得到

$$W_{SL}=\gamma_L(1+\cos\theta) \tag{5-3}$$

式(5-3)称为 Young-Dupre 方程，它将固-液之间的黏附功与接触角联系起来。

当 $\theta=0°$时，$W_{SL}=2\gamma_L$，即黏附功等于液体的内聚功，也就是固-液分子间的吸引力等于液体分子之间的吸引力。

当 $\theta=180°$时，$W_{SL}=0$，表明液-固之间没有吸引力，固体完全不为液体润湿。

(4) 荷叶效应与仿生涂层

由于荷叶具有天然的超疏水现象和自清洁除污染功能，对其进行仿生研究可设计具有自清洁除污染功能的人工涂层。

1) 荷叶表面微观结构

荷叶表面具有非常复杂的多重纳米和微米级的超微复合结构(图 5-5 和图 5-6)。在荷叶叶面上布满着一个一个隆起的“小山包”，它上面长满绒毛[图 5-5(d)]；在小山包顶上又长出了一个个馒头状的碉堡状凸顶[图 5-5(b)]；整个表面被微小的蜡晶所覆盖[图 5-5(e)]。

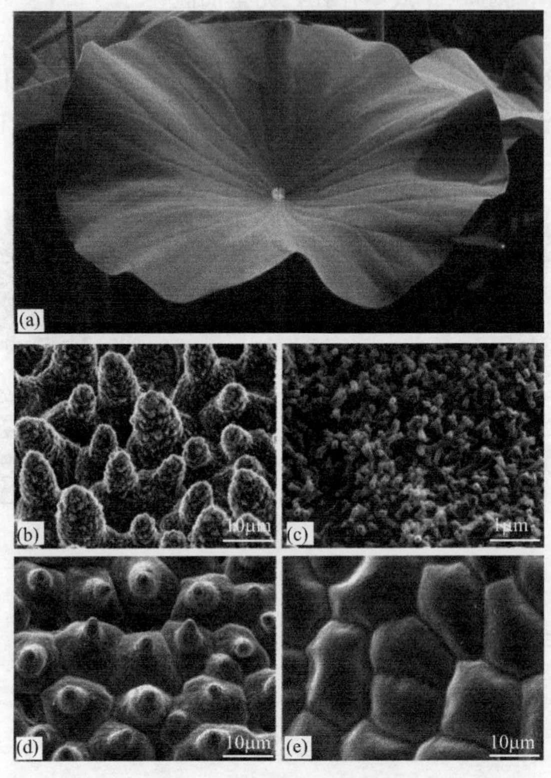

图 5-5 荷叶表面微观结构

(a) 荷叶；(b) 荷叶叶面碉堡状凸起形貌；(c) (b) 的局部放大；(d) 叶面“小山包”形貌；(e) 覆盖蜡晶的叶面局部

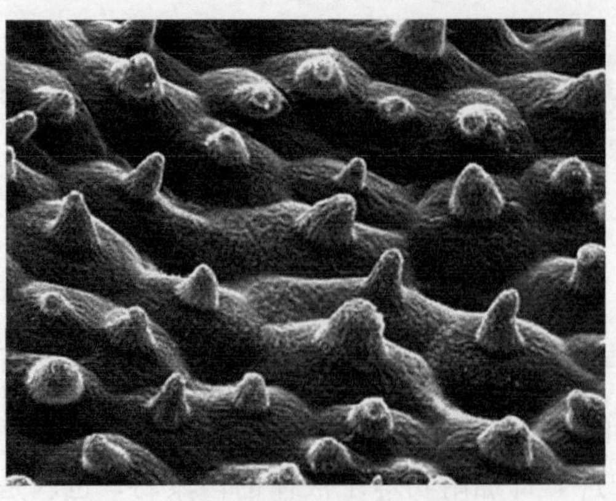

图 5-6 荷叶叶面 SEM 伪彩色形貌

2）荷叶的自清洁机制

荷叶具有超强的自清洁功能，这是自然界中生物长期进化的结果。正是超微表面结构和蜡晶层，使得荷叶表面不粘水滴，可以保持清洁：当荷叶上有水时，水会在自身表面张力的作用下形成球状；风吹动水珠在叶面上滚动时，水珠可以粘起叶面上的灰尘，并从上面高速滑落，从而使荷叶表面保持清洁，能够更好地进行光合作用。图 5-7 为荷叶的自清洁原理示意图，从图 5-7(a)可以清楚地看出水滴呈球状与荷叶叶面接触并黏附灰尘，水珠下表面与荷叶微凸起和纳米绒毛之间存在空气隔离层，使水珠与荷叶叶面的实际接触面积显著降低，这也是水珠很容易滑落的原因之一。

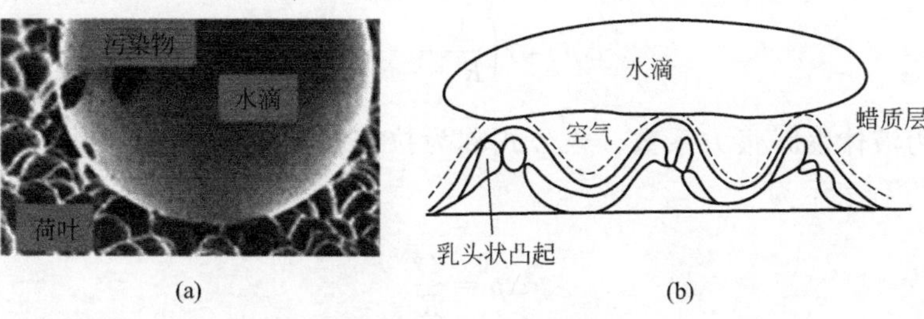

图 5-7　荷叶自清洁原理

(a) 荷叶叶面水滴黏附灰尘等污染物的形貌；(b) 荷叶水滴与凸起、空气、蜡质层之间的接触模型

3）基于荷叶表面微观结构的仿生设计

图 5-8 所示为基于荷叶表面微观结构的仿生膜层设计，即在固体材料表面或涂膜层显微雕刻或控制膜层生长过程制备多重微-纳米表面结构，例如通过飞秒激光器对固体进行表面显微雕刻，或采用可控电沉积等方法，在固体表面制备微-纳米复合结构，有望实现固体表面超疏水或自清洁功能。

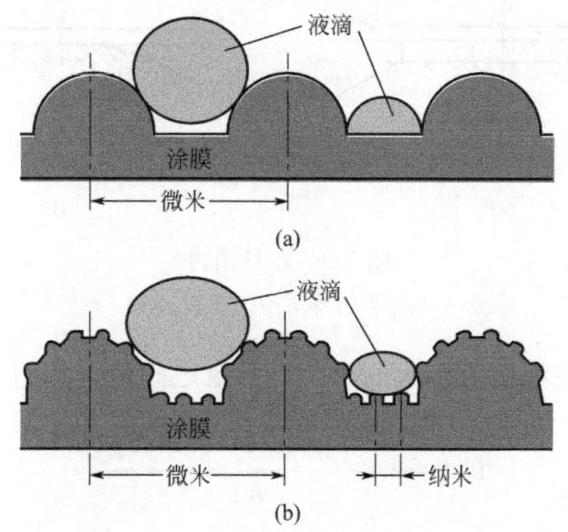

图 5-8　仿荷叶超微结构的涂层设计

(a) 液滴与微米凸起涂膜表面的分离与接触；(b) 液滴与微-纳米复合凸起涂膜表面的接触分离

5.1.2　表面张力引起的内部压力

一般认为，润滑剂的润湿性对边界润滑有着重要的影响。润滑剂分子在摩擦表面生成吸附膜所依靠的黏附能与其表面润湿性密切相关。

在通常情况下，润湿性的确定是通过测量液体在表面上的接触角实现的。研究润滑剂与表面的润湿性对于研究表面吸附现象具有重要意义。

一个弯曲的表面称为曲面，通常用相应的两个曲率半径来表征曲面，即在曲面上某点作垂直于表面的直线，再通过此线作一平面，此平面与曲面的截线为曲线，在该点与曲线相切的圆半径称为该曲线的曲率半径 R_1。通过表面垂线并垂直于第一个平面再作第二个平面并与曲面相交，可得到第二条截线和它的曲率半径 R_2，用 R_1 与 R_2 可表示出液体表面的弯曲情况。若液面是弯曲的，液体内部的压强 p_1 与液体外的压强 p_2 就会不同，在液面两边就会产生压强差 $\Delta p = p_1 - p_2$，称附加压强，其数值与液面曲率大小有关，可表示为

$$\Delta p = \gamma\left(\frac{1}{R_1} + \frac{1}{R_2}\right) \tag{5-4}$$

式中，γ 为液体表面张力系数，该公式称为拉普拉斯(Laplace)方程。当 $R_1 = R_2 = R$ 时，拉普拉斯方程表示为

$$\Delta p = \frac{2\gamma}{R} \tag{5-5}$$

即附加压力 Δp 与表面张力成正比，而与曲率半径成反比。

当两个平行的固体平板之间存有一滴液体时，会在液滴的端部形成弯月面。若液滴内部的压力小于环境压力，则弯月面内凹[见图 5-9(a)]；反之，弯月面外凸。弯月面内、外的压力差称为毛细压力(或拉普拉斯压力)，其可以为正值(即内部压力大于环境压力)，也可以为负值。

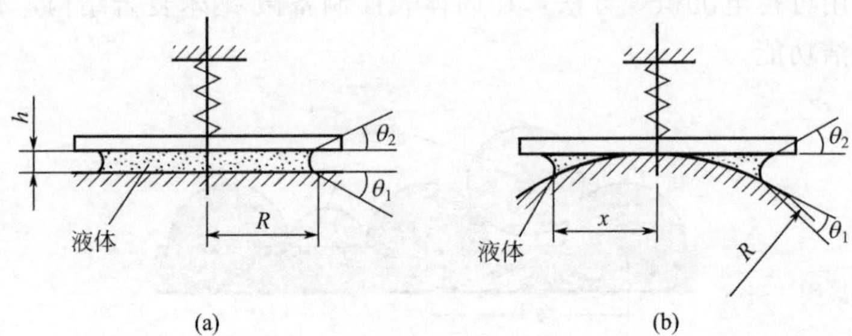

图 5-9 弯月面力

(a) 平板-平板；(b) 平板-球面

根据 Laplace 方程，毛细压力引起的两平行圆盘之间的作用力 F_L：

$$F_L = \frac{\pi R^2 \gamma_L(\cos\theta_1 + \cos\theta_2)}{h} \tag{5-6}$$

式中，θ_1、θ_2 分别表示液体与上、下两表面之间的接触角；R 为圆盘半径。

从图 5-9(a)可以看出，随液滴截面尺寸 R 的增大或间隙 h 的减小，弯月面力 F_L 增大。

若球面与平面相接触，在接触点周围存在液体[见图 5-9(b)]，两者之间的弯月面力为

$$F_L = 2\pi R\gamma_L(\cos\theta_1 + \cos\theta_2) \tag{5-7}$$

式中，R 为球面的曲率半径。$\theta_1 = \theta_2 = \theta$ 时，有 $F_L = 4\pi R\gamma_L\cos\theta$。

可见，F_L 的大小与球面的曲率半径 R、液体的表面张力 γ_L 和接触角 θ 有关，而与液

体体积无关。

在边界润滑和微尺度下，弯月面力往往是一个不可忽视的重要作用力。若弯月面处的半径为 r，则压力增量 Δp 的一般变化规律为：

① 水平液面，$r\to\infty$，$\Delta p=0$；

② 凸液面，$r>0$，$\Delta p>0$；

③ 凹液面，$r<0$，$\Delta p<0$。

5.2 固-液界面膜

5.2.1 固-液吸附膜

吸附(adsorption)是指在相界面上某种物质的浓度不同于体相浓度的现象。由于固体表面具有一定的表面张力，且在加工成形过程中形成的许多晶格缺陷使表面的原子处于不饱和或不稳定状态，因此润滑油的极性基团等都容易产生吸附，而在表面形成各种膜。表面吸附效应对于边界润滑和干摩擦状态都是十分重要的。

根据膜的结构性质不同，表面膜可以分为吸附膜和反应膜两种。吸附膜又有物理吸附膜和化学吸附膜之分；反应膜又有化学反应膜及氧化膜之分。有关物理吸附和化学吸附的性质对比见表 5-1。

表 5-1 物理吸附与化学吸附性质对比

性能	物理吸附	化学吸附
吸附力	范德华力	化学键力
吸附热	较小(液化热)	较大(反应热)
选择性	无或差	有选择性
稳定性	不稳定,易解吸	稳定
分子吸附层数	单层,多层	单层
吸附平衡	容易达到	不容易达到
吸附速率	较快,受温度影响小;受吸附剂的比表面积和细孔分布影响较大	受温度影响大;受表面化学性质影响大

(1) 物理吸附膜

当气体或液体与固体表面接触时，由于分子或原子相互吸引的作用力而产生的吸附叫做物理吸附。这种吸附并不改变吸附层的分子或电子分布，其吸附膜较弱，对温度很敏感，加热可使吸附的分子发生解吸附。

图 5-10 是硬脂酸分子吸附在金属表面的示意图。被吸附的分子一般是可极化的，其氧、氢的正、负离子与金属表面的负、正离子相吸附。物理吸附一般是在常温、低速、轻载条件下形成的。物理吸附与脱附是完全可逆的。

(2) 化学吸附膜

由于极性分子的有价电子与基体表面的电子发生交换或转移而产生化学结合力，使极性分子定向排列，吸附在金属表面上所形成的吸附膜叫做化学吸附膜。

图 5-11 为硬脂酸与表面氧化铁在有水的条件下形成硬脂酸铁金属皂膜的示意图。化学吸附膜要比物理吸附膜稳定得多，并且在同样条件下是不可逆的，要在高温下才能解吸附。

化学吸附一般在中等载荷、中等滑动速度及中等温度条件下形成。

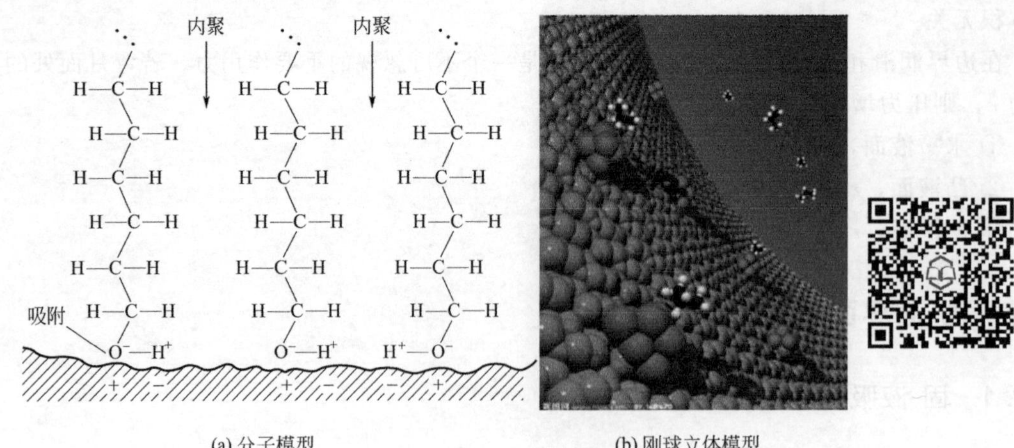

图 5-10　物理吸附示意图

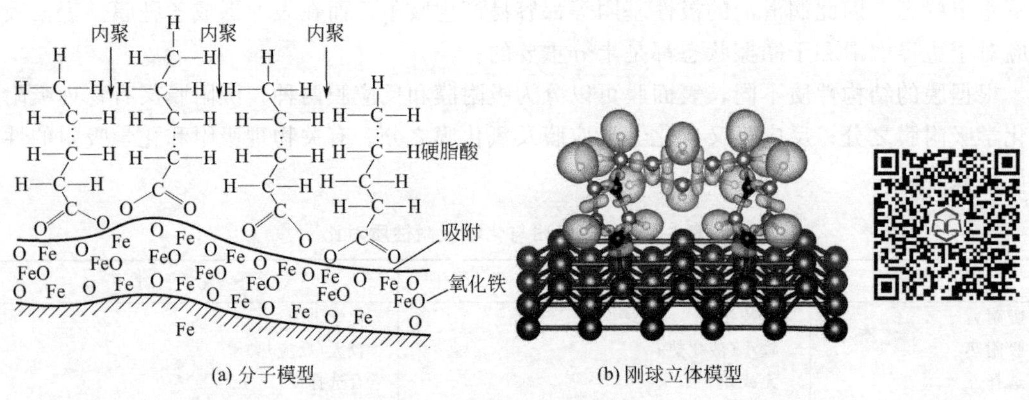

图 5-11　化学吸附示意图

（3）固-液边界吸附膜性质

固-液边界膜的结合强度可以用黏附功来表示，它是指将单位面积的液-固相界面拉开，生成单位面积的气-液表面和单位面积的气-固表面时所需的功，常用 W_α 表示。黏附功与表面张力间的关系为

$$W_\alpha=\gamma_{LG}+\gamma_{SG}-\gamma_{SL}$$

式中，γ_{LG} 为液气界面张力；γ_{SG} 为固气界面张力；γ_{SL} 为固液界面张力。

黏附功可用来衡量液体对固体的吸引力，或是将界面可逆地分离开所需的能量。要使黏附功 W_α 增大，就要降低界面张力 γ_{SL}。当两相物质相同时，界面消失。

在吸附膜中，极性分子相互平行并垂直于摩擦表面，这种排列方式可以使被吸附的分子数量最多，滑动时在摩擦力的作用下，被吸附的分子将倾斜和弯曲，可以减少阻力，因而吸附膜之间的摩擦系数较低，并可以有效地防止两摩擦表面的直接接触，如图 5-12 所示。

脂肪酸类的分子都能够吸附，但是由于它们的分子链长度不同，吸附膜的润滑效应也不一样。醋酸的分子链最短，而硬脂酸的分子链最长。分子链越长，吸附膜越厚，两摩擦表面被隔开得越远。在一般情况下，边界润滑的摩擦系数随极性分子链长的增加而降低，并趋于一个稳定的数值。极性分子的链长决定于分子中的碳原子数，因此随着极性分子中的碳原子数增加，摩擦系数降低。

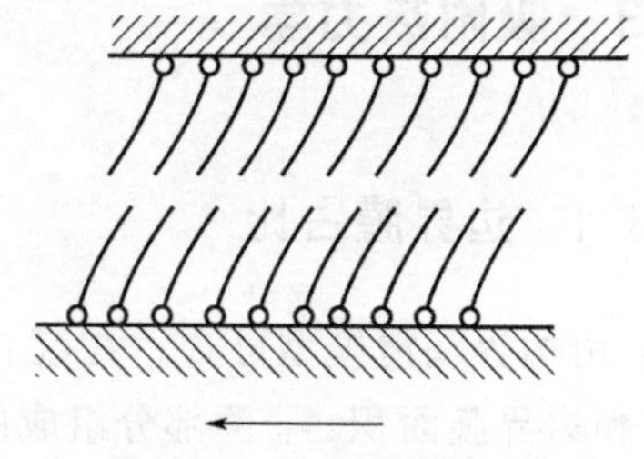
图 5-12　吸附膜的滑动

吸附膜中的分子形成分层定向排列的结构，同一层分子保持一个独立均一整体，能够支承载荷，而各层之间形成易于滑动的界面。所以，边界摩擦是各个吸附分子层之间的外摩擦。

为有效利用吸附膜润滑，需要注意以下事项。

① 合理地选择摩擦表面材料和润滑剂以及控制表面粗糙度。

② 加入必要的油性添加剂。常用的有高级脂肪酸、酯、醇和它们的金属皂。例如油酸、二聚酸、硬脂酸铝等。油性添加剂的加入量通常小于10%。

5.2.2　化学反应膜

表面反应膜通常指外部物质与接触表面发生化学反应形成不同于表面基体成分的化学物质的界面，也称为表面化学反应膜。

润滑剂中的硫、磷、氯等元素与金属表面进行化学反应，二者之间的价电子相互交换，而形成一种新的化合物膜层，叫做化学反应膜。这种化学反应膜具有高的熔点和低的剪切强度，稳定性高于化学吸附膜和物理吸附膜。

化学反应膜形成条件：重载、高温、高速条件下容易形成。化学反应膜如图 5-13 所示，图中 S 与 Fe 在钢铁表面反应形成 FeS 化学反应膜，它可在润滑摩擦过程中形成，也可经离子渗 S 形成并作为固体润滑膜。

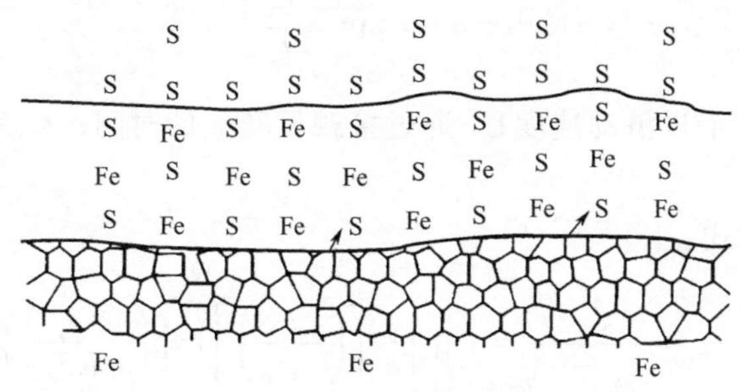

图 5-13　化学反应膜

依据化学反应原理制成的各类润滑油添加剂可以有效提高摩擦表面的减摩抗磨性能。如大部分极压抗磨剂是一些含硫、磷、氯、铜、钼的物质，与固体表面发生化学反应后生成硫、磷、氯、铜、钼化合物。

在一般情况下，氯类、硫类可提高润滑脂的耐负荷能力，防止金属表面在高负荷条件下发生烧结、卡咬、刮伤；而磷类、有机金属盐类具有较高的抗磨能力，可防止或减少金属表面在中等负荷条件下的磨损。

实际应用中，通常将不同种类的极压抗磨剂按一定比例混合，使用性能更好。一般磷化物具有抗磨性，二氯化物与硫化物具有极压性。同时含氯和含磷或含硫化合物，既具有极压性，即润滑膜承受载荷而不被挤出摩擦表面导致摩擦面缺少润滑的能力，又具有抗磨性。

5.3 吸附热力学

5.3.1 边界膜占比

由边界润滑模型可知，在混合润滑状态下，摩擦副的实际接触面积是由直接接触面积 A_a 和边界膜面积 A_b 两部分组成的。令

$$\alpha=\frac{A_a}{A_a+A_b} \tag{5-8}$$

式中，α 称为相对油膜亏量。由于磨损发生在直接接触部分，所以 α 值表示混合润滑发生磨损的概率。

根据 Bowden 和 Tabor 的分析，混合润滑状态的摩擦系数 f 与干摩擦系数 f_a 和边界膜的摩擦系数 f_b 的关系为

$$f=\alpha f_a+(1-\alpha)f_b \tag{5-9}$$

$$\alpha=\frac{f-f_b}{f_a-f_b} \tag{5-10}$$

$$1-\alpha=\frac{f_a-f}{f_a-f_b} \tag{5-11}$$

Kingsbury 提出边界膜面积所占比例为

$$1-\alpha=\exp\left(-\frac{t_x}{t_r}\right) \tag{5-12}$$

式中，t_x 为摩擦表面以滑动速度 U_s 通过接触长度 x 的时间；t_r 为吸附分子占据接触面的平均时间。

总的边界膜占比公式：

$$1-\alpha=\frac{f_a-f}{f_a-f_b}=\exp\left\{-\left[\left(\frac{x}{U_s t_0}\right)\right]\exp\left(-\frac{\varepsilon}{R\theta_s}\right)\right\} \tag{5-13}$$

或

$$\ln\left[\ln\left(\frac{1}{1-\alpha}\right)\right]^{-1}=\ln\left[\ln\left(\frac{f_a-f}{f_a-f_b}\right)\right]^{-1}=\ln\left(\frac{U_s t_0}{x}\right)+\frac{\varepsilon}{R\theta_s} \tag{5-14}$$

式中，θ_s 为表面接触温度，K；U_s 为滑动速度；R 为气体常数；t_0 为极性分子垂直于表面的热振动周期。因此，吸附热 ε 越大的润滑剂，边界润滑膜所占的比例越大，因此边界润滑效果也越好。

5.3.2 吸附热

吸附(脱附)热方程建立了临界温度与吸附(脱附)热、摩擦系数与表面接触温度之间的关

系。吸附热 ε 表达式为

$$\varepsilon = R\theta_s \left\{ \ln\left[\ln\left(\frac{1}{1-\alpha}\right)\right]^{-1} - \ln\left[5.15\times10^{-5} U_s \left(\frac{M}{\theta_r}\right)^{1/2}\right] \right\} \tag{5-15}$$

式中，θ_s 为表面接触温度，K；θ_r 为润滑油的临界温度，即开始出现表面擦伤的绝对温度，K；U_s 为滑动速度；M 为摩尔质量，g/mol。

6 固-气界面

物理学上固相和气相是两个完全不同的相。实际上，固-气界面处是两相交织的部分，它们按一定比例分配，这种分配就是吸附(adsorption)或化合(chemical combination)。气体停留在固体表面上称为气体在固体表面的吸附。被吸附的物质称为吸附物或吸附质(adsorbate)，具有吸附能力的固体称为吸附剂(adsorbent)。

6.1 固-气界面吸附现象

6.1.1 物理吸附

物理吸附的作用力是分子间的范德华力引起的，作用力的强度较弱。吸附时产生的吸附热较低。另外，吸附对象无选择性，可以吸附各种气体，但吸附量有差异。物理吸附的稳定性较差，因此在物理吸附发生后，也存在脱附，且速度较快。

物理吸附不需要活化能，因此吸附速率不因温度上升而加快。如图 6-1 所示，图中曲线 a-a 为物理吸附，在第一个浅阱中形成物理吸附态，吸附热(放热)$Q_{ad}=-\Delta H_p$。曲线 b-b 代表化学吸附，两条曲线在 X 点相遇。显然，只要提供约 22kJ 的吸附活化能 E_a，物理吸附就可穿越过渡态 X 而转变为化学吸附(图 6-1 中 C 点)。

从能量上看，先发生物理吸附而后转变为化学吸附的途径(需能量 E_a)要比氢分子先解离成原子再化学吸附的途径(需能量 D)容易得多。

6.1.2 化学吸附

化学吸附相当于吸附剂表面分子和被吸附分子发生了化学反应，在红外/紫外-可见光光谱中会出现新的特征吸收带。

化学吸附具有以下特点：

① 吸附力是吸附剂与吸附质分子间产生的化学键力，一般较强；吸附热较高，接近化学反应热，一般在 40kJ/mol 以上；

② 吸附有选择性，固体表面的活性位只吸附可与之发生反应的气体分子，如酸位吸附碱性分子，反之亦然；

③ 吸附很稳定，一旦吸附就不易解吸；

④ 吸附是单分子层的；

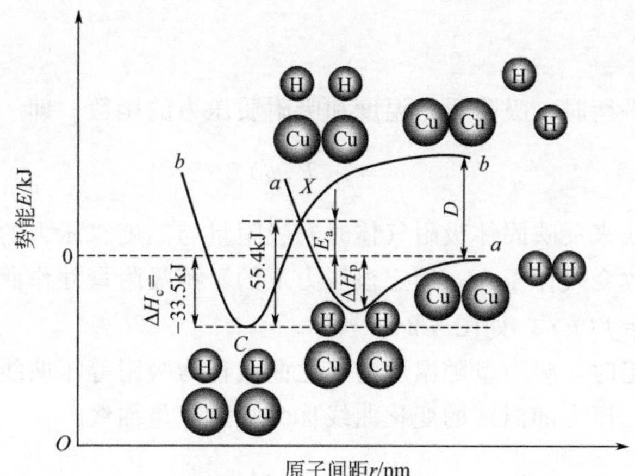

图 6-1　H_2 在铜表面吸附的势能曲线

a-a—物理吸附；b-b—化学吸附

⑤ 吸附需要活化能，温度升高，吸附和解吸速率加快。

物理吸附和化学吸附有可能同时发生。由于吸附过程都是放热过程，所以不论是物理吸附还是化学吸附，吸附量都会随着温度的升高而降低。同一系统，在低温下通常是物理吸附，在高温下可转化为化学吸附。化学吸附在催化过程中具有重要意义。

6.2　吸附热力学

6.2.1　吸附平衡与吸附量

气-固界面的重要特性是固体对气体的吸附作用。固体界面上的原子或分子与液体界面分子相似，受到的力是不平衡的，因此也有界面张力和界面自由焓。任何界面都有自发降低界面能的倾向。由于固体原子或分子不能自由移动，固体界面难以收缩，只能通过降低界面张力来降低界面能，这就是固体界面产生吸附作用的根本原因。

以固体表面质点和吸附分子间作用力的性质区分，吸附作用大致可分为物理吸附和化学吸附两种类型。物理吸附是分子间力(范德华力)作用的结果，它相当于气体分子在固体表面上凝聚，常用于脱水、脱气、气体净化与分离等。化学吸附实质上是一种化学反应，它是发生多相催化反应的前提，在多门学科中有广泛应用。

单位质量固体吸附气体的体积或物质的量称为吸附量。若用体积计，则其表达式为

$$q=\frac{V}{m_s}$$

式中，q 为吸附量，m^3/g；V 为单位质量气体的体积，m^3；m_s 为固体的质量，g。若用物质的量计，吸附量的表达式可以表示为

$$q=\frac{m_G}{m_s}$$

式中，q 为吸附量，mol/g；m_G 为气体物质的量，mol。

6.2.2 吸附曲线

当吸附过程达到平衡时，吸附量是温度和吸附质压力的函数。即

$$q=f(T,p)$$

有时会用吸附曲线来反映固体吸附气体时，吸附量与温度、压力的关系。

在一定温度下，改变气体压力，测定该压力下的平衡吸附量并作曲线，此曲线称为吸附等温曲线，表示为 $q=f(p)$，如图 6-2(a)所示。

同理，在压力恒定时，吸附量随温度的变化曲线称为吸附等压曲线[见图 6-2(b)]。

在吸附量恒定时，压力随温度的变化曲线称为吸附等量曲线。

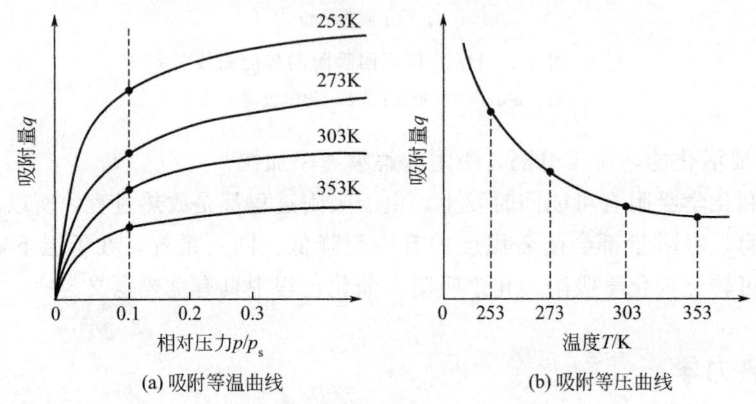

图 6-2　等温、等压吸附曲线

等温、等压和等量吸附 3 类吸附曲线是相互联系的，其中任一类曲线都可以用来表征吸附作用规律，实际工作中使用最多的是吸附等温曲线。

吸附等温曲线一般有 5 种类型，如图 6-3 所示。其中：

图 6-3(a)Ⅰ类吸附等温曲线，当相对压力达到一定数值后，吸附量趋于饱和。固体表面微孔的直径在 2.5nm 以下的单层吸附常表现为此类吸附，对于微孔意味着吸附剂将微孔填充满。−195℃下 N_2 在活性炭上的吸附属于Ⅰ类吸附。

图 6-3(b)Ⅱ类吸附等温曲线常称为 S 形等温线，常发生在吸附剂孔径大小不一的多分子层吸附中。−195℃下 N_2 在硅胶上或铁催化剂上的吸附属于Ⅱ类吸附。

图 6-3(c)Ⅲ类吸附等温曲线存在于吸附剂和吸附质相互作用很弱的吸附中。图 6-3(b)、(c)表明非孔或大孔径吸附剂上的吸附，反映多层吸附或毛细孔凝结，吸附量可认为不受限制。79℃下 Br_2 在硅胶上的吸附属于Ⅲ类吸附。

图 6-3(d)Ⅳ类吸附等温曲线为多孔吸附剂发生多层分子吸附过程。在压力较高时，会出现毛细凝聚现象。50℃苯(C_6H_6)在氧化铁凝胶上的吸附属于Ⅳ类吸附。

图 6-3(e)Ⅴ类吸附等温曲线发生在多层分子吸附过程中，有毛细凝结现象。100℃时水蒸气在活性炭上的吸附属于Ⅴ类吸附。

图 6-3(d)和图 6-3(e)所示为孔性吸附剂(不是微孔或不全是微孔)上的吸附，吸附层受孔大小限制，当相对压力趋向 1 时，吸附量近似于将各种孔填满所需吸附质的量。

从吸附等温曲线可了解吸附剂和吸附质之间相互作用强弱、吸附剂表面性质以及孔大

小、形状和孔径分布等信息。

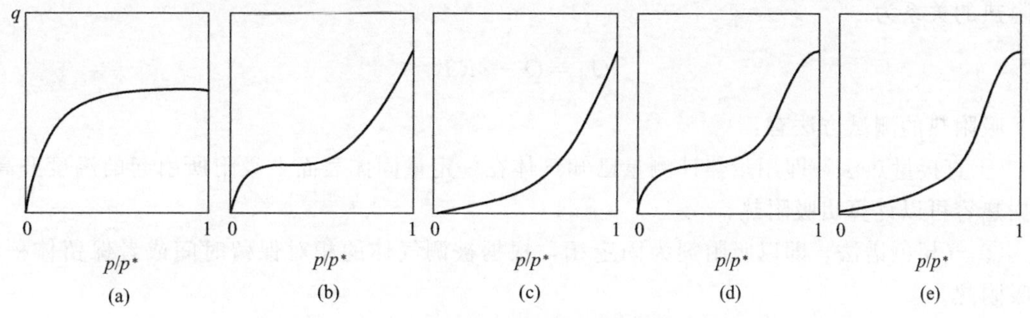

图 6-3 固-气吸附等温曲线类型

(a) Ⅰ类吸附等温线；(b) Ⅱ类吸附等温线；(c) Ⅲ类吸附等温线；(d) Ⅳ吸附等温线；(e) Ⅴ类吸附等温线

6.2.3 吸附热力学

在一定的温度和压力下，吸附过程的表面自由焓变化 $\Delta G<0$ 时，吸附自发进行。气体分子吸附到固体表面上时，气体分子由三维空间自由运动变为在二维空间上运动，混乱程度降低，熵变 $\Delta S<0$。根据热力学公式：

$$\Delta G=\Delta H-T\Delta S$$

吸附热 $\Delta H<0$，表明等温吸附过程是放热过程。吸附热的大小反映了吸附固体表面与被吸附分子间的作用强弱。化学吸附的吸附热远大于物理吸附热，表明物理吸附强度要远低于化学吸附。吸附热可分为积分吸附热和微分吸附热。

积分吸附热是在吸附平衡中，已经被气体覆盖的那部分表面的平均吸附热，它反映了在吸附过程中，长时间的热量变化平均值。通常所指的物理吸附热或化学吸附热即为此值。在等温和等体积条件下，积分吸附热 Q_{i} 可表示为

$$Q_{\mathrm{i}}=\left(\frac{Q}{q}\right)_{T,V}$$

式中，q 为吸附气体的物质的量。

微分吸附热是在已经吸附一定量的吸附质的基础上再吸附少量气体时所释放的热量，它反映了在吸附过程中某一瞬间的热量变化。由于固体表面形貌及性质的不均匀性，吸附热会随着表面覆盖度 θ 的不同而变化，因此在吸附过程中，任一瞬间的吸附热并不相同。在等温和等体积条件下，微分吸附热定义为

$$Q_{\mathrm{i}}=\left(\frac{\partial Q}{\partial q}\right)_{T,V}=\left(\frac{\partial Q}{\partial \theta}\right)_{T,V}$$

可见，积分吸附热是不同覆盖度下的微分吸附热的平均值。

根据吸附等量线数据作 $\ln p$-$1/T$ 图，可以得到一条直线，由该直线斜率可计算出等量吸附热 Q_{e}，即

$$\frac{\partial \ln p}{\partial T}=\frac{Q_{\mathrm{e}}}{RT^2} \text{ 或 } \ln p=-\frac{Q_{\mathrm{e}}}{RT}+B$$

式中，B 为积分常数；R 为理想气体常量，约为 8.314J/(mol·K)。微分吸附热与等量吸附热的关系为

$$Q_d = Q_e - RT$$

吸附热的测试方法有：

① 直接量热法，即用量热计测量已知气体在一定量固体表面上吸附所引起的温度升高，根据热容可以计算出吸附热；

② 气相色谱法，即以吸附剂为固定相，根据被测气体的相对保留时间或者保留体积计算吸附热。

对吸附量的测量一般是在一定温度下将吸附剂放在气体环境中，达到吸附平衡后，测定吸附平衡分压和吸附量。分别测出不同吸附平衡分压及其对应的吸附量，就可以得到吸附等温曲线。

吉布斯吸附公式是表征吸附作用的最基本公式。根据吸附前后界面张力的变化可以计算吸附量，进而得到界面上吸附分子状态的信息。有固体参与形成的界面中，准确测定其界面能十分困难。但实际上，可对易测得的吸附量应用吉布斯公式，了解因吸附引起的界面能的变化及吸附分子的状态。对气体吸附，当给定吸附气体状态方程后，结合吉布斯公式可方便地导出某些气体吸附等温式。

实际界面是成分和性质不均匀的相间过渡区域，在界面中不同的位置，界面浓度就不相同，因而确定界面浓度与体相浓度之差(即吸附量)十分困难。

吉布斯将界面相视为一几何面，认为此面两侧二相的组成和性质都是均匀的，并规定在此位置上某一化学成分的表面过剩量(吸附量)为 0。换言之，即认为表面过剩为 0 的这一化学成分在界面上和体相内的浓度相等。此面一经确定，即可计算其它化学成分的表面过剩。

由恒温恒压条件下表面热力学能量的变化可得到吉布斯吸附公式的基本形式：

$$-\mathrm{d}\gamma = \sum \frac{n_i}{A}\mathrm{d}\mu_i = \sum \Gamma_i \mathrm{d}\mu_i$$

式中，γ 为表面张力；A 为表面积；n_i 为 i 化学成分的表面物质的量；μ_i 为 i 化学成分的化学势；Γ_i 为单位表面上 i 化学成分的过剩量，即表面吸附量或表面浓度，$\Gamma_i = n_i/A$。

上式展开：

$$-\mathrm{d}\gamma = \Gamma_1 \mathrm{d}\mu_1 + \Gamma_2 \mathrm{d}\mu_2 + \Gamma_3 \mathrm{d}\mu_3 + \cdots$$

采用吉布斯的规定，若化学成分 1 的表面过剩量 $\Gamma_1 = 0$，则

$$-\gamma = \sum \Gamma_i^{(1)} \mathrm{d}\mu_i$$

对于理想溶液和理想气体，分别有

$$\mu_i = RT\ln c_i$$

$$\mu_i = RT\ln p_i$$

对于 2 化学成分体系，若第 1 化学成分为主要化学成分，第 2 化学成分的吸附量记作

$\Gamma_2^{(1)}$，由上述两式得

$$\begin{cases} \Gamma_2^{(1)} = -\dfrac{1}{RT}\dfrac{d\gamma}{d\ln c_2} \\ \Gamma_2^{(1)} = -\dfrac{1}{RT}\dfrac{d\gamma}{d\ln p_2} \end{cases}$$

即

$$\begin{cases} -d\gamma = RT\Gamma_2^{(1)} d\ln c_2 \\ -d\gamma = RT\Gamma_2^{(1)} d\ln p_2 \end{cases}$$

式中，$\Gamma_2^{(1)}$ 的常用单位是 mol/cm^2。由以上公式可推知：

当 $d\gamma/dc$ 或 $d\gamma/dp < 0$ 时，$\Gamma_2^{(1)} > 0$，即为正吸附；当 $d\gamma/dc > 0$ 时，$\Gamma_2^{(1)} < 0$，即为负吸附。

对于稀溶液和单化学成分气体的吸附，可以认为表面过剩量 $\Gamma_2^{(1)}$ 即为实际测出的吸附量(表观吸附量)，因此上述公式中 $\Gamma_2^{(1)}$ 用 Γ 表示，c_2 和 p_2 分别用 c 和 p 来代替。

吸附相平衡是吸附分离科学技术的基础之一，决定了吸附剂对吸附质分子的最大吸附容量以及吸附选择性。吸附等温曲线是吸附相平衡的具体表征，是吸附分离装置设计所必需的参数。对于固-气吸附相平衡的研究，人们通常都是从对所研究的吸附等温曲线的归类开始入手的。通过对一系列吸附等温曲线的分类，人们可以更好地理解各种吸附机理并建立相应的理论模型。

6.2.4 吸附方程

由于吸附曲线的复杂形状和多种形式，至今还没有一个简单的定量理论能根据吸附剂和吸附质的已知物理化学常数来预测吸附曲线。但是，目前从动力学、热力学或势能理论出发建立的理论模型——吸附等温方程，结合有限的实验数据，已能较好地用于纯物质吸附计算，以及混合物吸附量和界面相组成的计算。通过动力学途径可推导以下的吸附等温方程。

(1) Freundlich 吸附等温式

Freundlich 通过实验总结出等温吸附的吸附量与压力间的关系如下：

$$q = kp^n \tag{6-1}$$

式中，q 为气体吸附量；p 为气体平衡压力；k 和 n 在一定温度下对指定体系而言是常数，其中 $0 < n < 1$。对式(6-1)求对数，可得

$$\ln q = \ln k + \frac{1}{n}\ln p$$

因此，在对数坐标下，Freundlich 关系式为直线。利用实验数据可以作 V-p 曲线，利用测量曲线的斜率和截距的方法求得 k 和 n，如图 6-4 所示。Freundlich 公式中的参数 k 和 n 由于是结合实验结果获得的，因此准确度较高，被广泛应用。

(2) Langmuir 吸附等温方程

1916 年 Langmuir 提出单分子层吸附理论，基本假设如下：

① 固体表面对气体分子只能发生单分子层吸附；

② 固体表面各处的吸附能力均等；

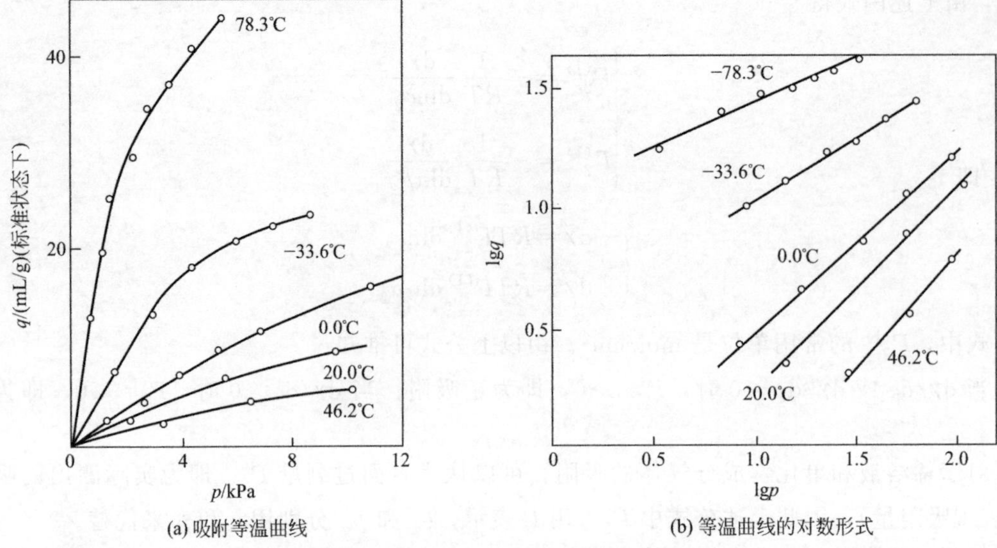

图 6-4 CO 在活性炭上吸附实验曲线

③ 被吸附分子之间不存在相互作用；

④ 吸附平衡是动态平衡。

若表面由 n 个吸附位组成，已被占的位置为 n_1 个，空位为 n_2 个，则 $n_2=n-n_1$。凝结(吸附)速度正比于空位 n_2 和压力 p，由于蒸发(解吸)速度正比于 n_1，所以达到平衡时有

$$k_1 n_2 p = k_1(n-n_1)p = k_2 n_1 \tag{6-2}$$

凝结(吸附)系数：

$$k_1=\frac{N_A A}{\sqrt{2\pi MRT}}$$

蒸发(解吸)系数：

$$k_2=\frac{1}{\tau_0}e^{-q/RT}$$

将表面覆盖率 $\theta=n_1/n$ 代入式(6-2)中，整理可得：

$$\theta=\frac{k_1 p}{k_2+k_1 p}=\frac{bp}{1+bp} \tag{6-3}$$

式中，b 为常数，$b=k_1/k_2$。式(6-3)称为 Langmuir 吸附等温方程。将式(6-3)绘制成曲线，如图 6-5 所示。

从图 6-5 中可以看出：

① 在 p 很小或吸附能力很弱时，$bp \ll 1$，因此 $\theta \approx bp$，即 θ 与 p 近似成线性；

② 当 p 很大或吸附能力很强时，$bp \gg 1$，$\theta \approx 1$，即被吸附分子铺满表面；

③ 中等压力和吸附能力时，$\theta \propto p^m$，m 为 0～1 之间的拟合常数。

设某一时刻固体表面的覆盖率为 θ，如图 6-6 所示。若设 q 为平衡吸附量，q_m 为饱和吸附量，则 $\theta=q/q_m$。代入式(6-3)得：

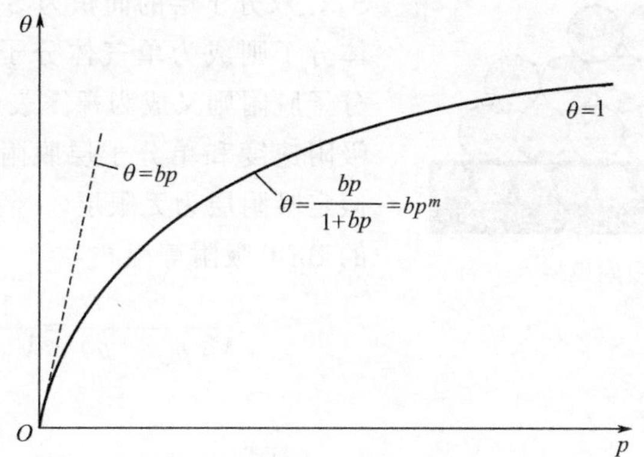

图 6-5 Langmuir 吸附等温方程曲线

$$q=q_m\theta=q_m\frac{bp}{1+bp}$$

或

$$\frac{1}{q}=\frac{1}{q_m}+\frac{1}{q_m b}\frac{1}{p}$$

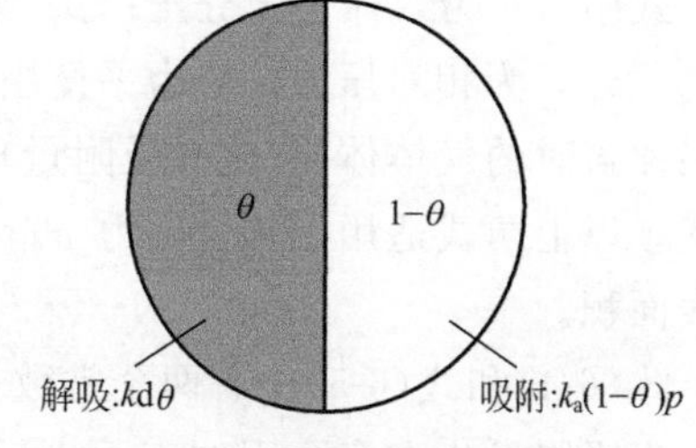

图 6-6 吸附平衡常数或吸附系数

若已知饱和吸附量，即可求得单个吸附质分子的横截面积 a_m 或吸附剂的比表面积 A_s：

$$A_s=\frac{q_m}{q_0}N_A a_m$$

式中，N_A 为阿伏伽德罗常数；q_0 为每摩尔吸附质的量(可以用体积、物质的量或质量表示)。

(3) BET 方程

1) BET 方程

实验证明，大多数固体对气体的吸附并不是单分子层吸附，物理吸附往往都是多分子层的吸附，因此 Langmuir 吸附等温式不能适用。1938 年，Brunauer，Emmett 和 Teller 在 Brunauer 单分子层吸附理论基础上提出了多分子层吸附理论，简称 BET 理论。该理论采纳了下列假设：

① 固体表面是均匀的，吸附是定位的；

② 被吸附的气体分子间无相互作用；

③ 吸附与脱附建立起动态平衡。已吸附的单分子层的表面还可以通过分子间力再吸附第二层、第三层……，即吸附是多分子层的，但并不一定等一层完全吸附满后才开始吸附下一层；各相邻吸附层之间存在着动态平衡，达到平衡时，各分子层的覆盖面积保持一定；第一吸附层源自固体表面与气体分子间的相互作用，其吸附热为 Q_1，第二层以上的吸附都是源自吸附质分子之间的相互作用，吸附热接近于被吸附分子的凝聚热 Q_L。因此，第二层以上的吸附热是相同的，而第一层与其它各层的吸附热是不同的。

BET 理论假设吸附依靠分子间力，表面与第一层吸附是靠该种分子同固体的分子间力，第二层吸附、第三层吸附……之间是靠该种分子本身的分子间力，由此形成多层吸附，如图 6-7 所示。

在图 6-7 所示的 BET 模型中，设裸露的固体表面积为 S_0，吸附了单分子层的表面积为

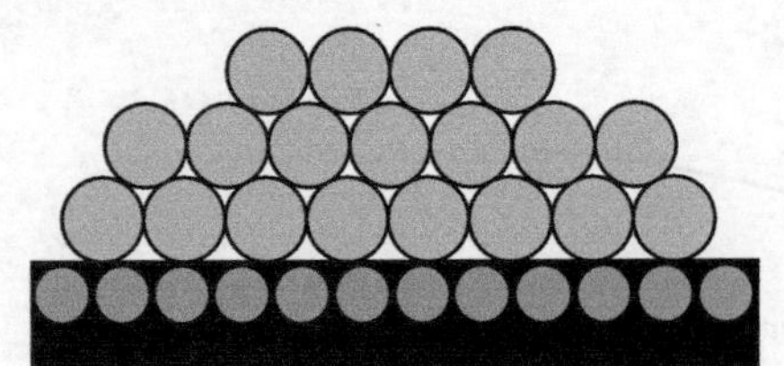

图 6-7　多层吸附模型

S_1，双分子层的面积为 S_2……。S_0 层吸附了气体分子则成为单气体分子层，S_1 层吸附的气体分子脱附则又成为裸露表面，平衡时裸露表面的吸附速度和单分子层脱附速度相等。以此类推，假定吸附层为无限层，经数学处理后可得到如下的 BET 吸附等温式：

$$\frac{p}{V(p_0-p)}=\frac{1}{V_m c}+\frac{c-1}{V_m c}\frac{p}{p_0} \tag{6-4}$$

或

$$\theta=\frac{V}{V_m}=\frac{cx}{(1-x)(1+cx-x)} \tag{6-5}$$

式中，p 为气体平衡分压；p_0 为相同吸附温度下吸附质（吸附气体）的饱和蒸气压力；$x=p/p_0$，为相对压力；V 为平衡压力 p 下被吸附气体的吸附体积；V_m 为固体表面被单分子层覆盖时的气体体积（饱和吸附量）；c 为与吸附热有关的常数；θ 为固体表面吸附气体覆盖率。以上两式适用于相对压力 $p/p_0=0.05\sim0.35$ 的范围，用于测量固体如催化剂表面的比表面积。

式(6-4)和式(6-5)中有两个常数 c 和 V_m，所以称为二常数 BET 公式。

当吸附发生在多孔固体表面上时，由于孔内吸附层数受到一定的限制，不可能无限增厚，若吸附层只有 n 层，则可导出 BET 三常数公式：

$$\theta=\frac{V}{V_m}=\frac{cx}{1-x}\left[\frac{1-(n+1)x^n+nx^{n+1}}{1+(c-1)x-cx^{n+1}}\right] \tag{6-6}$$

若 $n\to\infty$，上式即为二常数 BET 公式；若 $n=1$，则转变为 Langmuir 吸附等温式。

2）BET 方程对吸附等温线的解释

用 BET 方程可以对各类吸附等温线做出解释。

第Ⅰ类吸附等温线为 Langmuir 型［图 6-3(a)］，符合单分子层吸附模型。如上所述，BET 公式中 $n=1$ 即成为 Langmuir 吸附等温式。但需要指出的是，除了单分子层吸附表现为第Ⅰ类吸附外，当吸附剂仅有 2～3nm 以下微孔时，虽发生了多层吸附与毛细孔凝聚现象，其吸附等温线仍可表现为第Ⅰ型。这是因为当相对压力从零开始逐步增加时，发生了多层吸附，同时也发生了毛细孔凝聚，使吸附量很快增加，呈现出饱和吸附。

第Ⅱ类吸附等温线呈 S 形［图 6-3(b)］，前半段上升缓慢，呈现上凸的形状。这相当于第一层吸附放出的热 Q_1 远大于气体凝聚热 Q_L，BET 公式中 $c\gg1$。在吸附的开始阶段，$x\ll1$，式(6-5)可简化为

$$V=\frac{V_m cx}{1+cx}$$

对上式分别求一阶导数和二阶导数：

$$\frac{dV}{dx}=\frac{V_m c}{(1+cx)^2}>0$$

$$\frac{\mathrm{d}^2V}{\mathrm{d}x^2}=\frac{2V_\mathrm{m}c^2}{(1+cx)^3}<0$$

表明这一段曲线呈上凸的形状。至于后半段出现的迅速上升，则是因为发生了毛细管凝聚作用。由于吸附剂具有的孔径从小到大一直增加，没有尽头，因此，毛细孔凝聚引起的吸附量的急剧增加也没有尽头，吸附等温线向上翘而不呈现饱和状态，或者是具有很大外表面积的粉末试样表面的吸附，使吸附膜厚趋于无限大。

第Ⅲ类吸附等温线是上凹的[图 6-3(c)]。若第一层吸附热 Q_1 比气体凝聚热 Q_L 小得多，即 $Q_1 \ll Q_\mathrm{L}$，则 $c\ll 1$，在 x 不大时，二常数公式[式(6-5)]可转化为

$$V=\frac{V_\mathrm{m}cx}{(1-cx)^2}\approx\frac{V_\mathrm{m}cx}{(1-2x)}$$

对上式分别求一阶导数和二阶导数：

$$\frac{\mathrm{d}V}{\mathrm{d}x}=\frac{V_\mathrm{m}c}{(1-2x)^2}>0$$

$$\frac{\mathrm{d}^2V}{\mathrm{d}x^2}=\frac{4V_\mathrm{m}c}{(1-2x)^3}>0$$

此时曲线向上凹，这就解释了第Ⅲ类吸附等温线。至于吸附等温线后半段发生的情况，可以用第Ⅱ类同样的理由解释。至于对第Ⅳ类和第Ⅴ类吸附等温线的解释[图 6-3(d)、(e)]，可将第Ⅳ类与第Ⅱ类对照，第Ⅴ类和第Ⅲ类对照，所区别的只是在发生第Ⅳ类、第Ⅴ类吸附等温线的吸附剂中，其大孔的孔径范围有上限，即没有某一孔径以上的孔。因此，高的相对压力时出现饱和吸附的现象，吸附等温线又变得平缓。

BET 吸附等温式与实验数据的偏差情况是低压下所得的吸附量偏低，高压下偏高，这是由于 BET 模型与 Langmuir 模型一样，没有考虑固体表面不均一性以及被吸附分子间的相互作用等因素的影响。

通常二常数公式适用于相对压力 $x=0.05\sim0.35$。当 $x<0.05$ 时，相对压力太小，建立不了多层吸附，甚至单层吸附也未完成，不均一性突出。当 $x>0.35$ 时，则毛细管凝聚现象显著，也将出现偏差。对三常数公式[式(6-6)]，适用范围在 $x=0.35\sim0.60$。

3）基于 BET 方程的气体吸附法来测定固体的比表面积

BET 模型常被用来测定固体的比表面积。由式(6-4)可知，若作 $\dfrac{p}{V(p_0-p)}$ 关于 $\dfrac{p}{p_0}$ 的图，应得到一直线$\left(\dfrac{p}{p_0}=0.05\sim0.35\ \text{内为线性}\right)$。直线的斜率 K 和截距 B 分别为

$$K=\frac{c-1}{V_\mathrm{m}c}$$

$$B=\frac{1}{V_\mathrm{m}c}$$

由斜率 K 和截距 B 可计算出固体表面被单分子层覆盖时所需的气体体积 V_m：

$$V_\mathrm{m}=\frac{1}{K+B}$$

设单分子层中每一个被吸附的分子所占的面积为 a_m，吸附剂质量为 W，则比表面积 A_s 可表示为

$$A_s = \frac{V_m N_A a_m}{V_0 W} \tag{6-7}$$

式中，V_m 为折算成标准状况的单分子层气体体积；N_A 为阿伏伽德罗常量；V_0 为标准状态下气体的摩尔体积。

测定比表面积时常用的吸附质是氮气和氩气。通常氮气的 $a_m = 0.162nm^2$；氩气的 $a_m = 0.138nm^2$。用BET法测定比表面积通常在低温(如液氮温度)下进行，以忽略化学吸附的影响。

在液氮温度下，氮气在大多数固体表面吸附释放出的热远大于其凝聚热，$c \gg 1$，此时式(6-4)简化为

$$\frac{p}{V(p_0 - p)} = \frac{1}{V_m}\frac{p}{p_0}$$

所以选定一个适当的平衡压力，测定其相应的吸附体积，在BET图中可得到一点，将此点与原点连成直线，即可从斜率求出 V_m，测得比表面积，此方法称为一点法。

还有一种 B 点法测比表面积。对Ⅱ类等温线，如图6-8所示，随着相对压力由小变大，曲线先直线上升，然后开始向 V 轴突出。Emmett等将此类等温线的扭转点，即第二段直线部分的开始点称为 B 点，将 V_B 视作单分子层饱和吸附量 V_m 来计算比表面积，这就是所谓的 B 点法。人们对这一方法做了很多研究和比较，表明在Ⅱ类等温线中，V_B 和 V_m 很接近，由 V_B 代替 V_m 的误差一般不会大于10%。c 越大，Ⅱ类等温线的 B 点越明显，V_B 也越易求出。第Ⅲ类等温线不存在扭转点，也不能用 B 点法。对大多数固体的低温液氮吸附来讲，都呈现Ⅱ类吸附等温线，因此较易求出 V_B。

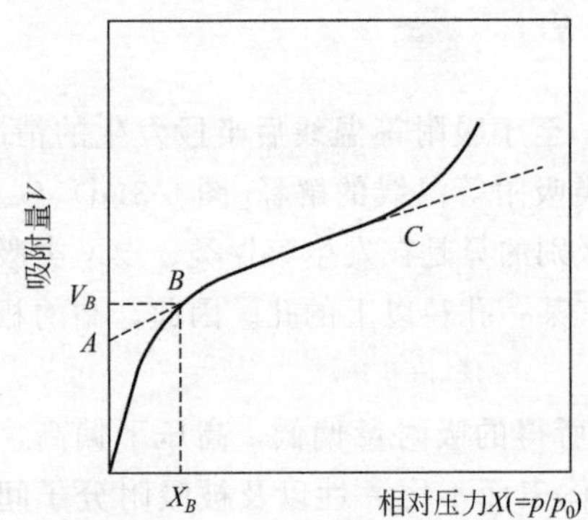

图6-8 典型Ⅱ型吸附等温线的 B 点

用BET方程计算吸附剂比表面积举例如下。

已知某硅胶质量为0.5988g，77K时氮气在该硅胶上的吸附数据折算成标准状态列于表6-1。

表6-1 硅胶吸附 N_2 的实验数据

p/p_0	V/cm^3
0.07630	0.8984
0.09687	0.9228
0.1567	1.076
0.2213	1.166
0.2497	1.258

将已知数据进行处理，结果列于表6-2。

表 6-2 实验数据处理结果

p/p_0	V/cm^3	$\frac{p}{V(p_0-p)}=\frac{p/p_0}{V(1-p/p_0)}$
0.07630	0.8984	0.09194
0.09687	0.9228	0.11623
0.1567	1.076	0.17269
0.2213	1.166	0.24373
0.2497	1.258	0.26455

作$\frac{p}{V\ (p_0-p)}$与 p/p_0 的关系图，用最小二乘法线性拟合得到一条直线：

$$\frac{p}{V(p_0-p)}=0.0169+1.00472\,\frac{p}{p_0}$$

拟合直线的截距 $B=0.0169$，斜率 $K=1.00472$，拟合直线的线性相关系数 $R^2=0.99769$。则有

$$V_{\mathrm{m}}=\frac{1}{K+B}=0.9788\mathrm{cm}^3$$

已知氮气分子的截面积 $a_{\mathrm{m}}=0.162\mathrm{nm}^2=0.162\times10^{-18}\ \mathrm{m}^2$；硅胶质量 $W=0.5988\mathrm{g}$，$N_{\mathrm{A}}=6.02\times10^{23}$，$V_0=22.4\mathrm{L/mol}=22400\mathrm{cm}^3/\mathrm{mol}$，代入式(6-4)得该硅胶的比表面积为

$$A_{\mathrm{s}}=\frac{V_{\mathrm{m}}N_{\mathrm{A}}a_{\mathrm{m}}}{V_0W}=7.1167\ \mathrm{m}^2/\mathrm{g}$$

6.2.5 毛细管凝结与吸附滞后

(1) 毛细管凝结

当吸附质的温度低于临界温度时，吸附类型一般为多分子层的物理吸附。如果吸附剂是多孔固体，则可能发生两种情况：

一是吸附层的厚度被限制，即所谓的微孔填充，这种情况可用 BET 公式来表征。

二是增加了毛细管凝结的可能性。

毛细管凝结(capillary condensation)现象可用图 6-9 所示的半径为 r 的圆筒形孔来说明，当该孔处于某气体吸附质的环境中时，管壁先吸附一部分气体，吸附层厚度为 t。如果该气体冷凝后的液体对孔壁是润湿的，则随着该气体相对压力的逐渐增加，吸附层厚度逐渐增加，所余留下的孔心半径 r_{K}(开尔文半径)逐渐减少。

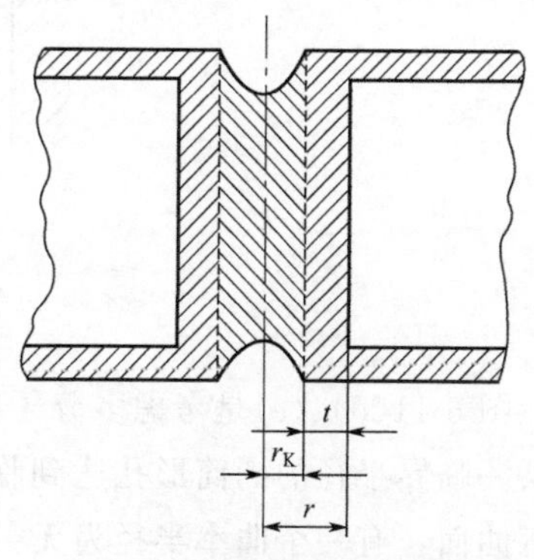

图 6-9 圆筒形的毛细管凝结

如果接触角为零，则有

$$RT\ln P=RT\ln\frac{p}{p_0}=-\frac{2\gamma V_{\mathrm{L}}}{r_{\mathrm{K}}}\qquad(6\text{-}8)$$

式中，P 为相对压力，$P=p/p_0$，其中 p_0 是饱和蒸气压力；γ 为表面张力；V_{L} 为液体的摩尔体积，$V_{\mathrm{L}}=M/\rho$，其中 M 为摩尔质量，ρ 为液体密度；负号对应凹形弯月面(反之，凸形弯月面为正压力)，如图

6-9所示。式(6-8)即为开尔文(Kelvin)公式。从式(6-8)可知，半径 r 越大，发生毛细管凝结的相对压力 P 就越高。当达到吸附质的饱和蒸气压力时，$P=1$，所有孔隙都将被液态吸附质填满，即 $V_L=0$。

根据开尔文公式，当气体的相对压力与余留孔心半径的关系符合该公式时，气体便在此孔隙内凝结，此时的相对压力称为临界压力，发生毛细管凝结的孔半径称为临界半径。

（2）吸附滞后

对于多孔固体的吸附，由于毛细管凝结往往会导致吸附滞后现象，如图6-10所示。图中，ac 表示吸附曲线，即气体相对压力增加，吸附量增加。在 c 点，全部孔都发生了毛细管凝结。如果此时降低气体压力，由开尔文公式可知，相应孔隙中的液体产生毛细管蒸发，同时发生脱附现象。随着相对压力减少，吸附量减少。但对许多吸附体系而言，常常发生吸附曲线与脱附曲线不相重合的现象，称为吸附滞后。cb 称为脱附曲线。显然在同一平衡压力下，在吸附表面吸附的气体体积有两个数值，即吸附和脱附时表面吸附气体量不相同。

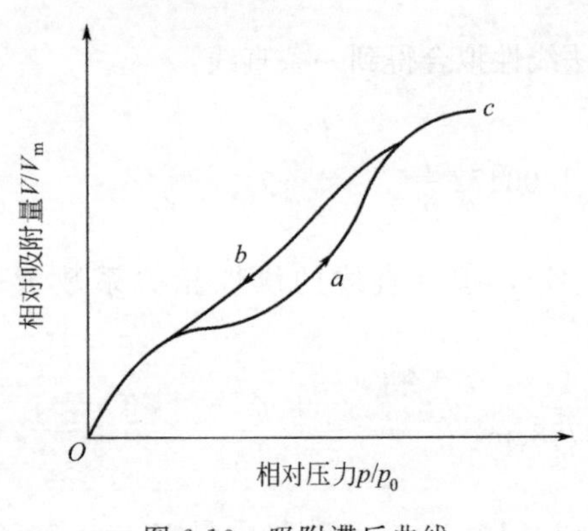

图6-10　吸附滞后曲线

图6-11给出了几种孔模型。图6-11(a)是墨水瓶状孔模型，它表示孔半径随孔的深度逐渐增大的一般情况。吸附质刚开始在孔中凝结时，由较大的孔径 r_0 决定凝结压力。当孔完全填满后，脱附的压力则由较小孔径 r_d 所决定，也就是说，墨水瓶状孔将滞留一部分吸附质。如果实际固体中有较多的墨水瓶状孔，则将出现开口的吸附滞后曲线，如图6-12所示。

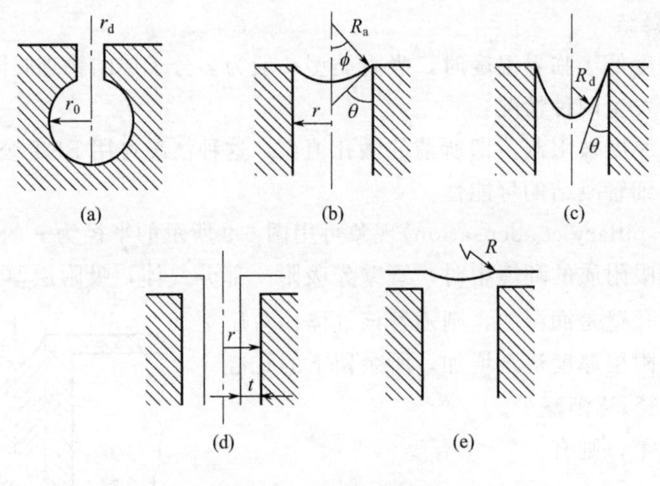

图6-11　几种孔模型

图6-11(d)、(e)是考虑多分子层吸附的另一种吸附滞后模型。当吸附层厚度为 t，相应于某一临界半径的圆筒形孔达到临界压力 p 时，在该孔内发生毛细管凝结。对于这种圆筒形弯曲面，有一个曲率半径为无穷大，如果接触角等于0，即 $r_K=r-t$，由开尔文公式可得到吸附-凝结的相对临界压力为

$$p_a = \exp\left(-\frac{2\gamma V_L}{r_K RT}\right) \tag{6-9}$$

当孔完全填满后，液面弯成凹月面，如图 6-11 (e)所示，可以看成球面的一个部分，则脱附(蒸发)的相对临界压力为

$$p_d = \exp\left(-\frac{2\gamma V_L}{rRT}\right) \tag{6-10}$$

因为 $p<1$，所以 $p_a>p_d$，即吸附质体积相同时，吸附时的相对压力高于脱附时的相对压力。这一结果定性地与实验中所观察到的滞后现象一致。但是很难从定量上使用式(6-10)，因为它忽略了吸附剂表面的气体吸附质与凝结的液态吸附质本体之间的差别。

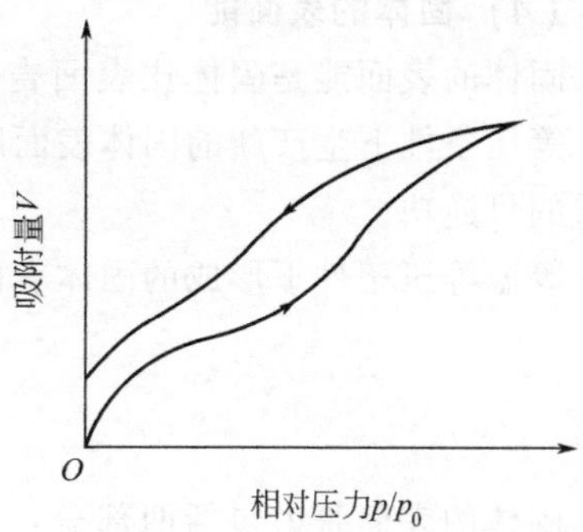

图 6-12　开口的吸附滞后曲线

6.3 影响吸附和脱附的因素

6.3.1 吸附表面性质

实际固体表面由于表面原子受力不对称和表面结构不均匀，从而要吸附气体来降低表面自由能。空气中 O_2、N_2、CO_2 等气体分子自由撞击固体表面，且材料加工造成的晶体缺陷使表面原子处于不饱和、不稳定状态。润滑油的极性基团等容易产生吸附，从而在固体表面形成吸附膜或氧化膜，如图 6-13 所示。

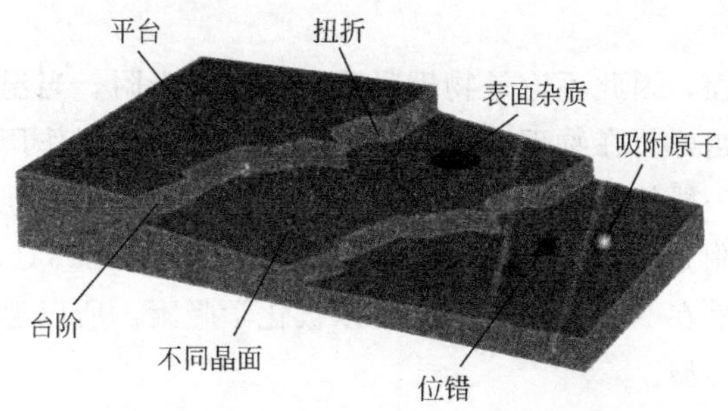

图 6-13　表面缺陷与表面吸附示意图

影响吸附的表面性质包括：

(1) 固体表面粗糙度

固体粗糙表面在一定程度上增大了固体的表面积，增加了吸附位置。

(2) 固体表面缺陷

实际晶体表面会因为各种原因而呈现不同的缺陷，如表面点缺陷、位错等。尽管这些缺陷在晶体表面或固体表面所占比例很小，但是对于表面吸附、催化等具有非常重要的作用。

(3) 固体表面的不均匀性

将固体表面近似地看成一个平面，则固体表面对分子的吸附作用不仅和其与表面的垂直距离有关，而且常随着水平位置不同而变化，即与吸附分子距离相同的不同表面对吸附分子的作用能不同。固体表面层的组成与结构往往还与体相不同，这种表面组成和结构的变化会影响它的吸附和催化能力。

（4）固体的表面能

固体的表面能是固体比表面吉布斯自由能的简称，又称固体表面自由能。它是指在等温、等压条件下生产新的固体表面所引起的体系自由能的增加量，也等于生成单位固体表面所需的可逆功。

等温等压条件下形成的固体表面积为 A 时，体系的表面自由能变化为

$$\gamma_S = G_S + A\left(\frac{\partial G_S}{\partial A}\right)$$

固体的表面张力包括两部分：一部分是表面能的贡献，分子由体相分子变成表面层分子，新增表面分子数目引起吉布斯函数变化；另一部分是表面积变化引起表面能改变的贡献，可以理解为表面分子间距离的改变引起吉布斯函数的变化。

对于液体而言，$\partial G_S/\partial A=0$，液体分子很快可以移动到平衡位置；而对于固体，表面分子没有达到平衡位置之前 $\gamma_S \neq G_S$。也就是说，固体的表面张力和表面能通常不相等，而对液体而言则是相等的。

6.3.2 影响吸附的因素

固-气吸附是最常见的一种界面吸附现象，研究固-气界面吸附规律及影响因素，对工业生产和科学研究都具有十分重要的意义。固-气界面吸附机理和影响因素比溶液吸附简单，所以许多吸附理论首先讨论了固-气吸附。

影响固-气界面吸附的因素很多，主要有外界条件如温度和压力，以及体系的性质、气体分子的性质和固体表面的性质。其中，体系的性质是根本因素。

（1）温度

气体吸附是放热过程，因此不论是物理吸附还是化学吸附，当温度升高时，吸附量都减少。但并不是温度越低越好。在物理吸附中，要发生明显的吸附作用，一般温度要控制在气体的沸点附近。例如，一般的吸附剂(活性炭、硅胶等)要在 N_2 的沸点－195.8℃附近才吸附氮气，而室温下这些吸附剂不吸附氮气。如 H_2，沸点为－252.5℃，在室温下，基本不被常规吸附剂所吸附，但是在 Ni 或者 Pt 上则可以被化学吸附。所以温度不但影响吸附量，而且影响吸附速率和吸附类型。

（2）压力

吸附质压力增加时，不论是物理吸附还是化学吸附，吸附量和吸附速率都会增加。

物理吸附类似于气体的液化，可随压力的改变发生可逆变化。通常在物理吸附中，当相对压力 $p/p_0>0.01$ 时，才有比较明显的吸附；当 $p/p_0 \approx 0.1$ 时，可形成单层饱和吸附；当相对压力较高时易形成多层吸附。

化学吸附只吸附单分子层，开始吸附所需要的压力比物理吸附要低得多。但是化学吸附过程中实际发生了表面化学反应，过程不可逆。因此当需要对吸附剂或者催化剂进行纯化时，必须在真空条件下同时加热来驱逐其表面的被吸附物质。压力对化学吸附的平衡影响极小，即使在极低的压力下，化学吸附也会发生。

（3）吸附质

吸附过程最重要的影响因素还是吸附剂和吸附质本身的性质。通常有如下规律：

① 相似相吸，即极性吸附剂易于吸附极性吸附质，非极性吸附剂易于吸附非极性吸

附质；

② 不论是极性吸附剂还是非极性吸附剂，一般而言吸附质的分子结构越复杂，沸点越高，表明其范德华力作用越强，气体越容易被凝结，其被吸附的能力越强；

③ 酸性吸附剂易于吸附碱性吸附质，反之亦然。

此外对于吸附剂来说，吸附剂的孔隙大小不仅影响其吸附速度，而且直接影响吸附量。硅胶具有很强的吸水能力，但是扩孔后比表面积急剧降低，对蒸汽的吸附量急剧减小。

6.4 摩擦学中的固-气界面

固-气界面在摩擦学的一个典型相关现象是在摩擦过程中摩擦副接触表面的氧化。一般情况下，相对运动的摩擦副都工作在大气环境中，伴随摩擦产生能量损失，表面温度升高，从而容易与空气中的氧结合发生氧化。气体的吸附是摩擦氧化的初期过程，摩擦使金属表面能升高，从而增加氧气吸附。摩擦氧化既可能导致氧化变质，引起润滑不良，也能形成自修复性氧化膜改善润滑。其关键在于摩擦条件下氧化膜的生长机理。

Fink 指出滑动过程中氧化的发生对于减少摩擦和磨损具有重要意义。Archard 与 Hirst 给出了在销-环磨损实验机上非润滑条件下碳钢的 Welsh 曲线，如图 6-14 所示。

T_1 和 T_2 两个特征转变载荷划分为 3 个明显的区域。在载荷低于 T_1 的低速区和载荷高于 T_2 的高速区，磨损均较轻微。载荷介于 T_1 和 T_2 的区域中，磨损速率出现了两个数量级的剧增，而这是由摩擦氧化造成的。当载荷由低速区升至中速区时，低速下防止摩擦副出现黏着现象的稳定氧化膜，由于表面塑性形变的加剧而破裂，造成剧烈的磨损。但当载荷进一步增高到大于 T_2 时，摩擦产生的热量增多，摩擦副的表面温度进一步升高，摩擦副表面形成了硬度较高的马氏体或硬质的表面致密氧化膜，防止了剧烈磨损的发生。

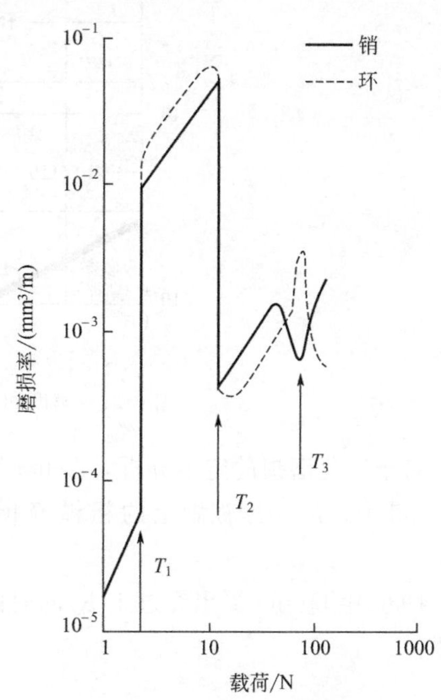

图 6-14　碳钢的磨损曲线

当金属摩擦副在氧化性介质中工作时，表面所生成的氧化膜被磨掉以后，又很快地形成新的氧化膜，所以氧化磨损是化学氧化和机械磨损两种作用相继进行的过程。氧化磨损量的大小取决于氧化膜连接强度和氧化速度：促进氧化膜与基体连接的抗剪切强度较差，或者氧化膜的生成速度低于磨损率时，它们的磨损量较大；而当氧化膜韧性较高，与基体连接处的抗剪切强度较高或者氧化速度高于磨损率时，氧化膜能起到减摩耐磨作用，所以氧化磨损量较小。对于钢材摩擦副而言，氧化反应与表面接触变形状态有关，表面塑性变形促使空气中的氧扩散到变形层，而氧化扩散又增进塑性变形。根据载荷、速度和温度的不同，可以形成氧和铁的固溶体、粒状氧化物和固溶体的共晶，或者不同形式的氧化物，如 FeO、Fe_2O_3、Fe_3O_4 等硬而脆的氧化物。

影响氧化磨损的因素有摩擦副的滑动速度、温度、接触载荷、氧化膜的硬度、介质的含氧量、润滑条件、材料性能等，通常氧化磨损率比其它的磨损率小。图 6-15 给出了销盘实验的钢铁材料氧化磨损过程中速度和载荷的影响。可以看出，低速摩擦时，钢表面主要成分是氧铁固溶体，以及粒状氧化物和固溶体的共晶，其磨损量随滑动速度升高而增加；速度较高时，表面主要成分是各种氧化物，磨损量略有降低；当滑动速度很高时，由于摩擦热的影响，将由氧化磨损转变为黏着磨损，磨损量剧增。

载荷对氧化磨损的影响表现为轻载荷下氧化磨损磨屑的主要成分是 Fe 和 FeO，而重载荷条件下磨屑主要是 Fe_2O_3 和 Fe_3O_4，并会出现咬死现象。另外，温度升高会加强氧化磨损。

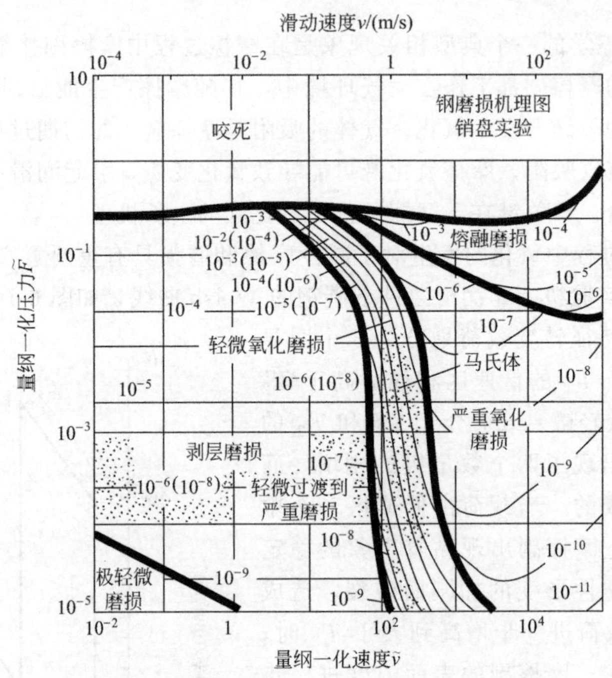

图 6-15 速度和载荷对钢铁材料氧化磨损的影响

对于氧化磨损的定量分析，Achard 给出了单位距离的滑动造成的材料流失的体积 $W=KA$，其中，K 为摩擦副上的粗糙峰顶每次碰撞时产生磨损微粒的概率，A 为真实接触面积。

1980 年 Quinn 提出经过 $1/K$ 的时间后，氧化膜的厚度 ξ 达到临界值，从而得到理论磨损率：

$$W_{\mathrm{th}}=\left(P\frac{2a}{p_{\mathrm{m}}}Uf^2\xi^2\rho_0^2\right)A_{\mathrm{p}}\exp\left(-\frac{Q_{\mathrm{p}}}{R(T_0+273)}\right) \tag{6-11}$$

式中，P 为载荷；U 为滑动速度；a 为接触区中包含的无规则分布的圆形粗糙峰平均半径；p_{m} 为钢的球/盘的材料硬度；f 为氧化膜的氧含量；ρ_0 为真实接触区氧化物的平均密度；A_{p} 为抛物线氧化规律中的 Arrhenius 常数；Q_{p} 为抛物线氧化规律中的活化能；T_0 为球-盘真实接触区的温度，近似与氧化温度相等。但是式(6-11)中有多个变量难以准确测定，这就限制了该理论的工程应用。

气-固界面在摩擦学中的另一个典型例子是类金刚石(diamond like carbon,DLC)薄膜产生超低摩擦系数的机理。自 1971 年 Aisenberg 和 Chabot 等首次采用碳离子束沉积合成出 DLC 薄膜以来，由于它具有良好的力学性能、较高的硬度、较好的化学稳定性和超低的摩擦系数，而迅速引起了学者们的广泛关注，并显示出其在微机电系统、磁盘、齿轮、发动机的关键部件、机械断面密封、植入式医疗设备等方面的广阔的应用前景。

在 DLC 薄膜的制备上，实现超低摩擦(摩擦系数 $\mu<0.01$)的必要条件之一是 DLC 薄膜要具有优良的化学惰性。这就要求制备的时候在使用的气源中尽可能提高 H 元素的含量。在干燥环境下，使用 PECVD，气源采用 25%的 CH_4 及 75%的 H_2，制备出的 DLC 薄膜的摩擦系数仅为 0.001。而气源采用 100%的 CH_4 制备出来的 DLC 薄膜的摩擦系数为 0.014，如图 6-16 所示。对 DLC 薄膜的摩擦实验是在 22～23℃的干燥 N_2 气氛中，在载荷 10N、速度 0.5m/s 的条件下进行的。DLC 薄膜中的高度氢化对增加其摩擦学性能起着非常重要的作用。

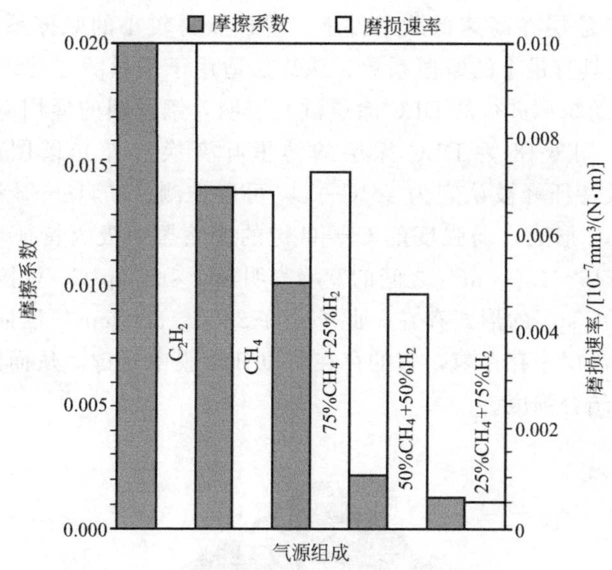

图 6-16　不同气源下 PECVD 制备的 DLC 薄膜的摩擦系数和磨损速率

气源成分对 DLC 薄膜摩擦学性能影响的机理可以用表面的化学键原理进行解释。DLC 薄膜暴露出来的 σ 自由悬键在摩擦时能表现出很强的黏着作用。当气源中氢元素含量较高时，氢原子可以饱和薄膜表面 σ 自由悬键。另一方面，残余 π 键是引起 C═C双键形成的主要原因，而 C═C 双键会增进滑动过程中的摩擦效应。高浓度的 H 气氛可以消除 sp^2 键，防止 π—π 键的形成，形成 D—H 键而非 C═C 双键，从而有效降低摩擦。

在摩擦实验过程中，DLC 薄膜所处的气氛会影响摩擦行为。高度氢化类的 DLC 薄膜在惰性气体中可以实现超低的摩擦系数，而暴露在空气中时，摩擦系数大大增加。相反地，无氢类 DLC 薄膜，气氛中湿度的增加、氢气含量的增加、氧气含量的增加等对于实现超低摩擦是至关重要的。

Erdemir 等提出了化学吸附引起 σ 自由悬键钝化的理论。对于氢化类 DLC 薄膜，干燥氮气环境下的表面静电力对摩擦起着主要作用。因为氢原子的自由电子会与碳原子的 σ 自由悬键配对，因此，电荷密度转移到远离表面的一侧，因而带正电的氢质子更接近于薄膜表面，从而在滑动的界面处产生静电排斥力，静电排斥力平衡了范德华力，因而获得低摩擦力。2004 年 Dag 和 Ciraci 观察到了干燥 N_2 气氛下两个氢化的金刚石(001)面强烈的排斥力。由于氢化 DLC 薄膜的 C—H 键拓扑结构与不同的氢化金刚石表面相似，证明了氢对于大多数碳膜的摩擦性能起着关键作用。潮湿空气中，无氢类 DLC 薄膜的摩擦系数比在干燥氮气或真空氛围下低。原因在于薄膜中的碳原子以 sp^3 键与周围的 3 个碳原子相连，第 4 个键则悬浮在表面。当薄膜暴露在空气中时，自由悬键被吸附的 H_2O、O_2、H_2 所饱和钝化。若是在惰性气体或真空中，表面吸附物产生解吸，σ 悬键暴露后与对偶面形成共价键，从而引起高摩擦力。

有学者提出了氢诱导表面氢键模型，认为氢化 DLC 薄膜的摩擦界面形成氢键产生静电排斥，则摩擦系数较低；相反，摩擦系数较高。

黄冬梅等采用直流等离子气相沉积法在钢丝圈表面制备类金刚石涂层，涂层表面三维形貌如图 6-17 所示，可见 DLC 涂层表面呈现岛状聚集，平均颗粒尺寸约 100nm，膜层致密性良好。结果表明 DLC 涂层在高速低载条件下，可以获得较小的摩擦系数，其中在 20N 和 600r/min 的条件下，具有最小的摩擦系数。该涂层适用于钢丝圈在纺织加工中低载高速的工作状况。在国内某纺织厂进行的 DLC 涂层试验表明，钢丝圈的使用寿命增加了 1 倍，大大提高了加工效率。图 6-18 为 DLC 涂层的傅里叶变换红外光谱图。通常，在 1000～1300cm^{-1}之间的吸收特征峰被认定为 sp^3C—C。可以推测，1041cm^{-1}和 1120cm^{-1}位置的吸收特征峰由 sp^3C—C 形成，弱强度的 C═C 键的伸缩振动吸收特征峰出现在 1656cm^{-1}处。需要指出的是 1216～1360cm^{-1}之间的宽峰表明混合 sp^2/sp^3C—C 振动的出现，即 DLC 薄膜中的碳原子以 sp^2/sp^3 的形式存在。此外，在 2800～3000cm^{-1}区间有较强的 C—H 伸缩振动吸收峰，表明涂层中存在氢，氢的存在可以补偿膜中悬键，从而降低了薄膜内应力，提高了涂层与基体的结合强度。

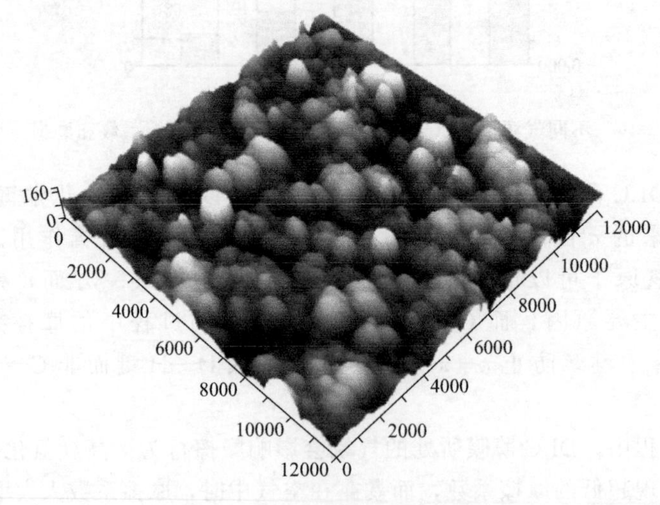

图 6-17　DLC 涂层表面三维形貌

总之，DLC 薄膜制备工艺和参数的细微差别可以导致涂层化学成分、结合强度、摩擦学性能、摩擦磨损作用机理的巨大差别，因此不同种类的 DLC 薄膜的气-固界面作用机理并不相同，有待进一步探讨。

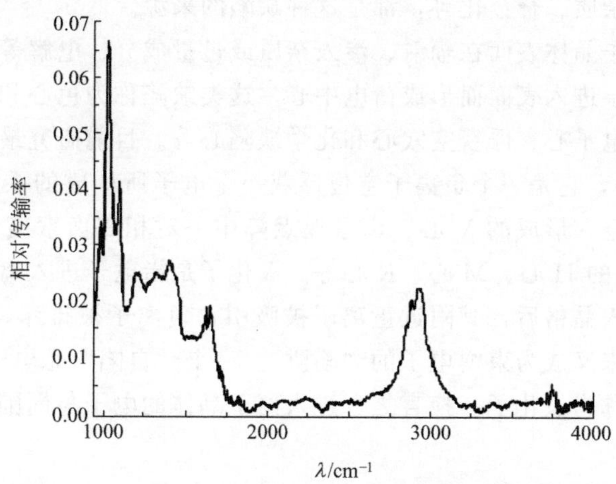

图 6-18　DLC 涂层的傅里叶变换红外光谱图

6.5　表面扩散

扩散是指原子、离子或分子因热运动而发生的迁移。固体的扩散是通过固体中原子、离子或分子的相对位移来实现。原子在多晶体中扩散可按体扩散（晶格扩散）、表面扩散、晶界扩散和位错扩散 4 种不同途径进行。其中表面扩散，即原子在晶体表面的迁移，所需的扩散激活能最低。许多金属的表面扩散所需的激活能约为 62.7～209.4kJ·mol^{-1}。随着温度的升高，越来越多的表面原子可以得到足够的激活能从而使它与近邻原子的键断裂而沿表面运动。固体表面的任何原子或分子要从一个位置移到另一个位置，也像晶体点阵内一样，必须克服一定的位垒，即扩散激活能，以及满足要到达的位置是空着的这一条件，这要求点阵中有空位或其它缺陷。缺陷构成了扩散的主要机制。但是，表面缺陷与晶体内部的缺陷情况有着一定的差异，因而表面扩散与体扩散亦不相同。

6.5.1　表面缺陷及其能量

（1）表面缺陷

单晶表面 TLK 模型(图 6-13)说明晶体表面存在着低晶面指数平台(terrace)、单分子或单分子高度的台阶(ledge)和扭折(kink)。表面缺陷由热激发所引起的表面空位、表面吸附原子和表面杂质原子等容易发生在 TLK 结构的台面上。

表面空位指在二维点阵的格点上失去原子所形成的空位缺陷。它除了经常出现在 TLK 结构表面外，也可出现在一般重构表面。在热激发下，某些表面原子有可能脱离格点而进入晶体内部成为间隙原子，并在表面留下空位；或者，某些表面原子脱离格点挥发以及在表面迁移，形成空位。

表面吸附原子指二维点阵以外出现的额外同质原子。其位置可在 TLK 结构的台面、台阶和扭折处。在热激发下，某些晶体内部的位移原子可能连续不断地迁移而最后定位在表面处，成为表面吸附原子，而在晶体内部留下空位，这种缺陷称为肖特基(Schottky)缺陷。表面吸附原子也可以通过表面原子的迁移而形成。

表面杂质原子是指杂质原子占据表面的一些晶格格点或间隙位置后形成的缺陷。吸附、晶体内部向表面扩散杂质、合金化等，都是这种缺陷的来源。

碱卤化合物等离子晶体表面在辐射、渗入杂质或过量成分、电解等条件下，常出现由于正负离子缺位，或电子进入表面而形成荷电中心，这类缺陷称为色心和极化子。色心根据形成机理大致可分为俘电子心、俘获空穴心和化学缺陷心等。目前研究最多的色心是碱卤化合物(如 NaCl)中的 F 心，它是一个负离子空位俘获一个电子所构成的系统。其它重要的色心还有正离子空位俘获空穴形成的 V 心、卤素亚点阵中一对相邻卤素离子俘获一个空穴构成 V_k 心，以及复合结构的 H 心、M 心、R 心等。极化子是指电子进入离子晶体表面所造成的点阵畸变。当电子进入晶格后，其附近正离子被吸引，负离子被排斥，产生离子位移极化，其构成的库仑场反过来又成为束缚电子的"陷阱"。一个"自陷"态电子和晶格的极化畸变，形成了一个准粒子，称为极化子。换言之，进入离子晶体的电子与周围极化场构成的总体称为极化子。

（2）表面缺陷的能量和熵

严格计算表面缺陷的能量和熵的参数时，需要采用量子力学法。通常采用经典的近似方法，假设固体中原子之间存在成对作用，按表面原子之间的结合势，来计算表面缺陷形成能和迁移能。表面空位缺陷(vacancy)形成能 ΔE_f^V 为

$$\Delta E_f^V = \Delta E_T - \Delta E_K - \Delta E_R^V \tag{6-12}$$

式中，ΔE_T 为从平台上移动一个原子离开平台点阵所需的能量；ΔE_K 为该移动原子落入另一格点(扭折或台阶边缘)时所消耗的能量；ΔE_R^V 为平台失去一个原子后平台空位周围点阵弛豫畸变所消耗的能量。

表面吸附原子(adatom)的形成能 ΔE_f^a 为

$$\Delta E_f^a = \Delta E_K - \Delta E_A - \Delta E_R^a \tag{6-13}$$

式中，ΔE_K 为原子脱离格点(多自 TLK 结构的扭折处)所需的能量；ΔE_A 为原子占据台阶格点所消耗的能量；ΔE_R^a 为由于平台或台阶吸附一个吸附原子而引起点阵畸变所消耗的表面弛豫能。

以上各项能量，与表面原子之间的结合势有关。Wynblatt 和 Gjostein 利用 Morse 势对 Cu、W 等进行了计算。Morse 为计算金属表面能提出了势能函数：

$$V(r_{ij}) = D(e^{-2ar_{ij}} - 2e^{-ar_{ij}}) \tag{6-14}$$

式中，D、a 为两个调节参数。Wynblatt 等对此修正为

$$V(r_{ij}) = A\{\exp[-2a(r_{ij} - r_0)] - 2\exp[-a(r_{ij} - r_0)]\} \tag{6-15}$$

式中，a、r_0、A 为常数；r_{ij} 为两原子 i 和 j 之间的距离。表 6-3 为对铜晶体计算的结果。

表 6-3 铜晶体表面缺陷形成能和迁移能

表面	$\Delta E_f/(\text{kJ}\cdot\text{mol}^{-1})$		$\Delta E_m/(\text{kJ}\cdot\text{mol}^{-1})$		$\Delta E_D=(\Delta E_m+\Delta E_f)/(\text{kJ}\cdot\text{mol}^{-1})$	
	ΔE_f^V	ΔE_f^a	ΔE_m^V	ΔE_m^a	ΔE_D^V	ΔE_D^a
{100}	47.28	98.32	16.32	23.85	63.60	122.17
{110}	48.95	57.74	29.29	5.86	78.24	63.60
{111}	80.75	95.40	63.18	≈2.51	143.93	≈97.91

从表 6-3 中可见，在原子密排面{111}处，$\Delta E_f^V=80.75\text{kJ}\cdot\text{mol}^{-1}$，$\Delta E_f^a=95.40\text{kJ}\cdot\text{mol}^{-1}$，而铜晶体结合能为 $336.39\text{kJ}\cdot\text{mol}^{-1}$，约为表面点缺陷形成能的 4 倍。$\Delta E_D=\Delta E_m+\Delta E_f$，式中，$\Delta E_D$ 为表面原子扩散激活能；ΔE_f 为表面点缺陷形成能；ΔE_m 为表面原子的迁移能，即表面原子或表面空位由一个平衡位置越过势垒跃迁到邻近格点位置时所需的能量，其在数值上等于原子相互作用势垒的高度。

同样，Wynblatt 等对表面缺陷迁移能作了计算(表 6-1)。假定唯一的扩散物质是吸附原子，它表示一个吸附原子从一个平衡位置到另一个平衡位置伴随扩散跳跃的能量变化。由于缺陷在迁移前、后或过程中，正常格点的弛豫都要受到周围格点弛豫的影响，所以缺陷的迁移能实际上包含了原子能势垒和势谷时的弛豫能。图 6-19 中实线为扩散跳跃时真正的能量变化；虚线表示原子在跳跃过程中周围格点的弛豫能。ΔE_2 为弛豫势垒高度，ΔE_1 为势谷弛豫能，ΔE_3 为势垒(鞍点)弛豫能，则表面点缺陷迁移能 ΔE_m 为

$$\Delta E_m=\Delta E_1+\Delta E_2-\Delta E_3 \tag{6-16}$$

由玻尔兹曼关系式 $S=k\ln W$，可以写出表面缺陷所引起的熵增。例如由表面吸附原子引起的熵增(组态熵)，即此时表面缺陷形成熵 ΔS_f 为

$$\Delta S_f=k\ln\left(\frac{W_f}{W_0}\right) \tag{6-17}$$

式中，W_0 为表面未出现缺陷时的平衡态热力学概率；W_f 为表面出现缺陷时的非完整表面态热力学概率；k 为玻尔兹曼常数。W_0 和 W_f 可以用原子振动频率来计算，从而可计算出 ΔS_f。同样，也可以通过计算得到表面缺陷迁移熵。

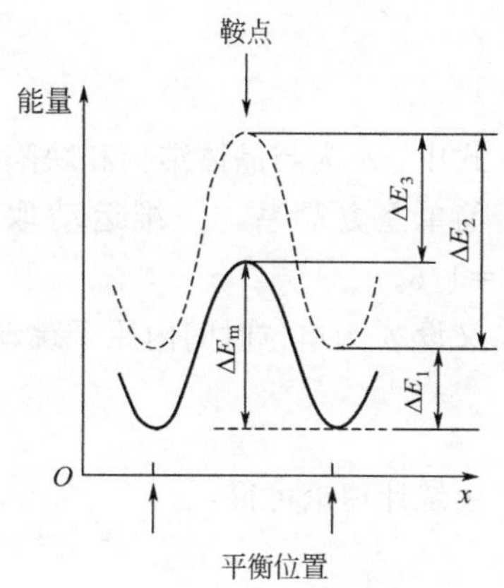

图 6-19　缺陷迁移时各能量项示意图

Wynblatt 等计算得到的铜晶体的 ΔS_f 和 ΔS_m 见表 6-4。表中 ΔS_f 为形成熵；ΔS_m 为迁移熵；D_0 为频率因子，定义为

$$D_0=al^2\nu\exp\left(\frac{\Delta S_f+\Delta S_m}{k}\right) \tag{6-18}$$

式中，a 为常数；ν 为频率；l 为缺陷迁移的平均自由程。从表 6-4 可以看出，Cu 晶体的表面原子或空位的扩散系数为 $15.1\sim92.8\text{cm}^2/\text{s}$，远高于 Cu 晶体的晶格自扩散系数 $0.20\sim0.24\text{cm}^2/\text{s}$。

表 6-4　铜晶体表面缺陷形成熵与迁移熵

表面	$\Delta S_f/k$		$\Delta S_m/k$		$D_0/(\text{cm}^2\cdot\text{s}^{-1})$	
	空位	原子	空位	原子	空位	原子
{100}	2.82	1.46	0.095	0.28	33.8	92.8
{110}	0.58	0.90	0.10	1.15	24.5	61.7
{111}	1.04	2.45	0.056	0.24	15.1	24.9

6.5.2　表面扩散系数

扩散是物质中原子、离子或分子的迁移现象，是物质传输的一种方式。在气体及液体中，物质传输一般是以对流和扩散方式进行的。在固体中不存在对流，扩散成为传输的唯一

方式。对扩散问题可以从两方面进行分析：一是根据测量的参数表征质量传输的速率和数量，研究扩散现象的宏观规律，可以称为扩散的唯象理论；二是扩散的微观机制，把一个原子的扩散系数与它在固体中的跳动特性联系起来，这就是扩散的原子理论。

表面扩散与体内扩散一样，也有自扩散和互扩散两种情况，前者是基质原子在表面的扩散过程，后者是外来原子沿表面的扩散。研究表明，表面原子的自扩散机制与晶体体内基本相同，但存在两个区别：一是表面原子有更大的自由度，并且扩散激活能远小于体内，因而扩散速度远大于体内；二是表面扩散机制可能因不同晶面而异。例如，面心立方晶面{100}的表面扩散主要为空位机制，而{110}面主要为吸附原子扩散机制。

如前所述，TLK 模型是单晶表面结构的基本模型。TLK 表面的势能是一个复杂的三维函数。原子沿这种表面扩散，不可能保持均匀单一速率。为简化计算程序，假设表面原子以平均长度 l 作无序跳动，连续两次跳动之间的平均时间为 τ，根据无序跳动理论，扩散系数 D'_S的一般表达式为

$$D'_S=a\left(\frac{l^2}{\tau}\right) \tag{6-19}$$

式中，a 为与晶体结构和缺陷运动状况有关的常数，即表面原子沿某方向的跳动概率。对于简单立方晶系，一维运动取 $a=1/2$；表面二维运动，取 $a=1/4$；体内三维运动，取$a=1/6$。

又设 p 为单位时间内原子跳动的次数，称为跳动概率，即

$$p=1/\tau \tag{6-20}$$

由统计理论可得：

$$p=\nu_0\exp\left(-\frac{\Delta E_D}{kT}\right) \tag{6-21}$$

式中，ν_0 为表面原子的本征频率；ΔE_D 是跳动激活能，它是缺陷形成能 ΔE_f 与迁移能 ΔE_m 之和，即

$$\Delta E_D=\Delta E_f+\Delta E_m \tag{6-22}$$

这样，可得表面自扩散系数表达式：

$$D'_S=al^2\nu_0\exp\left(-\frac{\Delta E_D}{kT}\right) \tag{6-23}$$

如果考虑到原子周围缺陷的形成概率 p_f 和迁移概率 p_m，则表面自扩散系数应表达为

$$D_S=D'_S p_f p_m=al^2\nu_0 p_f p_m\exp\left(-\frac{\Delta E_D}{kT}\right) \tag{6-24}$$

令 $D_0=al^2\nu_0 p_f p_m$，则：

$$D_S=D_0\exp(-\Delta E_D/kT) \tag{6-25}$$

式中，D_0 是与温度无关的频率因子。由于表面缺陷的形成和迁移都使系统的熵增加，以及：

$$p_{\mathrm{f}}=\exp(\Delta S_{\mathrm{f}}/k) \tag{6-26}$$

$$p_{\mathrm{m}}=\exp(\Delta S_{\mathrm{m}}/k) \tag{6-27}$$

因而：

$$D_0=al^2\nu_0\exp\left(\frac{\Delta S_{\mathrm{f}}+\Delta S_{\mathrm{m}}}{k}\right) \tag{6-28}$$

$$D_{\mathrm{S}}=al^2\nu_0\exp\left(\frac{\Delta S_{\mathrm{f}}+\Delta S_{\mathrm{m}}}{k}\right)\exp\left(-\frac{\Delta E_{\mathrm{f}}+\Delta E_{\mathrm{m}}}{kT}\right) \tag{6-29}$$

上述表面自扩散是原子跳动的长度与点阵原子间距具有相同数量级的情况，属于“短程扩散”，可称为“局域扩散”。如果温度升高，表面原子能量随之增加，可以处于较高的激发态，其跳动的长度会比点阵原子间距长得多，即属于“长程扩散”，也称为“非局域扩散”。为了说明这个概念，可参考图 6-20 所示的体心立方(100)平台上吸附原子运动的例子。

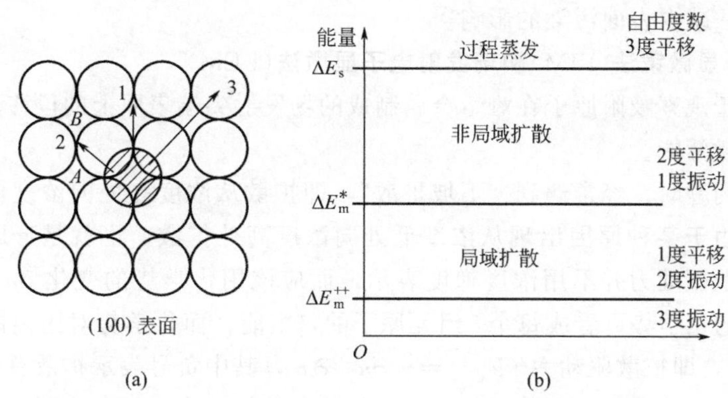

图 6-20 体心立方(100)表面原子的运动及其激活能

(a) 吸附原子的平衡位置及可能的跃迁途径；(b) 吸附原子局域、非局域以及蒸发态下的能量图

在(100)表面上的吸附原子，由于声子的相互作用（热起伏现象），在某一时刻可从平衡位置越过一个鞍点，鞍点位置的能量为迁移能 $\Delta E_{\mathrm{m}}^{++}$，扩散跳跃长度与点阵原子间距同数量级。如果原子积累的能量，比表面扩散最小能量 $\Delta E_{\mathrm{m}}^{++}$ 大得多(隧道效应除外)，它就有能力沿图 6-20(a)中箭头 3 跳到远处，此时跳跃路径比点阵原子间距长得多，若以 $\Delta E_{\mathrm{m}}^{*}$ 表示完成这种跳跃的最小能量，并以 ΔE_{s} 表示平台吸附原子的束缚能，则 $\Delta E_{\mathrm{m}}^{++}<\Delta E_{\mathrm{m}}^{*}<\Delta E_{\mathrm{s}}$。当然它可能沿箭头 2 的路径扩散到次邻近 A、B 位置。把图 6-20(a)中 1、2 的短程扩散称为局域扩散，而把 3 的长程扩散称为非局域扩散。

图 6-20(b)还标出了吸附原子作局域扩散、非局域扩散以及处于蒸发状态下的能量范围。每种状态各有不同的自由度分配。例如，局域扩散原子具有两个振动自由度和一个平移自由度；在非局域扩散状态下则具有两个平衡自由度和一个振动自由度。对于大分子物质的扩散，具有更复杂的自由度分配。由以上分析可见，表面扩散时原子可能跳跃到固体表面上的三维空隙位置后进入另一个新位置，此时能量只需要大于 $\Delta E_{\mathrm{m}}^{*}$，而小于 ΔE_{s}。体扩散不可能出现这种情况，它不存在这种“附加自由度”。

表面互扩散(异质扩散)是外来原子沿表面的扩散。外来原子在表面以间隙、置换、化合、吸附等方式存在，由于受势场束缚较弱，其跳动速度远大于自扩散。如果外来原子是置换式的，那么在点阵弛豫作用下，表面缺陷的形成和迁移概率增加，从而使扩散系数增大；如果外来原子是间隙式的，那么它们的迁移仅与表面势垒有关，扩散系数表示式(6-25)中的 ΔE_D 仅有 ΔE_m 一项，此时 ν_0 为外来原子的振动频率。

6.5.3 表面扩散的实验研究和唯象理论

表面扩散的主要特征表现在表面扩散系数。现有许多实验测定表面扩散系数的方法：

(1) 示踪法

它可用来求出不同杂质的表面扩散系数和激活能。这是一种较为古老的方法，并且蒸发和体扩散，容易使示踪物质流失。

(2) 传质法

传质法即用光学方法观察表面扩散传质引起表面形貌变化，进而计算出表面扩散系数和激活能。用于实验研究的传质方法有晶界沟槽化、单划痕衰减、划痕衰减(正弦轮廓)、小面化、烧结、晶界孔洞生长、钝化等。主要测量方法有干涉显微镜、激光衍射轮廓和场发射成像。实验时要设法减少表面污染的影响。

(3) 场离子显微镜法(FIM)和场发射电子显微法(FEM)

它们通常用于观察吸附原子在难熔金属制成的场发射尖端表面上的位移，进而测量异质表面扩散系数和激活能。

在讨论扩散问题时，经常遇到“下坡扩散”，即扩散从浓度高处向浓度低处扩散。但在自然界中，亦可由于某种原因出现从浓度低处向浓度高处扩散，也就是形成“上坡扩散”。因此，真正的扩散驱动力并不用浓度梯度表示，而应该用化学势的变化 $\partial\mu/\partial x$。在多组元系统中，组元 i 的化学势可看成每个 i 组元原子的自由能，而化学势对距离的求导就是原子所受的化学力 F_c，即扩散驱动力 $(F_c)_i=-\partial\mu_i/\partial x$，其中负号表示扩散总是沿化学势减小的方向进行。至于引起扩散的具体原因，要作具体分析。对表面扩散来说，一般有以下两个重要类型。

① 由浓度梯度引起的表面扩散。处理这一类表面扩散问题的步骤与体扩散类似。如果已知扩散系数，那么可用菲克(Fick)第一定律或第二定律，根据边界条件求解，以此计算出由浓度梯度引起的表面扩散通量或各区域浓度随时间的变化值等。

② 由毛细管作用力引起的表面扩散。也就是由表面自由能最小化引起的扩散，属于这类表面扩散的有许多。例如，高温下为使表面能与晶界达到平衡，而在晶界附近的原来平坦抛光表面上形成晶界沟槽(称为热蚀沟)的表面扩散；人为造成周期性(正弦)表面原子密度分布引起表面平坦化的表面扩散；非周期性表面原子密度分布引起表面痕迹衰变的表面扩散；与线性小面横向生长(即在一定的条件下原先是平坦的表面会出现不同于邻位表面取向的独立小面)有关的表面扩散；在高温下粒子靠吸附原子从高化学势到低化学势而实现聚结的表面扩散；在场发射电子显微镜中触针由尖变钝的表面扩散。

上述各种表面扩散原子的化学势 $\mu(x)$ 通常可用吉布斯-汤姆逊(Gibbs-Thomson)公式表示为

$$\mu(x)=\left[r(\theta)+\frac{\partial^2 r(\theta)}{\partial\theta^2}\right]V_m k(x) \tag{6-30}$$

式中，表面能 $\gamma(\theta)$ 与表面的结晶取向有关；V_m 是摩尔体积；$k(x)$ 是与表面形状有关的主曲率函数，且：

$$k(x)=-\frac{d^2y(x)}{dx^2}\left[1+\left(\frac{dy(x)}{dx}\right)^2\right]^{-3/2} \tag{6-31}$$

式中，$y(x)$ 为描写表面原子分布的函数。

如果表面扩散只在结晶取向的小范围内进行，$\gamma(\theta)$ 和 $\gamma''(\theta)$ 可用平均值 γ_0 和 γ''_0 代替，那么扩散流通量为

$$J=\frac{(\gamma_0+\gamma''_0)n_0D_sV_m}{kT}\frac{\partial k(x)}{\partial x} \tag{6-32}$$

式中，n_0 为单位面积的原子位置总数目；D_s 为表面扩散系数。扩散流引起表面原子密度分布改变，$y(x)$ 的变化速度率为

$$\frac{dy(x)}{dt}=-B\frac{d^4y(x)}{dx^4} \tag{6-33}$$

式中，$B=\frac{(\gamma_0+\gamma''_0)n_0D_sV_m}{kT}$。利用适当的边界条件，可以对式(6-33)求解。

7 固-固界面

7.1 固-固界面能

7.1.1 范德华力

范德华力是存在于分子间的一种不具有方向性和饱和性，作用范围在亚纳米到纳米之间的力，它对物质的沸点、熔点、气化热、熔化热、溶解度、表面张力、黏度等物理化学性质有决定性的影响。

其作用能大小一般为几到几十千焦每摩尔，比化学键键能小 1～2 个数量级。范德华力是一种电磁力，根据产生的机制，包括取向力、诱导力和色散力。在极性分子间有色散力、诱导力和取向力，在极性分子与非极性分子间有色散力和诱导力，在非极性分子间只有色散力。对大多数分子而言，色散力是其范德华力的主要来源。

① 取向力：极性分子之间永久偶极与永久偶极之间的作用力称为取向力。

② 诱导力：极性分子的永久偶极产生的电场使非极性分子产生诱导偶极，并使极性分子的偶极增大（也产生诱导偶极），诱导偶极与永久偶极之间就形成诱导力，因此诱导力存在于极性分子与非极性分子之间，也存在于极性分子与极性分子之间。

③ 色散力：瞬间偶极与瞬间偶极之间的作用力称为色散力。由于各种分子均有瞬间偶极，故色散力广泛存在于极性分子与极性分子、极性分子与非极性分子以及非极性分子与非极性分子之间。

7.1.2 表面能

由于分子间相互作用力的存在，要增加特定物质体系的表面积，外界必须对该体系做功。恒温、恒压条件下，物质增加单位表面积所需做的功，称为表面自由能。表面自由能也可理解为单位面积物体表面层分子与内部分子相比所具有的多余能量，是物体的主要表面性能之一。

在真空中将单位面积的两种介质 1 和 2 从理想接触状态分离到无穷远时，其自由能会发生变化。该自由能变化对不同介质称为黏着功，用 W_{12} 表示（见图 7-1），对同种介质称为凝聚功，用 W_{11} 表示。由此可知，对于同一介质，增大单位面积表面自由能的变化 γ 等效于分离两个相互接触的大小为半个单位面积的区域时所做的功。

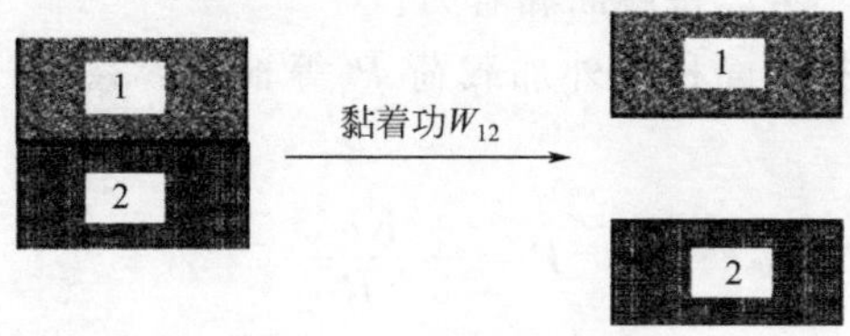

图 7-1 黏着功的定义

由于决定物质表面能的分子间作用力与决定相变热及沸点的分子间作用力相等，可知，高沸点物质常具有高表面能，而低沸点物质具有低得多的表面能。比如：

对于水，沸点 $T_B=100℃$，$\gamma=7.3\times10^{-2}\text{J/m}^2$；

对于氩，沸点 $T_B=-186℃$，$\gamma=1.32\times10^{-2}\text{J/m}^2$；

对于氢，沸点 $T_B=-253℃$，$\gamma=2.3\times10^{-3}\text{J/m}^2$。

另外，在表面能的实验测试中，物体表面面积增大往往发生在某种外界环境中，新增表面可能从环境中吸附其它物质（例如水和有机烃类），使测试得到的固体和液体表面张力比在真空中要低。例如，当云母在高真空中断裂时，表面能为 $\gamma_s\approx4.5\text{J/m}^2$；但在空气潮湿的实验室断裂时，表面能则下降到 $\gamma_s\approx0.3\text{J/m}^2$。

7.1.3 固-固界面能

固-固界面是指结构或化学成分不同的两个固相接触时的界面。当晶体结构或化学成分不同的两个固相相互接触形成界面时，单位面积的自由能在扩大的界面区域的变化称为界面能。Fowler 等使用 Lennard-Jones 势估算了两个半无穷固相的比界面自由能为

$$G_{12}=\nu_{12}=\frac{\pi n_1 n_2 A_{12}}{32r_{12}^2} \tag{7-1}$$

式中，r_{12} 为两表面之间的距离；A_{12} 为分子间色散作用能常数：

$$A_{12}=\frac{3}{2}\alpha_1\alpha_2\left(\frac{h\nu_1\nu_2}{h\nu_1+h\nu_2}\right)$$

式中，α_i 和 ν_i 分别为第 i 个固体的极化率和电子振动频率，$i=1$，2。

由于式（7-1）的处理是将两相固体视为分子极化率均匀分布的连续体，而事实上固体的分子极化率是以单个分子为中心的、非连续对称分布的，因此两固相的距离越接近分子尺度，式（7-1）的结果越偏低。

7.2 黏附理论——球-平面接触模型

在不考虑表面力作用，且固-固相接触时，如果满足以下条件：

① 接触体均质、各向同性；

② 接触体表面（接触面）光滑、连续；

③ 接触面轮廓可以用二阶曲面表征；

④ 满足小应变线弹性条件，且一般为半空间接触问题；

⑤ 接触面无摩擦；

⑥ 仅仅考虑接触力，不考虑接触面黏着力。

那么，球-平面接触的接触面积与外加载荷 P 等根据赫兹（Hertz）接触理论[见图 7-2(a)]，存在如下关系：

$$P=\frac{4}{3}\frac{Ka^3}{R} \tag{7-2}$$

式中，K 为复合弹性模量；R 为等效接触半径，$R=R_1R_2/(R_1+R_2)$；a 为接触区半径。

考虑到表面力的作用，Bradley 等给出了两个刚性球（半径分别为 R_1 和 R_2）接触的黏着力 F 的计算公式：

$$F=2\pi\left(\frac{R_1R_2}{R_1+R_2}\right)W_{132} \tag{7-3}$$

式中，W_{132} 为两表面间的黏着功，$W_{132}=W_{11}+W_{22}-W_{12}$。

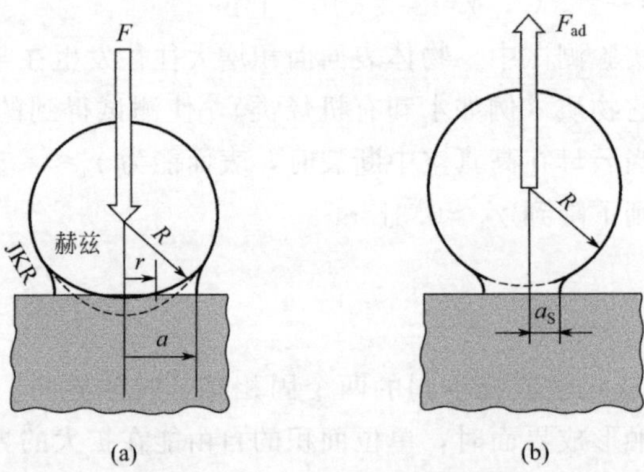

图 7-2 刚性球体-平面接触

(a) 弹性球体不考虑表面力的球-平面赫兹接触和考虑表面力的 JKR 接触；

(b) 黏着接触的弹性球体和平面即将自然分离的状态

(1) JKR 黏着理论

实际物体往往不是完全刚性的，相互接触时表面力会使物体发生弹性变形。Johnson，Kendall 和 Roberts 于 1971 年对弹性球体的接触给出了严格的理论分析，即经典的 JKR 黏着理论。

在 JKR 理论中，两个半径为 R_1 和 R_2、弹性模量为 K、单位面积界面能为 W_{12} 的球体，在外部载荷 P 或力 F 作用下，挤压接触半径 a[见图 7-2(a)]可被表征为

$$a^3=\frac{R}{K}\left[F+3\pi RW_{12}+\sqrt{6\pi RW_{12}F+(3\pi RW_{12})^2}\right] \tag{7-4}$$

根据上式，在零载荷（$F=0$）下，表面力作用产生的接触半径 a_0[见图 7-2(b)]为

$$a_0=\left(\frac{6\pi R^2W_{12}}{K}\right)^{1/3}=\left(\frac{12\pi R^2\gamma_{sv}}{K}\right)^{1/3} \tag{7-5}$$

在绝对值很小的反向载荷（$F<0$）下，固体保持球形直到在临界负作用力下表面突然分离，分离力为

$$F=-3\pi R\gamma_{sv} \tag{7-6}$$

分离发生时的接触半径为

$$a_S = \left(\frac{a_0}{4}\right)^{1/3} \approx 0.63a_0 \tag{7-7}$$

除了对接触边界最后几个纳米范围的表征不太适用，JKR 理论的大部分方程和赫兹理论的全部方程已经在分子级光滑表面实验中验证过，与实验结果吻合得很好。

（2）DMT 黏着理论

Derjaguin，Muller 和 Toprov 等在 1975 年给出的考虑表面力的接触公式为

$$\frac{a^3K}{R} = P + 2\pi RW_{12} \tag{7-8}$$

式中，a 为接触半径；K 为等效接触刚度；P 为外加法向载荷。该模型给出的分离力为 $-2\pi RW_{12}$。

后来，Maguis 利用断裂力学的 Dugdale 理论，得出了 DMT 理论和 JKR 理论之间过渡区域的黏着接触理论，称为 MD 理论。另外，人们还发展出了 MYD 模型。

JKR、MD、DMT、MYD 和赫兹理论的一个主要应用局限在于它们假设物体表面完全光滑，而实际物体大多数表面粗糙，从微米到纳米量级的粗糙峰会大大降低其黏着效应。总结各种接触理论对表面间作用力的假设，如图 7-3 所示。

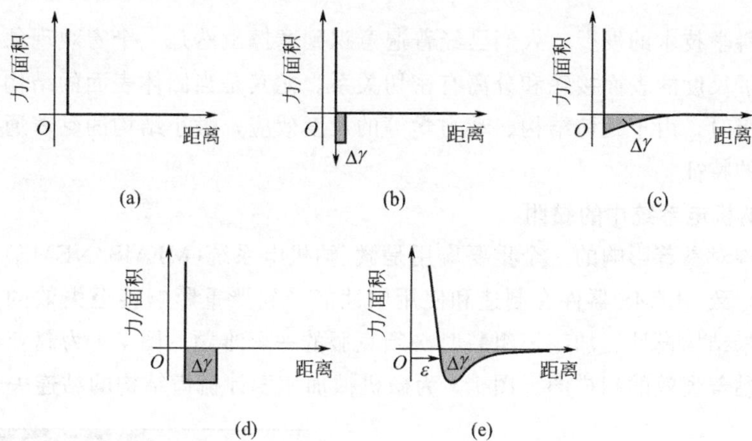

图 7-3 各种接触模型的表面力作用假设

(a) 赫兹理论；(b) JKR 理论；(c) DMT 理论；(d) MD 理论；(e) MYD 理论

赫兹理论不考虑物体接触过程中的黏着[图 7-3(a)]；JKR 理论考虑黏着[图 7-3(b)]，但是只考虑了接触区域内很小距离的表面间近程作用引起的黏着，或者认为是接触过程中接触区域表面能变化引起的黏着；DMT 模型考虑了接触区域外的长程表面力作用[图 7-3(c)]；MD 模型是基于 Dugdale 矩形势垒来表征接触区外表面力作用的[图 7-3(d)]；MYD 模型考虑了接触区内外的表面间作用势[图 7-3(e)]。

7.3 黏附影响因素

7.3.1 粗糙度对接触与黏着的影响

传统接触理论都是对光滑表面间的黏着力进行分析，但是在现实生活中，物体的表面常具有一定的粗糙度，而非原子级光滑，所有物体的宏观接触最终都要归结于原子尺度的微观

接触。考虑微观粗糙度后的接触和黏着要远较光滑表面复杂。当两个理想光滑平面相距1nm时，范德华力的作用强度可达10～100MPa；当距离为0.3～0.4nm时，可达100～1000MPa。如果两个理想光滑物体接触，表面间范德华力可产生很强的黏着力，然而实际表面粗糙度使黏着力受到很大影响。建立考虑实际表面的粗糙度的接触模型是黏着研究中的重要问题。

Gane等研究了真空度为1.33×10^{-8}Pa时，两清洁正交圆柱接触表面的黏着。他们使用了原子级清洁的碳化钛、蓝宝石、金刚石进行实验，实验得到的黏着力比理论预测的要小(仅1%～1‰)。他们认为主要原因是表面粗糙度的影响，另外也可能有表面气体吸附膜或其它吸附薄膜的影响。

Fuller等使用不同半径、不同弹性模量、光学光滑的橡胶球体与不同中线平均粗糙度的有机玻璃平面进行了接触实验，发现即使相对较小的表面粗糙度也能大大减小黏着效应，甚至导致黏着完全消失。同时，高弹性模量使得黏着对表面粗糙度非常敏感。另一方面，球体曲率则对黏着的影响较小。

7.3.2 表面微结构对黏着的影响

随着现代科学技术的发展，人们已经普遍意识到摩擦虽然是一个宏观现象，但是它与物体在原子、分子尺度的表面接触和分离有密切关系。尤其是当固体表面的结构尺度减小至微米甚至纳米量级时，由于几何结构、动力学等的尺度效应，微小结构的黏着通常表现出与宏观体截然不同的特征。

(1) 微/纳机电系统中的黏附

表面微结构对黏着影响的一个重要应用是微/纳机电系统(MEMS/NEMS)。微、纳米尺度下的黏附是导致MEMS器件在制造和使用中性能受到严重影响甚至失效的主要因素，也是进行微、纳米结构设计、加工、组装时必须克服的一个难题。图7-4为赵亚溥等在实验中拍摄的悬臂梁黏着失效的扫描图。图7-5为微机械加速度计梳齿结构的粘连失效。

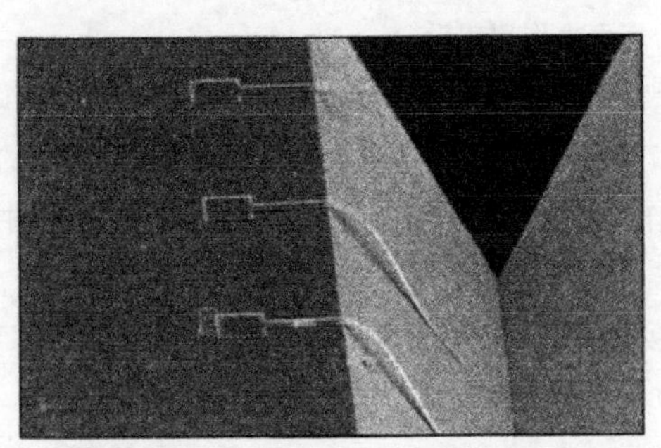

图7-4 微悬臂梁的黏着失效

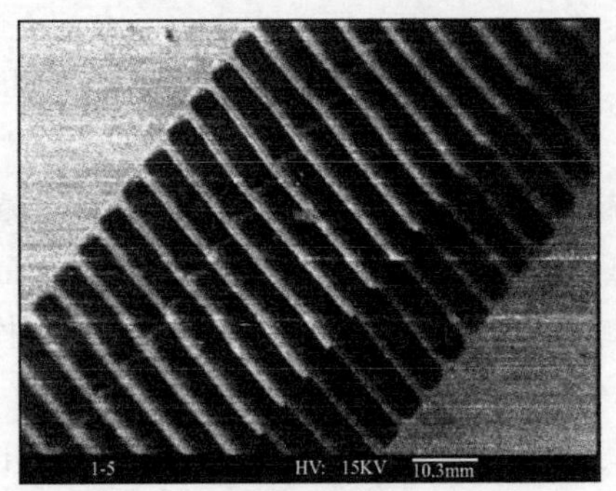

图7-5 微机械加速度计梳齿结构的粘连失效

为研究MEMS结构与基底的黏着问题，Boer和Michalske等提出了剥离常数N_p以表征变形的微结构储存的变形能与微结构、基底之间黏着能的比值。

当$N_p>1$时，微结构将不能保持与基底的黏附；

当$N_p\leqslant1$时，微结构将与基底黏附。

对长悬臂梁[图7-6(a)]，其剥离常数N_p为

$$N_p = \frac{2Et^3h^2}{2s^4W_a}$$

式中，W_a 为黏附能。

仅有末端接触的悬臂梁[图 7-6(b)]的剥离常数 N_p 为

$$N_p = \frac{2Et^3h^2}{8L^4W_a}$$

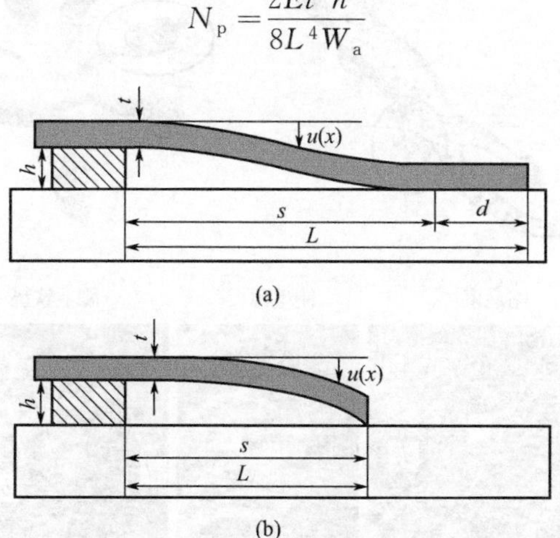

图 7-6　悬臂梁与基底的粘连

(a) 长臂梁与基底的粘连；(b) 仅末端接触基底的短悬臂梁与基底的粘连

在微、纳米尺度下，微结构的变形和应力状态是研究黏着的关键问题。Wang S J 等研究了矩形薄膜表面残余应力和外加载荷下的黏附模型，指出膜表面存在的适当的残余拉应力将有助于减轻相邻构件黏着引起的非稳失效，残余压应力将加剧黏着失稳，并且残余压应力的影响要大于残余拉应力的影响。

(2) 生物体的微结构

表面的微结构更常见于生物体。在生物进化过程中，壁虎、蜜蜂、水黾(俗称水拖车)等动物进化出了奇特的生物材料特性和与之相适应的足底微结构，从而保证了它们在各种环境下稳定黏附停留在几乎任何材料上，并能在运动时迅速脱附。其中，壁虎的攀爬能力尤为卓越，其黏附与脱附的切换在毫秒量级，表明壁虎对其自身黏着能力控制自如。其能力受到生物、力学、材料和机械工程等领域的学者和技术人员的广泛关注和研究。

使用扫描电镜等手段，人们观察到了壁虎脚趾的多等级结构，如图 7-7 所示。壁虎每只脚上有大约 50 万根刚毛，每根长约为 30～130μm，直径为 5～6μm，末端为长和宽 0.2～0.5μm、厚度仅数个纳米的薄板结构。基于对结构的观测，学者们发展了模拟微结构接触和变形的模型。

Persson 发现，壁虎黏着微结构由细小纤维构成，能保持非常小的有效弹性模量，从而使其在光滑和粗糙表面均有较强的黏着效应，并定量给出了弹性薄板在粗糙表面的等效界面能。Arzt 等发现纤维横向尺寸越小、纤维末端结构密度越大，则黏着力越大。

Autumn 等指出，壁虎刚毛的黏着力依赖于剪切和摩擦，并提出了摩擦黏附模型。在此基础上，田煜等考虑了刚毛末端两级的微结构，讨论了摩擦力对黏着力的贡献，提出了相应的剥离模型，并指出脚趾卷入和卷出的控制动作影响了刚毛末端与基底黏附的角度，从而控制了摩擦和黏着力的大小。根据模型给出的计算，单根刚毛的侧向摩擦力和垂直黏着力可以有 3 个数量级的改变，如图 7-8 所示。

将壁虎刚毛束压于表面力仪(SFA)上，并沿着基底表面滑动不同的距离，实验观察了黏着和摩擦力的耦合情况，结果发现，沿着刚毛弯曲方向，即脚趾卷入方向，黏着和摩擦力呈现高度非线性；而逆着刚毛的弯曲方向(即脚趾卷出方向)，黏着和摩擦力遵循库仑定律。

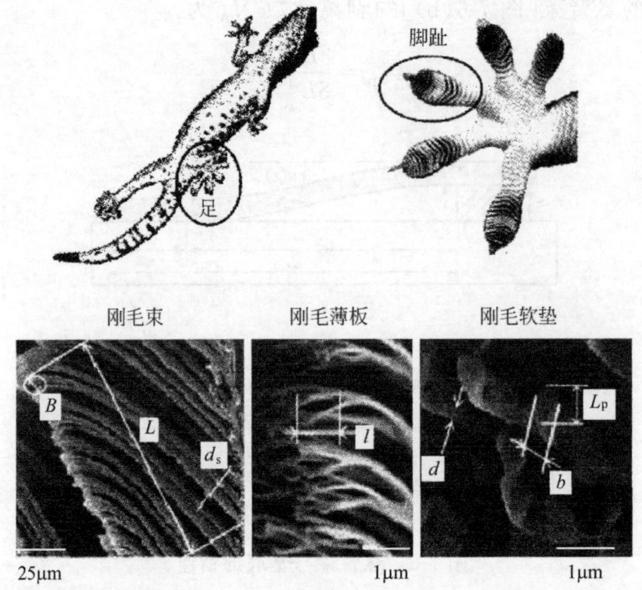

图 7-7　壁虎刚毛的多等级微-纳米结构

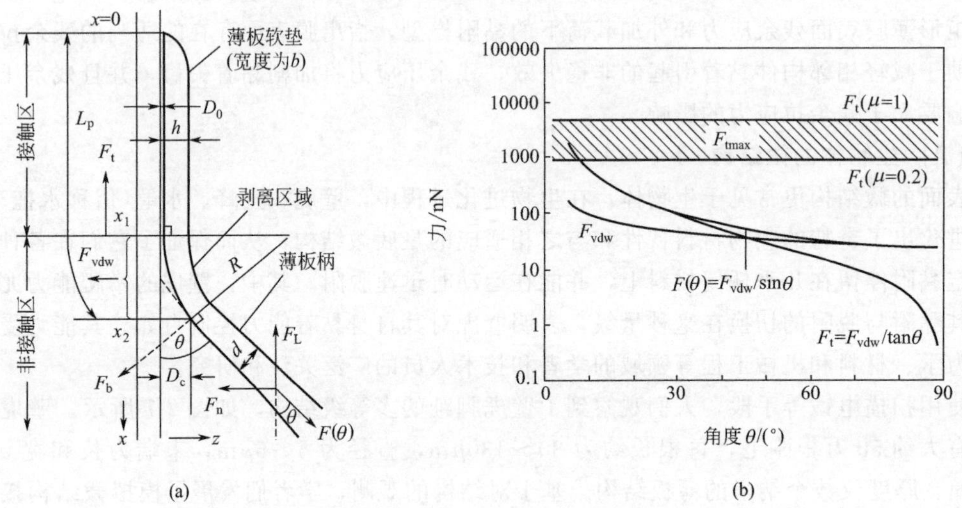

图 7-8　单根刚毛模型与受力

(a) 考虑了最末端量级结构的模型；(b) 单个薄板在不同角度下的理论垂直力、剪切力

(3) 壁虎仿生应用研究

1) 壁虎、高分子胶黏剂黏附机制

固体表面制备薄膜的过程是一个复杂的物理和化学过程，附着力的产生不仅取决于材料表面的结构与状态，还与工艺条件密切相关，对附着现象的研究涵盖了材料科学表面和界面物理化学、机械、微机械破坏及流变学等学科领域。研究者采用不同的概念，针对附着力提出了以下几种有代表性的理论：机械互锁理论、扩散理论、静电理论、吸附理论、化学键理论和弱边界层理论等。目前尚未形成统一的理论体系。

① 机械互锁理论。1925年，McBain和Hopkins提出了机械互锁理论，他们认为进入固体表面孔穴的机械锚定效应(Canchoring effect)是决定黏结强度的主要因素。机械互锁理论不能解释光滑表面之间产生附着的现象。从物理化学观点看，机械作用并不是产生附着力的主要因素，而是增加黏附效果的一种方法。附着强度的提高是由表面粗糙，涂层与基体分离时裂缝周围和材料本体消耗的黏弹性或者塑性能量增加所致。

② 扩散理论。该理论认为，黏结是通过胶黏剂与被黏物界面上分子扩散产生的。当胶黏剂和被黏物均为柔顺性线性高分子聚合物时，扩散理论基本是适用的。热塑性塑料的溶剂黏结和热焊接可以认为是分子扩散的结果。

③ 静电理论。该理论于1948年由Deryagiun等提出。具有不同电子层结构的材料表面接触后，发生电子转移，以维持费米平衡，在界面间产生双电子层，黏附强度主要是静电引力的贡献。但静电作用仅存在于能够形成双电层的黏结体系，不具有普遍性。因此，静电力虽然确实存在于某些特殊的体系中，但绝不是起主导作用的因素。

④ 范德华力与氢键黏附理论。它也称吸附理论、润湿和酸碱理论，作为热力学模型被广泛应用于解释高分子与金属基体之间产生的附着力。该理论认为，两种材料的界面紧密接触，分子或原子在界面层互相吸附产生附着力。力的主要来源是分子间作用力，包括氢键力和范德华力及路易斯酸碱相互作用。这些力的共同特点是仅在较短距离上有效，至多不超过几纳米。因此，如果这些力产生在界面处，那么两物质界面必须最接近和直接接触，润湿是必要条件。

⑤ 化学键理论。随着各种微观表面测试技术的发展，人们逐渐认识到，在高分子/金属界面作用中存在化学键的作用，而且化学键的键能比物理键的键能要大得多，对界面的作用强度往往起决定性的影响。高分子若含有极性基团，则可与金属表面上的游离键反应，形成化学键，因而提高附着能力。在环氧涂层与金属基体之间采用聚丙烯酸进行处理，发现铁、铜、铝与环氧涂层的附着力有显著提高，原因是在金属界面上生成了离子键。化学键键能虽高，但只能在有限的活性原子与基团之间发生成键；而次价键具有普遍性，键能虽小，但键的密度大，总和仍然可观。

⑥ 弱边界层理论。1961年Bikeramn提出，决定附着强度的主要因素是弱边界层的附着力。黏附破坏多数是金属和高分子界面附近的内聚破坏或弱边界层的破坏。例如聚乙烯含有强度低的含氧杂质或低分子物，界面存在弱边界层，如果采用表面处理方法去除低分子物或含氧杂质，则黏结强度获得很大程度的提高。弱边界层理论解释的是表观附着力，而不是真实的附着力，从内容上看，它解释的是影响附着强度的因素，而不是附着力产生的机理。

2）基于壁虎的仿生设计

郭策等研究发现，壁虎脚底毛是细胞的突起，属细胞样结构。壁虎脚底毛具有主动黏附和抗黏附功能。另外，壁虎脚底毛作为毛囊细胞的突起，在黏附和脱附过程中伴有生物电的发生或改变，这种生物电变化将参与壁虎脚黏附-脱附机制和转换过程。目前制备的仿壁虎脚底毛虽具备一定的黏附能力，却备受人造刚毛间彼此“黏连”现象的困扰。“黏连”使毛的黏附性能明显下降。同时，仿生刚毛也存在难于脱附的问题，这些都是制约仿生刚毛群设计、制造和应用的重要因素。如果在仿壁虎脚底毛的制备中引入类似生物学调控因素，可有望解决上述问题，使仿生刚毛的制造和应用成为现实。他们为人造刚毛的设计和制备提供了下列新的理念：

① 人造刚毛顶端的形态应引入壁虎脚底毛上端分叉、尖端膨大的特点；

② 人造刚毛的表面材料应具有一定的弹性和不粘连性；

③ 人造刚毛群的底面形状应具有可控的可塑性，如利用电场敏感材料。

3）固-固界面吸附仿生应用案例

① 碳纳米管集簇的超强黏附能力。取 4mm×4mm 的碳纳米管集簇，碳纳米管的直径约为 10～15nm，长度约为 150μm，密度约为 10^{10}～10^{11} 根/cm^{-2}。该样品能牢牢地与玻璃基底接触，吊起一本重为 1.480kg 的书。经测定，其每平方厘米的切向黏附力约为 90.7N，达到壁虎黏附力的 10 倍；而每平方厘米的法向黏附力随着碳纳米管的长度的变化由 10N 仅增大到 20N，且远小于切向黏附力，并且总黏附力随着拉脱角的变化而变化。

② 高黏附力仿生胶带。Geim 等首次采用电子束刻蚀及氧等离子处理的方法制备出非黏性的聚酰亚胺壁虎胶带。用这种壁虎胶带覆盖 $200cm^2$ 可以在水平光滑的玻璃天花板上固定一个 60kg 的蜘蛛人玩具。

③ 可降解仿生医用绷带。美国麻省理工学院 Mahdavi 等受壁虎黏附的启发，利用生物相容和生物可降解材料制备了一种仿生医用绷带。将绷带粘贴于活的小白鼠腹部，其每平方厘米的黏附力仍能达到 0.8N。

7.3.3 毛细力对黏着的影响

在一定液体蒸气环境下，材料表面会吸附液体膜，液体膜形成的弯液面在接触物体间会形成毛细作用力，对黏着产生很大影响。很多物质的接触力学特性对空气中极微量的蒸汽很敏感，如粉末的黏着明显依赖于相对湿度，在相对湿度较大的情况下，毛细力往往大于范德华力，此时的黏附力主要表现为毛细力，如图 7-9 所示。

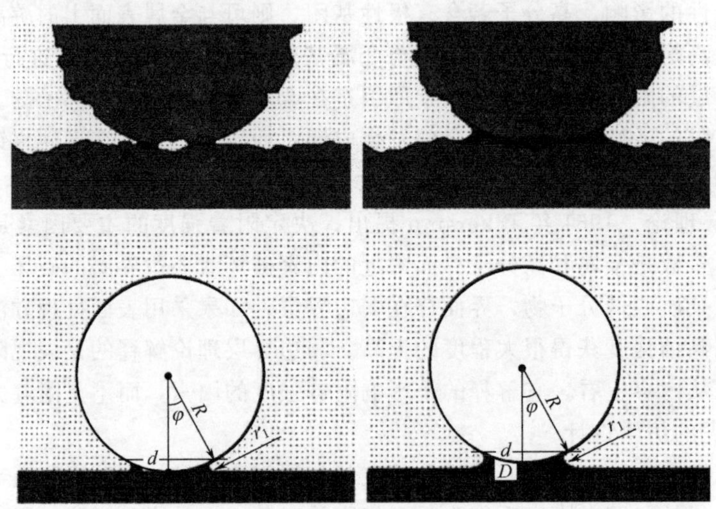

图 7-9 物体间毛细力作用示意图

对于那些能润湿固体或与固体表面接触角度很小的液体，其蒸气可以通过自然冷凝进入固体表面的裂缝和小孔形成液桥。液桥力通常会引起 MEMS 加工工艺释放微结构时发生失效。当两疏水颗粒在水中相互作用时，如果接触角大于 90°，则两表面间蒸汽腔将发生毛细冷凝作用。图 7-10 为 25℃和载荷 600μN 条件下，环境中相对湿度对固体之间黏附力的影响（图中上升、下降后的数字 1、2 表示 2 次重复试验）。可以看出，当相对湿度在 40%以下时，表面润湿现象较轻，对黏附力影响不明显；当相对湿度>40%时，随相对湿度增加，黏附力快速增加；当相对湿度>80%时，由于接触表面发生毛细凝结而完全润湿，黏附力趋于稳定。

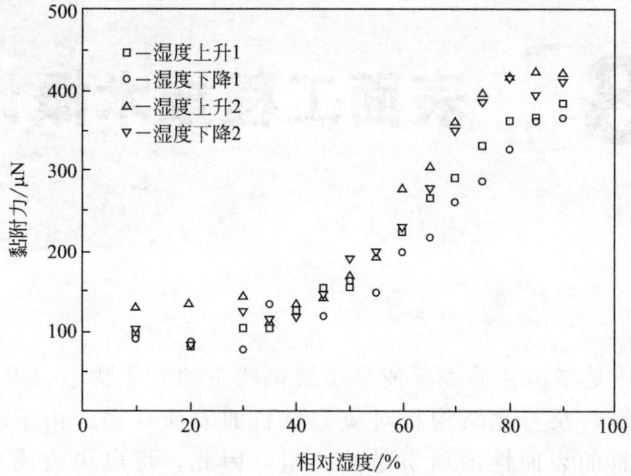

图 7-10 相对湿度对黏附力的影响(25℃，载荷 600μN)

8 表面工程技术概论

通常材料的性质是指由物质原子或分子聚集状态和电子状态、内部结构决定的力学性能、热力学性质等，及与此结构相对应的材料的表面性质。由于现在大多数新功能材料的性能均由材料的表面性质所贡献和决定，因此，可以说表面性质是材料性能的重要决定因素。

材料的表面工程，是指通过表面涂覆、表面改性或复合处理等技术，改变材料表面的形态、化学成分、组织结构和应力状态，以获得所需表面性能的系统工程。

从使用功能上，表面工程技术可分为装饰、减摩、耐磨、防腐、增黏、摩阻等。从制备技术上，表面工程技术可分为机械强化处理、表面热处理、表面涂层/膜技术、表面改性、复合改性等。本章主要对表面清洁、机械强化处理、表面改性技术、热喷涂工程技术、激光表面处理技术、化学镀膜技术和化学气相沉积技术进行介绍。

8.1 表面清洁

多数材料暴露在大气环境中时，通常会吸附一层低表面能的有机或无机污染物，有些材料还会与空气中的氧气或水蒸气发生反应，从而被氧化或腐蚀。因此，在实验前通常要采用物理或化学的方法来处理材料表面。

对于油污类污染物，通常采用有机溶剂、碱性或酸性等方法进行除油。各种材料的清洗办法不同。

当材料为塑料等高分子材料时，若采用有机溶剂，应注意溶剂是否会使材料溶解、溶胀或龟裂。例如，聚苯乙烯、聚氯乙烯采用乙醇进行清洗；聚烯烃类、聚酯类采用丙酮进行清洗；环氧树脂、酚醛树脂等常用甲醇进行清洗。若采用碱性除油，一般会使用氢氧化钠、磷酸三钠、碳酸钠配成的溶液进行清洗。

酸性除油常用重铬酸钾 15g、硫酸 300mL、水 20mL 配成的溶液，在室温下进行 1～5min 的处理。

对于一般的金属、无机非金属材料，依次采用丙酮(或石油醚)、酒精、去离子水，在超声波中振荡清洗各 10min，可达到较满意的表面清洁效果。

经过处理的表面是否清洁，可由水滴的润湿情况来判断。材料的接触角越小，表明表面的清洁度越高。当水滴完全铺展时，表明表面已无低表面能污染物。

8.2 机械强化处理

利用机械方法(喷丸、滚压等)，可以使金属表面产生强烈的塑性变形，这种变形使表面产生一定厚度的冷作硬化层，并产生残余压缩应力，从而改善表面的抗疲劳抗腐蚀等性能。目前，金属表面机械强化处理已成为周期载荷作用下提高机械零件疲劳强度和寿命的主要手段，属于机械零件表面完整性制造的重要工序之一。常见的机械强化处理方法的效果见表8-1。

表 8-1 常见的机械强化处理方法的效果

类型	硬度增加幅度/%	强化层厚度/mm
喷丸	15～60	0.2～1.0
滚压	20～50	0.3～3.0
冲击强化	20～40	0.1～0.7
挤压	10～40	0.05～0.3
超声波强化	50～90	0.1～0.9
液体抛光	20～30	0.01～0.2

8.3 表面改性技术

进入21世纪，随着工业应用对材料的抗磨损、抗腐蚀、抗疲劳能力提出越来越高的要求，国内外学者都致力于研发多种材料的表面改性技术，即在零件表面涂覆一层保护膜，或采用物理、化学等方法，使材料表面的形貌、化学成分、相组成、微观结构、缺陷状态、应力状态等得到改变，从而提高材料的综合性能。

传统的表面改性技术，如常规的表面热处理等已经有了上百年的历史。20世纪50年代，由于高分子涂装技术的发展，出现了电泳涂装、静电涂装等技术。

20世纪60年代以来，淬火由传统的火焰加热发展为高频感应加热表面淬火。随着激光器和电子束装置的相继出现以及相应技术的成熟和完善，又出现了激光束表面淬火、电子束表面淬火技术。

近几十年，热喷涂和激光束、电子束技术得到了迅猛发展，出现了激光表面涂覆、激光表面合金化、激光表面镀膜、激光冲击强化、表面镀膜技术等现代材料的表面改性技术。

(1) 离子注入

离子注入是把某种元素的原子电离成离子，并在几十到几百千伏的电压下进行加速，射入材料表面晶格，离子束与材料中的原子或分子将发生一系列物理的和化学的相互作用。入射离子逐渐损失能量，最后停留在材料中，并引起材料表面成分、结构和性能发生变化，从而优化材料表面性能，或获得某些新的优异性能。通常，能量越高、离子和基体原子越轻，离子注入则越深。

离子注入在高真空、较低温度下完成，因此具有污染少、不变形、几乎不氧化的优点。同时，由于不存在界面，不会有剥落问题，可控性和重复性均较好。另外，离子注入形成的表层合金不受相平衡、固溶度等传统合金化规则的限制，因此原则上任何元素都可以注入任何基体金属中，对材料的限制不高。但是离子注入成本较高，使其在工业中的应用受到了很大的限制。

（2）物理气相沉积

物理气相沉积(physical vapor deposition，PVD)是指利用某种物理过程，如物质的热蒸发或在受到粒子束轰击时物质表面原子的溅射等现象，实现物质从源物质到薄膜的可控的原子转移过程。除了传统的真空蒸发和溅射沉积技术外，还包括各种离子束沉积、离子镀和离子束辅助沉积技术。

物理气相沉积有3个必要条件：

① 需要使用固态的或者熔化态的物质作为沉积过程的源物质；

② 源物质要经过物理过程进入气相；

③ 需要相对较低的气体压力环境。

真空蒸发镀膜又称蒸镀，是较早发展的一种镀膜技术。它是在真空条件下，用蒸发加热的方法蒸发物质，使之气化，蒸发粒子流直接射向基片，并在基片上沉积形成一层固态的薄膜。加热方法包括电阻加热、激光加热、电子束加热、电弧加热等。其中，电阻加热最容易控制沉积速率，但电子束加热的沉积速率最高。

用离子束轰击靶材表面，将从靶材表面溅射的原子沉积在基体表面形成薄膜，这种工艺称为溅射镀膜。溅射的技术种类有很多，如直流溅射、射频溅射、磁控溅射、反应溅射等。沉积材料为各种金属单质、合金、复合材料薄膜、陶瓷、聚合物材料、DLC等，沉积厚度一般在微米/纳米量级。

真空蒸发和真空溅射结合发展，又产生了新的镀膜技术——离子镀膜技术，简称离子镀。离子镀是指荷能离子(等离子体活性离子)参与镀膜过程的技术，具体是指在真空下，通过气体离子或被蒸发离子的轰击作用，把蒸发物或其反应物沉积到被镀物体表面的过程。由于离子镀可用于金属、合金、导电/非导电材料，膜层可以是金属膜、化合物膜、单一镀层或复合镀层甚至梯度镀层，因此应用较为广泛。其中，离子镀特别适合于硬质薄膜的沉积，因此广泛应用于刀具、模具的表面处理。

（3）化学气相沉积

化学气相沉积(chemical vapor deposition，CVD)是指利用气态的先驱反应物，通过原子、分子间化学反应的途径生成固态薄膜的过程。化学气相沉积的必备条件是有足够高的温度，由惰性气体、还原气体、反应气体构成的混合气体参加。其过程包括热解反应、还原反应、氧化反应、化合反应、歧化反应、可逆反应等。化学气相沉积具有设备简单、操作方便的优点，适用于处理形状复杂的零件，可形成单一或混合镀层，且镀层致密均匀，膜和基体的结合强度较高。

然而，相比物理气相沉积，化学气相沉积要求的沉积温度较高，较高温度会使基体的晶粒粗大，从而使基体的材料性能下降。一般来说，化学气相沉积主要用于满足耐磨、抗氧化、抗腐蚀和一些特殊的光电学性能、摩擦学性能要求。

（4）热喷涂

热喷涂(thermal spraying)是指对熔融态的喷涂材料，通过高速气流使其雾化喷射在零件表面上，从而形成喷涂层的一种表面涂层制备方法。根据喷涂的热源不同，该技术可分为等离子热喷涂、电弧热喷涂、火焰热喷涂。其中，等离子热喷涂是将喷涂粉末送入等离子体焰流中加热至熔化或半熔化后，以一定速度喷射到零件表面形成涂层的一种热喷涂工艺。等离子热喷涂具有焰流温度高、可控性好、熔融颗粒飞行速度较高等优点，因此广泛应用于多种材料的表面处理，甚至包括目前能制成粉末的所有材料。

此外，20 世纪 80 年代初期开始发展起来的超声速火焰喷涂，作为一种制作高质量涂层的表面强化技术，越来越受到国内外各界的重视。该技术是通过高压燃料气体与氧气燃烧产生超声速火焰而实现喷涂的，适用于喷涂金属陶瓷、金属及合金涂层，具有涂层致密、结合性能优越的优点。

（5）热渗镀

热渗镀是指采用加热扩散的方法，把一种或几种元素渗入基体表面，得到扩散合金层。该技术依靠热扩散形成表面强化层，具有强化层与基体结合力强的优点。

常用热渗镀方法有热浸镀热渗、热喷涂热渗和表面化学热处理热渗等三种。上述方法采用不同工艺将 Al、Zn、Cr 等金属预置在金属零件表面，而后通过高温扩散形成表面合金化层，使零件表面具有高于基体的抗氧化、耐腐蚀、耐磨、耐冲蚀等性能，也可用于表面强化层制备。如张毅、陈小红等通过固体渗铝，在纯铜表面制成 Cu-Al 合金层，而后通过 950℃热渗处理得到 Al_2O_3 弥散强化 Cu 基复合材料表面强化层。

（6）其它表面改性

热处理是机械制造中的重要工艺之一。与其它加工工艺相比，表面热处理一般不改变工件的形状和整体的化学成分，而是通过改变工件内部的显微组织，或改变工件表面的化学成分，改善工件的使用性能。表面热处理可分为表面淬火和表面化学热处理。其中，表面淬火主要包括激光表面淬火、火焰淬火、高频淬火、电子束淬火等，即分别在表面通过激光快速加热、乙炔-氧火焰或煤气-氧火焰加热、感应电流加热、电子束加热和快速冷却等方式提高材料的表面硬度。

激光束的能量密度非常高，因此照射到表面时可以产生非常高的温度梯度，使表面迅速熔化。并且移开热源后，冷的基体又会使熔化部分迅速冷却凝固。利用这种特性，激光可用于促使材料发生相变，或对表面进行合金化和熔覆处理，以提高材料表面的硬度、抗磨性、抗蚀性。例如，由激光相变硬化得到的激光淬火层硬度可以提高 15%～20%。同时由于加热层薄，可防止热处理时产生过大的变形，并且在表面上形成很大的残余压应力(可达 4000MPa)，有利于材料疲劳强度的提高。对大尺寸薄壁零件的表面激光淬火，容易产生较大的畸变与变形，需要工装辅助。

电子束淬火与激光相比，具有能量利用率高、能量透入深度小、设备运转成本较低的优点。然而电子束淬火须在真空条件下进行，因此加工的工件尺寸会受到一些限制。电子束淬火常用于 V 形件、空心件和精密齿轮表面的淬火处理。

表面热处理还包括改变材料表面化学成分的化学热处理。化学热处理是将工件放在含碳、氮或其它合金元素的介质(气体、液体、固体)中加热，保温较长时间，从而使工件表层渗入碳、氮、硼和铬等元素。渗入元素后，有时还要进行其它热处理工艺如淬火及回火。化学热处理的主要方法包括渗碳、渗氮、渗硫、碳氮共渗、渗硼、渗铝、渗硅、渗铬等。

先进表面工程技术是当代科学技术、真空技术的重要交叉领域，是现代先进制造业的前沿技术之一，各种新兴技术层出不穷、不一而足。总的来说，各种表面处理技术在大到国民经济、工业生产，小到人民生活的各个领域应用得越来越广泛，并向着能全面满足工业化长期稳定生产、高产出率、节能、节材、生态、环保、可再生利用、低成本的方向发展。利用先进的表面工程技术，能迅速形成规模化的高新技术产业，对经济发展起到巨大的推动作用。

8.4 热喷涂工程技术

本节将以热喷涂为例说明表面处理的工艺技术流程及注意事项。热喷涂工程是指根据被涂覆工件的服役条件和对涂层的使用性能要求，选择合适的热喷涂工艺技术和涂层材料，通过工艺试验确定适宜的工艺规范，而后依次按预处理、喷涂和后处理工序进行施工，获得经检测合格的热喷涂涂层的系统工程。通常，热喷涂工程由保证涂层-基体结合牢固的预处理、在工件表面形成涂层的热喷涂施工，以及改善涂层特性的后处理与加工工程这不可或缺的三部分组成。热喷涂工程技术流程如图 8-1 所示。根据工件基体材料、涂层材料以及使用性能和服役条件的不同，图 8-1 中所示工序也有所增减。

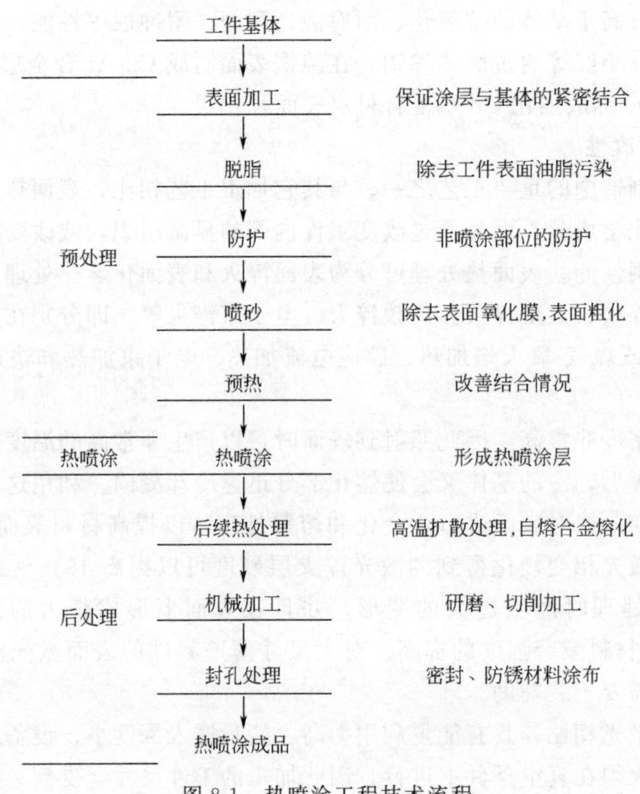

图 8-1 热喷涂工程技术流程

8.4.1 预处理

预处理是获得与基体结合牢固的热喷涂涂层的关键工艺技术。热喷涂涂层质量与预处理的正确施行与否密切相关。热喷涂施工前必须对工件(基材)表面进行预处理。预处理的重要工序包括脱脂处理和喷砂处理。在工件(基材)为金属或合金的场合，必须去除表面的氧化膜，即除锈。为保证涂层厚度，可以对工件表面进行预先切削加工，这对不规则磨损表面的修复而言是不可缺少的工序。

(1) 脱脂

涂层与基材界面存在油脂类污染物或氧化物、锈蚀产物会严重削弱涂层的界面结合强度。基材表面脱脂方法包括溶剂浸渍法、擦拭法、喷雾法、蒸汽处理法等。也可以使用火焰或等离子焰灼烧分解油脂的方法。其中溶剂浸渍法使用较为广泛。常用溶剂以汽油、碳酸钠等为主，配合表面活性剂、碱性清洗剂则使用效果较好。脱脂质量的好坏直接决定着热喷涂工程的成败，脱脂不完全会削弱涂层-基体界面结合强度，严重的会直接导致热喷涂涂层脱落。

（2）喷砂

要对工件表面进行粗化处理和除去表面氧化膜、锈蚀产物等，就必须进行喷砂处理。喷砂处理是以尖锐的多棱角细砂在压缩空气流或离心力作用下冲击工件表面，同时对工件表面进行微切削，得到粗糙表面的过程。粗化处理的目的和脱脂目的相同，都是提高涂层-基体之间的界面结合强度。多数场合下，热喷涂层-基体之间的结合机理为机械结合。熔融高速粒子冲击粗化处理的凸凹不平的工件表面，形成变形粒子与凸凹表面微观上相互嵌合的结构，从而形成牢固的机械结合。

喷砂处理所使用的细砂有钢砂、激冷铸铁砂、刚玉砂(白刚玉、棕刚玉)、碳化硅砂、石英砂、铜矿渣、玻璃球、树脂球等。根据被喷涂工件的硬度选择合适的喷砂种类。对高硬度工件要采用刚玉砂或碳化硅砂、钢砂、激冷铸铁砂等，对有色金属选用低硬度的铜矿渣、玻璃球、树脂球等。要根据工件大小、厚度，选择适宜的粒度。薄壁工件要选用小粒度的。常用的喷砂粒度范围为 20～80 目(0.84mm～0.177mm)。重复使用砂粒时，要及时筛除粉碎的粉末状砂粒。适宜的金属喷砂表面为银灰色。考虑成本因素和环境保护、劳动保护等因素，不宜采用开放式喷砂处理，要尽量避免使用石英砂。提倡采用循环式喷砂设备，可减轻环境污染、保护劳动者健康和降低施工成本。

图 8-2 为 20 钢表面经棕刚玉喷砂处理后的形貌，可以看出尖锐棱角状棕刚玉在 20 钢表面留下的三角形压痕和显微切削痕迹，也有少量残留砂粒镶嵌在金属基体的情况存在。残留砂粒损害涂层-基体界面结合强度。选择合适的喷砂角度可以减少残留砂粒的存在，常用的喷砂角度为 70°～80°。

对金属及其合金而言，喷砂处理后因材料表面积增大及表面活性增强，材料表面容易吸湿及氧化生锈，因此喷砂处理后要及时进行热喷涂施工，一般时间间隔不能超过 2～4h。喷砂处理时要对不进行喷涂施工的部位进行保护，常用捆扎或黏结金属薄板、橡胶皮、玻璃纤维布等进行保护。

8.4.2 热喷涂技术

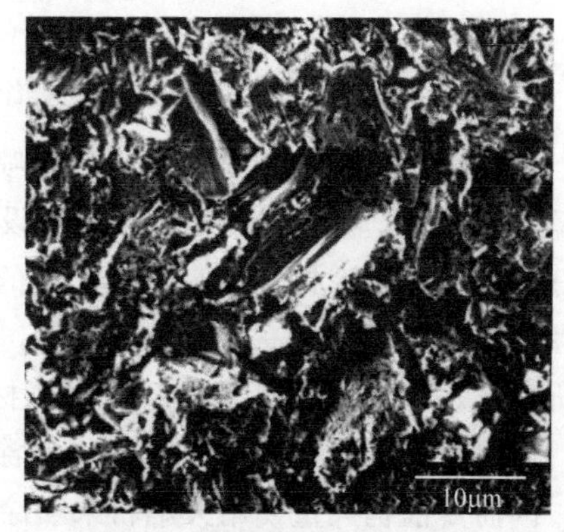

图 8-2 低碳钢（20 钢）表面经棕刚玉喷砂处理后的形貌

在经过预处理且质量合格的工件表面进行热喷涂施工，是获得满足所需性能涂层的关键工序。如前所述，热喷涂过程由以下 4 个阶段组成：①高温高速气流的产生；②向高温高速气流中供给涂层原材料；③气流中粒子加速、加热熔融；④熔融粒子冲击工件表面，凝固、沉积形成热喷涂涂层。

高温高速气流的产生方法有利用可燃烧气体和电能等方法。供给的原材料有粉末材料、丝状或棒状材料。当所供给原材料为丝状或棒状时，还有一个高温高速气流将熔融材料雾化成小颗粒的过程。

(1) 火焰喷涂

火焰喷涂(flame spraying)是利用燃气(乙炔、丙烷等)及助燃气体(氧)混合燃烧作为热源，喷涂粉末从料斗通过，随着输送气体在喷嘴出口处遇到燃烧的火焰被加热熔化，并随着焰流喷射在零件表面上，形成火焰粉末喷涂工艺，如图 8-3(a)所示。若喷涂材料以丝状或棒状从喷枪的中心送出，经过燃烧的火焰被加热熔化，所形成的熔滴又被周围的压缩空气雾化，随着焰流喷射在零件表面，则形成了火焰丝(棒)材喷涂[见图 8-3(b)、(c)]。

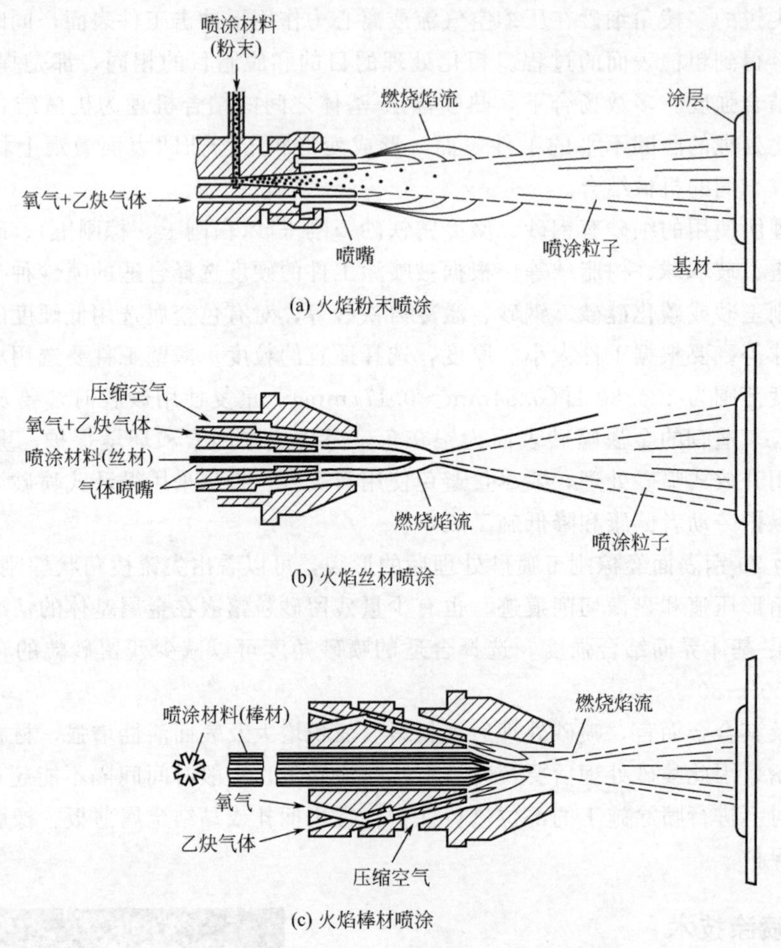

图 8-3 火焰粉末、丝材和棒材喷涂示意图

火焰喷涂具有很多优点，它可以喷涂各种金属、非金属陶瓷及热塑性塑料、尼龙等材料，应用非常广泛灵活；喷涂使用的设备轻便简单、可移动，价格低于其它喷涂设备；经济性好；是目前喷涂技术中使用较广泛的一种工艺。其火焰中心最高温度为 3000℃，多为氧化性气氛，所以对于一些高熔点材料，以及要求涂层致密及易氧化的喷涂材料，在使用上要有所考虑。火焰喷涂中，由于丝(棒)材的喷涂效率高于粉末喷涂，在工程上占有一定的地位，但因其喷出的熔滴大小不均，使涂层的结构亦不均匀，且拉丝造棒的成型工艺受到限制，因而目前仍大量使用火焰粉末喷涂。

火焰喷涂设备系统的组成为：喷枪、气瓶(氧气、乙炔气，若无乙炔瓶，则可用乙炔发生器)、控制台(控制气体比例、点火、送粉)、送粉器。在系统的连接管路中，必须加入回火防止器以保障安全生产。

近年来，火焰喷涂技术发展很快，对有些要求耐腐蚀性强、使用条件苛刻的化工设备和容器，金属喷涂层因有微孔所以是不适宜的。故使用温度在80℃(或120℃)以下的零件防腐，采用粉末喷涂为好，它设备简单、便宜，操作简便，常被应用于化工、印染、食品机械等大件防腐，又因其涂层表面光滑美观、色彩鲜艳，亦可用作装饰材料等。此种喷涂还改变了以往的流化床式及静电喷塑的传统工艺，无需将预涂好的塑料放入炉内加热固化，因此可免受零件尺寸的限制。喷涂时可以整体表面喷涂，也可作局部修饰与修补。

(2) 爆炸喷涂

爆炸喷涂(detonation flame spraying)是将氧气及乙炔气或丙烷气按一定的比例混合，点燃产生爆炸能量，使混入的粉末材料熔融并被加速冲出枪口，撞击在零件表面形成涂层，每爆炸喷射一次，随即有一股脉冲氮气流清洗枪管。它的最高粉末颗粒速度可达800m·s^{-1}，最高温度达3000℃以上。由于产生爆炸，它的噪声很大，已超过150dB。

爆炸喷涂的最大特点是涂层非常致密，气孔率很低(1%～2%)，与零件基体金属结合性强，表面平整。它可用于喷涂金属、金属陶瓷及陶瓷材料。虽然它具有很多优点，但仍因设备价格高、噪声大，属氧化性气氛等原因，所以在国内外使用还不广泛。其设备组成为：喷枪、气瓶(氧、乙炔或丙烷)、控制台。喷枪为固定式，体积较大，放在隔离室内工作。爆炸喷涂的工艺参数如表8-2所示，其喷涂过程和装置示意图如图8-4所示。

表8-2 爆炸喷涂的工艺参数

指标	参数	
点火次数(爆炸频率)/(次/s)	4～6,2～10	
枪管长度/mm	600～1200	
枪管内径/mm	21～25	
涂层厚度(每次)/μm	3～10,5～30	
工作气体	燃气	乙炔、丙烷、丁烷、氢气
	助燃气	氧气
	清洗气	氮气或空气
	送粉气	氮气或空气
爆炸气体比例(燃气∶氧气∶氮气)	1∶1.4∶0.3	
爆炸气体流量/(m^3·h^{-1})	5～6	

(3) 电弧喷涂

电弧喷涂(arc spraying)是将两根金属丝端部送到某一点，在两丝端部间加以持续直流(或交流)电弧使丝材熔化，再用压缩空气穿过电弧和熔化的液滴使之雾化，以一定的速度喷向基体(零件)表面而形成连续的涂层，原理如图8-5所示。

在电弧喷涂的过程中，雾化的颗粒速度最高可达180～335m·s^{-1}，电弧最高温度可达5000℃。它的优点是：喷涂效率高(相对其它喷涂工艺而言)；又因在形成液滴时，不需要多种参数进行配合，所以质量易保证；其涂层结合强度高于一般火焰喷涂；能源利用率高(相对等离子喷涂而言)；设备投资低；对各种金属材料都能喷涂，如锌、铝、巴氏合金、青铜、钢、镍铬合金、钼等。它大量应用于防腐、耐磨等工程。近年来电弧喷涂发展较快，除一般在大气下喷涂的技术外，又出现了真空电弧喷涂、燃气电弧喷涂和高速电弧喷涂技术。

电弧喷涂的主要特点是：①设备价格低，生产成本低，生产效率高；②占地面积小，容易操作；③适用于熔点不高的金属材料，采用实心丝或填充不同粉末的管丝；④有较高的涂层结合强度。

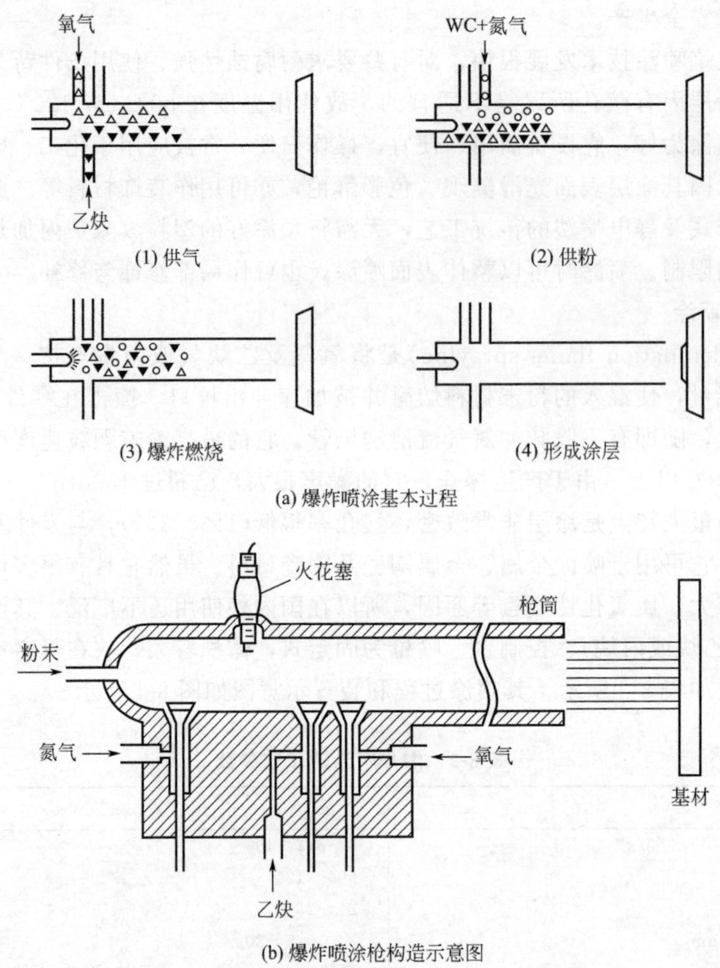

图 8-4　爆炸喷涂过程及爆炸喷涂枪构造示意图

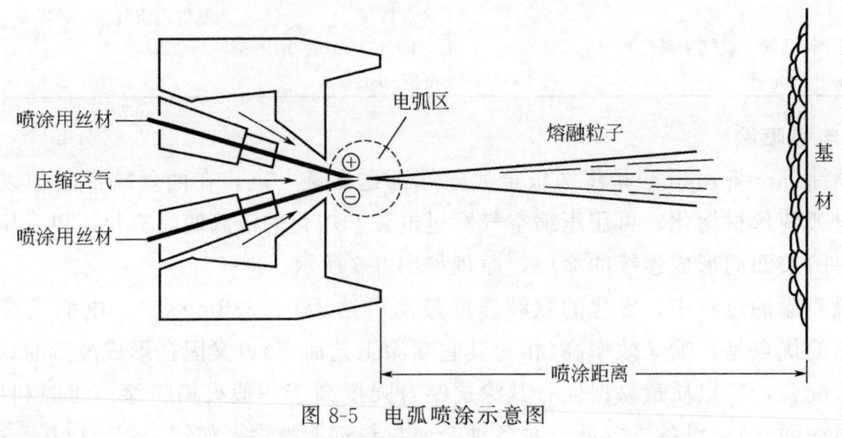

图 8-5　电弧喷涂示意图

层结合强度。

（4）等离子喷涂

高温等离子体是继气体、液体、固体三态物质之后的第四态物质。图 8-6 是物质四态变化中物质结构和状态变化所需要能量示意图。可以看出，要获得等离子体需要消耗更多的能量。

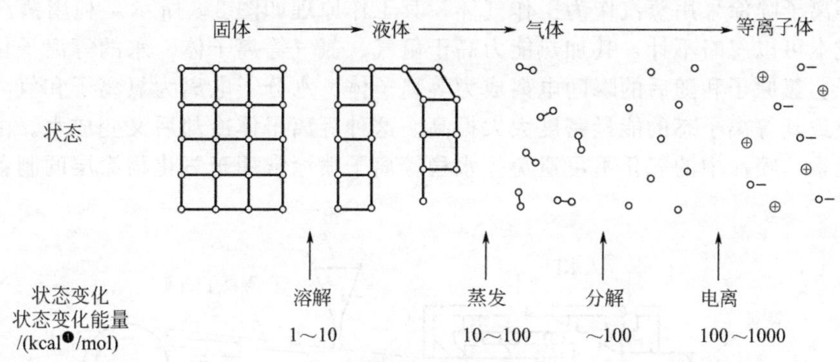

图 8-6 物质的四态变化

等离子喷涂(plasma spraying)原理如图 8-7 所示。它的产生方法是将惰性气体(N_2、Ar、He 等)通过喷枪体的正负两极间的直流电弧中，被加热激活后产生了电离而形成等离子弧流。由于复杂的物理作用，等离子弧流的温度非常高，通常可达 10000℃以上，当粉末材料被径向送入等离子体焰流后，立即被熔化、被高速喷射到预先处理好的零件表面上形成了涂层。其粉末颗粒的速度可达 $487m\cdot s^{-1}$ 以上。

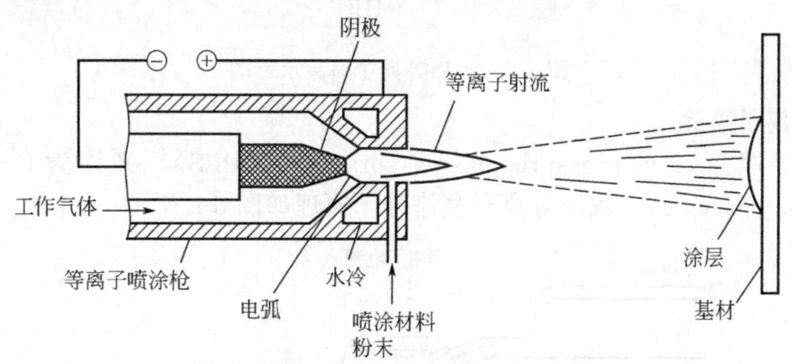

图 8-7 等离子喷涂原理

在等离子喷涂过程中，送粉方式可分为内送粉与外送粉两种。内送粉时材料熔化所需的功率比外送粉小，但粉末易在喷嘴端部附着与堆积；外送粉则因等离子弧流(又称射流)的湍流作用而不易控制。

等离子弧又可分为转移弧与非转移弧两种。转移弧是使被喷零件的基体带电呈阳性，使粉末或线材被引出喷嘴直接射向基材表面，犹如粉末焊在零件表面，形成一层熔池，冷却凝固后与基材形成完全的冶金结合，但基材受热影响大，易产生变形。而非转移弧的基材不带电，受热影响小，不易产生变形，喷在表面形成的涂层与基体之间属于机械性结合。

等离子喷涂由于能产生特别高的温度，所以可以喷涂任何一种可熔材料。

等离子喷涂的设备种类很多，功率有 20～200kW。按产生等离子体的离化介质分类，有惰性气体(氮气、氩气、氦气等)、空气及水稳定介质；按喷涂环境分类，有大气气氛、充保护气(氩气等)、低真空、水下；按设备固定方式分类，有固定式及可移动式。除此之外，还有超声速等离子喷涂。

❶ 1kcal＝1000cal。cal，即卡路里，1cal＝4.18J。

1）水稳等离子喷涂

水稳等离子喷涂采用蒸汽作为工作气体，其工作原理如图 8-8 所示。利用蒸汽作为工作气体，其成本可以忽略不计，其加热能力高于氩气、氮气等离子体。水的等离子化经历水分解为氧原子、氢原子和随后的瞬间电离成为等离子体。水分子电离为氧离子和氢离子需要较高能量，导致其等离子态的能量密度大大提高。这种等离子体冷却后又变成水。由于氧是强烈反应性元素，喷涂中的氧化不可避免。水稳等离子喷涂常用于氧化物涂层的制备。

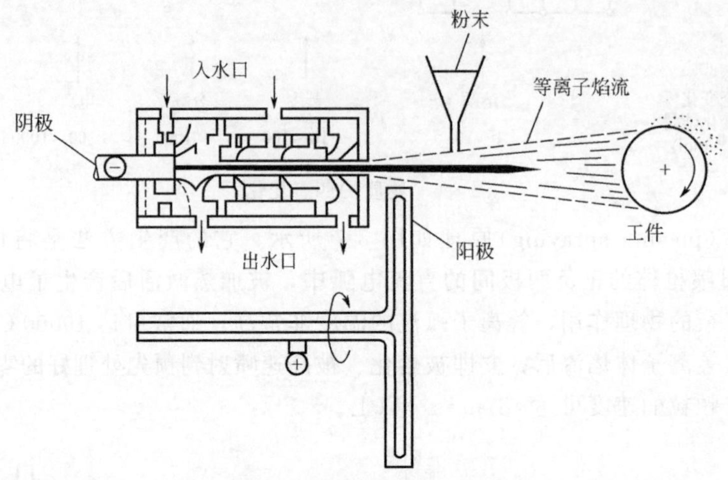

图 8-8　水稳等离子喷涂示意图

2）低压等离子喷涂

低压等离子喷涂（low pressure plasma spraying，LPPS），又称为真空等离子喷涂（vacuum plasma spraying）、减压等离子喷涂等，原理如图 8-9 所示。

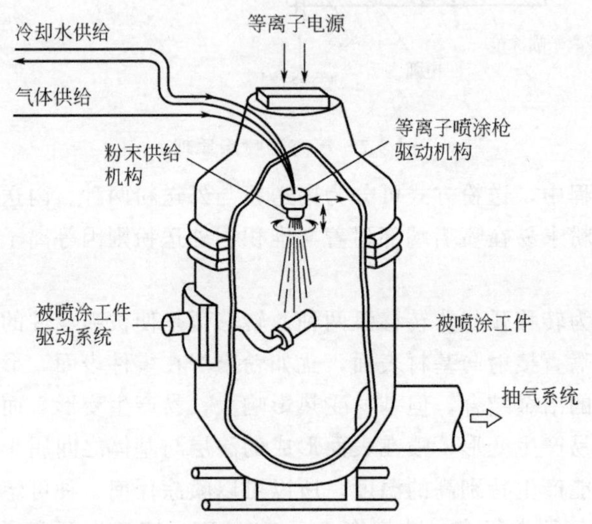

图 8-9　低压等离子喷涂示意图

低压等离子喷涂系统包括：真空室（一般直径为 1.5～2.5m，室中的工件可以有 6 个自由度驱动机构）、喷枪、计算机程控系统、万能送粉器、热交换器。真空室内的真空度为 6.67～26.67kPa 或充氩气保护。低压等离子喷涂有以下特点：

① 由于是在低氧化性气氛中进行喷涂，涂层受氧化污染小，含杂质也少，故涂层的质量优于大气环境下喷涂涂层。其对于氧敏感的材料如钛、钽、铌等而言是理想的喷涂环境。

② 由于低压，等离子弧焰长，比常压下长近1倍；且因压差大，射流的加速度也大，所以粉末受热区域长，熔化充分，颗粒的速度提高；同时反向的转移弧可使工件表面的氧化物进一步得以清理，露出活性的金属表面，喷涂后的涂层再经进一步的扩散热处理之后，可以得到半冶金性质的结合。

③ 由于低压等离子喷涂是在真空室内进行，所以减少了对周围环境的污染；且噪声小，自动化程度高，有利于操作者健康。

④ 由于是计算机程控自动操作，故涂层的工艺参数重复性好，涂层生产性能稳定；且能借助人工智能(AI)和大数据优选出最佳工艺参数，提高了涂层质量。

⑤ 对于先进的航空发动机上的定向凝固叶片，必须采用MCrAlY层进行高温腐蚀防护，低压等离子喷涂工艺与其它的工艺(如溅射离子镀、物理气相沉积等)相比显示出了它的优越性。它对于其它易氧化敏感的金属材料如防止脱碳的碳化物材料的喷涂也有其独特的优势。

8.4.3 后处理

为进一步提高涂层-基体的结合强度和致密度，改善涂层内的结合强度，消除涂层中孔隙、气孔等的不良影响，在热喷涂施工完成以后通常要对涂层进行一系列后续处理。这些后处理包括涂层重熔处理、扩散热处理、封孔处理等。

(1) 重熔处理

对镍基合金、镍铬合金和钴基合金，添加一定量的硼、硅等合金元素以后，合金喷涂以后形成的涂层经相对较低的温度加热，可以熔化得到共晶合金组织。由于其熔点较低，这种合金称为自熔合金。用自熔合金制备的热喷涂涂层可以进行重熔处理。

熔融状态下硼、硅等合金元素与熔化合金中的氧有较强的结合力，分别形成硼酸盐和硅酸盐进入上浮渣中而起到脱氧作用。经过重熔处理后，涂层中的气孔消失，成为不含金属氧化物的清洁合金涂层，涂层-基材界面结合强度显著提高。一般来说，由于自熔合金塑性较低，热膨胀系数大，冷却后要防止涂层开裂和从基材剥落。经重熔处理的热喷涂涂层表面光滑，耐腐蚀性强，抵抗冲击能力高。常用的重熔温度为1000℃左右，可以采用氧-乙炔火焰加热熔化，故又称为喷熔。在热喷涂后立即进行重熔处理可以节约能量，在经济上有利。加热温度越高，涂层熔化部分的流动性越强，越容易造成涂层厚薄不均等缺陷。

自熔合金涂层重熔后，涂层将有20%的收缩，重熔的温度是根据合金的熔化温度(如镍基自熔合金熔点，一般在1000～1100℃左右)，把它加热至固相线与液相线之间的温度。实际操作中，见到涂层颜色突然产生反光即可。重熔的方法中，最普通的是采用火焰重熔(氧乙炔或氧丙烷火焰)，火焰重熔枪的功率比较大。需要注意的是重熔前对有些基体金属必须进行预热，且要预热透，如高碳钢要预热到315℃左右。重熔时要掌握好移动的速度，慢到使重熔区有足够的加热重叠，快到防止下凹。同时，重熔之后应缓冷，防止裂纹产生。除火焰重熔枪之外，还有采用高频重熔设备进行重熔的(如汽车增压发动机排气阀密封面的自熔合金的重熔)，也有在炉内进行重熔的，加热温度、冷却、气氛可控制，适用于平板组件、不规则形零件、薄涂层零件。

激光束作为热源加热或重熔涂层，可使涂层中的微气孔、微裂纹消除，表面光滑，与零件基体表面形成冶金结合，提高了涂层的抗磨损与耐腐蚀性能。它所具有与一般重熔(火焰或等离子重熔)不同的地方是在基体黏结区域内，薄层的熔化与浸渗可以不熔化基体表面。

激光处理的方法只适于小型零件或研究试验用，不适于大尺寸零件大批量生产使用，尤其不适用于形状复杂的薄壁零件的重熔处理。

除了上述的各种涂层重熔后处理的方法之外，还可采用浸渗的办法，即使用低温焊料如铝、锡、银、铜等，在高温高真空下以毛细管作用渗入涂层孔隙，改善涂层的性能。这种喷后处理法使用较少，亦不适于大面积零件使用。

(2) 后续加热处理

后续加热处理包括高温扩散处理以提高涂层结合强度，消除涂层内应力的退火处理，小型零件涂层的热等静压处理等。

1) 高温扩散处理

高温扩散处理，是使涂层的合金元素在一定温度下原子激活，向基材表面层内扩散，以达到涂层与基体之间形成半冶金结合的一种处理方法。如航空发动机的定向凝固叶片防护涂层，就是用低压等离子喷涂 MCrAlY 涂层之后，在约 1200℃的高温真空下扩散处理，在叶片基材的表面存集了涂层的各个元素，不但增加了涂层与叶片界面的结合强度，同时也提高了叶片的高温耐腐蚀的能力。

2) 热等静压处理

热等静压处理，又称为 HIP 处理。它是将带涂层的零件放入高压容器中，充入氩气后，加压加温的一种处理方法。它能使涂层及零件基体金属内存在的缺陷如气孔、铸件缩孔、裂纹等受热受压后得到消除及改善，进而提高了涂层的质量及强度。因为容器的体积小，还不适合对稍大尺寸零件处理，且生产效率低，设备费用又高，所以它只适用于高精尖及高价值小零件的处理。

(3) 封孔处理

热喷涂涂层均存在不同程度的气孔。一般金属涂层的气孔率(又称为孔隙率)为 1%～8%；陶瓷涂层可达 13%左右。这种孔隙呈开口状态(孔隙由涂层内部通向涂层表面外)及闭口状态(在涂层内部分散存在)。这种开孔对于一些零件所需要的防腐蚀功能的防护是很不利的，腐蚀性的工作气体或液体在零件工作时就会通过涂层渗入零件基体，影响了零件的工作寿命。对于具有导电或绝缘功能的涂层来说，腐蚀介质的渗入改变了性能。有的涂层材料为铝、锌，由于孔隙的存在，表面积增大，加速了涂层自身在腐蚀介质中的消溶。因此，对于孔隙的密封是非常必要的。表 8-3 为常见热喷涂层使用的封孔剂种类。

表 8-3 常用封孔剂种类及其使用

用途	封孔剂
钢铁基体、铝、锌涂层防腐蚀密封	聚氯乙烯树脂、酚醛树脂、改性环氧树脂和聚氨酯树脂
金属基体高温(＜480℃)抗氧化气氛	硅树脂
陶瓷涂层低温(100～290℃)	惰性石蜡或液态酚醛树脂、环氧树脂
陶瓷涂层(＜480℃)	硅树脂
铝和镍铬合金涂层(870℃)	含铝煤焦油
淡水或海水防蚀	煤焦油、环氧树脂

① 机械密封。机械密封是对硬度低的软金属采取机械密封，对涂层进行碾压或喷丸的方法，依赖涂层自身变形来缩小孔隙及堵塞开口孔隙。

② 重熔处理。重熔处理就是使涂层再次熔化，消除大多数的孔隙，提高致密度。对于自熔合金，经过重熔可以把氧化物经造渣而去除，所以这种后处理是必要的。

③ 涂料涂敷。采用黏度小、非快干的涂料，如聚氯乙烯、环氧树脂等，将其直接涂在清洁与干燥的涂层表面上，涂料渗入涂层的气孔和裂缝中，经过自然干燥或固化热处理(一般160～200℃)，以达到涂层封孔的目的。

④ 高温无机密封剂封孔处理。这是一种新的、渗透性好的高温(1000℃以上)使用无机密封剂。通过特殊的工艺，使涂层中的孔隙内充满了耐高温、耐腐蚀的陶瓷相一氧化铝或氧化硅。由于陶瓷相的熔点高，所以封闭处理后的涂层零件可在高温条件下长期工作，耐蚀性强且耐磨。

(4) 机械加工

由于零件热喷涂层的尺寸精度和表面粗糙度一般都远远达不到零件图所规定的质量要求，所以必须进行表面涂层机械加工。热喷涂层普遍具有高硬度、高耐磨性的特点，从而给机械加工带来了较大的困难。喷涂层材料与普通金属材料有所不同，喷涂层的加工在切削机理和加工工艺等方面都有其特点，因此不能用加工普通金属的方法对喷涂层进行加工。

1) 热喷涂层机械加工基本规律

一般来讲，热喷涂层硬度大多在20～65HRC之间。很多合金粉末中含有镍、钴、铬等金属元素和硼、硅、碳等非金属元素，在喷涂后表面形成了具有一定塑性和韧性的固溶体基体，在这些固溶体基体上分布着大量的碳、硼化合物、氧化物以及金属间化合物等硬质相，还有一定数量的由固溶体和化合物组成的共晶体。而固溶体又因能溶入一定量的铬、硅等元素产生固溶强化，所以固溶体的硬度还随这些溶入元素的数量而异。喷涂层的结构还具有一个明显的特点，即多孔性。它的金相组织特点是在具有基本组成相的每微薄叠片的边界上，分布着高硬度的氧化物。正是由于喷涂层的组织具有上述特性，所以涂层加工机理与普通金属相比具有其固有的特性和规律。热喷涂层机械加工切削基本规律如下。

① 虽然某些合金涂层的硬度并不是很高，但因为固溶体组织具有较多的滑移系统，易产生塑性变形，所以在切削加工时在塑性变形区晶格滑移严重，从而产生冷作硬化，致使切削力增大。

② 由于大量弥散的高硬度硬质点如碳化物、硼化物、碳硼复合化合物及金属间化合物的存在及涂层组织的稳定性，高温时仍保持相当高的硬度，因此，在切削过程中刀具极易磨损。

③ 固溶体导热性差，且喷涂层具有的多孔性使其导热性能更加恶化。切削时由于固溶体塑性变形较大，切削抗力增加，刀具与工具间存在着剧烈的摩擦，产生大量的切削热且难以扩散，加上涂层的加工余量很小，为了提高表面加工质量，采用小的走刀量和切削深度，这就使切削热集中在刀具刃口附近很小的区域内，即在刀尖附近，从而造成刀具所承受的热应力过大，加速了刀具的磨损和非正常破坏。

④ 多孔与弥散分布硬质点的组织特点，使刀具在切削过程中经常受到高频冲击振动，由此造成刀具极易产生崩刃甚至断裂现象。

2）热喷涂层机械加工特性

由于热喷涂层具有上述组织特性和切削过程反映出的内在规律性，其加工结果必然呈现出与之相应的外在特性：

① 热喷涂层的表面粗糙度很高，且气孔、硬质相造成的切削力呈波动状态，即上述的冲击振动较大，这就对加工工艺系统的刚性提出了较高的要求。若机床和刀具的刚性不足，刀具或砂轮就极易产生崩刃或非正常磨损。

② 由于热喷涂层与基体的结合强度不高，当切削力较大，特别是由于冲击振动产生的附加惯性力超过一定限度时，涂层易剥落，因此宜采用低进给量切削。

③ 在对热喷涂涂层进行切削或磨削加工时，由于切削或磨削温度较高，特别是在冷却不足时表面容易被烧损或产生裂纹，影响了涂层使用寿命。

下面以用 YC09 车刀切削镍基合金 Ni60 氧-乙炔火焰喷熔层为例，说明合金涂层的切削基本规律与加工特性：

Ni60(Ni-15Fe-15Cr-3.5B-3.5Si-0.8C)喷熔层硬度为 56～60HRC，相对 45 钢的平均耐磨性系数为 2～3。对于这种高硬度、高耐磨性的涂层，用普通硬质合金刀具是无法加工的，即使选用超硬材料刀具仍然磨损率很高，耐磨性很低。

切削 Ni60 涂层时，在切削速度 $v>25\mathrm{m\cdot min^{-1}}$ 的条件下可看见暗红色的切屑，这说明此涂层因导热性差故切削温度很高。采用红外摄像法测温并通过计算机图像处理测量刀具温度场，发现在同样的切削速度下，切削 Ni60 喷熔层的温度远比切削 45 淬火钢的温度高，这也是刀具耐用度低的主要原因。

Ni60 喷熔层对 YC09 刀具具有较强的黏结倾向。通过扫描电镜和能谱分析发现，在诸多的磨损形式中，元素扩散磨损和热磨损是其主要磨损形式。

8.4.4 热喷涂材料及涂层设计

（1）热喷涂材料

热喷涂材料作为制备涂层的原始材料，在很大程度上决定了涂层的物理和化学性能，同时又必须满足热喷涂工艺的要求。因此，热喷涂技术的应用和发展与热喷涂材料紧密联系在一起，互相促进。

热喷涂材料的显著特点是广泛性和可复合性。凡在高温下不挥发、不升华、不分解、可熔融的固态材料均可用于喷涂，其中包括品种繁多的金属、陶瓷、塑料等。还可将不同性质的材料通过不同方式组合成复合材料用于喷涂，从而得到具有良好综合性能或特殊功能的涂层。复合材料的发展，使喷涂材料的品种可以根据需求不断研发增加。

热喷涂材料要满足涂层使用功能和热喷涂工艺要求。对于功能性要求，热喷涂材料应具有和使用环境相适应的物理、化学性能，限制不利于涂层质量的杂质含量和不受到污染，使涂层能起到防护、强化的作用或具有特殊功能。对于工艺性要求，材料应具有热稳定性，热膨胀系数和弹性模量尽可能与基材接近，线材直径或粉末粒度要控制在较精确的范围，并具有良好的可输送性。

热喷涂材料的形态分线材、棒材和粉末三大类。不同的工艺方法和喷涂装置，对线材、棒材的尺寸和粉末的粒度有具体要求。粉末材料品种繁多，由于材质和制造方法不同，粉末的形状多种多样。为使粉末有良好的固态流动性，希望粉末的形状趋于球形，可采用等离子表面修饰的方法获得高流动性的球形金属粉末用于热喷涂或 3D 打印。热喷涂粉末材料的制造方法有熔炼-雾化法，用于制造金属及其合金粉末；团聚法，适合金属-陶瓷复合粉末；熔炼-破碎法，用于制造陶瓷粉末；液相沉积或气相沉积法，用于制包覆粉等。图 8-10 为几种金属粉末的显微照片。

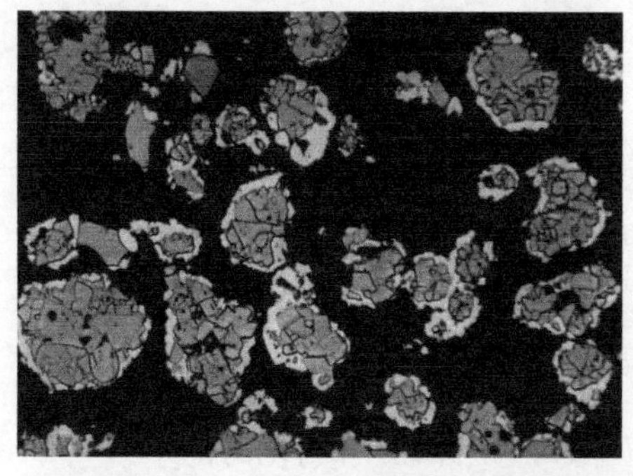

(a) 液相沉积或气相沉积法制包覆粉(Co包覆WC粉末)

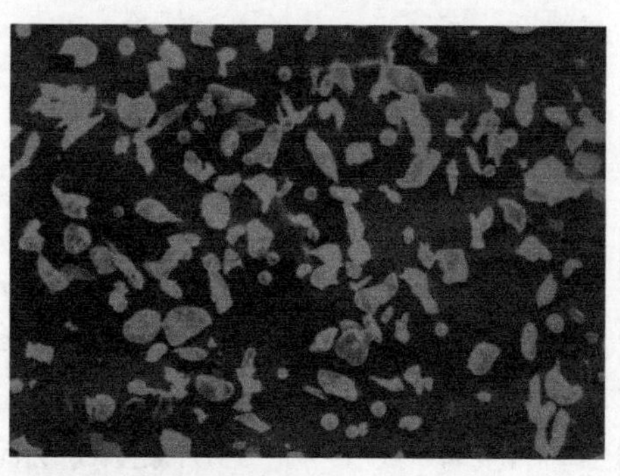

(b) 熔炼-雾化法制非球状金属粉(Al粉末)

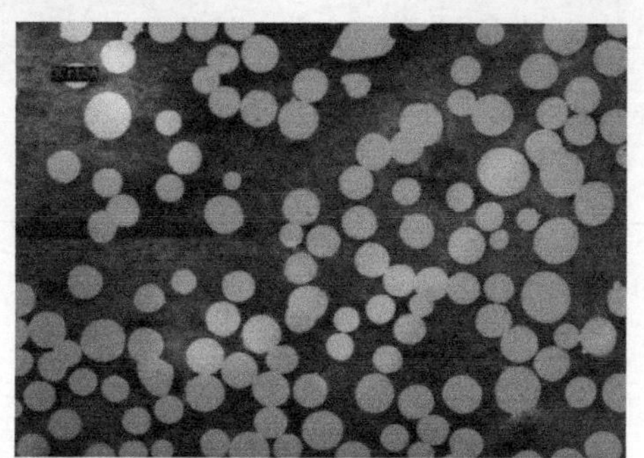

(c) 熔炼-雾化法制球状金属粉(3Cr13粉末)

图 8-10 热喷涂粉末形状

从材质上，线材、棒材和粉末可分成若干类，一般采用的分类分别列于表 8-4 热喷涂线材和棒材分类和表 8-5 热喷涂粉末材料分类。

表 8-4 热喷涂线材和棒材分类

类别	分类	品种
金属线材	有色金属	(1)纯金属：Zn、Al、Cu、Ni、Mo (2)合金：Zn-Al、Pb-Sn、Cu 合金、巴氏合金、Ni 合金
	普通钢及低合金钢	(1)碳钢 (2)低合金钢
	高合金钢	(1)不锈钢 (2)耐热钢
复合线材	金属包金属	(1)铝包镍 (2)包合金
	金属包陶瓷	(1)金属包碳化物 (2)金属包氧化物
	塑料包覆	(1)塑料包金属 (2)塑料包陶瓷
棒材	陶瓷棒材	Al_2O_3、TiO_2、Cr_2O_3、Al_2O_3-MgO、Al_2O_3-SiO_2

表 8-5 热喷涂粉末材料分类

类别	分类	品种
金属	纯金属	Sn、Pb、Zn、Al、Cu、Ni、W、Mo、Ti 等
	合金	(1)Ni 基合金:Ni-Cr、Ni-Cu (2)Co 基合金:CoCrW (3)MCrAlY 合金:NiCrAlY、CoCrAlY、FeCrAlY (4)不锈钢 (5)铁合金 (6)铜合金 (7)铝合金 (8)巴氏合金 (9)Triballoy 合金
	自熔性合金	(1)Ni 基自熔性合金:NiCrBSi、NiBSi (2)Co 基自熔性合金:CoCrWB、CoCrWBNi (3)Fe 基自熔性合金:FeNiCrBSi (4)Cu 基自熔性合金
陶瓷复合物	金属氧化物	(1)Al 系:Al_2O_3、Al_2O_3-SiO_2、Al_2O_3-MgO (2)Ti 系:TiO_2 (3)Zr 系:ZrO_2、ZrO_2-SiO_2、CaO-ZrO_2、MgO-ZrO_2、Y_2O_3-ZrO_2 (4)Cr 系:Cr_2O_3 (5)其它氧化物:BeO、SiO_2、MgO_2
	金属碳化物及硼氮、硅化物	(1)WC、W_2C (2)TiC (3)Cr_3C_2 和 $Cr_{23}C_6$ (4)B_4C、SiC
	包覆粉(液相沉积、气相沉积、电化学沉积)	(1)Ni 包 Al (2)Ni 包金属及合金 (3)Ni 包陶瓷 (4)Ni 包有机材料
	团聚粉(包覆团聚、擦筛、料浆喷干等)	(1)金属+合金 (2)金属+自熔性合金 (3)WC 或 WC-Co+金属及合金 (4)WC 或 WC-Co+自熔性合金+包覆粉 (5)氧化物+金属合金 (6)氧化物+包覆粉 (7)氧化物+氧化物
	熔炼粉及烧结粉	碳化物+自熔性合金、WC+Co
	塑料	(1)热塑性粉末:聚乙烯、尼龙、聚苯硫醚 (2)热固性粉末:环氧树脂

(2) 热喷涂材料和涂层的设计

针对一个具体的工程问题，首先应明确接受施工的工件被喷涂的部位处于什么样的工况条件，而涂层功能则是确定喷涂方法、工艺及材料的主要依据，同时还要考虑在经济上是否允许，它们之间的关系如图 8-11 所示。

涂层的多样性源于喷涂材料的多种选择、工艺参数的可控性及喷涂方法的可变性。喷涂粉末材质逾百种，线材和棒材也有数十种，不同的喷涂方法和工艺参数的变化，能使同一材质形成不尽相同的涂层。

用喷涂材料喷涂而成的涂层依据成分可以分为 10 个系列：①铁、镍和钴基涂层；②自熔合金涂层；③有色金属涂层；④氧化物陶瓷涂层；⑤碳化钨涂层；⑥碳化铬和其它碳化物涂层；⑦难熔金属涂层；⑧氧化物陶瓷涂层；⑨树脂基涂层；⑩金属陶瓷涂层。

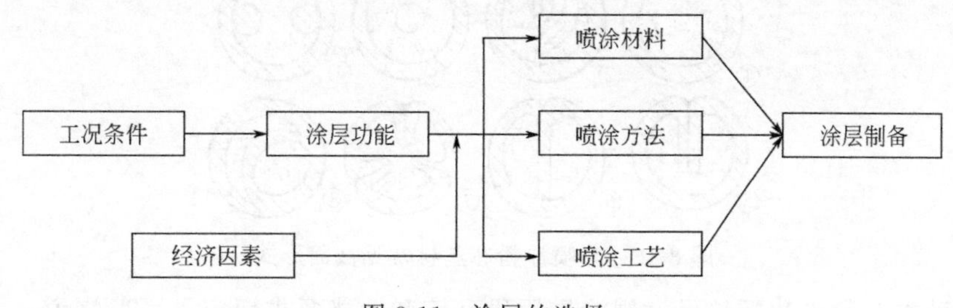

图 8-11 涂层的选择

依据 F. N. Longo 对热喷涂层的分类方法，涂层按功能可分为：

① 耐磨损涂层。它包括抗黏着磨损、表面疲劳磨损涂层和耐冲蚀涂层。其中有些情况还有抗低温(<538℃)磨损和抗高温(538～843℃)磨损涂层之分。

② 耐热抗氧化涂层。该种涂层包括高温过程（其中有氧化气氛、腐蚀性气体、高于843℃的冲蚀及热障）和熔融金属过程（其中有熔融锌、熔融铝、熔融铁和钢、熔融铜）所应用的涂层。

③ 抗大气和浸渍腐蚀涂层。大气腐蚀包括工业气氛、盐性气氛、田野气氛等造成的腐蚀；浸渍腐蚀包括饮用淡水、非饮用淡水、热淡水、盐水、化学和食品加工等造成的腐蚀。

④ 电导和电阻涂层。该种涂层用于电导、电阻和屏蔽。

⑤ 恢复尺寸涂层。该种涂层用于铁基(可切削与可磨削的碳钢和耐蚀钢)和有色金属(镍、钴、铜、铝、钛及它们的合金)制品。

⑥ 机械部件间隙控制涂层。该种涂层可磨严密封。

⑦ 耐化学腐蚀涂层。化学腐蚀包括各种酸、碱、盐，各种无机物和各种有机化学介质的腐蚀。

下面从热喷涂材料设计、涂层设计，以及常用耐磨、耐蚀、耐高温涂层等方面进行介绍。

1）热喷涂材料设计

用于热喷涂的材料通常有三种：

① 现有材料直接用作热喷涂材料，如早期用高碳钢丝直接修复受磨损轴类零件，将电加热材料 Fe-25Cr-6Al 用于锅炉高温部件的防护等；

② 现有材料复合使用，常见于粉末复合材料，如 NiCr 合金粉末与 Cr_3C_2 粉末复合使用制备 Cr_3C_2-NiCr 耐磨涂层，微细 Al 粉末与 Al_2O_3 粉末复合制备 Al_2O_3-Al 耐磨防滑涂层等；

③ 热喷涂新材料，即根据具体工作条件和使用性能要求重新设计的专用热喷涂材料，如用于打底的低碳马氏体粉芯丝材，自黏结 NiAl 丝材，镍基、钴基、铁基自熔合金粉末等。

热喷涂粉芯丝材作为一种热喷涂新材料，常用于电弧喷涂材料，又称管状丝材或药芯丝材。用于电弧喷涂的粉芯丝材的截面形式多种多样，图 8-12 为粉芯丝材的各种截面形式。

常用的截面形式为①和⑧，①通常采用冷拉拔成形，⑧多采用轧制成形。粉芯丝材的外皮材料一般为低强度、高塑性的金属带，常用的有低碳钢带、18-8 不锈钢带、铝带、镍带和钴带等。填充粉末由碳化物、硼化物和氧化物硬质相粉末和各种金属、合金粉末组成。硬

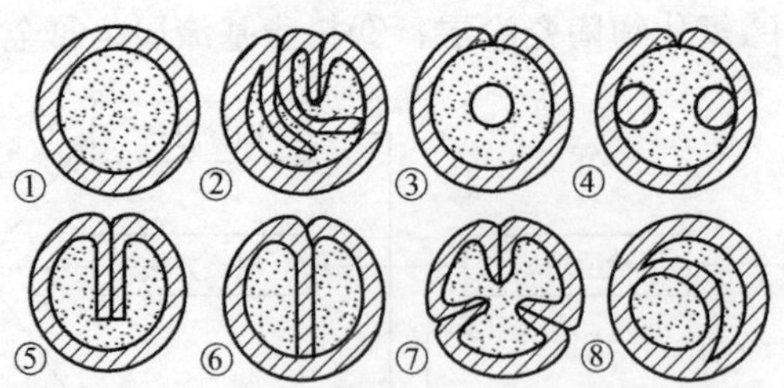

图 8-12 热喷涂粉芯丝材常见截面形式

质相粉末的种类、数量和颗粒尺寸视涂层服役环境和性能要求而定。一般来说，常用硬质相 WC 在高温下和黏结金属有良好的润湿性和相容性，具有高的弹性模量和优良导热性；缺点是电弧喷涂过程中会部分分解为 W_2C 和 C，或发生熔化与丝材外皮形成 Fe-W 合金。Cr_3C_2 的优点是抗氧化，热膨胀系数和铁基、镍基合金最相近，缺点是熔点低，易形成液相和失碳劣化为 Cr_7C_3。与 WC 和 Cr_3C_2 相比，TiC 具有高硬度、低密度和高熔点，但易氧化限制了它的应用。

热喷涂粉芯丝材的制作工艺流程类似于焊接所用的药芯焊丝，包括配粉、混粉、轧丝、拔丝、绕丝、包装等工序。其制作方法比常规丝材加工法生产周期短、调节成分容易，并且可以制造特殊功能的涂层。与实芯丝材和粉末相比，电弧喷涂粉芯丝材兼具两种材料的优点，克服了它们各自的不足，既能方便地根据涂层成分要求来调节丝材成分，以获得具有特定成分、特殊性能的涂层，同时施工方便、成本低、使用设备简单、操作方便，因此电弧喷涂粉芯丝材具有巨大的发展潜力。

粉芯丝材的制造工艺和药芯焊丝相同，其典型工艺流程如图 8-13 所示。

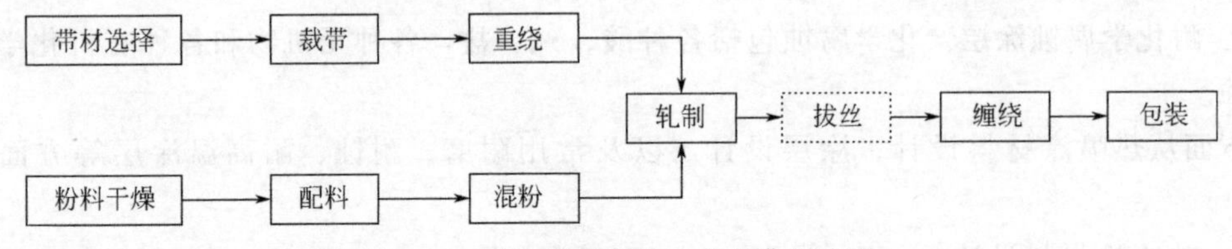

图 8-13 粉芯丝材制造工艺的典型流程

2）热喷涂涂层设计

热喷涂涂层的科学设计，一般遵循以下原则：

① 满足被涂覆零部件的使用性能要求，根据被涂覆零部件的工作环境和服役条件选择涂层类型，即首先确定是选择耐磨涂层、耐蚀涂层、耐腐蚀磨损涂层还是减摩涂层等；

② 合理选择涂层材料和热喷涂技术，根据上述要求合理选择涂层材料和热喷涂方法，要充分考虑涂层的性价比和现有热喷涂设备，在满足要求的前提下降低涂层材料成本和热喷涂成本；

③ 合理设计涂层结构，根据涂层材料特性与零部件材料特性之间的差异确定选择单一涂层结构还是两层、多层涂层结构。一般情况下，当涂层材料的线膨胀系数、弹性模量相近时多选用单一涂层结构；当两者存在一定差别，且这种差别有足以引起涂层剥落的趋势时，需要采用两层或多层涂层结构，以降低涂层-基体界面应力，防止涂层剥落。另外，当从涂层到基体存在非常大的温度梯度或应力梯度时常采用多层涂层结构或梯度涂层，如用于高温燃烧环境的热障涂层就可采用涂层成分渐变的梯度涂层。下面以电弧喷涂金属基复合材料涂层（简称 MMC 涂层）的设计为例进行介绍。

金属基复合材料是兼顾陶瓷硬质相的高硬度、耐磨损、耐高温、抗氧化和高化学稳定性等特性，以及金属的高韧性和良好可塑特性的较理想材料。用热喷涂技术制备颗粒增强MMC涂层的常用方法有粉末火焰喷涂法、等离子喷涂法、爆炸喷涂法和高速火焰喷涂法(HVOF)等。而用电弧喷涂技术制备MMC涂层则是近几年兴起的一种新方法。和上述热喷涂方法相比，电弧喷涂制备MMC涂层具有喷涂速度高、涂层化学成分和硬质相含量易调整、沉积效率高等优点，尤其适宜于现场原位大面积施工，如化工、能源、冶金和采矿工业装备耐磨部件和区域的表面涂层防护，因而日益得到人们的重视，显示出广阔的工程应用前景。

用电弧喷涂技术制备MMC涂层的原理本质上和传统电弧喷涂相同，即以高温电弧为热源，将熔化了的特殊金属丝材用高速气流雾化，并喷射到工件表面形成涂层。制备MMC涂层的特殊金属丝材为粉芯丝材，即中间填充了硬质相粉末和其它添加剂的金属丝材。电弧喷涂MMC涂层的形成过程包括粉芯丝材的熔化与雾化形成含硬质相粒子的液滴及其在高温电弧区的飞行(阶段Ⅰ)、硬质相的部分熔解与液滴的合金化(阶段Ⅱ、Ⅲ、Ⅳ)、含硬质相粒子撞击基体形成涂层(阶段Ⅴ)。其中，阶段Ⅱ～Ⅴ与等离子喷涂MMC涂层的形成过程相同[图8-14(a)]。用电弧喷涂技术制备MMC涂层的方法中除可以采用传统电弧喷涂技术以外，近来又涌现出高速电弧喷涂、燃烧电弧喷涂和复合超声速电弧喷涂等高新技术。图8-14(b)为用Sonarc技术制备的20%SiC增强Al基MMC涂层的截面组织。

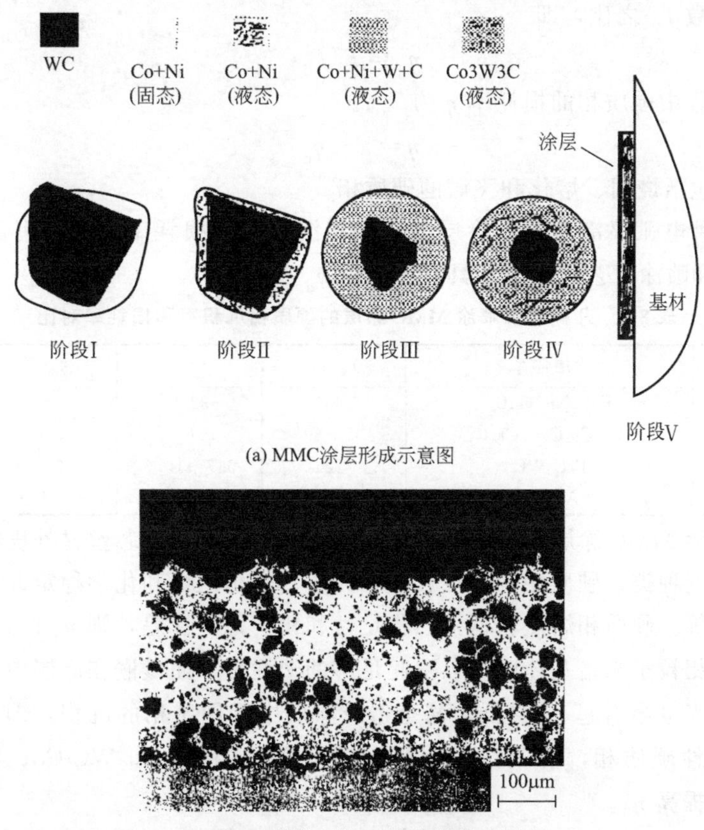

(a) MMC涂层形成示意图

(b) 20%SiC增强Al基MMC涂层的截面组织

图8-14 MMC涂层

用电弧喷涂技术制备MMC涂层的目的在于获得既耐磨损又耐腐蚀(含氧化和热腐蚀)的

高性能涂层。高的耐磨性首先要求涂层-基体具有较高的硬度，这可以通过调整原材料化学成分来获得；其次要求涂层含有数量适宜、分布相对均匀、颗粒尺寸与涂层服役环境相匹配的硬质相。涂层中硬质相的形成有两种途径：①通过电弧喷涂的冶金反应形成。一般认为，电弧喷涂的冶金反应主要发生在丝材端部。温瑾林等和 Drzeniek 的研究表明通过电弧喷涂不含硬质相的粉芯丝材的冶金反应来获得碳化物硬质相，特别是较大颗粒的碳化物是比较困难的。Dallaire 和 Levert 通过电弧喷涂反应性粉芯丝材，获得了硬质相体积分数高达37%的 MMC 涂层。②采用预先加入一定数量硬质相粉末的粉芯丝材作为原材料，硬质相在喷涂过程中沉积在涂层中形成 MMC 涂层。和冶金反应法相比，这种方法简便易行，关键在于如何根据使用性能要求合理选择硬质相种类、颗粒尺寸和添加量，以及如何对电弧喷涂工艺进行优化，以免造成硬质相在喷涂过程中的严重氧化烧损和飞溅，降低其在涂层中的沉积率，如 Wira 等用电弧喷涂低碳钢外皮包覆 WC 粉芯丝材，获得了 WC 体积分数为 5.7%～10.6% 的 MMC 涂层，WC 的沉积率约为 20%～50%。常温耐磨 MMC 涂层基体金属多采用 FeC 或 FeCrC 合金，高温耐磨耐蚀 MMC 涂层基体多为 FeCrAl、FeCrNi、NiCr 和 CoCrAlY 合金。常用的硬质相粉末材料有 WC、Cr_3C_2、TiC、Al_2O_3 和 Cr_2O_3 等。

此外，在设计电弧喷涂 MMC 涂层时还要考虑硬质相在涂层上的沉积率、硬质相的氧化和分解、涂层-基体界面结合强度等因素。

硬质相在颗粒增强 MMC 涂层中的沉积率指的是涂层中的硬质相体积分数 f 与丝材中的硬质相体积分数 f_0 之比，即

$$\eta_d = f/f_0$$

电弧喷涂过程中硬质相的损耗率 η 为

$$\eta = 1 - \eta_d$$

式中，η 中包括烧损、熔化和飞溅的硬质相。

表 8-6 为几种电弧喷涂 MMC 涂层的硬质相沉积率和损耗率对比，可见，对于不同的 MMC 涂层体系和喷涂工艺，硬质相具有不同的 η_d 和 η。

表 8-6 几种电弧喷涂 MMC 涂层的硬质相沉积率和损耗率对比

喷涂工艺	涂层体系	f_0/%	f/%	η_d/%	η/%
电弧喷涂	FeCrNiC-TiB_2	35	32.2	92	8
电弧喷涂	FeC-(Cr_7C_3+Cr_3C_2)	35～39	0	0	100
电弧喷涂	FeC-WC	22	5.7～10.6	36～48	52～64
Sonarc	Al-SiC	10～50	8～20	40～80	20～60

影响电弧喷涂 MMC 涂层中硬质相沉积率的因素很多，如粉芯丝材外皮材料的种类、粉芯的组成、添加剂种类、硬质相的熔点、颗粒大小、热稳定性和化学稳定性、粒子速度和电弧喷涂工艺参数等。硬质相熔点较低，热稳定性和化学稳定性差，则 η_d 低；颗粒尺寸较大、速度低时，硬质相粒子撞击基体时难以引起足够的塑性变形而镶嵌在涂层中，造成 η_d 降低；电弧喷涂工艺不当也会引起 η_d 降低，甚至造成涂层中无硬质相的沉积，即 $\eta_d=0$。因而采用高熔点高稳定性硬质相，以及选用金属包覆硬质相颗粒，如 WC-Co、WC-Ni、Cr_3C_2-NiCr，可以明显提高 η_d。

硬质相的氧化与分解在热喷涂过程中是不可避免的，只是不同的热喷涂工艺其氧化分解程度不同。电弧喷涂不同于其它热喷涂，虽然电弧区范围较小，硬质相在弧区停留时间短，但弧区温度高达 5000K，极易使硬质相在高温条件下与环境气氛发生化学反应而分解，如

WC在高温下可以发生如下反应：

$$2WC \longrightarrow W_2C + C$$

$$W_2C + \frac{1}{2}O_2 \longrightarrow W_2(C,O)$$

$$W_2(C,O) \longrightarrow 2W + CO$$

常用硬质相的氧化程度与温度的关系曲线示于图8-15，可见Cr_3C_2、$TiC_{0.7}N_{0.3}$和TiC的抗氧化能力均高于WC。由Cr_3C_2、$TiC_{0.7}N_{0.3}$和TiC增强的MMC涂层具有良好的高温耐磨性和抗氧化性能，HVOF和等离子喷涂的该类涂层已经在锅炉管道表面防护中得到成功应用。

含有一定数量硬质相的MMC涂层的界面结合强度一般低于不含硬质相的涂层的结合强度，其原因在于少量硬质相随机地沉积在涂层-基体界面，削弱了涂层金属和基体金属之间的紧密结合。可采用硬质相含量渐变的MMC梯度涂层来提高和保持界面结合强度，也可采用喷涂NiAl合金、Al青铜或低碳马氏体合金黏结底层的方法来改善界面结合，提高界面结合强度。

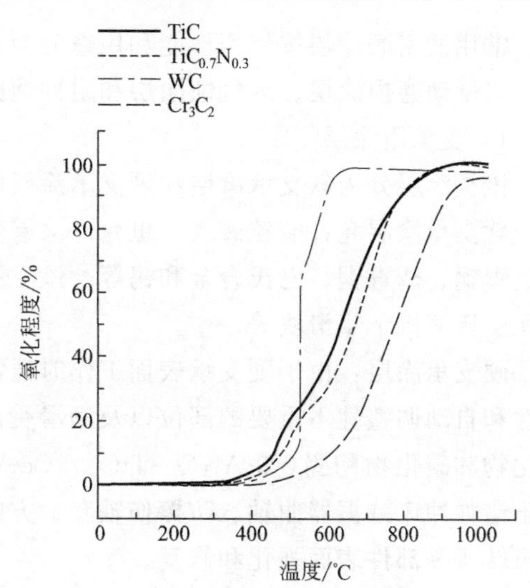

图8-15 常用硬质相的氧化程度与温度的关系曲线

(3) 耐磨涂层

热喷涂涂层中应用最早和最广泛的当属耐磨涂层，20世纪50年代，苏联广泛采用电弧喷涂高碳钢来修复磨损的汽车、拖拉机曲轴轴颈，效果显著，但存在严重的涂层材料烧损、氧化和脱碳等现象。随着火焰喷涂和电弧喷涂的快速发展，以及等离子喷涂、超声速火焰喷涂和高速电弧喷涂的不断涌现，热喷涂耐磨涂层的应用越来越广泛。目前，热喷涂耐磨涂层已经广泛应用于机械、化工、电力、冶金、采矿、航空、航天等行业关键部件制造和装备维修中。

对于耐磨损涂层，首先应明确其磨损失效类型，再根据磨损类型对涂层材料性能的要求，设计和选择涂层材料及与其相适应的涂覆技术。

不同磨损类型对涂层材料性能的要求见表8-7。

表8-7 不同磨损类型对涂层材料性能的要求

磨损类型	在磨损失效中占的比例/%	对涂层材料的性能要求
磨料磨损	50	较高的加工硬化能力，表层的硬度接近甚至超过磨料的硬度
黏着磨损	15	相接触的摩擦副材料的固态溶解度较低，表面能低，抗软化能力强
冲蚀磨损	9	小角度冲击时材料硬度要高，大角度冲击时韧性要好
腐蚀磨损	5	具有抗腐蚀和抗磨损的综合性能
高温磨损	5	具有一定的高温硬度，能形成致密且韧性好的硬氧化膜，导热性好，能迅速使热扩散
疲劳磨损	8	具有高硬度、高韧性，裂纹倾向小，不含硬的非金属夹杂物
微动磨损	8	具有高的抗低幅振动磨损的能力，能形成软的磨屑，且与配合面材料具有不相容性

耐磨料磨损涂层必须具有足够高的硬度和适当的韧性，通常涂层的显微硬度 HV_c 与磨料显微硬度 HV_e 的比值应满足 $HV_c/HV_e>0.8$。表 8-8 列出了一些磨料和涂层的硬度。

表 8-8　一些磨料和涂层组织的维氏硬度（HV）

材料	干煤	石膏	石灰	方解石	氟石	焦炭	铁矿	玻璃	烧结矿	石英	刚玉	马氏体	碳化铬	氧化铝	碳化钨	碳化矾
HV	32	36	110	140	140	200	470	500	750	900～1300	1800	500～1000	1200	2000	2400	2800

常用的耐磨涂层按使用性能和用途分为：支承用涂层、耐磨粒磨损涂层、耐硬面磨损涂层、耐微动磨损涂层、耐气蚀涂层和耐冲蚀磨损涂层等。

1）支承用涂层

该类涂层分为软支承涂层和硬支承涂层两大类。

软支承涂层允许磨粒嵌入，也允许涂层变形以调整轴承表面。喷涂材料多为有色金属，如铝青铜、磷青铜、巴氏合金和锡等。该类涂层常用于巴氏合金轴承、水压机轴套、止推轴承瓦、压缩机十字滑块等。

硬支承涂层：由于硬支承表面工作时通常承受高载荷和低速度，该类支承一般用于可嵌入性和自动调整性不重要的部位以及润滑受限的部位。喷涂材料可用镍基、铁基自熔合金，氧化物和碳化物陶瓷（如 Al_2O_3-TiO_2、Co-WC 等）以及难熔金属 Mo、Mo 加自熔合金等，用于诸如冲床减振器曲轴、防擦伤轴套、方向舵轴承、涡轮轴、主动齿轮轴颈、活塞杯、燃料泵转子等部件表面强化和修复。

2）耐磨粒磨损涂层

耐磨粒磨损涂层使用温度<540℃时，涂层要能经受外来磨料颗粒的划破和犁削作用，涂层的硬度应超过磨粒的硬度。涂层材料可选用自熔合金加 Mo 或 Ni-Al 混合粉、高铬不锈钢、Ni-Al 丝、T8 钢以及自熔合金加 Co-WC 混合粉。该涂层可用于泥浆泵活塞杆、抛光杆衬套、混凝土搅拌机的螺旋输送器、烟草磨碎锤、芯轴、磨光抛光夹具等。

当耐磨粒磨损涂层的使用温度在 538～843℃之间时，要求涂层在高温下有超过磨粒的硬度，还必须要有良好的抗氧化性，可采用某些铁基、镍基、钴基喷涂材料（如钴基 Cr、Ni、W 合金粉，Ni-Al 丝，奥氏体低碳不锈钢，镍、钴基自熔合金等）以及 Cr_3C_2-NiCr 金属陶瓷粉；在受冲击或振动负荷时，若温度低于 760℃，则自熔合金最好；侵蚀严重时最好采用 Cr_3C_2-NiCr；主要用于抗氧化则可采用铁、镍、钴基涂层。

3）耐硬面磨损涂层

使用温度小于 538℃，磨损是由于硬面在较软表面上滑动时，硬的凸出部分使软表面开槽而刮出物料，此物料起磨粒的作用，这种情况下要求涂层要比配对表面硬，可采用某些铁基（或镍基、钴基）喷涂材料、自熔合金、有色金属（例如加铁铝青铜）、氧化物陶瓷、碳化钨及某些难熔金属涂层材料。该涂层可用于拉丝绞盘、制动器套筒、拨叉、塞规、轧管定径穿孔器、挤压膜、导向杆、浆刀、滚筒、刀片轧碎机、纤维导向装置、成型工具、泵密封圈等。

当耐硬面磨损涂层的使用温度在 540～815℃时，由于磨损在高温下会加剧进行，所以采用某些钴基自熔合金、Ni-Al 及 Cr_3C_2 涂层材料。当温度低于 760℃且有冲击载荷时，宜选用自熔合金；温度再高宜选 Cr_3C_2-NiC 涂层；主要用于抗氧化则选 Ni-Al 等。该涂层可用于锻造工具、热破碎辊、热成型模具等。

4）耐微动磨损涂层

由于磨损通常是由不可预计的微振动引起的，所以，当使用温度＜540℃时，应选韧性较好的涂层，可用自熔合金、氧化物、碳化物金属陶瓷、某些 Ni(或 Fe、Co)基喷涂材料和有色金属等。该涂层可用于伺服马达枢轴、凸轮随动件、摇臂、气缸衬套、防气圈、导叶、螺旋桨加强杆等。

当耐微动磨损涂层的工作温度在 538～843℃时，可采用某些铁基、镍基、钴基材料及金属碳化铬陶瓷材料。该涂层可用于喷气式发动机的涡轮机气密环、气密垫圈、涡轮叶片等。

5）耐气蚀涂层

因涂层要承受液体流中的气体冲击，故要求涂层具有良好的韧性，高的耐磨性、耐流体腐蚀性，无脆性。可用 Ni 基自熔合金，含 9.5%Al、1.0%Fe 的铜合金，含 38%Ni 的铜合金，自熔合金加 Ni-Al 混合粉，316 型不锈钢，超细的 Al_2O_3，Cr_2O_3 等。且所有的涂层都应该经过密封处理。该涂层可用于水轮机叶片、耐磨环、喷头、柴油机气缸衬套等。

6）耐冲蚀磨损涂层

这些涂层要能经受尖锐的、硬颗粒引起的磨损。可以采用 Ni 基自熔合金粉、Ni 基自熔合金粉＋Cu 混合粉、高 Cr 不锈钢粉、超细 Al_2O_3 粉、纯 Cr_2O_3 粉、Al_2O_3(87%)＋TiO_2(13%)复合粉、Co-WC 复合粉。该涂层可用于抽风机、水电闸门、旋风除尘器壁等。

7）纳米结构耐磨涂层

随着纳米技术的发展，纳米复合粉体用于热喷涂制备纳米结构涂层(nanostructure coating)获得耐磨减摩性能也得到初步应用，纳米结构涂层的制备成为热喷涂技术重要的发展方向。与传统涂层相比，纳米结构涂层在强度、韧性、抗蚀、耐磨、热障、抗热疲劳等方面会有显著改善，且部分涂层可以同时具有上述多种性能。热喷涂技术是制备纳米结构涂层较好的具有发展前景的技术之一。

通常情况下，对超声速火焰喷涂(HVOF)技术而言，燃料种类(C_3H_6、C_2H_2、H_2 等)、燃气比、喷涂距离等参数对纳米颗粒的氧化程度、颗粒长大、涂层致密度、结合强度等有一定影响；对等离子喷涂技术而言，这样的参数有功率、电流电压值、等离子弧流速度、离子气和送粉气比例、送粉速度、基材温度。

纳米热喷涂涂层可分为 3 类：单一纳米材料涂层体系(纳米晶)；两种或多种纳米材料构成的复合涂层体系(纳米晶＋非晶纳米晶)；添加纳米材料的复合体系(微晶＋纳米晶)。目前大部分的研发集中在第 3 种，即在传统涂层技术基础上，喷涂纳米结构颗粒粉料，可在较低成本情况下，使涂层功能得到显著提高。

徐滨士等利用超声速等离子喷涂制备纳米结构 Al_2O_3-TiO_2、WC-Co 涂层，其中 Al_2O_3-TiO_2 纳米结构涂层的结合强度为 27.2～41.8MPa(平均 33.3MPa)，WC-Co 纳米结构涂层的显微硬度为 946～1284HV(平均 1166HV)。他们对纳米颗粒 Al_2O_3-TiO_2 和纳米 WC-Co 复合热喷涂涂层的摩擦系数和耐磨性进行了测试，涂层的摩擦系数和耐磨性测试是在波兰产的 T-11 高温摩擦磨损试验机上进行的，采用球-盘磨损对涂层的耐磨性进行评价，用磨损位移表征涂层的耐磨性能。

图 8-16 和图 8-17 是分别采用高效能超声速等离子喷涂系统制备纳米颗粒 Al_2O_3-TiO_2

和纳米 WC-Co 喷涂层的摩擦磨损实验结果，试验采用 Si_3N_4 球作为对偶件，所加载荷为 15N，摩擦半径为 10mm，线速度为 $0.3m \cdot s^{-1}$，滑动距离为 500m。

试验测得纳米颗粒 Al_2O_3-TiO_2 涂层-Si_3N_4 的平均摩擦系数约为 0.8，而纳米颗粒 WC-Co 复合涂层-Si_3N_4 的平均摩擦系数约为 0.5，从摩擦磨损实验结果得知，纳米 WC-Co 复合涂层的耐磨性优于纳米 Al_2O_3-TiO_2 涂层的耐磨性。纳米结构复合涂层的耐磨性与传统热喷涂层相比提高了 3～8倍。纳米颗粒复合热喷涂层可望用于一些苛刻的耐磨环境下零件的表面强化。

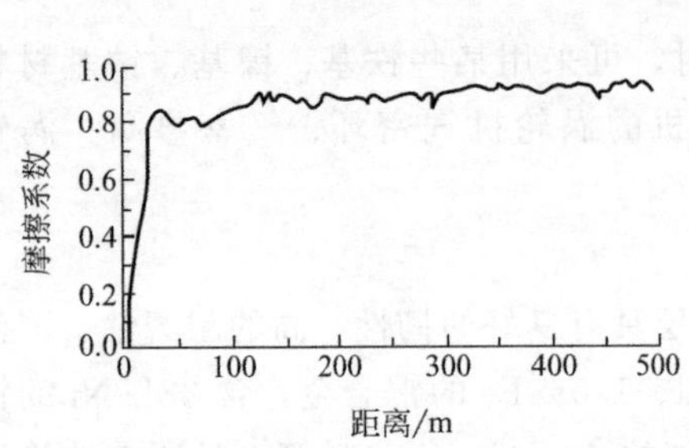

图 8-16 纳米 Al_2O_3-TiO_2 复合涂层的摩擦系数-摩擦距离关系曲线

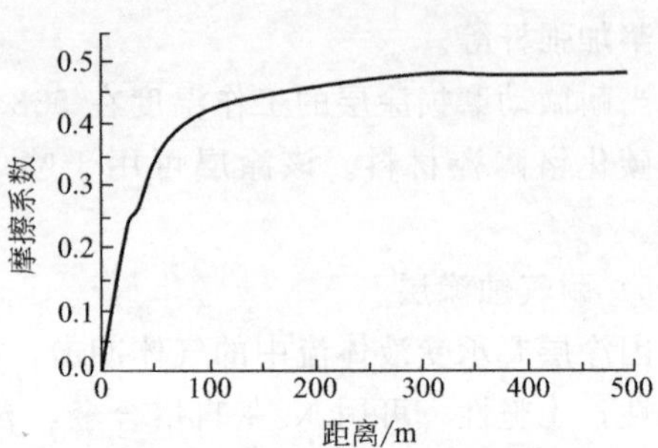

图 8-17 纳米 WC-Co 复合涂层的摩擦系数-摩擦距离关系曲线

（4）耐腐蚀涂层

传统的耐腐蚀涂层主要有用于钢铁结构表面耐腐蚀防护的热喷涂铝、锌、锌铝、稀土铝、镁铝合金等涂层。国内外研究及大量应用表明，这是最有效和最经济的防护方法。

根据电化学防护原理，只有当金属涂层的电极电位比钢铁基体更负时，才能起到阴极保护作用，即牺牲阳极(涂层)保护阴极(基体)。为评定 Zn(含量 99.99%)、Al(含量 99.9%)、Zn-Al 合金(Al 含量 15%)、Al-Mg-RE(3%Mg，微量 RE)涂层的阴极保护性能，将以上材料用线材火焰喷涂在玻璃片上制备涂层，在人造海水中测定涂层电位随浸泡时间的变化，结果如图 8-18 所示。涂层电位-时间曲线表明，这些涂层的电位均比钢铁更低。电位稳定后，按负值大小排序是：Al-Mg-RE、Zn、Zn-Al、Al。

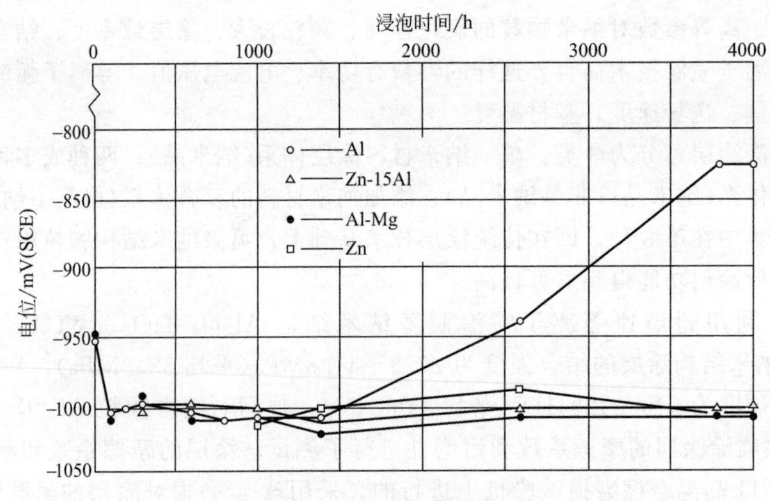

图 8-18 涂层电位-时间曲线

Zn、Al、Zn-Al 合金涂层在对钢铁的防护中，不仅是起阴极保护作用，涂层本身也具有良好的抗腐蚀性能。另外，涂层中金属微粒表面形成的致密氧化膜，也起到了防腐蚀的作用。在工业和城市大气中，钢由于锈蚀损耗约 400～500$g\cdot m^{-2}\cdot a^{-1}$，相应的腐蚀深度约为 0.064$mm\cdot a^{-1}$，与此相比，锌的损耗是 40～80$g\cdot m^{-2}\cdot a^{-1}$，相应的深度约为0.01$mm\cdot a^{-1}$。在没有保护的情况下，碳钢的年平均腐蚀速率比锌高 5～20 倍，比铝高 4～100 倍。在不同的大气腐蚀环境里，钢材及锌、铝的腐蚀损耗列于表 8-9。从腐蚀量的比较可明显地看出，在不同大气环境下，锌、铝有良好的耐蚀性，其腐蚀速率比钢铁要低得多。

表 8-9 在不同的大气中钢和 Zn、Al 腐蚀速率比较

金属	一般大气		工业大气		海洋大气	
	腐蚀量 /($g\cdot m^{-2}\cdot a^{-1}$)	腐蚀深度 /($mm\cdot a^{-1}$)	腐蚀量 /($g\cdot m^{-2}\cdot a^{-1}$)	腐蚀深度 /($mm\cdot a^{-1}$)	腐蚀量 /($g\cdot m^{-2}\cdot a^{-1}$)	腐蚀深度 /($mm\cdot a^{-1}$)
碳钢	100～250	0.026	450～550	0.064	230～460	0.066
合金钢	50～150	0.013	250～450	0.051	180～250	0.026
锌	7～20	0.0024	40～80	0.01	15～30	0.0026
铝			2～3	−0.001		−0.0004

对于阳极性金属涂层，涂层孔隙和局部破损是不可避免的。腐蚀介质渗透到基材表面，虽然利用牺牲阳极作用保护了钢铁，但涂层本身要损耗。选择适当的涂料覆盖在金属涂层上，并渗透到涂层的孔隙中，将涂层的孔隙封闭，阻止腐蚀介质的渗透，使涂层与基材之间不能构成腐蚀原电池，这样不仅基材不被腐蚀，同时也保护了金属涂层。由金属涂层和有机涂层组合在一起的防护涂层，称为复合涂层。

复合涂层的结构如图 8-19 所示，它是由阳极性金属涂层＋底层封孔涂料＋面层耐蚀涂料组成。这种复合涂层的防护寿命是单一阳极性金属涂层或单一涂装层的若干倍。涂层的孔隙和粗糙的表面为封闭涂料提供了极好的结合面。4000h 盐雾试验表明，单一阳极性涂层，无论涂层种类如何，24h 后表面都开始产生白锈，330h 后都被白锈覆盖，即涂层本身受到腐蚀。涂层经封闭后，3300h 后才出现白锈，经 4000h 白锈并无明显扩展，没有红锈出现。复合涂层在不同环境下的防护性能，不仅取决于金属涂层的种类和厚度，而且取决于封闭涂料对环境的适应性。

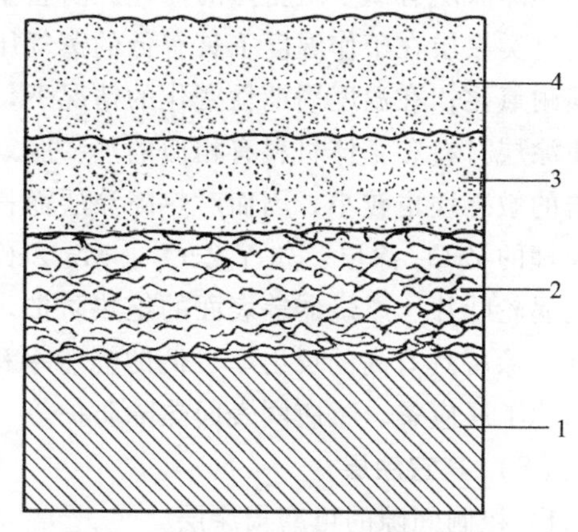

图 8-19 复合防护涂层结构示意图

1—基材；2—金属涂层；3—底层封闭剂；4—面层封闭剂

(5) 耐高温涂层

耐高温涂层，主要用于高温环境下氧化、腐蚀性气体、冲蚀、熔融态金属的侵蚀、热腐蚀-冲蚀等条件下关键零、部件的表面防护。

1) 抗氧化涂层

因涂层应具有保护基体材料免受高温氧化的性能，故要求涂层能阻止大气中氧的扩散，阻止涂层本身原子向基体的迅速扩散，具有比工作温度更高的熔点，且在工作温度下具有低的蒸气压。除氧化之外，同时涂层要保护基体免受高温气体的腐蚀，涂层可采用 Al、Ni-Cr

合金、Ni-Al 丝等。该涂层可用于退火盘、退火罩、热处理夹具、回转窑内外表面、柱塞端部、排气阀杆、氰化处理坩埚等的表面防护。

2）耐高温冲蚀涂层

这些涂层要承受高温及颗粒冲蚀，除要耐磨外，还要有良好的耐热疲劳或热冲击性，能适应这种恶劣工况的主要是氧化物陶瓷涂层。采用纯 Al_2O_3 及 5%CaO 稳定的 ZrO_2 涂层，可用于火箭喷嘴、高速飞行器鼻锥等的表面防护。

3）耐熔融金属涂层

涂层应能经受重熔渣和熔剂的腐蚀作用，并能经受熔剂线处或其上金属蒸气和氧的侵蚀。

对于熔融 Zn，可用 Al_2O_3/TiO_2、$MgZrO_3$ 及纯白钨等涂层，如浸 Zn 槽、浇铸槽等；对于熔融 Cu，可用 Al_2O_3/TiO_2、ZrO_2＋24%MgO 及 Mo 等涂层，如锭模等；对于熔融 Al，可用 Al_2O_3/TiO_2、ZrO_2＋24%MgO 涂层，如模具、风口、输运槽等；对于熔融钢，可用 ZrO_2＋24%MgO 及 Mo 等涂层，如风口、连铸模等。

4）耐热腐蚀-冲蚀涂层

火力发电站、热电厂及垃圾焚烧锅炉管道表面遭受 SO_2、HCl 等高温气体腐蚀和碱金属盐如 Na_2SO_4、K_2SO_4 的热腐蚀，以及飞灰、石英等固体颗粒的高速冲蚀，采用电弧喷涂 Ni-Cr 合金、Ni-Cr-Al 合金、Fe-Cr-Al 合金、Fe-Al/WC 复合合金对其进行防护，可以显著延长炉管寿命，避免非正常热腐蚀-冲蚀引起的早期失效。

5）热障涂层

热障涂层有助于阻止热的传递，防止基体金属达到其熔点或降低基体金属的受热温度。因此这类涂层在工作温度下具有低的蒸气压、低的热导率、低的辐射率和高的反射率，而且必须耐氧化；在温度周期性变化的情况下，应具有一定的耐热疲劳性和耐热冲击性；应尽可能使涂层材料和基体材料有相似的热膨胀系数。低密度的涂层是比较好的绝热体，而且对热冲击的敏感性也较小，因而对热障涂层而言，孔隙率的控制很重要。热障涂层主要有经稳定化处理的 ZrO_2 涂层，如 Y-ZrO_2、Mg-ZrO_2，用于内燃机活塞顶部及燃烧室绝热、航空发动机涡轮叶片、燃烧器等表面的绝热防护，具有耐热冲击性能好，可制备厚涂层等特点；纯 Al_2O_3 涂层具有高的反射率、低的辐射率和低的热传导率等，用于火箭喷嘴、卫星整流罩、石油化工反应釜、感应圈表面热障防护等。

（6）其它涂层

1）控制间隙的可磨损涂层

在配合件的接触运转中，最好采用可磨损涂层，这种涂层能使配合件自动形成所必需的间隙，提供最佳的密封状态。对这类涂层的设计既要考虑到可磨损性，又要考虑到耐气流冲蚀性，还要保证这些涂层脱落后的粒子不成为磨料。针对喷气发动机的气路密封问题，已经发展了一系列喷涂用的可磨损材料，这些材料用于空气密封部位取得了良好效果。

一般来说，可磨损涂层由金属基体和非金属填料组成。填料通常是石墨、聚酯、尼龙、氮化硼等，如压缩机空气密封层、涡轮机壳体内部配合件等可采用 Ni＋NiO＋15%石墨，NiCrAl＋25%BN 或 NiCrAl＋15%BN 涂层等。

2）修复涂层

修复涂层也称为恢复尺寸涂层、修补涂层，这些涂层可用于磨损的零件或加工不当，如错误的加工、毛坯有缺陷等零件尺寸超差的修复，涂层应具有和基体材料相同的性能。进行零件的修复时一般应先进行机械加工，达到适当的粗糙度后再进行表面清洗、除油、表面活化-喷砂处理和热喷涂。对涂层性能的要求主要取决于使用性能，例如要求耐磨、耐腐蚀、耐热或涂层材料与基体相同等。

3）功能涂层

功能涂层指通过具有特殊物理、化学性能的涂层使材料表面具有导电、电阻、吸波、红外、荧光、生物活性、超导等功能。这类涂层有：微波吸收层，可用于高能物理电子直线加速器、雷达、微波系统等吸波屏蔽，涂层材料可选择 Fe-Cr-Al、Fe-Cr-Ni-Al、Fe-Cr-Mn、Fe-Ni 等；高温超导体涂层，具有临界超导温度 T_c 为 81K 的超导性能，可以在纯铜、氧化铝、氧化锆、蓝宝石等基体上获得超导陶瓷薄膜层；用于生物、医学的热喷涂羟基磷灰石、氟磷灰石等生物活性涂层；其它还有远红外、辐射等功能性涂层。这些喷涂材料的选择及工艺设计一直是研发热点。

8.4.5 高速热喷涂技术

(1) 概论

高速热喷涂技术包括高速电弧喷涂技术、超声速火焰喷涂技术(又称高速氧-燃料喷涂技术，简称 HVOF)、超声速等离子喷涂技术、冷喷涂技术、爆炸喷涂技术等，因其喷涂粒子飞行速度高、涂层致密、涂层结合强度高等优点而日益得到重视，是当前热喷涂领域研究和应用的热点。

高速热喷涂技术原理的共同点是在喷涂枪中引入超声速喷管——Laval 喷管，对高速气流(压缩空气、燃气、等离子气)进行加速，使其速度增加到超声速状态，实现对喷涂颗粒进行强烈加速以获得高的飞行速度撞击基体，从而得到性能高的优质热喷涂涂层。其中，高速电弧喷涂技术因其设备简单、维护方便、高效、涂层性能优良、适应性广而得到高度重视，已经发展成应用最广泛的新型热喷涂技术。高速电弧喷涂工艺中，由于超声速雾化气流的引入，在相同的喷涂工艺参数下喷涂相同的金属丝材时，高速电弧喷涂沉积效率提高，喷涂速度增加，因此，高速电弧喷涂工艺过程又具有和普通电弧喷涂不同的显著特点。下面以高速电弧喷涂为例介绍高速热喷涂的工艺特点及其涂层质量的影响因素。

1）工艺特点

高速热喷涂工艺过程与普通热喷涂相似，也由工件表面预处理(包括除油、除锈和表面粗糙化)、电弧喷涂、喷后处理(表面封孔、浸油)和机械加工等工序组成。表面预处理的质量直接影响涂层的结合强度，不洁净的表面甚至会造成涂层的剥落。如果涂层表面有水分、油脂和灰尘，微粒与表面之间就会存在一层隔膜，不能很好地互相嵌合。如果工件表面光滑，微粒会滑掉或虚浮地沉积，且随着喷涂层的逐渐增厚而脱落。只有洁净、干燥、粗糙的表面才能使微粒在塑性尚未消失时与表面牢固地嵌合，这是因为粗糙表面的凹凸不平，形成了良好的附着条件。喷涂工艺参数选择不当会影响涂层的组织结构、工艺性能、力学性能和耐腐蚀性能。切削工艺参数和磨削工艺参数不当也会造成涂层剥落。上述各个工序对涂层的最终使用性能均有直接或间接的影响，都应引起足够的重视。

和普通电弧喷涂工艺相比，高速电弧喷涂具有以下特点。

① 沉积效率高。喷涂铝丝材时，采用增重法测得的高速电弧喷涂和普通电弧喷涂的沉积效率列于表 8-10。可见，高速电弧喷涂的沉积效率高达 74.8%，比普通电弧喷涂提高约

15%，显著提高了材料的利用率，节材效果明显。

表 8-10 两种电弧喷涂工艺的沉积效率

喷涂工艺	沉积效率/%			平均沉积效率/%
高速电弧喷涂	75.0	70.8	78.6	74.8
普通电弧喷涂	60.1	58.3	61.9	60.1

② 涂层致密度高。金相观察和 SEM 分析表明，高速电弧喷涂涂层的孔隙率明显减小，孔隙数目和孔隙尺寸减小，适宜制备高致密度防护涂层。

③ 工艺稳定性高。由于超声速射流的强烈雾化效果和对电弧的压缩作用，因此弧区温度提高，熔化速度加快，刚刚熔化的金属被高速射流迅速吹走，减少了两金属电极短路和电弧熄灭的概率，电弧稳定性提高，喷涂工艺稳定。

④ 通用性强。除可以取代普通电弧喷涂用于大型露天金属构件的长效防腐、舰船耐海水腐蚀、磨损零件的修复强化、电站锅炉水冷壁耐热腐蚀防护外，高速电弧喷涂还可以用于部分取代 HVOF 和等离子喷涂制备高性能耐磨、耐高温腐蚀涂层。

⑤ 经济性好。普通电弧喷涂设备更换一把高速电弧喷涂枪即可实现高速电弧喷涂，且仅需更换导电嘴和导丝接头就可以喷涂不同直径的丝材。用高速电弧喷涂制备的涂层的性价比高于普通电弧喷涂。

2）影响高速喷涂涂层质量的因素

一般来说，影响普通热喷涂涂层质量的因素同样影响高速热喷涂层的质量。以电弧喷涂为例，电弧喷涂涂层的质量包括涂层的表面质量（表面粗糙度）、涂层的内在质量（孔隙率、颗粒间结合情况、氧化物含量）和涂层的界面质量（有无界面缺陷、界面结合强度）。影响高速电弧喷涂涂层质量的因素有工件表面预处理质量、高速电弧喷涂工艺规范、压缩空气压力与质量、雾化气流速度、流量和喷枪结构等。

① 影响涂层表面粗糙度的因素。雾化气流速度和气流流量、熔融粒子温度、粒子飞行速度和粒子尺寸对涂层表面粗糙度有决定性影响。雾化气流速度和气流流量决定粒子飞行速度，粒子飞行速度越高，熔融粒子撞击工件表面的动能（$E=mv^2/2$）越大，粒子的扁平程度越大，表面粗糙度越小。熔融粒子的温度越高，粒子的高温塑性变形能力越大，涂层的表面粗糙度越小。由于高速电弧喷涂雾化粒子的粒度（直径）比普通电弧喷涂的粒子粒度小，并且飞行速度高，因此高速电弧喷涂层的表面粗糙度比普通电弧喷涂层的要低，这在某些不需对涂层进行机械加工，而又要求表面粗糙度低的场合特别有利，如动力锅炉水冷壁和过热器管道表面喷涂的防护涂层等。

② 影响涂层致密度的因素。喷涂层的致密度由涂层的粒子尺寸、粒子飞行速度和粒子温度决定。涂层金属粒子越大，则孔隙尺寸越大，孔隙率越高。涂层粒子越小，则喷涂层越致密，孔隙率越低。粒子飞行速度和温度越高，则涂层粒子变形越充分，涂层越致密。高速电弧喷涂由于雾化效果增强，涂层粒子飞行速度高，动能大，粒子细小，因而涂层高度致密，涂层致密度可以和等离子喷涂层相媲美。

③ 工艺参数对涂层质量的影响。工艺参数对雾化粒子的温度和雾化效果有较大的影响。电弧喷涂电压一定时，喷涂电流越大，则熔化金属颗粒的温度越高，雾化粒子越细小，金属丝材熔化速度越快，颗粒表面氧化越严重，而涂层氧化物含量增加，降低了涂层颗粒间结合力。工艺实践表明，喷涂电流一般以不超过 200A 为宜。喷涂电流一定时，增加电弧电压，

则输入的电功率增加，金属丝材熔化加快，熔融粒子温度升高，粒子氧化严重；继续增加电压，由于送丝速度不变(由喷涂电流决定)，容易造成电弧熄灭，不能进行正常喷涂，所以喷涂电压一般不高于 36V。

对高速电弧喷涂而言，一方面由于其雾化效果好，颗粒细小，比表面积增加，颗粒容易氧化；另一方面，由于粒子飞行速度加快，粒子在空气中停留时间短，有利于防止颗粒的氧化。高速飞行的熔融金属粒子撞击基体表面，容易引起颗粒表面氧化膜的破裂，增加颗粒之间的结合强度，提高涂层的致密度。

④ 影响涂层结合强度和硬度的因素。热喷涂涂层的结合强度有两层含义：一是指涂层的内聚结合强度，即金属颗粒之间的结合强度；二是指涂层与基体之间的界面结合强度，包括界面拉伸结合强度和界面剪切结合强度。涂层的内聚结合强度直接反映涂层的力学性能，如涂层的拉伸、弯曲性能和耐磨性能等。涂层中的孔洞和颗粒之间的氧化物的减少、粒子动能的增加，增加了金属颗粒之间的实际接触面积，以及颗粒之间的互相嵌合，提高了涂层的内聚结合强度。涂层的界面结合强度对涂层的使用性能有决定性影响。涂层界面结合强度低是涂层剥落的主要原因之一。

在电弧喷涂过程中，涂层硬度的提高是由于熔融粒子撞击基体后的快速冷却引起组织结构的变化和涂层氧化物的存在，以及塑性变形引起的加工硬化。

影响涂层界面结合强度和硬度的主要因素有：

a. 喷涂丝材的化学成分。对碳钢和合金钢而言，丝材的含碳量越高，喷涂层的硬度越高。铁素体不锈钢和奥氏体不锈钢的硬度主要取决于冷作硬化程度和氧化物含量。同时，喷涂材料的熔点越低，在工艺不变的条件下，熔融颗粒的过热度越高，有利于涂层结合强度的改善。

b. 雾化气流的压力、质量和流量。对高速电弧喷涂而言，理论上压缩空气压力只要大于 0.3MPa，就能实现超声速电弧喷涂。实际上，压缩空气压力越高，则高速射流速度越大，涂层结合强度就越高。一般压缩空气压力不低于 0.5MPa。压缩空气的质量越好，空气中所含油分、水分、杂质越少，涂层结合强度就越高。雾化气流流量增加，雾化和加速效果明显。确定枪口气流量的大小，要与空气压缩机流量相匹配。压力和流量越大，则对熔融金属的雾化和加速作用越大，高温熔融颗粒在空气中停留的时间越短，使粒子动能变大，涂层硬度增加。

c. 被喷涂工件的表面粗糙度。工件表面粗糙度越高，则涂层与基体接触面积越大，基体与涂层之间的机械嵌合作用越大，涂层的界面结合强度越高。

d. 喷涂距离。喷涂距离对电弧喷涂层的界面结合强度有较大的影响。普通电弧喷涂的喷涂距离在 150～200mm，高速电弧喷涂的喷涂距离在 150～300mm 之间，可使金属颗粒具有最高的动能，在此区间内喷涂可以获得较高的涂层界面结合强度。喷涂距离越大，熔融粒子的碳元素和合金元素烧损越多，而且冲击基材粒子的温度越低，塑性变形能力越小，涂层硬度越低。

e. 喷枪的喷涂效率。喷枪的喷涂效率越高，相应的喷涂电流越大，喷涂粒子的温度越高，有利于涂层界面结合强度的提高。随喷枪喷涂效率的提高，送丝速度加快，相应喷涂电流增加，颗粒温度升高，撞击工件基体表面后冷却时间延长，冷作硬化程度下降，涂层硬度降低。

f. 电弧电压。为保证电弧稳定燃烧，喷涂电压应选择中间值。较高的电压对结合强度有不良影响。以较低的电弧电压进行喷涂，有利于提高涂层的沉积效率、改善雾化效果、提高涂层的硬度和耐磨性。

（2）高速电弧喷涂技术

1）高速电弧喷涂设备

高速电弧喷涂设备由高速电弧喷涂枪、电源、控制箱、送丝装置以及压缩空气系统组成。高速电弧喷涂设备如图 8-20 所示。除高速电弧喷涂枪外，其余系统组成与普通电弧喷涂系统相同。

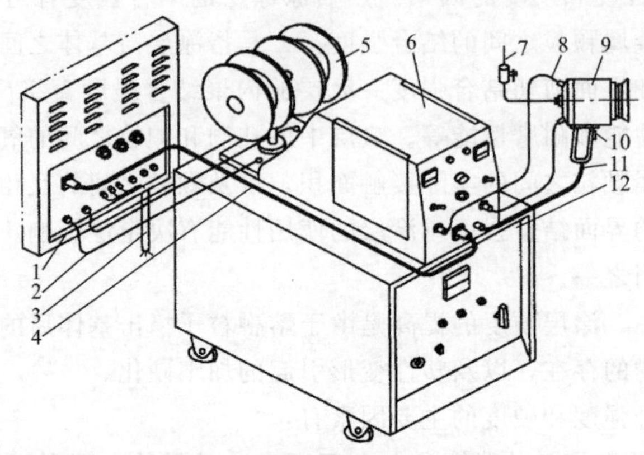

图 8-20　高速电弧喷涂系统

1—电源控制箱后板；2—电缆线（两根）；3—三相绝缘导线；4—遥控导线；5—丝盘；6—送丝机构；7—高压胶管；8—送丝软管；9—高速电弧喷枪；10—手柄开关；11—导线；12—电源控制箱

① 高速电弧喷涂枪。高速电弧喷涂枪是电弧喷涂设备的关键装置。图 8-21 为 HAS-01 型高速电弧喷涂枪结构简图。

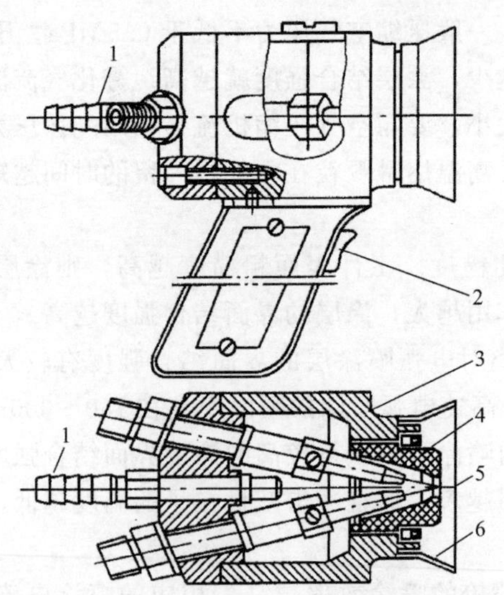

图 8-21　HAS-01 型高速电弧喷涂枪结构简图

1—高压气管；2—手柄开关；3—枪体；4—喷嘴；5—双金属丝；6—挡弧罩

从图 8-21 可以看出，连续送进的丝材在喷涂枪前部以一定的角度相交，由于丝材各自接于直流电源的两极而产生电弧，从喷嘴喷射出的压缩空气流将熔化的丝端液态金属吹散，形成稳定的雾化金属粒子流。

为提高喷涂粒子的速度，改善涂层的质量，某学院研制成功了高速电弧喷涂枪，其原理如图 8-22 所示。

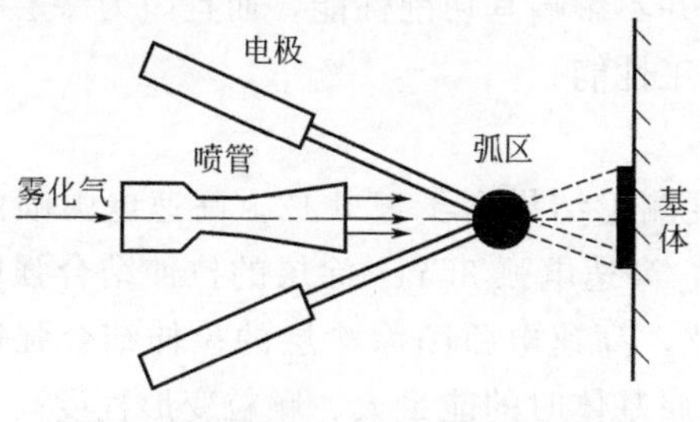

图 8-22　高速电弧喷涂原理示意图

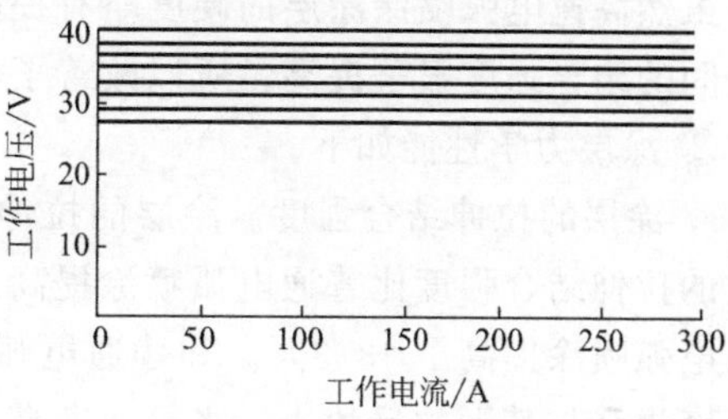

图 8-23　高速电弧喷涂设备电源的外特性

② 电弧喷涂电源。电弧喷涂电源均采用平的伏安特性，高速电弧喷涂设备的电源也是如此。平的伏安特性的电弧喷涂电源可以在较低的电压下喷涂，使喷涂层中的碳烧损大为减少(约减少 50%)；可以保持良好的弧长自调节作用，在送丝速度变化时，喷涂电流按正比例增大或减小，维持稳定的电弧喷涂过程；根据喷涂丝材选择一定的空载电压，改变送丝速度可以自动调节电弧喷涂电流，从而控制电弧喷涂的生产率。图 8-23 为高速电弧喷涂设备电源的外特性图。该电源的动特性良好，外特性略降，约为 2V/100A 以下。

③ 送丝机构。送丝机构外观如图 8-20 中 6 所示。采用一台伺服电机带动四对主动同步送丝轮，即每根丝用双主动送丝轮推送方法，可以保证送丝平稳，同时控制系统设有伺服回路反馈系统，可以根据功率波动自行调整送丝速度，以保证电弧的稳定燃烧。

2) 高速电弧喷涂工艺

常用电弧喷涂材料的高速电弧喷涂工艺规范列于表 8-11 供参考，具体应用时，应根据具体情况和使用目的进行适当调整。

表 8-11　常用材料的高速电弧喷涂工艺规范及主要用途

喷涂材料	喷涂电压/V	喷涂电流/A	主要用途
Al、AlRE、AlMgRE、AlSiRE	30～32	160～180	钢铁构件长效防腐；舰船防腐；化工容器防腐
Zn	30～32	160～170	钢铁构件长效防腐；舰船防腐；化工容器防腐
Cu	30～34	170～185	电器触点；表面装饰
Al 青铜、黄铜、巴氏合金	32～34	170～185	轴承衬套和轴瓦的修复；造纸烘缸的强化
1Cr13、2Cr13、3Cr13、4Cr13	34～36	180～200	轴类零件和柱塞的修复
7Cr13 粉芯丝材	32～34	180～190	磨损件的修复
1Cr18Ni9Ti	34～36	180～200	磨损件的修复
低碳 M 粉芯丝材	32～34	180～200	黏结底层、耐磨涂层
Zn-Al 伪合金	30～32	160～180	防腐
SL30、SL20(NiCr 合金)	30～36	180～200	锅炉管道水冷壁耐热腐蚀防护
FeCrAl	30～36	180～200	锅炉管道水冷壁耐热腐蚀防护；抗高温氧化涂层

3) 涂层性能

① 涂层的工艺性能如下。

a. 涂层的孔隙率。高速电弧喷涂涂层的孔隙率仅为 1.087%，普通电弧喷涂涂层的孔隙率为 2.158%，前者仅为后者的 1/2。孔隙率测定结果表明，高速电弧喷涂可以获得高致密度的喷涂层，这为将其应用于制备高性能高温耐腐蚀防护涂层，以取代 HVOF 和等离子喷涂奠定了基础。

b. 涂层的切削和磨削性能。对用高速电弧喷涂 1Cr18Ni9Ti 不锈钢修复的大型液压柱塞进行磨削加工，涂层无剥落，且呈现镜面效果，经 3 个月使用效果良好。该柱塞在别的厂家用普通电弧喷涂进行修复，无法进行磨削加工，先后喷涂两次，经磨削均出现涂层大面积剥落。虽然高速电弧喷涂涂层的硬度略有提高，但是并不影响其切削性能，而且因为涂层与基体之间的结合强度显著提高，所以改善了其磨削加工性能。

② 涂层力学性能如下。

a. 涂层的拉伸结合强度。涂层的拉伸结合强度测量结果列于表 8-12。高速电弧喷涂铝涂层的拉伸结合强度比普通电弧喷涂提高了 114%，高速电弧 3Cr13 涂层的拉伸结合强度比普通电弧喷涂提高了 43.3%。和普通电弧喷涂相比，高速电弧喷涂涂层的拉伸结合强度的大幅度提高与其颗粒尺寸小、飞行速度高、撞击金属基体时的能量大、颗粒变形程度高及与基体的粗糙表面紧密结合效果好有关。特别是在喷涂铝时，除粒子速度对涂层-基体结合强度的影响外，铝与空气中的氧发生放热反应，升高了熔融颗粒的温度，这也是高速电弧喷涂铝的结合强度高于喷涂 3Cr13 的主要原因之一。影响涂层拉伸结合强度的因素很多，除喷涂工艺参数外，粒子的飞行速度及基材的表面喷砂预处理工艺对其也有较大影响。

表 8-12 涂层的拉伸结合强度测量结果

喷涂工艺	涂层材料	表面粗糙化方法	平均结合强度/MPa
普通电弧喷涂	Al	喷棕刚玉砂	16.4
高速电弧喷涂	Al	喷棕刚玉砂	35.1
普通电弧喷涂	3Cr13	喷棕刚玉砂	28.2
高速电弧喷涂	3Cr13	喷棕刚玉砂	42.8
普通电弧喷涂	3Cr13	喷铜渣砂	18.8
高速电弧喷涂	3Cr13	喷铜渣砂	23.7
高速电弧喷涂	FeCrAl	喷铜渣砂	31.7

高速电弧喷涂的粒子平均飞行速度比普通电弧喷涂提高了 34%～56%（100～250mm 的喷涂距离内），粒子撞击基体表面的动能增加，形成经剧烈冷作硬化的波浪形扁平粒子。大量的扁平粒子相互嵌合重叠形成高度致密的涂层，这大大增加了涂层与基体间，以及层与层之间的结合强度。另外，熔融粒子的高速撞击也容易使其表面氧化膜破裂和飞溅，显著增加了金属颗粒无氧化表面与洁净基体表面的接触概率，这从另一方面说明了粒子飞行速度的提高对提高结合强度十分有益。

喷砂处理工艺和砂粒的种类、形状、粒度对结合强度也有较大影响。从表 8-12 的测量结果可以看出，在电弧喷涂工艺一定的情况下，极易碎、较低密度的铜渣砂粗化处理表面的 3Cr13 涂层的结合强度为 18.8～23.7MPa，比经棕刚玉粗化处理基体的 3Cr13 喷涂层结合强度降低了约 50%。因此，喷涂工程中正确选择砂粒种类对获得高结合强度涂层具有重要的影响。

另外，喷砂时间不宜过长，一般为 1～2min，时间过长会使基体表面过度冷作硬化，也会导致涂层结合强度的降低。

喷砂角度以 60°～80°为宜，砂粒选择多角状、粒度 16～24 目、抗破碎能力强的棕刚玉、白刚玉为宜。

b. 涂层的硬度。高速电弧喷涂和普通电弧喷涂铝涂层的平均维氏硬度分别为 $70HV_{0.2}$ 和 $56HV_{0.2}$。可见，在相同的电弧喷涂工艺条件下，高速电弧喷涂铝涂层的维氏硬度高于普通电弧喷涂铝涂层，提高约 25%。由于铝涂层硬度只取决于铝颗粒的冷作硬化程度和氧化物含量的多少，而且氧化物含量的增加对涂层硬度的贡献更大，加之铝的氧化倾向大，因此高速电弧喷涂铝颗粒平均尺寸减小为普通电弧喷涂的1/3，而其总表面积却比普通电弧喷涂提高2倍，加剧了铝颗粒的氧化，涂层氧化物含量有所增加，因而硬度有所提高，可以在不影响铝涂层的耐腐蚀能力的前提下，提高铝涂层的抗机械擦伤能力。

高速电弧喷涂3Cr13不锈钢涂层的维氏硬度与电弧喷涂距离和喷涂电流的关系曲线示于图8-24和图8-25。

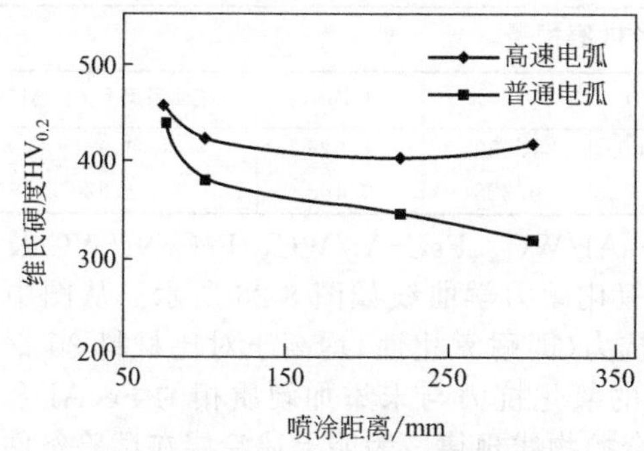

图8-24　高速电弧喷涂3Cr13不锈钢涂层的维氏硬度与喷涂距离的关系

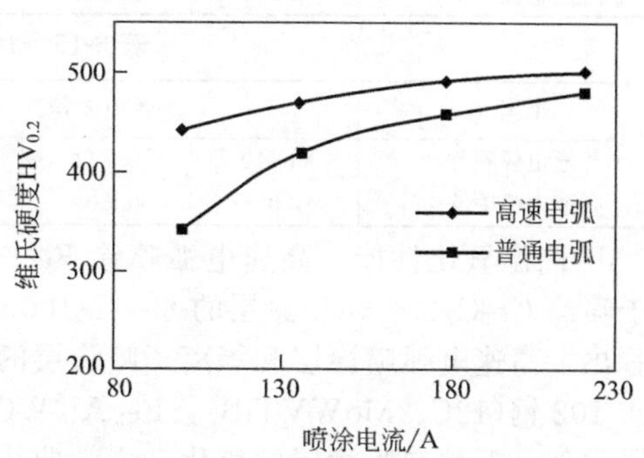

图8-25　高速电弧喷涂3Cr13不锈钢涂层的维氏硬度与喷涂电流的关系

在相同的喷涂距离或喷涂电流条件下，高速电弧喷涂3Cr13涂层的维氏硬度均高于普通电弧喷涂涂层的硬度。随喷涂距离的增加，高速电弧喷涂涂层的硬度略有下降，喷涂距离大于220mm，涂层硬度略有回升。喷涂距离为300mm时，高速电弧喷涂3Cr13涂层的硬度比普通电弧喷涂提高28%。随喷涂电流的增加，高速电弧喷涂涂层的维氏硬度呈直线缓慢上升，而普通电弧喷涂涂层的维氏硬度急剧上升，表明普通电弧喷涂涂层颗粒的氧化倾向大于高速电弧喷涂。电弧喷涂3Cr13不锈钢涂层的硬度主要取决于涂层颗粒中碳含量的高低和氧化物的多少。高速电弧喷涂颗粒由于飞行速度高，在空气中停留时间短，因而碳和合金元素的烧损较轻，因而涂层硬度较高。由于普通电弧喷涂颗粒飞行速度相对较低，相应颗粒在空气中的停留时间较长，碳和合金元素的烧损较重，涂层整体硬度较低。

c.涂层的耐磨性。表8-13～表8-15给出了低碳马氏体（粉芯丝材）、3Cr13、1Cr18Ni9Ti三种材料在不同电弧喷涂工艺条件下的磨损量，可以看出高速电弧喷涂涂层的耐磨性比普通电弧喷涂涂层提高一倍以上，而且三种材料喷涂涂层的相对耐磨性顺序为：3Cr13＜低碳马氏体＜1Cr18Ni9Ti。1Cr18Ni9Ti涂层的耐磨性约比3Cr13涂层高3～3.67倍。高速电弧喷涂涂层相对耐磨性的提高与涂层的组织结构的变化和硬度的提高有关。如前所述，高速电弧喷涂涂层的组织致密，孔隙率低，喷涂颗粒细小，颗粒间内聚结合强度增加，涂层硬度升高，抗对偶件硬质合金滚轮表面微凸体的犁削磨损能力增强。3Cr13和低碳马氏体喷涂层组织相似，加工硬化能力相近，因而具有相近的相对耐磨性；1Cr18Ni9Ti涂层组织为奥氏体基体上分布着层状氧化铬和TiC硬质点，属“软基体＋硬质相”涂层体系，加上涂层具有较高的应变强化能力，摩擦副接触表面赫兹接触应力（即弹性接触应力）超过其屈服强度就会发生塑性变形，造成摩擦表面硬度升高，导致其相对耐磨性提高。

表 8-13　低碳马氏体磨损量

工艺	磨损体积/($10^{-3}mm^3$)				平均值	相对耐磨性($1/\Delta V$)
普通电弧喷涂	3.606	3.895	3.653	3.895	3.762	0.26
高速电弧喷涂	2.311	1.629	1.828	1.741	1.887	0.53

表 8-14　3Cr13 磨损量

工艺	磨损体积/($10^{-3}mm^3$)				平均值	相对耐磨性($1/\Delta V$)
普通电弧喷涂	4.043	5.018	4.903	4.903	4.717	0.21
高速电弧喷涂	1.321	2.562	1.769	2.791	2.111	0.47

表 8-15　1Cr18Ni9Ti 磨损量

工艺	磨损体积/($10^{-3}mm^3$)				平均值	相对耐磨性($1/\Delta V$)
普通电弧喷涂	0.710	0.844	0.880	1.629	1.026	0.98
高速电弧喷涂	0.809	0.303	0.297	0.336	0.463	1.92

d. 高温氧化性能。高速电弧喷涂 Fe_3Al、Fe_3Al/WC、FeCrAl/WC、FeCrNi/WC 及等离子喷涂 $Cr_3C_2$25/NiCr 涂层的 650℃-100h 等温氧化动力学曲线如图 8-26 所示。从图中可以看出，高速电弧喷涂层和等离子喷涂层的氧化抗力(即耐氧化性)均高于对比材料 20 钢与钢研 102 钢(12Cr2MoWVTiB)，Fe_3Al/WC 涂层的氧化抗力与未添加硬质相的 Fe_3Al 合金涂层类似，五种热喷涂层的氧化动力学曲线均符合抛物线规律，表明上述涂层在试验条件下具有良好的氧化抗力。两种锅炉钢的氧化呈加速氧化趋势。表 8-16 列出了热喷涂层和对比材料的抛物线拟合方程，以等离子喷涂 $Cr_3C_2$25/NiCr 涂层和高速电弧喷涂 FeCrNi/WC 涂层的氧化速度常数为最小，高速电弧喷涂 Fe_3Al、Fe_3Al/WC 和 FeCrAl/WC 涂层居中，而 20 钢的速度常数比上述热喷涂层的提高 1～2 个数量级，因此研制的高速电弧喷涂复合涂层具有良好的 650℃氧化抗力，具有作为锅炉管道耐高温氧化防护涂层的潜力。

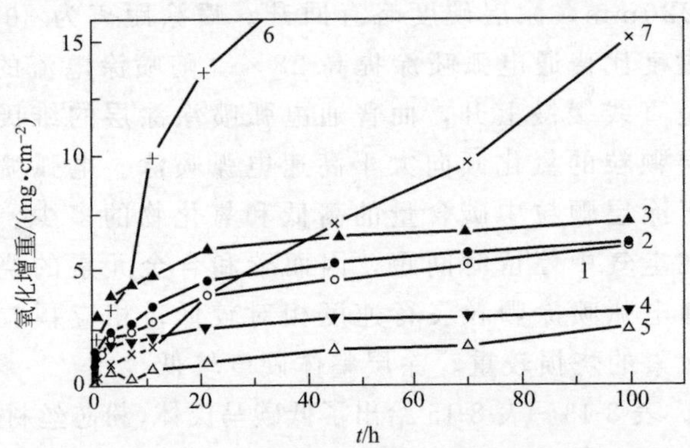

图 8-26　热喷涂层的 650℃等温氧化动力学曲线

1—高速电弧喷涂 Fe_3Al；2—高速电弧喷涂 Fe_3Al/WC；3—高速电弧喷涂 FeCrAl/WC；4—高速电弧喷涂 FeCrNi/WC；5—等离子喷涂 $Cr_3C_2$25/NiCr；6—对比材料 20 钢；7—对比材料钢研 102 钢

表 8-16　热喷涂层 650℃抛物线氧化方程

涂层材料	氧化方程	相关系数 R	均方差 σ
高速电弧喷涂 Fe_3Al 涂层	$w_{OX}^2=9.072\times10^{-5}t$	0.9833	2.455
高速电弧喷涂 Fe_3Al/WC 涂层	$w_{OX}^2=1.027\times10^{-4}t$	0.9471	4.772
高速电弧喷涂 FeCrAl/WC 涂层	$w_{OX}^2=1.226\times10^{-4}t$	0.8990	8.183
高速电弧喷涂 FeCrNi/WC 涂层	$w_{OX}^2=2.432\times10^{-5}t$	0.9201	1.419
等离子喷涂 $Cr_3C_2$25/NiCr 涂层	$w_{OX}^2=1.521\times10^{-5}t$	0.9730	0.4945
20 钢	$w_{OX}^2=3.270\times10^{-3}t$	0.9832	83.29
钢研 102 钢(12Cr2MoWVTiB)	$w_{OX}^2=5.733\times10^{-4}t$	0.9516	25.38

e. 高温冲蚀性能如下。

(a) 450℃和650℃冲蚀磨损性能。图8-27和图8-28分别是四种高速电弧喷涂复合涂层和等离子喷涂层与对比材料在450℃和650℃的稳态冲蚀率对比图。

450℃冲蚀磨损条件下，等离子喷涂 Cr_3C_2/NiCr 涂层和高速电弧喷涂复合涂层均具有塑性冲蚀行为(图8-27)，其中 $Cr_3C_2$75/NiCr 的冲蚀磨损率较高，表明试验条件下，其抗冲蚀磨损能力较差。$Cr_3C_2$25/NiCr 的冲蚀磨损率与 Fe_3Al 和 Fe_3Al/WC 相近，冲蚀磨损抗力高于常用锅炉管道钢20钢和钢研102耐热钢。

650℃冲蚀磨损条件下(图8-28)，除高速电弧喷涂 FeCrAl/WC 涂层和等离子喷涂 $Cr_3C_2$25/NiCr 涂层外，Fe_3Al 基、FeCrNi 基涂层和等离子喷涂 $Cr_3C_2$75/NiCr 涂层均表现为脆性冲蚀行为。Fe_3Al、Fe_3Al/WC 和 FeCrAl/WC 涂层的冲蚀磨损抗力高于等离子喷涂 $Cr_3C_2$75/NiCr 和 $Cr_3C_2$25/NiCr 涂层。四种高速电弧喷涂层和两种等离子喷涂层的冲蚀磨损抗力均高于20钢和钢研102钢。而在我国得到广泛应用的钢研102过热器管道用钢的冲蚀磨损率远高于上述高速电弧喷涂层和等离子喷涂层。因此用高速电弧喷涂 Fe_3Al/WC 和 FeCrAl/WC 金属陶瓷涂层对锅炉管道表面进行防护，可以改善其高温冲蚀磨损抗力，提高其使用寿命。

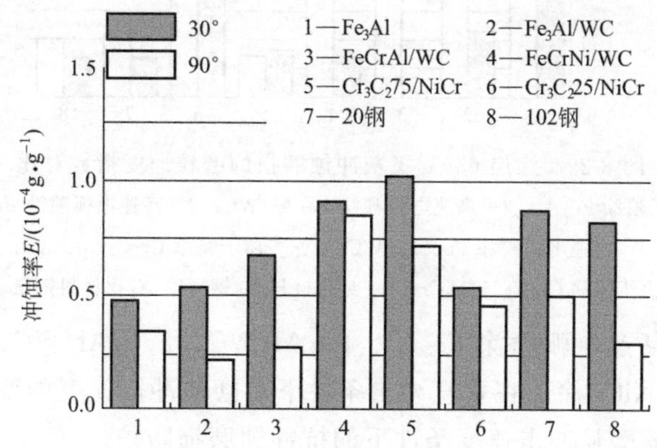

图8-27 450℃不同攻角的涂层稳态冲蚀率对比

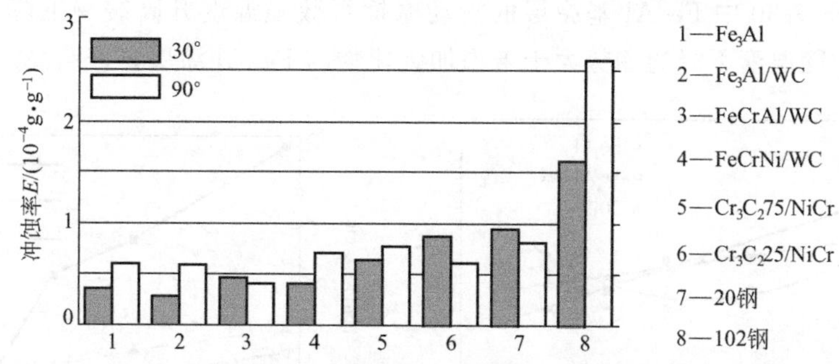

图8-28 650℃不同攻角的涂层稳态冲蚀率对比

等离子喷涂 $Cr_3C_2$75/NiCr 涂层的高温冲蚀磨损抗力较低，与其氧化较严重的层状组织结构、较高的孔隙率，以及等离子喷涂过程中 Cr_3C_2 陶瓷相的氧化失碳而转变为 Cr_7C_3 等因素有关。对热喷涂层的高温冲蚀磨损性能的研究发现，较高的磨粒冲蚀磨损抗力与高致密度、低孔隙率和细小的组织结构有关。因此，获得具有低孔隙率、颗粒细小、高致密度的涂层组织是改善其高温冲蚀抗力的基础。

(b) 热喷涂层高温冲蚀磨损的速度指数。由 $E=kv^n$ 定义的冲蚀磨损率的速度指数 n 的大小综合反映了靶材的热物理性能、力学性能和组织结构等因素对冲蚀磨损速率的影响。从图 8-29 可以看出，650℃飞灰冲蚀条件下，涂层中硬质相含量较少(＜25%)的高速电弧喷涂层和等离子喷涂 $Cr_3C_2$25/NiCr 涂层的 90°攻角冲蚀的速度指数均高于 30°攻角冲蚀，表明热喷涂层的层状结构承受垂直冲击的能力较差，$Cr_3C_2$75/NiCr 在不同角度下具有较低的速度指数，30°和 90°攻角条件下的速度指数分别为 0.82 和 0.68，$Cr_3C_2$25/NiCr 的分别为 2.06 和 5.16。试验条件下两种锅炉钢的速度指数在 0.64～1.06 之间变化，与相关文献中高温冲蚀磨损的速度指数范围 0.9～2.88 的下限接近，表明低碳钢和低碳合金钢在高温下具有较低的冲蚀速度指数，这是其高温冲蚀-氧化磨损的特征之一。

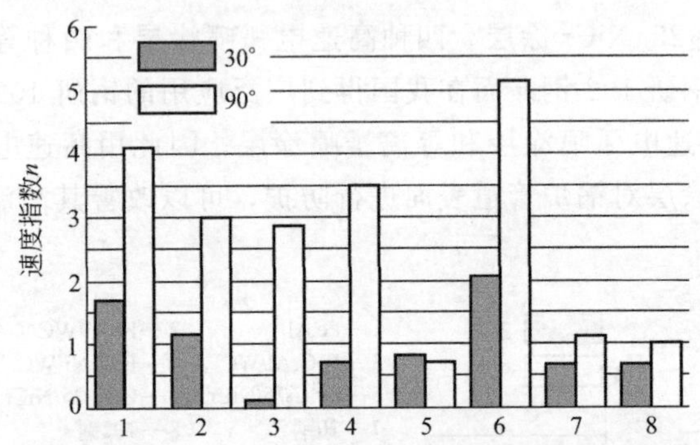

图 8-29 涂层 650℃飞灰冲蚀磨损的磨粒速度指数对比

1—高速电弧喷涂 Fe_3Al；2—高速电弧喷涂 Fe_3Al/WC；3—高速电弧喷涂 FeCrAl/WC；4—高速电弧喷涂 FeCrNi/WC；5—等离子喷涂 $Cr_3C_2$75/NiCr；6—等离子喷涂 $Cr_3C_2$25/NiCr；7—对比材料 20 钢；8—对比材料钢研 102 钢

上述结果表明，高速电弧喷涂 Fe_3Al、Fe_3Al/WC、FeCrAl/WC、FeCrNi/WC 涂层和等离子喷涂 $Cr_3C_2$25/NiCr 涂层在垂直冲击条件下对磨粒冲击速度的变化较敏感，因此热喷涂涂层适宜用作中、低磨粒冲击速度条件下的抗冲蚀磨损防护。

f. 高温摩擦学性能。Fe_3Al 基涂层的高温滑动摩擦性能与温度和滑动时间之间的关系如图 8-30 所示。图 8-30 中 Fe_3Al 基涂层的滑动摩擦系数随温度升高缓慢下降，其中 Fe_3Al/WC 的摩擦系数随温度下降的趋势大于未添加碳化物的 Fe_3Al 涂层，表明高温（$T\geqslant550$℃）

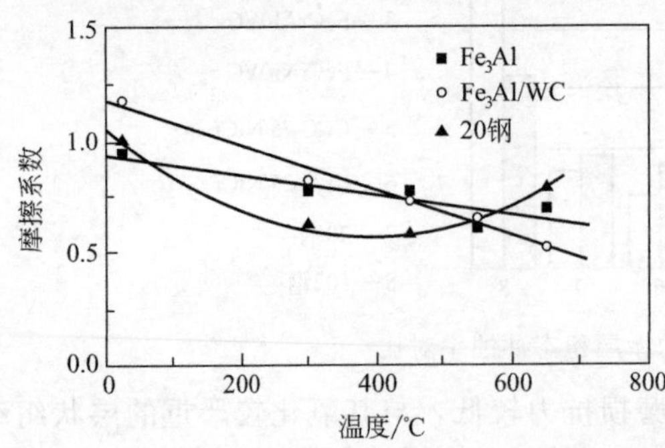

图 8-30 温度对 Fe_3Al 基涂层的高温滑动摩擦系数的影响

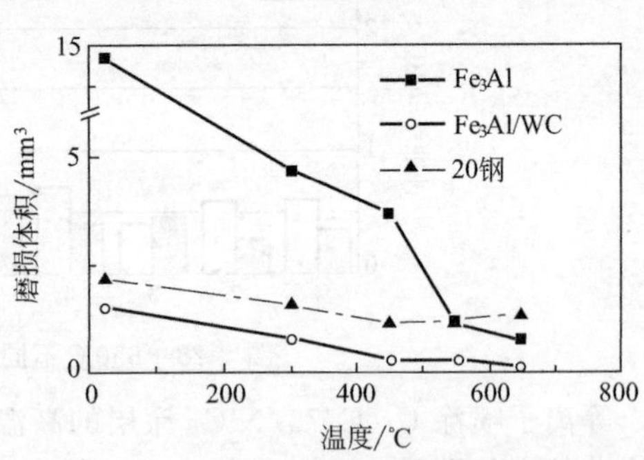

图 8-31 Fe_3Al 基涂层的滑动磨损体积与温度的关系

下添加碳化物硬质相的 Fe_3Al 基复合涂层具有一定的减摩效果，这与摩擦表面形成与基体结合牢固的致密氧化膜，以及硬质相抵抗对偶刚玉陶瓷球表面高硬度微凸起的压入和犁削作用有关。随温度的升高，20 钢的摩擦系数先降后升，在 450℃左右达到最小值，这种变化规律与对 5CrNiMo-40MnB 钢摩擦副的高温摩擦磨损研究结果一致，但本质不同。

Fe_3Al 基涂层的滑动磨损体积与温度的关系如图 8-31 所示，和涂层的高温冲蚀磨损规律不同的是未添加 WC 陶瓷相的 Fe_3Al 涂层在温度≤550℃时，其滑动磨损体积远高于添加硬质相的 Fe_3Al/WC 涂层和 20 钢，温度＞550℃时其磨损抗力高于 20 钢。试验条件下，Fe_3Al/WC 涂层的磨损体积均低于 Fe_3Al 涂层和 20 钢。以 20 钢的磨损体积作为基准，用相对耐磨性 ε 来表征涂层的耐磨性，则 450℃和 650℃条件下 Fe_3Al 基复合涂层的相对耐磨性列于表 8-17，可见，450℃和 650℃时 Fe_3Al/WC 涂层的相对耐磨性分别为 20 钢的 2.92 倍和 10.23 倍，高温滑动磨损抗力显著提高。

表 8-17　Fe_3Al 基复合涂层的相对耐磨性

温度/℃	相对耐磨性 ε		
	Fe_3Al 涂层	Fe_3Al/WC 涂层	20 钢
450	0.35	2.92	1.00
650	1.64	10.23	1.00

4）高速电弧喷涂技术的应用

① 超声速电弧喷涂用于电厂钢结构长效防腐。在金属表面采用超声速电弧喷涂锌（或铝及其合金）进行防腐处理，可保证 40～60 年不生锈，称为长效防腐。这是目前世界上任何防腐技术所无法比拟的，美国、德国、法国等工业发达的国家均采用该项技术进行长效防腐。国内对锅炉承重钢结构、变电架构、输电铁塔等重要钢结构也进行了长效防腐处理，例如秦皇岛电厂、滦河电厂等单位的变电架构采用高速电弧喷涂 Zn-Al 合金涂层进行防护，取得了显著的社会效益和经济效益。

② 高温涂层防止锅炉"四管"爆漏。2003 年发电设备运行可靠性报告指出，在全国火电 300MW 机组非计划停运事故中，锅炉设备事故约占 43.8%。在锅炉事故中锅炉"四管"（即锅炉的水冷壁管、过热器管、再热器管、省煤器管）的爆漏事故又占据一大半。锅炉"四管"爆漏，除造成设备损坏和机组停运外，还增加了电厂临时检修的工作量，因机组停运而造成的巨大经济损失更是不容忽视。

电站锅炉"四管"在冲蚀、磨蚀和高温同时作用下，材料表面早期失效是造成发电厂非计划停机的主要原因，所以，锅炉"四管"的高温腐蚀和烟气冲刷磨损已成为一个亟待解决的关键技术问题。在原有安装系统上更换失效、损坏的管道的维修费用相当高，解决这一问题的经济可行的途径是使用具有良好导热性的薄的防磨损、防氧化和防腐蚀的涂层。基于此，用高速电弧喷涂技术喷涂一种高铬镍基合金，对某电厂 3＃、4＃炉的水冷壁进行了大面积的防腐治理，取得了良好的经济和社会效益。在电站锅炉设计中，为有效地清除锅炉受热面积灰，保证受热面清洁、传热效果良好，在锅炉的受热面布置了不同形式、不同种类的吹灰器。某公司投产初期，由于在吹灰器运行期间，吹灰次数频繁，所以受热面管壁减薄而爆管。目前，采用高速电弧喷涂技术，对该厂 4 台锅炉高温过热器的吹灰器附近的管段喷涂一种高耐冲蚀的芯材，近几年锅炉未发生吹灰器吹薄管壁而引起的锅炉"四管"爆漏。

③ 用于电站风机叶轮。金属部件的磨损是火力发电厂除腐蚀以外的另一个较严重的问题。火力发电厂排粉风机和引风机常因磨损而影响出力并带来频繁的设备更新、维修问题，严重影响了机组运行的可靠性。为此，采取了一系列的防磨措施，如合理选型及气动优化设计以改善气流对叶轮的不均匀磨损；加强磨损部位的表面保护，即采取强化处理等措施，并

且也使用过多种表面强化方法，例如表面堆焊耐磨材料、粘贴陶瓷片、氧乙炔喷焊等，但效果都不十分理想。由于高速电弧喷涂涂层的结合强度可达 50MPa 以上，远大于涂层克服风机离心力所需要的结合强度，因此可用作排粉风机和引风机叶轮耐磨涂层。采用高速电弧喷涂技术在风机叶轮上喷涂一层 13Cr 系列耐磨涂层，提高了叶轮的耐磨性，延长了使用寿命，节约了检修费用，取得了较好的技术经济效益。

④ 用于汽轮机叶片抗水蚀耐磨。叶片是汽轮机的心脏，也是事故最常发生的关键部件。它的安全可靠直接关系到汽轮机和整个电站的安全和满发。工作在湿蒸汽环境下的汽轮机末级叶片常受水质点的水击、水蚀；水、汽合在一起又是发生气蚀的根源。对于冲蚀、水蚀较严重的末级叶片，以往常采用钎焊硬质合金的方法进行修复。这种方法因技术难度大，工作量大而受到一定的限制。业已证明，采取表面处理方法，在叶片表面加上保护涂层，提高材质的特定的性能，达到防水蚀、耐磨、抗微动磨损的目的，是减轻叶片损伤的有效的防护方法之一。近年来，随着超声速电弧喷涂技术的迅速发展，涂层的硬度和结合强度更高，特别是涂层的孔隙率更低(<2%)、氧化物含量更低。采用高速电弧喷涂或与堆焊联合使用，在叶片表面生成一层与基体结合牢固的抗磨耐蚀防护涂层，获得了较好的防护效果。

⑤ 新能源领域的应用。垃圾焚烧发电的整套装置通常由垃圾焚烧炉、余热锅炉、发电或热电联产系统、灰渣处理和烟气净化系统联合组成。由于垃圾成分的多样性，要求垃圾发电设备具有一定的耐腐蚀性。对于垃圾发电设备的防护涂层，国外最先采用等离子堆焊 Ni 基自熔合金层、爆炸喷涂 NiCr 底层 Cr 表层等复合涂层对锅炉管道进行表面防护。随着高速电弧喷涂技术的成熟与完善，国内已开始采用此项技术对垃圾发电设备进行表面防护。

(3) 高速火焰喷涂技术

在 19 世纪 80 年代，美国发明了超声速火焰喷涂(supersonic flame spraying)技术，称之为 Jet-Kote，目的是替代爆炸喷涂，而且在涂层质量方面也超过了爆炸喷涂。后期人们把此方法统称为高速氧燃料喷涂(high velocity oxygen fuel spraying，HVOF)。与一般火焰喷涂相比，它在设备工艺上必须提供足够高的气体压力，以产生速度高达 5 倍声速的焰流($1830m\cdot s^{-1}$)。气体的消耗量也很大，所以需要庞大的供气系统，就氧气而言，消耗量通常是一般火焰喷涂的 10 倍。

超声速火焰喷涂设备产生的焰流速度可达 $2400m\cdot s^{-1}$，其工艺性能的特点是：由于有较高的冲击能量，所以涂层气孔率低(小于 1%)、涂层表面较光滑、粉末颗粒有高的喷涂速度($1020m\cdot s^{-1}$)、较高的沉积率($27kg\cdot h^{-1}$)。由于粉末颗粒在高温中停留时间短及在空气中暴露时间短，所以涂层中含氧化物量较低、化学成分和相的组成具有较强的稳定性，改善了颗粒的结合状态，涂层与基体表面的结合强度高，它可得到比爆炸喷涂更厚的涂层，残余应力也得到改善。

1) HVOF 的发展现状

现代科学技术的快速发展对热喷涂涂层材料和性能的要求越来越高。研究表明提高喷涂焰流的速度可实现喷涂材料形成的熔滴加速和沉积，从而提高涂层的质量。超声速喷涂最早由氧-燃料火焰喷涂研究开发而成，属于高速喷涂，由于设备的开发旨在提高熔粒射流速度，可达 2～3 倍声速($500\sim1000m\cdot s^{-1}$)，因此称为超声速喷涂。现已发展出超声速等离子喷涂、超声速电弧喷涂、亚声速喷涂等技术。在典型的超声速喷涂射流中，可以观察到数个马赫波的存在。粉末或线材由轴向或内侧向送入喷枪中，可获得数倍声速的射流效果，从而使粒子动能大，能制取结合强度高、致密度高的优质涂层。

HVOF 喷涂技术的起源可追溯到 20 世纪 50 年代，美国联合碳化物公司(UCC)首先研制成功爆炸喷涂，并在航空航天工业中广泛应用，高速火焰喷涂随后被发明。到了 1982 年，该技术以“Jet-Kote”为商品名成为 HVOF 技术发展的第一代喷涂设备超声速火焰喷涂的热源是利用丙烷、丙烯等碳氢系燃气或氢气作燃料与高压氧气，或是利用航空煤油与酒精等液体燃料与高压氧气在特制的燃烧室内，或在特殊的喷嘴中燃烧产生的高温高速燃烧焰流。

HVOF 喷涂技术作为近二十年来热喷涂领域最有影响的喷涂技术，已经历了三代发展。第一代的 HVOF 喷涂系统以 Jet-Kote 喷枪为代表，其结构特点是有一个垂直燃烧室，氧气和燃气(丙烷或氢气等)在燃烧室内混合燃烧，高温焰流(约 2800℃)通过一定角度、环状分布的内孔达到枪筒，粉末沿轴向送入枪中，经过加热加速后喷出，燃烧室和枪筒均采用水冷却方式。粉末粒子的速度和温度可达到 $450m\cdot s^{-1}$ 和 2000℃以上。

第一代喷枪从喷涂 WC-Co 粉末发展到喷涂各种其它碳化物金属陶瓷。第二代高速火焰喷涂系统以 1989 年出现的金刚石射流(Diamond Jet)、“冲锋枪”(Top Gun)、连续爆炸喷涂(continuous detonation spraying，CDS)、射流枪(J-Gun)、高速空气燃料(high velocity air fuel)喷涂等为代表。1989 年，金刚石射流喷枪由美国 METCO 公司研制成功，它是用压缩空气冷却、无燃烧室、采用收缩喉管燃烧方式的一种与火焰丝材喷枪结构类似的高速火焰喷枪。由于无燃烧室和采用高压气体冷却枪筒，故粉末粒子的加热加速受到影响，而且空气中氧的吸入会增加涂层的氧化而影响涂层的质量，其优点是结构简单、质量小，适用于喷涂粒度均匀的细粉，喷涂效率较其它喷枪低。Top Gun 喷涂系统(其改进型现称为 HV-2000 型)除可以使用高压燃气外，还可以使用压力较低的乙炔气体，火焰温度较高，实现了高熔点材料如氧化物陶瓷、难熔金属钼等的喷涂。CDS 是利用燃气、氧气燃烧后产生的爆炸振波加热加速粉末粒子，实现喷涂的一种工艺方法，该方法可使用热值高的燃气，获得高的粒子温度和速度。DJ2000 型喷枪可获得粒子速度约为 $400\sim450m\cdot s^{-1}$，温度 2000℃左右，Top Gun 喷枪获得的粒子速度和温度随着枪结构和燃气的不同，分别在 $300\sim450m\cdot s^{-1}$ 和 2000～2500℃范围变化，CDS 喷枪获得的粒子速度约为 $400\sim500m\cdot s^{-1}$，粒子温度可达 2500℃左右。第一代、第二代 HVOF 喷枪的喷涂功率约为 80kW，送粉量 $2.1\sim3.0\ kg\cdot h^{-1}$，且其性能基本类似。

第三代 HVOF 喷涂系统以 1992 年研制成功的 JP-5000 型喷枪为代表，从 1993 年到 1995 年出现了数种 HVOF 喷涂系统，典型的有 Diamond Jet2600、DJ2700、USO Carbide Jet 和 Top Gun 等，这些系统大多有一个较大的燃烧室或一个较长的枪筒，在高的燃气流量、氧气流量和燃烧室压力下工作。高的压力和 Laval 喷嘴可产生比第二代 HVOF 喷枪更高的粒子速度。对于 DJ2600 和 DJ2700 而言，粉末轴向送入焰流，而 JP-5000 和新式的 USO Carbide Jet 和 Top Gun 喷枪，粉末可径向送入燃烧室，减少碳化物的分解。第三代 HVOF 喷涂系统，由于火焰功率达到 100～200kW，可实现高效率的喷涂，其喷涂效率可达到 $6\sim8kg\cdot h^{-1}$ (WC-Co)，为其它轴线送粉枪的两倍。同时，粒子速度可达 $600\sim650m\cdot s^{-1}$。由于高的粒子速度可使涂层中产生压缩应力，可以制备较厚的涂层。

另外，还有高频脉冲爆炸式 HVOF 系统，通过控制可使爆炸频率远高于传统的爆炸喷涂。此外，主要依靠粒子的高速度来制备涂层的新方法，如 HVIF (high velocity impact fusion) 喷涂、冷喷涂 (cold spraying)，不仅可有效控制粉末受热温度，抑制其氧化分解，而且在喷射沉积中能产生明显的喷丸效应，使涂层产生压缩残余应力，可大幅度提高其致密性与结合强度。

2）HVOF 喷涂设备

HVOF 设备通常由喷枪、气体压力及流量控制装置、送粉器三大部分组成，另外有使工件旋转、喷枪转动的辅助机械装置。下面以 Jet-Kote、Diamond Jet 和 JP-5000 为例简单介绍典型的 HVOF 的喷涂枪装置。

最早开发的 Jet-Kote 超声速火焰喷涂设备结构示意图见图 8-32。氧气和燃料气（丙烷、丙烯等）分别输入到燃烧室（燃烧室位于枪把中），同时从喷枪管轴线的圆心处由载体（N_2 或压缩空气）送入粉末。燃烧室和枪筒均采用水冷方式。燃气和氧气在燃烧室混合并燃烧，形成高温（约 2800℃）气体，气体燃烧产生压力形成高速热气流，通过一定角度的环形分布的内孔到达长约 1500mm 长的枪筒，在枪筒里汇成一束高温射流，将进入射流中的粉末加热熔化和加速，射流通过枪筒时受到水冷壁的压缩。当高温气流离开枪筒时，燃烧气体迅速膨胀，产生超声速火焰。火焰喷射速度可达 2 倍声速，为普通火焰喷涂的 4～5 倍，也显著高于一般的等离子喷涂射流。CDS 和 Top-Gun 均属于此类喷涂枪。

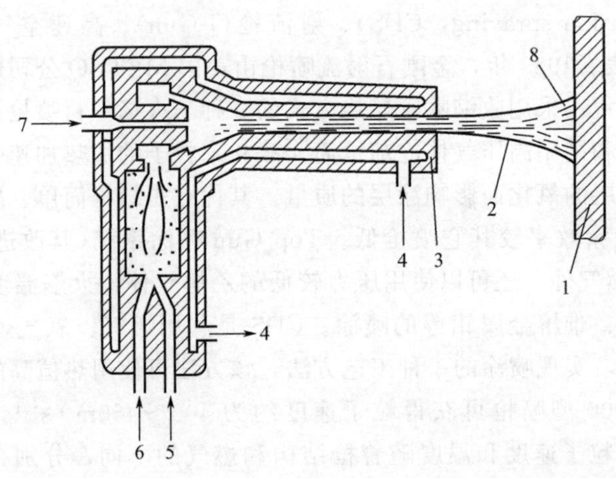

图 8-32 Jet-Kote 超声速粉末火焰喷涂装置示意图

1—基体；2—喷涂束流；3—喷枪；4—冷却水；5—氧气；6—燃料气；7—粉末及送粉气；8—涂层

Diamond Jet 喷涂枪是另一种类型的 HVOF 喷涂设备，没有高压燃烧室和高压气体压缩枪筒。Diamond Jet 采用喉管燃烧方式，其喷涂示意图见图 8-33，与火焰线材喷枪的设计极为相似，具有环形分布的火焰射流，中心送粉和空气帽约束压缩空气。不用水冷，粒子速度较其它 HVOF 工艺略低。此外喷枪中同轴空气流动层降低了火焰温度，必须喷涂粒度范围较窄的细粉，因此涂层含氧量较高，成本也较昂贵。

JP-5000 型喷涂枪是一种新型 HVOF 喷枪，与其它 HVOF 设备相比，具有以下特点：使用安全的液态燃料——航空煤油；采用高压喷涂；吸入式送粉，热效率高，易实现工业化生产。JP-5000 型喷涂枪的设计思想与操作方法简洁，其喷涂示意图见图 8-34，该设备由喷涂枪后部送入航空煤油和氧气至燃烧室并用火花塞点燃。航空煤油黏稠，价格低廉，在大气中可存放（少量），在高压下也安全。燃烧气体可直穿喷嘴和枪筒，产生长而细的超声速火焰射流。粉末沿径向，从双孔加入燃烧室前喉管部位的过度膨胀负压区，因此不需加压送粉。粉末在枪筒中高效混合并加热，喷涂射流速度极高。几种 HVOF 喷涂枪的特点见表 8-18。

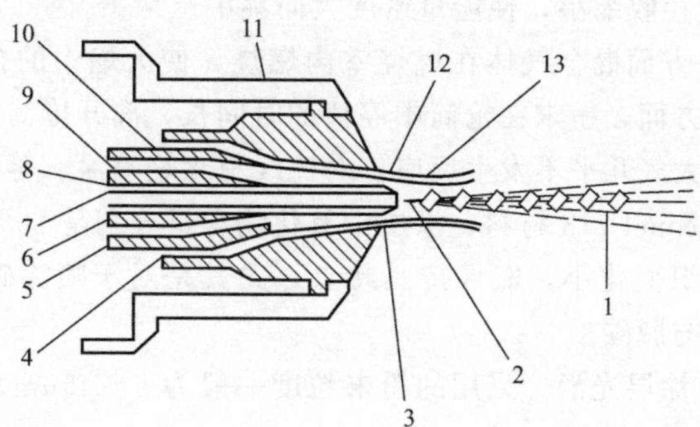

图 8-33　Diamond Jet 超声速粉末火焰喷枪喷涂示意图

1—火焰激波点；2—火焰焦点；3，13—火焰；4—火焰约束帽；5—火焰喷嘴外层；
6—火焰喷嘴内层；7—内送粉管/粉末及送粉器；8—保护送粉管的冷却器；
9—燃气及助燃气；10—压缩气体；11—约束帽的压紧帽；12—压缩气体流层

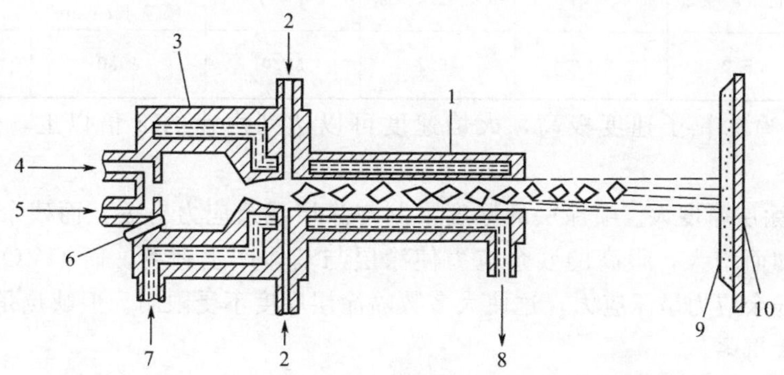

图 8-34　JP-5000 型超声速粉末火焰喷涂示意图

1—喷嘴；2—送粉嘴；3—燃烧室；4—氧气；5—煤油；
6—主火花塞；7—进水；8—出水；9—涂层；10—基体

表 8-18　几种典型 HVOF 喷涂枪的特点

型号	燃料种类	燃烧方式	喷涂效率/($kg\cdot h^{-1}$)	最大厚度/mm	结合强度/MPa	气孔率/%	焰流马赫数/M	焰流速度/($m\cdot s^{-1}$)	主要特点
Jet-Kote	丙烷、氧气	手柄	7	3	55～80	3	1.7	1646	燃烧室与喷嘴垂直
DJ2600、DJ2700	氢气、氧气	枪管	6	1	65～100	1	1.5	1417	采用 Laval 管，用压缩空气冷却枪体
Top Gun	燃气、氧气	燃烧室	7	0.9	65～100	2	1.9	1798	可使用低压气体，如乙炔
CDS	丙烷、氧气	燃烧室	4	1.3	43～68	2	1.9	1798	燃烧室与喷嘴同轴线
JP-5000	煤油、氧气	燃烧室	22	6.5	75～120	0.5	2.15	2164	采用 Laval 管粉末侧向对称送入，喷嘴口径大，耗氧量大

3）HVOF 喷涂的特点

① 粉末在火焰中加热时间长。粉末从火焰中央通过，在火焰中时间长，能均匀地受热熔融，产生集中的喷射束流，而且保护性好，温度高。

② 焰流长度大，直径收缩小，使能量密度大而集中。

③ 涂层质量高。一方面混合气体在燃烧室内燃烧，使火焰中的含氧量降低，有利于保护粉末不被氧化。另一方面，粉末在枪筒中停留的时间长，离开枪筒后高速飞行，与周围大气接触时间短，因此和大气几乎不发生反应。对比线材火焰喷涂、等离子喷涂及JP-5000喷涂三种不同方法喷涂Inconel 718材料，涂层中氧化物含量分别是10%、6%和1%。喷涂材料不受到损害，微观组织变化小，能保持其特点，尤其是对于喷涂碳化物材料而言特别有利，避免碳化物的分解与脱碳。

④ 喷涂粉末细微，涂层光滑。采用的粉末粒度一般为5～45μm，因此可获得表面光滑的涂层。

⑤ 涂层致密，涂层的孔隙率小，结合强度高，接近或达到爆炸喷涂的质量。表8-19是各种方法喷涂涂层结合强度对比。

表8-19　热喷涂316不锈钢涂层的结合强度

喷涂方法	线材火焰喷涂	粉末火焰喷涂	线材电弧喷涂	大气等离子喷涂	超声速火焰粉末喷涂 Jet-Kote	超声速火焰粉末喷涂 JP-5000
涂层结合强度/MPa	35.2	27.6	46.2	38.0	49.0	61.4

⑥ 焰流及喷涂粒子速度极高，火焰速度可以达到声速的2倍以上，熔滴的速度可达300～700m·s^{-1}。

⑦ 可喷涂涂层厚度大。喷涂层的厚度限制与涂层残余应力有关，而残余拉应力一般随涂层厚度的增加而增大，很高的残余应力使涂层与基体产生剥离。而HVOF（JP-5000喷枪）喷涂层中残余应力呈压应力，这使大多数喷涂层厚度不受限制。但缺点是气体耗气量比一般火焰喷涂大得多。

4）HVOF喷涂工艺

超声速火焰喷涂工艺的主要参数是喷嘴长度、燃气的压力、喷涂距离等。表8-20为喷涂工艺参数与涂层硬度和沉积效率的关系。喷涂材料为JK112（WC-12%Co）。由表8-20可见，在一定的喷嘴长度条件下随着燃气压力的增大，涂层的硬度明显提高，而沉积效率下降。

表8-20　喷涂工艺参数与涂层硬度和沉积效率的关系

工艺参数	喷嘴长度/mm							
	150				300			
燃气压力/MPa	0.6		0.63		0.6		0.63	
喷涂距离/mm	178	305	178	305	178	305	178	305
涂层硬度(HV)	1278	1108	1442	1273	1236	1036	1510	1411
沉积效率/%	71	71	56	56	87	87	63	63

5）HVOF应用

① 航空航天领域。美国近年来在航空发动机部件如压缩机叶片轴承套等上使用HVOF技术已经基本实现了标准化，可完全取代以前使用的爆炸喷涂层，旨在降低成本。G E Aircraft Engines公司采用HVOF技术喷涂718合金修复飞机的喷气涡轮发动机部件。METCO公司将HVOF技术应用于航空工业的压缩机叶片、轴承座和迷宫式密封垫等部件。英国在汽轮机第一级静叶片上使用HVOF技术效果很好，可取代昂贵的低压等离子喷涂层和电子束物理气相沉积。

② 冶金工业。在钢铁工业中，工程技术人员采用HVOF技术，将“硬面”熔覆在高度

磨损的钢铁加工设备的部件上，取得了很好的效果。德国、法国、美国等国家在冶金行业中大量使用 HVOF 技术表面强化的挤压辊轮、热浸镀锌槽中的沉没辊、有色金属二次加工轧辊等，寿命明显提高。日本钢铁工业应用 HVOF 喷涂修复退火炉辊，修复率从 20 世纪 80 年代中期的 30%提高到 90 年代后期的 80%，而带钢因结瘤等引起的次品率则从 80%下降到零。

③ 磨损件的修复。由于 HVOF 具有长的喷涂距离、精确且易于操作的喷枪以及非常高的粒子速度，所以虽然喷涂角度较小，但仍能制备出厚度超过 2mm 的涂层，且修复表面具有很高的质量，对喷涂表面加工也很容易，使得其维修成本与更换整个部件所需的费用相比大幅度降低，因而成功修复了发动机的压缩机前轴轴孔内的磨损。Fusion 公司现已关闭电镀 Cr 生产线而转向超声速火焰喷涂，因为这种涂层具有高结合强度和韧性，完全可以满足部件服役时的弯曲工况。HVOF 的费用可与电镀铬的价格相竞争，尤其对于大型部件或外形复杂的部件而言是十分经济的方法。

④ 制备纳米结构涂层。HVOF 因其相对较低的工作温度，纳米结构原料承受相对较短的受热时间，以及形成的纳米结构涂层组织致密、结合强度高、硬度高、孔隙率低，涂层表面粗糙度低等而备受推崇。M. L. Lau 等将平均粒径 45μm 的 Cu 粉与 10%(质量)的 Al 粉混合，经过机械冶金后获得具有非晶/纳米晶结构的喷涂喂料，然后通过 HVOF 技术喷涂到不锈钢基体上。涂层的 TEM 分析表明，涂层是由纳米晶的 Cu 和非晶的 $Al_{12}O_3$ 组成，非晶/纳米晶涂层的成功制备对提高涂层的防腐蚀性能具有重要意义。

(4) 超声速等离子弧喷涂技术

超声速等离子弧喷涂是 1986 年 Browning Engineering 公司继 HVOF 喷涂之后推出的又一项新技术，该技术兼有等离子弧喷涂的加热温度高及气体爆炸喷涂和 HVOF 喷涂的喷涂材料飞行速度快的优点。常规大气等离子喷涂焰流速度虽然可达两倍声速，但等离子弧长较短，对喷涂熔粒加速作用有限，一般均在 200～350$m\cdot s^{-1}$范围内，因此涂层质量受到限制。超声速等离子喷涂利用转移弧与高速气流相混合出现的“扩展弧”现象，使用特种喷嘴，得到进一步压缩拉长的超声速等离子焰流，其弧压高达 200～400V，电流 400～500A。焰流速度超过 3600$m\cdot s^{-1}$，具有高焓、高速的特点。喷涂效率高，不锈钢粉末可达 33.36$kg\cdot h^{-1}$，碳化钨粉末可达 6.67$kg\cdot h^{-1}$。由于提高了焰流对喷涂粒子的热传输功率，尤其是提高了喷涂粒子的动能，所以超声速等离子弧喷涂涂层质量明显优于常规等离子喷涂，与爆炸喷涂和超声速火焰喷涂相近。超声速等离子喷涂材料来源广，具有喷涂粉末和丝材双重功能。与低压等离子喷涂类似，克服了等离子射流发散紊乱和对喷涂颗粒加速较差的缺陷，非常适于陶瓷材料的喷涂。

1) 超声速等离子弧喷涂基本原理

超声速等离子弧喷涂的基本原理见图 8-35。

主气(氩气)流量较少由后枪体输入，而大量的次级气(氮气或氮气与氢气的混合气)经气体旋流环的作用与主气一同从拉伐尔管的二次喷嘴射出。钨极接负极，引弧时一次喷嘴接正极，在初级气中经高频引弧，而后正极转接二次喷嘴，即在钨极与二次喷嘴内壁间产生电弧。在旋转的次级气的强烈作用下，电弧被压缩在喷嘴的中心并拉长至喷嘴外缘，形成高压的扩展等离子弧。大功率扩展的等离子弧有效地加热主气和次级气，从喷嘴射出稳定的集聚的超声速等离子射流，喷涂粉末经送粉嘴加入超声速等离子流，获得很高的温度和动能，撞击在工件表面形成涂层。

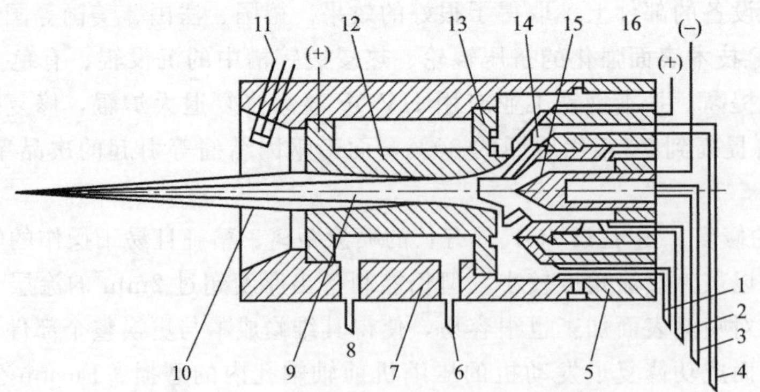

图 8-35　超声速等离子弧喷枪工作原理图

1—次级气；2—主气；3—冷却水进水；4—冷却水回水；5—后枪体；6—冷却回水；7—前枪体；8—冷却进水；9—扩展弧；10—等离子射流；11—送粉管；12—二次喷嘴；13—气流旋流环；14—一次喷嘴；15—阴极；16—阳极

2）超声速等离子喷涂设备

超声速等离子喷涂设备主要由喷枪、送粉装置（送丝装置）、送气装置、冷却水循环系统、控制系统和主机电源组成，并带有计算机接口线路，其系统框图见图 8-36。超声速等离子喷涂枪分前、后枪体，后枪体包括钨极、一次喷嘴，前枪体主要有二次喷嘴、气体旋流环和送粉管（图 8-35）。

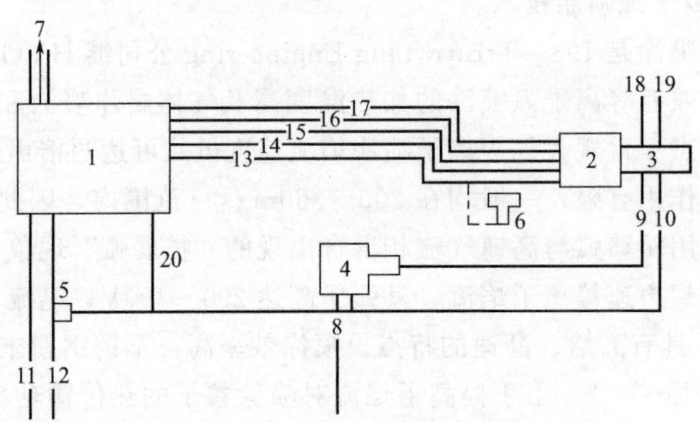

图 8-36　超声速等离子喷涂系统框图

1—主机；2—喷枪后枪体；3—喷枪前枪体；4—喷枪前枪体冷却水循环系统；5—安全内锁；6—远控机构；7—输入电源；8—水冷系统输入电源；9—前枪体水管；10—前枪体回水管/正极电缆；11—主机的次级气供给；12—主机的初级气供给；13—喷枪的启动引线；14—后枪体进水管/负极电缆；15—后枪体回水管/正极电缆；16—喷枪的初级气进气管；17—喷枪的次级气进气管；18—前枪体压缩空气进气管；19—送粉进气管；20—主机正极输出电缆

喷枪工作时，由后枪体输入主气（Ar）和次级气（N_2 或 N_2/H_2），从钨极与一次喷嘴之间通过的主气流量较小（$15\sim30L\cdot min^{-1}$）；大流量的次级气（$100\sim200L\cdot min^{-1}$）经气体旋流环作用，通过二次喷嘴射出。

钨极接负极，引弧时一次喷嘴接正极。在初级气中经高频引弧，正极接二次喷嘴，即钨极与二次喷嘴内壁间产生电弧，在旋转的次级气强烈作用下，电弧被压缩在喷嘴中心，并拉长至喷嘴外缘，形成扩展等离子弧。

扩展弧长可达 80mm，电压达 300～400V，因此可在小电流下达到大功率（80～200kW）。具有很高功率的扩展弧有效地加热主气及次级气，从喷嘴喷射出高温、高速的压缩细长的超声速等离子射流。

3）超声速等离子弧喷涂的特点

超声速等离子弧喷涂与爆炸喷涂及HVOF喷涂相比，优势主要在于具有极高的热源温度(等离子弧温度高达16000℃)和功率，因此能够在短时间内将陶瓷粉末加热到其熔点以上，得到高质量的涂层。

在扩展弧的超声速等离子焰流中，有下述三种作用。

① 气体的旋流稳定作用。大流量气体在耐热绝缘的陶瓷材料制成的气旋流环的作用下，形成强烈的旋涡送气，旋涡气流中大部分冷气体沿二次喷嘴壁面通过，增加了气流速度，压缩了电弧，如图8-37所示。强烈旋涡气流还有助于电弧阳极斑点转移，使喷嘴均匀烧损。另外压力较高的冷气膜也可增加对喷嘴保护。

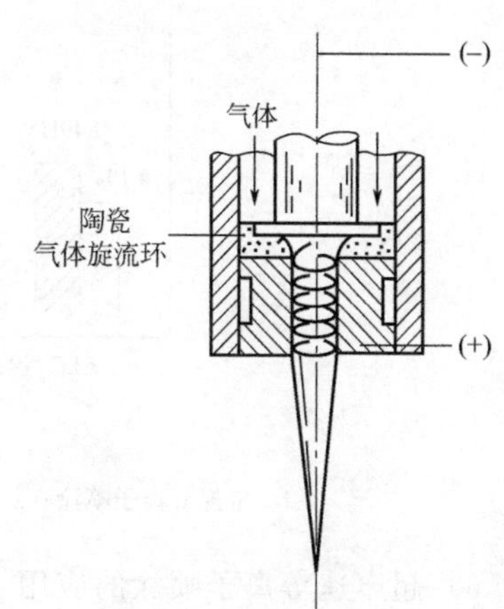

图8-37 旋涡气流示意图

② 热收缩作用。除旋流气体与一次喷嘴按大气等离子喷涂的三种压缩形式束缚电弧外，二次喷嘴有效的强制水冷所产生的热收缩作用进一步压缩电弧。

③ 二次喷嘴管型的作用。细长的二次喷嘴采用Laval管结构，使得喷枪中高温气体进一步加速成为超声速射流。等离子射流通过上述作用被有效地压缩，即使远离喷嘴仍稳定聚集。如：在喷涂碳化钨粉末时，细长的等离子射流长达1m仍未发散。

4）超声速等离子喷涂工艺

超声速等离子喷涂的工艺流程可分为工件表面预处理、喷涂、涂层表面质量检验及涂层后处理。

超声速等离子喷涂的工艺参数见表8-21。超声速等离子喷涂Al_2O_3、Cr_2O_3和陶瓷粉末的工艺参数见表8-22。

表8-21 超声速等离子喷涂的工艺参数范围

指标		参数
电弧功率	功率范围/kW	80～200
	弧电压/V	300～400
	弧电流/A	400～500
主气流量(Ar)/($L\cdot min^{-1}$)		15～30
次级气流量(N_2或N_2+H_2)/($L\cdot min^{-1}$)		100～200
送粉量/($kg\cdot h^{-1}$)		3～5
喷涂距离/mm		130

表8-22 超声速等离子喷涂Al_2O_3、Cr_2O_3和陶瓷粉末的工艺参数

指标		参数
电弧功率	功率范围/kW	60
	弧电压/V	200
	弧电流/A	300
主气流量(Ar)/($L\cdot min^{-1}$)		15
次级气流量(N_2或N_2+H_2)/($L\cdot min^{-1}$)		90(N_2) 30(H_2)
送粉量/($kg\cdot h^{-1}$)		3～5
喷涂距离/mm		130

5）超声速等离子喷涂层特性

① 涂层孔隙率低，一般小于1%。

② 涂层硬度高。图8-38是采用常规等离子喷涂与超声速等离子喷涂方法制备的陶瓷涂层性能比较。由图可以看出，常规大气等离子喷涂与超声速等离子喷涂制备陶瓷涂层的性能差异较大。

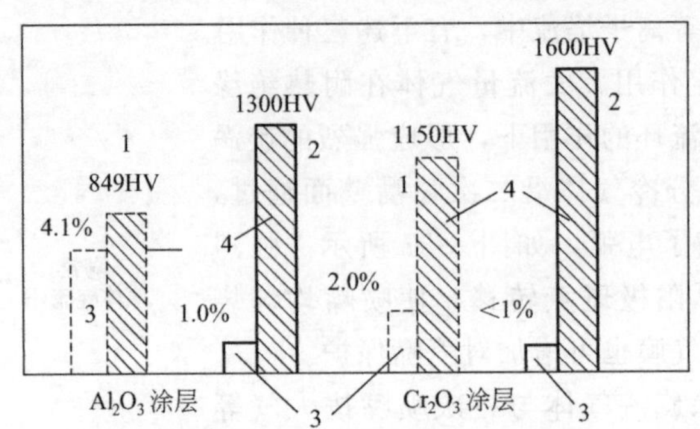

图8-38 陶瓷涂层性能比较

1—常规等离子喷涂；2—超声速等离子喷涂；3—孔隙率；4—显微硬度（HV）

6）超声速等离子喷涂的应用

超声速等离子喷涂具有极高的焓和喷射速度，对高熔点陶瓷材料的喷涂具有先天的优势，这是其它喷涂方法所无法比拟的。但是对这一方面的研究还处于起步阶段，有关的报道较少。

8.4.6 冷喷涂技术

2000年，在加拿大蒙特利尔召开的第一届国际热喷涂大会上，一种先进的喷涂技术——冷喷涂(Cold Spray)技术引起了会议代表的广泛关注。冷喷涂全名为冷空气动力喷涂法(Cold Gas Dynamic Spray)，首先由苏联科学院西伯利亚分部的理论与应用机械研究所开发，是基于空气动力学原理的一项喷涂技术。冷喷涂技术的过程是，经过一定低温预热的高压气体通过缩放喷管产生超声速气体射流，将喷涂粒子从轴向送入气体射流中加速，以固态的形式撞击基体形成涂层。冷喷涂技术中，喷涂粒子是能够形成涂层，还是对基体产生喷丸或冲蚀作用，取决于粒子撞击前的速度。一般情况下，粒子喷涂速度以$500m \cdot s^{-1}$为界限，只有大于$500m \cdot s^{-1}$才能形成喷涂层。因此，实现喷涂粒子的高速是冷喷涂技术的关键。影响喷涂粒子飞行速度的主要因素包括以下几点：超声速喷管的几何形状、工作气体的种类、工作气体的压力和预热温度及粒子的大小与密度等。

(1) 冷喷涂原理和特点

1）冷喷涂技术的主要优缺点

① 技术优点如下。

a. 冷喷涂技术是一种能够在不同的基体材料上喷涂金属、金属合金、塑料和合成材料的新技术。喷涂材料的粉末粒子在热的非氧化性气流束中加速，喷涂加热温度较低，涂层基本无氧化现象，适用于纳米、非晶等对温度敏感材料，Cu、Ti等对氧化敏感材料，碳化物复合材料等对相变敏感材料的喷涂。

b. 冷喷涂涂层是由固态粒子高速冲击形成的，粒子通过温度仅有几百摄氏度的超声速气体喷嘴加速。与热喷涂技术相比，冷喷涂的粒子没有熔化，涂层对基体的热影响很小，使得涂层与基体间的热应力减少，并且冷喷涂涂层的层间应力较低，且主要是压应力，有利于沉积较厚的涂层。

c. 喷涂粉末可以回收利用。

② 主要缺点：适用于喷涂的粒子直径范围比较小。

2）冷喷涂技术原理

冷喷涂技术的工作气体一般为 He 和 N_2，而 He 比 N_2 的加速效果好。气体压力一般为 1.5～3.5MPa，气体压力越高，粒子速度越大。预热温度一般为 100～600℃，温度越高，得到的粒子速度越大。粒子直径小于 40μm，在喷管的喉部之前加入，加速范围为 500～1000m·s^{-1}。喷涂距离为 5～25mm。冷喷涂技术原理如图 8-39 所示。

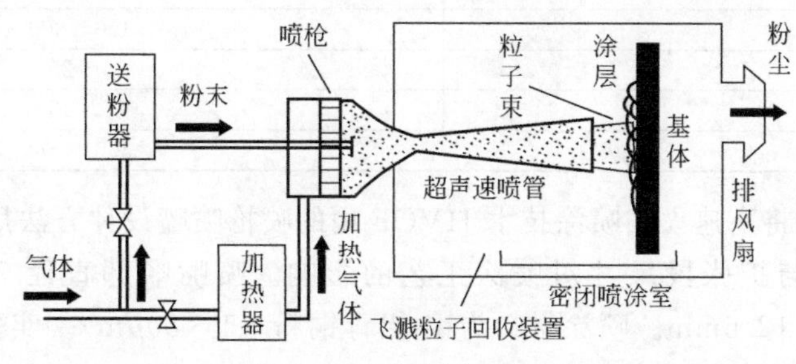

图 8-39 冷喷涂原理示意图

（2）冷喷涂材料和涂层

德国 Kreye 等研究了不同粒度尺寸范围内的 Cu 粉末在不同冷喷涂工艺参数下涂层的显微结构和性能，检测了涂层的显微结构、致密度、氧化物含量、硬度和结合强度。试验用喷管的喉部直径为 2.7mm，出口直径为 8.6mm。采用 N_2 作为喷涂用气，气体入口处的温度和压力范围分别为 200～550℃和 1.5～2.5MPa，在 Al、Cu 和钢基体上喷涂 Cu 粉末，喷涂距离 20～50mm。在三种实验中采用不同的 Cu 粉末，粒度分别为－45μm 和＋25μm（－表示通过标准筛或小于；＋表示未通过标准筛或大于）。

实验结果表明，采用 N_2 喷涂尺寸范围为－45μm 的 Cu 粉末，沉积效率小于 10%，涂层由 40～50μm 的变形粒子组成，质量差。喷涂尺寸范围为－25μm Cu 粒子时可以获得致密的涂层。此时，入口 N_2 气压为 2.5MPa，气体温度为 380℃，粒子沉积前的速度范围为 370～630m·s^{-1}，温度范围为 60～120℃，粒子速度及温度值与粒子尺寸的大小关系密切，沉积效率为 55%～60%。尽管采用 He 气作为喷涂气时粒子的速度更高，沉积效率超过 80%，但采用 N_2 的成本较低。

在 Al 基体上喷涂 5mm 厚的涂层，用金相法测得涂层的孔隙率为 5%～8%。化学分析表明，冷喷涂过程中没有氧化反应发生，粉末和涂层的氧化物含量均在 0.2%左右，涂层的硬度值为 140～150 $HV_{0.3}$，单个粒子在冲击过程中没有发生大的变形，涂层呈现出高度致密、高硬度的特点，结合强度约为 35MPa。冷喷涂涂层的冲蚀速率为 175mg·h^{-1}，约为冷轧制铜冲蚀速率 81mg·h^{-1}的 2 倍。与热喷涂涂层相比，冷喷涂涂层的另一个优点是涂层高度致密，后处理以后冷喷涂涂层的韧性仍然较低，这主要是因为喷涂时粒子在冲击基体形成涂层的过程中产生了大量的加工硬化。此外，热处理还能改善涂层间粒子的结合强度。

Mccune 等发现冷喷涂高纯 Cu 和 Fe 涂层经过热处理可以引起再结晶或晶粒生长，使冷喷涂涂层的硬度增加。Karthikeyan 等研究了采用 He 和 N_2 冷喷涂 Ti 粉末工艺与涂层性能，实验参数如表 8-23 所示。结果表明，采用 N_2 气喷涂沉积效率可以达到 60%，涂层孔隙率为 10%～30%；采用 He 气喷涂，沉积效率可以达到 80%，涂层的孔隙率小于 10%。考虑到成本问题，主要采用 N_2 喷涂。N_2 冷喷涂 Ti 涂层的努氏硬度为 125HK，略高于 Ti 金属(100HK)。XRD 分析表明，涂层中只含 Ti 相成分，而未发现氧化物相，主要是因为冷喷涂过程中采用了非氧化性气体，并且粒子没有融化，涂层硬度小幅度提高主要是由粒子的塑性变形引起的。同时，冷喷涂层经过切削加工，涂层孔隙率降到 5% 以下，仍能够提高涂层的结合强度和硬度。

表 8-23　冷喷涂 Ti 涂层工艺参数

工艺参数	范围
气体温度/K	400～800
喷涂距离/mm	5～25
粉末输送速度/($g\cdot min^{-1}$)	5～25
加热后气体温度/K	300～400

坂木(Sakaki)等将高速火焰喷涂技术 HVOF 用的喷枪喷嘴设计方法用于冷喷涂技术中，并研究了喷嘴收缩与扩张段尺寸对喷涂工艺的影响。喷嘴喉部直径 7.8mm，入口直径 12.5mm，出口直径 12.6mm。喷涂材料为镍-铝青铜粉（1～50μm）。实验表明，在 HVOF 技术和冷喷涂技术中，喷嘴收缩段长度增加，喷涂粒子温度增加，但速度降低。冷喷涂时，当入口 N_2 压力为 2.0MPa，温度为 750K，镍-铝青铜粉温度为 300K，速度为 $10m\cdot s^{-1}$ 时，通过超声速喷嘴加速后的气体速度达到 $950m\cdot s^{-1}$，气体温度减少到 290K，此时，尺寸为 20μm 以下的粒子速度大于 $600m\cdot s^{-1}$，温度大于 400K。由实验可知，在冷喷涂过程中，入口气体的压力与温度是影响加速粒子的主要因素，入口气体的速度对加速粒子的影响很小。

冷喷涂涂层具有氧化物含量低、涂层热应力低、硬度高、喷涂层厚度大等优点，但是，也存在着孔隙率较高、对喷涂粒子尺寸范围要求高等缺点。随着冷喷涂技术的不断改进与完善，喷涂层的质量将得到不断提高。冷喷涂技术由于其特殊的喷涂特点和工艺，适用于喷涂纳米材料以制备纳米材料涂层。

8.4.7 纳米涂层制备技术

纳米涂层是近年来国际上研究的热点之一，焦点聚集在功能涂层改性方面。例如 80nm 的 $BaTiO_3$ 可以作为高介电绝缘涂层，40nm 的 Fe_3O_4 可以作为磁性涂层，80nm 的 Y_2O_3 可以作为红外屏蔽涂层，反射热的效率很高，用于红外窗口材料。纳米改性涂层是指通过添加纳米材料使传统涂层性能得到显著提高。例如 Al_2O_3 陶瓷基板材料加入 3%～5% 的 27nm 纳米 Al_2O_3，烧结温度下降 100℃，热稳定性提高了 2～3 倍，热导率提高 10%～15%。纳米材料添加到塑料中使其抗老化能力增强，寿命提高；添加到橡胶中可以提高介电性能和耐磨性。

热喷涂技术是表面工程领域中十分重要的技术，在各种新型热喷涂技术（如超声速火焰喷涂、高速电弧喷涂、气体爆燃式喷涂、真空等离子喷涂等）不断涌现的同时，纳米热喷涂技术已成为热喷涂技术新的发展方向。

热喷涂纳米涂层按组成可分为三类：单一纳米材料涂层体系；两种（或多种）纳米材料构成的复合涂层体系；添加纳米材料的复合体系。目前，大部分的研发工作集中在第 3 种，在传统涂层技术基础上添加纳米材料，可在较低成本情况下，使涂层功能得到飞跃性提高。例如，Schwetzker 等采用 HVOF 制备了 WC-Co 纳米涂层，在涂层组织中可以观察到，纳米级微粒散布于非晶态富 Co 相中，结合良好，涂层显微硬度明显增加。通过特殊黏结处理制成专用热喷涂纳米粉，用等离子喷涂方法获得了纳米结构的 Al_2O_3/TiO_2 涂层，该涂层致密度达 95%～98%，结合强度比传统喷涂粉末涂层提高 2～3 倍，抗磨粒磨损能力提高 3 倍，弯曲试验提高 2～3 倍。陈煌等采用大气等离子喷涂制备了 ZrO_2 纳米涂层。热喷涂的纳米结构涂层性能优异，具有良好的应用前景。

8.5 激光表面处理技术

8.5.1 激光的产生及其与材料表面的相互作用

(1) 激光的产生

1916 年，爱因斯坦发表了一篇综述量子理论发展成就的论文——《关于辐射的量子理论》，其中提出了受激发射的概念，它为激光技术提供了理论基础。1960 年美国休斯飞机公司实验室的梅曼博士研制成了世界上第一台红宝石激光器，引起广泛关注。激光的诞生意味着光学科学的一场革命，其亮度比普通强光源还要高 20 个量级，其光波段可包括红外、可见光、紫外直至 X 射线波段。

1) 原子的能级和跃迁

原子是由带正电的原子核和核外一定数目的运动电子所组成的。电子分布于离核最近的一些轨道时，原子的总能量最低，称原子处于基态。外界作用使电子重新分布于离核较远的外层轨道时，原子的总能量较高，称原子处于激发态。电子在核外的分布不是一成不变的，当原子受到外界能量作用时，电子的分布就会发生变化，原子的能量也随之变化。原子从一种能量状态变化到另一种能量状态的过程叫做跃迁。原子跃迁时的能量变化 ΔE 以光波的形式发射或吸收，满足：

$$\Delta E = h\nu = \frac{hc}{\lambda} \tag{8-1}$$

式中，c 为光速；λ 为波长；ν 为频率；h 为普朗克常数，$h=6.62\times10^{-34}\,\mathrm{J\cdot s}$。原子的能级图表示原子所具有的各种能量状态和可能的跃迁变化，如图 8-40 所示。

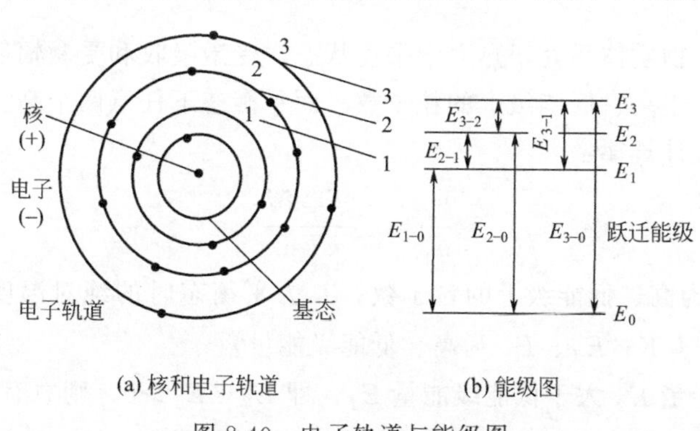

(a) 核和电子轨道　　(b) 能级图

图 8-40　电子轨道与能级图

2）自发辐射

原子总是趋向于回复到能量最小的基态，基态是一种稳定状态。处于激发态的粒子能量大，是很不稳定的，它可以不依赖于任何外界因素而自动地从高能级跳回低能级，并辐射出频率为 ν 的光波，如式(8-2)所示，这一过程称为自发辐射，如图8-41(a)所示。

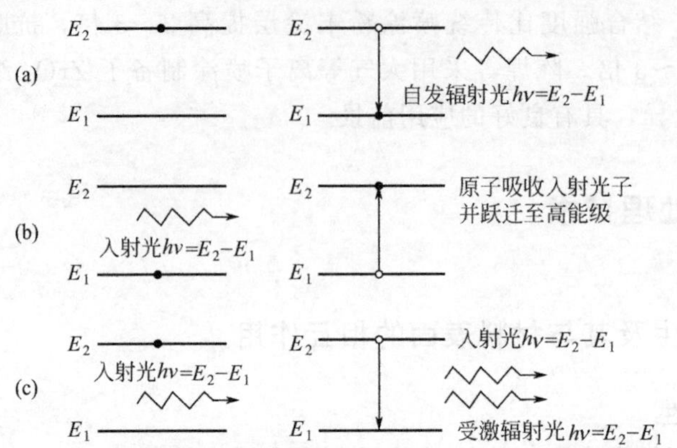

图 8-41　原子的自发辐射（a）、受激吸收（b）和受激辐射（c）

$$\nu=(E_2-E_1)/h \tag{8-2}$$

式中，E_2 为高能级能量；E_1 为低能级能量。

自发辐射是普通光源的发光机理。由大量粒子组成的体系，其中各粒子的自发辐射是相独立的，因而整个体系的自发辐射光的波长和相位是无规则分布的，其传播方向和偏振方向是随机的，自发辐射光是一种非相干光。

3）受激吸收

处于低能级 E_1 的粒子，在频率为 ν 的入射光[ν 满足式(8-2)]诱发下，吸收入射光的能量而跃迁至高能级 E_2 的过程称为受激吸收[图 8-41(b)]。

4）受激辐射

处于高能级 E_2 的粒子，受到频率为 ν 的入射光[ν 满足式(8-2)]的诱发，辐射出能量为 $h\nu$ 的光波而跃迁回低能级 E_1 的过程称为受激辐射[图 8-41(c)]。由受激辐射产生的光同入射光一模一样，即它们具有完全相同的频率、相位、传播方向和偏振状态，因此受激辐射具有光放大作用。

5）粒子数反转

在通常情况下，物质体系处于热力学平衡状态，受激吸收和受激辐射同时存在，其吸收和辐射的总概率取决于高、低能级上的粒子数。而平衡态下任意两个高、低能级上的粒子数分布服从玻尔兹曼统计规律：

$$\frac{n_2}{n_1}=\frac{e^{-(E_2-E_1)}}{kT} \tag{8-3}$$

式中，n_1、n_2 为高、低能级上的粒子数；T 为平衡态时的绝对温度；k 为玻尔兹曼常数，$k=1.38\times10^{-23}$J/K；E_1、E_2 为高、低能级能量。

显然，高能级能量 E_2 大于低能级能量 E_1，即 $E_2-E_1>0$，则总有 $n_2<n_1$。因而在热平衡状态下，体系高能级上的粒子数恒少于低能级上的粒子数。

所以，在平衡状态时，对于入射到粒子体系的相应频率的外界光，体系受激吸收的概率恒大于受激辐射概率，体系对光的吸收总是大于发射，体系呈吸收状态，对光起衰减作用。吸收了外界光子而跃迁到高能级的粒子再以自发辐射的形式将能量消耗掉。因此，在通常情况下，只见到原子体系的光吸收现象，而看不到光的受激辐射现象。

激光器利用气体辉光放电、光辐射等手段激励粒子体系，使其突破通常的热平衡状态，即将基态上的粒子有选择地激发到某一个或几个高能级上去，使这些高能级上的粒子数大大增多，从而超过低能级，达到 $n_2>n_1$，这种状态称为粒子数反转。此时，体系的受激辐射概率超过受激吸收概率，受激辐射占优势，对外界入射光的反应效果是总发射大于总吸收，体系具备放大作用，通过该体系的光将会得到放大，这时称体系已经被激活。因此，粒子数反转是实现激活和光放大的必要条件。由受激辐射增加的光的状态（频率、传播方向、偏振等）同入射光完全相同，这种放大称为相干放大，光强的放大率取决于粒子数的反转程度。

（2）激光的特性

激光就是一种原子系统在受激辐射放大过程中产生的具有高亮度的相干光。在激光与材料的交互作用过程中，常用的激光光源有三大类：二氧化碳激光、准分子激光和钇铝石榴石激光。前两类为气体激光。第三类为固体激光。

激光作为一种光，它具有普通光的一般特性，例如光的反射性、折射性、吸收性、绕射性、干涉性、偏振性、波粒二相性等。但是作为一种非稳态的相干光，激光具有高亮度、高方向性、高单色性和高相干性四大综合性能，这是普通光源所无法比拟的，激光的优异性能来源于受激辐射的本质特征及激光谐振腔的正反馈和选模作用。

1）高亮度

光源的亮度 B 定义为光源单位发光表面 S 沿给定方向上单位立体角 Ω 内发出的光功率 P 的大小，即

$$B=\frac{P}{S\Omega} \tag{8-4}$$

式中，B 的单位为 $W \cdot cm^{-2} \cdot sr^{-1}$。对于激光器来说，$P$ 相当于输出激光功率，S 为激光束的截面积，Ω 为激光束的立体发散角。

太阳的发光亮度值约为 $2\times10^3 W \cdot cm^{-2} \cdot sr^{-1}$，激光器的发光截面和立体发散角都很小，而输出功率却很大，故其亮度要远远高于太阳的亮度。例如，气体激光器的亮度值为 $10^8 W \cdot cm^{-2} \cdot sr^{-1}$，而固体激光器的亮度则高达 $10^{11} W \cdot cm^{-2} \cdot sr^{-1}$。激光束的亮度很高，经透镜聚焦后，能在焦点附近产生几千摄氏度乃至上万摄氏度的温度，因而能加工几乎所有的材料。

2）高方向性

激光的高方向性主要是由受激辐射机理和光学谐振腔对振荡光束方向的限制作用所决定的。在最好的情况下，输出光束的方向性可达到由光束截面直径 D 所决定的衍射极限，即

$$\theta=\theta_{衍}\approx 2.24\frac{\lambda}{D} \tag{8-5}$$

式中，θ 的单位为 mrad。

光束的立体发散角为

$$\Omega=\theta^2\approx\left(2.24\frac{\lambda}{D}\right)^2 \tag{8-6}$$

一般工业用高功率激光器输出光束的发散角为 mrad 量级。

光束的方向性越好，即其发散角 θ 越小，意味着激光束可以传播到越远的距离或相当于在焦点上获得越小的焦斑尺寸，即越高的功率密度。光束传播距离 L 后直径扩大为

$$D=L\theta \tag{8-7}$$

激光的高方向性使得激光能有效地传递较长的距离，能聚焦到极高的功率密度，这两点是激光加工的重要条件。高斯光束直径和发散角最小，其方向性最好，在激光切割、焊接中也最有效。

3）高单色性

单色性主要指光的频率的纯度，人们说一束光的单色性好就是指这束光的频率或波长趋于一致。单色性常用 $\Delta\nu/\nu=\Delta\lambda/\lambda$ 来表征，其中 ν 和 λ 是辐射波的中心频率和波长，$\Delta\nu$、$\Delta\lambda$ 是谱线的线宽。显然一束光中的光子之间的频率差或者波长差越小，则其单色性越好。原有单色性最好的光源是氪灯，其 $\Delta\lambda/\lambda$ 比值为 10^{-6} 量级。

激光器发出的全部光辐射只集中在很小的频率范围内，其单色性很高。因为工作粒子反转和激光振荡只能发生在数目有限的高低能级之间，只有少数几个振荡频率能维持振荡，并且每个振荡频率的振荡宽度远比整个荧光谱线宽度小得多。用选模技术可使激光器实现单频振荡，稳频激光器的输出单色性 $\Delta\nu/\nu$ 达到 $10^{-10}\sim10^{-13}$ 量级，比氪灯的单色性要高几万到几千万倍。

由于激光的单色性极高，几乎完全消除了聚焦透镜的色散效应（即透射率随波长而变化），使得光束能精确地聚焦到焦点上，得到很高的功率密度。

4）高相干性

相干性主要表征光波各个部分的相位关系，空间相干性 $S_{相干}$ 表征垂直于光束传播方向的平面上各点之间的相位关系；时间相干性 $\Delta t_{相干}$ 表征沿光束传播方向上各点的相位关系。相干性完全由光波场本身的空间方向分布（发散角）特性和频谱分布特性（单色性）所决定：

$$S_{相干}=(\lambda/\theta)^2 \tag{8-8}$$

$$\Delta t_{相干}=1/\Delta\nu \tag{8-9}$$

$$L_{相干}=c\Delta t_{相干}=c/\Delta\nu \tag{8-10}$$

式中，$L_{相干}$ 为相干长度。

由于激光的发散角和谱线宽度均很小，故其相干面积和相干长度都很大，因而相干体积（$V_{相干}=S_{相干}L_{相干}$）也很大，即在 $V_{相干}$ 内，光波场中任意两点的振动都是完全关联的，都能产生干涉条纹。红宝石激光的相干长度为 8000mm，氦氖激光相干长度可达 1.5×10^{11}mm，而原有相干性最好的光源——氪灯的相干长度仅为 800mm。高相干性对激光测量非常重要。

（3）激光与材料表面的相互作用

了解激光与金属材料交互作用所引发的能量传递与转换，以及材料化学成分和物理特征的变化是认识激光热处理的基础。

1）相互作用的能量传递与转换

激光照射金属材料时，激光与材料相互作用过程中的能量传递与转换仍遵守能量守恒法则，即

$$E_0=E_{反射}+E_{吸收}+E_{透过} \tag{8-11}$$

式中，E_0 为入射到材料表面的激光束能量；$E_{反射}$ 为被材料表面反射的能量；$E_{吸收}$ 为被

材料表面吸收的能量；$E_{透过}$ 为透过材料的能量。

激光不能穿透金属材料，其 $E_{透过}=0$，故激光照射金属材料时的入射能量 E_0 最终分解为两部分：一部分被金属表面反射掉，而另一部分则被金属表面吸收。金属表面吸收外来能量，将导致晶格结点原子的激活，进而使光能转化成热能，并向表层内部进行热传导和热扩散，以完成表面加热过程。

金属对激光吸收的特征长度极短，且其表面状态与能量吸收率的关系相当敏感，因此通过材料表面处理来改善表面的能量吸收率也成为一个重要研究内容。激光垂直照射金属时，金属表面的反射率 R 为

$$R=\frac{(n-1)^2+K^2}{(n+1)^2+K^2} \tag{8-12}$$

式中，n 和 K 分别是光折射率的实部和虚部，且金属表面吸收率 ω 为

$$\omega=\frac{4n}{(n+1)^2+K^2} \tag{8-13}$$

激光束的反射率非常高，可以达到 0.95。在一般条件下，光洁的金属表面对激光的直接吸收效率很差。如何有效地提高金属材料表面对激光的吸收率是激光热处理中的一个重要问题。

设入射到金属表面的激光强度为 I_0，则可以求得激光入射到距表面为 x 处的激光强度 I 为

$$I=I_0\mathrm{e}^{-\alpha x} \tag{8-14}$$

关于上式说明两点：①随激光入射到材料内部深度的增加，激光强度将以几何级数减弱；②激光通过厚度为 $1/\alpha$ 的物质后，其强度减少到 $1/\mathrm{e}$，即材料吸收激光的能力取决于吸收系数 α。α 的常用单位是 cm^{-1}，它的大小除了取决于不同材料的特性之外，还与激光的波长、材料的温度和表面状态有关。一般地，存在以下规律。

a. 激光的波长越短，金属对其吸收率通常越高，多数金属对 10.6μm CO_2 激光的吸收率不足 10%，而对 1.06μmYAG 激光的吸收率约为 CO_2 激光的 3～4 倍。

b. 激光束垂直入射时，吸收与激光束的偏振无关，但是当激光束倾斜入射时，偏振对吸收的影响变得非常重要。

c. 不同功率密度的激光作用于材料时会引起材料物态的不同变化，从而影响材料对激光的吸收率。当功率密度较低时，只引起材料表层温度的升高，但仍维持固相不变。随温度的升高，吸收率将缓慢增加。当功率密度在 $10^4\sim10^6\,\mathrm{W\cdot cm^{-2}}$ 量级范围内时，材料表层将发生熔化，如果金属在熔化前其表面为理想的镜面，则伴随着熔化，吸收率将有明显的提高，但是对于实际金属零件表面或者当固态金属以粉末形式存在时，熔化并不总是伴随着吸收率的提高，相反地，可以导致吸收率的降低。

d. 吸收率与材料特性的关系一般表现为导电性越好的金属对红外激光的吸收率越低。

e. 实际金属表面的吸收率由两部分组成——金属的光学性质所决定的固有吸收率和表面光学性质所决定的附加吸收率，后者由表面粗糙度、各种缺陷、杂质、氧化层以及其它吸收物质层决定，通常材料表面粗糙度越大，对激光的吸收率越大。但是在实际生产中，激光

热处理不可以用增加粗糙度及降低表面质量来增大对激光的吸收，而是采用各种行之有效的涂料来提高其吸收率。

2）相互作用的三种作用类型

当激光直接作用在金属材料表面时，可以产生热作用、力作用和光作用。

① 热作用。前面已说明，当一束激光照射在金属材料表面而相互作用时，一部分光被金属表面反射，其余部分进入金属表层并被吸收。事实上，激光光子的能量向固体金属的传输或迁移的过程就是固体金属对激光光子的吸收和被加热的过程，由于激光光子的吸收而产生的热效应即为激光的热作用。

光在材料表面的反射、透射和吸收本质上是光波的电磁场与材料相互作用的结果。金属中存在大量的自由电子，CO_2 和 YAG 等红外激光照射到金属材料表面时，由于光子能量小，通常只对金属中的自由电子发生作用，在从红外到紫外波长等光子的能量范围内，主要是通过与金属中电子的碰撞和激发来实现能量转移。也就是说，金属吸收激光是通过自由电子这一中间体，然后电子通过碰撞将多余能量传递给晶格，转变为晶体点阵的振动，从而强化晶格的热振动，使金属表层温度迅速增加，并以此热量向材料表面下方传递，这就完成了光的吸收及转换为热，并向内部传输的过程。

电子和晶体点阵碰撞总的能量的弛豫时间典型值为 10^{-13} s，所以可以认为材料吸收的光能向热能转化是在一瞬间完成的。由于金属中的自由电子数密度很高，金属对光的吸收系数很大，约为 $10^5 \sim 10^6 cm^{-1}$。对从波长 0.25μm 的紫外光到波长 10.6μm 的红外光这个波段内的测量结果表明，光在各类金属中的穿透深度仅为 10nm 数量级，也就是说，透射光波在金属表面一个很薄的表层内被吸收。因此金属吸收的激光能量使其表面被加热，然后通过热传导，热量由高温区向低温区传递。

② 力作用。激光的力作用主要讨论的是金属材料表面吸收光子，光能转换为热能，由于激光的作用时间极其短暂，热来不及向材料表面深处传输，而使吸收光子的表面区域的温度急剧增高以形成蒸气，导致产生反冲压力波的问题。

当作用在金属材料表面的激光功率密度超过一定阈值，且激光的作用时间低于某一临界值时，由于表面吸收光子层被瞬间($10^{-7} \sim 10^{-10}$s)加热到其沸点以上，而激光的作用时间仅 $10^{-8} \sim 10^{-10}$ s，则光能转化成的热能没有时间向其基体传递，于是该层产生爆炸气化。来自蒸气强烈喷出的反冲以及随后的激光把该蒸气加热成稠密的等离子体，可以产生反冲压力波。该压力波可以改变材料表层的显微亚结构，例如增大材料受辐射区内的位错密度，利用这种压力波可以在某些金属材料，特别是 Al 及其合金上实施冲击硬化。不过，激光的力作用的深度尺寸远小于激光的热作用。

③ 光作用。当激光与各种气体物质相互作用时，在一定条件下，可以生成各种金属及其化合物的特殊材料，例如薄膜材料、超微粒材料、纳米材料等。所谓激光的光作用是指某种气体吸收激光光子后，当激光光子的能量大于形成气体的原子键能时，光子可以直接切割化学键，从而使气体发生光反应，形成新的特定物质。这种光反应主要包括光化学反应机制和光热化学反应机制两大类。

激光的光作用主要包括激光光子与均匀气相的光反应和激光光子与吸附于基体表面上的一薄层反应气相的光反应。目前用激光作用制备的金属材料主要有 W、Au、Cd、Al、Fe、Cu 及其合金和化合物等，不过激光光化学反应主要用来制备特殊的非金属材料和无机材料，如金刚石薄膜、类金刚石 DLC 薄膜、Si 和非晶 α-Si：H 膜。

8.5.2 激光表面处理技术

材料表面处理有许多种方法，应用激光对材料表面实施处理则是一门新技术。对激光表面处理技术的研究始于20世纪60年代，但是直到20世纪70年代初研制出大功率激光器之后，激光表面处理技术才获得实际的应用，并在近十年内得到迅速的发展。激光表面处理技术，是在材料表面形成一定厚度的处理层，可以改善材料表面的力学性能、冶金性能、物理性能，从而提高零件、工件的耐磨、耐蚀、耐疲劳等一系列性能，以满足各种不同的使用要求。实践证明，激光表面处理已因其本身固有的优点而成为发展迅速、大有前途的表面处理方法。

（1）激光表面处理的原理及特点

激光是一种相位一致、波长一定、方向性极强的电磁波，激光束由一系列反射镜和透镜来控制，可以聚焦成直径很小的光(直径只有0.1mm)，从而可以获得极高的功率密度(10^4～10^9 W·cm^{-2})。激光与金属之间的互相作用，按激光强度和辐射时间分为几个阶段：吸收光束、能量传递、金属组织的改变、激光作用的冷却等。它对材料表面可产生加热、熔化和冲击作用。激光表面处理是采用大功率密度的激光束、以非接触性的方式加热材料表面，借助于材料表面本身传导冷却，来实现其表面改性的工艺方法。它在材料加工中所具有的许多优点是其它表面处理技术所难以比拟的：

① 能量传递方便，可以对被处理工件表面有选择地局部强化；

② 能量作用集中，加工时间短，热影响区小，激光处理后，工件变形小；

③ 可用于处理表面形状复杂的工件，而且容易实现自动化生产；

④ 激光表面改性的效果比普通方法更显著，速度快、效率高、成本低。

激光表面处理是高能密度表面处理技术中的一种最主要的手段，它具有其它同类技术不能或不易实现的特点，其目的是通过改变表面层的成分和微观结构，来改善表面性能。激光表面处理的主要特点是：

① 安全、清洁、无污染；

② 可快速、局部加热材料并实现局部急热、急冷，获得特殊的表层组织结构与性能；

③ 易于加工高熔点材料、耐热材料、高硬度材料等；

④ 可在大气、真空及各种气氛中进行加工；

⑤ 可使用大体上相同的激光设备，通过改变激光波长及其它参数进行不同的工艺处理；

⑥ 是一种非接触性加工方法，适合自动化生产且生产效率高、工件变形小、可精确控制质量；

⑦ 大尺寸薄壁零件的表面经激光处理容易产生较大变形，应通过工装设计与增加校正工序进行预防或校正。

（2）激光表面处理技术

从工艺方面来看，激光表面处理主要有激光相变硬化、激光熔融及激光表面冲击三类，其中激光熔融具体又可分为激光表面熔凝、激光表面合金化和激光表面熔覆等。

1）激光表面相变硬化(激光淬火)

激光相变硬化是最先用于金属材料表面强化的激光处理技术。就钢铁材料而言，激光相变硬化是在固态下经受激光辐照，其表层被迅速加热到奥氏体温度以上，并在激光停止辐照后快速自淬火得到马氏体组织的一种工艺方法，所以又叫做激光淬火。适用的材料有：珠光体灰铸铁、铁素体灰铸铁、球墨铸铁、碳素钢、合金钢和马氏体型不锈钢等。

一般情况下，为克服固相金属表面对 CO_2 激光的高反射率，在激光相变硬化处理前要在工件表面预置吸收层，对工件表面进行预处理，这就是通常说的“黑化处理”，常用的方法有碳素法、磷化法和油漆法等。

激光相变硬化是通过激光束由点到线、由线到面的扫描方式来实现的，这种独特的热循环使得不论是升温时的奥氏体转变还是冷却时的马氏体转变都与传统的热处理过程明显不同。在此过程中，需要掌握好两个温度：一个是材料的熔点，处理表面的最高温度一定要低于其熔点；另一个是材料的奥氏体转变温度。

2）激光表面熔凝处理

激光表面熔凝处理，是利用能量密度很高的激光束在金属表面连续扫描，使之迅速形成一层非常薄的熔化层，并且利用基体的吸热作用使熔池中的金属液以 $10^6 \sim 10^8 K \cdot s^{-1}$ 的速度冷却、凝固，从而使金属表面产生特殊的微观组织结构的一种表面改性方法。在适当控制激光功率密度、扫描速度和冷却条件的情况下，材料表面经激光熔凝处理可以细化铸造组织、减少偏析，形成高度过饱和固熔体等亚稳相乃至非晶态，因而可以提高表面的耐磨性、抗氧化性和抗腐蚀性能。

3）激光表面合金化

激光表面合金化是一种既改变表层的物理状态，又改变其化学成分的激光表面处理技术。它是用激光束将金属表面和外加合金元素一起熔化、混合后，迅速凝固在金属表面，获得物理状态、组织结构和化学成分不同的新的合金层，从而提高表层的耐磨性、耐腐蚀性和高温抗氧化性等。激光表面合金化的主要优点是：激光能使难以拉近的和局部的区域合金化；在快速处理中能有效地利用能量；利用激光的深聚焦，在不规则的零件上可得到均匀的合金化深度；能准确地控制功率密度和加热深度，从而减小变形。就经济方面而言，可节约大量昂贵的合金元素，减少对稀有元素的使用。

4）激光表面熔覆

激光表面熔覆是把一种合金熔覆在基体材料表面，与激光合金化不同的是要求基体对表面合金的稀释度为最小。通过选择，将硬度高，以及具有良好抗磨、抗热、抗腐蚀和抗疲劳性能的材料用作覆层材料。与传统的涂覆工艺相比，它具有很多优点：合金层和基体可以形成冶金结合，极大地提高熔覆层与基体的结合强度；由于加热速度很快，涂层元素不易被基体稀释；由于热变形较小，因而引起的零件报废率也很低。激光熔覆对于面积较小的局部处理具有很大的优越性，对于磨损失效工件的修复也是一种独特的方法。有些用其它方法难以修复的工件，如聚乙烯造粒模具，采用激光熔覆的方法可以恢复其使用性能。激光表面熔覆可以从根本上改善工件的表面性能，很少受基体材料的限制。例如它对于表面耐磨、耐蚀和抗疲劳性都很差的铝合金来说尤为重要。使用激光进行陶瓷涂覆，可提高涂层质量，延长使用寿命。

5）激光表面冲击

激光表面冲击是用功率密度很高（$10^8 \sim 10^{11} W \cdot cm^{-2}$）的激光束，在极短的脉冲持续时间内（$10^{-9} \sim 10^{-3} s$）照射金属表面预置气化层，使其很快气化，在表面原子溢出期间产生动量脉冲而形成冲击波或者应力波作用于金属表面，使其显微组织中的位错密度大大增加，形成类似于受到爆炸冲击或高能快速平面冲击后产生的亚结构，从而提高合金的强度、硬度和疲劳极限。

8.5.3 激光熔覆工艺研究案例

材料体系（基体材料和合金粉末）确定后，在激光熔覆过程中引入能量体积密度[单位熔覆层体积中的能量输入，即 $p/(vd^2)$，其中 p 为激光输出功率，v 为扫描速度，d 为光斑直径或宽度]来综合表征激光工艺参数对熔覆层质量的影响规律是很有用的。若能量体积密度过小，不足以使合金材料熔化，则会出现熔覆层与基体之间结合不好的情况，熔覆层极易剥落；若能量体积密度过大，则基体材料的大量熔化使得熔覆层合金稀释度增大，硬度降低，晶粒粗大，熔池吸气能力增强，易出现内部气孔和皮下气孔等。因此，存在一个最佳能量体积密度值范围，在此范围内进行激光熔覆处理可以获得合格的冶金质量。下面以某型汽车发动机增压排气阀表面熔覆工艺研究为例进行介绍。排气阀材料为 21-4N 耐热钢(5Cr21Mn9Ni4N)，要求排气门锥面激光熔覆 Ni-WC 合金层，其激光熔覆工艺参数优化过程如下。

（1）基体熔池深度与激光熔覆工艺参数间的定量关系

基材选用正火 21-4N 耐热钢，预处理后加工成 8mm×8mm×50mm 试样，经喷砂、清洗以备涂覆。合金粉末为 Ni60+20%WC，将配好的合金粉末研磨均匀，用适量黏结剂和酒精调成糊状预涂覆在基材表面，烘干，以备激光熔覆。为了研究各工艺参数间的关系，分别改变功率、扫描速度、光斑直径和涂层厚度，采用单道扫描，工艺参数范围如下：功率 1.7～2.5kW，扫描速度 5～13mm·s^{-1}，光斑直径 3～6mm。

基体熔池深度的测量步骤如下：①用钼丝切割机将激光熔覆后的试样沿横截面切成 8×8×10(mm^3)的小试样；②用金相砂纸将试样切割后的横截面磨光；③抛光后用 $FeCl_3$ 腐蚀剂浸蚀；④在金相显微镜上测量熔池深度 h，测量示意图如图 8-42 所示。测试结果如表8-24 所示。

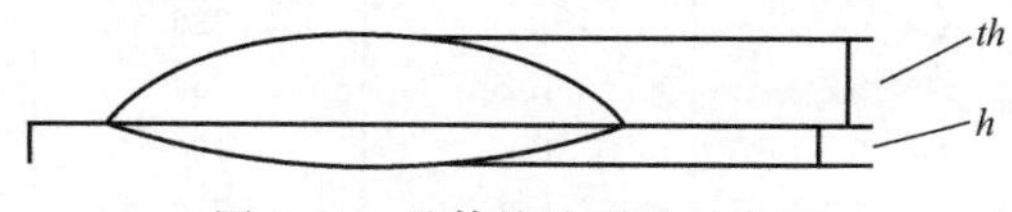

图 8-42 基体熔池测量示意图

表 8-24 激光熔覆工艺参数与熔池最大深度测试值

编号	功率 p/kW	直径 d/mm	扫描速度 v/(mm·s^{-1})	涂层厚度 th/mm	基体熔深 h/μm	能量体积密度/(J·mm^{-3})	稀释率 f_d/%
1	1.7	6	3	1	68	15.7	6.36
2	1.7	6	5	1	29	9.4	2.82
3	1.7	6	7	1	8	6.75	0.8
4	1.7	6	9	1	0	5.24	0
5	1.7	4	5	1	56	21.25	5.3
6	1.7	4	7	1	32	15.18	3.0
7	1.7	4	9	1	14	11.8	1.38
8	1.7	4	12	1	6	8.85	0.60
9	1.7	2	7	1	325	60.7	24.5
10	1.7	2	10	1	253	42.5	20.19
11	1.7	2	12	1	206	35.4	20.07
12	1.7	6	7	0.7	12	6.74	1.69
13	1.7	6	7	1.2	3	6.74	0.25
14	1.7	6	7	1.5	1	6.74	0.07

续表

编号	功率 p/kW	直径 d/mm	扫描速度 v/(mm·s^{-1})	涂层厚度 th/mm	基体熔深 h/μm	能量体积密度/(J·mm^{-3})	稀释率 f_d/%
15	1.9	6	7	0.7	16	7.54	2.23
16	1.9	6	7	1.2	10	7.54	0.83
17	1.9	6	7	1.5	4	7.54	0.26
18	2.1	6	7	0.7	21	8.33	2.91
19	2.1	6	7	1.2	13	8.33	1.07
20	2.1	6	7	1.5	7	8.33	0.46
21	2.3	6	7	0.7	41	9.13	5.53
22	2.3	6	7	1.2	24	9.13	1.96
23	2.3	6	7	1.5	15	9.13	0.99
24	2.1	6	5	1.2	25	11.67	2.04
25	2.1	6	9	1.2	6	6.48	0.49
26	2.1	6	11	1.2	3	5.3	0.25
27	2.3	6	5	1.2	49	12.78	3.92
28	2.3	6	9	1.2	13	7.09	1.07
29	2.3	6	11	1.2	6	5.81	0.5
30	2.5	6	7	1.2	60	9.92	4.76
31	2.5	6	9	1.2	24	7.71	1.96
32	2.5	6	11	1.2	14	6.31	1.15
33	1.7	6	5	0.7	287	9.44	29.08
34	2.0	3	5	0.7	375	44.4	34.88
35	2.3	3	7	0.7	435	36.5	38.32
36	1.7	3	7	0.7	208	26.98	22.9
37	2.0	3	7	0.7	260	31.7	27.08
38	2.3	3	7	0.7	320	36.5	31.37
39	1.7	3	9	0.7	140	20.98	16.67
40	2.0	3	9	0.7	224	25.69	24.24
41	2.3	3	9	0.7	236	28.4	25.21
42	1.7	3	3	1.2	264	62.96	18.03
43	1.7	3	5	1.2	160	37.78	11.76
44	2.0	3	5	1.2	240	44.44	16.67
45	2.3	3	5	1.2	291	51.11	19.52

用多元逐次回归方法归纳出激光功率、扫描速度、涂层厚度、光斑直径与基体熔池深度的关系为

$$\lg h=\frac{10^{(0.086pd-0.084th-0.336d+2.25)}-v}{10^{(0.205p-0.123d+1.065)}}$$

式中，p 为激光功率，kW；v 为扫描速度，mm·s^{-1}；d 为光斑直径，mm；th 为涂层厚度，mm；h 为基体熔池深度，μm。经检验，此式的计算值与实测值的最大相对误差约为10%，因而能够较准确地反映各参数之间的关系。

试验条件下，根据上述定量关系式作图得到图 8-43。可以看出，在激光功率 $p=1.7$kW 和涂层厚度 $th=1.0$mm 时及在扫描速度 $v\leqslant 8$mm·s^{-1} 和光斑直径 $d\leqslant 5$mm 时均可得到良好的冶金结合熔覆层-基体界面(基体熔深 $h>2.5\mu$m)[图 8-43(a)]；同样，在激光光斑直径 $d=6$mm和涂层厚度 $th=1.2$mm 时及在扫描速度 $v\leqslant 8.5$mm·s^{-1} 和激光功率 $p\geqslant 1.9$kW 时均可得到良好的冶金结合熔覆层-基体界面（$h>2.5\mu$m）[图 8-43(b)]。因此，可以利用上述关系式方便地确定出合理的激光工艺参数范围。

在进行工艺参数选择时，应首先根据对熔覆层厚度的要求确定涂层厚度(th)，根据对熔覆层宽度的要求确定光斑直径(d)，根据工作时的受载情况确定基体熔池深度(h)，这是由于基体熔池深度对熔覆层的成分影响显著，从而影响熔覆层稀释度和与基体的结合力。激光扫描速度要适中。在激光功率和光斑直径一定的情况下，扫描速度过大，则熔覆层中有气孔，熔覆层与基体难以达到冶金结合；过小则出现组织粗大，稀释度大。确定公式中的四个参数后便可以确定另外的参数。实际中多半是在确定功率、光斑直径、涂层厚度和熔池深度后根据公式确定扫描速度的大小。

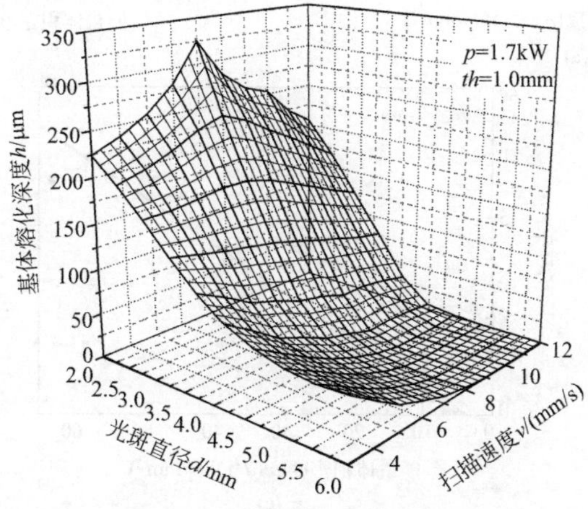

(a) 光斑直径和扫描速度对熔覆层基体熔化深度的影响

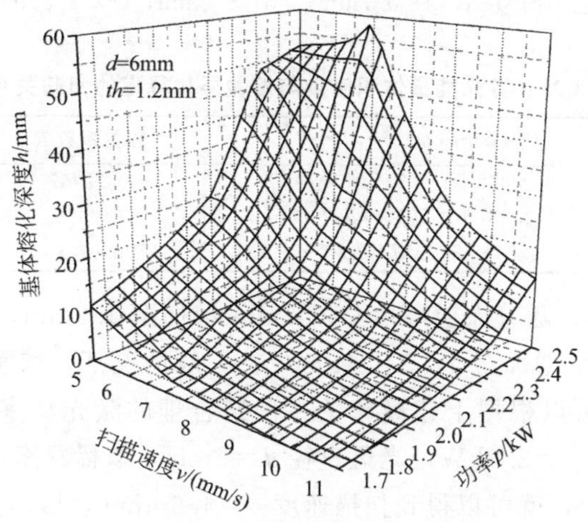

(b) 激光功率和扫描速度对熔覆层基体熔化深度的影响

图 8-43　激光熔覆工艺参数对基体熔池深度的影响

在获得良好的熔覆层-基体冶金结合界面的同时，在选择激光熔覆工艺参数时要保证基体不能熔化过多，以免基体元素稀释熔覆合金层，定义熔覆层稀释率 f_d＝基体熔化深度 h/(涂层厚度 th＋基体熔化深度 h)，即：$f_d=h/(th+h)$。稀释率的计算结果也列于表 8-24。根据不同涂层厚度时的熔覆层稀释率-能量体积密度数据作图，发现两者具有很好的线性关系(见图 8-44)，回归结果列于表 8-25。

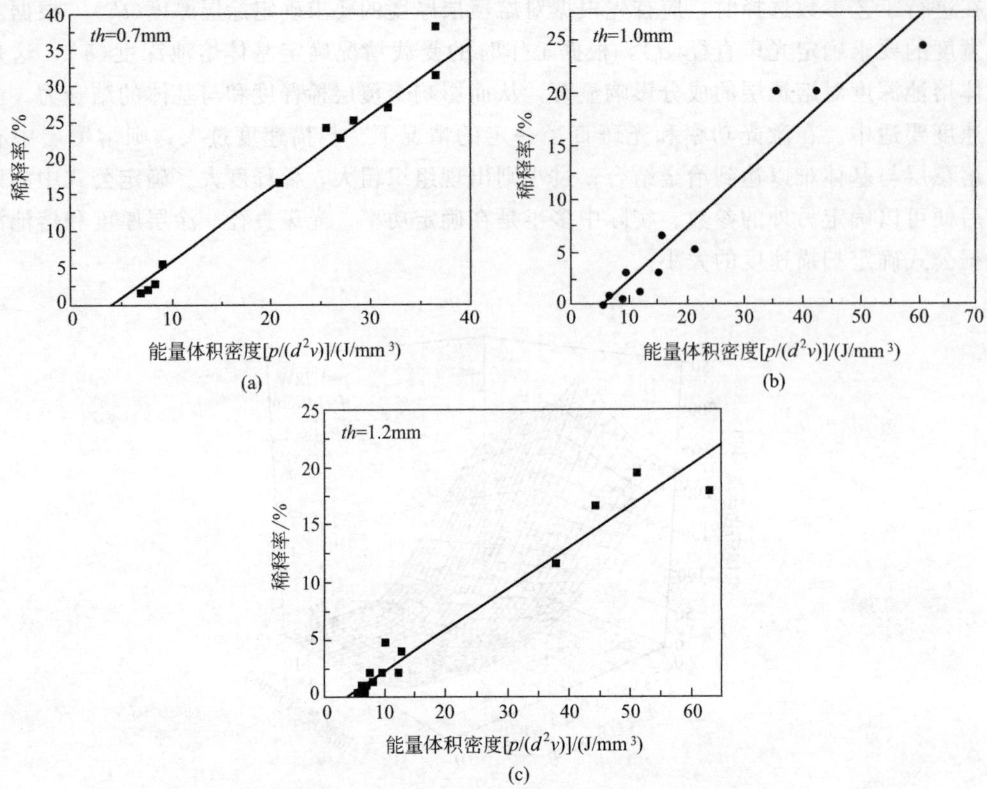

图 8-44 激光能量体积密度对熔覆层稀释率的影响

[涂层厚度：(a) 0.7mm；(b) 1.0mm；(c) 1.2mm]

表 8-25 激光能量体积密度与熔覆层稀释率的回归关系式

涂层厚度 th/mm	$f_d=a+b(pd^{-2}v^{-1})$	相关系数 R	标准方差 SD
0.7	$f_d=-4.208+1.0021(pd^{-2}v^{-1})$	0.97967	2.799
1.0	$f_d=-2.887+0.5017(pd^{-2}v^{-1})$	0.9666	2.4778
1.2	$f_d=-1.2643+0.3574(pd^{-2}v^{-1})$	0.9788	1.43

从图 8-44 可以看出，随着涂层厚度从 0.7mm 增加至 1.2mm，稀释率 $f_d=5\%$ 的能量体积密度从 9.12J·mm^{-3} 增加至 17.53J·mm^{-3}。一般情况下，熔覆层的稀释率 f_d 应不大于 5%～10%。据此，可以根据上述简单关系确定合理的激光功率参数。如：若涂层厚度 $th=1.2$mm，激光功率 $p=2.0$kW，光斑直径 $d=5$mm，取稀释率 $f_d=5\%$，对应的能量体积密度为 17.53J·mm^{-3}，就可以得到扫描速度 $v=4.6$mm·s^{-1}，与最终优化的激光熔覆工艺参数范围相吻合。

(2) 激光熔覆工艺对汽车排气门表面熔覆层宏观质量的影响

汽车发动机排气门是发动机上的重要零件之一，其质量好坏直接影响发动机的效率。排气门工作条件十分恶劣，长期处于 600～800℃的高温下，并承受 1400 次/min 的冲击和含硫燃气的冲刷，其密封锥面因腐蚀、磨损产生麻坑剥落失效。国内排气门专业厂多采用等离子喷涂熔焊或硬质合金镶嵌法生产，也有采用低真空高频熔焊生产气门，但由于加热时间长，故能耗较大且效率低。因此，研究用激光熔覆技术生产增压排气阀，要保持激光熔覆层的宏观和微观质量，则激光熔覆工艺参数优化是获得冶金质量合格的熔覆层的关键。

汽车排气门所用材料为21-4N耐热钢，正火态，所用合金粉末为Ni21系列合金粉。

1）排气门的涂覆工艺

采用了黏结剂预涂覆方式。排气门的预涂覆工艺流程为：排气门密封锥面开槽→去油清洗→预置熔覆合金粉末→烘箱烘干（200℃）→用专用模具压制成形。

多次试验研究表明，在气门的预涂覆工艺中，最主要的是气门密封锥面沟槽的深度和黏结剂。沟槽的宽度是根据气门在实际工作中所需要的工作面来确定的。根据所选用的排气门的设计要求，槽的宽度约4mm。因为气门沟槽的位置是在锥面上，不好直接测量，它的深浅将直接体现在预涂层的厚度上。对于沟槽的形状，也做了两种形状的试验比较，即平槽和圆弧槽两种。试验证明：槽的形状对激光熔覆层的表面质量基本无影响，而涂层厚度和黏结剂对表面质量是有明显影响的。

2）涂层厚度对激光熔覆层表面质量及内部质量的影响

试验表明，预置涂层厚度是否合适将直接影响激光熔覆层的表面质量和内部质量。涂层过薄，将不能满足排气门所需的覆层厚度要求，达不到激光熔覆的目的。涂层过厚，一是需要加大激光输出功率，浪费能源；二是容易导致覆层缺陷，如熔覆层与基体结合不好，熔覆层内有气孔、熔渣及夹杂物等。试验结果列于表8-26。

表8-26　涂层厚度与熔覆层质量的关系

功率/kW	1.8			1.9			2.0		
涂层厚度/mm	3	2	1	3	2	1	3	2	1
熔覆层表面质量	有气孔，不连续	平整，光滑，连续	平整，光滑，连续	有气孔，不连续	平整，光滑，连续	平整，光滑，连续	气孔少了，基本连续	平整，光滑，连续	平整，光滑，连续
熔覆层内部质量	气孔较深	无气孔	无气孔	气孔较深	无气孔	无气孔	次表层有气孔	无气孔	无气孔

注：扫描速度 $v=5\mathrm{mm\cdot s^{-1}}$，光斑直径 $d=5\mathrm{mm}$，合金粉为Ni21系合金。

从表8-26中可以看出，对同一厚度的涂层，功率的变化所带来的熔覆层的质量变化缓慢；而在相同处理条件下，涂层厚度的变化对熔覆层的表面质量及内部质量有较明显的影响。在功率为1.8～2.0kW范围之内，涂层厚度为1～2mm时都可得到良好的熔覆层。涂层厚度为3mm时，如激光功率继续增大，可以改善熔覆层质量，但在实际工作中，设备的激光输出功率变化范围有限。另外，根据气门的工作条件，并不是涂层越厚越好。实际应用中应考虑到气门激光熔覆处理后，还要进行后期磨削加工。因此，排气门的激光熔覆涂层厚度以2mm为宜，这样既能满足气门的工作条件，又能获得良好的激光熔覆工艺稳定性。

3）黏结剂对激光熔覆层表面质量的影响

在气门的预涂覆工艺中，黏结剂对激光熔覆层的质量有重要影响。对黏结剂的性能要求是黏结性能好，有一定的高温强度和稳定性，在激光加热过程中无飞溅和剥落现象。另外，所选用的黏结剂必须容易挥发，无残留，不损害熔覆层的性能。钢铁材料表面激光熔覆工艺经验表明，可选用无机与有机两类黏结剂。

在排气门的激光熔覆工艺中，所选用的黏结剂为有机黏结剂。因为这类黏结剂在激光辐射作用时，其燃烧产物为气态物质，容易保证覆层质量。在激光熔覆工艺中，选用了三种有机黏结剂进行了对比试验，其结果列于表8-27。试验表明，3＃黏结剂与粉末的调配比例为

2%时，可得到最佳的熔覆层表面质量。

表 8-27 黏结剂与熔覆层表面质量的关系

黏结剂种类		熔覆层表面质量
1#		熔覆层表面气孔、熔渣较多，有脱落、飞溅现象，表面不平整光滑
2#		熔覆层表面也有气孔、熔渣，有些飞溅，表面也不平整光滑
3#	5%	与1#、2#相比，气孔明显减少，基本无飞溅，表面平整度较好
	3%	气孔比5%又相对减少，基本无飞溅，表面平整光滑
	2%	基本无气孔，无飞溅，表面平整光滑

注：激光处理工艺参数为，扫描速度 $v=5\text{mm}\cdot\text{s}^{-1}$，激光功率 $p=2.0\text{kW}$，光斑直径 $d=5\text{mm}$。

(3) 排气门的激光熔覆工艺研究

根据排气门的工作条件，激光熔覆部位在排气门的密封锥面上。首先在排气门的密封锥面上开槽，经排气门的预涂覆工艺后，进行激光熔覆处理。汽车排气门的激光熔覆处理装置如图 8-45 所示。为使光束能够与所熔覆的面垂直，排气门装在一个旋转轴线与光束轴线成45°角的旋转卡盘上。激光光闸的开、关及卡盘的转速调整通过光电传感器与控制仪器自动完成。扫描速度无级调节，排气门的顶杆上端有固定保持架，以便保证工件在旋转时不至于滑落。在气门的激光熔覆处理中，以圆周连续加热方式进行激光熔覆。激光器型号为 HGL-84 横流电激励 CO_2 激光器，额定输出功率为 5kW，光束扫描形式为圆形光斑，并有与光束同轴的保护气路。在排气门激光熔覆过程中，可调参数并不是很多。排气门由生产厂家提供，材料一定，合金成分是根据排气门工作条件和在前期进行的激光熔覆工艺及性能试验基础上优选出来的，即 Ni21 系合金。根据排气门工作条件，密封锥面上开槽尺寸定下来后，则光斑直径也固定下来了。所以，在这些条件都确定的情况下，排气门激光熔覆工艺中可变的因素只有输出功率和扫描速度。

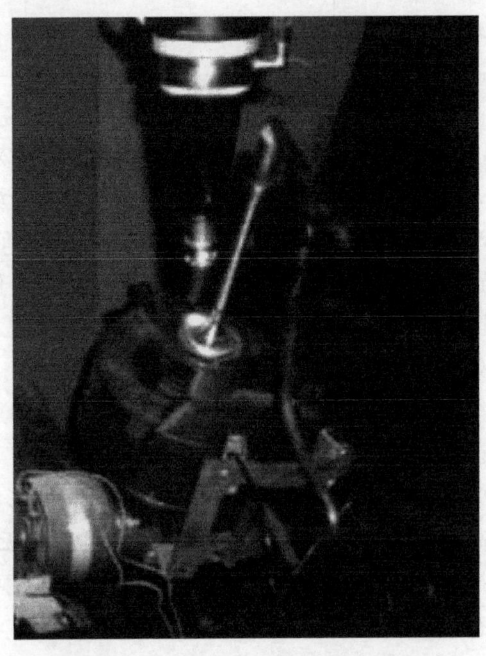

图 8-45 汽车排气门激光熔覆处理装置

1）激光输出功率对排气门激光熔覆质量的影响

根据排气门密封锥面开槽宽度及预置涂层厚度情况，在整个试验过程中，保持光斑直径不变，即 $d=5mm$，扫描速度固定为 $5mm \cdot s^{-1}$，改变激光输出功率，试验结果如表 8-28 所示。当激光输出功率低于 1.8kW 时，不能得到较理想的熔覆层，主要表现为熔覆层合金不连续，呈断续现象，表面不平整。造成熔覆层不连续的原因是基体温度偏低，熔池单位面积的能量体积密度不够，使得基体表面局部未熔化，合金熔化层与基体之间润湿性较差，结合不良。反之，当激光功率高于 2.1kW 时，也不能得到较理想的熔覆层，主要表现为工件过烧，熔覆合金层表面折皱、有气孔等。形成这些表面缺陷的原因是单位面积的能量体积密度增大后，熔池搅拌加剧，基体元素和涂层元素互扩散严重。当激光功率在 1.8～2.1kW 时均可得到较理想的激光熔覆层。

表 8-28　激光功率的变化对熔覆层质量的影响

功率 P /kW	扫描速度 $v/(mm \cdot s^{-1})$	光斑直径 d/mm	熔覆层表面质量
1.7	5	5	主要是熔覆层不连续,呈现断续现象,表面不平
1.8	5	5	熔覆层连续,平整光滑,无气孔等
1.9	5	5	熔覆层连续,平整光滑,无气孔等
2.0	5	5	熔覆层连续,平整光滑,无气孔等
2.1	5	5	熔覆层连续,平整光滑,无气孔等
2.2	5	5	试件过烧,有气孔,表面褶皱
2.3	5	5	试件过烧,有气孔,表面褶皱

2）扫描速度对排气门激光熔覆层质量的影响

在扫描速度、光斑直径及预置涂层厚度一定的情况下，激光功率对激光熔覆层质量的影响如表 8-28 所示。试验结果表明，当扫描速度较快时，熔覆层出现的缺陷主要是熔覆层不连续，呈现断续的泪珠状，有空洞。其原因是涂覆粉末可作为激光能量的吸收体，同时又是相邻基体的绝热体。它可吸收 80%以上的光能，因此，其基体的熔化量是有限的。所以，扫描速度较快使其结合强度不佳，涂层与基体的润湿性很差。所以熔覆层与基体不能形成良好的冶金结合，甚至会出现涂层粉末成球状聚合并滚出基体表面。当扫描速度较慢时，熔覆层出现的问题主要是：有气孔，晶粒粗大，鱼鳞纹明显，工件有些过热甚至过烧，激光处理后期不连续。其原因是激光作用下的熔池表面处于过热状态，以至在熔池中形成气泡。另外，由于扫描速度慢，在排气门激光熔覆后期基体温度很高，容易使未进行激光熔覆部分的合金粉末氧化，因此，易出现后期处理不连续现象。熔池单位面积能量密度增加，熔覆层严重稀释使硬度降低，晶粒粗大。

3）影响排气门激光熔覆层质量的其它因素

人们通过大量的试验研究发现，除了前述激光熔覆处理参数对熔覆层表面质量有影响外，其它因素的影响也是不可忽视的。

保护气体的影响。辅助保护气体的压力大小，也会影响激光熔覆层的表面质量。试验发现，保护气体压力过大，会使熔覆层表面粗糙度增大，表面不平整光滑，产生褶皱（即严重的鱼鳞条纹）。保护气体压力过小，一是达不到保护熔覆层表面不被氧化的目的，会导致外界气氛中的氧参与激光与合金粉末的交互使用，使熔覆层产生缺陷；二是污染镜头。光束和保护气同轴，既起到保护熔池的作用，也起到保护镜头的作用。因在激光熔覆处理过程中，难免有飞溅现象，保护气可以防止熔渣飞溅到聚焦透镜上，所以保护气体压力大小也是不可忽视的。

工装卡具的影响。在激光熔覆处理过程中，要使光束始终保持垂直于所需熔覆的界面，又要保持光斑不能偏离所要熔覆的范围。

环境因素的影响。因激光熔覆处理是在大气下进行的，所以，大气的潮湿度对激光熔覆层的质量也是有影响的。如湿度大，熔覆层就易产生气孔等。在潮湿的夏季进行激光熔覆，应对合金粉进行充分烘干。

总之，根据汽车排气门工作条件及失效形式和激光熔覆处理对性能及熔覆层表面质量的影响，通过试验筛选，优化出汽车排气门最佳熔覆合金为Ni21系自熔合金。同时发现熔覆层稀释率与能量体积密度之间存在良好的线性关系。在排气门预涂覆工艺中，当功率、光斑直径和扫描速度一定时，涂层厚度为1～2mm，合金粉末与黏结剂的调配比例为2%，则可得到较理想的激光熔覆层表面质量。激光功率为1.8～2.1kW，光斑直径5mm，扫描速度5～6mm·s^{-1}是汽车排气门的最佳工艺参数组合。整个熔覆层连续、平整、光滑，基本无气孔，处理稳定，可连续加工，用于生产。试验研究表明，在基体材料、形状及尺寸大小，熔覆合金成分和预置涂层厚度一定的情况下，激光输出功率、光斑直径、扫描速度和搭接区尺寸应合理选择才能保证熔覆层的质量。

8.6 化学镀膜技术

8.6.1 化学镀概论

(1) 化学镀基本概念

在水溶液中，金属离子发生沉积一般是按：

$$M^{n+} + ne^{-} \longrightarrow M \tag{8-15}$$

还原方式进行，其中n是价电子数。金属的沉积过程是还原反应，按金属离子获得还原所需电子的方法不同，分为电沉积和无外电源沉积两大类。

化学镀是指在没有外电流通过的情况下，利用化学方法使溶液中的金属离子还原为金属并沉积在基体表面，形成镀层的一种表面加工方法，也称为不通电镀(electroless plating)。美国材料试验协会在ASTM B733中已推荐使用自催化镀(autocatalytic plating)代替化学镀或不通电镀，即在金属或合金的催化作用下，用控制的化学还原进行金属的沉积。习惯上，仍称自催化镀为化学镀。这类湿法沉积过程又可分为三类。

1) 置换法

将还原性较强的金属(基材、待镀的工件)放入另一种氧化性较强的金属盐溶液中，还原性强的金属是还原剂，它给出的电子被溶液中的金属离子接收后，在基体金属表面沉积出溶液中所含的那种金属离子的金属涂层。最常见的例子是将钢铁制品放进硫酸铜溶液中沉积出薄薄的一层铜，这种工艺又称为浸镀(immersion plating)，应用不多。

2) 还原法

在溶液中添加还原剂，由它被氧化后提供的电子还原沉积出金属镀层。在具有催化能力的活性表面上沉积出金属涂层，由于施镀过程中沉积层仍具有自催化能力，所以使用该工艺可以连续不断地沉积形成具有一定厚度且有实用价值的金属涂层。

3) 接触镀(contact plating)

将待镀金属工件与另一种辅助金属接触后浸入沉积金属盐的溶液中，辅助金属的电位应低于沉积出的金属。金属工件与辅助金属浸入溶液后构成原电池：后者活性强，是阳极，发生活化溶解放出电子；金属工件作为阴极就会沉积出溶液中金属离子还原出的金属层。本方法缺乏实际应用意义，但若要在非催化基材上引发化学镀过程，则可以采用此方法。

以上三类过程中，还原法就是通常的“化学镀”工艺。

(2) 化学镀技术的发展

化学镀的发展历史实际上主要是化学镀镍的发展史。1844 年，A. Wurtz 首先注意到了次磷酸盐的还原机理。1916 年，Roux 使用次磷酸盐的化学镀镍方法取得该领域第一个美国专利。A. Brenner 和 G. Riddell 在 1946 年和 1947 年发表了相关研究报告，被认作真正奠定了化学镀的基础。他们指出：在次磷酸钠的溶液中进行电镀镍时，阴极电流效率大于 100%；后来又把次磷酸钠加入电镀镍溶液还原通电，由于化学还原反应提供了所需要的电子，亦能沉积出镍。在此基础上，他们又和其他众多研究者共同开发出了以次磷酸钠为还原剂的许多化学镀液。到 1950 年，化学镀镍工艺开始用于工业生产。

用于工业生产的其它还原剂主要是硼氢化物和氨基硼烷。这两类化合物虽然价格较高，但比次磷酸钠显示出了更多的优点：改善了镀液的稳定性，使控制变得容易；操作温度更低(不仅节省能源，而且由于减少变形，提高了热塑性塑料件化学镀质量)；更重要的是改善了镀层的物理和化学性质；还原能力大为增强，例如 1g 硼氢化物相当于 11g 次磷酸钠的还原能力，二甲氨基硼烷的还原能力是次磷酸钠的 8 倍，大大减少了还原剂的用量。各种络合剂和添加剂可以提高沉积速率，改善镀液的稳定性和镀层性能，目前已有较多实用的络合剂和添加剂。目前已有化学镀钴、铜、银、金、钯、铂，以及化学镀多种合金层和复合镀层。

在化学镀理论的发展过程中，混合电位理论以及通过稳定电位和电位-时间曲线测定等手段，有助于络合剂、还原剂和添加剂的选择，以及判断最大沉积速率和金属能否出现“催化活性”等。

工业设备方面，研发了系列自动化操作系统，即自动分析、自动补充药液、自动调整 pH 值、自动控温、自动过滤、自动连续再生和废水处理，以及防止镀液自发分解的阳极保护装置等。

(3) 化学镀的特点

① 镀层厚度均匀。无论零件形状如何复杂，化学镀液的分散能力都能接近 100%，无明显边缘效应，所以能使具有锐角、锐边的零件以及平板件上的各点厚度基本一致。此外，在深孔件、盲孔件、腔体件的内表面，也能获得与外表面同样的厚度。因而，对有尺寸精度要求的零件进行化学镀特别有利。

② 镀层外观质量高。大部分化学镀层晶粒细、致密、无孔，呈半光亮或光亮的外观，因而比电镀层更耐腐蚀，可做离子扩散的阻挡层。

③ 设备和操作简单。相比电镀而言，化学镀不需直流电源、极棒等设备、附件，操作时只需把零件浸入镀液内，或把镀液喷射到零件上即可，同时不需要复杂的挂具。

④ 基体材料来源广泛。非导体(塑料、玻璃、陶瓷、石膏甚至木材)经过特殊的镀前处理后，即可直接进行化学镀；也可在获得很薄的镀层后，作为打底镀转入电镀工序。

除上述特点外，某些化学镀层还具有独特的化学、力学或磁性能等。

(4) 化学镀的用途

化学镀的特性使之在工业中很快获得了广泛应用，特别是电子工业的迅速发展，更为化学镀开拓了广阔的市场。

化学镀镍是化学镀中应用得最广泛的方法，关于它的研究和发展要比其它金属更丰富一些，如表 8-29 所示。

表 8-29 满足不同性能要求的化学镀 Ni 体系

性能要求	适宜的化学镀 Ni 体系	备注
耐磨 耐蚀	1. Ni-P，酸性溶液 2. 多元合金：Ni-Sn-P，Ni-Sn-B，Ni-W-P，Ni-W-B，Ni-W-Sn-P，Ni-W-Sn-B，Ni-Cu-P	具体使用时应做经济性分析（B 还原系统价格较其它高 5 倍）
高硬度	1. Ni-P，酸性溶液 2. Ni-B（B 含量≥3%）；Ni-P，酸性溶液（要求较高 P 含量）	镀层需进行后续热处理 不能进行热处理
润滑、可焊	Ni-B（B 含量<1%）	
磁性（记忆装置）	Ni-Co-P，Ni-Co-B，Co-P，Ni-Co-Fe-P，Ni-B（B 含量≤0.3%）	比电阻约 $5.8\sim6.0\mu\Omega\cdot cm^{-1}\cdot cm^{-2}$
非磁性电导（电阻）	Ni-P	高的 P 含量
二极管压焊	Ni-B（B 含量=1%～3%）	
代金镀层	1. Ni-B（B 含量=0.1%～0.3%） （B 含量=0.5%～1.0%） 2. P 或 B 的多元合金（P 和 B 的含量均应低于 0.5%）	用于焊接 用于接触件

化学镀镍已在电子、计算机、机械、交通运输、能源、石油天然气、化学化工、航空航天、汽车、矿冶、食品机械、印刷、模具、纺织、医疗器械等各个工业部门获得广泛的应用。其主要应用具体表现在以下诸多方面：在电子工业中可应用于磁带（在聚酯薄膜上化学镀 Ni-Co）、磁鼓、半导体接触件（真空镀 Al→薄化学镀 Ni 层→烧结→化学镀 Ni→化学镀 Au）的制造；同时化学镀镍层可用作电磁屏蔽、扁平组件组装（在 Al 的氧化物上涂覆 Mo→活化→化学镀 Ni→烧结→化学镀 Ni→化学镀 Au），玻璃与金属封接（利用化学镀 Ni 的润滑性），接线柱、框架引线的焊接层，波导、电气腔体的镀层，Al、Be、Mg 件电镀前的底层以及在 Cu（或 Zn）上镀 Au 前先镀约 3μm 厚薄层化学镀 Ni 层可防止 Cu 扩散到面上的金属层等。

此外，它可用于贮放各种腐蚀铜板的溶液的槽车内部防护；在火箭与导弹喷气发动机、石油精炼、石油产品容器、核燃料与热交换器等方面也可广泛应用；用于泵、压缩机或类似的机械零件，可以延长使用寿命；铝上镀镍以提高焊接性能；在铜焊不锈钢、减少转动部分的磨耗、防止不锈钢与钛合金的应力腐蚀、铬合金轴承钢与铝合金的接合上，都可使用化学镀镍层来加以改善。

化学镀铜的重要性仅次于化学镀镍，在电子工业中用途最广。用化学镀铜使活化的非导体表面导电后，制造通孔的双面或多层印刷线路板，可使环氧和酚醛塑料波导、腔体或其它塑料件金属化后电镀。此外，化学镀铜件可用作雷达反射器、同轴电缆射频屏蔽、天线罩、底版屏蔽和热辐射用零件等。但化学镀铜层由于不耐腐蚀、外观较差，故不适用于装饰面层，而只能作底层。

化学镀钴的镀液较多，但实际应用并不多，往往是为了改进导磁镀层而用到，多使用钴合金化学镀。

化学镀银是较老的工艺，曾广泛用于制镜（目前已被真空镀铝所取代），其它的用途也较少。严格分析其工艺过程，过去的化学镀银液不能算作真正的化学镀银液，原因在于银对很多还原剂来说不是催化剂，所以很多镀银液不是自动催化的。为此，在催化表面上镀银后，再要沉积银就只能提高还原电位，以致镀液很快分解，所以镀银液只能用一次。

化学镀金层由于耐蚀、耐磨、导电性好，而被用于电子工业的印刷线路板插脚、集成线路的框架引线、继电器的防腐导电面和接点等场合。此外，它还用于首饰等装饰品上。

化学镀钯主要用于电触头、针、装饰件等零件，钯镀层具有纯度高、延性好、结合力大的特点。

化学镀锡合金主要用于提高可焊性。

化学镀铬主要是针对电镀铬液的分散能力、深镀能力差等缺陷而进行的，但目前其研究成果仍未大规模应用于工业化生产方面。

8.6.2 化学镀成膜理论

（1）化学镀镍热力学与动力学

1）化学镀镍热力学

化学镀镍是用还原剂把溶液中的镍离子还原沉积在具有催化活性的表面上。其反应式为

$$NiC_m^{2+} + R \longrightarrow Ni + mC + O \tag{8-16}$$

式中，C 为络合剂；m 为络合剂配位数；R、O 分别为还原剂的还原态和氧化态。式(8-16) 可分解为阳极反应：

$$NiC_m^{2+} + 2e \longrightarrow Ni + mC \tag{8-17}$$

阴极反应：

$$R \longrightarrow O + 2e \tag{8-18}$$

该氧化还原反应能否自发进行的热力学判据是反应的自由能变化 ΔF_{298}。

现以次磷酸盐做还原剂时化学镀镍自由能变化的计算为例，来说明反应进行的可能性：

还原剂的反应：

$$H_2PO_2^- + H_2O \longrightarrow HPO_3^{2-} + 3H^+ + 2e \tag{8-19}$$

$$\Delta F_{298} = -23070\text{cal/mol}$$

氧化剂的反应：

$$Ni^{2+} + 2e \longrightarrow Ni \tag{8-20}$$

$$\Delta F_{298} = 10612\text{cal/mol}$$

总反应：

$$Ni^{2+} + H_2PO_2^- + H_2O \longrightarrow HPO_3^{2-} + Ni + 3H^+ \tag{8-21}$$

该反应自由能的变化 $\Delta F_{298} = 10612 - 23070 = -12458\text{cal/mol}(1\text{cal} = 4.18\text{J})$，反应自由能变化 ΔF_{298} 为负值且远小于零，所以，在标准状态下使用次磷酸盐做还原 Ni^{2+} 是完全可行的。

以上计算虽然是从标准状态下得到的，但仍然具有判断反应能否进行的价值。体系的反应自由能变化 ΔF 是状态函数，凡是影响体系状态的各个因素都会影响反应过程的 ΔF 值。

对于电化学反应有 $\Delta F = -nFE$，n 是反应中电子转移数目，F 是法拉第常数（$F=96485\text{C/mol}$），E 是电池电动势。因此，对于可逆电池反应来说，可逆电势 E 可以用做该电化学反应能否自发进行的判据。

化学镀镍反应能否自发进行还与溶液的 pH 值密切相关，因而也可以用 pH-E 图来做判据。图 8-46 分别是 Ni-H_2O 系和 P-H_2O 系的 pH-E 图，通过对其分析可说明化学镀镍的可

能性。

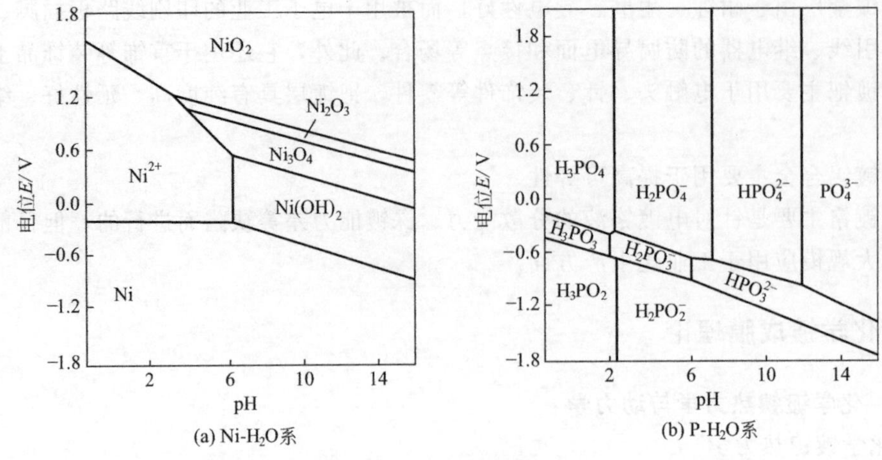

(a) Ni-H_2O系 (b) P-H_2O系

图 8-46 pH-*E* 图

从 Ni-H_2O 系 pH-*E* 图可看出 Ni、Ni^{2+} 和 NiO（氧化物或氢氧化物）三个稳定区的条件：电位低时，在整个 pH 范围内 Ni 都是稳定的；当电位增加（>−0.25V）时 Ni 被氧化，在酸性介质（pH<6）中以 Ni^{2+} 形式存在，随 pH 值增加，则以 Ni 的氢氧化物或氧化物存在。

在 P-H_2O 系的 pH-*E* 图中则存在酸、碱两个稳定区：即 pH<6 的 $H_2PO_2^-$～HPO_3^- 的酸稳定区与 pH>6 的 $H_2PO_2^-$～HPO_3^{2-} 碱性稳定区。可见在酸、碱介质中用次磷酸盐均可还原沉积出镍，但在碱性介质中次磷酸盐氧化的电位更低，其还原能力远比在酸性介质中强。因而，在碱性介质中化学镀镍时为保证镀液稳定且不沉淀，需用螯合能力强的络合剂。

温度改变时，pH-*E* 图在保持相同趋势前提下也会做相应变化。

2）化学镀镍动力学

在验证化学镀镍从热力学观点而言是可行的基础上，国内外学者对其动力学过程进行了不断探索，提出了各种机理和假说，以期解释化学镀过程中出现的诸多现象，希望借此推动化学镀镍技术的发展和应用。

化学镀镍过程主要存在以下共同现象：

① 沉积 Ni 的同时伴随着 H_2 析出；

② 镀层中除 Ni 外，还含有与还原剂有关的 P、B、N 等元素；

③ 还原反应只发生在某些具有催化活性的表面上，并会在已经沉积的镍层上继续沉积；

④ 副产物 H^+ 会使镀液 pH 值降低；

⑤ 还原剂的利用率小于 100%。

无论什么反应机理，都必须对上述共同存在现象给出合理的解释，尤其是化学镀镍为什么一定要在具有自催化的特定表面上进行，这是机理研究首先需要解决的问题。

元素周期表中第Ⅷ族元素表面几乎都具有催化活性，如 Ni、Co、Fe、Pd、Rh 等元素是具有脱氢和氢化催化活性作用的催化剂，在这些金属表面上可以直接化学镀镍；有些金属虽然本身不具备催化活性，但由于它的电位比 Ni 负，如 Zn 和 Al，在含 Ni^{2+} 的溶液中可以发生置换反应构成具有催化作用的 Ni 表面，使沉淀反应能够继续下去；对于电位比 Ni 正又不具备催化活性的金属表面，如 Cu、Ag、Au、铜合金和不锈钢等，除了可以用先闪镀薄薄的一层 Ni 外，还可以用“诱发”反应的方法活化，即在镀液中用一活化的铁片或镍片接触已清洁活化过的工件表面，瞬间就会在工件表面上沉积出 Ni 层，取出铁片或镍片后，Ni 的沉积反应仍会继续进行下去。

化学镀的催化作用属于多相催化，反应是在固相催化剂表面上进行。由于在不同材质表面存在的催化活性中心数量不同，而催化作用正是靠这些活性中心吸附反应物分子增加反应激活能而加速反应进行速度的，所以不同材质表面就具有不同的催化能力，因而在同一条件下施镀时，其最初的沉积速度也不同；但在覆盖上镍层后靠它的催化活性表面进行反应，沉积速度就会逐渐趋于一致。

（2）化学镀 Ni-P 机理

化学镀 Ni 机理主要在 20 世纪 60 年代被提出，此后多年众多学者从不同角度来解释沉积 Ni-P 合金中出现的一些问题。

在工件表面上进行化学镀 Ni，以 $H_2PO_2^-$ 作还原剂，在酸性介质中反应式为

$$Ni^{2+} + H_2PO_2^- + H_2O \longrightarrow H_2PO_3^- + Ni + 2H^+ \qquad (8\text{-}22)$$

式（8-22）包括下面几个基本步骤：

① 反应物（Ni^{2+}、$H_2PO_2^-$）向表面扩散；

② 反应物在催化表面上吸附；

③ 在催化表面上发生化学反应；

④ 产物（H^+、H_2、$H_2PO_3^-$ 等）从表面层脱附；

⑤ 产物扩散离开表面。

按化学动力学基本原理，上述步骤中进行速度最慢的是整个沉积反应的控制步骤。

目前，化学镀 Ni-P 合金有四种机理，即原子氢理论、氢化物传输理论、电化学理论和羟基-镍离子配位理论。现简单介绍如下。

1）原子氢理论

该理论由 G. Guitzeit 提出。由于 Ni 的沉积需要在具有催化活性表面上进行，所以还原剂 $H_2PO_2^-$ 必须在催化及加热条件下水解释放出原子 H，或是由 $H_2PO_2^-$ 催化脱氢产生原子 H，即

$$H_2PO_2^- + H_2O \xrightarrow[\text{加热}]{\text{催化}} HPO_3^{2-} + 2H_{ad} + H^+ \qquad (8\text{-}23)$$

$$H_2PO_2^- \xrightarrow{\text{催化}} PO_2^- + 2H_{ad} \qquad (8\text{-}24)$$

Ni^{2+} 的还原就是由活性金属表面上吸附的 H 原子（活泼的初生态原子 H）释放出电子而实现的，Ni^{2+} 吸收电子后立即还原成金属 Ni 沉积在工件表面：

$$Ni^{2+} + 2H_{ad} \longrightarrow Ni + 2H^+ \qquad (8\text{-}25)$$

原子氢理论又进一步对 P 的沉积和 H_2 的析出做出了解释：次磷酸根被原子 H 还原出 P，或自身发生氧化还原反应沉积出 P，即

$$H_2PO_2^- + H \longrightarrow H_2O + OH^- + P \qquad (8\text{-}26)$$

$$3H_2PO_2^- \xrightarrow[\text{加热}]{\text{催化}} H_2PO_3^- + H_2O + 2OH^- + 2P \qquad (8\text{-}27)$$

H_2 的析出既可以由 $H_2PO_2^-$ 水解产生，也可以由初生态氢原子合成：

$$H_2PO_2^- + H_2O \xrightarrow[\text{加热}]{\text{催化}} H_2PO_3^- + H_2\uparrow \qquad (8\text{-}28)$$

$$2H_{ad} \longrightarrow H_2 \tag{8-29}$$

上述所有化学反应在 Ni 沉积的过程中均同时发生，单个反应速度则决定于镀液组成、使用周期、镀液温度及其 pH 值等条件。

式（8-26）～式（8-29）解释了化学镀 Ni 时得到 Ni-P 合金的原因：由于式（8-26）、式（8-27）的反应速度远低于式（8-28），所以合金层中 P 含量在 1%～15%（质量分数）之间变动，同时伴随着大量 H_2 气的析出。提高镀液酸度、降低 pH 值，可增大式（8-26）、式（8-27）的反应速度，降低式（8-25）的反应速度，使得镀层中 P 含量上升。

用以上反应式也可以对 Ni-P 合金镀层的层状组织做出初步解释：反应式（8-26）、式（8-27）产生的 OH^- 将使镀层/镀液界面上 pH 值增加，pH 值上升有利于提高式（8-23）、式（8-25）的反应速度，产生的 H^+ 使 pH 值下降，式（8-26）、式（8-27）的反应速度又会上升。pH 值如此循环波动导致镀层中 P 量发生周期性变化，导致出现 P 量不同的 Ni-P 镀层中的层状组织，即这种层状组织是由 pH 值周期性波动造成的。

原子氢理论认为真正的还原物质是被吸附的原子态活性氢，而非还原剂 $H_2PO_2^-$ 同 Ni^{2+} 直接作用，但 $H_2PO_2^-$ 是活性氢的来源。$H_2PO_2^-$ 不仅仅释放出活性氢原子，它还分解形成 $H_2PO_3^-$、H_2 及析出 P，因而还原剂 $NaH_2PO_2 \cdot H_2O$ 的利用率一般只有 30%～40%。

原子氢理论之所以普遍被人们所接受，就是因为它不仅较好地解释了 Ni-P 的沉积过程，同时还体现出反应过程的氧化还原特性。

2）氢化物传输理论

该理论认为次磷酸根的行为与硼氢根离子类似，$H_2PO_2^-$ 分解时并不释放原子态氢，而是放出还原能力更强的氢化物离子（氢的负离子），即 $H_2PO_2^-$ 只是 H^- 的供体，Ni^{2+} 被 H^- 还原。酸性介质中 $H_2PO_2^-$ 在催化表面上与水反应：

$$H_2PO_2^- + H_2O \xrightarrow{\text{催化}} HPO_3^{2-} + H^+ + H^- \tag{8-30}$$

在碱性介质中：

$$H_2PO_2^- + 2OH^- \xrightarrow{\text{催化}} HPO_3^{2-} + H_2O + H^- \tag{8-31}$$

Ni^{2+} 被 H^- 还原：

$$Ni^{2+} + 2H^- \longrightarrow (Ni^{2+} + 2H + 2e) \longrightarrow Ni + H_2 \tag{8-32}$$

H^- 同时可以和 H_2O 或 H^+ 反应：

酸性：

$$H^+ + H^- \longrightarrow H_2 \tag{8-33}$$

碱性：

$$H_2O + H^- \longrightarrow H_2 + OH^- \tag{8-34}$$

对 P 的共析反应为

$$2H_2PO_2^- + 6H^- + 4H_2O \longrightarrow 2P + 5H_2 + 8OH^- \tag{8-35}$$

3）电化学机理

该理论认为，Ni^{2+} 被 $H_2PO_2^-$ 还原沉积出 Ni 的过程是由阳极反应即次磷酸根还原剂的氧化和阴极反应即 Ni^{2+} 被还原为 Ni 两个独立部分所组成，并由它们的电极电位来判断反应过程。

阳极反应：

$$H_2PO_2^- + H_2O \longrightarrow H_2PO_3^- + 2H^+ + 2e \qquad E_a^0 = -0.50V \tag{8-36}$$

阴极反应：

$$Ni^{2+} + 2e \longrightarrow Ni \qquad E_c^0 = -0.25V \tag{8-37}$$

$$H^+ + 2e \longrightarrow H_2 \qquad E_c^0 = 0V \tag{8-38}$$

$$H_2PO_2^- + 2H^+ + e \longrightarrow P + 2H_2O \qquad E_a^0 = -0.25V \tag{8-39}$$

电化学机理能较好地解释 Ni 沉积的同时就有 P 共沉积，并同时析出 H_2、Ni^{2+} 浓度对反应速度有影响等问题。

电化学机理将化学镀 Ni-P 过程看作一个原电池反应，也就是说在混合电位控制下发生的电化学反应。在催化活性表面上同时出现几个互相竞争的氧化还原反应，形成了一个多电极体系，并将其耦合出的非平衡电位称为混合电位，该电位值可由 Evans 极化图得到，如图 8-47 所示：分别测出阴极和阳极过程的 i-E 曲线，两条曲线交点对应的电位就是混合电位 E_m，对应的电流 i_d 即表示沉积速度。

在式（8-36）～式（8-39）所表示的电化学反应中：$i_{氧化}$ 为 $H_2PO_2^-$ 的氧化电流；i_{Ni} 为 Ni 的沉积速度；i_H 为析出 H_2 的速度；i_P 为 P 共沉积电流。

在混合电位 E_m 下沉积速度：$i_{沉积} = i_{还原} = i_{Ni} + i_H + i_P$。

应用法拉第定律即可算出沉积速度 $v(mg \cdot cm^{-2} \cdot h^{-1}) = 1.09 \times i_{沉积}(mA \cdot cm^{-2})$。

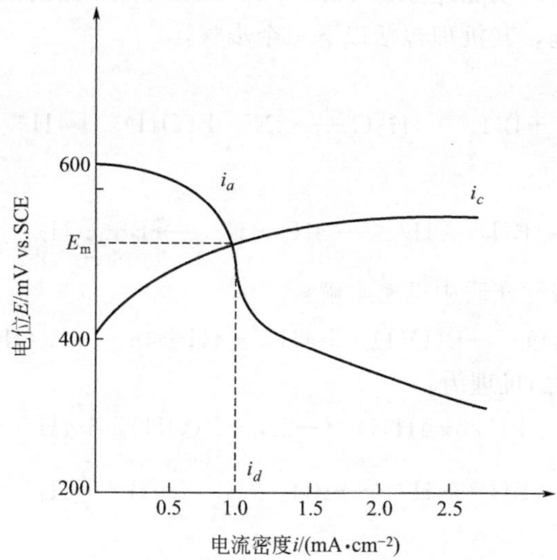

图 8-47 化学镀 Ni-P 合金的 Evans 极化

4）羟基-镍离子配位理论

本理论认为，$H_2PO_2^-$ 真正起到了还原剂的作用，其根本在于 Ni^{2+} 水解后形成了 $NiOH_{ad}^+$。

水在催化剂表面上离解：

$$H_2O \xrightarrow{催化} H^+ + OH^- \tag{8-40}$$

OH^- 与溶剂化的 Ni^{2+} 配位，配位的 Ni^{2+} 与 $H_2PO_2^-$ 反应生成的 $NiOH^+$ 吸附在催化活性表面，再进一步还原为 Ni：

$$OH^- + NiOH_{ad}^+ + H_2PO_2^- \longrightarrow Ni + H_2PO_3^- + H_2O \tag{8-41}$$

H 原子来源于 $H_2PO_2^-$ 中的 P—H 键，两个 H 原子反应析出 H_2：

$$H + H \longrightarrow H_2 \tag{8-42}$$

同时在 Ni 的催化表面上直接反应生成 P，并与 Ni 共沉积：

$$Ni_{cat}+2H_2PO_2^- \longrightarrow 2P+NiOH_{ad}^+ +3OH^- \tag{8-43}$$

有关实验发现，能被 $H_2PO_2^-$ 还原的 Cu、Ag、Pd 等金属发生沉积时，镀层中并不含 P，这说明金属本身的化学性质对共沉积过程起着决定性作用。

（3）化学镀 Ni-B 机理

用含硼还原剂得到的镀层是 Ni-B 合金，其中 Ni 含量为 90%～99.9%之间，同时某些金属稳定剂也会参与共沉积。

按使用的还原剂不同，可将化学镀 Ni-B 机理分为以下两类：

1）硼氢根（BH_4^-）离子

硼氢根还原剂包括所有的水溶性硼氢化物，其中 $NaBH_4$ 因容易制得而常用。BH_4^- 还原性很强，其标准电位约－1.24V，在碱性介质中 BH_4^- 可分解放出 8 个电子：

$$BH_4^- +8OH^- \longrightarrow B(OH)_4^- +4H_2O+8e \tag{8-44}$$

因而在理论上，一个 BH_4^- 可还原出 4 个 Ni^{2+}：

$$4Ni^{2+}+BH_4^- +8OH^- \longrightarrow 4Ni+B(OH)_4^- +4H_2O \tag{8-45}$$

而实际上，1mol BH_4^- 仅能还原出 1mol Ni。Gorbunora 提出的 BH_4^- 还原剂氧化机理就很好地解释了这个问题，其机理包括以下三个步骤：

① Ni 的还原：

$$2Ni^{2+}+BH_4^- +4H_2O \longrightarrow 2Ni+B(OH)_4^- +4H^+ +4H \tag{8-46}$$

② B 的还原：

$$BH_4^- +H^+ \longrightarrow BH_3+H_2 \longrightarrow B+\frac{5}{2}H_2 \tag{8-47}$$

③ BH_4^- 在中性或酸性介质中迅速水解：

$$BH_4^- +4H_2O \longrightarrow B(OH)_4^- +4H^+ +4H+4e \longrightarrow B(OH)_4^- +4H_2 \tag{8-48}$$

Mallory 提出修改后的机理为：

$$2Ni^{2+}+BH_4^- +4H_2O \longrightarrow 2Ni+B(OH)_4^- +4H^+ +2H_2 \tag{8-49}$$

$$BH_4^- +H^+ \longrightarrow BH_3+H_2 \longrightarrow B+\frac{5}{2}H_2 \tag{8-50}$$

总反应式：

$$2Ni^{2+}+2BH_4^- +4H_2O \longrightarrow 2Ni+B+B(OH)_4^- +3H^+ +\frac{9}{2}H_2 \tag{8-51}$$

即施镀过程中 pH 值的增加源于 BH_4^- 水解，同时 BH_4^- 与 Ni^{2+} 消耗的物质的量之比与实验相符，为 1∶1。

2）氨基硼烷

在 BH_3 分子中，B 的八隅体共价键不完整，由于电子短缺，还剩有一个低位轨道未被键合，因此 BH_3 既可以是酸又可以是碱。

常用的二甲基胺硼烷（DMAB）即 $(CH_3)_2NHBH_3$ 中有 3 个活性 H 与 B 原子相连，理论上每个 DMAB 分子可以还原 3 个 Ni^{2+}，反应式为：

$$3Ni^{2+}+(CH_3)_2NHBH_3+3H_2O \longrightarrow 3Ni+(CH_3)_2NH_2^+ +H_3BO_3+5H^+ \tag{8-52}$$

或：

$$2(CH_3)_2NHBH_3+4Ni^{2+}+3H_2O \longrightarrow NiB+3Ni+2(CH_3)_2NH_2^+ +H_3BO_3+6H^+ +\frac{1}{2}H_2 \tag{8-53}$$

除上述反应外，DMAB也发生水解反应：

酸性： $(CH_3)_2NHBH_3 + 3H_2O + H^+ \longrightarrow (CH_3)_2NH_2^+ + H_3BO_3 + 3H_2$ (8-54)

碱性： $(CH_3)_2NHBH_3 + OH^- + H_2O \longrightarrow (CH_3)_2NH^+ + BO_2^- + 3H_2$ (8-55)

氨基硼烷还原 Ni^{2+} 的机理尚未被实验完全证实。显然，还原剂在金属催化表面上的吸附、分子中N—B键断裂的前提是不容忽视的。如把硼还原、氨基硼烷水解合并则得下式反应：

$$3Ni^{2+} + 3(CH_3)_2NHBH_3 + 6H_2O \longrightarrow 3Ni + B + 3(CH_3)_2NH_2^+ + 2B(OH)_3 + \frac{9}{2}H_2 + 3H^+ \tag{8-56}$$

（4）肼做还原剂化学镀镍

用强还原剂肼（也称联氨，N_2H_4）做还原剂化学镀镍，可以得到高纯镍（Ni的质量分数≥99%），但镀层发黑且应力大，耐蚀性也差。其反应式为

$$2Ni^{2+} + N_2H_4 + 4OH^- \longrightarrow N_2 + 2Ni + 4H_2O \tag{8-57}$$

上式中未说明析出 H_2，所以肼的利用率看起来达到100%，实际上反应过程为

$$Ni^{2+} + 2OH^- \longrightarrow Ni(OH)_2 \tag{8-58}$$

$$Ni(OH)_2 + N_2H_4 \longrightarrow Ni(OH)_{ad} + N_2H_3OH + H \tag{8-59}$$

$$Ni(OH)_{ad} + N_2H_3OH \longrightarrow Ni + N_2H_2(OH)_2 + H \tag{8-60}$$

$$2H \longrightarrow H_2 \tag{8-61}$$

总反应式为：

$$Ni^{2+} + N_2H_4 + 2OH^- \longrightarrow N_2 + Ni + 2H_2O + H_2 \tag{8-62}$$

该反应式仍未解释施镀过程中pH值降低的现象。反应形成的 $Ni(OH)_2$ 中的 OH^- 是外界带入的碱，则式（8-62）变化为

$$Ni^{2+} + N_2H_4 \longrightarrow N_2 + Ni + 2H^+ + H_2 \tag{8-63}$$

式（8-63）很好地说明了用肼做还原剂化学镀镍的全过程。肼在酸、碱介质中具有不同氧化机理，$H_2PO_2^-$ 和DMAB等还原剂也可能存在同样情形，即：

在承认水解机理基础上，酸性介质中首先发生水在催化表面离解：$H_2O \xrightarrow{催化} H^+ + OH^-$。$OH^-$ 取代 $H_2PO_2^-$ 中P—H键中的H，产生1个H原子和1个电子，OH^- 的消耗造成镀液pH值下降。

碱介质中 OH^- 则来源于外界，它也取代P—H键中的H使镀液pH值降低，但这种酸度变化不是 H^+ 产物积累的结果，而是 OH^- 的消耗造成的。

（5）化学镀机理的进展

近年来有学者在不同还原剂-金属离子体系、四种化学镀Ni-P合金理论基础上，提出了一种适合各种还原体系的化学沉积统一反应模式。该模式忽略各个还原剂的个性，将沉积过程分为一系列阳极和阴极反应，第一个阳极反应就是还原剂RH的化学脱氢：

阳极脱氢：

$$RH \xrightarrow{M} R_{ad} + H_{ad} \tag{8-64}$$

氧化：

$$R_{ad} + OH^- \longrightarrow ROH + e \tag{8-65}$$

RH表示还原剂，M表示金属表面。在次磷酸盐中：$RH—H_2PO_2^-$；$R—HPO_{2ad}^-$；

ROH—$H_2PO_2^-$。

再合成：

$$H_{ad}+H_{ad}\longrightarrow H_2 \tag{8-66}$$

氧化：

$$H_{ad}+OH^-\longrightarrow H_2O+e\text{（碱性）} \tag{8-67}$$

$$H_{ad}\longrightarrow H^++e\text{（酸性）} \tag{8-68}$$

阴极金属沉积：

$$M^{n+}+ne\longrightarrow M \tag{8-69}$$

析氢：

$$2H_2O+2e\longrightarrow H_2+2OH^-\text{（碱性）} \tag{8-70}$$

$$2H^++2e\longrightarrow H_2\text{（酸性）} \tag{8-71}$$

以上反应中化学沉积第一步是还原剂脱氢，这与原子 H 及氢化物理论是一致的。脱氢步骤则决定于化学镀过程的催化本性，金属表面是否能引发该体系中还原剂脱氢，即说明该金属表面对这种镀液体系能否具有催化活性，是否可以打开 RH 键。阴极过程则纯粹是金属离子的还原，无中间产物的影响，其与电化学反应机理一致，是在混合电位下发生的。吸附的 H_{ad} 可能发生 3 个反应，产物是 H^+、H_2O 还是 H_2 则由金属沉积体系、溶液的 pH 值等条件决定。例如，以式（8-64）～式（8-66）为主的阳极总反应为

$$2RH+2OH^-\longrightarrow 2ROH+H_2\uparrow+2e \tag{8-72}$$

而以式（8-64）～式（8-68）为主的总反应式为

$$RH+2OH^-\longrightarrow ROH+H_2O+2e\text{（碱性）} \tag{8-73}$$

$$RH+OH^-\longrightarrow ROH+H^++2e\text{（酸性）} \tag{8-74}$$

如按式（8-72）进行反应，还原 1mol Ni^{2+} 需要 2mol 还原剂（Ni^{2+} 还原需要 2 个电子），如用次磷酸盐还原剂，$H_2PO_2^-$ 的利用率必然小于或等于 50%。至于 Ni-P 中 P 的来源并不需要中间产物，可直接还原出 P：

$$H_2PO_2^-+e\longrightarrow P+2OH^- \tag{8-75}$$

在 Ni、P 沉积的同时，H_2 的析出作为副反应也在进行，该反应会影响沉积速度及 P 含量。

经过半个世纪以来的研究和发展，有关化学镀机理的研究已取得了长足进展，但尚不能完全解释所出现的问题，研究工作有待于进一步进行。

8.6.3 化学镀镍

(1) 化学镀镍溶液及其影响因素

1）组成

化学镀镍溶液种类繁多，分类方法众多：按 pH 值可分为酸浴（pH＝4～6）和碱浴（pH＞8）两类，其中次磷酸盐做还原剂得到 Ni-P 合金镀层，硼氢化物及硼烷衍生物做还原剂可得到 Ni-B 合金镀层；按温度分为高温浴（85～92℃）、低温浴（60～72℃）及室温浴，其中低温浴是为了在塑料基材上施镀开发出来的；按 Ni-P 合金镀层中 P 含量又可以分为高磷镀液（所得镀层具有非晶结构，使其耐蚀性能优良，因其非磁性而广泛应用于计算机工业）、中磷镀液（因镀液沉积速度快、稳定性好、寿命长而得到最普遍应用）和低磷镀液

（镀层硬度高、耐磨、耐碱腐蚀）。

化学镀镍溶液由主盐（镍盐）、还原剂、络合剂、缓冲剂、稳定剂、加速剂、表面活化剂及光亮剂组成，下面分别予以介绍。

① 主盐。化学镀镍溶液中的主盐就是镍盐，如硫酸镍 $NiSO_4$、氯化镍 $NiCl_2·6H_2O$、醋酸镍 $Ni(CH_3COO)_2$ 及次磷酸镍 $Ni(H_2PO_2)_2$ 等，由它们提供化学镀反应过程中所需的 Ni^{2+}。早期以氯化镍做主盐，由于 Cl^- 的存在不仅会降低镀层的耐蚀性，同时产生拉应力，所以目前已不再使用。醋酸镍 $Ni(CH_3COO)_2$ 及次磷酸镍 $Ni(H_2PO_2)_2$ 使用时镀层质量好，又不会在镀浴中积存大量 SO_4^{2-}，因而效果均好于硫酸镍 $NiSO_4$，但由于价格昂贵、货源不足，所以目前使用的主盐主要是硫酸镍 $NiSO_4$。因为硫酸镍是主盐，在施镀过程中用量大，需要不断补充，所含的杂质元素会在镀液中积累浓缩，造成镀液镀速下降、寿命缩短、镀层性能降低等，因而要注意控制镀液中有害杂质元素锌及重金属元素含量。

② 还原剂。化学镀镍所用的还原剂有次磷酸钠、硼氢化钠、烷基胺硼烷及肼几种，它们在结构上的共同特征是含有两个或多个活性氢，还原 Ni^{2+} 就是靠还原剂的催化脱氢进行的。其中，使用次磷酸钠可得到 Ni-P 合金镀层，使用硼化物可得到 Ni-B 合金镀层，用肼则可得到纯镍镀层。因价格低、镀液易控制而用得最多的还原剂是次磷酸钠，而且所得 Ni-P 合金镀层质量优良。次磷酸钠 $NaH_2PO_2·H_2O$ 易溶于水，其水溶液 pH 值为 6。表 8-30 是常用化学镀镍还原剂的性质。

表 8-30 化学镀镍常用的还原剂

还原剂	分子量	外观	当量	自由电子数	镀液 pH 值	还原电位(碱性)(SHE)/V
次磷酸钠	106	白色吸潮结晶	53	2	4～6,7～12	−1.4
硼氢化钠	38	白色晶体	4.75	8	12～14	−1.2
二甲基胺硼烷	59	一般为溶解在异丙醇中的黄色液体	9.8	6	6～10	−1.2
二乙基胺硼烷	87		14.5	6		−1.1
肼	32	白色结晶	8.0	4	8～11	−1.2

③ 络合剂。化学镀镍溶液中除了主盐和还原剂以外，络合剂是另一种重要组成部分。镀液性能的好坏、寿命长短等主要决定于络合剂的选用及其搭配关系。

在化学镀镍溶液中，络合剂主要有以下作用：

a. 防止镀液析出沉淀，增加镀液稳定性并延长其使用寿命：由于镍的氢氧化物溶解度较小，在酸性溶液中即可析出浅绿色絮状含水氢氧化镍沉淀。硫酸镍溶于水后形成六水合镍离子——$Ni(H_2O)_6^{2+}$，$Ni(H_2O)_6^{2+}$ 有水解倾向，水解后呈酸性且析出氢氧化物沉淀。如果有部分络合剂分子（离子）存在于 $Ni(H_2O)_6^{2+}$ 中，则可以明显提高其抗水解能力，甚至有可能在碱性环境中以 Ni^{2+}形式存在（指不以沉淀形式存在）。镀液使用后期报废原因主要是 $H_2PO_3^{2-}$ 聚集，当 pH=4.6、温度为 95℃时，$NiPO_3·7H_2O$ 的溶解度为 6.5～15g·L^{-1}，加络合剂乙二醇酸后提高到 180g·L^{-1}。由此可见，络合剂能够大幅度提高亚磷酸镍的沉淀点，使得施镀过程在高含量亚磷酸根条件下也可进行，延长了镀液的使用寿命。配位能力强的络合剂本身就是稳定剂，在镀层性能要求高时，所用镀液中无稳定剂而只用络合剂。

b. 提高沉积速度：不加任何络合剂，沉积速度一般只有 5μm·h^{-1}，无实用价值；加入适量络合剂后，镀速明显提高（乳酸 27.5μm·h^{-1}、乙二醇酸 20μm·h^{-1}、琥珀酸 17.5μm·h^{-1}、水杨酸 12.5μm·h^{-1}、柠檬酸 7.5μm·h^{-1}）。原因在于这些络合剂均为有机添加剂，它们吸附在工件表面后，提高了活性，为次磷酸根释放活性氢原子提供了更多的激活能，从而增加了沉积反应速度。

c. 提高了镀液工作的 pH 范围。

d. 改善镀层质量：镀液中加络合剂后镀出的工件光洁致密。

Ni^{2+} 的络合剂虽然很多，在化学镀镍溶液中则要求所用络合剂：具有较大溶解度；在溶液中存在的 pH 范围要与化学镀工艺要求一致；存在一定的反应活性；价格要低。目前，常用的络合剂主要是一些脂肪族羧酸及其取代衍生物，如丁二酸、柠檬酸、乳酸、苹果酸及甘氨酸等，或用它们的盐类。在碱性镀液中则用焦磷酸盐、柠檬酸盐及铵盐。

④ 稳定剂。化学镀镍溶液是一个热力学不稳定体系，由于种种原因，如局部过热、pH 值过高，或某些杂质影响，不可避免地会在镀液中出现一些活性微粒——催化核心，使镀液发生激烈的自催化反应，产生大量 Ni-P 黑色粉末，导致镀液短期内发生分解，溢出大量气泡，造成镀液提前失效。稳定剂的作用就在于抑制镀液的自发分解，使施镀过程在控制下有序进行。稳定剂实际上是一种毒化剂，即反催化剂，只需加入痕量就可以抑制镀液自发分解。稳定剂不能使用过量，若过量，轻则降低镀速，重则不再起镀。稳定剂掩蔽了催化活性中心，阻止了成核反应，但并不影响工件表面正常的化学镀过程。

稳定剂主要分为以下四类：

a. 第ⅥA 族元素 S、Se、Te 的化合物：一些硫的无机物或有机物，硫代硫酸盐、硫氰酸盐、硫脲及其衍生物。

b. 某些含氧化合物：如 AsO_2^-、IO_3^-、BrO_3^-、NO_2^-、MoO_4^{2-} 及 H_2O_2。

c. 重金属离子：如 Pb^{2+}、Sb^{3+} 及 Cd^{2+}、Zn^{2+}、Bi^{2+}、Tl^+ 等。

d. 水溶性有机物：含双极性的有机阴离子、至少含 6 个或 8 个碳原子且有能在某一定位置吸附形成亲水膜的功能团，如—COOH、—OH 或—SH 等基团构成的有机物。如不饱和脂肪酸马来酸、亚甲基丁二酸（$C_5H_6O_4$）等。第一、二类稳定剂使用浓度为 $(0.1\sim2)\times10^{-6}\,mol\cdot L^{-1}$，第三类为 $10^{-5}\sim10^{-3}\,mol\cdot L^{-1}$，第四类在 $10^{-3}\sim10^{-1}\,mol\cdot L^{-1}$ 范围。有些稳定剂还兼有光亮剂的作用，如 Cd^{2+} 与 Ni-P 镀层共沉积后可使镀层光亮平整。

下面以硫脲为例来解释说明稳定剂的作用机理。硫脲是常用的稳定剂之一，属第一类稳定剂，它能在电极表面上强烈吸附。图 8-48 是不同硫脲浓度的阴极和阳极极化曲线。

阴极极化曲线随硫脲浓度变化不明显，原因可能是阴极过程包括硫脲择优或者完全抑制析 H_2 反应，也可能是 Ni^{2+} 或 $H_2PO_2^-$ 的还原反应所致，这可从镀液中加入硫脲后镀层中含磷量下降现象中得到解释。阳极极化曲线随硫脲浓度增加而左移，相同电位下电流密度降低，有明显的极限电流。

研究发现，硫脲加速化学镀中 Ni 沉积速度的原因在于它吸附到金属表面后有强烈的加速电子交换倾向，改变阴阳极过电位，起电化学催化作用。

在考虑使用稳定剂时，一定要认识到化学镀镍溶液中加入这些有机添加剂，在施镀过程中都可能产生化学反应，所得反应产物必须对镀液和镀层无负面影响方可使用。同时，配制化学镀液时，稳定剂的选择及其搭配关系、最佳使用量及补加量等都需全面试验来确定，并且施镀条件发生变化时还需做适当调整。

⑤ 加速剂。为了增加化学镀的沉积速度，在化学镀溶液中还经常加入一些提高镀速的化学药品，即加速剂。加速剂的作用机理被认为是还原剂 $H_2PO_2^-$ 中氧原子可以被一种外来的酸根取代形成配位化合物，或者说加速剂的阴离子的催化作用是形成了杂多酸所致。在空

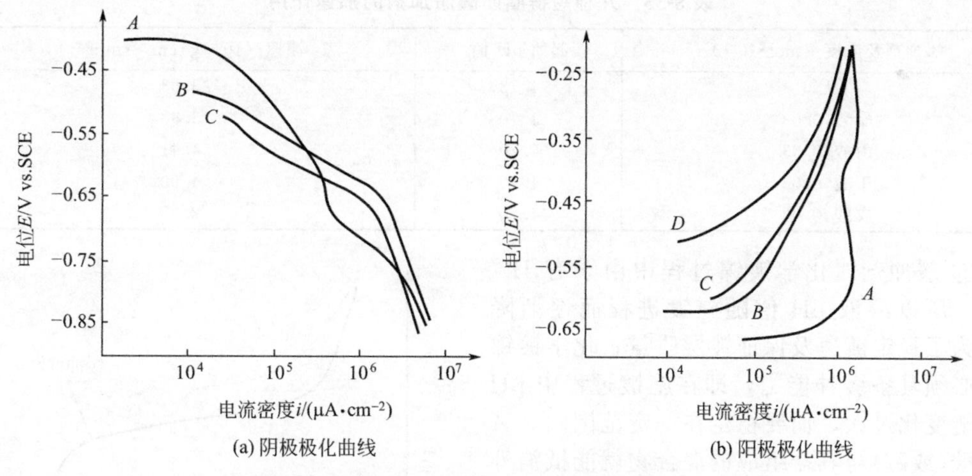

图 8-48　硫脲浓度（g·L^{-1}）对极化曲线的影响

A—0；*B*—1×10^{-6}；*C*—2×10^{-6}；*D*—10×10^{-6}

间位阻作用下 H—P 键能减弱，有利于次磷酸根离子脱氢，即增加了 $H_2PO_2^-$ 的活性。

化学镀镍中许多络合剂兼有加速剂的作用，常用的加速剂有：

a. 未被取代的短链饱和脂肪族二羧酸根阴离子：如丙二酸、丁二酸、戊二酸及己二酸，其中丁二酸则在性能和价格上均为人们所接受。表 8-31 和表 8-32 分别是不同加速剂及丁二酸钠浓度对镀速的加速作用情况。

b. 短链饱和氨基酸：这是优良的加速剂，其中最典型的是氨基乙酸，它兼有缓冲、络合和加速三种作用。

c. 短链饱和脂肪酸：包括从醋酸到戊酸系列，其中最有效的加速剂是丙酸。其效果不及丁二酸及氨基酸明显，但价格要便宜得多。表 8-33 为几种短链饱和脂肪酸添加时的沉积速度。

d. 无机离子加速剂：目前研究发现的无机离子加速剂是 F$^-$，但必须严格控制其浓度，用量大不仅会减小沉积速度，而且还会影响镀液稳定性。它对在 Al、Mg 及 Ti 等金属表面化学镀镍有效。

表 8-31　化学镀镍溶液中有机酸的加速作用

添加剂及浓度/(mol·L^{-1})	pH 值			
	6.4	5.5	5.0	4.5
	镀速/(10^{-4}g·cm^{-2}·min^{-1})			
羟基乙酸，0.092	2.5	1.9	2.1	2.7
柠檬酸钠，0.034	—	1.8	1.8	1.8
丁二酸钠，0.060	—	5.6	5.1	4.6

表 8-32　不同浓度丁二酸钠的加速作用

丁二酸钠浓度/(mol·L^{-1})	起始 pH 值	镀速/(10^{-4}g·cm^{-2}·min^{-1})
0	5.03	0.06
0.03	5.01	2.53
0.06	5.00	4.02
0.06	5.51	4.86
0.09	5.03	5.16

表 8-33 几种短链脂肪酸添加剂的加速作用

添加剂及浓度/(mol·L^{-1})	起始 pH 值	镀速/(10^{-4}g·cm^{-2}·min^{-1})
无	4.73	3.53
醋酸,0.03	4.70	3.98
丙酸,0.03	4.70	4.41
丁酸,0.03	4.70	4.00
戊酸,0.03	4.70	3.88

⑥ 缓冲剂。化学镀镍过程中由于有 H^+ 产生，所以溶液 pH 值随施镀进程而逐渐降低。为了稳定镀速及保证镀层质量，化学镀镍体系必须具备缓冲能力，即在施镀过程中 pH 值不能变化过大，而要稳定在一定范围内。某些弱酸(或碱)与其盐组成的混合物就能抵消外来少许酸或碱以及稀释对溶液 pH 值变化的影响，使之在一个较小范围内波动，这类物质称为缓冲剂。缓冲剂性能好坏可用 pH 值与酸浓度变化图来表示，如图 8-49 所示。显然，酸浓度在一定范围内波动而 pH 值却基本不变的体系缓冲性能最好。

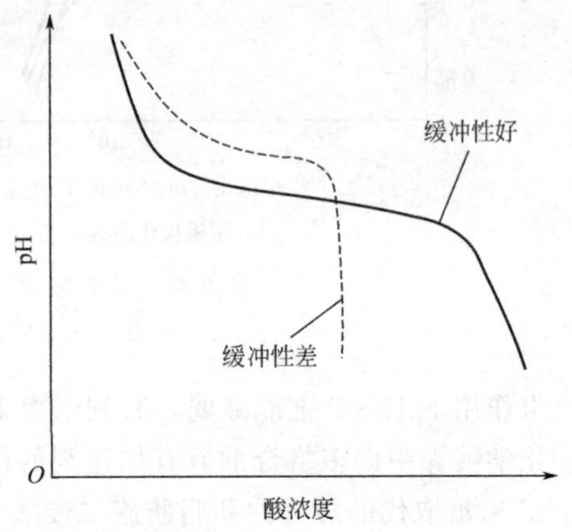

图 8-49 缓冲性能评价

即使镀液中含有缓冲剂，在施镀过程中也必须不断加碱以提高镀液 pH 值到正常值。镀液使用后期 pH 变化较小，此时 $H_2PO_3^-$ 的聚集也起到了一定的缓冲作用。

⑦ 其它化学成分。与电镀镍一样，在化学镀镍溶液中也加入少许的表面活性剂，它有助于气体(H_2)的逸出从而降低镀层的孔隙率。同时，由于使用的表面活性剂兼有发泡作用，施镀过程中在逸出大量气体搅拌情况下，镀液表面形成一层白色泡沫，它不仅可以保温、降低镀液的蒸发损失、减少酸味，还可使许多悬浮的杂质夹在泡沫中而易于清除，以保持镀液和镀件的清洁。表面活性剂在加入很少量时就能大幅度地降低溶剂(一般指水)的表面张力(或液/液界面张力)，从而改变体系状态。化学镀镍中常用的表面活性剂是阴离子型表面活性剂，如磺酸盐、十二烷基苯磺酸钠，或硫酸脂盐，如十二烷基硫酸钠。

化学镀镍是一种功能性涂层，一般不作装饰用，故不要求表面光亮。但也有将电镀镍用的光亮剂如苯基二磺酸钠用于酸性化学镀镍溶液中并收到一定效果。

某些金属离子的稳定剂也兼有光亮剂的作用，如 Cd^{2+}、Tl^+ 甚至 Cu^{2+}，其原因是与 Ni-P 形成了合金。加痕量 Cu^{2+}，因改变镀层结构而呈现镜面光亮的外观。但要获得光亮镀层，最好还是采用预先抛光基材或预镀光亮铜或镍。

还有一些微量物质可以降低镀层应力，例如用二甲基胺硼烷作还原剂得到的 Ni-B 镀层(含 B0.2%～5.0%)具有较高的拉应力，加入二价硫化物，如硫脲、硫代二乙醇酸则可以改善镀层的应力状态，同时也会降低镀层中 B 的含量。

2) 化学镀镍过程影响因素分析

化学镀镍的动力学过程不仅仅决定其沉积速度，而且还直接影响到镀层性能及质量。从热力学角度而言，反应物及反应产物浓度、络合剂等添加剂、温度、pH 值等都会影响 Ni^{2+} 的还原电位及反应自由能。在此主要讨论动力学影响因素，即沉积速度及因它变化所带来的一些相关问题。

沉积速度 d 影响因素表达式可写成：

$$d=f(T,\mathrm{pH},C_{\mathrm{Ni}^{2+}},C_{\mathrm{Red}},C_{\mathrm{ORed}},\frac{S}{V},K,a,s,n_1,n_2\cdots) \tag{8-76}$$

式中，T 为操作温度；pH 为溶液酸碱度；$C_{\mathrm{Ni}^{2+}}$ 为主盐浓度；C_{Red} 为还原剂浓度；C_{ORed} 为还原剂氧化后产物浓度，如 $[H_2PO_3^{2-}]$；K 为络合剂种类及浓度；a 为加速剂种类及浓度；s 为稳定剂种类及浓度；S 为工件待镀部分面积，V 代表镀液体积，S/V 即装载比；n_1、n_2 为其它因素，如搅拌、循环周期、镀液污染等。

以下分别讨论这些影响因素。

① 主盐及还原剂。如果镀液中 Ni^{2+} 浓度增大，则反应物浓度增加、氧化还原电位正移、反应自由能变化向负方向移动，从动力学上看沉积速度应该增加。图 8-50 是主盐 $NiCl_2$ 浓度变化与沉积速度关系曲线。从中可以看出，由于络合剂的作用，主盐浓度对沉积速度并无明显影响。所以，一般化学镀镍溶液中镍盐浓度维持在 20～40g·L^{-1}，或者说含 Ni 4～8g·L^{-1}。

此时若没有适当的络合剂和稳定剂的配合，镀液容易发生混浊甚至分解。高浓度主盐镀液施镀后所得镀层颜色发暗且色泽不均匀。

图 8-51 是主盐、还原剂浓度对沉积速度影响曲线(镀液中加有 F^-)。由图可见次磷酸盐浓度对沉积速度的影响明显大于镍盐，同时表 8-34 的试验数据说明，依靠增加镍盐浓度来提高沉积速度是不可行的，因为主盐浓度大，还原剂浓度也必须增加，只有在络合剂比例适当条件下，次磷酸盐浓度对沉积速度才有明显影响。一般镀液中次磷酸钠浓度维持在20～40g·L^{-1}。

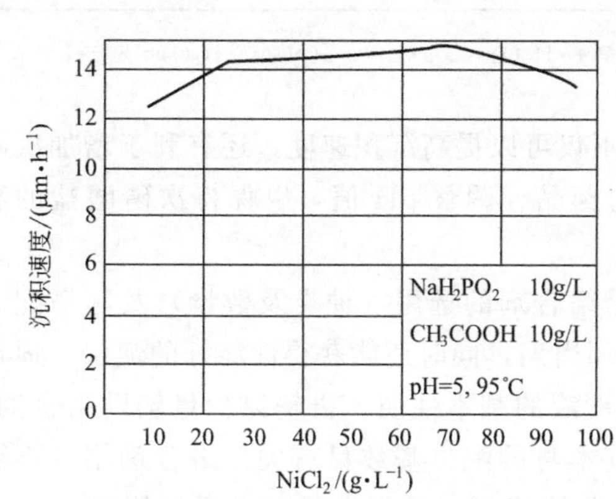

图 8-50 镍盐浓度对沉积速度的影响

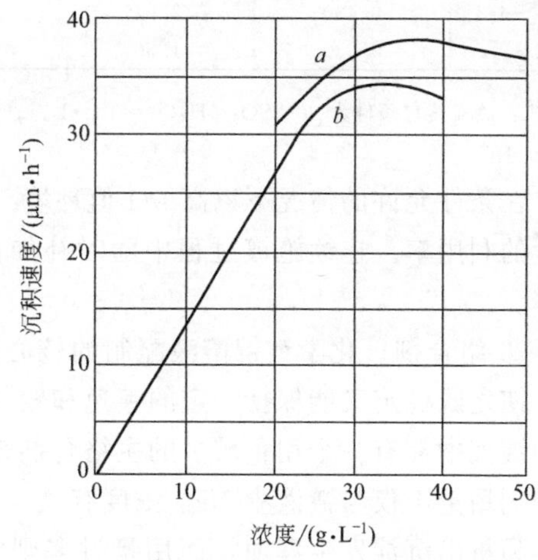

图 8-51 主盐和还原剂浓度与沉积速度关系

a—主盐浓度；b—次磷酸盐浓度

表 8-34 次磷酸盐浓度对沉积速度影响（不同醋酸钠 NaAC 浓度）

次磷酸盐质量浓度/(g·L^{-1})	10g/L NaAC·3H$_2$O		20g/L NaAC·3H$_2$O	
	镀速/(μm·h^{-1})	外观	镀速/(μm·h^{-1})	外观
10	16.7	光亮	8.8	暗、不均匀
20	16.6	光亮	20.7	光亮
30	14.3	光亮	24.5	光亮
40	15.5	光亮	24.0	光亮
50	15.0	光亮	23.4	光亮

注：镀液其它条件为 $\rho(NiCl_2\cdot 6H_2O)=25$g·L^{-1}；pH=5；温度 90℃。

图 8-52 是镀液中主盐及还原剂浓度对镀层中磷含量的影响。图中，当 Ni^{2+} 浓度较低时，镀层中磷含量随 Ni^{2+} 浓度增加而下降；当镍盐浓度维持在正常浓度用量范围内，则对

镀层中磷含量基本无影响；镀层中磷含量随镀液中次磷酸盐浓度增加而呈直线上升趋势。但次磷酸盐也存在利用效率问题，表 8-35 为 pH 值对其利用率的影响。

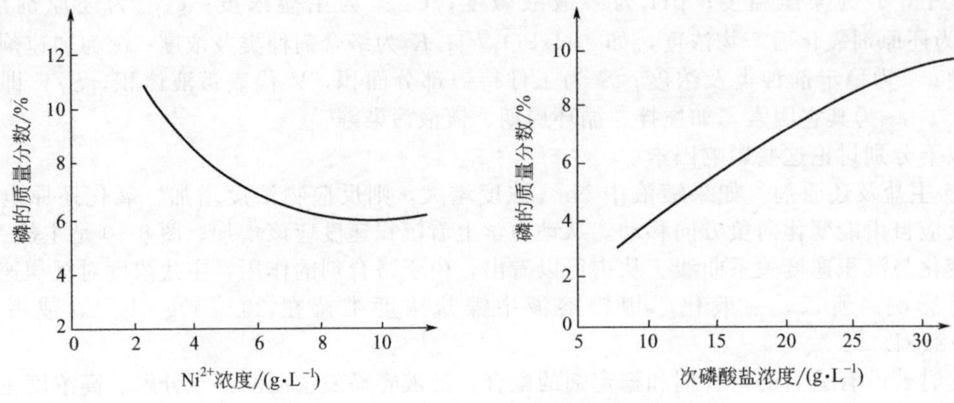

图 8-52　镍盐及次磷酸盐浓度对镀层中磷含量的影响

表 8-35　pH 值对次磷酸钠利用率影响

pH 值	还原 Ni 量/g	$NaH_2PO_2 \cdot H_2O$ 总用量/g	$NaH_2PO_2 \cdot H_2O$ 还原 Ni 用量/g	$NaH_2PO_2 \cdot H_2O$ 利用率/%	还原 1g Ni 消耗 $NaH_2PO_2 \cdot H_2O$/g
5.8～4.5	0.636	2.73	1.15	42.5	4.27
5.0～4.4	0.430	2.04	0.78	38.0	4.75
4.2～3.9	0.330	1.80	0.59	33.0	5.47

注：镀液其它条件为 $\rho(NiSO_4 \cdot 6H_2O)=30g \cdot L^{-1}$；$\rho(NaH_2PO_2 \cdot H_2O)=20g \cdot L^{-1}$；$\rho(NaAC \cdot H_2O)=20g \cdot L^{-1}$；施镀时间 1h。

在条件允许的情况下以高 pH 值环境工作，不仅可以提高沉积速度，还有利于增加次磷酸盐的利用率。连续施镀过程中随时补加消耗的药品、调整 pH 值，以保持次磷酸盐的利用率。

② 络合剂。化学镀镍溶液配制的核心问题是络合剂的选用（种类及数量）及其搭配关系，使之既稳定又能保持一定的镀速和较长的循环周期，同时还能获得性能好的镀层。通常每种镀液中都有一个用量较多的主络合剂来决定镀液的基本性质，再辅以少量辅助络合剂。络合剂用量不仅与镀液中 Ni^{2+} 浓度有关，还与其本身的配位基数目有关。络合剂用量不够则容易析出沉淀发生浑浊，而用量过多则镀速会急剧降低，镀层质量也会受到影响。表 8-36 为各种羟基酸做络合剂时用量对沉积速度的影响，结果表明络合剂性质及用量对镀速影响十分明显。

表 8-36　几种羟基酸对沉积速度影响

羟基酸	乙酸醇	乳酸	苹果酸		酒石酸	柠檬酸		
浓度/(mol·L^{-1})	0.3	0.3	0.15	0.3	0.3	0.1	0.2	0.3
镀速/(10^{-4}g·cm^{-2}·min^{-1})	2.51	3.53	2.35	1.79	1.53	1.55	0.63	0.16

③ 稳定剂。稳定剂的浓度是化学镀镍中一个十分敏感的问题，其用量多少与它自身的性能、Ni^{2+} 浓度、沉积条件、装载比及搅拌等条件有关，只有合适添加才能做到使镀液既稳定又能保持一定的沉积速度。稳定剂本身虽然是一种催化活性的毒化物质，工件表面的催化活性可被极小浓度的稳定剂所改变，但在一定浓度范围内往往会提高沉积速度。稳定剂的最佳浓度可用混合电位或沉积速度与浓度关系曲线来确定，如图 8-53 所示。

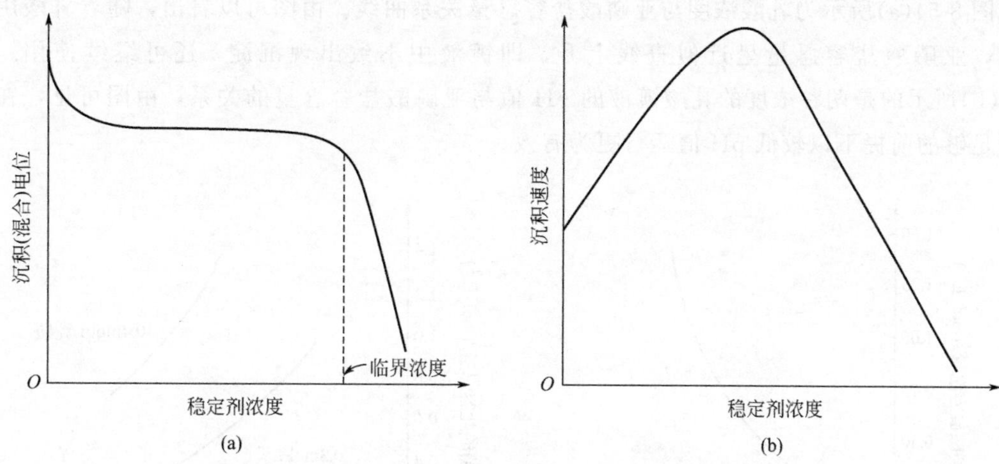

图 8-53 稳定剂浓度与混合电位（a）、沉积速度（b）关系

在图 8-53(a)中，当稳定剂浓度极小时电位即发生突变，随后浓度增加，电位趋于平稳，但浓度增大到较高时电位又会发生突变，此时化学镀反应停止，不再有 H_2 气泡逸出。因此，稳定剂用量应选取电位平台区。

图 8-53(b)是沉积速度与稳定剂浓度关系曲线，可看出其明显加速作用。显然，使沉积速度急剧下降的浓度区间不可选取。

表 8-37 是乳酸浴中不同稳定剂用量、镀速及 Pd 盐法稳定时间(加入 Pd 盐后镀液出现混浊时间，以此判定稳定剂搭配及用量是否适当)等试验结果。

④ 亚磷酸根离子。从化学镀镍的总反应式中可看出沉积 1 个 Ni 原子要产生 3 个亚磷酸根离子($H_2PO_3^-$)，即沉积出 1gNi 要产生 11g$NaH_2PO_3 \cdot H_2O$。随着施镀过程的进行而不断添加还原剂，$H_2PO_3^-$ 浓度愈来愈大，达到一定量后超过 $NiHPO_3$ 溶解度，就会形成 $NiHPO_3$ 沉淀。络合剂的主要作用就是要抑制 $NiHPO_3$ 的沉淀析出。

表 8-37 乳酸中加入不同稳定剂试验结果（pH=4.7，温度 90℃）

稳定剂	加入量/($mg \cdot L^{-1}$)	镀速/($m \cdot h^{-1}$)	Pd 盐法稳定时间/s	耐蚀性(浸入浓 HNO_3 溶液 1min)	镀层外观
无	—	12	15	好	无光泽
KI	10	12	70	好	无光泽
KIO_3	10	12	72	好	无光泽
	15	12	90	好	无光泽
	20	12	180	好	无光泽
KNO_3	25	12	25	好	无光泽
	50	12	50	好	无光泽
MoO_3	3	13	120	好	无光泽
Pb^{2+}	1	13	19	好	光亮
Cd^{2+}	1	11	20	好	光亮
Hg^{2+}	1	12	50	好	光亮
Se^{4+}	1	13	120	发暗	光亮
Tl^{+}	1	13	120	发暗	光亮
硫脲	3	15	120	黑	光亮
MBT	3	15	120	黑	光亮
亚甲基丁二酸	500	12	100	暗	光亮
富马酸	1000	12	200	暗	光亮

图 8-54(a)所示为乳酸浓度与亚磷酸盐容忍量关系曲线。由图可以看出，随着乳酸用量增加，亚磷酸盐容忍量呈近似直线上升，即镀液中不致出现沉淀，还可继续使用。图 8-54(b)所示的是两种浓度的乳酸镀液的 pH 值与亚磷酸盐容忍量的关系，由图可见，在络合剂足够的前提下以较低 pH 值运行更为有效。

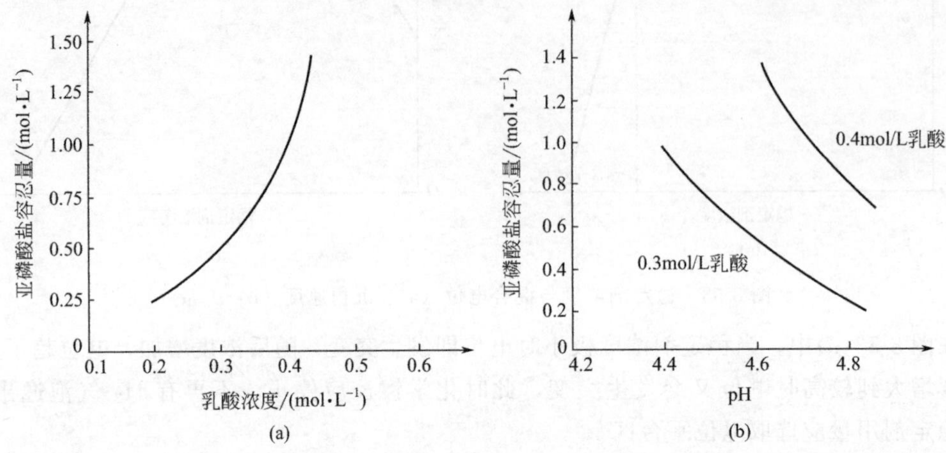

图 8-54 乳酸用量（a）和 pH 值（b）与亚磷酸盐容忍量关系

⑤ pH 值。从化学镀镍总反应式可知，沉积 1mol Ni 要产生 4mol H^+，使镀液中$[H^+]$增加，即 pH 值下降。pH 值的这种变化首先表现在催化样品的表面，用玻璃电极测得乳酸、柠檬酸、丁二酸、焦磷酸盐及乙二酸等镀液 pH 值下降了约 3 个单位，所以必须随时加碱调整 pH 值使之在正常工艺范围内。pH 值对镀层、工艺及镀液的影响很大，是工艺参数中必须严格控制的重要因素。pH 值对沉积速度和镀层中磷含量的影响，见图 8-55。

因为 pH 值的增加可使 Ni^{2+} 的还原速度加快，因而在酸性镀液中随 pH 值增加，沉积速度几乎呈直线增加；与沉积速度的变化相反，pH 值增加，镀层中磷含量降低。

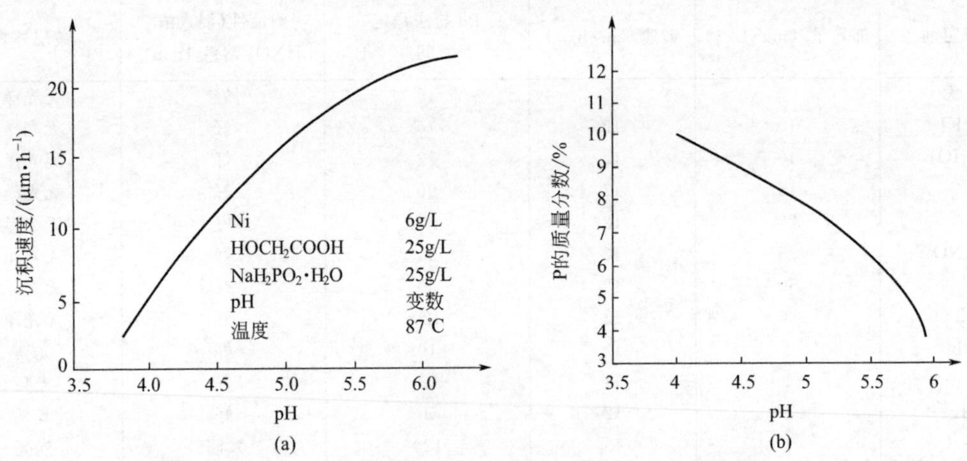

图 8-55 pH 值与沉积速度（a）及镀层中磷含量（b）关系

pH 值变化还会影响镀层中应力分布：pH 高的镀液得到镀层含磷量低，表现为拉应力；pH 低的镀液得到镀层含磷量高，表现为压应力。一般酸性镀液的 pH 值以 4.5～5.2 为宜。

综上所述，pH 值影响可归纳为：pH 高，镀速快、镀层中磷含量低、镀层结合力降低、张应力加大、易析出 $NiHPO_3$ 沉淀、镀液易分解，但 NaH_2PO_2 利用率高；pH 低则镀速慢、镀层中磷含量高、结合力好、应力向压应力方向移动、镀液不易浑浊、稳定性好，但 NaH_2PO_2 利用率低。

⑥ 温度。由于温度增加使离子扩散快、反应活性加强，所以它是对化学镀镍速度影响最大的因素。化学镀镍的催化反应一般只能在加热条件下方可进行。

图 8-56 是几种温度下沉积层厚度与时间关系曲线，可见在 60℃左右沉积速度很慢，只有在 80℃以上沉积反应才能正常进行。图 8-57 是沉积速度与温度关系曲线，试验条件：$30g \cdot L^{-1}$ $NiCl_2 \cdot 6H_2O$、$10g \cdot L^{-1}$ $NaH_2PO_2 \cdot H_2O$、$10g \cdot L^{-1}$羟基乙酸、pH=5。可见只有大于或等于 80℃才能获得约 10μm/h 的可以实际利用的沉积速度。镀速在 80℃以上几乎呈直线增加，90℃以上增加更快，但高温下镀速过快容易导致镀液分解，不宜采用。

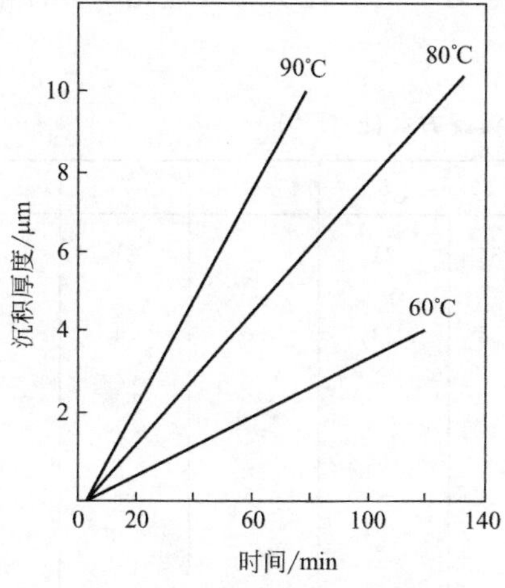

图 8-56 镀层厚度与镀液温度关系

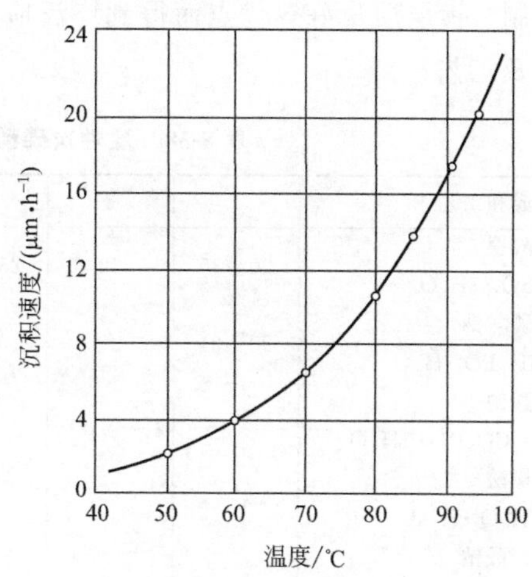

图 8-57 沉积速度与镀液温度关系

值得注意的是温度高时，镀速快、镀层中含磷量下降，因而也会影响镀层性能，同时镀层的应力和孔隙率也会增加，降低其耐蚀性能。因此，化学镀镍过程中温度控制均匀十分重要，一般要求在±2℃范围内，并要避免局部过热，以免影响镀层成分变化而形成层状组织，严重时甚至会出现层间剥落现象。

⑦ 其它。

a. 搅拌及工件放置。为了使工件各个部位都能均匀地沉积上 Ni-P 合金，将工件吊挂在镀槽中时必须注意位置，除了施镀面不能互相接触外，还不能出现因气体无法排放造成在聚集部位漏镀现象。

同时，为了保证镀液温度均匀、消除工件表面与镀槽整体溶液间的浓度差异、排除工件表面气泡等，在化学镀过程中还应进行适当的搅拌。搅拌加快了反应产物离开工件表面的速度，同时使工件表面不断与新鲜镀液相接触，有利于提高沉积速度，镀层表面不易出现气孔以及发花等缺陷而保证了质量，搅拌方式及强度还会影响镀层中含磷量。但过度搅拌易造成工件尖角部位漏镀等缺陷，也是不可取的。

b. 装载比。装载比是指工件施镀面积与使用镀液体积之比，其单位为 $dm^2 \cdot L^{-1}$。与大装载比的镀液相比较，小装载比镀液中反应物浓度及值变化较小，能在较长时间内维持较高的沉积速度。一般镀液的装载比在 0.5～1.5$dm^2 \cdot L^{-1}$。

c. 镀液的老化及阳离子影响。随着镀液使用循环周期的增加，镀液中需不断补加络合剂和各种添加剂，使镀液中不仅有 $H_2PO_3^-$ 聚集，还存在 Na^+、NH_4^+、K^+ 及 SO_4^{2-} 的聚集，还有沉淀反应过程中出现的一些副反应产物，尤其是有机添加剂的副产物，这些无疑是镀液老化的重要原因。

有学者研究无机阳离子的氯化物和硫酸盐对化学镀沉积速度影响时指出：当原子量大于 Ni、Cu 的元素存在时均降低 Ni 的沉积速度，原子量为 100～120（如 Cd、Sn）时，沉积速度下降为零。

3）化学镀镍常用溶液

用次磷酸钠做还原剂的化学镀镍溶液，因具有溶液稳定、镀浴温度高、沉积速度快、易于控制、镀层质量好等优点而得到广泛应用。表 8-38 为一些酸性次磷酸盐化学镀镍溶液的配方及工艺。

表 8-38　酸性次磷酸盐浴化学镀镍配方/（$g \cdot L^{-1}$）

组成和工艺	1	2	3	4	5	6	7	8
硫酸镍 $NiSO_4 \cdot 7H_2O$	20～30	20	25～35	20～34	21	28	21	25
次磷酸钠 $NaH_2PO_2 \cdot H_2O$	20～24	27	10～30	20～35	23	30	24	30
醋酸钠 $CH_3COONa \cdot 3H_2O$	—	—	7	—	—	—	—	20
柠檬酸 $C_6H_8O_7 \cdot H_2O$	—	—	—	—	—	15	—	—
柠檬酸钠 $Na_3C_6H_5O_7 \cdot 2H_2O$	—	—	10	—	—	—	—	30
乳酸 85% $C_3H_6O_3$	25～34	—	—	—	42.5	27	28	—
苹果酸 $C_4H_6O_5$	—	—	—	18～35	0～2	—	—	—
丁二酸 $C_4H_6O_4$	—	16	—	16	—	—	—	—
丙酸 $C_3H_6O_2$	2.0～2.5	—	—	—	—	—	—	—
醋酸 CH_3COOH	—	—	~3	—	0.5	—	—	—
羟基乙酸钠 $CH_2OHCOONa$	—	—	—	—	—	—	—	—
氟化钠 NaF	—	—	—	—	0.5	—	—	—
稳定剂/（$mg \cdot L^{-1}$）	Pb^{2+} 1～4	—	—	Pb^{2+} 1～3	Pb^{2+} 0～1	硫脲 0～1.5	硫脲 1	硫脲 $+Pb^{2+}$
pH 值	4.4～4.8	4.5～5.5	5.6～5.8	4.5～6.0	—	4.8	—	5
温度/℃	90～95	94～98	85	85～95	—	87	—	90
沉积速度/（$mm \cdot h^{-1}$）	≤25	25	6	—	—	—	—	—

为了保证某些不适合在较高温度下施镀的材料，如塑料、半导体材料等能够顺利进行化学镀镍，开发了中、低温碱性次磷酸盐镀浴。这类溶液沉积速度不快、镀层不光亮、孔率较大。由于镀液 pH 值高，为了避免沉淀析出，必须用大量络合能力强的络合剂，如柠檬酸、焦磷酸盐及三乙醇胺等，见表 8-39。

表 8-39 碱性次磷酸盐浴化学镀镍配方 单位：$g \cdot L^{-1}$

组成和工艺	1	2	3	4	5	6	7	8
硫酸镍 $NiSO_4 \cdot 7H_2O$	30	33	32	25	20	—	—	—
氯化镍 $NiCl_2 \cdot 6H_2O$	—	—	—	—	—	24	30	45
次磷酸钠 $NaH_2PO_2 \cdot H_2O$	30	17	15	25	20	20	10	20
柠檬酸钠 $C_6H_5Na_3O_7 \cdot 2H_2O$	—	84	84	—	20	—	100	45
柠檬酸铵 $(NH_4)_2HC_6H_5O_7$	—	—	—	—	—	38	—	—
焦磷酸钠 $Na_4P_2O_7 \cdot 10H_2O$	60	—	—	50	—	—	—	—
三乙醇铵 $N(CH_2CH_2OH)_3$	100mL	—	—	—	—	—	—	—
硼砂 $Na_2B_4O_7$	—	—	—	—	—	40g (H_3BO_3)	—	—
氢氧化铵 NH_4OH	—	—	60	—	—	—	—	—
氯化铵 NH_4Cl	—	60	50	—	—	—	50	50
稳定剂/($mg \cdot L^{-1}$)	—	—	—	—	—	—	—	—
pH 值	10	9.5	9.3	10～11	8.5～9.5	8～9	8～9	8～8.5
温度/℃	30～35	88	89	65～76	40～45	90	90	80～85
沉积速度/($m \cdot h^{-1}$)	10	—	—	15	—	10～13	6	10

用硼氢化钠做还原剂的化学镀 Ni-B 合金镀浴均为碱浴，采用易溶于水、在碱性介质中稳定的 $NaBH_4$，其配方见表 8-40。

表 8-40 硼氢化钠做还原剂的化学镀 Ni-B 合金配方

组成和工艺	配方/($g \cdot L^{-1}$)
$NiCl_2$	30
$NaBH_4$	1
乙二胺	15
酒石酸钾钠	40
NaOH	40
$K_2S_2O_5$	2
温度/℃	60
沉积速度/($\mu m \cdot h^{-1}$)	4

化学镀镍溶液必须用蒸馏水或去离子水配制，具体操作过程如下：

① 按配制镀液的体积称量出计算量的各种试剂；

② 向热水中加入钠盐并不断搅拌；

③ 用热水溶解络合剂和各种添加剂后，在搅拌条件下与主盐混合；

④ 将另配制的还原剂溶液同样在搅拌条件下与主盐及络合剂和各种添加剂混合；

⑤ 用 1∶1 NH_4OH 或稀碱溶液调整 pH 值，并稀释至规定体积；

⑥ 加入稳定剂，必要时需过滤。

（2）化学镀镍工艺

同其它湿法表面处理一样，化学镀镍由镀前处理、施镀操作、镀后处理等步骤组成。化学镀镍层因具有优越的耐蚀性而得到广泛应用，这种镀层是依靠完全的、连续的覆盖而获得防止基体腐蚀的性能，因而化学镀镍层必须是完整的。只有正确实施各工艺过程，如仔细的镀前处理、认真的施镀操作及完备的镀后处理等，才能获得质量合格的镀层。

1）化学镀镍前处理

① 化学镀镍与基体材料。根据对化学镀镍过程的催化活性，基体材料可分为：

a. 本征催化活性材料，属于第一类：元素周期表中第Ⅷ族氢析出反应超电势低的金属，如铂、铱、锇、铑、钌及镍，这些金属可以直接化学镀镍；

b. 无催化活性的材料，属于第二类：大多数材料属于此类，自身表面不具备催化活性，必须通过在其表面沉积的第一类本征催化活性的金属，使这种材料表面具有催化活性之后才能引发化学沉积；

c. 第三类是催化毒性材料：包括铅、镉、铋、锡、钼、汞、砷、硫等，若基体合金成分中这些元素的含量超过某一值而浸入镀液时，不仅基体表面上不可能镀上，溶解并进入镀液的这些材料离子还将阻滞化学镀镍反应，甚至停镀，因而对这些材料必须预先在其表面上沉积第一类本征催化活性金属，如浸胶体钯等方法，才能进行化学镀。

除了基体材料的化学成分和性质对化学镀镍有显著影响之外，基体材料的表面形貌也十分重要：只有在少缺陷和表面粗糙度较低的基体材料表面上才能获得高质量的化学镀镍层。

根据国际标准 ISO 4527：2003、国家标准 GB/T 13913—2008《金属履盖层　化学镀镍-磷合金镀层规范和试验方法》规定，基体金属材料的镀前处理应遵循如下事项：表面状态；镀前消除应力；为了产生压应力需进行喷丸处理；为增加结合强度、防止镀液污染等需进行预镀处理(电镀 2～5μm 的铜或镍底层)。

② 碳钢和低合金钢的前处理。碳钢和低合金钢是应用最为普遍的基体材料，因而可供选择的镀前处理方法也较多。常用镀前处理溶液组成及工艺条件见表 8-41。

表 8-41　碳钢和低合金钢常用镀前处理溶液组成及工艺条件

名称	化学组成/(g·L^{-1})		工艺条件
碱性脱脂溶液	Na_2CO_3	35～45	电流密度：阳极 30～55 A·dm^{-2}
	$Na_3PO_4\cdot H_2O$	15～30	温度：60～90℃
	NaOH	7.5～15	时间：15～30s
	非离子性表面活性剂	7.5	对于高镍钢不宜采用阳极电解清洗，否则会钝化
去污液	NaOH	120	电流密度：5.5A·dm^{-2} 阳极或周期反向 7～10s
	NaCN	120	温度：室温
	EDTA 四钠盐	120	时间：30～60s
镍基不锈钢表面活化液	H_2SO_4(94%～96%)	60%	阴极：铅板。电流密度：10～16A·dm^{-2} 温度：室温。时间：30s
闪镀镍溶液(1)	$NiCl_2\cdot 6H_2O$	240	阳极：镍板。电流密度：3.5～7.5A·dm^{-2}
	HCl(30%～33%)	320mL·L^{-1}	时间：2～4min
闪镀镍溶液(2)	氨基磺酸镍	320	阳极：镍板
	硼酸	30	阳极/阴极面积比：1∶1
	盐酸	12ml·L^{-1}	电流密度：1～10A·dm^{-2}
	氨基磺酸	20	温度：室温
	pH	<1.5	时间：1～5min
闪镀镍溶液(3)	醋酸镍	65	阳极：镍板
	硼酸	45	电流密度：2.7A·dm^{-2}
	羟基乙酸(70%)	65ml·L^{-1}	温度：室温
	糖精	1.5	时间：5min
	醋酸钠	50	
	pH	6.0	

其处理流程可表述为：化学除油(含清洁剂的碱性脱脂浴，70～80℃，10～20min)→热水清洗(70～80℃，2min)→冷水清洗(两次逆流漂洗或喷淋，室温，2min)→电解清洗(含清洁剂的碱性脱脂浴，70～80℃)→热水清洗(70～80℃，2min)→冷水清洗(两次逆流漂洗或喷淋，室温，2min)→浸酸活化(室温，1min)→冷水清洗(两次逆流漂洗或喷淋，室温，1min)→去离子水洗或预热浸洗(70～80℃，3min)→化学镀镍→冷水清洗(两次逆流漂洗或喷淋，室温，2min)→干燥。

③ 铸铁件的镀前处理。铸铁有许多种类，常见铸铁为灰口铸铁，其含碳量为2%～4%，主要以石墨相形式存在。由于铸铁件表面疏松多孔，特别是在铸造质量不高的情况下其表面缺陷尤为突出，因此铸铁化学镀镍比较困难、废品率较高，主要表现在镀层结合强度差、镀层空隙率高、镀件易返锈。因此其前处理显得更为重要。

铸铁的典型前处理流程为：化学除油(含清洁剂的碱性脱脂浴，70～80℃，10～20min)→热水清洗(70～80℃，2min)→冷水清洗(两次逆流漂洗或喷淋，室温，2min)→电解清洗(含清洁剂的碱性脱脂浴，70～80℃，工件阳极，电流密度3～5A·dm^{-2}，2min)→热水清洗(70～80℃，2min)→冷水清洗(两次逆流漂洗或喷淋，室温，2min)→浸酸活化(稀硫酸，10%体积比，室温，15～30s)→冷水清洗(两次逆流漂洗或喷淋，室温，1～2s)→去离子水洗或预热浸洗(70～80℃，3min)→化学镀镍→冷水清洗(两次逆流漂洗或喷淋，室温，2min)→干燥。

④ 不锈钢、高合金钢的镀前处理。由于不锈钢和高镍、铬含量合金钢的表面上有一层钝化膜，所以直接施镀所得镀层结合强度很差。为消除钝化膜、改善镀层结合强度，应在浓酸中进行阳极处理。前处理工艺为：化学除油(碱性脱脂浴，60～90℃，15～30s)→热水清洗(70～80℃，2min)→冷水清洗(两次逆流漂洗或喷淋，室温，2min)→电解清洗(碱性脱脂浴，70～80℃，工件阴极，电流密度3～5A·dm^{-2}，2min)→预镀镍活化(闪镀浴)→冷水清洗(两次逆流漂洗或喷淋，室温，1min)→去离子水洗或预热浸洗(70～80℃，2min)→化学镀镍→冷水清洗(两次逆流漂洗或喷淋，室温，2min)→干燥。

⑤ 铜及铜合金的镀前处理。由于在以次磷酸钠为还原剂的化学镀浴中铜属于非催化性金属，因此铜及铜合金工件与钢铁件镀前处理的主要区别在于增加了活化工序。铜件化学镀前的活化方法有：a. 用已经活化的具有催化活性的金属，如铁丝，接触进入镀浴中的工件，此法简单有效，适用于纯铜和黄铜工件；b. 铜工件带电入镀浴，镍板为阳极，铜工件为阴极，槽电压1～2V，时间30～60s；c. 铜工件预镀氯化钯溶液(Pd：0.01～0.1g/L)催化活化，此法适用于形状复杂工件；d. 预镀镍活化。

铜及铜合金典型的前处理工序为：化学除油(碱性脱脂浴，70～80℃，10～20min)→热水清洗(70～80℃，2min)→冷水清洗(两次逆流漂洗或喷淋，室温，2min)→电解清洗(碱性化学脱脂浴，50～60℃，工件阴极，电流密度5A·dm^{-2}，2min)→预镀镍活化(闪镀浴)→冷水清洗(两次逆流漂洗或喷淋，室温，2min)→去离子水洗或预热浸洗→化学镀镍→冷水清洗(两次逆流漂洗或喷淋，室温，2min)→干燥。

⑥ 铝及铝合金的镀前处理。铝及铝合金是一种以其密度小、导热导电性能较好、比强度高而得到广泛应用的材料；但铝及铝合金本身也存在易腐蚀、不耐磨、接触电阻大、焊接难等缺点。包括化学镀镍在内的表面改性技术，在进一步扩大铝及铝合金应用方面起着越来越重要的作用。铝及铝合金前处理溶液化学组成和工艺条件如表8-42所示。

典型的铝及铝合金前处理工序为：化学除油(少或无腐蚀性的脱脂浴)→冷水清洗(两次逆流漂洗或喷淋，室温，2min)→酸洗→冷水清洗(两次逆流漂洗或喷淋，室温，2min)→浸锌→冷水清洗→退锌→冷水清洗→第二次浸锌→冷水清洗→预镀镍活化→冷水清洗→去离子水洗或预热浸洗(70～80℃，1min)→化学镀镍→冷水清洗→干燥。

⑦ 镁及镁合金的镀前处理。镁和镁合金也是一种高比强度材料，在一般酸碱介质中极易腐蚀，必须采取特殊的镀前处理方法。镁及镁合金前处理溶液化学组成和工艺条件如表8-43所示。

典型的镁和镁合金前处理工序为：化学除油→冷水清洗→酸洗浴→冷水清洗→活化浴→冷水清洗→浸锌浴→冷水清洗→闪镀铜→冷水清洗→去离子水洗或预热浸洗→预镀镍→冷水清洗→去离子水洗或预热浸洗→化学镀镍→冷水清洗→干燥。

表 8-42 铝及铝合金前处理溶液化学组成和工艺条件

名称	化学组成/($g\cdot L^{-1}$)		工艺条件
碱性脱脂浴	无水碳酸钠	25	温度:60～80℃
	无水硝酸钠	25	时间:1～3min
酸洗浴(退锌浴)	硝酸	50%	温度:室温。时间:30～90s
浸锌浴	氢氧化钠	50	温度:15～27℃
	氧化锌	5	时间:30～60s
	酒石酸钾钠	50	
	三氯化铁	2	
	硝酸钠	1	
闪镀镍浴	硫酸镍	142	阳极:镍板
	硫酸铵	34	电流密度:9.5～13$A\cdot dm^{-2}$
	氯化镍	30	时间:30～45s,然后降低
	柠檬酸	140	电流密度至4～4.5$A\cdot dm^{-2}$,保持3～5min
	葡萄糖酸钙	30	温度:57～66℃

表 8-43 镁及镁合金前处理溶液化学组成和工艺条件

名称	化学组成/($g\cdot L^{-1}$)		工艺条件
酸洗浴(1)	铬酐	180	温度:16～28℃
	硝酸铁	40	时间:15～180s
	氟化钾	3.5	
酸洗浴(2)(适用于精密件)	铬酐	180	温度:16～93℃ 时间:2～10min
活化浴	磷酸(25%)	200	温度:16～28℃
	氟化氢铵	90	时间:15～120s
浸锌浴	硫酸锌	30	温度:79～85℃
	焦磷酸钠	120	时间:5～10min
	碳酸钠	5	
	氟化锂	3	
	pH	10.2～10.4	
预镀铜浴	氰化亚铜	41	温度:54～60℃
	氰化钠	52.5	阳极:电解铜板
	酒石酸钾钠	45	电流密度:初始5～10$A\cdot dm^{-2}$,然后降低1～2.5$A\cdot dm^{-2}$
	游离氰化钠	7.5	时间:5～10min
	pH	9.6～10.4	
预镀镍浴	碱式碳酸镍	10	温度:77～82℃
	氟化酸(40%)	6$ml\cdot L^{-1}$	时间:10～15min
	柠檬酸	5.2	
	氟化氢铵	10	
	氨水(25%)	39$ml\cdot L^{-1}$	
	次磷酸钠	20	
	pH	4.5～6.8	

⑧ 钛及钛合金的镀前处理。金属钛的密度与铝相近，其强度和耐蚀性十分优异，通过化学镀镍表面改性可提高其耐磨性和可钎焊性。其相关前处理溶液和工艺条件列入表 8-44 中，典型钛及钛合金的前处理工艺为：脱脂清洗→冷水清洗→浸蚀或电解浸蚀→冷水清洗→预镀镍活化→冷水清洗→去离子水洗或预热浸洗→化学镀镍→冷水清洗→干燥。

表 8-44 钛及钛合金前处理溶液化学组成和工艺条件

名称	化学组成/($g \cdot L^{-1}$)		工艺条件
酸洗浴	氢氟酸(60%) 硝酸(68%)	25%(体积) 75%(体积)	温度:室温 时间:至冒红烟
浸蚀浴(1)	重铬酸钾 氢氟酸(60%)	250 $48ml \cdot L^{-1}$	温度:82～100℃ 时间:20min
浸蚀浴(2) (适用于 Ti-3Al-5Cr 钛合金)	重铬酸钾 氢氟酸(60%)	390 $25ml \cdot L^{-1}$	温度:82～100℃ 时间:20min
电解浸蚀浴 (适用于 Ti-4Al-4Mn 钛合金)	氢氟酸(71%) 乙二醇	19%(体积) 81%(体积)	阴极:碳棒或镍板。温度:55～60℃ 电流密度:$5.4A \cdot dm^{-2}$ 时间:至气泡停止后再持续 15～30min

2) 化学镀镍层的后处理

为了达到多种目的和要求，工件镀后还可能进行许多种后续处理，主要包括：a. 烘烤除氢——提高镀层的结合强度，防止氢脆；b. 热处理——改变镀层组织结构和物理性质，提高镀层硬度和耐磨性；c. 打磨抛光——提高镀层表面光亮度，降低粗糙度；d. 铬酸盐钝化——提高镀层耐蚀性；e. 活化和表面预备——为了涂覆其它金属或非金属涂层，提高镀层耐蚀性、耐磨性或进行其它表面功能化处理。镀后处理是化学镀工艺的最后环节，为保证实现最终技术目标起到重要作用。

① 消除氢脆的镀后热处理。如果进行热处理是为了提高镀层硬度，则不必进行降低氢脆的热处理；若钢铁基体的抗张强度大于或等于 1400MPa，则应尽早进行镀后热处理。该热处理应在机加工前进行，具体规范可按表 8-45 进行除氢处理。

表 8-45 镀后消除氢脆的热处理工艺

钢的最大抗张强度 R_m/MPa	温度/℃	时间/h	镀后至热处理允许延迟时间/h
＜1050	无要求	—	—
1050～1040	190～220	8	8
1450～1800	190～220	18	4
＞1800	190～220	24	0

② 提高结合强度的热处理。为了提高基体金属上的自催化镍-磷镀层的结合强度，对于厚度不超过 50μm 的工件，可按表 8-46 推荐的规范进行热处理，对合金基体无影响。

③ 提高镀层硬度的热处理。为提高化学镀镍层的硬度以满足技术要求，镀后热处理需综合考虑热处理温度、时间以及镀层合金成分的影响。确定提高镀层硬度的热处理工艺制度时，还需要考虑化学镀层化学成分、在热处理过程中避免快速升温和快速冷却以及尽量缩短热处理时间等。表 8-47 为不同含磷量的镀层经不同热处理后硬度变化情况，可为热处理工艺制订提供参考。

④ 提高镀层性能的热处理。除用烘烤除氢等热处理方式提高化学镀镍层性能之外，还有下列一些方法用于提高镀层的耐蚀性、耐磨性和其它表面功能：镀后铬酸盐钝化处理，提高镀层耐蚀性；镀覆阳极性镀层，提高镀件的抗腐蚀性能；表面功能化后处理，得高性能磁

性等性能。

表 8-46 提高结合强度的热处理工艺

基体材料	温度/℃	时间/h
铍和铍合金	155±5	1～1.5
	140±5	4
时效-硬化处理的铝和铝合金	130±10	1～1.5
未进行时效-硬化处理的铝和铝合金	160±10	1～1.5
镁和镁合金	190±10	2～2.5
铜和铜合金	190±10	1～1.5
镍和镍合金	230±10	1～1.5
钛和钛合金	280±10	10
钼和钼合金	210±10	1～1.5
碳钢和合金钢	200±10	2～2.5

表 8-47 不同热处理工艺对镀层硬度影响（$HV_{0.1}$）

含磷量/%	温度/℃	镀态	热处理后				
			0.25h	0.5h	1h	2h	20h
2.8	400	692	821	—	812	773	—
	600	692	488	423	288	290	211
4.5	400	732	811	911	923	951	977
	425	732	—	—	973	—	793
	500	732	—	—	726	—	608
	600	732	539	550	602	—	—
6.8	400	611	782	852	915	957	967
	425	611	—	—	1010	—	877
	500	611	—	—	926	—	838
	600	611	715	717	788	652	575
7.1	400	602	—	921	—	—	916
	425	602	—	—	958	—	765
	500	602	—	—	843	—	721
8.7	400	584	863	890	893	913	—
9.6	400	547	—	1001	—	—	—
12.1	400	509	845	827	890	766	—
12.5	400	536	959	961	953	961	960
	425	536	—	—	944	—	960
	500	536	—	—	903	—	901
	600	536	859	846	865	837	731

3）化学镀镍层的退除

若镀层不合格，则必须进行退镀和重镀工序，由于化学镀镍层，尤其是高磷化学镀镍层具有较好的耐化学药品性能，因此退镀工作是相当困难的，一般要在热处理之前进行。

化学镀镍层的退镀可采取机械切削、电解和非电解退镀等三种方法：镀层特别厚时，可采用车削或磨削等机械加工方法除去镀层，比较省工省时；电解退镀速度比较快；非电解即化学退镀法操作比较简单，是首选方法。在选择化学退镀工艺时，应综合考虑退镀效率、退镀成本、环境保护以及对基体金属的腐蚀性等因素。

① 钢铁件上镀镍层的退除。通常钢铁件上化学镀镍层的退除，是在室温下使用浓硝酸（密度 $1.42g\cdot cm^{-3}$）或其稀溶液进行，硝酸退镀液组成见表 8-48。

表 8-48 硝酸退镀液

化学成分	退镀液 1 体积分数/%	退镀液 2 体积分数/%	退镀液 3 质量分数/%
硝酸 HNO_3(密度 $1.42g\cdot cm^{-3}$)	70	41.5	>10.5
醋酸 CH_3COOH(98%)	30	—	—
氢氟酸 HF	—	24.5	—
双氧水 H_2O_2	—	—	<4.5
温度/℃	室温	20～60	<35

表 8-49 是加热的碱性介质退镀液的组成，其特点是对钢铁基体腐蚀性小、含氰化物退镀速度快，而且退镀后工件表面较干净，但是操作时必须注意劳动安全，遵守危险化学品安全使用与存储管理规程。

表 8-49 精密件上化学镀镍层的氰化物退镀液

化学组成	退镀液 1	退镀液 2
硝基芳香族化合物①/$(g\cdot L^{-1})$	60	60
氰化钠 $NaCN/(g\cdot L^{-1})$	120～180	—
氢氧化钠 $NaOH/(g\cdot L^{-1})$	25～30	60
乙二胺 $C_2H_4(NH_2)_2/(g\cdot L^{-1})$	—	120
温度/℃	60～80	75～80

①硝基氯苯、硝基苯甲酸、硝基苯磺酸、硝基苯胺、硝基苯酚等化合物。

② 不锈钢上镀镍层的退除。不锈钢和镍基合金上不合格的化学镀镍层的退除，基本上均采用硝酸退镀液工艺。

③ 铜及铜合金上镀镍层的退除。铜及铜合金基体上有缺陷化学镀镍层的电解退除方法：在 5%体积分数的盐酸稀溶液中进行，工件为阳极，槽电压 6V，室温下进行。为防止基体腐蚀，退镀液中应添加缓蚀剂。其退镀液组成见表 8-50。

表 8-50 铜及铜合金退镀液组成

化学成分	退镀液 1	退镀液 2
硝酸 HNO_3(密度 $1.42g\cdot cm^{-3}$)	33%(体积分数)	
硫酸 H_2SO_4(密度 $1.84g\cdot cm^{-3}$)	66%(体积分数)	3%～4%
硫酸铁 $Fe_2(SO_4)_3\cdot 9H_2O$	$5\sim 10g\cdot L^{-1}$	
间硝基苯磺酸钠		$120g\cdot L^{-1}$
硫氰酸钠 NaCNS		$0.6g\cdot L^{-1}$
温度	室温	
装载量/$(dm^2\cdot L^{-1})$	1	

④ 铝及铝合金上镀镍层的退除。铝及铝合金基体上化学镀镍层的最普及的退除方法是采用硝酸（体积分数：50%）的退镀液。

电解退除方法有时也采用，其退镀液组成见表 8-51。

表 8-51 铝及铝合金电解退镀液组成及工艺

化学成分	组成及工艺
硫酸 H_2SO_4(密度 $1.84g\cdot cm^{-3}$)/$(g\cdot L^{-1})$	1070～1200
甘油 $C_3H_8O_3/(g\cdot L^{-1})$	8～10
温度	室温
阳极电流密度/$(A\cdot dm^{-2})$	5～10
槽电压/V	12

8.6.4 化学镀镍层显微结构和性能

化学镀镍层因含有磷或硼，构成了 Ni-P 或 Ni-B 合金镀层而与电镀镍层的力学、物理及化学性能完全不同。本节将主要讨论 Ni-P 合金镀层结构和性能，其主要特点是：①镀层性能与其成分和组织结构密切相关，一般把含磷（质量分数）1%～5%（不含）、5%～9%（不含）、9%～12%的镀层分别称作低磷、中磷和高磷镀层；②热处理将引起镀层结构的变化；③基材性质及前处理均明显地影响镀层的性能。

（1）镀层外观

化学镀镍层的外观通常是光亮或半光亮并略带黄色，有类似银器的光泽。镀层外观影响因素有：①含磷量，磷含量高则光亮程度较好；②基材表面粗糙度，其原有粗糙度越小则光亮程度愈高；③镀层厚度，厚度在 20μm 以下时，镀层愈厚，光亮程度愈高；④沉积速度，沉积速度在 $24\mu m \cdot h^{-1}$ 以下时，沉积速度快则光亮程度高；⑤施镀工艺，镀液组成、pH 值、温度、使用周期等均有影响，用氨基磺酸镍做主盐时镀层光亮。

（2）镀层组织结构

化学镀镍是一种亚稳的过饱和合金，图 8-58 是 Ni-P 合金的二元相图。

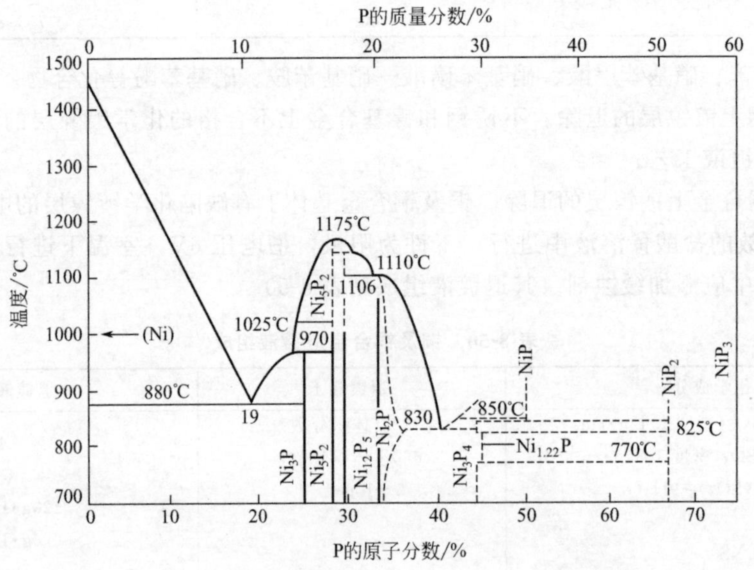

图 8-58　Ni-P 二元相图

从图 8-58 可以看出，室温下 P 不固溶在镍基体中，在平衡态下该合金由纯 Ni 和金属间化合物 Ni_3P 组成，而镀态下不会析出金属间相。在含 P≤15%（质量分数）范围内，Ni-P 实际上是 Ni-Ni_3P 的二元共晶合金；P 含量为 15.0%～21.5%（质量分数），则有 Ni_5P_2、$Ni_{12}P_5$ 和 Ni_2P 等多种金属间化合物，这些亚稳的 Ni_xP_y 相最终均转变为 Ni＋Ni_3P 平衡相。

图 8-59 是采用扫描隧道显微镜（STM）观察到的不同含磷量镀层初期生长形貌。由图可见，低磷层表面粗糙，具有球形小丘状结构，四周有清晰的沟壑，球状颗粒尺寸约 0.2μm，沟深约 0.1～0.2μm；中磷镀层比较均匀平整，只有很小的凸起，沟深只有 3～8nm；而高磷镀层则比中磷镀层更加平整光滑。

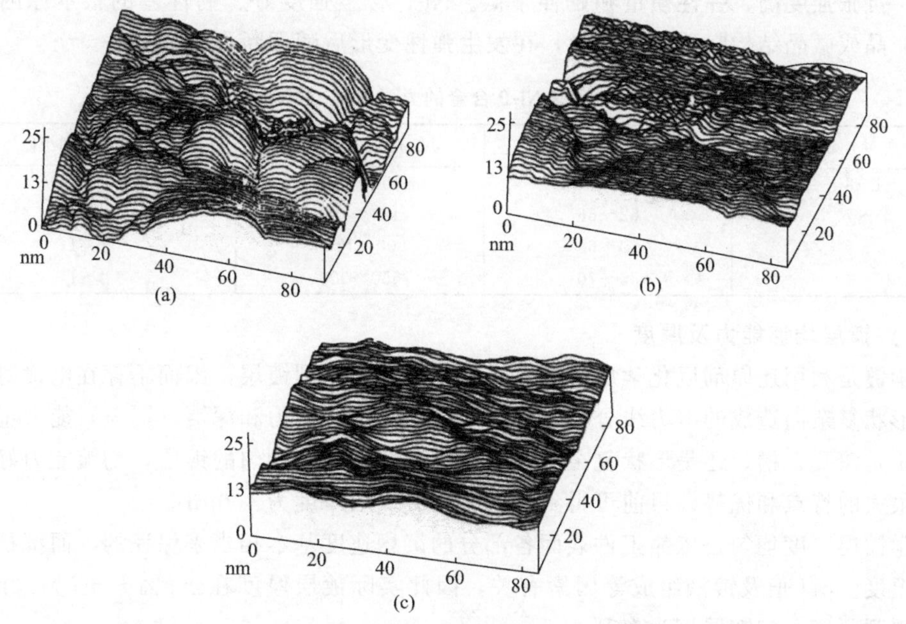

图 8-59 Ni-P 合金镀层的 STM 形貌

(a) 低磷镀层；(b) 中磷镀层；(c) 高磷镀层

(3) 镀层物理性能

1) 密度

Ni 的密度在 20℃时为 8.91g·cm^{-3}，化学镀 Ni-P 合金的密度由于轻原子 P 的加入而下降，在 7.85～8.50g·cm^{-3}之间，受含 P 量所控制。

一般来说，镀层热处理后密度增加。

2) 热学性能

热膨胀系数是用来表示金属尺寸随温度的变化规律，一般是采用线膨胀系数(单位：μm·m^{-1}·℃$^{-1}$)。化学镀 Ni-P（8%～9%）的热膨胀系数在 0～100℃范围内为 13μm·m^{-1}·℃$^{-1}$。镀层加热发生晶化、析出金属间化合物及体积发生变化可从热膨胀系数的变化反映出来：如 Ni-P(11%～12%)合金镀层从镀态加热到 300℃，降低至室温的收缩率为 0.11%，如再次加热冷却则只收缩 0.013%，这说明加热后镀层的热稳定性增加。

3) 电学性能

纯 Ni 镀层的比电阻为 6.05μΩ·cm^{-1}，酸性镀 Ni-P(6%～7%)合金层比电阻为 52～68μΩ·cm^{-1}，碱性镀 Ni-P 合金层比电阻为 28～34μΩ·cm^{-1}；热处理明显影响比电阻值，经 600℃加热后酸性镀 Ni-P 合金层比电阻下降到 20μΩ·cm^{-1}。

4) 磁学性能

化学镀 Ni-P 合金的磁性能决定于磷含量和热处理制度，即其结构属性——晶态或非晶态：P≥8%(质量分数)的非晶态镀层是非磁性的，含 5%～6%P 的镀层有很弱的铁磁性，只有 P≤3%(质量分数)的镀层才具有铁磁性，但磁性仍比电镀镍小。热处理可明显提高镀层的磁性能。

(4) 镀层力学性能

表 8-52 是不同含磷量镀层的力学性能。化学镀镍得到的是脆性镀层，其力学性能与玻

璃相似：抗张强度高、弹性模量和延伸率低。Ni-P 合金强度好、韧性差的根本原因在于所形成的非晶或微晶结构阻碍塑性变形，在发生弹性变形后随即断裂。

表 8-52　化学镀 Ni-P 合金的力学性能（酸性镀液）

P 的质量分数/%	弹性模量/GPa	抗拉强度/MPa	延伸率/%
1～3	50～60	150～200	<1
5～7	62～66	420～700	<1
7～9	50～60	800～1100	1
10～12	50～70	650～900	1

(5) 镀层均镀能力及厚度

化学镀是利用还原剂以化学反应的方式在工件表面得到镀层，因而不存在电镀时由于工件几何形状复杂而造成的电力线分布不均、均镀（分散）能力和深镀（覆盖）能力不足等问题。不论是深孔、槽，还是形状复杂的工件，均可获得厚度均匀的镀层，均镀能力好是化学镀工艺最大的特点和优势。目前可得到最大化学镀镍层厚度为 400μm。

化学镀层厚度均匀是依靠工件表面各部分的沉积速度基本相当来保证的，而沉积速度又与镀液温度、pH 值及镀液组成等因素有关，因此实际镀层厚度在±2%～±5%之间波动。搅拌对得到厚度均匀镀层极为有利。

由于化学镀工艺得到的镀层厚度均匀、易于控制，表面光洁平整，所以镀后一般不进行加工处理。

(6) 镀层结合力及内应力

镀层与基体的结合力是镀层的一项十分重要的工艺性质，也是衡量镀件质量的重要指标之一。化学镀镍的结合力是较好的，如软钢上为 210～420MPa、不锈钢上为 160～200MPa、Al 上为 100～250MPa。影响化学镀结合力的因素主要有：

① 基材：结合力与基材性质密切相关，在金属上施镀得到金属-金属的键合，而非金属表面上则是机械咬合，基材与镀层的膨胀系数差异也会影响结合力。

② 前处理：镀前的除油和活化工序可使基材表面得到清洁，细喷砂处理可使基材表面处于压应力状态且使之具有一定的粗糙度，这些都是提高结合力的有力措施。

③ 施镀工艺：酸性镀液较碱性得到的镀层结合力高，镀层中的磷含量也会影响结合力。

④ 热处理：对碳钢、不锈钢、铜及铝合金基材上的化学镀镍层进行适当的热处理，镀层硬度虽然下降，但基材与镀层界面间会产生扩散层，因而提高了镀层的结合力。

镀层中残余应力对其性能影响极大：张应力会导致镀层开裂、起皮甚至剥落，大大降低镀层的结合力；但适当的压应力则有助于提高镀层的结合力。化学镀镍应力可分为外在应力和内在应力两类。外在应力主要是由镀层与基材热膨胀系数不同造成的，其中热膨胀系数大的材质部分为张应力，另一部分则为压应力，化学镀镍内应力则相对复杂一些，其影响因素主要有：

① 磷含量：由于 P 原子直径小于 Ni 原子直径，因而当 P 挤进 Ni 晶格位置形成置换型晶格时，晶格会收缩而产生张应力，但当磷含量增加，晶格排列打乱后张应力会减小，所以镀层中磷含量增加，压应力上升、张应力下降。

② 镀液组成：在酸性镀液中，pH 值高时为张应力，pH 值低则逐渐转变为压应力。

③ 热处理：热处理会引起镀层组织结构的变化而必然影响到应力状态，且与基材有关。

表 8-53 表明，随镀层磷含量增加，内应力有从张应力逐渐转变为压应力的趋势，但热

处理使张应力加大。

表 8-53 化学镀 Ni-P 合金镀层的内应力

镀液组成/(mol·L^{-1})		施镀条件		P 含量(质量分数)/%	应力/MPa	
		pH	温度/℃		镀态	热处理
$NiSO_4 \cdot 7H_2O$	0.08	5.0	82	6.9	27	80
$NaH_2PO_2 \cdot H_2O$	0.23	5.0	88	7.0	16	73
乳酸	0.36	4.9	94	7.2	8	66
		4.5	93	8.1	13	69
		4.5	93	8.4	44	142
		4.0	97	10.7	−55	30
		4.0	94	11.6	−90	0
		4.0	93	12.2	−74	8
		4.0	91	12.4	−108	27

(7) 镀层硬度与热处理

化学镀镍层的硬度（HV）高达 3000～6000MPa，低磷镀层最高可达 7000MPa，而电镀镍层硬度仅为 1600～1800MPa。

化学镀镍层硬度除与镀液有关外，还与磷含量有关：含 P 量 1%～3%的低磷镀层在镀态下硬度远大于中、高磷镀层，热处理后硬度得到进一步提高。

对镀层硬度影响最大的因素是热处理，图 8-60 为各种含磷量的镀层硬度与热处理关系曲线。在较低温度时，镀层硬度随着热处理温度增加而上升，400℃左右达到最高值，随后在 400～600℃温度区间硬度几乎呈线形下降。低磷（2.8%P）镀层硬度在较低温度（300℃）即达到最高值。

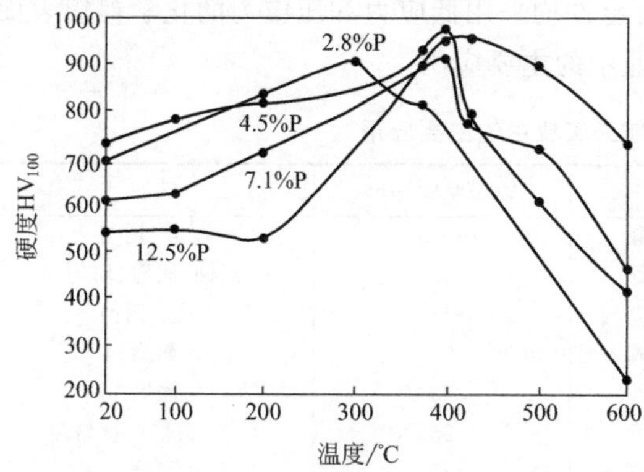

图 8-60 不同含磷量的镀层硬度与热处理温度关系

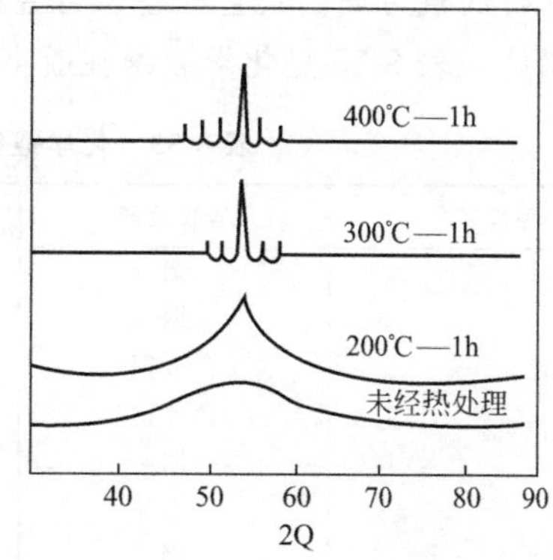

图 8-61 Ni-P 镀层的热处理与结构

为探讨造成此种变化的原因，对中磷镀层进行了相结构分析，如图 8-61 所示，可见，镀层经 200℃×1h 热处理后非晶 Ni-P 镀层尚未完全晶化，但经 300℃以上温度处理后，X 射线衍射峰（200）晶面尖锐，是镀层结构由非晶态转变为晶态的标志。热处理后镀层硬度增加的原因是弥散 Ni_3P 硬粒子的析出：初期是均匀连续分布在镍固溶体中，强化了基体；但随热处理温度升高（>400℃）或时间延长，弥散分布的 Ni_3P 颗粒聚集长大，从而造成镀层硬度下降，如图 8-60 所示。同时，镀层中磷含量高则热处理后析出的 Ni_3P 粒子数量也多，使镀层硬度增幅提高，如含 6%P 的镀层热处理后析出 35%Ni_3P，最高硬度为 750～800HV，而含 8%P 的镀层热处理后析出 57%Ni_3P，最高硬度为 900～1000HV。

（8）镀层腐蚀行为

化学镀镍层耐蚀性能优秀，表 8-54 是镀层厚度与耐蚀性关系，可见镀层厚度为 30μm 时耐蚀性较为突出。

表 8-54　钢 Ni-11%P 镀层厚度与耐蚀性（盐雾试验 2 周）

镀层厚度/μm	0	4	6	11	21	30
表面锈斑面积/%	80～100	1～5	1	1	1	0
增重/($g \cdot m^{-2}$)	99.0	0.9	0.2	0.1	0.1	<0.1

注：表面锈斑分级——1 级，1%表面为锈斑覆盖；2 级，1%（不含）～5%表面为锈斑覆盖；7 级，80%～100%表面为锈斑覆盖。

Ni-P 镀层耐蚀性能与其磷含量密切相关，高磷镀层耐蚀性能优越源于它的非晶态结构排列的长程无序，使 Ni-P 固溶体组织非常均匀而不存在晶界、位错、孪晶或其它缺陷。非晶态镀层表面钝化膜性质与基体相当，组织也是高度均匀的非晶结构，无位错、层错等缺陷且韧性好，不容易发生机械损伤；与晶态合金相比，钝化膜形成速度快或钝化膜发生破损后能立即修复而具有良好的保护性。但 Ni-P 镀层不耐氧化性介质（如 HNO_3 溶液）的腐蚀。

8.6.5　化学镀镍的工业应用

由于化学镀镍层具有优良的均匀性、硬度、耐磨和耐蚀性能等综合物理化学性能，因而已在各工业部门中得到广泛应用。下面主要介绍其在工业领域中的实际应用。

（1）航空航天工业

在航空航天工业中，为减轻重量而大量使用铝合金件，经化学镀镍表面强化后不仅耐蚀、耐磨，而且可焊。其它一些钛合金件、铍合金件均采用低应力和压应力的化学镀镍表面保护的措施。表 8-55 是化学镀镍在航空航天工业中的主要应用。

表 8-55　化学镀镍在航空航天工业中的主要应用

零件	基底金属	P 含量①	镀层厚度/μm	性能
轴承轴颈	铝	低、中磷	25～50	耐磨、均匀
伺服阀	钢	中、高磷	25	耐蚀、润滑、均匀
压缩机叶轮	合金钢	中、高磷	25	耐蚀、耐磨
热区零件	合金钢	中、高磷	25	耐磨
活塞头	铝	中、高磷	25	耐磨
发动机轴	钢	低、中磷	25	耐磨、镀层厚度修复
液压转动轴	钢	低、中磷	25	耐磨
密封垫圈和垫片	钢	中、高磷	12.5～25.0	耐磨、耐蚀
起落架零件	铝	中、高磷	25～50	耐磨、镀层厚度修复
支柱	不锈钢	中、高磷	25～50	耐磨、镀层厚度修复
皮托管	黄铜、不锈钢	中、高磷	12.5	耐磨、耐蚀
陀螺零件	钢	低、中磷	12.5	耐磨、润滑
发动机座架	合金钢	中、高磷	25	耐磨、耐蚀
燃油喷嘴	钢	中、高磷	25	耐蚀、均匀
光学镜片	铝	高磷	75～125	高抛光性

①低磷，1%～5%（不含）；中磷，5%～9%（不含）；高磷，9%～12%。以上含量均为质量分数，表 8-56～表 8-61 中对低、中、高磷的定义与此处相同。

(2) 汽车工业

汽车工业利用化学镀镍层非常均匀的优点，在形状复杂的零件（如齿轮、散热器和喷油嘴）上采用化学镀镍工艺保护处理，可有效提高相关零件钎焊性、抗燃油腐蚀和磨损性能。具体应用见表 8-56。

表 8-56 化学镀镍在汽车工业中的主要应用

零件	基底金属	P 含量	镀层厚度/μm	性能
散热器	铝	中、高磷	10	耐磨、均匀、可焊
汽化器零件	钢	中、高磷	15	耐蚀
喷油器	钢	中、高磷	25	耐蚀、耐磨
球头螺栓	钢	中、高磷	25	耐磨
差速器行星齿轮轴	钢	低、中磷	25	耐磨
盘式制动器活塞	钢	低、中磷	25	耐磨
变速器推力垫圈	钢	中、高磷	25	耐磨
同步齿轮	黄铜	中、高磷	30	耐磨
关节销	钢	中、高磷	25	耐磨
排气支管、消声器	钢	中、高磷	25	耐蚀
减震器	钢	低、中磷	10	耐磨、润滑
销紧零件	钢	中、高磷	10	耐磨、耐蚀、润滑
软管接头	钢	中、高磷	5	耐蚀、耐磨
齿轮和传动装置	渗碳钢	高磷	25	耐磨、镀层厚度修复

(3) 化学工业

化学工业应用化学镀镍技术代替昂贵的耐蚀合金以解决腐蚀问题，以便改进化学产品的纯度，保护环境，提高操作安全性和生产运输的可靠性，从而获得更有利的技术经济竞争能力。其中应用最为广泛的是阀门制造业：用钢铁制造的球阀、闸阀、旋塞、止逆阀和蝶阀等，采用高磷化学镀镍 25～75μm 可显著提高耐腐蚀性和使用寿命；在苛性碱腐蚀条件下，应采用 1%～2%的低磷化学镀镍层。但化学镀镍层在强氧化性酸（如浓硝酸、浓硫酸等）介质中并不耐蚀。表 8-57 为其在化学工业中的主要应用。

表 8-57 化学镀镍在化学工业中的主要应用

零件	基底金属	P 含量	镀层厚度/μm	性能
压力容器	钢	高磷	50.0	耐蚀
反应容器	钢	高磷	100.0	耐蚀、提高产品纯度
搅拌器轴	钢	低、中、高磷	37.5	耐蚀
泵和叶轮	铸铁、钢	低、中、高磷	75.0	耐蚀
热交换器	钢	高磷	75.0	耐蚀、耐冲蚀
过滤器和零件	钢	高磷	25.0	耐蚀、耐冲蚀
涡轮机叶轮转子	钢	高磷	75.0	耐蚀、耐冲蚀
压缩机叶轮	铝	高磷	12.5	耐蚀、耐冲蚀
喷嘴	黄铜、钢	高磷	12.5	耐蚀、耐冲蚀
球阀、阀门、旋塞阀、止逆阀、蝶阀	钢	低、中、高磷	75.0	耐蚀、润滑
阀门	不锈钢	低、中、高磷	25.0	耐磨、抗擦伤

(4) 石油和天然气工业

石油和天然气是化学镀镍的重要市场之一，油田采油和输油管道设备广泛采用化学镀镍技术。典型的石油和天然气工业腐蚀环境为井下盐水、二氧化碳、硫化氢等，温度高达 170～200℃，并伴有泥沙和其它磨粒冲蚀，腐蚀环境相当恶劣。考虑到耐蚀合金价格昂贵，一般使用碳钢管道并采取化学镀镍保护，技术经济性能最好。表 8-58 列举了部分主要应用。

表 8-58 化学镀镍在石油和天然气工业中的主要应用

零件	基底金属	P含量	镀层厚度/μm	性能
管道	钢	高磷	50～100	耐蚀、耐磨、均匀
泵壳	钢	高磷	50～75	耐蚀、耐磨
抽油泵	钢	高磷	25～75	耐蚀、耐磨、均匀
球阀	钢	高磷	25～75	耐蚀、耐磨
柱塞泵泵壳	钢	高磷	25～75	耐蚀、耐磨、均匀
封隔器	钢	高磷	25～75	耐蚀、耐磨
泥浆泵	钢	高磷	25～75	耐蚀、耐磨
防喷装置	铝	高磷	25～75	耐蚀、耐磨
火管	钢	高磷	25～75	耐蚀

(5) 食品加工业

在食品加工过程中，会涉及盐水、亚硝酸盐、柠檬酸、醋酸、天然木材的烟熏、挥发性有机酸腐蚀等问题；食品加工温度范围为60～200℃，生产环境中相对湿度很高。这使食品加工设备面临着金属腐蚀、疲劳和磨损等问题。化学镀镍所具有的均镀能力好、高耐蚀性、防黏、脱模性好等方面优势，使其在食品加工业中应用越来越广泛。

(6) 采矿工业

采矿工业环境条件恶劣，井下机械不可避免地接触盐水、矿酸，经受腐蚀和磨料磨损的破坏。因此，对采矿机械需要进行表面保护。表8-59为化学镀镍在该行业中的主要应用。

表 8-59 化学镀镍在采矿工业中的主要应用

零件	基底金属	P含量	镀层厚度/μm	性能
液压缸和轴	钢	高磷	25.0	耐蚀、耐磨、润滑
挤压机	合金钢	中、高磷	75.0	耐蚀、耐磨
传动带	钢	中、高磷	12.5	耐蚀、耐磨、润滑
齿轮和离合器	钢	中、高磷	25.0	耐蚀、耐磨
液压系统	钢	中、高磷	60.0	耐蚀、耐磨、均匀
喷射泵头	钢	低、中、高磷	60.0	耐蚀、耐磨
采矿机零件	钢、铸铁	中、高磷	30.0	耐蚀、耐磨
管接头	钢	中、高磷	60.0	耐蚀
框架构件	钢	中、高磷	30.0	耐蚀

(7) 军事工业

化学镀镍技术在军事上得到广泛应用，突出例子如航空母舰上飞机弹射机罩和轨道防止海水腐蚀、军用车辆的耳轴防止道路泥浆和盐水的腐蚀和磨损等，表8-60为化学镀镍在军事工业中的一些应用。

表 8-60 化学镀镍在军事工业中的主要应用

零件	基底金属	P含量	镀层厚度/μm	性能
引信装置	钢	高磷	12	耐蚀
迫击炮雷管	钢	高磷	10	耐蚀
近炸引信	钢	高磷	12	耐蚀、非磁性
坦克炮管轴承	合金钢	中、高磷	30	耐蚀、耐磨
雷达波导管	钢	高磷	25	耐蚀、均匀
反光镜	铝、铍	中、高磷	75	耐蚀、耐磨
枪、炮	钢	中、高磷	8	耐蚀、耐磨
舰上金属件	黄铜	中、高磷	25	耐蚀
船上用泵	钢、铸铁	中、高磷	50	耐蚀、耐磨

(8) 其它工业

注塑模、压铸模等多种型模是机械、轻工业行业大量使用的产品。由于模具普遍存在几何形状复杂问题，因而多采用化学镀镍处理，可获得均匀镀层，无须镀后机加工即可满足模具尺寸精度和表面粗糙度要求，同时化学镀镍层具有较低的摩擦系数和较好的脱模性能。上述这些特点，使其成为最为经济有效的模具表面处理技术之一，表 8-61 为其主要应用。

表 8-61 化学镀镍在其它工业中的应用

零件	基底金属	P 含量	镀层厚度/μm	性能
锌压铸模	合金钢	低、中、高磷	25	耐磨、脱模性
玻璃型模	钢	低、中磷	50	耐磨、脱模性
注塑模	合金钢	高磷	15	耐蚀、耐磨、脱模性
塑料挤压模	合金钢	高磷	25	耐蚀、耐磨、脱模性
钢领	钢	低、中、高磷	50	耐磨
喷丝头	不锈钢	低、中、高磷	25	耐蚀、耐磨
布机棘轮	铝	低、中磷	25	耐磨
编织针	钢	低、中、高磷	12	耐磨
印刷辊筒	钢、铸铁	高磷	38	耐蚀、耐磨
印刷平板	钢、铸铁	高磷	38	耐蚀、耐磨
外科手术器械	钢、铝	中、高磷	12	耐蚀、清洁
分筛	钢	中、高磷	20	耐蚀、清洁
药丸分选机	钢	中、高磷	20	耐蚀、清洁
螺杆送料机	钢	中、高磷	25	耐蚀、耐磨、清洁
木材切碎机零件	钢	中、高磷	30	耐蚀、耐磨
刀架孔芯板	钢	中、高磷	30	耐蚀、耐磨
链锯发动机	铝	中、高磷	25	耐蚀、耐磨
钻头、丝锥	合金钢	低磷、复合镀	12	耐磨
精密工具	合金钢	低、中、高磷	12	耐蚀、耐磨
剃刀片、刀头	钢	低、中、高磷	8	耐磨、润滑
笔尖	黄铜	中、高磷	5	耐蚀

8.7 化学气相沉积技术

利用含有薄膜元素的一种或几种气相化合物、单质气体，在衬底表面上令其进行化学反应，生成固体薄膜，称为化学气相沉积（CVD）薄膜。CVD 技术是当前获得固态薄膜的方法之一，是固态电子学的基础工艺。

利用 CVD 技术可以沉积出玻璃薄膜，也能制出纯度高、结构高度完整的结晶薄膜。相对于其它薄膜制备技术而言，CVD 技术在较大范围内容易准确控制薄膜化学成分及膜结构。CVD 技术可沉积纯金属膜、合金膜，以及金属间化合物薄膜，如硼、硅、碳、锗、硼化物、硅化物、碳化物、氮化物、氧化物、硫化物等薄膜。在微电子制造工艺中，CVD 技术主要用在表面钝化膜、绝缘膜、多层布线、扩散源、外延层、太阳能电池等方面，可作为耐磨、耐腐蚀、装饰、光学、电学等功能薄膜而得到应用。

CVD 技术适宜大批量生产，设备简单。与物理气相沉积技术比较，CVD 技术主要缺点是薄膜沉积时要求衬底温度高，因而限制了它的应用范围，如沉积氮化物、硼化物作为硬质膜时，衬底需要加热到 900℃以上。外延硅单晶层则温度更高。

8.7.1 化学气相沉积薄膜原理

图 8-62 为利用 CVD 方法沉积 SiO_2、SiN_2 多晶硅等薄膜负压反应器示意图。反应器温度可加热到 300～900℃。进入化学反应用气体流量为 100～1000mL/min，从排气端用机械真空泵、增压泵抽真空到工作压力 65～135Pa，衬底如硅片可直立放在石英管内。下面以气相沉积多晶硅薄膜为例来说明。

$$SiH_4(g) \longrightarrow Si(s) + 2H_2(g)$$

利用硅烷(SiH_4)热分解，在硅片衬底上得到多晶硅薄膜 Si(s)。沉积时将衬底加热到 600～700℃。硅烷进气量约 300mL/min，膜沉积率达到 4～7nm/min。

由上述 CVD 过程，可以看出 CVD 技术为物理、化学综合过程，涉及化学反应、热力学、气体输送以及薄膜生长等方面。

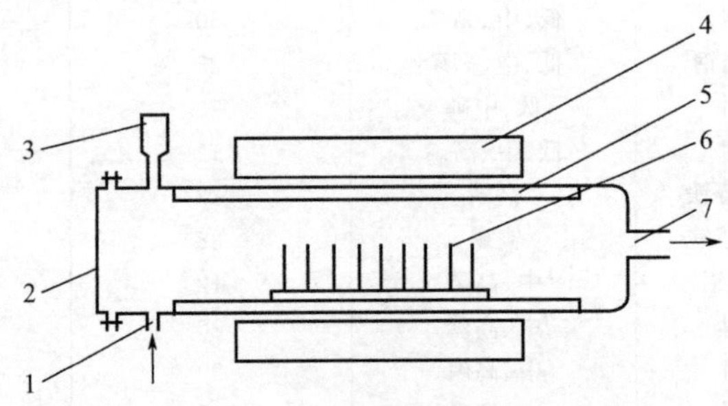

图 8-62　CVD 反应器示意图

1—进气口；2—衬底送入口；3—压力计；4—加热器；5—石英管；6—衬底；7—排气口

(1) CVD 典型化学反应

① 热分解。气相混合物与高温衬底表面接触时，化合物高温分解和热分解沉积而形成薄膜，如形成多晶硅膜：

$$SiH_4 \longrightarrow Si + 2H_2$$

② 还原。最常用还原气体为氢气，如：

$$WF_6 + 3H_2 \longrightarrow W + 6HF$$

$$SiCl_4 + 2H_2 \longrightarrow Si + 4HCl$$

在衬底上沉积形成纯金属钨膜和多晶硅膜。

③ 氧化。含薄膜元素的化合物与氧气一同进入反应器，形成氧化反应，在衬底上沉积薄膜，如：

$$SiH_4 + O_2 \longrightarrow SiO_2 + 2H_2$$

④ 水解反应：

$$2AlCl_3 + 3H_2O \longrightarrow Al_2O_3 + 6HCl$$

形成三氧化二铝薄膜。

⑤ 生成氮化物反应。由氨分解、化合，可以在衬底上生成氮化硅薄膜。

$$3SiH_4 + 4NH_3 \longrightarrow Si_3N_4 + 12H_2$$

⑥ 形成碳化物、氮化物薄膜：

$$TiCl_4 + CH_4 \longrightarrow TiC + 4HCl$$

$$2TiCl_4 + N_2 + 4H_2 \longrightarrow 2TiN + 8HCl$$

⑦ 化学输送。在高温区被置换的物质构成卤化物或者与卤素反应生成低阶卤化物，它们被输送到低温区，由非平衡反应在基材上形成薄膜。

如在高温区：$SiO_2(s)+I_2(g) \longrightarrow SiI_2(g)+O_2(g)$。在低温区：$2SiI_2(g) \longrightarrow Si(s)+SiI_4(g)$。

总反应为：$Si+2I_2 \rightleftharpoons SiI_4$。

⑧ 合成反应。几种气体物质在沉积区内反应于工件表面，形成所需要物质的薄膜。如 $SiCl_4$ 和 CCl_4 在 1200～1500℃下生成 SiC 薄膜。

⑨ 等离子体激发反应。用等离子体放电使气体活化，可在较低温度下成膜。

⑩ 光激发反应。如在 SiH_4-O_2 反应体系中使用汞蒸气为感光性物质，用 253.7nm 紫外线照射，并被汞蒸气吸收，在这一激发反应中可在 100℃左右制备硅氧化物。

⑪激光激发反应。如有机金属化合物在激光激发下反应：$W(CO)_6 \longrightarrow W+6CO$。

上述主要反应形式，生成不同金属和半导体薄膜。CVD 的源物质可以是气态、液态和固态。

（2）CVD 的反应过程

在反应器内进行的 CVD 过程，其化学反应是不均匀的，可在衬底表面和衬底表面以外的空间进行。衬底表面的反应过程大致如下：

① 反应气体扩散到衬底表面；

② 反应气体分子被表面吸附；

③ 在表面上进行化学反应、表面移动、成膜及膜生长；

④ 生成物从表面解析；

⑤ 生成物在表面扩散。

上述诸过程中，进行速度最慢的一步限制了整体进行速度。CVD 反应器内由于反应物、生成物浓度、分压、扩散、输运、温度等参数不同，可以产生不同化合物，其物理、化学过程较复杂。

8.7.2 CVD 主要工艺参数

（1）温度

图 8-63 表明温度对 Si 膜生长速率有很大影响，高温时曲线平坦，较低温度时曲线陡降。在低温时，衬底表面上控制 Si 生长速率的主要是表面过程，如弱吸附及表面反应过程，而在高温时，控制生长速率的主要是控制反应物和生成物的扩散，即控制反应物的供给和生成物离开表面的过程。

（2）反应物供给及配比

对于进行 CVD 的原料，要选择常温下是气态的物质和具有高蒸气压的液体和固体。一般所用原料常为氢化物、卤化物，以及金属有机化合物。通入反应器的原料气本身要与各种氧化剂、还原剂等按一定配比混合。

气体组成比例会严重影响镀膜质量及生长率。当用硅烷热分解制取多晶硅膜时，采用硅烷浓度不同，相应用不同流量的惰性气体稀释时，将严重影响膜生长率。

如果要获得性能优良的氧化物、氮化物等化合物薄膜，则通入的氧及氮气一般要高于化学组成当量。

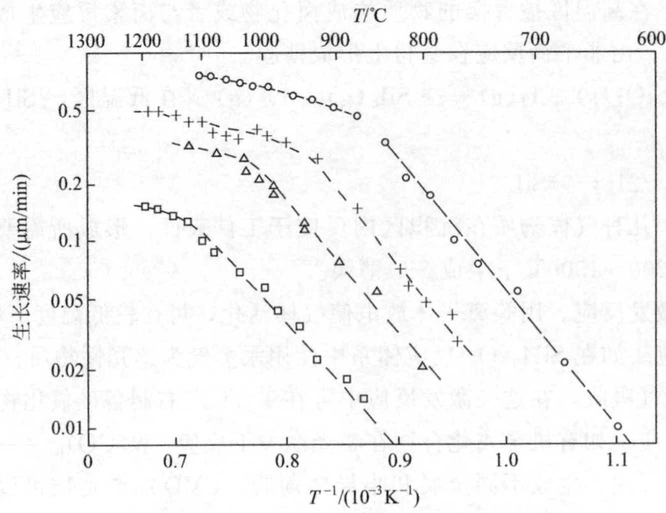

图 8-63 反应器内不同气氛下 Si 膜生长速率与温度的关系

○—SiH_4；+—SiH_2Cl_2；△—$SiHCl_3$；□—$SiCl_4$

(3) 压力

反应器内压力与化学反应过程密切相关。压力将会影响反应器内热量、质量及动量传输，因此影响反应效率、膜质量及膜厚度的均匀性。在常压水平反应器内，气体流动状态可以认为是层流；而在负压反应器内，由于气体扩散增强，可获得质量好、厚度大及无针孔的薄膜，并适宜于批量生产。

8.7.3 CVD 反应器

根据 CVD 技术制取的薄膜种类及方法不同，反应器也有多种类型，但有如下主要的共同要求：

① 能抑制在气相中进行的反应。

② 对所有衬底表面能提供充足而流量基本相同的原料气体。

③ 有足够大的温度均匀的恒温区空间。

④ 能迅速排除生成物。

图 8-62 所示为低压反应器，气体扩散速率与压力成反比。当压力由 100kPa 降到 100Pa 时，气体扩散速率增大 1000 倍。因此，低压 CVD 膜生长速率不是由质量传输决定，而是由化学反应速度决定。低压反应器沉积的薄膜厚度均匀性较常压反应器好，台阶覆盖性好，膜结构完整，针孔少。目前，低压反应器多用于沉积多晶硅、氮化硅、氧化硅等薄膜。反应器可用电阻加热，也可用感应方法加热。感应法加热可抑制在反应器内壁的沉积。使用低压反应器，薄膜沉积率较低。

图 8-64～图 8-66 所示也是常用的几种 CVD 反应器。图 8-64 为连续沉积 SiO_2 等反应器，生产能力高，膜均匀性好。图 8-65 为立式旋转反应器，若有两种以上气体，则气体到衬底表面之前能充分混合，因此膜厚度均匀性好。图 8-66 为平板式低压射频放电等离子型反应器，可以在低温下沉积。

一个完整的 CVD 系统，除反应器外，还包括反应器输入部分、控制及测量部分、反应激活能源及尾气排气部分。

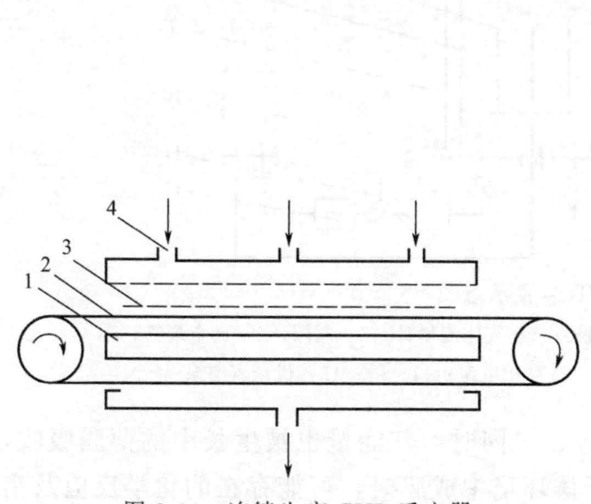

图 8-64 连续生产 CVD 反应器

1—加热器；2—传送带；3—衬底；4—进气

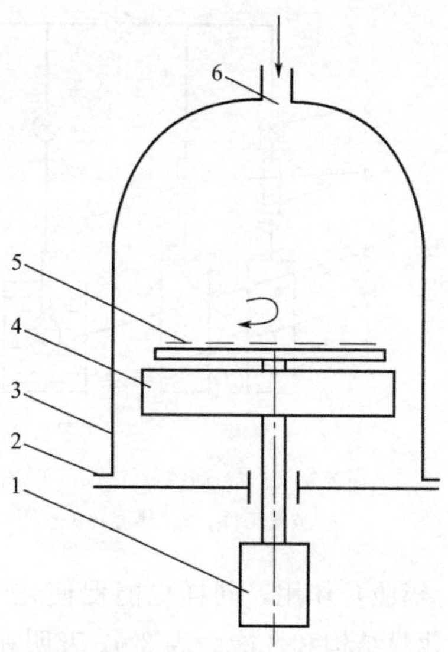

图 8-65 立式旋转 CVD 反应器

1—电动机；2—出气口；3—钟罩；4—加热器；5—衬底；6—进气口

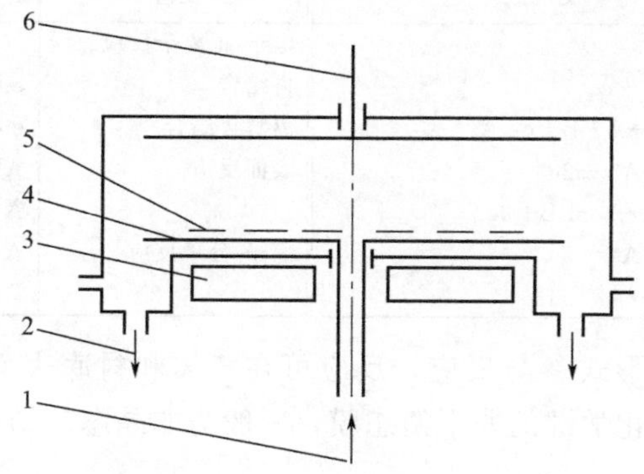

图 8-66 平板式低压射频等离子型 CVD 反应器

1—进气口；2—真空泵排气口；3—加热器；4—旋转衬底架；5—衬底；6—射频功率输入

8.7.4 等离子体增强化学气相沉积（PECVD）薄膜

（1）PECVD 基本概念

图 8-67 是射频激励的 PECVD 反应器，工作室气体压力保持在 10～250Pa，射频激励产生异常辉光放电，使进入室内的原料气变为等离子体状态，即在化学性能上表现为非常活泼的离子、原子团、激发态原子和分子等。这些化学活性很强的粒子，可以在大大低于 CVD 成膜温度下进行化学反应形成薄膜。

在异常辉光放电下形成的非平衡态低温等离子体中的电子，平均能量在 1～10eV，而构成分子和原子间化学键所需能量为几电子伏，可见，电子可有效使气体分子激发、离解和电离。由于电子能量分布有连续性，等离子体中可同时存在数种化学反应，表明了等离子体中化学反应的复杂性。此外，等离子体产生的辐射和电子、离子、光子等对衬底表面的激发

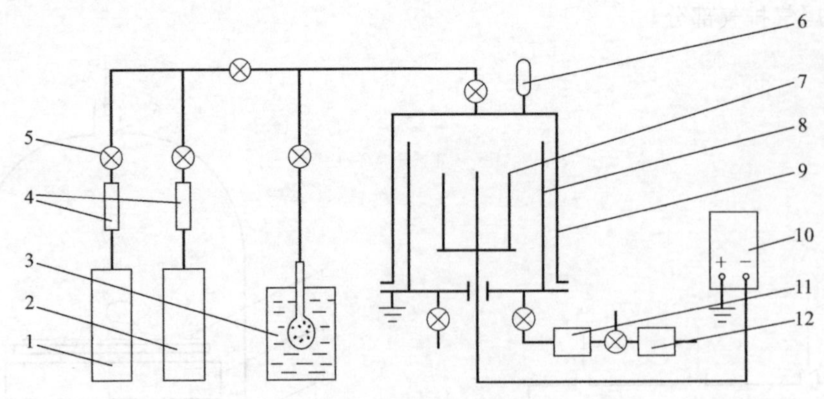

图 8-67　PECVD 装置示意图

1—高纯氮气；2—高纯氢气；3—$TiCl_4$ 瓶及恒温器；4—气体流量计；5—阀门；6—真空规管；7—被镀工件；8—热屏；9—真空室；10—直流高压电源；11—阱；12—机械真空泵

（轰击、辐照）作用，同样也能促使化学反应进行。同时，其能量也被生长中的薄膜吸收，改善了薄膜结构和性能。表 8-62 表明在等离子体环境中成膜时，可能存在的化学反应及离子相互作用过程。

表 8-62　PECVD 成膜时可能存在的反应

反应	反应式	反应	反应式
电子-分子反应：		电子-正离子反应：	
激发	$A \longrightarrow A^+ + e$	再结合	$e + A^+ \longrightarrow A$
离解	$e + AB \longrightarrow A + B + e$	离解再结合	$e + A^+ + B \longrightarrow A + B$
电离	$e + A \longrightarrow A^+ + 2e$	表面反应	$AB \longrightarrow A(膜) + B$
离解电离	$e + AB \longrightarrow A^+ + B + 2e$		$A^+ + CB \longrightarrow A^+C(膜) + B(膜)$
附着	$e + A \longrightarrow A^-$	离子-分子反应	$A^+ + BC \longrightarrow A^+B + C$
离解附着	$e + AB \longrightarrow A^- + B$		

数种荷能粒子以多种形式参与反应，反应可在气体和衬底表面上进行，反应产物为数种。薄膜结构是含有不同化学键的非平衡态膜，一般为非晶态，结构上短程有序。

（2）PECVD 特点

与 CVD 比较，PECVD 温度低，例如同样沉积硬质耐磨氮化钛时，CVD 要 1000℃左右，而对 PECVD 而言降至 500℃即可沉积出性能优良的薄膜。由于 PECVD 工艺衬底温度较低，使不耐高温的衬底或薄膜材料用 PECVD 成为可能。由于薄膜沉积之前离子对衬底表面的溅射清洗以及在薄膜沉积过程中离子轰击效应，膜与衬底附着牢固，膜致密，具有离子镀膜工艺的一些特点。

（3）PECVD 装置及工艺

PECVD 反应器为负压，工作压力在 10～250Pa，激励等离子方式有直流、射频和微波等形式。除反应器外，整体设备还包括气体输入、控制测量部分及尾气排出部分。图 8-67 为直流 PECVD 装置示意图。其中真空室壳体 9 为阳极，工件架及被镀工件 7 为阴极。表 8-63 给出了在高速钢刀具上镀氮化钛薄膜的工艺参数。镀膜为金黄色，用划痕法来测附着性能，临界载荷达到 6N，提高刀具寿命数倍。图 8-68 为 CVD 装置结构示意图及 CVD 装置外观。图 8-69 为经 CVD 处理的 TiC-TiN 复合镀膜的模具外观。

表 8-63 PECVD 氮化钛膜工艺参数

工艺名称	参数	工艺名称	参数
离子溅射清洗、加热：		沉积氮化钛膜：	
氮、氢混合压力/Pa	13	工作室压力/Pa	270
电压/V	1500～2000	分压比：氮∶氢∶四氯化钛	1∶1∶2
时间/min	10～15	放电电压/V	800～1000
工作温度/K	700～800	阴极放电功率密度/(W/cm²)	1～3
		膜沉积率/(μm/min)	0.1

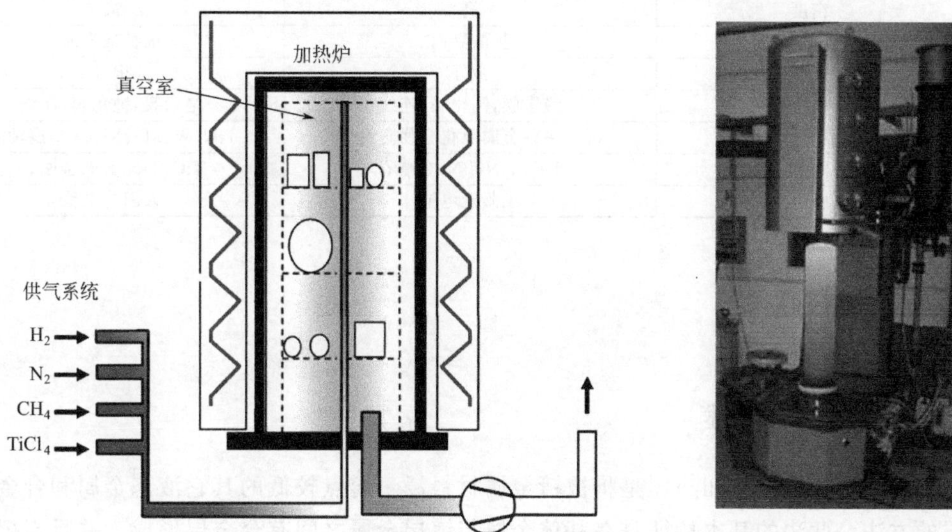

图 8-68 CVD 装置结构示意图及 CVD 装置外观

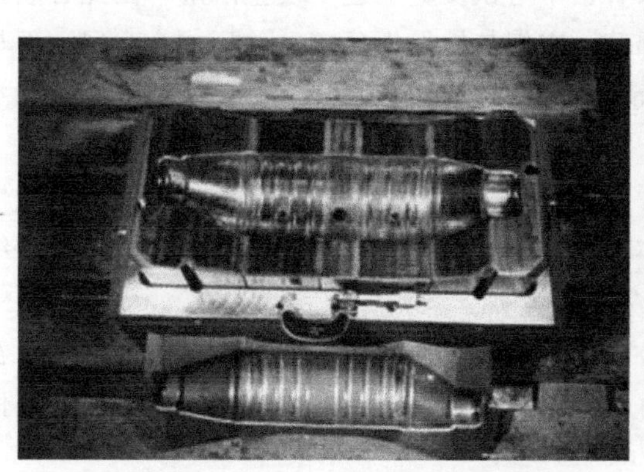

图 8-69 经 CVD 处理的 TiC-TiN 复合膜层的模具外观

(4) CVD 和 PECVD 薄膜的特点及主要用途

表 8-64 给出了 CVD 和 PECVD 薄膜的特点及主要用途。可以看出，化学气相沉积和等离子体增强化学气相沉积主要用于绝缘膜、钝化膜、连线等电学薄膜，TiN、W、Mo、Ni、Cr 等金属及化合物防腐蚀膜，TiC、TiN、BN、金刚石和类金刚石等耐磨薄膜，以及太阳能电池薄膜等。

表 8-64 CVD 和 PECVD 薄膜的特点及主要用途

工艺、特点及用途		化学气相沉积 CVD	等离子体增强化学气相沉积 PECVD
沉积工艺	薄膜材料气化方式	液、气相化合物蒸气,反应气体	液、气相化合物蒸气,反应气体
	粒子激活方式	加热,化学自由能	等离子体,加热,化学自由能
	沉积粒子及能量/eV	原子,0.1 左右	原子和离子
	工作压力/Pa	常压或 10～数百	10～数百
	衬底温度/℃	150～2000	150～800
	薄膜沉积率/(nm/s)	50～25000	25～数百
薄膜特点	表面光洁度	好	一般
	密度	高	高
	膜-衬底界面	扩散界面	准扩散界面
	附着力(结合强度)	很好	很好
主要用途	电学	绝缘膜,钝化膜,连线	绝缘膜,钝化膜,连线
	耐腐蚀	可镀多种金属及化合物防腐蚀	TiN、W、Mo、Ni、Cr 防腐蚀膜
	耐磨	TiC、TiN、BN、金刚石	TiC、TiN、BN、金刚石
	新能源	太阳能电池	太阳能电池

8.8 热浸镀技术

8.8.1 热浸镀技术概述

热浸镀简称热镀(hot dip)，是将被镀金属材料浸于熔点较低的其它液态金属和合金中进行镀层的方法。此法的基本特征是在基体金属与镀层金属之间有合金层形成，并且当把被镀金属基体从熔融金属中提出时，在此合金层表面附着一层熔融金属，经冷却凝固后形成镀层。

形成热镀层的低熔点金属和合金中，只有铅不与铁反应，也不发生溶解，因此必须在铅中添加一定数量的第二种元素，例如锡和锑等，它们与铁发生反应，并形成合金层，而与铅形成固溶合金。由于环境保护及健康防护等因素，热镀铅合金工艺已经被其它热镀技术取代了。

用于热镀的低熔点金属有锌、铝、锡、铅及锌铝合金等，其中热镀锌是价廉而耐蚀性良好的镀层。由于锌的化学特性，它对钢基体还具有牺牲性保护作用，因而被大量用于钢结构大气腐蚀防护。

热镀铝(hot dip aluminizing)发展较晚，最早出现于美国，到 19 世纪 50 年代，随着汽车工业的发展而得到较大发展。镀铝层具有优异的抗大气腐蚀性，其铁铝合金层还具有良好的耐热性，目前其应用领域正不断扩大。

热镀锡(hot dip tinning)是最早发展的热镀层。早在 16 世纪，在欧洲一些国家人们用最简单原始的方法生产镀锡板，主要用作食品包装器具。由于锡资源的短缺，热镀锡工艺一度被电镀锡代替。目前由于电子工业和汽车工业的发展，热镀锡有全面替代对环境污染较严重的电镀锡的趋势，成为电子接插件等汽车、高端装备电器电子连接件的主要镀层工艺。

19 世纪 70 年代，人们开发出热镀锌铝合金镀层，其耐蚀性远优于单一的镀锌层，并取得了较快的发展，其中已商品化的有 55%Al-Zn 合金镀层和 Zn-5%Al-RE 合金镀层，它们将逐渐代替现有的镀锌层。

热浸镀工艺可分为溶剂法和氢还原法两大类，其中氢还原法多用于钢带连续热镀锌。典型的 Sendzimir 法即属于此类工艺。钢带先通过氧化炉，被火焰直接加热并烧掉其上面的轧制油，同时被氧化形成薄的氧化铁膜，再进入其后的还原炉，在此被加热到再结晶退火温度；同时，其表面的氧化铁膜被通入炉中的含氢保护气体还原成纯铁，然后在隔绝空气条件下冷却到一定温度后进入镀槽中浸镀。目前这种 Sendzimir 法也有很大改进，如将氧化炉改为无氧化炉，从而大大提高了钢带的运行速度和镀层钢带的质量。

溶剂法多用于钢丝及钢丝零部件的镀层。在钢件进入镀槽之前，先在经过净化的钢件表面形成一层溶剂层，它可防止已净化的钢件重新氧化，并可进一步处理酸洗后残余的铁盐和酸洗反应产物的残渣，以及一些未被清洗掉的氧化膜。在浸镀时，此溶剂层受热挥发，从而使新鲜的钢表面与熔融金属之间接触，并发生反应和扩散的镀层过程。

在溶剂法中有湿法和干法之分。湿法是较早使用的溶剂法，它是将净化的钢材浸涂水溶剂后直接进入熔融金属中进行热镀，但需在熔融金属表面覆盖一层熔融溶剂层，钢件通过溶剂层再进入熔融金属中。干法是在浸涂水溶剂后经烘干，除去水溶剂层的水分，然后再浸镀。由于干法工艺较简单，且目前大多数热镀层的生产采用干法，所以下面就以铜及铜合金表面热浸镀锡为例进行介绍。

8.8.2 铜及铜合金热浸镀

铜加工材热镀锡是将经过预处理的铜加工材放入一定温度的熔融锡液中，浸没适当时间，使固态铜加工材和液态锡之间发生一系列的物理化学反应，在铜加工材表面形成锡镀层，从而达到表面防护与导电相结合的一种表面技术。目前，铜加工材镀锡的常用方法有化学镀、电镀和热镀三种。相比于电镀和化学镀，热镀锡由于工艺简单、流程短，并且大大减少了化学镀和电镀带来的环境污染，目前已经被很多国家用作取代化学镀锡和电镀锡的方式，在欧美国家得到广泛应用，而在国内仍然以电镀锡为主，热镀锡应用处于起步和推广阶段。热镀锡后，镀层由锡合金层与纯锡层构成；经热扩散处理后，镀层主要成分为锡合金。热镀工艺的主要影响因素有助镀剂、镀液的成分、温度、热镀时间等。基于此，近年来国内外学者开始对铜加工材热镀锡工艺进行深入研究。

热镀锡后的材料还具有时效敏感性。吴圣杰等对热镀锡钢板进行时效处理，镀锡板的时效性能不仅和固溶间隙原子有关，还和镀锡基板中的渗碳体析出相的分布以及铁素体晶粒尺寸有密切关系。此外，王立生等认为热处理更有利于界面合金化，使涂层与基体之间有更好的结合。热处理前后的涂层，后者冲蚀磨损量是前者的 50%，热处理能明显提高涂层抗冲蚀磨损性能。下面对热镀锡工艺、工艺参数对铜热镀锡质量的影响，以及常见缺陷分析、废锡的处理和回收等方面进行介绍。

(1) 工艺简述及影响因素

目前，工业上铜加工材热镀锡的生产主要是对线材、带材和板材进行，其主要流程通常为：铜材→预处理→助镀→镀锡→冷却→卷取。图 8-70 为圆铜线热镀锡装置。影响热镀锡工艺质量的主要因素结合热镀工艺流程分析如下。

1) 预处理

经过轧制的铜加工材，表面残留了润滑脂、灰尘、乳化剂等，因此热镀锡前必须经过预处理清洗，否则热镀锡时易发生表面变色，并会影响镀层的连续性。通常采取的清洗方法为酸洗→水洗→干燥。相比于使用含活性钠的碱性清洗剂，酸洗可以避免碱金属与乳化剂反应

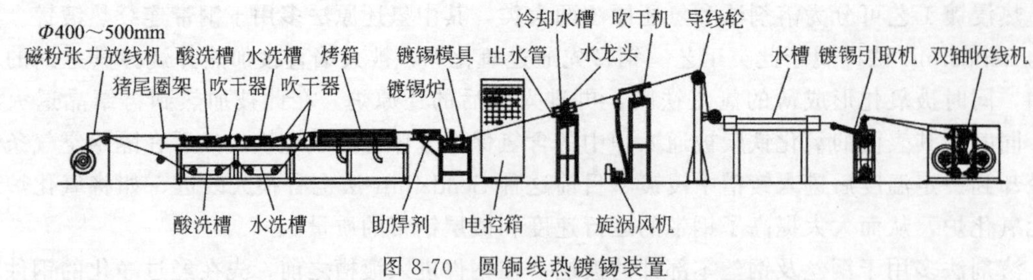

图 8-70　圆铜线热镀锡装置

生成黑色杂质，这种黑色杂质会对生产设备造成腐蚀。目前，实际应用中效果较为理想的酸洗剂有两种：①氯化锌、氯化铵、盐酸、有机光亮剂和水的混合液；②稀硫酸、柠檬酸、有机光亮剂、尿素和水的混合液。由于酸洗后残留酸洗剂会在热镀锡时发生化学反应影响镀层质量，所以在酸洗后要对铜材进行充分的水洗，目前较为理想的清洗水为去离子水或纯净水等软化水。水洗后需要进行干燥，以清除铜材表面残留的水分，便于后续工序中铜材与助镀剂充分接触；同时预热铜材，使铜材表面温度接近锡液温度，有利于提高镀层的质量。

2）助镀剂

助镀剂是保证镀锡过程顺利进行的辅助材料，其主要作用是清除铜材表面的氧化物，使表面达到热镀锡所需的清洁度，从而保证锡层的附着性和连续性，防止表面被再次氧化。对助镀剂的选择通常根据材料而定，如董博文等对 BCu68Zn 钎料的热镀锡助镀剂的选择是 $ZnCl_2$ 和 NH_4Cl，其中 $ZnCl_2$ 的作用机理为：

① 与水作用产生络合酸：

$$ZnCl_2 + H_2O \longrightarrow H[ZnCl_2OH]$$

② 溶解金属氧化物：

$$CuO + 2H[ZnCl_2OH] \longrightarrow Cu[ZnCl_2OH]_2 + H_2O$$

$$ZnO + 2H[ZnCl_2OH] \longrightarrow Zn[ZnCl_2OH]_2 + H_2O$$

助镀剂中 NH_4Cl 的作用机理为：

① NH_4Cl 受热分解产生 HCl：

$$NH_4Cl \longrightarrow NH_3 + HCl$$

② 溶解金属氧化物：

$$CuO + 2HCl \longrightarrow CuCl_2 + H_2O$$

$$ZnO + 2HCl \longrightarrow ZnCl_2 + H_2O$$

在生产和试验过程中发现，助镀剂浓度也会影响镀层的质量。宋明明等认为助镀剂浓度太大会引起镀锡圆铜线在高温条件下变色，建议采用去离子水或纯净水来降低其浓度。

3）热浸镀

热镀锡过程中，锡液的温度和热镀时间是影响镀层的重要因素，它们影响铜加工材表面的铜原子和熔融态的锡原子进行的物理化学反应。在液态锡/固体铜体系中，通常是在表面上催化成核，例如 η 相的形核。在锡/铜界面 η 相（Cu_6Sn_5）的形核的如图 8-71 所示。形核初期 η 相会先在铜和液态锡的表面形成一个接触角 θ，且

$$\cos\theta = (\gamma_{ls} - \gamma_{\eta s}) / \gamma_{l\eta}$$

式中，γ_{ls} 为液态锡/铜表面的界面能；$\gamma_{\eta s}$ 为 η/铜表面的界面能；$\gamma_{l\eta}$ 为液态锡/η 表面的界面能。锡液表面张力随着温度的上升而减小，随着温度升高，界面层对锡液的黏附力减

小，镀层变薄。

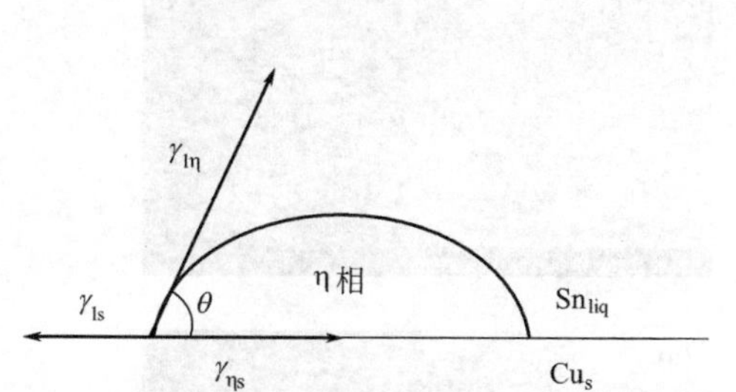

图 8-71　熔融锡接触的铜表面 η 相异质形核示意图

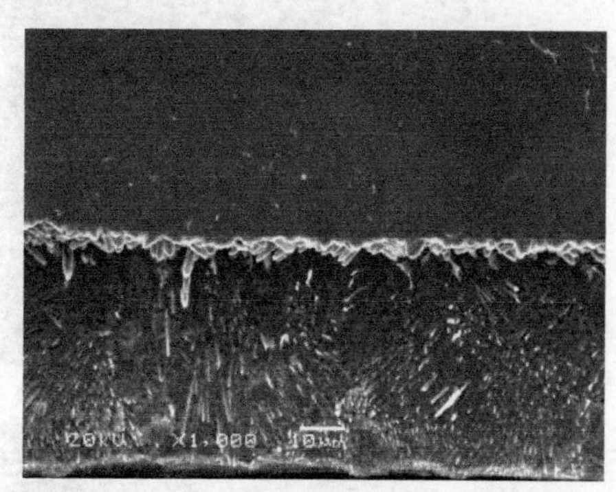

图 8-72　T2 铜加工材热镀锡层的微观形貌

热镀锡层分为镀层和界面层，如图 8-72 所示。根据 Cu-Sn 二元合金相图，界面层的 Cu_xSn_y 金属间化合物主要有 Cu_3Sn、$Cu_{41}Sn_{11}$、$Cu_{10}Sn_3$ 和 Cu_6Sn_5 等。一般认为在 350℃ 以下进行热镀锡时，界面层金属间化合物主要为 η-Cu_6Sn_5 相。

图 8-73 为不同热镀时间的界面层化合物的 SEM 图像。图 8-73(a)显示出在 300℃加热 1min，界面层刚形成时的微观组织形貌。金属间化合物呈连续层状，同时也伴有棒状组织向铜基内生长。EDS 分析表明，金属间化合物为 Cu_6Sn_5。实际上，这种组织在热镀时生成，随热镀过程长大。有微裂纹在棒状的 Cu_6Sn_5 组织根部产生，这是由于易脆的 Cu_6Sn_5 在熔融的锡和高应力相互作用下发生断裂。当热镀 2min 时，棒状 Cu_6Sn_5 增厚，有的在界面处发生了断裂，如图 8-73(b)所示。在 Cu_6Sn_5 层和镀层之间可以检测到薄薄的一层 Cu_3Sn。加热 3min，Cu_6Sn_5 相继续增厚并和临近的 Cu_6Sn_5 相聚在一起，如图 8-73(c)、(d) 所示。

Gagliano R A 等针对金属间化合物相 Cu_6Sn_5 研究了液相锡与固态铜反应 1～2s 时界面的成核行为，其形核快速发生在接触反应开始的 1s 内；在中间温度(260～280℃)能够迅速形核长大，在较低温(240℃)或者高温(300～310℃)下则生长比较缓慢。

① 镀液成分。热镀锡工艺对原材料质量的要求很高。锡液本身的纯度对“硬锡”的产生有直接影响。若锡锭的纯度太低，会产生较多的杂质、金属氧化物和金属元素，影响铜与锡的附着性，甚至出现“斑点”式的露铜，还会导致镀锡铜表面产生合金化效应，直接影响附着性和连续性。

研究表明在锡液中添加稀土等微量元素，可降低镀层中铜的扩散系数，减缓铜向锡液中扩散的速度。孙欣等认为铅可以有效地抑制铜在锡液中的溶解，减少甚至消除“硬锡”的产生。宋明明等在实验中发现，在锡液中添加适量的金属元素镍、锑、铋和一些稀土元素，以及非金属元素磷，可明显减少“硬锡”的产生。镀锡炉长时间使用也会降低锡液的纯度。

据有关资料介绍，锡液中铜含量不应超过 1%，如超过 1%则应进行再生置换处理或者换锡。通常生产中再生置换的具体方法是在镀锡炉中放入装有硫黄粉的有孔金属筒，使金属筒沉入槽底，直至二氧化硫充分逸出为止，这样锡液中所含的铜将成为硫化铜浮起，即可除去。操作时应注意安全防护，应采取适当的环保和劳动保护措施。

② 热镀温度和时间。通常镀层随热镀时间的延长而变厚，随热镀温度的升高而变薄，随材料移动速度的增加而变厚。其原因是锡原子不断在界面层表面聚集，使镀层随着时间延长逐渐变厚；镀层厚度随着温度升高逐渐变薄，原因是锡液对界面层的黏附力为

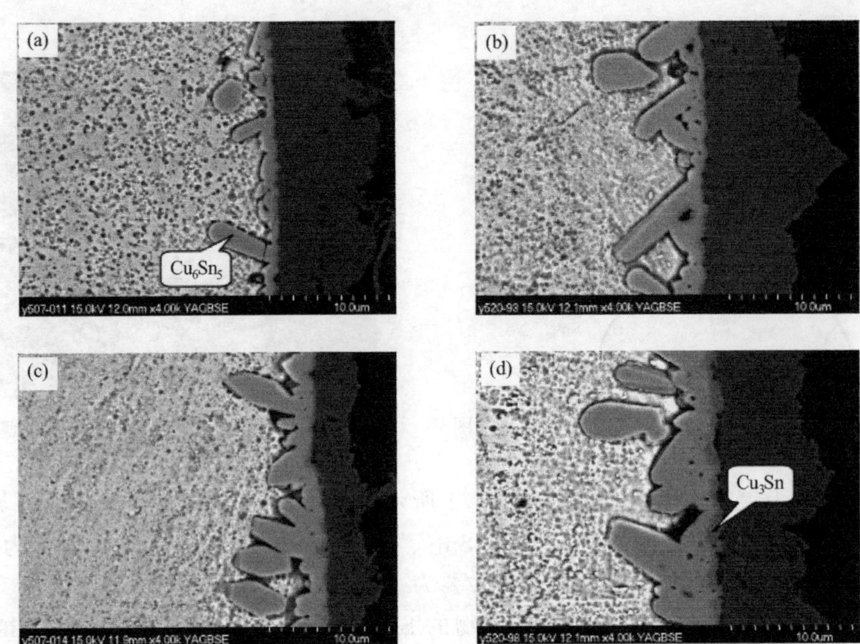

图 8-73　300℃不同热镀时间的界面层化合物的 SEM 图像

(a) 1min；(b) 2min；(c) 3min；(d) 5min

$$W=\sigma_L(1+\cos\theta)$$

式中，浸润角 θ 为常数，锡液表面张力 σ_L 随着温度的上升而减小，故随着温度升高，界面层对锡液的黏附力减小，镀层变薄。

生产中在保证镀锡层质量和满足铜材退火软化性能要求的前提下，应适当降低锡液温度以减缓“硬锡”的产生。这是由于锡的熔点约为 232℃，通常将锡液温度设置为(280±10)℃。当锡液温度低于 240℃时，镀层表面易产生麻点等缺陷，影响光洁度；当锡液温度高于 320℃时，锡液易氧化生成较多的针状结晶体，严重浪费锡材。同时，在设置锡液温度时还要考虑铜材厚度或直径的影响，通常铜材厚度或直径越大，越容易出现“硬锡”缺陷。从表 8-65 可以发现，临界润湿力 P_{max} 均远大于 120mN/m，满足美国的 IPCANSI/J-STD-003 工业标准(P_{max}>120mN/m)，润湿时间 t_0<1s，表明 T2 紫铜板带热浸镀锡性较好。

表 8-65　T2 铜板带热浸镀锡润湿力及润湿时间随温度的变化

温度/℃	240	280	320	350
临界润湿力 $P_{max}/(10^{-3}N\cdot m^{-1})$	326.51	366.15	334.86	375.58
润湿时间 t_0/s	0.68	0.37	0.23	0.21

③ 铜及铜合金加工板带的热镀锡工艺。表 8-66 为 4 种铜及铜合金板带的热镀锡层金属化合物(IMC)厚度测量结果列表，可以看出，热镀温度对锡镀层 IMC 层的厚度的影响大于热镀时间的影响。随热镀温度的提高，4 种加工铜材料的镀层 IMC 层的厚度均呈现增大趋势；而时间对 4 种加工铜材料的镀层 IMC 层的厚度的影响规律不明显，增大趋势不明显，有的先增加后降低，表现出较复杂的变化规律。

表 8-66 铜及铜合金板带的热镀锡层 IMC 厚度

合金	热镀温度/℃	热镀时间/s	Cu_6Sn_5 IMC层厚度/μm	热镀锡层厚度/μm
T2 铜带	260	4	1.61	20.82
		8	1.37	27.17
		16	1.08	26.13
	280	4	2.36	27.11
		8	2.48	25.07
		16	3.27	20.85
	300	4	4.25	31.55
		8	3.59	31.825
		16	2.09	25.78
C7025 铜带	260	4	1.45	36.95
		8	1.33	12.69
		16	6.6	56.53
	280	4	2.6	26.2
		8	1.56	18.7
		16	2.32	38.29
	300	4	2.6	35.31
		8	2.89	17.63
		16	2.26	21.25
C194 铜带	260	4	1.77	49.856
		8	1.54	23.118
		16	1.35	32.708
	280	4	3.28	29.677
		8	2.90	25.43
		16	2.37	25.914
	300	4	1.53	30.26
		8	1.41	30.729
		16	3.33	24.785
C1921 铜带	260	4	1.64	33.59
		8	2.84	28.07
		16	2.29	29.97
	280	4	1.68	17.46
		8	2.72	19.13
		16	2.56	17.68
	300	4	3.13	34.69
		8	2.24	19.25
		16	2.42	23.08

综合考虑加工铜及铜合金的热镀锡工艺的可行性。首先，热镀温度以 260～280℃为宜，较高的热镀锡温度将造成镀层显微结构粗大、IMC 层厚度增加，锡熔液氧化加剧。热镀时间过短将影响热镀工艺流程的可行性，加大锡熔液的飞溅；过长将使加工铜材基体发生回复与再结晶，导致材料软化，影响材料的使用性能。综合考虑热镀工艺规模化生产的可行性和加工铜材的力学性能，建议热镀锡时间在 6～10s 之间较为合适。

(2) 铜材热镀锡常见缺陷分析

实际生产中存在一些常见的缺陷，如表 8-67 所示。在生产中，可以增加溶液维护的频率，保证镀层中的锡纯度，避免部分缺陷的发生。同时，可以强化热镀锡铜材表面镀后的处理工作，在铜材镀成后进行充分冲洗，使其表面吸附的助镀剂等杂质被清洗干净。此外，将热镀锡后的铜材根据用途采用合适的防护措施，如涂漆、涂油、镀锌、阴极保护等，也可以防止其表面镀锡层被氧化，但用于导电功能的热镀锡铜材一般不进行防护。通常应将充分干燥后的热镀锡铜材存放到密封干燥的容器内，降低表面镀锡层氧化的概率。如果镀锡层已经出现了氧化变色，也可采用如下方法处理：采用自来水将热镀锡铜材浸润 2min，并用稀盐酸除去表面的氧化膜，其中盐酸(HCl)为 30～50mL/L，在室温下清洗 10～15s，之后再进行流水冲洗；然后，再用 5～10g/L 碳酸钠(Na_2CO_3)，在室温下中和反应 5～10min，并用流水冲洗，去离子水漂洗，然后烘干后密封保存。

表 8-67　铜材热镀锡常见的缺陷类型、产生原因和改善方法

缺陷类型	原因	改善方法
镀锡铜材伸长率不合格	铜材退火温度低	适当提高退火温度
镀锡层附着性指标不合格	酸洗不充分、铜材表面杂质多、未预热、热镀时间短等	镀前充分酸洗和预热，增加热镀时间
镀锡层连续性指标不合格	酸洗不充分、铜材表面杂质多、未预热、热镀时间短等	镀前充分酸洗和预热，增加热镀时间
镀锡层出现麻点、颗粒	锡液温度低、杂质过多等	维护锡液纯度，适当提高锡液温度
镀锡层出现“黑斑”	多由露铜氧化引起，酸洗不充分、锡液杂质多、铜材不平整等	充分酸洗，维护锡液纯度，对铜材表面预处理
镀锡层出现氧化	热镀温度过高、时间过长、冷却不充分等	适当降低热镀温度，缩短热镀时间，充分冷却
镀锡层出现针状等不同程度的露铜	酸洗不充分、锡液杂质多等	充分酸洗，维护锡液纯度

(3) 废锡的处理和回收

锡是一种重要的有色金属，许多国家都将其作为战略金属看待。锡的地壳平均丰度低，富集系数小，成矿难度大，资源有限，价格较高。锡在国民经济各领域中都有广泛的应用，国内外都不同程度地面临着锡矿石品位下降、后续资源不足、资源枯竭的困难局面。因此，从可持续发展、环保和资源的充分利用角度考虑，回收锡废料中的锡就显得尤为重要。从废弃的含锡原料中不仅可以回收锡，而且还可以综合回收其它有用组分。虽然相比于电镀锡，热镀锡工艺投资少、简单易行、生产效率高，但是热镀锡工艺也存在一些不足，首先就是耗锡量高，约为电镀法的两倍。锡的有效利用率通常为 40%～60%，近一半的金属锡成为废锡。这些废锡大部分不能直接回收利用，只能运往冶炼厂进行冶炼加工，增加了能耗。因此，如何在热镀锡生产过程中提高金属锡的利用率，减少废锡的产生，也逐渐成为热镀锡铜生产中较为引人关注的问题。

目前实际生产中通常有三类废锡，分别为“锡灰”“锡珠”和“硬锡”，三类废锡的成分、产生原因和改善方法汇总见表 8-68。实践表明，采取以下的改善方法，可以使废锡产生的数量减少约 50%，使金属锡的利用率达到 80%以上。

表 8-68　常见的废锡类型、主要成分、产生原因和改善方法

废锡类型	主要成分	产生原因	改善方法
锡灰	锡的氧化物 SnO、SnO_2 和锡的氯化物 $SnCl_2$、$SnCl_4$	氧化锡是由高温下锡液氧化生成，氯化锡是残余的助镀剂与锡液反应生成	① 覆盖锡液表面，减少锡液与空气的接触面积，如覆盖云母粉、木炭粒等； ② 向锡液中添加某些抗氧化性元素，如磷、稀土铈等； ③ 通过调整助镀剂的配方，降低氯离子浓度

续表

废锡类型	主要成分	产生原因	改善方法
锡珠	纯锡	液态助镀剂遇到高温锡液时迅速气化膨胀，将锡液溅起后落到锡缸周围形成，可直接回收利用	① 退火后的铜材需充分干燥； ② 在酸洗槽中铜材表面黏附的助镀剂不宜过多，在进入锡缸前应尽可能晾干； ③ 锡液表面的上方悬挂耐高温的布料，以阻挡锡珠“溅”往锡缸外，从而回收“锡珠”
硬锡	Cu_6Sn_5	在生产过程中，铜原子在高温下与锡形成的化合物，由于密度比锡液小，以固态的形式浮于液面上	① 控制锡液中铜含量不得超过1%，如有超过，可使用硫黄粉对锡液进行再生处理，除去锡液中所含的铜； ② 在保证镀锡层质量和满足铜线退火软化性能要求的前提下，应适当降低锡液温度； ③ 在锡液中添加某些微量元素，可降低扩散系数，减缓铜向锡液中扩散的速度，如铅、镍、锑、铋和一些稀土元素，以及非金属元素磷

(4) 热镀锡层热稳定性

C194 板带材 280℃×4s 热镀锡层经 1～500h 热稳定性试验后，纯锡镀层表面三维形貌试验结果如图 8-74 所示。可以看出，纯锡热镀经空气环境下 100h 以上时间保温，镀锡层表面出现明显的尖锐凸起，随保温时间的延长，凸起数目明显增多，凸起高度达 4～6μm。这些凸起与纯锡镀层在氧化环境下易氧化产生 SnO_2 晶须有关。SnO_2 晶须具有一定的传导性，包括导电性，因此在大电流电子接插件中应尽量避免，以保证导电部件的安全可靠性，避免发生短路。因此，纯锡镀层具有较低的高温热稳定性，应采用多元微合金化锡合金热镀层取代纯锡镀层，所以研究开发适合加工铜材热镀用的锡合金就非常必要。

图 8-74　C194 板带表面热镀锡层 100℃热稳定性试验后纯锡镀层表面三维形貌

9 表面分析技术

9.1 表面分析技术分类

9.1.1 表面分析的作用

通常所说的表面分析是属于表面物理和表面化学的范畴，是对材料表面所进行的原子数量级的信息探测。表面分析技术是研究材料表面的形貌、化学组成、原子结构、原子态、电子态等信息的一种实验技术，其仪器一般都比较昂贵。它利用电子束、离子束、光子束或中性粒子束为探束来探测样品表面的各种信息。为了防止介质对材料表面的污染，一般都要在超高真空中进行。表面分析在表面工程上的应用是多种多样的，其主要应用为：

（1）表面形貌的分析

形貌指表面的“宏观外形”。这主要利用电子显微镜和离子显微镜来进行；当然也可利用一般的金相显微镜来进行，但仅能得到比较宏观的晶粒尺度的形貌。

（2）表面的化学成分分析

表面的化学成分分析包括测定表面的元素组成、表面元素的化学态及元素在表层的分布等。

（3）表面结构分析

表面结构分析指分析表面原子的排列特点，包括自身及吸附粒子的二维格子类型。

（4）表面相分析

表面相分析即对表面组成物质进行分析。这方面主要应用 X 射线衍射和透射电镜的电子束衍射。

此外，有关表面原子态和电子态分析，在理论基础研究中有时需要采用，但工程中一般不进行这些分析。这些分析主要用于功能材料，特别是电子材料。

9.1.2 表面分析技术概述

表面分析技术是利用各种束流与表面的作用来对表面进行分析的，目前分析方法有 100 余种。

表面分析技术可按探测粒子或发射粒子来分类。如探测粒子和发射粒子之一是电子，则称电子谱；探测粒子和发射粒子都是光子，则称光谱；探测粒子和发射粒子都是离子，则称离子谱；探测粒子是光子，发射粒子是电子，则称光电子谱。这是一种习惯分类方法，不能用于所有表面分析法的分类。表面分析还可按用途分类，如化学成分分析、结构分析、原子态分析和电子态分析。

化学成分分析是表面分析中经常进行的工作。选用分析方法时应考虑以下因素：能否测轻元素、检测灵敏度对不同元素差别如何、最小可检测的灵敏度如何、能否作定量分析、能否判定元素的化学态、谱峰分辨率如何，是否易于辨识、表面探测深度如何、能否作微区分析、探测时对表面的破坏性，等等。几种常用化学成分分析的性能比较如表 9-1 所示，从表中可见，X 射线光电子谱判断化学态的性能好，检测时对样品损坏小、定量分析好，特别适合于做化学分析，故又称为化学分析电子能谱(ESCA)。俄歇电子谱的一般性能较好，结构简单，得到广泛的应用，尤其是其电子束可聚焦成细针(束斑可小至 3.5nm)，适于微区扫描分析，即扫描俄歇探针(SAM)。次级离子质谱具有很好的检测灵敏度，有的可测出相对浓度低至百万分之一，甚至亿分之一的杂质，它可以测 H 及同位素、分子团，具有很高的空间分辨率，适于做微量微区分析以及有机化学分析，不过其定量分析性能较差。

在结构分析方面，单晶表面的二维排列规律可通过低能电子衍射(LEED)或反射式高能电子衍射(RHEED)进行探测，后者尤其适合于在分子束外延过程监视晶体的生长。LEED 装置十分简单，用它研究气体或外来原子在单晶表面的吸附现象时十分方便。四栅 LEED 装置还可以做俄歇分析，只是分析速度较慢。用 LEED 和 RHEED 还可以判断简单的晶体表面缺陷。单晶及其吸附表面层的三维排列是较难确定的，通常可利用 LEED 的 *I-E* 曲线(衍射斑点强度随电子能量的变化曲线）来进行分析。先假设原子排列和电子与原子相互作用的一系列参数，通过复杂的计算，算出 *I-E* 曲线并与实验结果比较，通过多次猜测和大量的计算工作最后才能确定结构。

表 9-1　几种常用成分分析方法

性能	俄歇电子能谱(AES)	X 射线光电子能谱(XPS)	二次离子质谱(SIMS)	离子散射谱(ISS)
测 H	不能	差	好	差
元素灵敏度均匀性	好	好	差	好
最小可检灵敏度(相对浓度)	$5\times(10^{-2}\sim10^{-3})$	$5\times(10^{-2}\sim10^{-3})$	$10^{-4}\sim10^{-8}$	$10^{-2}\sim10^{-3}$
定量分析	一般	好	差	差
化学态判定	一般	好	差	差
谱峰分辨率	好	好	优	差
易于识谱	好	好	一般	一般
表面探测深度	几层	几层	单～几层	单层
空间分辨率	优	差	优	差
无损检测	好	优	差	差
理论数据完整性	一般	好	差	一般

9.1.3　探针与材料表面的相互作用

探针可以采用离子、电子、光子及中性粒子束流，这些束流与表面作用，会从表面激发出各种粒子，几种情况示意于图 9-1。

入射到表面的光子束，例如紫外线或 X 射线，可激发光子散射，对应的方法为紫外光电子能谱(UPS)和 X 射线光电子能谱(XPS)；低能电子束(几十到几百电子伏)可产生低能电

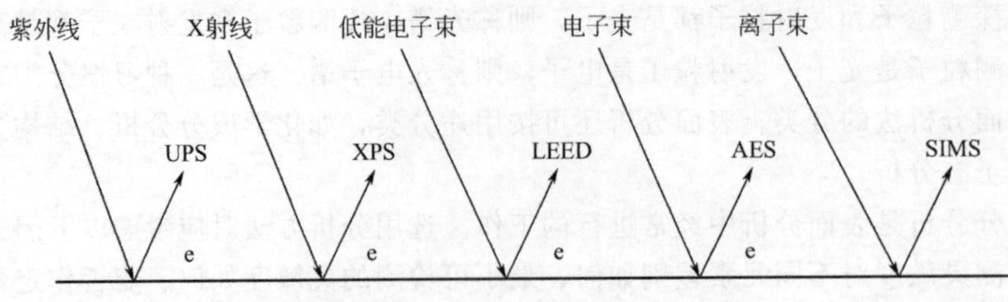

图 9-1 表面束流与表面作用示意图

子衍射(LEED)；高能电子束可激发俄歇电子，构成俄歇电子能谱，简称 AES；离子束可激发二次离子溅射，构成二次离子质谱(SIMS)。

(1) 电子探针与表面的作用

当具有一定能量的电子束射到固体表面时，入射电子和表面原子间会发生库仑相互作用，使电子发生散射。原子对电子的散射有弹性散射和非弹性散射两种。在弹性散射中，电子只发生方向的改变而能量基本不变；在非弹性散射中，电子不仅运动方向发生变化，而且能量也会不同程度地减小。入射电子能量会引起表面材料的 X 射线辐射、二次电子发射、光子辐射，甚至表面的离子脱落等一系列效应。

入射电子和原子的价电子发生非弹性碰撞，损失的能量会引起二次电子的发射。二次电子的能量较低，一般只有 20～50eV，且方向是全方位的，只有在表面层十分之几个纳米深度以内的电子才可能逸出表面。二次电子的发射受表面的物理化学性质的影响很大，因此不同的材料、不同的表面形貌下二次电子的发射也不相同，扫描电子显微镜就是利用这一性质对表面进行观察的。

入射电子与原子芯态能级的电子作用，可以产生俄歇电子。通过对俄歇能谱的分析，可以鉴别表面元素的种类。俄歇电子产生的原理是：当较高能量(3～5keV)的入射电子轰击固体表面时，表面原子的内层电子会被激发到外层，并在内层能级上留下一个空位，使原子由原来能量较低的稳态变为能量较高的激发态；能量较高的能级上的电子可以跳下来补充这个空位，使能量降低。但在退激过程中，释放的能量使另一能级上的电子激发，此激发出的电子即为俄歇电子。

(2) 入射光子与表面的相互作用

用 X 射线或紫外线照射固体表面，也可使表面原子受光激发而电离，光子把能量传给电子从而发生光电跃迁或俄歇跃迁，使某些电子逃逸到物体外。

根据爱因斯坦光电效应方程：

$$h\nu = E_K + E_B \tag{9-1}$$

式中，h 为普朗克常数，$h=6.62607015\times10^{-34}\text{J}\cdot\text{s}$；$\nu$ 为入射光的频率；E_K 为光电子的动能；E_B 为把一个电子从束缚态激发到真空自由态所需的能量。对于不同的电子壳层，其 E_K 也不同。如果入射光子是单色的，则可以利用电子能谱仪测出电子的动能 E_K，从而得出结合能 E_B，此即用光电子能谱分析表面成分的基本原理。

在紫外光电子能谱(UPS)分析中常使用 16.8eV 的 HeⅠ线或 40.8eV 的 HeⅡ线作激发光源，这种能量范围的光子只能激发试样原子的价电子，不能激发内层电子，主要用于研究分子的成键情况。在 X 射线光电子能谱(XPS)中通常使用铝阳极靶(1486.6eV)X 射线管和镁阳极靶(1254.6eV)X 射线管，可以激发出多种元素的内层电子。不同元素原子内层电子的结合能往往差异较大，容易在X射线光电子能谱中分辨开来，故X射线光电子能谱特别适合做元素的定性分析；此外，虽然X射线可以穿透样品内部，但激发出的电子的逃逸深度只有十分之几纳米，因此XPS又可有效地对表面进行分析。

同电子束入射一样，入射光子也可激发俄歇电子。

(3) 入射离子与表面的相互作用

用气体离子束(如Ar^+、Ne^+、He^+等)聚焦后入射到固体表面上，如果离子的能量达到500eV以上，则离子同固体表面的原子间会发生弹性或非弹性碰撞。当样品表面原子获得的能量高于临界值后便会激发出格点，把这些逸出的原子电离，形成二次离子，用质谱仪进行分析，便测出原子的种类，此即二次离子质谱分析(SIMS)的基本原理。

9.1.4 表面成分分析技术

表面成分分析多采用俄歇电子能谱(AES)等谱仪。

(1) 俄歇过程

前已述及，当一束电子入射到固体表面时会激发俄歇电子，该过程可用图9-2说明。俄歇电子的能量可以下式表示：

$$E_{wxy}(Z)=E_w(Z)-E_x(Z)-E_y(Z)-\Delta E_{yx}(Z) \tag{9-2}$$

式中，Z为原子序数；w、x、y分别表示由低到高的三个能级。上式的物理含意是电子从x能级非辐射落回到w能级的空位上可释放出E_w-E_x能量，该能量可使y能级上的电子克服束缚能而逃逸到真空之外，剩余的能量即俄歇电子的能量。而最后一项ΔE_{yx}是一修正项，因为在内层w空位的条件下，y层电子的束缚能应大于E_y。由于不同的元素对应的原子序数Z不同，而E_w、E_x、E_y都与原子序数有关，因此所发射的俄歇电子的能量$E_{wxy}(Z)$也和原子序数有关。

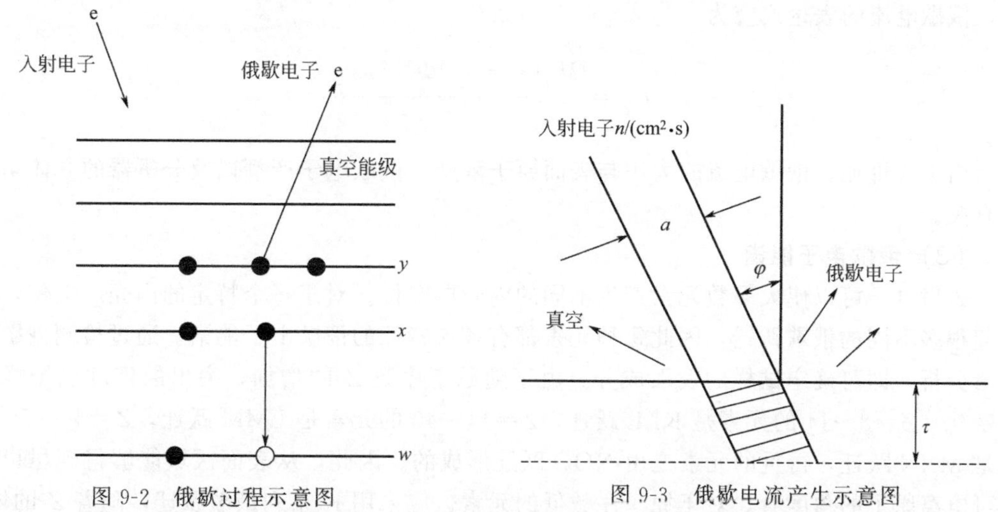

图9-2 俄歇过程示意图　　图9-3 俄歇电流产生示意图

俄歇过程至少要有两个能级和三个电子参与，所以H原子不可能发生俄歇跃迁，He一般说来也不能发生俄歇跃迁，孤立的锂原子外层仅有一个电子，也不会发生俄歇跃迁，但是在固体中价电子是共有的，可以发生俄歇跃迁，因此Li的KLL跃迁，实际上是KVV跃迁，这里V代表价带能级。

(2) 俄歇电流

如图 9-3 所示，当入射电子束以 φ 角入射表面时，可以估计待测的俄歇电流 I_A。

设入射电子束的截面为 a，每个入射电子在一个原子上可产生 Q 个俄歇电子。俄歇电子的逸出深度为 τ，即从表面到深度 τ 的材料中所产生的全部俄歇电子都从表面释放出来，而在其它部位产生的俄歇电子都不逸出。图 9-3 的阴影区的体积为 $a\tau\sec\varphi$ 中的原子对俄歇电流都有贡献。设能产生俄歇电子的原子浓度为 N，则阴影体积中这种原子总数为 $aN\tau\sec\varphi$。设 n 为入射电子束内每秒每平方厘米的电子个数，则每秒入射电子为 na 个，以 $I_0=na$ 来表示所有原子在 1s 内可产生的俄歇电子数 $naQaN\tau\sec\varphi$，则俄歇电流为

$$I_A=I_0QaN\tau\sec\varphi \tag{9-3}$$

若以 $\sigma_A=Qa$ 表示俄歇电子发射截面，则：

$$I_A=I_0\sigma_AN\tau\sec\varphi \tag{9-4}$$

估算中应该考虑到以下因素：

① 入射电子束 I_0 可以直接使原子电离产生俄歇电子，同时还会引起二次电子发射，具有较高能量的部分二次电子在运动中又可能使表面原子电离，即使 I_0 的有效值增加。

② 激发态电子的退激不仅能产生俄歇电子，还可能产生特征 X 射线。用 $\overline{\omega}_k$ 表示 X 射线的发生概率(荧光产额)，X_K 为俄歇电子发射概率(俄歇电子产额)，则有

$$\overline{\omega}_k+X_K=1 \tag{9-5}$$

若用 Φ 表示入射电子引起的原子电离化截面，则俄歇电子发射截面为

$$\sigma_A=(1-\overline{\omega}_k)\Phi \tag{9-6}$$

③ 设筒式分析器的立体角为 Ω，则仅可能有 $\Omega/4\pi$ 的俄歇电子进入检测器。根据以上分析，俄歇电流的表达式应为

$$I_A=\frac{\Omega I_0(1-\overline{\omega}_k)\Phi N\tau\sec\varphi}{4\pi} \tag{9-7}$$

由上式可见，俄歇电流的大小与表面原子浓度、俄歇电子产额以及分析器的立体角等因素有关。

(3) 俄歇电子能谱

入射电子可以使大多数元素产生不同的内壳层空位。对于每个特定的内壳层空位，又可引起很多不同的俄歇跃迁，因此每种元素都有各自特征的俄歇电子能谱。通过检测俄歇电子能量分析，即可确定试样的表面成分。由于随原子序数 Z 的增加，突出的俄歇电子峰将有所变化，$Z=3\sim14$ 的元素是 KLL 跃迁，$Z=14\sim40$ 的元素是 LMM 跃迁，$Z=40\sim79$ 的元素是 MNN 跃迁，再重的元素是由 NOO 跃迁形成的。因此，从表面区域能够得到尽可能多的可电离原子的角度看，对于原子序数低的元素，应采用 K 系列俄歇跃迁，随着 Z 的增加，依次采用 L 系列、M 系列、N 系列。

从固体样品发射的次级电子，不仅有俄歇电子，还有其它各种各样的次级电子，包括初级电子的弹性散射电子、非弹性散射电子以及慢次级电子等，它们形成了强大的本底，几乎把俄歇电子峰淹没，不过一般来说，弹性散射峰的能量较高，慢次级电子峰能量较低，可以

避开，但强大而变化缓慢的本底也给测量带来了困难。若用 $N(E)$ 表示俄歇电子数随能量变化的函数，从测量的 $N(E)$-E 曲线很难得到有用的信息。为了能明确地获得俄歇电子的信息，可以采取微分的办法，测得 $\frac{\mathrm{d}N(E)}{\mathrm{d}E}$-$E$ 来识别俄歇峰，$\frac{\mathrm{d}N(E)}{\mathrm{d}E}$-$E$ 称为微分谱，而 $N(E)$-E 则称为直接谱。为了得到微分谱，可以在能量分析器上叠加微弱的调制电压 $\Delta E=K\sin\overline{\omega}t$（$K$ 称调制幅度），输出信息 $N(E+\Delta E)$ 受此扰动调制。用泰勒级数把 $N(E+\Delta E)$ 展开：

$$
\begin{aligned}
N(E+\Delta E) &= N(E)+N'(E)\Delta E+\frac{N''(E)}{2!}\Delta E^2+\cdots \\
&= N_0+N_1\sin\overline{\omega}t+N_2\sin(2\overline{\omega}t)+\cdots
\end{aligned}
\tag{9-8}
$$

式中，$N_1=KN'(E)+\frac{1}{8}K^3N'''(E)+\cdots$。如果 K 足够小，则可忽略高次项，使

$$
N_1=KN'(E) \tag{9-9}
$$

改变 E，测得对应的 N_1，便可测得微分谱 $\frac{\mathrm{d}N(E)}{\mathrm{d}E}$-$E$。不过俄歇电子能谱仪经常利用的能量分析器是筒镜分析器(CMA)，用此分析器只能得到 $\frac{\mathrm{d}N(E)}{\mathrm{d}E}$-$E$ 微分谱，该谱也可大幅度提高信背比，在实际中得到了广泛的利用。

（4） 俄歇电子能谱仪（AES）

如图 9-4 所示，俄歇电子能谱仪通常由探针系统、能量分析系统、真空系统及其它辅助系统构成。

（5） X 射线光电子能谱仪（XPS）

该种谱仪也是目前最广泛采用的表面成分分析仪之一，XPS 谱仪实验系统的基本过程如图 9-5 所示。

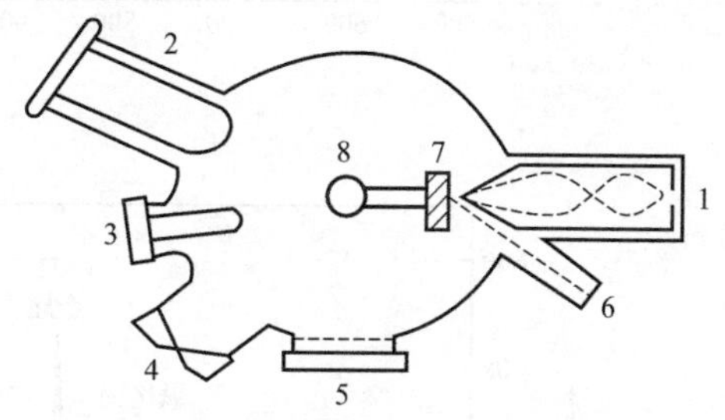

图 9-4 俄歇电子能谱仪

1—探针系统；2—俄歇电子分析器；3—溅射离子枪；4—预备窗；5—观察窗；6—掠射电子枪；7—样品；8—可旋转样品架

实验过程如下：将样品置入样品室，用一束单色的 X 射线激发，只要光子的能量 $h\nu$ 大于原子、分子或固体中某原子电子轨道的结合能 E_B，便能将电子激发从而离开原轨道，得到具有一定动能的光电子。由于 X 射线能量较高，所以主要得到的是来自原子内层轨道的电子。光电子进入能量分析器，利用分析器的色散作用，可测得其按能量高低的数量分布。由分析器出来的光电子经倍增器进行信号放大，得到如图 9-6 所示的 XPS 谱图。为防止分析时样品表面受到污染，样品室应保持 10^{-6}～10^{-8} Pa 的超高真空。XPS 系统的操作、数据采集和数据处理、输出为自动化，用于检测激发出来的光电子特性，包括其动能、相对于激发源的发射方向及在特定条件下的自旋取向等物理量。一般情况下，XPS 是在固定激发源几何位置和一定的接受角条件下，测量不同动能的光电子的数量分布。

图 9-6 是对金属铝样品测得的两张 XPS 谱图。分析这两幅谱图可知：

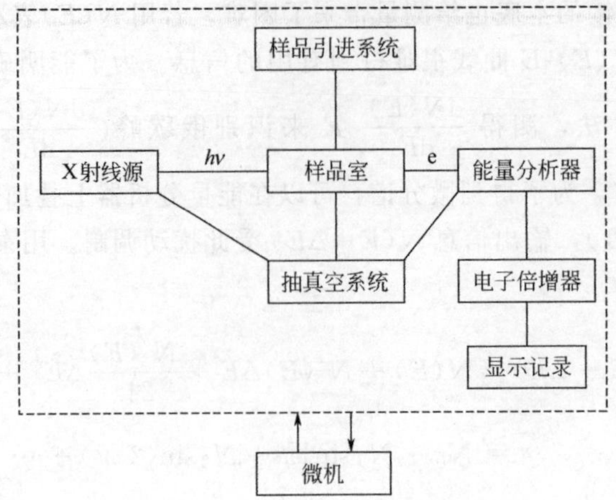

图 9-5 X射线光电子能谱仪实验系统

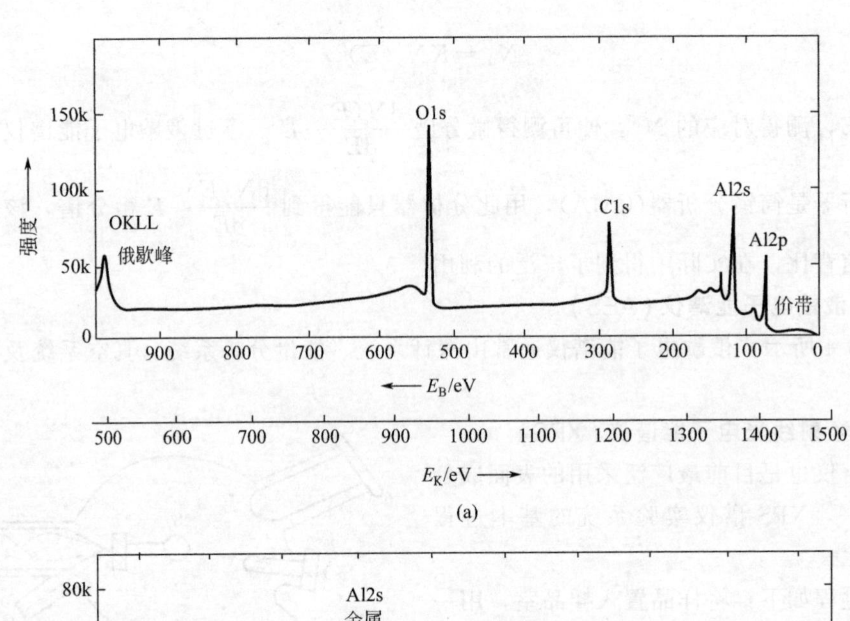

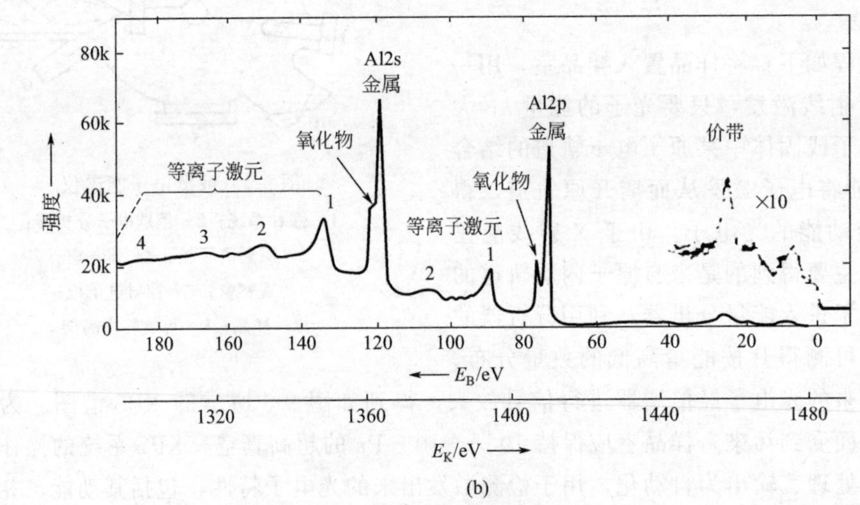

图 9-6 金属铝的XPS谱图

(a)全扫描谱；(b)(a)图高动能端的放大

① 谱图中除了有 Al2s 和 Al2p 谱线外，还显示了 O1s 和 C1s 两条谱线，说明铝表面受到氧化以及有机物的污染。谱图的横坐标是光电子的动能或轨道电子结合能，这表明每条谱线的位置和相应元素原子内层电子的结合能有一一对应的关系。不同元素原子各轨道电子结合能为一定值，且互不重叠，因此只要在宽能量范围内对样品进行一次扫描，由各谱峰所对应的结合能即可确定试样表面元素的组成。

② 谱图的纵坐标表示单位时间内所接受到的光电子数。在相同激发源及谱仪接受条件下，考虑到各元素电离截面差别之后，显然表面含有某种元素越多，光电子信号越强。因此，在理想的情况下，每个谱峰所属面积的大小可用以度量表面所含的元素量，这就是 XPS 定量分析的依据。

③ 由图 9-6(b)可见，在 Al2s 和 Al2p 谱线低动能一侧都有一个紧挨着的肩阶。主峰分别对应纯金属铝 2s 和 2p 轨道电子，而相邻的肩阶分别对应于 Al_2O_3 的 2s 和 2p 轨道电子。这是由纯铝中的 Al_2O_3 夹杂物中铝原子所处的化学环境不同引起内层轨道电子结合能向较高数值偏移所造成的。由于化学环境不同而引起内壳层电子结合能位移的现象叫化学位移。这样，根据内壳层电子结合能位移大小判断有关元素的化学状态，这是 XPS 最突出的功能。

④ 此外，图中还显示了 O 的 KLL 俄歇谱线、铝的价带谱和等离子激元等伴峰结构。这些伴峰同样品的电子结构密切相关，这是 XPS 提供的又一重要信息。

需要说明的是，由于仪器内部各种因素的影响和可能的外界干扰使 XPS 测得的原始谱线往往出现畸变，相互交叠，给图谱分析带来困难，因此需要对原始谱进行分峰、退卷积、基线斜率校正和激发源所引起的伴峰扣除等多种数据处理，才能得到理想的分析谱和所要的信息。

(6) 二次离子质谱仪(SIMS)

将离子源所产生的一次离子加速成为几千电子伏的离子束轰击样品，由于离子的碰撞，样品表面的原子或正、负离子将被溅射出来。将二次离子引入质量分析器，按其质荷比进行分离并由检测器检测，有时还可进行二次离子的能量分析。由此可以得到有关的表面信息如元素种类、同位素、化合物、分子结构等。

9.1.5 表面结构分析技术

迄今为止，X 射线仍是研究晶体内部结构最常用最有效的工具。实际上当研究的表面是“表面层”的时候，用 X 射线是非常有效的，但是 X 射线并不适合表面上原子层的二维结构研究。表面结构的分析方法中，目前主要采用低能电子衍射(LEED)和反射型高能电子衍射(RHEED)。

(1) 低能电子衍射(LEED)

图 9-7 是一种 LEED 仪，主要由电子枪、样品架、荧光屏和三个球形栅极构成。栅丝直径 25μm，栅丝间距 0.25mm，每个栅网透明度约 80%。靶和第一球形栅 G_1 均接地，以保证从靶发出的衍射电子在无场空间沿着它原有的方向前进。第二栅 G_2 接阴极电位，使 G_2 相对靶的电位为 $-V_p$(V_p 是电子枪对电子的加速电压)，因此在初次电子轰击下从靶发出的次级电子中，只有动能为 eV_p 的弹性散射电子才能穿过 G_2 打在加正高压的荧光屏上，于是在荧光屏上可观察到衍射束的斑点，此即 LEED 装置的基本原理。由于荧光屏对地加 5～

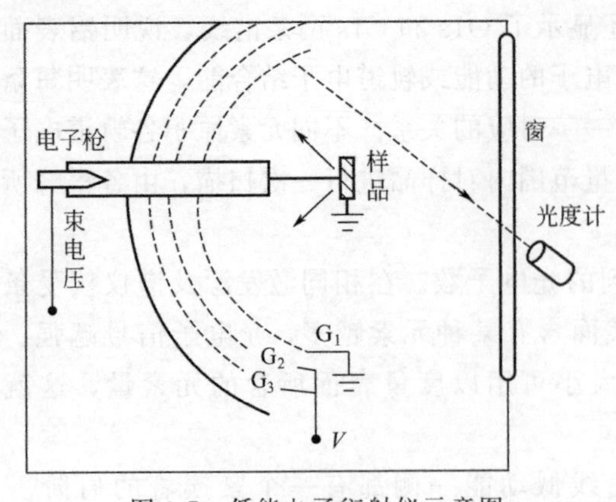

图 9-7　低能电子衍射仪示意图

7kV 的正高压，其电场会影响第二栅 G_2 面上的电位，使 G_2 栅丝之间的空间电位与栅丝电位不同，导致非弹性碰撞的电子也通过 G_2，造成荧光屏本底宽度的增加，所以后来发展为三栅。G_3 接地或接 G_2，可屏蔽高压电场对 G_2 球面电位不均匀的影响。

作为接受极的荧光屏应保持几千伏的正电位。它只增加衍射电子的能量而并不改变衍射谱。点光度计可以扫描并量度荧光强度，也可以调整点光度计对准某个衍射束射在荧光屏上的位置，改变入射电子能量 E_0(70～500eV)以测量衍射束的强度 I 和入射电子束能量的关系(I-E_0 曲线)。

电子束在样品表面的衍射在荧光屏上形成衍射斑点而成为 LEED 衍射图谱。LEED 图是与二维晶体结构相对应的二维倒易点阵的直接投影。不过只分析此图样的几何图形并不能得到表面结构，还需分析衍射束的强度。衍射束强度和入射电子能量 E_0、入射角 θ 及方位角 φ（样品绕表面法线的旋转角）有关。实验中，固定 θ 和 φ，只测量 E_0 和 I 的关系。把从给定表面的各种入射角 θ 和方位角 φ 值所得的 I-E_0 曲线加以综合，得到总的衍射信息，并由此推演出表面结构。即 LEED 图样及衍射斑点强度可反映二维晶体的结构特征。

(2) 反射高能电子衍射(RHEED)

RHEED 是观察晶体生长最重要的实时监测工具之一。它可以通过非常小的掠射角将能量为 10～30keV 的高能电子束向平滑表面以很小角度(1°～3°)入射，垂直于表面方向上入射的电子动量分量很小，电子束在表面上的入侵深度很浅，这种电子衍射图像就能完全反映出表面的结构信息，如图 9-8 所示。通过衍射斑点获得薄膜厚度、组分以及晶体生长机制等重要信息。RHEED 法由于衍射斑点大，精确度差，在表面结构分析中远不如 LEED 的功能大。但近年来 RHEED 法也得到较广泛的应用。

RHEED 主要特点如下。

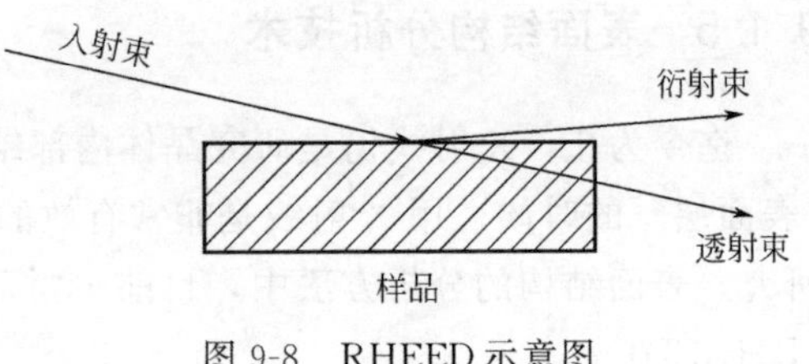

图 9-8　RHEED 示意图

① 一束直径较细的高能电子束照射到被分析样品表面，通过表面反射而形成电子衍射图像，可以进行传统的 X 射线衍射分析所不能完成的样品表面晶体结构及薄膜方向等的观察和测定。

② RHEED 所用的加速电压为 10～1000keV，所对应的波长对分析薄膜的结晶性非常有利，可以获得较多样品表面的微结构信息，如表面重构、生长模式、晶相等。

③ 由于高能电子束以几乎平行于被分析样品表面的一极小的角入射(见图 9-8)，入射电子与表面垂直的动量很小，这样电子只能与样品表面的几层甚至是一层原子的晶格发生作用，所以通过衍射像可以显示表面原子排列的特征。

用 RHEED 可做样品表面动态观测，进行晶体生长动力学过程研究，还可进行表面原子结构的分析、晶格常数测定，并可通过衍射图样分析晶体缺陷，以对外延膜进行评价。

RHEED 主要应用如下。

① 清洁样品表面和有序吸附层等的结构分析。如果 RHEED 图像是条纹，则说明样品表面原子的排列比较有序，样品表面是非常平整的；如果 RHEED 图像是点状的，则说明样品表面不是非常平整，有局部的凸起；如果 RHEED 图像是模糊不清的，则说明样品表面是粗糙的，电子束已经被多次散射。

② 判别单晶和多晶。一般来说，如果 RHEED 图像是条纹和点状的，则可以判断样品是单晶的；如果 RHEED 图像是环状的，则样品是多晶的。

③ 确定样品表面重构，确定薄膜的构成。不同样品平整表面的 RHEED 图像条纹的间距是不同的，由于 RHEED 图像是晶体点阵在倒易空间的衍射投影，晶格常数大的其 RHEED 条纹间距要比晶格常数小的衍射条纹间距小。

9.2 涂(膜)层性能测试和评价技术

9.2.1 涂层性能

(1) 结合强度

结合强度实际上是指从一块基体上去除涂(膜)层时所需的应力。有很多测定涂(膜)层结合强度的技术，大致可以分为三大类：核方法、机械方法和其它方法(表 9-2)。对核方法来说，一个涂(膜)层的去除主要是涂(膜)层个别原子和基体之间结合的破裂，其宏观结合强度则可考虑为个别原子力的总和，且和基体上的一个单原子对涂(膜)层总的吸附能 E_a 有关。测量吸附能的核方法是非常复杂的，因而应用也是很有限的。

表 9-2 涂（膜）层与基体结合强度测量技术分类

结合强度测量技术	核方法	成核率的测量	
		核岛密度的测量	
		临界形核能的测量	
		沉积原子在基体表面的滞留时间的测量	
	机械方法	法向分离法	直拉法
			扭摇法
			超离心法
			脉冲激光或电子束法
		侧向分离法	剥离法
			折剪法
			吹气法
			弯曲试验
			压痕法
			擦伤法
	其它方法	磨料法	
		热法	
		X 射线法	
		电容法	
		阴极处理法	

下面介绍几种常用测定结合强度的机械方法。

所有的机械方法都是应用一些手段使涂(膜)层从基体上分离。它们一般可分为两大类：法向分离法和侧向分离法。

1）法向分离法(拉伸方法)

在所用的拉伸方法中，直接拉伸法、扭曲或颠倒法以及折叠-剪切法都需采用某些胶黏剂或焊料以及专用装置来拉涂(膜)层。所以，这些试验取决于粘接的强度；而对超离心法、超声波法以及脉冲激光或电子束方法就不用胶黏剂或焊料了，然而却需要专门的设备。其中，超声波法和超离心法一般用于较厚的涂(膜)层(>100μm)。

① 直接拉伸法。图 9-9 为用直接拉伸法测量结合强度的示意图。其基本原理是用焊料或高强度胶黏剂将涂(膜)层与某种拉伸用的附件(如平头黄铜销)粘在一起，然后在一台拉伸试验机上法向拉伸该涂(膜)层。

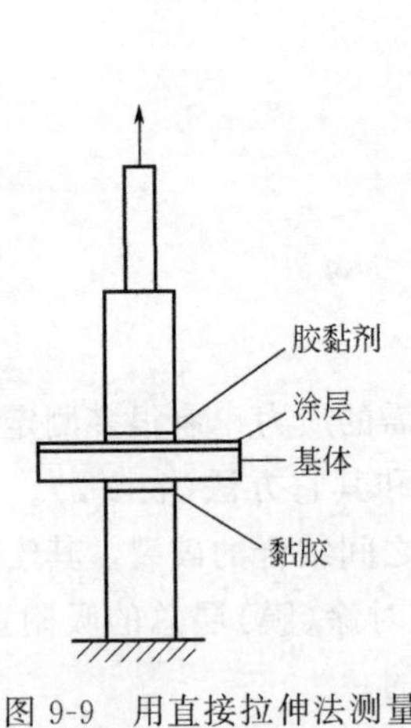

图 9-9　用直接拉伸法测量涂层结合强度的示意图

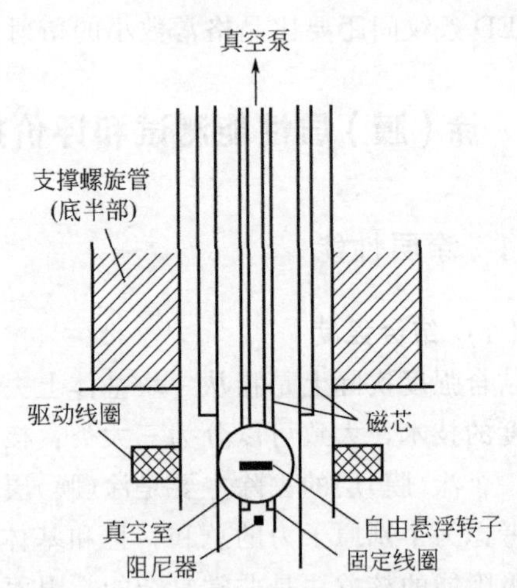

图 9-10　用超速离心法测量结合强度的示意图

② 超速离心法。用这种方法时，将试样作为一个转子，其轴高速转动以产生所需的离心力(见图 9-10)。当达到一个临界速度时，涂(膜)层在离心力作用下脱离。这个转子处于真空状态，依靠一个旋转磁场使轴转动，转子直径只有 2.5mm，转动角速度超过 80000r/s。

这种方法适用于较厚的涂(膜)层。由于试样在高频下快速、反复运动，依靠涂(膜)层的惯性产生法向力使涂(膜)层剥离，其加速力是根据振动的频率与幅度以及涂(膜)层的质量和面积来测定的。摩西(Moses)用此方法测量了在一个硬铝的圆柱上所涂聚苯乙烯涂(膜)层的结合强度。采用的频率为 23.6MHz，测得的结合强度为 410kPa。

2）侧向分离法(剪切法)

用侧向分离方法时，施加一个侧向力使涂(膜)层从基体上分离出来。其中，剥离法一般用于结合强度较低的涂(膜)层。但由于其方法简便且快速，常用作否定较差涂(膜)层的依据；折叠-剪切法要使用粘接，所以也有像拉伸法一样的弱点；折叠法也用于结合强度较低的涂(膜)层[如聚合物涂(膜)层]；弯曲试验、压缩试样压痕试验以及擦伤试验测定涂(膜)层结合强度时，还与其它的性能(如硬度和断裂韧性)有关系。所以它们大部分用作定量或半定量地测定薄、硬且较易黏结的涂(膜)层。图 9-11(a)表示了一种最古老而广泛采用的方法，即黏结胶带拉伸法。用一段从胶带卷上撕下的胶带，紧贴在试验涂(膜)层表面。如果涂(膜)层基体结合强度小于涂(膜)层胶带之间的结合强度，涂(膜)层就会被胶带剥离下来。例如，勃利斯克莱(Briskly)用了大约 $1\pm0.1\text{N}\cdot\text{mm}^{-1}$ 的拉力，可做测定大于 0.5MPa 结合强度的涂(膜)层试验。这个方法比较简便而快速，常用于油漆和固体润滑剂涂(膜)层的结合强度的测量，如测量塑料表面油漆的结合强度，或测量金属表面气体喷涂二硫化钼或石墨等固体润滑剂的结合强度。

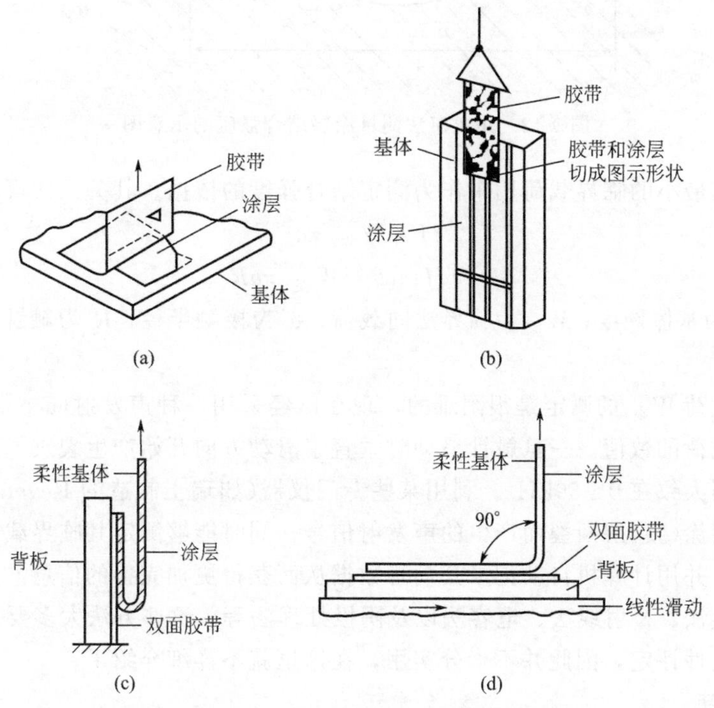

图 9-11 侧向分离法的原理示意图

图 9-11(b)表征了一种改进型的可定量测定涂(膜)层结合强度的胶带剥离法。将胶带贴于涂(膜)层表面且用括刀刮平，胶带伸出一个尾翼。在拉伸时，涂(膜)层与基体脱离，测量分离涂（膜）层所需的载荷。如果涂(膜)层的基体是柔性的材料(如厚 25～40μm 金属粒子型磁带)，则涂(膜)层的基体可用一种双面胶带黏到一块光滑平板上，被涂的基体可从平板上呈 90°或 180°角度拉伸[图 9-11(c)、(d)]，测量分离涂(膜)层所需的载荷。

3）压痕法

将有涂(膜)层的试样在不同载荷下施压。在低载时，涂(膜)层随着基体一起变形；然而，当载荷足够高时，就会出现一个横向裂纹并沿着涂(膜)层-基体的界面扩展，横向裂纹的长度随着压痕载荷增加而增加。观察涂(膜)层开裂的最小载荷(称为临界载荷)并用来度量涂(膜)层的结合强度(图 9-12)。压痕法可以用一种带有金刚石压头的洛氏硬度计或维氏硬度计来进行试验；对极其薄的涂(膜)层来说，可以采用纳米级的硬度计。

应当指出：测定的临界载荷 $W_{临}$ 是涂(膜)层的硬度、断裂韧性以及结合强度的函数；压痕裂纹的长度与施加载荷以及涂(膜)层-基体界面的断裂韧性有关。

4）擦伤法

利用指甲刀或小刀来擦刮表面可能是测定油漆或其它涂(膜)层黏结性能最古老的方法。现代新的方法是采用一个具有碳化钨或洛氏 C 型金刚石尖(半径 0.2mm，尖端锥角为 120°的金刚石圆锥)的光滑的圆形铬钢触针来划过涂(膜)层表面，逐渐增加其法向载荷直至涂(膜)

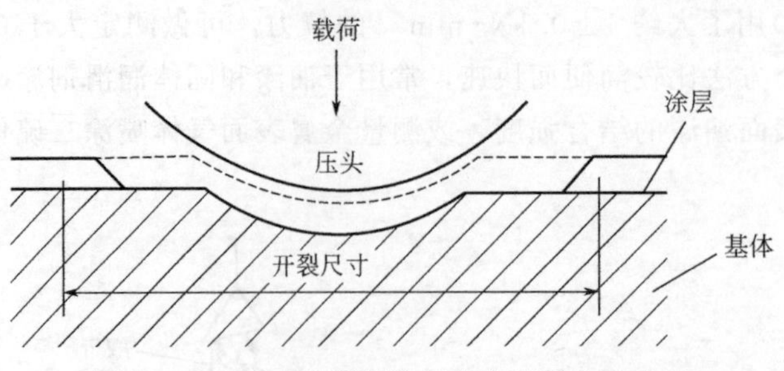

图 9-12　用压痕法测量涂层结合强度的示意图

层完全分离。其最小的临界载荷用来作为测定结合强度的依据。其关系式可表达为

$$H=W_{临}/\pi a^2 \tag{9-10}$$

$$\tau=H\tan\theta=W_{临}/\pi aR \tag{9-11}$$

式中，H 为基体硬度；$W_{临}$ 为临界法向载荷；a 为接触半径；R 为触针半径；τ 为结合强度。

由于临界载荷 $W_{临}$ 的测定是很困难的，现在已经采用一种声发射(acoustic emission)技术来测定临界载荷的数值。一旦触针滑动时垂直于滑动方向开始产生裂纹，声发射信号就增加，其频率范围大致在 0～50kHz。利用某些专门仪器(如瑞士制造的 Revetest 自动擦伤仪)不仅可以测定因涂(膜)层断裂而产生的声发射信号，同时能够测定其临界载荷、摩擦系数和摩擦力的数值，并用计算机自动记录其动态数据从而获得更加完善的信息。其它方法是指磨料抛光法、加热法、X 射线法、电容法以及阴极处理法等。这些方法大多要用专门的设备而且某些仅仅是定性评定，因此并不十分实用，在这里就不详细介绍了。

(2) 孔隙率

孔隙本身是个物理概念，但其存在主要影响表面的化学性能。

在涂(膜)层覆膜的处理中，孔隙的存在对表面的其它性能影响极大。除了极少数情况下希望其孔隙率增大外，大多数情况下都不希望孔隙存在。孔隙的测定大多采用化学法如贴滤纸法、涂膏法、浸渍法等，也可采用电化学钝化法、显微镜观察法或绝缘测试法来测定。

1) 贴滤纸法

本法采用的化学试液必须有两种：一种是电极腐蚀液，一种是指示剂。腐蚀液是用于浸蚀试样的，通过孔隙渗入膜层，因此要求该液只与基体金属或中间镀层作用而不腐蚀表面镀层，腐蚀液多采用氯化物。指示剂则要求与被腐蚀的金属离子产生特征颜色，例如铁氰化钾可使铁离子显蓝色，使铜离子显红褐色，使钨离子显黄色。将浸有测试液的滤纸贴于被测试样表面，滤纸上的试液渗入镀层孔隙中与基体金属或中间层发生作用，生成相应的颜色斑点，揭下滤纸，根据斑点可评定膜层孔隙率：

$$孔隙率=n/s(个\cdot cm^{-2}) \tag{9-12}$$

式中，s 为被检试样面积，cm^2；n 为孔隙斑点总数。由于所得斑点的大小不一，因此计算时可作如下处理：点直径在 1mm 以下的，每点以 1 个孔计；点直径为 1～3mm，每点以 3 个孔计；点直径在 3～5mm，每点以 10 个孔计。一般以三次试验的算术平均值评定孔隙率测试结果。

2) 涂膏法

涂膏法的基本原理同滤纸法。只是腐蚀剂和指示剂不是吸附到滤纸上，而是掺进膏泥里。膏泥是洁白的，对任何曲面都可以很容易刷涂上，涂层很薄，为 0.5～$1g \cdot dm^{-2}$。这样膏泥中的试液通过孔隙渗入基体或中间层，反应物形成特定的颜色又渗出，直接计算斑点数即可求得孔隙率。

3）电化学测定法

钢在 Na_2SO_4 等溶液中会发生阳极钝化，钝化的电流密度和时间与孔隙率的多少会有一定的关系，根据此关系可求得膜层的孔隙率。

例如对磷化膜孔隙率的测定即可用此法。把一个柱形试样的一个端面磷化并暴露在外，其它各面全部绝缘，置于 Na_2SO_4 溶液电解槽中作阳极，以 2～3V 的恒电压进行电解，磷化面上孔隙中的铁被钝化。

记录初期电流密度 i_0（$A \cdot cm^{-2}$）、钝化所需要的时间 t_p（min）（以电流急剧减小为信号），孔隙率可由下式计算：

$$\lg F = \frac{\lg t_p - \lg B + n\lg i_0}{n} \tag{9-13}$$

式中，B、n 为常数：$B=2.0$，$n=1.5$。

4）显微测量法

用一定放大倍数的显微镜直接观察表面的孔隙，或对不同的截面观察孔隙，可参照滤纸法的评定方法，求出孔隙率。目前多用与研究型金相显微镜配套的彩色图像分析系统进行自动分析。

5）绝缘法

该方法仅是一个定性的方法，主要适用于有机薄涂层的表面，基体是导电金属。测试时表面涂上导电液体并使其渗入孔隙中。该法外加电压 100～200V 即可，采用一个电极在表面上扫描的办法，如果有孔隙存在就会产生电流，引起端子产生电火花。因此如果孔隙过于密集，无法用此法判定。

（3）密度

涂（膜）层的密度也是一个很重要的参数。它取决于材料的成分和物理结构。一般而言，它可以按下面的公式计算：

$$\rho_c = M_c / V_c \tag{9-14}$$

式中，ρ_c 为涂（膜）层密度；M_c 为涂（膜）层质量；V_c 为涂（膜）层体积。

对大多数涂（膜）层来说，密度的测量都因为它的质量和体积很小而存在着一些问题；再者，涂（膜）层的不均匀性、表面粗糙度、空隙、裂纹以及凹槽等都可能导致涂（膜）层厚度测量的误差。

可采用液态称重法测量涂（膜）层密度。将试样放在两种流体中，分别测出它们的名义质量，测量精度为 0.02%。这时，其密度可按下式计算出来：

$$M_a = M_c - \rho_{L1} V_c \tag{9-15}$$

$$M_L = M_c - \rho_{L2} V_c \tag{9-16}$$

式中，M_a 和 M_L 分别为试样在空气和液体中的质量；ρ_{L1} 和 ρ_{L2} 分别为两种流体的密度。

图 9-13 为一种采用两种不同密度的不可混合的液体以浸泡或漂浮技术测量涂（膜）层密度的示意图。

在容器中装有两种互不混合的液体，上面的液体是一种密度为 $1770kg \cdot m^{-3}$ 的含氟的碳

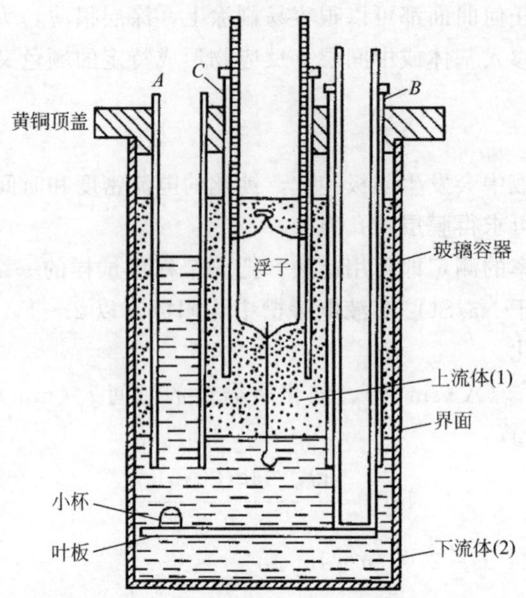

图 9-13 测量涂(膜)层密度的示意图

氢化合物；而下面的液体为含 0.2g·L^{-1}烷基硫化钠的蒸馏水。一个装有试样的小杯悬浮在下面一种密度更高的液体中并用一根绳子悬挂在上面液体中的浮子上。三个管子 A、B、C 形成一个等边三角形。试样的密度可用两个参考试样校正标准密度与试样密度的比值，按下面的公式计算出来：

$$\frac{\rho_c}{\rho_s}=\left[\frac{M_s}{M_c}+\frac{\rho_s}{\rho_{LL}}\left(1-\frac{M_s}{M_c}\right)-\left(\frac{\rho_s}{\rho_{LL}}-1\right)\frac{\Delta 1}{\Delta 2}\frac{\Delta M}{M_c}\right] \tag{9-17}$$

式中，ρ_c 为涂(膜)层密度；M_c 为涂(膜)层质量；ρ_s 为参考试样的密度；M_s 为参考试样的质量；ρ_{LL} 为下面流体的密度；ΔM 为两个参考试样质量的绝对差值；$\Delta 1$ 为试样与最轻的参考试样之间停留位置的差值；$\Delta 2$ 为参考试样之间停留位置的差值。

这种测量方法的优点是适宜于测定形状不规则的物体，受涂(膜)层厚度的不均匀性、表面粗糙度、孔隙、裂纹以及凹槽等的影响都不大。它适用于重量为几毫克或更重的可分离涂(膜)层试样的测定，大多用于电镀涂(膜)层。

（4）厚度

在用表面镀层或涂层强化时，膜厚往往都是有一定要求的。如果这个要求并不是十分严格的，可以采用一些简单的方法，例如用卡尺、千分尺测量后，减去基体的尺寸就可以了，但是，如果要求严格，或者基体具有不规则的形状，就必须采用专用的方法了。下面介绍的一些方法，可根据需要选用。

1）称重法

如果假定膜厚是均匀的。设 A 为测定的面积，t 为厚度，ρ 为密度，m_2 为沉积膜的质量，则有

$$tA\rho=m_2 \tag{9-18}$$

$$t=\frac{m_2}{A\rho} \tag{9-19}$$

式中，m_2 可以通过试样表面处理前后的质量差来求得。如果取块状材料的 ρ 来计算，得到的膜厚只能是等效厚度，因为大多数情况下膜的密度小于块体密度。

2）磁性法

基本原理是以探头对磁性基体磁通量或互感电流为基准，利用非磁性膜的厚度不同，用探头磁通量或互感电流的线性变化值来测量覆盖层的厚度。因此该法仅适于磁性基体上的非磁性膜的测量。即钢铁上的所有非磁性膜都可用该法进行测试。

3）涡流法

其基本原理是利用一个载有高频电流线圈的探头，在被测试样表面产生高频磁场，由此引起金属内部涡流，此涡流产生的磁场又反作用于探头内线圈，使其阻抗变化而工作。如果基体表面覆盖层厚度发生变化，探头与基体金属表面的间距会有相应的改变。反作用于探头线圈的阻抗亦发生相应的改变。测出探头线圈的阻抗值，就可以反映出覆盖层的厚度。涡流测厚法同样适用于磁性基体上的各种非磁性膜层，也可以用来测量阳极氧化膜的厚度。

4）β粒子回射法

当β粒子射向薄膜试样表面时，一些β粒子在光源的方向上被散射回来进入计数管，在入射β射线强度一定的条件下，被反射的β粒子数是被测镀层种类和厚度的函数。通过和从相同基体上相同材料已知厚度的膜层的回射的β粒子数相比较，即可测得被测层的厚度。

β粒子回射法适合于大多数金属基体上的不同金属膜层，具有较高的精度，特别适合于膜层金属的原子序数大于基体金属的情况，这时测试仪器对单位面积上的镀层厚度的灵敏度也增大，因而特别适合于贵金属薄膜镀层。

5）X射线荧光法

基本原理是用X射线照射镀层表面时，会产生荧光X射线，由此而引起入射X射线的衰减，通过测定衰减之后的X射线的强度，可以测量镀层的厚度。但必须以标准厚度的样品进行校准。

该法能快速而精确地测量大多数镀层。但测量试样的断面直径小于2mm，镀层在4～25μm之间。

6）触针扫描测试法

该法实际上是利用粗糙度测定仪对基体表面和与其邻接的表面膜进行扫描，把膜厚引起的触针跳动转变成电信号进行放大，然后自动绘出。放大倍率是已知的，因此从绘制图上测得厚度并除以倍率即可。如果基体表面和膜层表面是相当光滑的，则以上测试比较容易。但是实际上这种理想情况是不多的，如图9-14所示，测得的表面是峰状的。这时可规定一定的基准扫描长度，用扫描峰顶间膜层厚或扫描峰中线间膜层厚来表示。

7）光切显微法

这是用来测量表面粗糙度的一种方法。这里干涉带条纹的弯曲是由镀层台阶引起，测量后计算的 h 即为膜层厚度。

此外还有人研究出一种多光束干涉法用来测试膜厚，在最佳条件下它是测定膜厚的现有最精确的方法，其分辨率约±0.05nm。

8）石英晶体振荡法(QCO法)

以上所说的测试方法都是静态测试法。在气相沉积工艺中，有时要随时监控薄膜的厚

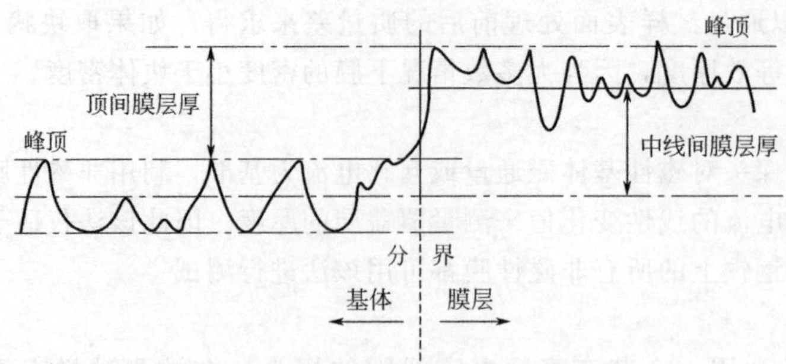

图 9-14 触针扫描厚度测试法示意

度，可采用石英晶体振荡法（method of quartz crystal oscillator，缩写为 QCO 法）。简单地说，该法的原理就是利用了石英晶体振荡片固有振荡频率随着其质量的变化而变化这一特性。在石英晶体振荡片上蒸镀薄膜，如果所镀薄膜的质量与石英晶体振荡片相比很小的话，则与石英晶体振荡片本身的质量或者厚度增加时所产生的效果相同，即振荡片频率的变化与质量或膜厚的变化成正比：

$$d\nu = -\frac{u^2}{N}\frac{\rho_1}{\rho}dx \tag{9-20}$$

式中，ν 为振荡频率；u 为声速；ρ 为石英晶体的密度；ρ_1 为薄膜物质密度；x 为膜厚；N 为频率常数，N＝1670kHz·mm。

因为石英晶体具有压电效应，所以，在石英晶体片的两个面上装上电极所形成的石英晶体振荡器，可把电量转化成机械量的变化。

石英晶体振荡片是直径为 1.7～1.8cm 左右，厚度为 0.2～0.3mm 左右的沿 AT 方向切割的单晶石英片。表面是细微的粗糙面。在其两个面上用蒸镀方法镀上足够的金膜以作电极。

如图 9-15 所示，石英振荡片被装在称为探头的装置中，为了避免石英振荡片的频率因温度变化而变化，探头中要通入冷却水。使用时该探头要装在与工件靠近的与蒸发源距离相同的位置上。

该方法的优点是测量简单，可在薄膜的制造过程中连续测量膜厚，精度为 0.012nm。缺点是测量的膜是石英晶体上的膜，而不是金属基体上的膜。因此，每当条件改变时，必须重新校正。

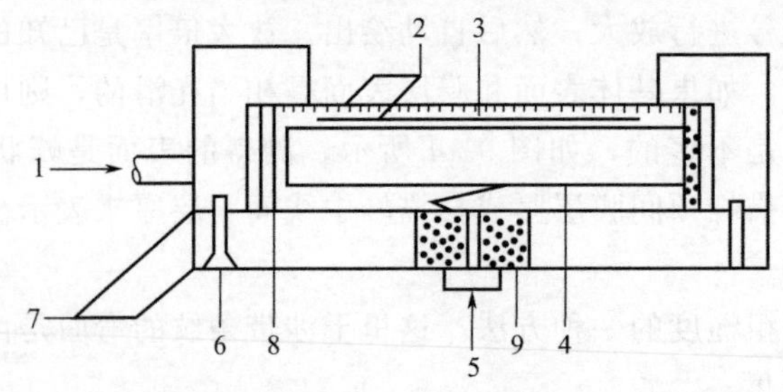

图 9-15 QCO 的测量探头

1—冷却水；2—金电板；3—石英振荡片；4—压板；5—接线柱；
6—螺钉；7—不锈钢支柱；8—绝缘环；9—绝缘陶瓷

9.2.2 力学性能

(1) 显微硬度

对于较薄的膜层或强化层来说，常采用的是显微维氏硬度试验。具体试验要求请参照 GB 4342—1991。显微硬度的载荷范围是 $9.807\times10^{-2}\sim1.961$N，在表面膜层的基体不出现塑性变形的情况下，应尽可能选取比较大的试验力。载荷的大小应根据试样表面膜层的厚度和硬度不同来选择，通常按下式来选择载荷：

$$m=\frac{\mathrm{HV}\delta^2}{7.9176} \tag{9-21}$$

式中，m 为载荷，g；HV 为估计硬度；δ 为膜层厚度。

显然，如果所计算的载荷小于硬度计的载荷，测试值将是无效的。从压痕的深度也可以判定测试的有效性：按 GB 6462—2005 规定，试验力应使压痕的深度小于膜层厚度的 1/10，即显微维氏硬度测定的膜层厚度应$\geqslant1.4d$(d 为压痕对角线长)。

为了测量膜层的显微硬度，还专门设计了一个压头，所得压痕的对角线长短相差很大，长的对角线平行于表面，可用以测量更薄的膜层，测定时膜层厚度只要$\geqslant0.35d$ 就可以了，所测硬度称努氏硬度 HK。努氏硬度和维氏硬度 HV 的区别仅在于前者分母不是压痕倾斜表面的面积，而是投影的面积。

膜层的硬度还可以在横断面上测定。当采用维氏压头时，压痕角端与膜层边缘距离$\geqslant d/2$，两对角线长度相差在 5%以内，四个边的边长相差也应在 5%以内。当用努氏压头时，软膜层厚度$\geqslant40\mu$m，硬膜层应$\geqslant25\mu$m。

洛氏硬度也可以用来测定稍厚膜层的硬度，请参照 GB 1818—1994 金属表面洛氏硬度试验方法以及 GB 8640—1988 金属热喷涂层表面洛氏硬度试验方法。

有机涂料膜层的硬度测量比较特殊，是通过摆杆阻尼试验来测定的(GB 1730—2007)。基本原理是以一定周期摆动的摆杆接触涂层表面时，表面越软，摆杆振幅衰减越快；越硬，衰减越慢。

(2) 耐磨性

在许多情况下表面硬度可以反映耐磨性的大小，但是硬度和耐磨性的关系也并不是固定的，表面的耐磨性的准确度量还是要在服役条件下，进行磨损试验而求得。摩擦环境不同、材料配副不同、所受载荷不同，所求磨损量也不同，因此，试验方法也是多种多样的。现以使用较多的 MM-2 型磨损试验机为例，介绍其试验原理。

图 9-16 为 MM-2 型试验机装置示意图，由加力装置、力矩测量机构及试样夹持等部分组成。用该机可进行滑动、滚动或滚滑复合磨损试验，用以测定材料表面的磨损率 W_r 和摩擦系数 μ。

通过调节螺母可以调节试样之间的压力 F，F 可在试验机的标尺上给出读数，同时，摩擦力矩 T 可在描绘筒上画出。由此可求得滚动摩擦系数：

$$\mu=\frac{T}{RF} \tag{9-22}$$

式中，T 为力矩，N·cm；R 为下试样半径；F 为试样间压力，N。

耐磨性能的评定方法主要是对比法。在相同的摩擦条件下，磨损量愈大，耐磨性愈差。因此，评定的关键是准确地测出磨损量的大小。常用方法是称重法、磨痕法等，其中多用称

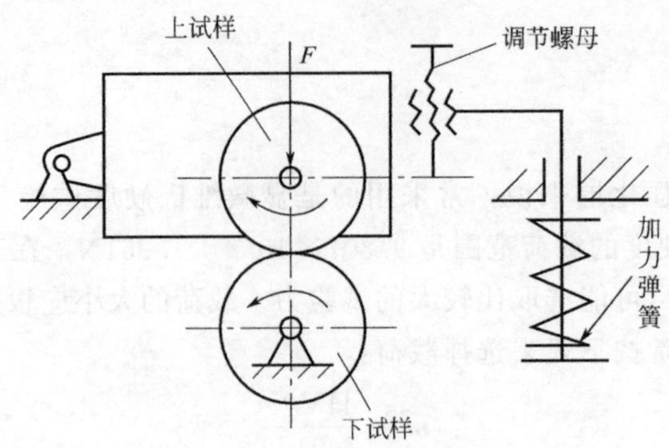

图 9-16　MM-2 型磨损试验机装置示意图

重法。耐磨性的大小常用 ε 表示：

$$\varepsilon = \frac{1}{W_r} \tag{9-23}$$

式中，W_r 为磨损率，磨损率表示单位行程或单位时间内的磨损量。

(3) 涂(膜)层摩擦磨损结果的定量测定

摩擦系数一般是根据摩擦力与施加的法向载荷的比值计算出来的。摩擦力是用应变仪(应变传感器)或位移仪(电容法或光学法)来测定的。在某些情况下，压电传感器(大多用于动态测量)也用来测量摩擦力的大小。上述的一些商业用的现代擦伤仪可自动提供擦伤过程中摩擦系数和摩擦力的动态数据。

通常对磨损结果的测量方法是：失重法、体积损失法、刻痕法或其它一些几何测量方法。另外，还有一些间接测量方法，例如，评定试样达到一定磨损量所需的时间或者引起严重磨损或使表面精度产生变化所需的载荷等。磨损表面的微观测量方法，如扫描电镜、透射电镜以及放射性衰减法等都是用作微观测量的，一般应用较少。

在摩擦磨损试验中，对整体材料磨损量特别是磨料磨损条件下磨损量较大的情况，其测定方法大多采用磨损失重法(即重量磨损损失)或磨损体积损失法来表示。

另一种评定磨损损失的方法是磨损尺寸变化测定法。这里包括宏观尺寸测定法和微观尺寸测定法两种测定方法。前者是用普通的测微卡尺或螺旋测微仪，直接测出某部位的磨损尺寸变化量。这里的关键在于前后多次测量位置的一致性，这就需要预先确定需测量的磨损部位，以保证磨损尺寸变化测量的准确性。某些情形下还可以通过投影仪或光干涉仪来测定磨损尺寸的精确变化。

微观测定法包括刻痕法及表面形貌测定法。刻痕法是用专门的金刚石压头在经受磨损的零件或试样表面上，预先刻上磨痕，最后测量出磨损前后刻痕尺寸的变化来确定其磨损量。这种方法的优点是在短期使用后即可确定不同部位磨损的变化，精确度较高。这种方法常用来测定渗硼气缸套、导轨涂(膜)层表面的磨损。国内试制的 WDA-2 型静态磨损测定仪，其测量精度绝对误差可达 0.45μm。当然，也可以用计算机来处理这些数据，并可画成三维的表面轮廓图形，计算出任意部位的尺寸及体积变化。

除此之外，还有一种磨屑分析法，即通过对磨屑的分析推算出磨损率。常用的方法有同位素法、铁谱法、光谱法和显微法等。同位素法目前大致分为三种：一是用放射性计数器测量转移的金属量；二是测量从零件或表面磨下来的磨屑的放射性；三是测量表面因磨损而产生的放射性下降。这种方法最大的优点是灵敏度高，可测量极轻微的磨损。缺点是必须采取防护措施。近年来学者们正在研究采用低能量放射性同位素，可在不保护条件下测量磨损。国内曾报道了利用放射性同位素研究喷油嘴精密件的磨损，这种方法也适用于表面涂(膜)层磨损量的测定。表 9-3 给出了几种磨损测量方法精确度对比。

表 9-3 几种磨损测量方法精确度对比

磨损测量方法	精确度
失重法	10～100μg
放射性衰减法	≈1μg
触针式轮廓仪	25～50nm
显微硬度计	25～50nm
光学轮廓仪	0.5～2nm
扫描电镜(SEM)	0.1nm
扫描透射电镜(STM)	0.02～0.05nm

9.2.3 化学和电化学性能

(1) 耐腐蚀性能(盐雾实验、化学腐蚀实验)

涂(膜)层表面的耐蚀性同样取决于涂(膜)层材料的特性以及环境因素和腐蚀条件。它与摩擦学特性一样，也是一种与工况条件有关的系统特性。由于腐蚀条件及机理不同，选用的涂(膜)层表面材料类型及工艺也不同。所以，涂(膜)层表面的耐蚀性也应指耐化学腐蚀或电化学腐蚀的特性；或者是指耐大气腐蚀、土壤腐蚀、海水腐蚀、高温腐蚀以及其它特殊环境和工况条件下的腐蚀(熔盐、放射性辐照)以及有冲刷及磨损条件下的腐蚀的特性。

涂(膜)层表面的耐蚀性可以用现场腐蚀试验以及模拟条件或强化模拟条件下的腐蚀试验来进行评定。现场腐蚀试验中可将涂(膜)层表面试样置于大气中长期曝晒，或在工程环境中挂片试验，或直接用有涂(膜)层的工件进行实际试验等。模拟试验则是在模拟主要的环境因素(如人工海水腐蚀、H_2S 气氛腐蚀试验等)下对涂(膜)层表面进行腐蚀试验。强化模拟试验则是将某些腐蚀因素进行强化，这样可以在更短的时间内取得效果。例如采用潮湿箱、盐雾箱、人工气候箱等。它主要通过调整温度、湿度变化的幅度和频率、介质的浓度、pH 值、淋洗频率及照射强度等因素而达到强化模拟试验的目的。由于一般情况下进行腐蚀试验过程时间较长，所以，这种强化模拟试验方法常被采用。

在涂(膜)层表面腐蚀试验后要对其腐蚀程度进行检测。一般情况下，评定材料或涂(膜)层腐蚀程度的方法有以下几种。

1) 宏观测定法

这种方法是借助于观测腐蚀表面的腐蚀形态及腐蚀面积、产物颜色的变化来评定。它可以用目测或用图像分析仪来获得定量表征，如腐蚀面积所占的比例、腐蚀点密度、腐蚀点平均大小等。颜色则可用色度计给出定量数值。另外，可以采用称重法，利用热天平来观察和记录重量随时间的变化。这里有减重(金属在介质中溶解)和增重(金属高温氧化形成氧化皮)两种情况。应该特别指出的是：在腐蚀试验中要区别开涂(膜)层表面与基体两种材料不同的腐蚀作用，避免混淆和误解。

此外，还可采用测定其腐蚀试验后厚度变化以及力学性能变化来评定。这时，可用各种无损测厚仪如超声仪、磁性仪、涡流仪等测定涂(膜)层的厚度变化。还可用电阻探针置于介质中，由探针的腐蚀电阻变化，间接地判定材料的腐蚀状况。对于某些晶界腐蚀和氢腐蚀，还可通过做弯曲、冲击、抗拉等力学性能试验观察腐蚀前后性能的变化来评定。

2）微观表面的测试

这种方法主要是通过现代分析仪器如高性能的扫描电镜、透射电镜、俄歇能谱、红外分光光度计等来观察涂(膜)层表面的腐蚀特征和形貌，分析其成分及结构，以判定腐蚀机理和特征。这种方法大致用来研究涂(膜)层表面的腐蚀机理和作微观分析。

3）特殊的腐蚀性能试验和参数的测试

① 电化学试验。一般采用两或三根电极，用来测量以下参数：决定材料实际惰性的腐蚀电位；决定材料腐蚀速度的腐蚀电流密度；在一定试验条件下腐蚀电流与电位的关系从而探索其腐蚀机理；决定一对材料的腐蚀速度的两种不同材料的腐蚀电位。图 9-17 为测定极化曲线的三电极体系的基本电路图。其中被测体系由研究电极“研”、参比电极“参”和辅助电极“辅”组成，因此称为三电极体系。图 9-18 为三电极体系简化示意图。研究电极也称为工作电极或实验电极。研究电极应具有重现的表面性质，如电级组成和表面状态；另外，该电极应完全浸入电解液中。若测试涂(膜)层的极化曲线，需要采用环氧树脂或其它胶黏剂将非涂(膜)层部分封闭。

参比电极是用来测量研究电极电位的。参比电极应具有已知的、稳定的电极电位，而且在测量过程中不得发生极化，常采用甘汞电极作为参比电极。

辅助电极也叫对电极(Counter Electrode)，它只用来通过电流，实现研究电极的极化。其表面积应比研究电极大，因而常采用镀铂黑的铂电极做辅助电极。

图 9-18 中的电解池为 H 型管，这种型式便于电极的固定。为了防止辅助电极的产物对研究电极有影响，常采用素烧瓷或微孔玻璃板 D 把阴阳极区隔开。

图 9-17 和图 9-18 中 B 表示极化电源，为研究电极提供极化电流。mA 为电流表，用以测量电流。E 为电位测量仪。从图 9-17 和图 9-18 可以看出，三电极构成两个回路：一是左侧极化回路；二是右侧的电位测量回路。通过极化回路控制和测量极化电流大小。电位测量回路中用电位测量或控制仪器来测量或控制研究电极相对于参比电极的电位，这一回路中几乎没有电流通过(电流$<10^{-7}$A)。可见，利用三电极体系既可以使研究电极界面上有电流通过，又不影响参比电极电位的稳定。因此可同时测定通过研究电极的电流和电位，从而得到单个电极的极化曲线。

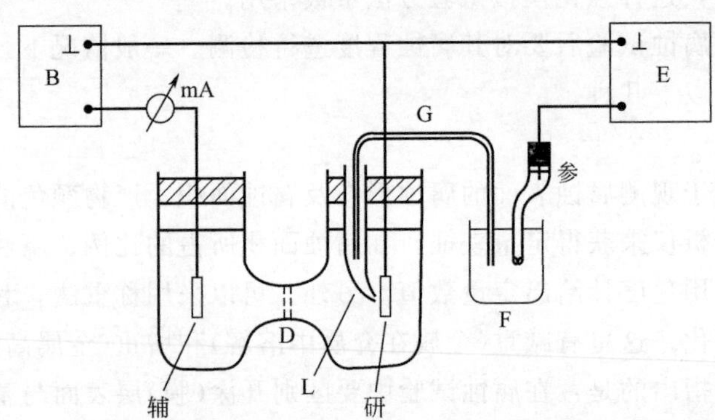

图 9-17　测定极化曲线的三电极体系的基本电路图

在电化学试验中，可以利用恒电位法，测定腐蚀系统中金属电位随时间的变化规律；利用微参比电极测定微区电位分布，绘出等电位图；利用恒电位法测出材料的阳极极化曲线，

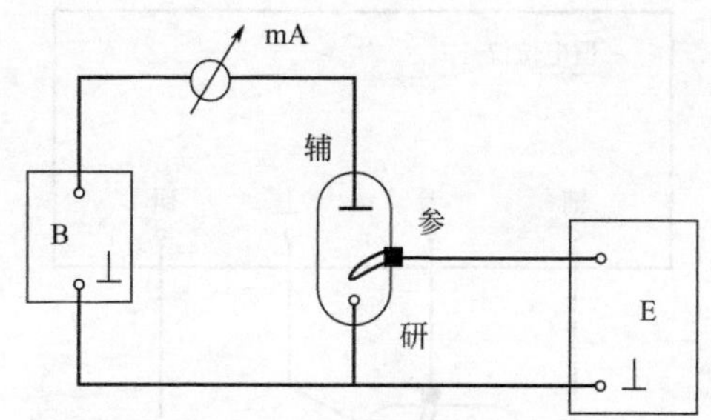

图 9-18　三电极体系简化示意图

通过极化曲线了解点蚀及缝隙腐蚀敏感性以及通过电位-pH(电流密度)图等方法来评定各种E-pH状态下合金涂(膜)层的腐蚀速度。这里很重要的一点是要测定该腐蚀系统的极化电阻。

当用控制电流法测定稳态极化曲线时，可用恒电流仪或恒电流电路代替图 9-17 中的 B，用电位差计、pH 计或直流数字电压表等电位测量仪器代替图 9-17 中的 E，则可以组成极化曲线测量线路。图 9-19 为最简单的恒电流法测定阴极极化曲线的电路图。图 9-19 中用的是恒电流源，即用一个 45V 的干电池串联一组不同阻值的电位器(取 $R_0=1\text{k}\Omega$，$R_1=1\text{M}\Omega$，$R_2=100\text{k}\Omega$，$R_3=10\text{k}\Omega$，功率 2～3kW)，调节这些电位器就可以得到在 0.05～30mA 之间稳定变化的稳定电流。电位可以用 pH 计测量。因测量阴极极化曲线，故研究电极为阴极，接电源的负极，辅助电极接电源的正极。

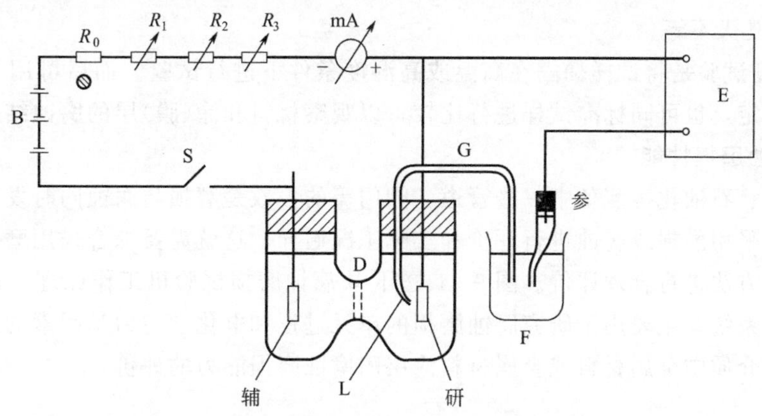

图 9-19　恒电流法测定阴极极化曲线的电路图

控制电位法需要用恒电位仪。图 9-20 是用恒电位仪测定极化曲线的最简单电路图。接线时分别将研究电极、参比电极、辅助电极分别接到恒电位仪的“研”“参”“辅”接线柱上，而且还必须把研究电极接到恒电位仪的“⊥”端接线柱上，以减小电位测量误差。目前研究用极化曲线测试仪全部实现了电脑自动测量，效率显著提高。

② 环境试验。环境试验包括盐雾试验、海水试验、腐蚀气体试验和温度/湿度试验。

盐雾试验。这种试验通常是采用一种合适尺寸的盐雾箱(2m^3 或更大)，在箱子中由空气吸入 5% NaCl 溶液。一般试验时间为 72h(参见 ASTM B117)。这种试验常用于试验锌的涂(膜)层。对气体涡轮发动机零件的腐蚀试验，通常采用由压缩空气吸入 Na_2SO_4 和 NaCl 的溶液。

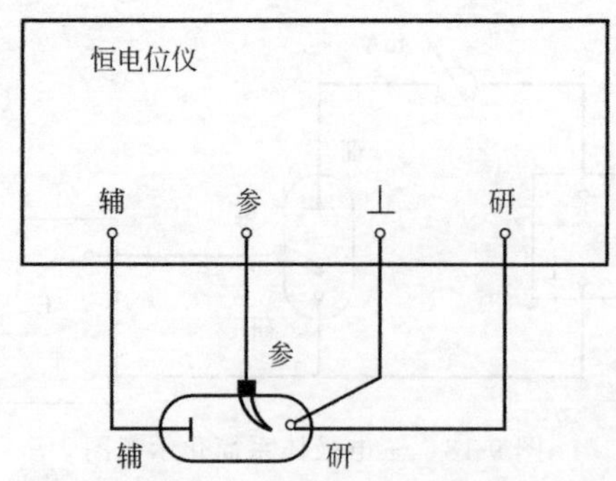

图 9-20　恒电位仪测定极化曲线的电路图

海水试验。在试验时可将试样部分或全部浸入天然或人造海水(表 9-4)中浸泡半天到几个月，然后观察其结果(参见 ASTM D1141—98)。这种试验通常用于海洋工程装备的耐海水腐蚀评价。

表 9-4　人造海水化学组成　　单位：g/L

成分	NaCl	$MgCl_2$	Na_2SO_4	$CaCl_2$	KCl	$NaHCO_3$	KBr	H_3BO_3	$SrCl_2$	NaF	H_2O
含量	24.53	5.20	4.09	1.16	0.695	0.201	0.101	0.027	0.025	0.003	余量

腐蚀气体试验。在这种试验中，试样被暴露在一种强化了的腐蚀气体环境中。这种腐蚀气体可以含少量 Cl_2、NO_2、H_2S 和 SO_2(例如空气中含有体积分数为 5×10^{-6} 的 Cl_2、500×10^{-6} 的 NO_2、35×10^{-6} 的 H_2S 和 275×10^{-6} 的 SO_2，相对湿度为 70%，温度为 25℃)。暴露的时间由几个小时到几天不等。

温度/湿度试验是将试样暴露在高温或高湿度条件下进行试验。而后可用各种宏观或微观方法进行测定，也可同标准试样进行比较，以观察材料和涂(膜)层的腐蚀结果。

(2) 腐蚀磨损性能

海洋工程、石油化工装备中一些管道、阀门等的失效是磨损与腐蚀同时发生与相互促进的过程，单独采用磨损或腐蚀进行评价和实际工况迥异，这就需要综合采用磨损、腐蚀与电化学相结合的方法进行合理评价。图 9-21 是环-块腐蚀磨损试验机工作原理。该装置配有电化学参数测试系统，主要用于研究腐蚀磨损的单元过程和电化学与力学因素的交互作用，也可以用作特定介质中金属材料或金属材料涂层耐腐蚀磨损能力的评价。

9.2.4 耐热性能

耐热性能的测试主要有高温软化性能的测试、热冲击性能测试及耐高温氧化性能测试。后者已经属于化学性能范围了。

高温软化性能的测试比较简单，只要一台高温硬度计就可以了，测量温度要根据具体情况确定。

热冲击试验可用于测定循环加热的情况，表面可以是无膜层的，也可以是有膜层的。但它更多情况下是用来评价膜层的抗热冲击性能。热冲击试验的加热温度也是自行选定的，保温时间可以是 10min 或再长一些，冷却方式可以采用水冷或气冷。抗热冲击能力可以用表面出现开裂、剥落或鼓泡的次数来表示。

关于抗高温氧化试验，即把试样加热到高温下保温，并每隔一定的时间间隔，检查表面

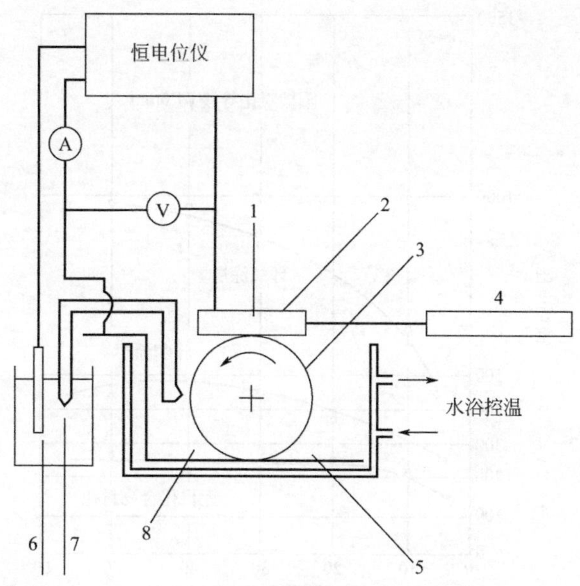

图 9-21　环-块腐蚀磨损试验机工作原理

1—载荷；2—块试样；3—环试样；4—力传感器；
5—Pt 片电极；6—饱和甘汞电极；7—盐桥；8—腐蚀介质

的氧化情况，其中重量的变化是最重要的测试项目，可以给出总的氧化量；但是局部氧化，如晶界氧化、界面氧化，引起的破坏更大，因此也要重点检查。具体的加热试验是多种多样的，例如有：加热炉氧化试验、火炬试验、燃烧器加热试验、低压氧化试验、热腐蚀试验等。

9.2.5　薄膜绝缘性能

对于阳极氧化膜、涂料膜以及陶瓷膜，有时需要了解其绝缘性能，一般采用引起膜层破坏的最小外加电压来表示，也有多种测试方法。

（1）传递式绝缘破坏试验法

此法是在膜层上加以电压，测定最小破坏电压的简单方法。当电流开始急剧增大，例如达 50～100mA 时，蜂鸣器响起，读取电压值。测试前把试样放入干燥剂中保持 1h，把两个银电极紧紧地压到膜层两侧，交流电压以 $25\sim50V\cdot s^{-1}$ 的速率增高。膜层的绝缘破坏以 $1\mu m$ 厚的绝缘破坏电压表示。

（2）芯轴式绝缘破坏试验法

此法用于像氧化铝膜处理的导线那样弯曲使用的绝缘破坏电压的测试，试验前把处理过的铝导线置入干燥剂中保持 1h 以上，然后缠绕在一个 5～60mm 的绝缘棒上，分两层，每层 25 匝，在两层导线上施以电压，以 $25\sim50V\cdot s^{-1}$ 的速率增加，求出引起绝缘破坏的最小电压。显然所使用的芯轴直径越小，破坏电压越低，如图 9-22 所示。

（3）压紧式绝缘破坏试验法

如图 9-23 所示，把一个电极紧紧地压在绝缘膜层的表面上，另一个电极是基体金属自身。电极直径为 25mm，表面无磨痕，圆角绝缘性也是以 $1\mu m$ 厚膜的电压值来表示。

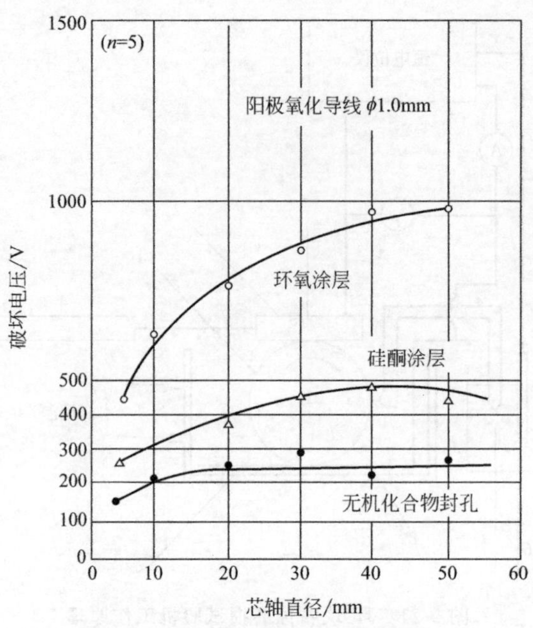

图 9-22　膜层绝缘电压的弯曲特性

9.2.6　涂(膜)层残余应力测试技术

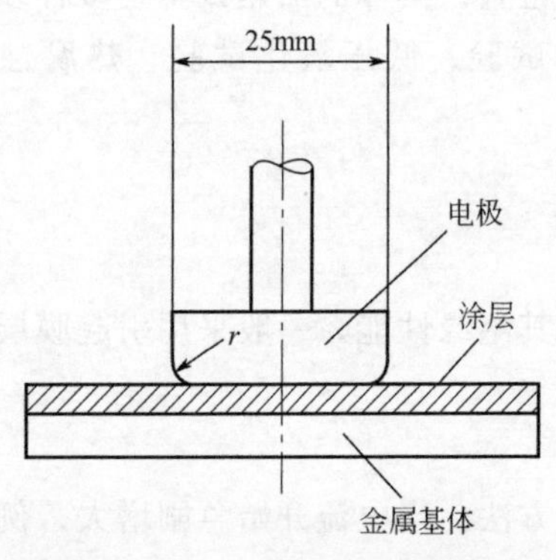

图 9-23　压紧式绝缘破坏试验法

几乎所有的涂(膜)层(不管用什么方法产生的或处理过的表层)都会有残余应力存在。残余应力的存在对材料的力学性能有重要影响。残余应力可以是压应力，也可以是拉应力。在少数情形下，界面的切应力可能会超过涂(膜)层与基体界面的结合强度并导致涂(膜)层开裂和脱层。然而，压应力一般是会增加涂(膜)层硬度的。测量残余应力的技术主要是靠测量受这些应力影响的物体的物理性能来决定应力的大小。这些方法包括：变形(弯曲)法，X射线、电子和中子衍射法等。

(1)　变形法

假定涂(膜)层涂在一个薄基体上并处于一种应力状态时，基体的弯曲程度是可以度量的。拉应力将使基体弯曲并导致涂(膜)层表面成凹形；压应力则使涂(膜)层凸起。基体的变形可以靠观察圆盘中心的位移或者采用一根细杆作为基体并计算细杆弯曲的曲率来决定，因为这个变形量与残余应力有密切关系。

在采用圆盘法时，圆盘中心的位移可用一台触针式轮廓仪来测定，也可用光学干涉镜来测定(见图 9-24)。此时，圆盘一般为玻璃、石英或硅晶体制成的厚度为 5～250μm 的薄片。由于基体的限定的不平度，所以这个涂(膜)层常常会在试验后从基板上脱落，而其留下的轮廓可作为参考试样。变形的圆盘将会弯成一种抛物线形状。应力 σ 可以按式(9-24)计算：

$$\sigma=\frac{\delta}{\gamma}\frac{E_s}{3(1-\upsilon_s)}\frac{t_s^2}{t_c} \tag{9-24}$$

式中，δ 为弯曲挠度；γ 为圆盘半径；E_s 为基体的杨氏模量；υ_s 为基体的泊松比；t_s 为基体厚度；t_c 为涂(膜)层厚度。

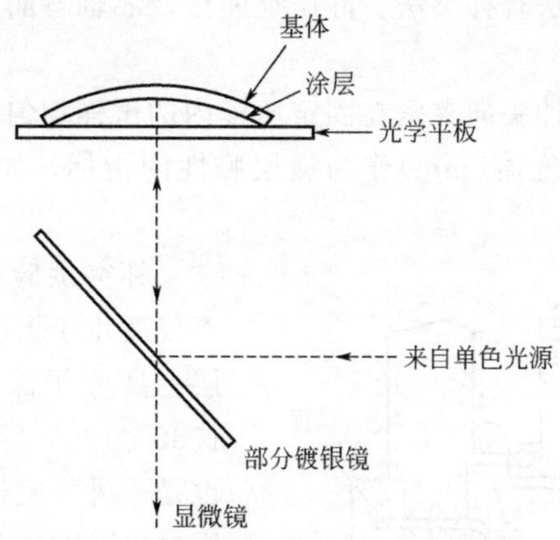

图 9-24　用光学干涉镜测量圆盘中心挠度的原理示意

图 9-25 为用一台纳米级压痕计来测量弯杆挠度的示意图。

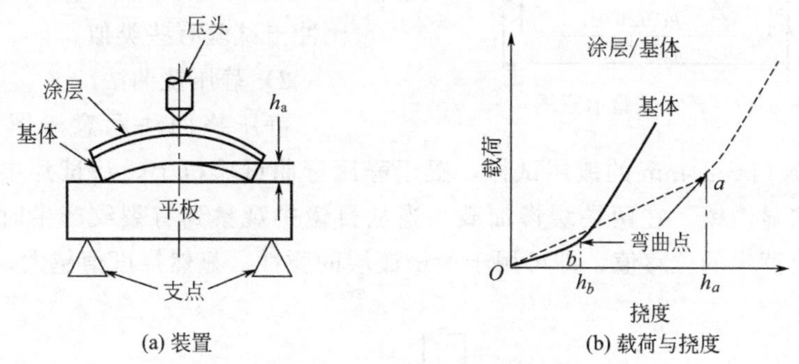

图 9-25　采用纳米级压痕计测量弯杆的挠度

(2) X 射线、电子和中子衍射法

这些方法主要是用来测定晶格空间的变化从而决定晶格的变形和应力，可测出局部产生的应力，而大多数其它的方法测的是宏观应力。在用 X 射线衍射法时，如果涂(膜)层晶体的尺寸小于 100nm，衍射线将会扩展；而电子衍射技术可以在晶体尺寸小于 10nm 条件下不受衍射线扩展的影响；中子衍射的应用补充和扩展了 X 射线衍射法的用途。由于中子的渗透深度更大，所以这种方法能测定整体材料的宏观应力梯度，也能测定合成物以及多相合金的微观应力状态。

9.2.7 涂(膜)层质量评价

(1) 脆性评价

膜层的脆性也是一个重要的表面性能指标，工艺上的某些因素往往会对脆性有明显影响，在实际应用中脆性也是不可忽视的指标。膜层的脆性是表面变形时膜层抵抗开裂的能力。

对膜层脆性的测试不是采用众所周知的冲击试验法，而是采用变形法，即加以外力使试样发生变形，直至试样表面膜层产生裂纹，测定产生裂纹时的变形程度或挠度值的大小即可以用来评定膜层的脆性程度。由于膜层的延伸率可以反映膜层的脆性程度，因此有时候可以用表面产生裂纹前镀层试样的延伸率来评估镀层的韧性。

常用的膜层脆性测定方法有杯突法、静压挠曲法及芯轴弯曲法等。

1）杯突法

用一个金属钢球或球状冲头向夹紧在固定压模内的试样均匀地施加压力，直到镀层产生裂纹为止，以试样的压入深度值(mm)作为镀层脆性的指标，如图 9-26 所示。杯突深度越大，脆性越小。

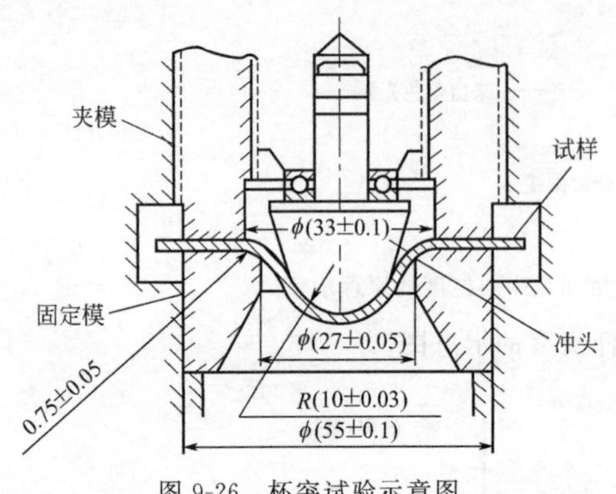

图 9-26 杯突试验示意图

杯突试验操作简单，应用比较广泛，不仅适用于大部分镀层，也适用于热喷涂层。高分子涂层的耐冲击测定法(GB/T 1732—1993《漆膜耐冲击测定法》)实际上也是一种杯突试验，只不过加载方式是采用冲击形式。其衡量性能的指标是以重锤的质量与其落于样板上而不引起漆膜破坏之最大高度的乘积(kg·cm)来表示，同夏比冲击试验有些类似。

2）静压挠曲法

静压挠曲法示意于图 9-27。将一块 60mm×30mm×(1～2)mm 的镀层试样，置于静压弯曲试验机上，让试片中心对准弯头顶端，上方置低倍显微镜，在两端缓慢加载，当从目镜中观察到有裂纹产生时，立即停止加载，从挠度表上读出的位移值，即可用于衡量镀层的脆性，显然挠度值越大，脆性越小。

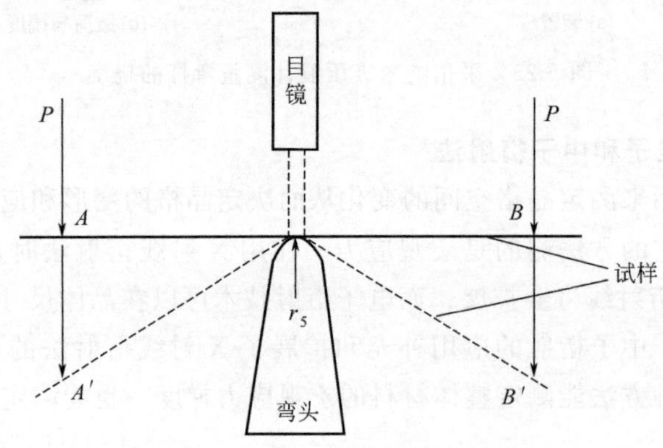

图 9-27 静压挠曲法工作示意图

3）芯轴弯曲法

芯轴弯曲法可用以评定镀层的韧性，实际上也可反映镀层的脆性。芯轴直径从小到大，规格可按需要设置。

用宽 10mm、厚度为 1～2.5mm 的韧性金属(例如铜、镍)为基体，按工艺进行镀层后作为测试试样。将其置于弯曲试验器上，用不同直径的芯轴，从大到小逐一进行弯曲，将每种规格芯轴弯曲后用放大镜观察外表面膜层。最后以镀层不产生裂纹的最小芯轴为直径，按下式计算镀层的延伸率 ε，ε 的大小即反映镀层的韧性，韧性越小，意味着脆性越大。

$$\varepsilon=\frac{\delta}{\delta+D} \tag{9-25}$$

式中，δ 为试样的总厚度；D 为芯轴直径。

（2）表面粗糙度

表面粗糙度测试的常用方法是：比较法、光切法、干涉法、针描法等。

1）比较法

此法是一种简单的定性方法，即把被测表面与表面粗糙度样板进行比较来确定粗糙度的一种方法。比较可用显微镜、放大镜，甚至目测进行。

2）光切法

其原理如图 9-28 所示。由光源发出的光线经过光学仪器形成一束平行光，以 45°倾角投射到被测面上，从反射方向通过目镜可看到光带与被测面的交线。不难证明，此交线的峰谷间的高度 h' 与被测表面实际对应峰谷间高度 h 之间的关系为 $h=h'\cos45°$。按此原理制成的仪器称为光切显微镜，测量范围为 0.8～80μm。

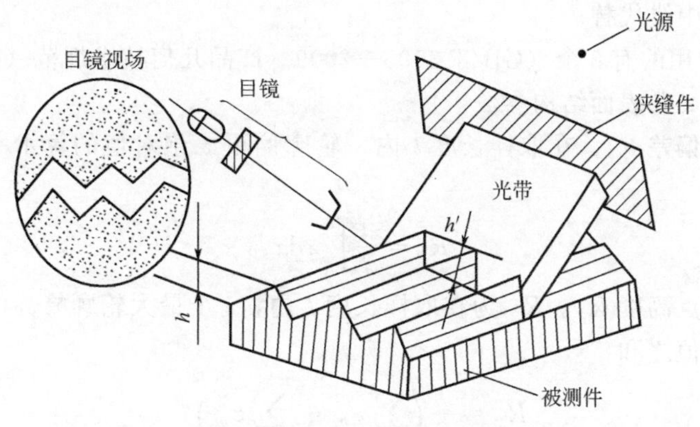

图 9-28　光切原理示意图

3）干涉法

利用光波的干涉原理可制成干涉显微镜。如果表面非常平滑，则形成一组等距平直的干涉条纹。若表面存在一定程度的微观不平，则会形成一组弯曲的干涉条纹（图 9-29），据此条纹则可计算表面的峰谷高度 h（μm），即

$$h=\frac{a}{b}\ \frac{\lambda}{2}$$

式中，a 为干涉条纹的弯曲量；b 为干涉条纹的间距半波长，自然光的波长为 0.27μm。该法的测量范围为 0.025～0.8μm。

4）针描法

针描法是利用金刚石触针在被测表面上划过，从而测出表面粗糙度的一种方法。表面粗糙度检查仪就是一种针描法测量仪，这是最广泛使用的测量表面粗糙度的仪器。

一般来说，表面的粗糙度，即峰谷距离是不相同的。因此粗糙度的评定必须有统一的标准。在机械行业中，规定了取样长度、评定长度和评定基准等，并在此基础上建立了相应的评定参数：

① 取样长度 l 应与表面粗糙度的大小相适应。一般来说，在该长度内应包括 5 个峰和 5 个谷；

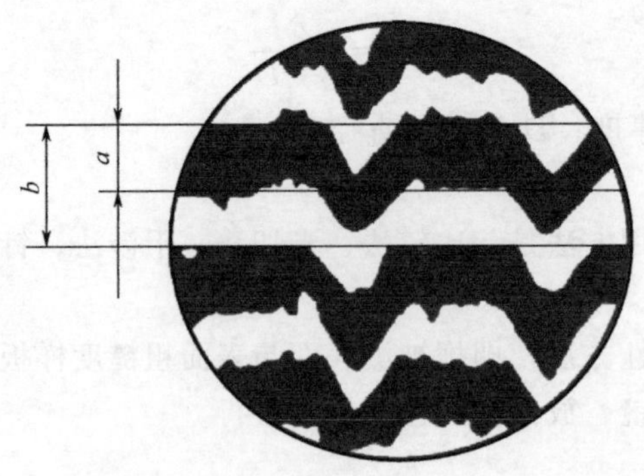

图 9-29 干涉条纹

② 评定长度可用 1 个或多个取样长度；

③ 基准线按 GB/T 1031—2009《产品几何技术规范(GPS) 表面结构 轮廓法 表面粗糙度参数及其数值》规定以最小二乘中线作基准线，但由于确定比较困难，实际应用中可近似地用算术平均中线代替；

④ 评定参数常用的有 6 个（GB/T 3505—2009《产品几何技术规范（GPS） 表面结构 轮廓法 术语、定义及表面结构参数》）。

轮廓算术平均偏差 R_a。在取样长度 l 内，轮廓偏距 z 绝对值的算术平均值，称为算术平均偏差 R_a：

$$R_a = \frac{1}{l}\int_0^l z\,\mathrm{d}x \tag{9-26}$$

微观不平度十点高度 R_Z。R_Z 为在取样长度 l 内，5 个最大轮廓峰高的平均值与 5 个最大轮廓谷深的平均值之和：

$$R_Z = \frac{1}{5}\left(\sum_{i=1}^{5} z_{pi} + \sum_{i=1}^{5} z_{vi}\right) \tag{9-27}$$

轮廓最大高度 R_y：在取样范围内，通过轮廓峰最高点和轮廓谷最低点的平行于基准线的两条线间的距离。

轮廓支撑长度率 t_p。在取样长度 l 内，一条平行于中线的线与轮廓相截所得到的各线段长度 b_i 之和，叫做轮廓的支承长度 η_p，η_p 与 l 之比称为支撑长度率 t_p，即

$$t_p = \frac{\eta_p}{l} = \frac{1}{l}\sum_{i=1}^{n} b_i \tag{9-28}$$

式中，t_p 为表面支承能力和耐磨性的重要评定指标。在水平截距相同的条件下，t_p 值大，则说明表面凸起的实体部分多，而凹进的空隙部分少。这样的表面接触刚度强，耐磨性好。

5） 三维形貌仪

三维表面形貌仪采用激光共焦技术的测量原理，提出了一种基于最新发展的激光共焦成像原理测量物体表面三维形貌的方法：利用共焦成像得到的光斑大小计算出采样点距透镜焦面的距离，对物体表面进行扫描，重构物体表面的三维形貌(图 2-7)。三维形貌仪常用于对涂层和薄膜表面几何形状进行表征，并可同步测得表面粗糙度等形状参数。

9.2.8 电性能

无论何种材料都具有一定的电学特性。导电材料、电阻材料、热电材料、半导体材料、

超导材料以及绝缘材料等都是以它们的电学性能为特点，具有十分广泛的用途。金属材料具有良好的导电性能。金属材料的导电性能依其成分、原子结构、能带结构、组织状态而异。外界因素(诸如温度、压力、形变、热处理等)通过改变金属材料内部结构或组织状态而影响其导电性能。

(1) 金属导电性

在金属中价电子是自由的，它们可以在整个金属中运动。在未施加电场之前，金属中并无定向电流。施加电场后，出现电子的定向运动，即有电流出现。实验证明，正如欧姆定律所指出的那样，当施加的电场恒定时，电流并不随施加电场的时间延长而加大，电流是恒定的。这说明电子在金属运行过程中遭受某种阻碍，它平衡了电场的加速作用，从而建立了某一恒定的平均流速即电流，这种阻碍呈现为电阻。电阻是由于温度引起的原子热振动及其它因素形成的晶格点阵畸变造成的。电子在电场作用下加速的过程中因与离子碰撞而失去加速的能量。两次碰撞之间电子运行的平均距离 L_a 为电子平均自由程，其经历的平均时间 $\tau_a=L_a/u_a$(u_a 为电子两次碰撞之间的平均速度)，即电子平均自由运行时间。电导率 σ 是电阻率 ρ 的倒数，按金属导电的经典电子理论，σ 或 $1/\rho$ 与电子运行中的平均自由程或平均时间(L_a 或 τ_a)、电子电荷(e)、质量(m)和有效传导电子数 n_a 之间的关系式为

$$\sigma=\frac{1}{\rho}=\frac{e^2}{2m}n_a\tau_a=\frac{e^2}{2m}n_a n_a\frac{L_a}{u_a} \tag{9-29}$$

此导电定律关系式是分析金属材料电学性能的基础。根据费米-狄拉克分布，在导电过程中受到加速的电子仅是靠近费米能处的电子，即参与导电的电子不是全部价电子，而只是其中的一部分，用 n_a 表示。n_a 由能带结构而定。

金属的能带结构特点是具有部分被填充的布里渊区。当施加外电场后，能量接近费米能 E_F 的电子受到电场加速成为载流电子而产生电流。如果布里渊区(Brillouin zone)几乎是空的，只有很少电子，则由于起载流作用的电子数 n_a 太少，按导电定律，电导率与 n_a 成正比，所以这种情况的电导率不高。如果布里渊区里有较多的电子，其费米面附近的状态密度也较高，因此载流的电子数 n_a 较多，则其电导率较高。

但是，在布里渊区接近填满电子的情况下，由于布里渊区边界附近的能级密度低，则载流的电子数 n_a 也较少，其电导率也是低的。在第一布里渊区完全填满电子，且与第二布里渊区有禁带相隔的情况下，n_a 为零，则其电导率也为零。

不同元素具有不同的能带结构和电子填充情况，依据上述原则，则有不同的导电性能。例如，ⅠB族 Cu、Ag、Au，ⅢB族 Al 和ⅠA 族元素具有填充一半的布里渊区，所以是良导体。二价的碱土金属的第一布里渊区是几乎填满的，而“溢入”到第二区的电子又很少，因此导电性较差。

过渡族金属具有较低电导率的原因比较复杂。过渡族金属电子壳层的 4s、3d 能带交叠。4s 带的状态密度低，3d 带的状态密度高、没有填满电子。如果在同一能量间隔内空的能级数目愈多，则电子遭到散射的概率就愈大。过渡金属的部分填充的 3d 带具有高的状态密度，其电子有更多的概率遭到散射。因此对一般金属引起较小散射的点阵不规则性，对过渡金属就会引起相当大的散射，从而使电导率较低，电阻较高。

(2) 纯金属导电性

在式(9-29)中，电子电荷 e 是固定的数值，n_a 及 m 决定于金属的晶体结构及能带结构，而电子自由运行时间 τ_a 或电子平均自由程 L_a 则决定于在外电场作用下，电子波运动过程中

所受到的散射。电子波在金属中所受到的散射可用散射系数 μ 来表示。μ 的来源有两方面，一是温度引起离子振动造成的 μ_T，二是各种缺陷及杂质引起晶格畸变造成的 μ_n。则 $\mu=\mu_T+\mu_n$，相应地电阻为 $\rho=\rho_T+\rho_n$。由温度造成的晶格动畸变和由缺陷造成的晶格静畸变，两者都会引起金属电阻率增大。

1）温度对纯金属电阻的影响

温度对金属电阻的影响是温度引起离子晶格热振动，造成对电子波的散射，而使电阻率随温度的升高而增加。当晶体为理想完整时，在绝对零度下，因为没有温度引起的离子晶格热振动所造成的电子波散射，故电阻率为零。在高温下，由于电子的平均自由程与晶格振动振幅均方(A^2)成反比，而 A^2 随温度线性地增加，所以 ρ 与 T 成正比。故纯金属(并非理想完整)在温度 T 下的电阻率 ρ_T 与绝对温度 T 的关系可用下式表述：

$$\rho_T=\rho_0(1+\alpha T) \tag{9-30}$$

式中，α 为电阻温度系数；ρ_0 为绝对零度时的电阻率。纯金属的 α 值约为 4×10^{-3}/K；过渡金属特别是铁磁性金属具有较高的数值，约为 10^{-2}/K。

在低温下，电阻率 ρ 与 T^5 成正比。按格留涅申公式，温度 T 下的电阻率与绝对温度 T 的关系式为

$$\rho=\frac{A_0T^5}{M\Theta_D^6}\int_0^{\Theta_D/T}\frac{x^5\,dx}{(e^x-1)(1-e^{-x})} \tag{9-31}$$

式中，A_0 为金属的特性常数；M 为金属原子质量；$x=\dfrac{h\nu}{kT}$ 为积分变数，其中 h 为普朗克常数，ν 为原子热振动频率，k 为玻尔兹曼常数；$\Theta_D=\dfrac{h\nu_m}{k}$，其中 ν_m 为原子热振动频率的最大值。Θ_D 为德拜特性温度，不同元素具有不同的德拜特性温度，如 Al、Mn 元素的德拜特性温度分别为 428K 和 450K。在低温下(温度远低于德拜特性温度)，随着温度降低，ρ 与 T^5 成比例地迅速减小。

由式(9-31)可见，金属的电阻率 ρ 不但与温度 T 有关，而且与金属的原子量 M 及其德拜特性温度 Θ_D 有关。不同金属具有不同的原子量 M 及德拜特性温度 Θ_D。

在 $T\gg\Theta_D$ 区，对于非过渡金属，ρ 与 T 呈线性关系；对于ⅣB 族(Ti、Zr、Hf)、ⅤB 族(V、Ta、Nb)过渡金属，ρ 随 T 上升比线性慢些；而对于ⅥB 族 (Cr、W、Mo)过渡金属，ρ 随 T 上升比线性快些。对于铁磁性金属，在居里点以下 ρ 与 T 的关系偏离线性更为显著。铁磁性金属在接近居里点的电阻反常量 $\Delta\rho$ 与自发磁化强度 I 的平方成正比，即 $\Delta\rho/\rho_0\propto I^2$，此处 ρ_0 为在居里点以下的电阻值。这一反常现象与自发磁化中 s 电子与 d 电子的相互作用有关。

2）纯金属中的缺陷对导电性的影响

金属中的各种缺陷造成晶格畸变，引起电子波散射，从而影响导电性。位错与点缺陷(空位及间隙原子)相比，对 ρ 的贡献极小。所以在研究缺陷对 ρ 的影响时，主要应研究点缺陷的影响。金属中空位的浓度大小主要由温度的高低决定。真实金属在任何温度下，总存在着线缺陷（位错）与点缺陷的平衡浓度。在任何温度下，空位的形成能均较其它缺陷的低，故空位的浓度高，它对 ρ 的影响也最大。金属中空位的浓度 C_e 与温度 T 的关系可用式(9-

32)表征：

$$C_e=C_0\exp\left(-\frac{E_e}{kT}\right) \tag{9-32}$$

式中，E_e 为形成一个空位的能量；C_0 为常数；k 为玻尔兹曼常数。影响 C_e 的另一个因素是原子结合力的强弱。例如，在室温下难熔金属的 C_e 就比中等熔点金属的 C_e 低得多。形成金属中缺陷的原因多种多样，如辐照、冷热加工、热处理以及各种工艺过程及使用过程等都可能造成金属中的缺陷。

塑性变形过程中形成点缺陷与位错，因而 ρ 增大，其增大数值与变形程度有关，如下式所示：

$$\Delta\rho=C\varepsilon^n \tag{9-33}$$

式中，C 为比例系数；n 在 0～2 范围内；ε 为变形量。

纯金属经大变形量冷加工后（如 Al、Cu、Fe 等），在室温下电阻率 ρ 增大仅为 2%～6%。W 是个例外，经冷加工后 ρ 可增大百分之几十。ρ 增大的原因首先是晶格畸变，同时冷加工也改变原子结合力并可导致原子间距增大。经冷加工的金属再进行退火，则 ρ 下降，若退火温度高于再结晶温度，则 ρ 可恢复到初始值，这是因为在回复及再结晶过程中，冷加工所造成的晶格畸变及各种缺陷逐渐消除。在退火时若发生相变，ρ 将发生显著变化。淬火对纯金属的 ρ 有明显的影响，淬火使 ρ 明显增大，因为淬火过程中引入了大量空位。

（3）合金的导电性

1）固溶体合金的导电性

在合金固溶体中，合金元素使晶格发生畸变；改变了能带结构，使费米能位移，改变状态密度及电子有效质量；改变弹性常数，从而影响晶格离子的振动谱。这些都将引起电阻及其它性能变化。不仅如此，固溶体有时会发生同素异构转变、有序无序转变、磁性转变等，这些变化对电阻也有很大影响。

① 连续固溶体合金的导电性　由非过渡金属组成的连续固溶体，如两组元固溶体，A 组元的浓度为 x，B 组元的浓度为 $1-x$，则合金的电阻率 ρ 大体与 $x(1-x)$ 成正比。其电阻最大值通常在 50%浓度处。而电阻温度系数随浓度的变化刚好与 ρ 相反，在 50%浓度处有一最小值。这一现象是由于异类原子的存在造成晶格畸变，因而增加了对电子的散射作用。但当固溶体中含有过渡元素时，ρ 最大值不在 50%浓度处，而偏向过渡组元方向。过渡金属组成固溶体后，其电阻值显著提高（有时增大几十倍）。这是由于过渡金属有未满的 d 或 f 电子壳层，组成固溶体时使得一部分价电子进入未满的 d 或 f 壳层中，使 n_e 减少，故 ρ 增大。这一情况有重要的实用意义，因为目前生产的电热合金和精密电阻合金，绝大部分含有一个以上过渡元素。在电阻材料中应用最多的过渡元素是 Fe、Ni、Mn、Cr 等。

② 有序固溶体合金的导电性　在若干合金体系的固溶体中存在有序-无序转变。固溶体的有序化对合金的电阻率有显著的影响。一方面，异类原子使点阵的周期场遭到破坏而使电阻率增大，而固溶体的有序化则有利于改善离子电场的规整性，从而减少电子的散射。另一方面，有序化使组元之间化学作用加强，导致传导电子数目减少。在上述两种相反作用的影响下，电场对称性增加使电阻率下降起着主导作用，所以有序化表现是电阻率降低。

③ 不均匀固溶体合金的导电性　某些含有过渡金属的合金，如 Ni-Cu、Ni-Cr、Ni-Cu-Zn、Fe-Al、Cu-Mn、Ag-Mn、Au-Cr 等合金，合金虽是单相固溶体结构，但由于存在特殊相变及特殊结构，其电阻出现反常变化：电阻-温度曲线呈 S 形或部分 S 形；冷加工可使合

金的电阻率降低，而退火使电阻率升高；高温淬火处理后再经低温回火，室温电阻上升。文献中把这种电阻率反常增大效应称为“K 状态”。在“K 状态”形成时，合金虽然处于单相固溶体状态，但固溶体内组元原子在晶体中分布不均匀，由 X 射线漫散射已证实其原子间距的大小有显著波动。固溶体内形成了原子的偏聚区，偏聚区范围大约有 100 个原子，形成不均匀固溶体状态。偏聚区造成电子波的附加散射，使固溶体电阻率增大，一般可增加 10%～15%。也有人认为“K 状态”标志着某种短程有序。继续增加温度或冷加工变形将破坏这些原子偏聚区，从而驱散了“K 状态”，使电阻率恢复正常态。

2）金属化合物、中间相及多相合金的导电性

① 金属化合物　若组元间的电负性相差较大，原子间的键合具有离子键的性质，则在许多情况下，均形成金属化合物。金属化合物的电导率比较小，一般情况下，它比形成化合物的组元的电导率要小得多。因为形成化合物后，原子间结合类型发生变化，原子间的金属结合至少部分地变为共价结合，甚至是离子结合，载流的电子浓度减少。有时组成化合物之后，合金变成半导体材料。半导体型的金属化合物在加热时，电阻率下降，其电导率与温度关系按指数规律变化。在金属型导电的化合物中，电阻随温度升高而增大，如 HgSe。金属化合物的电导率与其组元之间电离势之差有关，此差值减小则电导率增大。

② 中间相　中间相包括电子化合物、间隙相等。电子化合物的电阻值随温度升高而增大，在熔化时电阻值下降。间隙相主要是指过渡金属与氢、氮、碳、硼组成的化合物。非金属元素处在金属原子点阵的间隙之中，这类相绝大部分是属于金属型的化合物，具有明显的金属导电性，其中一些(例如 TiN、ZrN)是良好的导体，比相应的金属组元的导电性还好。这些相的正电阻温度系数与固溶体电阻温度系数有相同的数量级。这些相具有金属键合特性，并且非金属给出部分价电子到传导电子中去，这是大部分电子化合物导电性好的原因。

③ 多相合金　由两个或多个相组成的合金的导电性是由这些相的导电性所构成。但是，由于导电性是组织敏感参数，故晶粒大小、晶界状态及织构等因素均对导电性产生影响。另外，若一种相的尺寸与电子平均自由程为相同数量级，则此时对电子产生最大的散射作用。如果这些因素都可以忽略的话，则两相(或多相)合金的导电性可以从各相导电性的算术相加而求得。

（4）涂(膜)层电阻率的测量技术

对薄金属涂(膜)层的电阻率测量在电子工业中是相当重要的一种技术。它可以采用两点式或四点式的探头，其中后者应用更为广泛，如图 9-30 所示。

两点式探头可直接用欧姆电阻仪或韦氏电桥仪来测量涂(膜)层的电阻 R 并导出其电阻率 ρ，即

$$\rho = R\,\frac{Wt}{l} \tag{9-34}$$

式中，W、t 和 l 分别为导条的宽度、厚度和长度。两点法的优点是简单方便，但精确度较差。

四点式探头通常将探头安排在一条直线上。其中外面两个探头测电流；中间两个探头测电压。其测量电路通常是一种开尔文(Kelvin)电桥。电流可借助于测量与探头相连的经过一个标准电阻而产生的压降进行精确监控。四点探头技术的优点在于无需进一步处理即可测定，精确度较高，约为 0.5%或更佳。

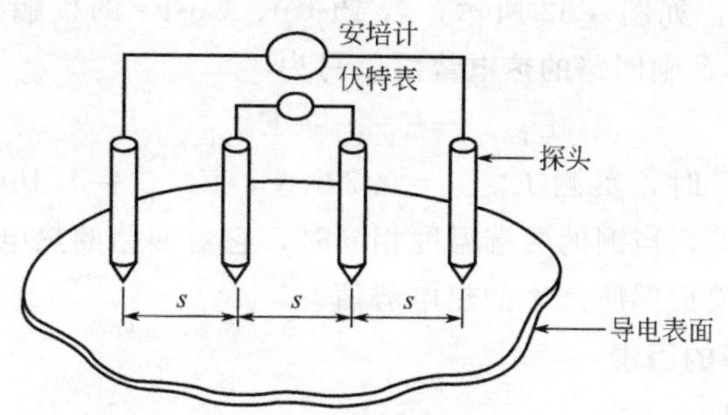

图 9-30 四点式探头测量薄层电阻原理示意图

9.2.9 热电性能

金属有三种热电效应，即塞贝克(Seebeck)效应、佩尔捷(Peltier)效应及汤姆逊(Thomson)效应。塞贝克温差电效应(工程上简称热电效应)是热电偶的基础。塞贝克效应与温差电热效应(佩尔捷效应和汤姆逊效应)间的汤姆逊关系式是热电温度计回路定律的理论基础。

(1) 塞贝克效应

由两种不同的导体(或半导体)A、B组成的闭合回路，当其两接点保持在不同的温度 T_1、T_2 时($T_2>T_1$)，回路中将有电流 I 流过，此回路称为热电回路，如图 9-31(a)所示。回路中出现的电流称为热电流。实验表明：只要回路两接点间的温度差被保持，热电流就将永流不息，即回路中存在一个电动势，称为热电动势，记为 E_{AB}。热电流大小，除了与回路中的热电动势有关外，还与回路的电阻有关。这种效应称为塞贝克效应。

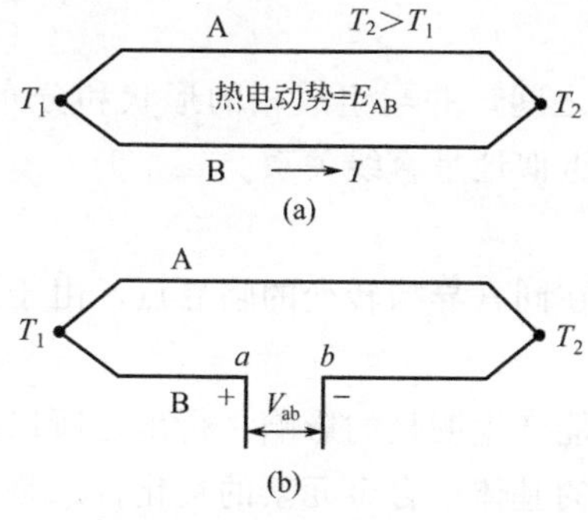

图 9-31 塞贝克效应示意图

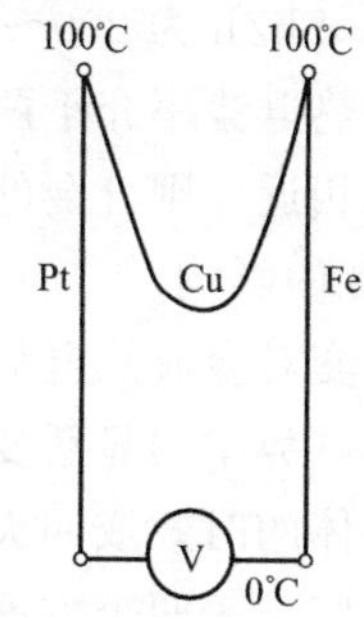

图 9-32 相加法则应用回路示意图

将回路断开，在断开处 a、b 间便出现一个电动势差 V_{ab}，其极性和量值与回路中的热电动势一致，如图 9-31(b)所示。并规定：在冷端，当电流由导体 A 流向导体 B 时，称 A 为正极，B 为负极。实验表明：V_{ab} 与两接点间的温差 ΔT 有关。当 ΔT 很小时，V_{ab} 与 ΔT 成正比关系。定义 V_{ab} 对 ΔT 的微分热电动势 s_{AB} 为热电动势率，或称塞贝克系数，即温差1℃的热电势值。它是热电偶最重要的特征量，表明一种热电偶与另一种热电偶的区别。s_{AB} 的符号和量值大小取决于组成热电偶的两种导体的热电特性和接点所处的温度。纯金属的热电势可以排成如下的顺序，其中任意一个后者相对前边的金属而言均为负：Si、Sb、Fe、Mo、Cd、W、Au、Ag、Zn、Rh、Ir、Ti、Cs、Ta、Sn、Pb、Mg、Al、Hg、Pt、Na、Pd、K、Ni、Co、Bi。

假如回路由两种以上金属组成，则热电势的大小可用相加法则求得。例如，由 Pt-Cu-

Fe 三种金属组成的回路，如图 9-32 所示，若 Pt-Cu、Cu-Fe 的接触点(热端)温度相同，而 Pt 和 Fe 的冷端均为 0℃，则回路的热电势可以写为

$$E_{\text{Pt-Fe}}=E_{\text{Pt-Cu}}+E_{\text{Cu-Fe}} \tag{9-35}$$

如热端温度为 100℃时，实测 $E_{\text{Pt-Cu}}=0.72\text{mV}$，$E_{\text{Cu-Fe}}=1.16\text{mV}$，$E_{\text{Pt-Fe}}=1.88\text{mV}$，符合相加法则。由此可见，当铜的两端温度相同时，它对回路的热电势没有贡献，回路中的热电势仍为 Pt 和 Fe 直接成偶所产生的热电势值。

(2) 影响热电势率的因素

1）合金元素的影响

由非过渡金属所组成的固溶体合金，它们的热电势率主要与合金元素的性质和含量有关。将金属(或合金)与超导体成偶在超导临界温度以下测得的热电势率称为绝对热电势率。固溶体合金的绝对热电势率 s_a 可用式(9-36)表达。

$$s_a=s_i+\frac{\rho_0}{\rho_a}(s_b-s_i) \tag{9-36}$$

式中，s_i 为杂质（合金）元素的溶入使基体金属产生的附加热电势率；s_b 为基体金属的热电势率；ρ_0 和 ρ_a 分别为基体金属和合金的电阻率。从式(9-36)中可以看到，合金的热电势率与 $1/\rho_a$ 存在着线性关系。大量实验表明，对低浓度固溶体合金而言上述关系是正确的。由合金电阻的马基申定律可知，ρ_a 取决于溶质元素的含量，由此不难看出，合金的热电势率随着溶质浓度增高而降低。

随着合金成分的变化，当某一成分形成化合物时，合金的热电势率要发生跃变(增高或降低)。当形成半导体的化合物时，由于共价结合增强，合金的热电势率显著增大。在室温下，铜与下述半导体化合物组成热电偶时，其热电势率：Mg_3Sb_2 为 600μV/K，Mg_2Sn 为 250～280μV/K，SbZn 为 200～250μV/K。

两相合金的热电势率介于两个组成相的热电势率之间，并与组成相的形状和分布有关。若两相的电导率相近，则合金的热电势率与体积浓度近似地呈直线关系。

2）组织转变的影响

同素异构转变对金属热电势率有很明显的影响。在同素异构转变的临界点，由于发生同素异构转变，热电势率明显跃变。

过饱和固溶体的时效或回火析出对合金热电势率能产生明显的影响。析出之所以能导致热电势率变化，归结于两个方面的原因：一是固溶体的基体中合金元素的贫化；二是第二相的生成。当析出相和基体相的热电势率相差较大，而且析出相的数量所占比例也较大时，除基体相中合金元素的贫化所产生的影响之外，还必须考虑析出相产生的影响。由于影响因素比较复杂，热电势率可能增大，也可能减少。

合金的有序相和无序相的热电势率不同，具有 Ni_3Mn 成分的合金有序化将导致热电势率下降。若沿着热电流方向施加外磁场，磁场可使热电势发生变化，并且 Ni_3Mn 合金的有序化程度愈高，热电势率受磁场的影响也愈大。

3）塑性形变的影响

冷形变对金属的热电势率也有影响。如将形变和退火状态的金属组成电偶，随着加工硬化程度的增高，热电势率增大。经过加工硬化的铁和退火态的铁成偶，前者为负，后者为正。若对固溶体合金进行冷形变，并由形变直接或间接引起脱溶，析出第二相时，合金的热电势率将发生相应的变化。

9.2.10 热膨胀性能

绝大多数金属材料在受热时体积膨胀，冷却时体积收缩。不过，这种膨胀与收缩依金属材料种类的不同而不同，有些金属材料甚至在一定的条件下出现反常热膨胀。

（1）金属与合金热膨胀的物理本质及表征

固体材料的热膨胀本质，归结为点阵结构中的质点间平均距离随温度升高而增大。在晶格热振动中，曾近似地认为质点的热振动是简谐振动。对于简谐振动，升高温度只能增大振幅，并不会改变平衡位置。因此，质点间的平均距离不会因温度升高而改变。热量的变化不能改变晶体大小和形状，也不会有热膨胀。这样的结论显然是不正确的。造成这一错误的原因，是在晶格振动中相邻质点间的作用力实际上是非线性的，即作用力并不简单地与位移成正比。质点在平衡位置两侧时，受力并不对称。这就造成质点的热振动是非简谐振动，非简谐振动的几何中心不在质点的平衡位置，温度越高非简谐振动的振幅越大，其几何中心距质点的平衡位置越远，相邻质点间的平均距离就增加得越多，以致晶胞参数增大，晶体膨胀。

金属的热膨胀特性一般用平均线膨胀系数来表征。假设物体的原长为 l_0（温度为 t_0 时），温度升高 Δt 后（物体温度为 t，长度为 l_t）物体长度的增加量为 Δl，那么，在 Δt 温度范围内，平均线膨胀系数 α_l 可用公式表示为

$$\alpha_l = \frac{\Delta l}{l_0}\frac{1}{\Delta t} \tag{9-37}$$

平均线膨胀系数 α_l 是指温度由 t_0 升到 t 时，每升高 1℃试样长度的相对伸长。

必须指出，膨胀系数实际并不是一个恒定值，而是随温度变化的。真线膨胀系数 α_t 的表达式为

$$\alpha_t = \frac{1}{l}\frac{\partial l}{\partial t} \tag{9-38}$$

金属的热膨胀特性一般用平均线膨胀系数来表征，但在研究材料时，有时也用到真线膨胀系数。要得到金属的真线膨胀系数，首先要通过实验测得金属的膨胀曲线，并在曲线上找出要测温度下的曲线斜率，然后代入式（9-38）求出。

金属的膨胀特性还表现在体积的膨胀方面。对于各向同性的晶体，体膨胀系数约是线膨胀系数的 3 倍。

膨胀系数和热容随温度的变化具有相似的规律。并且，金属的熔点愈高，膨胀系数愈小。

（2）影响膨胀性能的因素

1）相变的影响

同素异构转变时，点阵结构重排，伴随着金属的比容发生突变，由此而导致线膨胀系数发生不连续变化。

有序-无序转变也导致膨胀系数的不连续变化。

2）合金成分和组织的影响

① 固溶体合金　组成合金的溶质元素对合金的热膨胀有明显的影响。对于简单金属与非铁磁性金属所组成的单相均匀固溶体合金，膨胀系数一般是介于两组元膨胀系数之间，而且随着溶质原子浓度的变化呈一直线式的变化。例如，Ag-Au 合金的膨胀系数与成分间呈线性关系。铜中溶入钯、镍、金等膨胀系数小的元素，都使固体的膨胀系数降低，并且明显

地偏离直线关系。铜中溶入膨胀系数较大的锌和锡，使固溶体的膨胀系数增大。只有锑是例外，它的膨胀系数虽比铜小，但也使铜的膨胀系数增大，这可能与它的半金属性质有关。

② 多相合金　多相合金的膨胀系数对各相的大小、分布及形状不敏感，主要取决于组成相的性质和数量。合金组织为两相机械混合物时的膨胀系数值介于两相的膨胀系数之间，并近似地符合直线规律。这种情况下，可根据各相所占的体积分数，用相加法则粗略地估计合金的膨胀系数，即

$$\alpha_l=\frac{\alpha_{l1}V_1E_1+\alpha_{l2}V_2E_2}{V_1E_1+V_2E_2} \tag{9-39}$$

式中，α_l、α_{l1}和α_{l2}分别为合金与组成相(相1和相2)的线膨胀系数；E_1和E_2分别为组成相的弹性模量；V_1、V_2分别为组成相的体积。

9.2.11　磁性能

(1) 磁性本质及基本参量

1) 磁性本质

磁现象和电现象存在着本质的联系。物质的磁性和原子、电子结构有着密切的关系。

① 电子磁矩　近代物理证明，每个电子存在循轨和自旋运动，物质的磁性就是由于电子的这些运动而产生的。一是电子绕核运动产生磁矩，称为轨道磁矩。二是电子自旋运动产生磁矩，称为自旋磁矩。实验证明，电子的自旋磁矩比轨道磁矩要大得多。因此，原子磁矩可视为轨道磁矩和自旋磁矩的总矢量和，同时，可以认为物质的磁性是由电子循轨和自旋运动产生，并主要由自旋磁矩引起。

②“交换”作用　如铁这类元素具有很强的磁性，这种磁性称为铁磁性。铁磁性除与电子结构有关外，还决定于晶体结构。实践证明，处于不同原子间的、未补填满壳层上的电子会发生特殊的相互作用。这种相互作用称为“交换”作用。这是因为在晶体内，参与这种相互作用的电子已不再局限于原来的原子，而是“公有化”了。原子间好像在交换电子，故称为“交换”作用。而由这种“交换”作用所产生的“交换能”J与晶格的原子间距有密切关系。当距离很大时，J接近于零。随着距离的减小，相互作用有所增加，J为正值，就呈现出铁磁性，如图9-33所示。当原子间距a与未被填满的电子壳层直径D之比大于3时，交换能为正值；当小于3时，交换能为负值，为反铁磁性。

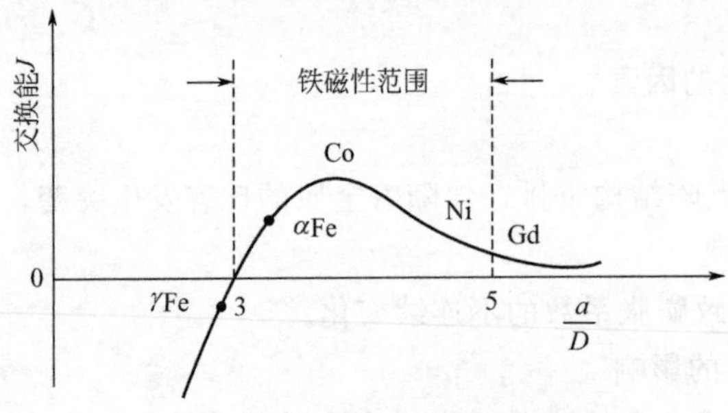

图9-33　交换能与铁磁性的关系

2) 磁性的基本参量

① 磁化强度$\boldsymbol{M}$　通常，在无外加磁场时，物体固有磁矩的矢量总和为零，在宏观上物

体并不呈现出磁性。但当物体受外加磁场的作用被磁化后，便会表现出一定的磁性。实际上，物体的磁化并未改变原子固有磁矩的大小，而是改变了它们的取向。因此，一个物体磁化的程度可用所有原子固有磁矩 $\boldsymbol{m}$ 矢量的总和 $\sum \boldsymbol{m}$ 来表示，$\sum \boldsymbol{m}$ 的单位为 $A \cdot m^2$。由于物体的磁矩 $\boldsymbol{m}$ 和尺寸因素有关，所以为了便于比较物质磁化的强弱，不用 $\boldsymbol{m}$，而是用单位体积的磁矩表示。单位体积的磁矩称为磁化强度，用 $\boldsymbol{M}$ 表示，其单位为 A/m。

② 磁感应强度 $\boldsymbol{B}$　当一个物体在外加磁场中被磁化时，它所产生的磁化强度相当于一个附加的磁场强度，从而导致它所在空间的磁场发生变化。这时，物体所在空间的总磁场强度是外加磁场强度 $\boldsymbol{H}$ 和附加磁场强度 $\boldsymbol{M}$ 之和，$\boldsymbol{H}$ 的单位也是 A/m。通过磁场中某点，垂直于磁场方向的单位面积的磁力线数称为磁感应强度，用 $\boldsymbol{B}$ 表示，其单位为 T，它与磁场的关系是

$$\boldsymbol{B}=\mu_0(\boldsymbol{H}+\boldsymbol{M}) \tag{9-40}$$

式中，μ_0 为真空磁导率，它等于 $4\pi \times 10^{-7}$ H/m。

③ 磁化率 χ　物质的磁化总是在外加磁场的作用下产生的，因此，磁化强度 $\boldsymbol{M}$ 与外加磁场强度和物质本身磁化特性有关，即

$$\boldsymbol{M}=\chi \boldsymbol{H} \tag{9-41}$$

式中，$\boldsymbol{H}$ 为外加磁场强度；系数 χ 称为磁化率，无量纲，它表征物质本身的磁化特性。

磁化率通常有三种表示方法：χ 为 $1m^3$ 物质的磁化率；χ_A 为 1mol 物质的磁化率；χ_g 为 1kg 物质的磁化率。它们之间的关系如下：

$$\chi_A=\chi V_m=\chi_g m \tag{9-42}$$

式中，V_m 为摩尔体积；m 为摩尔质量。

④ 磁导率 μ　将式(9-41)代入式(9-40)，即得

$$\boldsymbol{B}=\mu_0(1+\chi)\boldsymbol{H} \tag{9-43}$$

式中，系数 $1+\chi$ 称为相对磁导率，用 μ_r 表示。它与材料的本性有关，无量纲。

用 μ_r 取代 $(1+\chi)$，则上式可写为

$$\boldsymbol{B}=\mu_0\mu_r\boldsymbol{H} \tag{9-44}$$

式中，$\mu_0\mu_r$ 称为磁导率，用 μ 表示，它的单位为 $H \cdot m^{-1}$。故：

$$\boldsymbol{B}=\mu\boldsymbol{H} \tag{9-45}$$

以上所引出的 χ、μ_r 和 μ 等参量取决于材料的本性，并与组织和结构状态有关，是表征材料磁性的基本量。

（2）磁性分类

金属被磁化后，磁化矢量与外加磁场的方向相反称为抗磁性。抗磁性的特点是磁化率 $\chi<0$。金属被磁化后，磁化矢量与外加磁场的方向相同称为顺磁性，即 $\chi>0$。

1）抗磁性与顺磁性

① 抗磁性　金属的抗磁性来源于电子的循轨运动受外加磁场作用。在磁场中的物质，不论是它的电子沿核外轨道顺时针运动，还是逆时针运动，在外加磁场的作用下都会产生一个附加磁矩，所产生的附加磁矩都与外加磁场的方向相反，故称为抗磁矩。既然抗磁性是电子的循轨运动受外加磁场作用的结果，因此可以说，任何金属在磁场作用下都要产生抗磁性。

抗磁金属的磁化率很小，约为 $10^{-5} \sim 10^{-6}$ 数量级，并且与磁场强弱和温度无关。

② 顺磁性　金属的顺磁性主要来源于原子(离子)的固有磁矩。在没有外加磁场时，原

子的固有磁矩呈无序状态分布，在宏观上并不呈现出磁性。施加一定的外磁场时，由于磁矩与磁场相互作用，磁矩具有较高的静磁能。为了降低静磁能，磁矩改变与磁场之间的夹角，于是便产生了磁化。随着磁场的增强，磁矩的矢量和在磁场方向上的投影不断地增大，磁化不断地增强。在常温下，要使原子磁矩转向磁场方向，除了要克服磁矩间相互作用所产生的无序倾向外，还必须克服由原子热运动所造成的严重干扰，故通常顺磁磁化进行得十分困难。室温下的磁化率约为10^{-6}数量级。温度对顺磁磁化的影响是十分显著的。

③ 抗磁性金属与顺磁性金属　在磁场的作用下电子的循轨运动要产生抗磁矩，而离子的固有磁矩则产生顺磁矩。此外，还要看到，自由电子在磁场的作用下也产生抗磁矩和顺磁矩，不过它所产生的抗磁矩远小于顺磁矩，故自由电子的主要贡献是顺磁性。金属均由离子和自由电子所构成，因此对于一种金属来说，其内部既存在着产生抗磁性的因素，又存在着产生顺磁性的因素，它属于哪种磁性金属，取决于哪种因素占主导地位。

金属的离子，由于核外电子层结构不同，可以分为两种情况：

首先是它的电子壳层已全部被填满，即固有磁矩为零。在外加磁场的作用下由核外电子的循轨运动产生抗磁矩，抗磁矩的强弱取决于核外电子的数量。如果离子部分总的抗磁矩大于自由电子的顺磁矩，则金属为抗磁金属。属于这种情况的抗磁金属有铜、金和银等。锑、铋和铅等金属也属于这种情况，所不同的是它们的自由电子向共价键过渡，因而呈现出异常大的抗磁性。

还有些金属，如碱金属和碱土金属，它们的离子也是填满的电子结构，但它们的自由电子所产生的顺磁性大于离子部分的抗磁性，因此它们是顺磁性金属，如铝、镁、锂、钠和钾等。其次是离子有未被填满的电子层，即离子具有较强的固有磁矩。在外磁场的作用下，这些固有磁矩所产生的顺磁矩远大于核外电子循轨运动所产生的抗磁矩。具有这种离子的金属都有较强的顺磁性，它们属于强顺磁性金属。如3d-金属中的钛和钒等；4d-金属中的铌、锆和钼等；5d-金属中的铪、钽、钨和铂等。

2）铁磁性与反铁磁性

① 铁磁性　抗磁性与顺磁性的磁化率的绝对值都很小，因而都属于弱磁性物质。另有一类物质如铁、钴和镍，室温下磁化率可达10^3数量级，属于强磁性物质。这类物质的磁性称为铁磁性。铁磁性物质和顺磁性物质的主要差异在于：即使在较弱的磁场内，前者也可得到极高的磁化强度，而且当外磁场移去后，仍可保留极强的磁性。

铁磁体的磁化率为正值，而且很大，但当外场增大时，由于磁化强度迅速达到饱和，其值变小。各类磁性物质的M-H曲线示于图9-34，使得相邻原子的磁矩平行取向(相应于稳定状态)，在物质内部形成许多小区域——磁畴。每个磁畴大约有10^{15}个原子。由于它的存在，铁磁物质能在弱磁场下强烈地磁化。因此，自发磁化是铁磁物质的基本特征，也是铁磁物质和顺磁物质的区别所在。铁磁体的铁磁性只在某一温度以下才表现出来，超过这一温度，由于物质内部热骚动破坏电子自旋磁矩的平行取向，因而自发磁化强度变为0，铁磁性消失。这一温度称为居里点T_c。

② 反铁磁性　反铁磁性是指由于交换作用能为负值，电子自旋反向平行排列。在同一子晶格中有自发磁化强度，电子磁矩是同向排列的；在不同子晶格中，电子磁矩反向排列。两个子晶格中自发磁化强度大小相同，方向相反，整个晶体$M=0$。反铁磁性物质大都是非金属化合物，金属有锰、铬。

③ 铁磁性物质磁滞回线　铁磁性物质的磁化矢量与外加磁场的方向一致，但它与顺磁

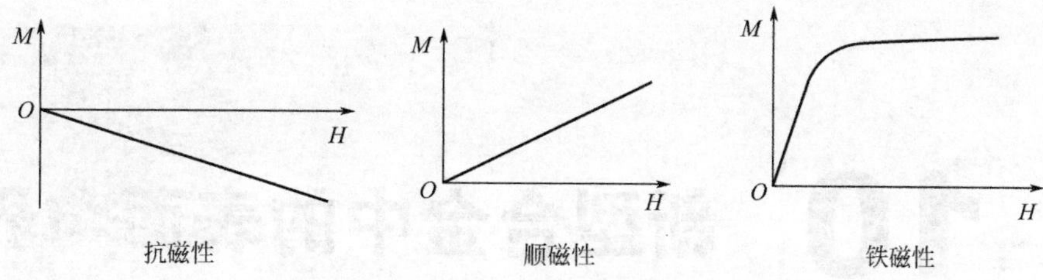

图 9-34　磁化强度 M 与外加磁场 H 的关系

物质的磁化特征有显著的不同，这主要表现在它的磁化曲线比较复杂，并且还有不可逆磁化存在。

图 9-35 所示为铁磁性物质典型的磁化曲线和磁滞回线。磁化曲线表征的是铁磁性物质在外磁场作用下所具有的磁化规律，又称为技术磁化曲线。Oc 为磁化曲线，到 c 点时，铁磁性物质磁化达到饱和状态。在图 9-35 所示的铁磁性物质磁滞回线上，各特性点分别为铁磁性物质在磁化过程中的特性参数：B_S 为饱和磁感应强度，是指用足够大的磁场来磁化物质，其磁化曲线接近水平，不再随外磁场的加大而增加时的相应磁感应强度，单位为 T 或 Gs($1Gs=10^4T$)；H_C 为矫顽力，是指当磁性物质磁化到饱和后，由于有磁滞现象，故要使磁感应强度 B 减为 0 需有一定的负磁场，单位为 A/m 或 Oe($1A/m=4\pi\times10^{-3}Oe$)；B_r 为剩余磁感应强度，是指当以足够大的磁场使磁性物质达到饱和后，又将磁场减小到零时的相应磁感应强度。

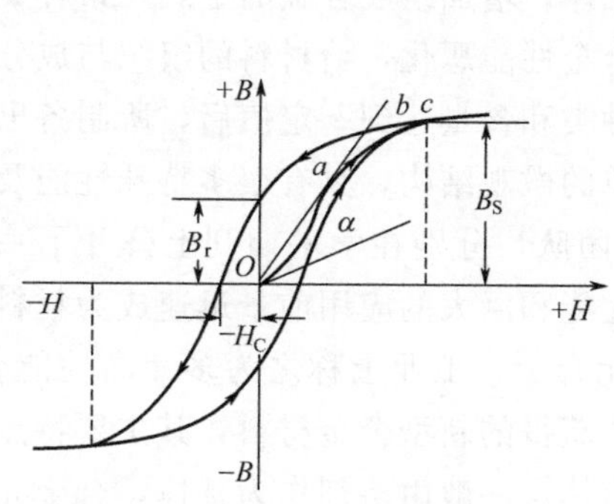

图 9-35　磁化曲线和磁滞回线

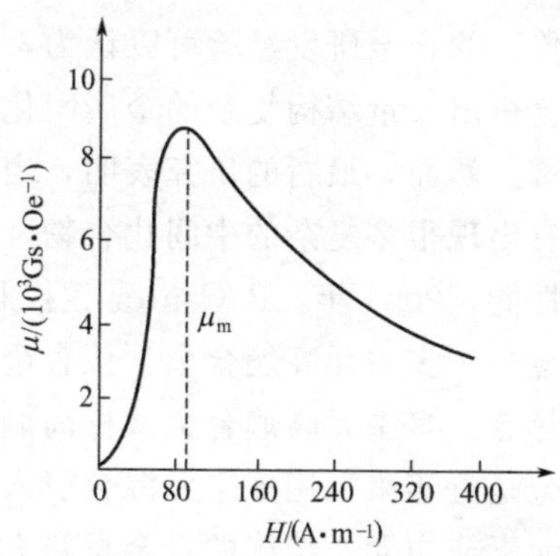

图 9-36　磁导率随磁场的变化曲线

在整个磁化过程中，磁导率随磁场的变化如图 9-36 所示，图中 μ 为磁导率，是 B-H 曲线上任意一点的 B 和 H 的比值，即 $\mu=B/H$，单位为 H/m 或 Gs/Oe。初始磁导率 μ_0 是指当 H 趋于 0 时的磁导率，即图 9-35 中原点切线的斜率；μ_m 为最大磁导率，是指在图 9-35 中以原点作直线 Ob 与 B-H 曲线相切(相切于 a)，切线 Ob 的斜率即为 μ_m。

10 新型合金中的表面与界面

10.1 高熵合金的界面

自 20 世纪 90 年代叶均蔚(Yeh J W)教授团队明确发现高熵合金并开始进行系统实验与理论研究以来，这种合金因在硬度、抗压强度、韧性、热稳定性等方面具有显著优于常规金属材料的特性，及作为耐高温合金、耐磨合金、耐腐蚀合金、耐辐照合金、耐低温合金、太阳能热能利用器件等方面的前景，在 20 多年里已被世界上多个研究机构和一些学者进行了大量研究。

由传统的合金研发经验可以认为，根据 Gibbs 相律，增加组成合金的金属元素种类，合金内部会析出大量结构复杂的金属间化合物，导致合金性能恶化，给材料的组织与成分分析带来困难。然而，最新的研究表明，当合金组元的种类和含量达到一定值后，所制备出的合金并没有出现很多复杂的中间化合物，而是呈现简单的微观结构，具有很多特殊性能及优良的综合性能。2004 年，B. Cantor 教授和叶均蔚教授团队，分别在学术期刊上公开了一种新型的合金——多主元高熵合金。该合金的一些优异性能和巨大的应用前景迅速成为材料领域的研究热点。多主元高熵合金又称高熵合金或多主元合金，工业上称之为多元高性能合金。高熵合金是近年来采用多主元混合引入“化学无序”获得的新型合金材料，其主要特点是没有主导元素或主元。传统的合金材料大多数是稀固溶体，一般由溶剂作为基体，合金元素作为溶质溶入溶剂基体晶格结点或间隙形成。而高熵合金则是分不出溶剂与溶质的高浓度固溶体，合金组元由 4～5 种或以上金属元素等物质的量比或近等物质的量比(化学计量比)组成，因此各组元均称为合金主元。与传统合金不同，多主元高熵合金是多种主元共同作用的结果，而非单一地体现出某种金属元素固有的属性。

目前高熵合金的概念已经扩展到了高熵陶瓷、高熵薄膜、高熵钢、高熵高温合金、铝镁系高熵轻质合金、高熵硬质合金等。近年来的研究发现高熵合金在低温下仍然具有很高的断裂韧性，在抗高温软化方面强于传统的合金材料，也就是在韧-脆转变温度和合金软化温度之间的服役温度范围更为宽广，表现出宽温域服役的特点。同时，也有大量文献表明高熵合金具有更强的抗辐照性能，其辐照导致的体积膨胀明显低于锆合金和不锈钢。一般认为高熵合金的无序复杂结构使得原子的自由程更短，离位原子和空位复合的概率更高，和氧化物弥散强化 ODS 合金依靠相界面，以及纳米晶材料靠晶界吸收空位的机制明显不同。

多主元高熵合金凝固后，不仅不会形成种类众多的金属间化合物，反而倾向于形成简单的体心立方相或面心立方相，或者 BCC+FCC 混合相。研究发现，高熵合金因具有高熵及原子不易扩散的特性，容易获得热稳定性高的固溶相和纳米结构，甚至非晶结构。其性能在许多方面优于传统合金。高熵合金被认为是近几十年来合金化理论的三大突破之一，这是一种具有可合成、可加工、可分析、可应用特性的新合金领域，学术价值和工业发展潜力巨大。

10.1.1 高熵合金的形成与特性

（1）热力学与动力学

1）热力学

熵是热力学上代表系统混乱度的一个参数。一个系统的混乱度越大，熵就越大。系统的自由能 ΔG 与焓变 ΔH、绝对温度 T、熵变 ΔS 之间的关系为

$$\Delta G=\Delta H-T\Delta S \tag{10-1}$$

一个固定的系统中，ΔG 越低，系统越稳定。从式(10-1)可知，若 ΔS 增加，可降低 ΔG，增强系统的稳定性，使得系统趋于稳定。根据 Boltzmann 关于熵与系统复杂度之间关系的假设，n 种元素按照等原子比混合形成固溶体时的标准摩尔混合熵 ΔS_{mix} 可由下式计算：

$$\Delta S_{\mathrm{mix}}=k\ln W \tag{10-2}$$

式中，k 为 Boltzmann 常数；W 为原子排列构型数。当 n 种等物质的量原子混合形成固溶体时，由每摩尔原子在排列上增加的混乱度，即构型数 W，可得到 n 种原子等物质的量混合时，标准摩尔混合熵为

$$\Delta S_{\mathrm{mix}}=R\ln n \tag{10-3}$$

式中，R 为气体常数，$R=8.314\mathrm{J\cdot mol^{-1}\cdot K^{-1}}$。若忽略物质系统原子的振动组态熵、电子组态熵、磁矩组态熵等，那么高熵合金混合熵的计算以原子排列的混合熵为主。根据式(10-3)计算的不同数目主元 n 对应的标准摩尔混合熵 ΔS_{mix} 示于图 10-1。

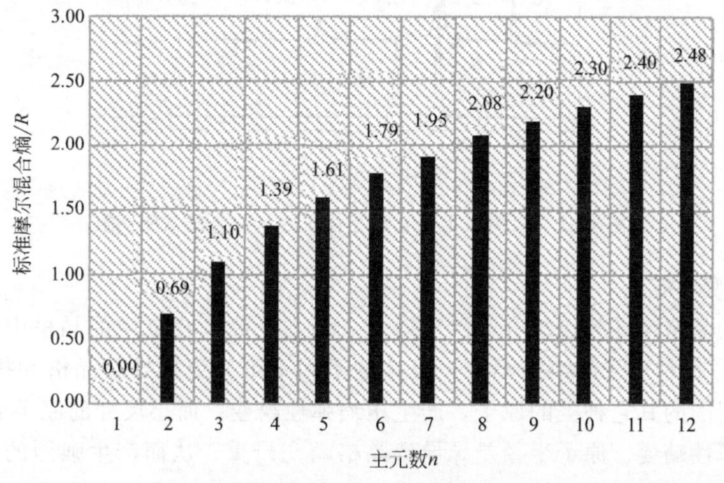

图 10-1 合金主元数与标准摩尔混合熵的关系

一般将合金主元数 $n\geqslant5$，混合熵 $\Delta S_{\mathrm{mix}}\geqslant1.61R$ 的合金称为高熵合金，合金容易形成固溶体而不易出现金属间化合物；传统合金的 $n\leqslant2$，混合熵 $\Delta S_{\mathrm{mix}}\leqslant0.69R$，称为低熵合

金；两者之间的主元数 $2 \leqslant n \leqslant 5$，混合熵 $0.69R \leqslant \Delta S_{mix} \leqslant 1.61R$，称为中熵合金。

与传统金属或合金相比，高熵合金在液态时具有更高的混合熵，合金系统的混乱度增加，容易形成固溶体相。在分析多主元合金的固溶体形成规律时，需要参考传统的合金固溶理论，考虑元素的原子半径、晶体结构、电负性、混合熵、混合焓等因素。

2）动力学

多主元合金在其热力学和动力学的综合作用下，形成高熵固溶体合金。高熵合金熔化时所含元素原子混乱排列为均匀的液相，合金中多个主元之间相互作用，增加了合金液的混乱度与黏度，凝固时原子扩散困难，多种主元原子的扩散和再分配阻止了结晶物的形核和生长，有利于形成细小固溶体组织，甚至有利于纳米相和非晶相的形成。

（2）高熵合金的特性

高熵合金具有高熵效应、晶格畸变效应、缓慢扩散效应、鸡尾酒效应与高热稳定性。

1）高熵效应

一般合金的混合熵在 $0.69R \sim 1.0R$ 左右，多主元高熵合金的混合熵一般大于 $1.61R$，远高于传统合金。多主元高熵合金的高熵效应降低了形成固溶体相的自由能，可促进固溶体的形成，尤其是在高温环境下，由于主元之间相互溶解度的增加，多主元高熵合金中相数显著减少，根据 Gibbs 自由能公式(10-1)，高的熵值可以在较高温度下使固溶体相更加稳定。图 10-2 为六种二元～七元等物质的量合金的 XRD 谱，可以看出，二元 CuNi 合金形成 FCC 固溶体结构，三元 CuNiAl 合金形成 FCC＋有序 BCC 结构，五元、六元、七元高熵合金均形成 FCC＋BCC 简单结构。

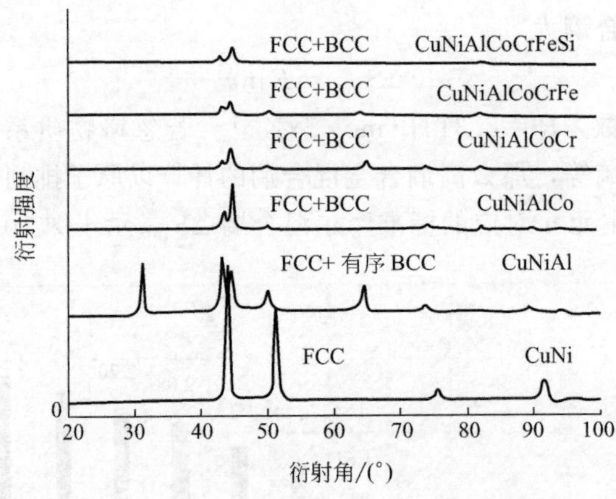

图 10-2　六种二元～七元等物质的量合金的 XRD 谱

2）晶格畸变效应

高熵合金的晶格畸变较传统合金严重得多。多主元高熵合金中的晶格由多种原子组成，如图 10-3 所示。每种原子的半径不一，尺寸的不同不可避免地导致晶格的扭曲，原子半径大的原子挤开周围的其它种类的原子，产生压缩弹性畸变；而小尺寸的原子周围有多余的空间，产生拉伸弹性畸变。原子半径差异导致晶格畸变严重，从而产生强烈的固溶强化作用。由于高熵合金中不存在作为基体的溶剂原子，所有的原子都被看作溶质原子或溶剂原子，因此具有很强的固溶强化作用，使合金的力学性能得到明显提高。

3）缓慢扩散效应

在一种金属元素作为溶剂的传统二元或多元合金中，溶质或溶剂原子在固溶体中扩散

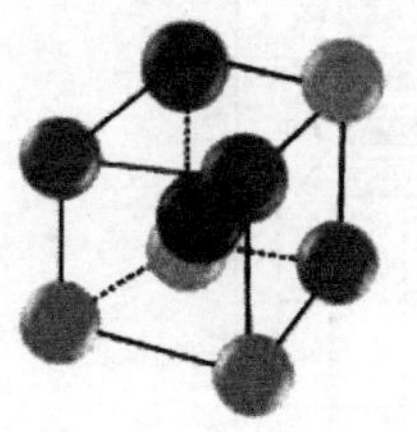
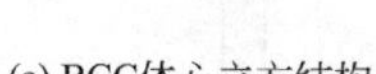
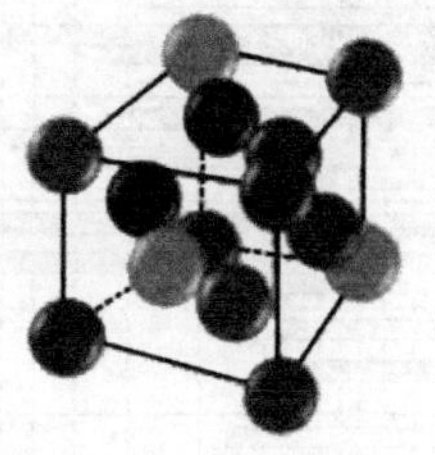
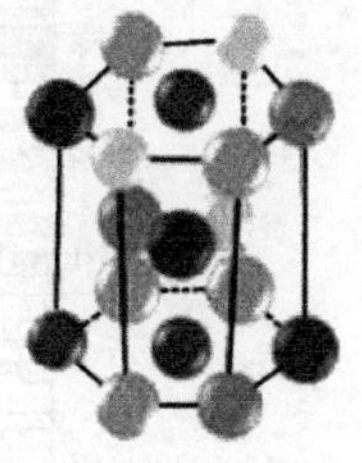

(a) BCC体心立方结构　　(b) FCC面心立方结构　　(c) HCP密排六方结构

图 10-3　高熵合金晶胞模型（不同颜色代表不同的金属元素）

时，它们的能量在进入空位前，与进入空位后是相同的，原子可以进行连续的跃迁。而多主元高熵合金与之不同。图 10-4 为多主元高熵合金中的原子势能陷阱造成原子扩散缓慢示意图，可以看出，若某溶质原子跃迁进入势能很低的空位能量“深陷阱”，原子能量降低，它就会被困住，很难再跳出来，造成后继扩散困难；与此相反，如果原子跳进高能量的晶格空位，那它跳回原来位置的机会将变大，而难以再次进入空位，这两种情况都使原子的固态扩散变得缓慢，导致高熵固溶体合金的扩散速率与扩散控制的相变速率降低，使得高熵合金在高温时不易产生晶粒粗化及再结晶等不利影响。

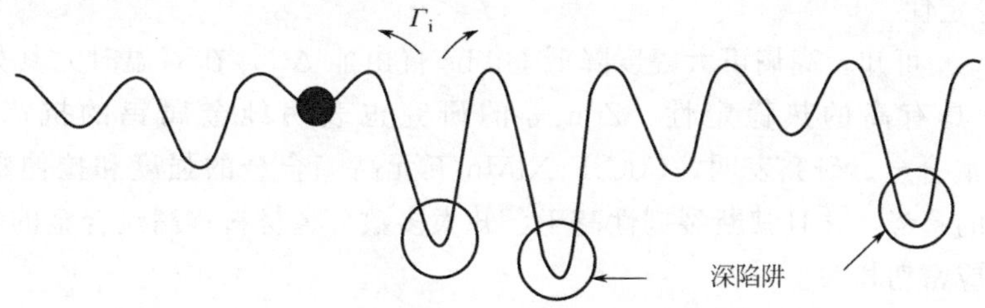

图 10-4　多主元高熵合金中的空位能量陷阱造成原子扩散缓慢示意图

图 10-5 列出了几种合金中原子扩散系数的比较，可以看出 Cr、Mn、Fe、Ni 四种原子在 CoCrFeMnNi 高熵合金中的扩散系数明显低于低熵合金，其中 Ni 的扩散系数比 Fe-22Cr-45Ni 中熵合金低一个数量级，Mn 的扩散系数比 NiMn 低熵合金低 2 个数量级。

4）鸡尾酒效应

高熵合金的“鸡尾酒效应”是指可以像调配鸡尾酒一样，通过改变合金元素的种类与数量得到所需要的组织与性能，即组织与性能的可设计性与可调控性。多主元高熵合金的性能与其元素组成有关，如加入原子量小的元素就会降低合金的密度，当然还要考虑多种元素的交互作用。纯金属铝质轻性软，但在高熵合金中加入铝反而使合金硬度增强。因此，高熵合金的宏观性能，不仅由组成元素的平均性能决定，也由内部原子之间的相互作用和晶格畸变程度决定。

高熵合金的主元数较多(一般 $n \geqslant 5$)，各主元本质特性以及原子之间的相互作用使得合金呈现出一种复杂的“鸡尾酒效应”。多种金属元素以特定的原子比例合金化形成的高熵合金，一般具有高温热稳定性、高硬度、高强度、高耐蚀性等性能，成为耐高温、耐腐蚀、耐热材料的潜在竞争材料。如果要求合金的抗拉强度高一些，在合金设计时可选择具有 FCC 结构的元素；如果需要设计的材料将会用到轨道交通、航空航天等重量敏感领域，轻质元素将被优先考虑；如果要求所制备的合金用在耐高温的环境中，那么高温难熔元素将是首要考

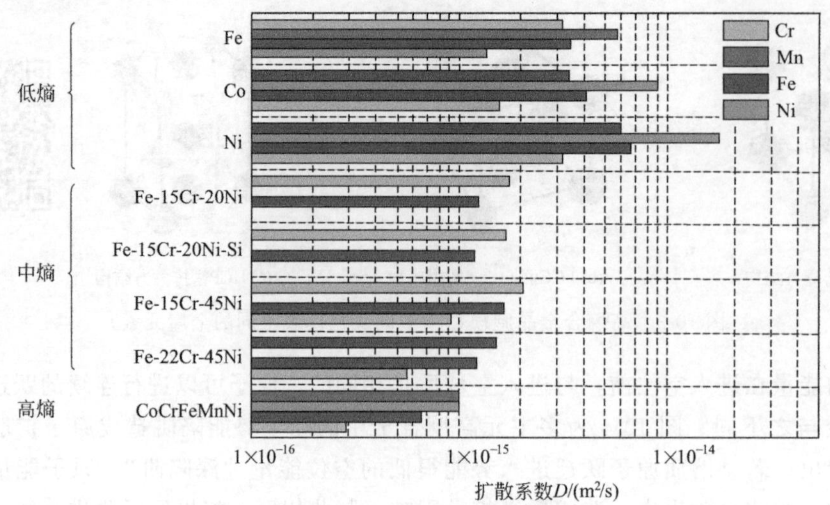

图 10-5　不同合金中原子扩散系数的比较

虑。所以在合金设计时就要综合考虑各种因素，根据材料服役环境与性能要求选择合适的主元元素组合以及相应的制备方法。

5）高热稳定性

从式（10-1）可知，高熵可大幅度降低 Gibbs 自由能 ΔG，在高温时尤其如此，使高熵合金在高温下具有高的热稳定性。Zou 等的研究也表明纯金属钨的抗高温性能不如 NbMoTaW 高熵合金。研究表明，CoCrFeNiMn 五元高熵合金的强度和拉伸塑性随温度的降低呈现升高的趋势，并且其断裂韧性高于已知大多数合金材料。高熵合金的高热稳定性与其缓慢扩散效应密切相关。

10.1.2　高熵合金的设计原则与方法

（1）设计原则

高熵合金的设计遵循一般的材料设计与选材三原则：一是满足使用性能要求；二是合成、制备与加工工艺性能良好；三是经济合理，即性价比高。具体到高熵合金，主要考虑：

① 化学成分设计能够保证制备得到多主元高熵合金固溶体作为合金主相，一般应避免出现金属间化合物相或非晶相。

② 设计制备的高熵固溶体合金能够在经过加工处理后得到需要的力学性能、电磁性能、热学性能、导电性能或化学性能等。

③ 制备的高熵固溶体合金的纯净度与纯洁度高，以保证不降低所需要的性能。

④ 高熵固溶体合金的成分设计应使其易于制备与成形；高熵合金成分设计应考虑组成元素的资源因素及经济性因素等。

⑤ 高熵合金的设计与制备还要考虑材料全寿命周期的资源回收与可持续发展、环境保护等政策因素。

（2）热力学设计要素

高熵合金的设计理论尚不成熟，主要依据国内外学者大量研究结果，及其形成热力学条件总结出的若干经验，包括主元数、混合熵、混合焓、热力学综合参数、原子尺寸、电负性差、价电子浓度和其它因素等，简述如下。

1）主元数

根据高熵合金的合金化原理，高熵合金的组成元素数一般应不少于 5 种，最少 3 种。根据已有的研究结果，在可选元素范围内，选择 3～5 种及以上接近等原子比的元素设计合金。图 10-6 为高熵合金成分设计使用元素的频率，可以看出，过渡金属元素 Fe、Co、Ni、Cu，高温难熔金属元素 W、Nb、Mo、Hf、Ta，以及 Al、Cr、Mn、Ti、Sc、Y 等元素使用频率较高。

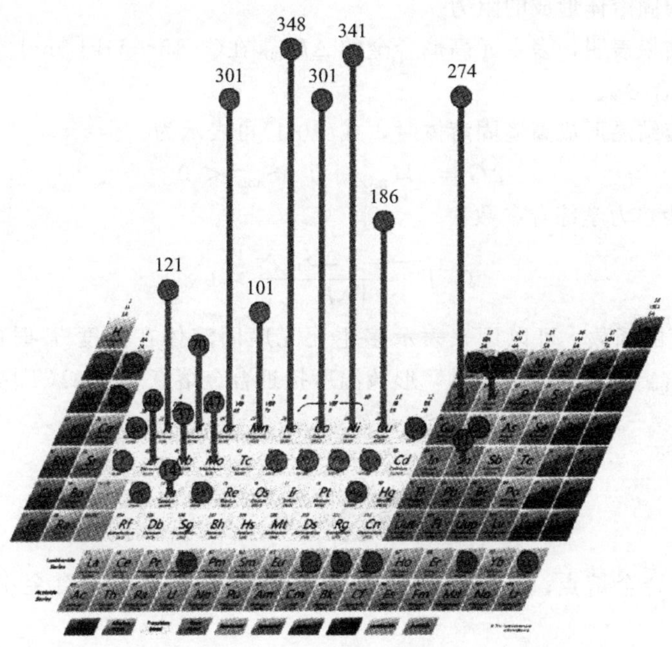

图 10-6　高熵合金成分设计使用元素的频率

2）混合熵

多主元高熵合金体系中的混合熵 ΔS_{mix} 总是为正值，如式(10-3)和图 10-1 所示。多主元合金具有较高的混合熵，而高的混合熵增加合金体系的混乱程度，显著降低合金的自由能，从而导致不同合金元素混乱地分布在晶体的阵点位置，抑制有序相及相分离的产生，最终促进固溶体相的生成，而且温度越高，混合熵的作用就越明显。因此从热力学的角度考虑，混合熵的数值可以用于表征多主元合金中固溶体相形成的驱动力。

多主元高熵合金中的混合熵 ΔS_{mix} 一般在(12.0～17.5)J/(mol·K)。

3）混合焓

根据规则溶体模型，只考虑固溶体中最近邻原子间的键能，则 n 元合金中固溶体相的混合焓 ΔH_{mix} 可以用下式表达：

$$\Delta H_{mix} = \sum_{i=1, i \neq j}^{n} 4\Delta H_{ij}^{mix} c_i c_j \tag{10-4}$$

式中，ΔH_{ij}^{mix} 是由 i 主元和 j 主元组成的二元液态合金在规则溶体中的混合焓，其数值则是基于二元液态合金的 Miedema 宏观模型计算而来的，c_i 或 c_j 是 i 主元或 j 主元的摩尔分数。

合金的混合焓可以为正，也可以为负。当多主元合金的 $\Delta H_{mix}>0$ 时，合金的不同液相之间产生溶解间隙，降低合金的固溶度，使得合金中出现相分离或成分偏析。混合焓越高，这种效应越显著，此时 ΔH_{mix}表现为合金主元之间的排斥力。

当多主元合金的 $\Delta H_{\text{mix}}<0$ 时，合金元素之间的结合力较强，容易促进金属间化合物的产生，同样混合焓越负，这种效应就越显著。因此混合焓表现为合金主元之间的亲和力。此外负的混合焓还容易促进非晶相的产生。因此无论混合焓为正或负，都会导致多主元固溶体的形成受到限制。只有当混合焓的数值接近于 0 时，不同合金元素才会倾向于无序地分布在晶体的晶格阵点中，使得无序固溶体稳定存在。因此，可以用混合焓的绝对值 $|\Delta H_{\text{mix}}|$ 来表征多主元合金中固溶体形成的阻力。

已有的研究结果表明，多主元高熵合金的 ΔH_{mix}在(−15～5)kJ/mol。

4）热力学综合参数

多主元合金液结晶形成高熵固溶体时，式(10-1)可表示为

$$\Delta G=\Delta H_{\text{mix}}-T\Delta S_{\text{mix}}<0 \tag{10-5}$$

定义 $\Omega(T)$ 为热力学综合参数：

$$\Omega(T)=\frac{T\Delta S_{\text{mix}}}{|\Delta H_{\text{mix}}|}>1 \tag{10-6}$$

$\Omega(T)$ 是温度的函数，可以用来表示多主元无序固溶体在温度 T 时的热力学稳定性，为张勇教授等提出。高熵合金结晶时，形核温度接近合金熔点 T_{m}，$\Omega(T)$ 可以表示为

$$\Omega=\frac{T_{\text{m}}\Delta S_{\text{mix}}}{|\Delta H_{\text{mix}}|}>1 \tag{10-7}$$

$$T_{\text{m}}=\sum_{i=1}^{n}c_i(T_{\text{m}})_i \tag{10-8}$$

式中，T_{m} 为合金熔点；c_i 是 i 主元的摩尔分数；$(T_{\text{m}})_i$ 为合金中第 i 主元元素的熔点。

张勇等指出，高熵合金的 $\Omega>1$ 可以作为高熵合金的固溶体形成判据。目前已经研究的高熵固溶体合金的 $\Omega>1.1$。

5）原子尺寸

除了热力学因素外，合金元素的原子尺寸差，同样会影响多主元合金的固溶体相的稳定性。一般而言，各主元之间的原子尺寸越接近，越容易形成固溶体，原子半径差超过一定限度容易形成金属间化合物。大的原子尺寸差，一方面会增加合金的晶格畸变程度，导致晶体的弹性应变能增加，导致合金的内能升高，不利于固溶体相的稳定；另一方面会造成主元之间的缓慢扩散，使得固相转变速率降低和主元成分偏析，甚至会导致非晶相和纳米晶在合金中局部析出。只有当合金元素的原子尺寸相似时，各合金元素原子才能相互替代，形成无序的高熵固溶体相。

采用原子尺寸差参数 δ 综合描述 n 元合金中的固溶体各主元的原子尺寸差异程度：

$$\delta=\sqrt{\sum_{i=1}^{n}c_i(1-r_i/\bar{r})^2} \tag{10-9}$$

$$\bar{r}=\sum_{i=1}^{n}c_ir_i \tag{10-10}$$

式中，$\bar{r}$为合金元素原子的平均半径；r_i 为 i 元素的原子半径；c_i 是 i 主元的摩尔分数。一般而言，高熵合金的原子半径差 $\delta<6.5\%$，有利于形成固溶体结构。

6）电负性差

合金元素的电负性表示这个元素在异类原子聚集体中得到或失去电子的能力。合金元素之间的电负性差越大，元素间具有高正电负性的元素就越容易失去核外电子，而具有高电负性的元素越容易得到电子，从而导致金属间化合物的形成。因此合金元素间的电负性差越小则有利于形成多元固溶体。而 n 元合金的电负性差 $\Delta\chi$ 可以表征如下：

$$\Delta\chi=\sqrt{\sum_{i=1}^{n}c_i(\chi_i-\overline{\chi})^2} \tag{10-11}$$

$$\overline{\chi}=\sum_{i=1}^{n}c_i\chi_i \tag{10-12}$$

式中，$\overline{\chi}$为合金元素的平均 Pauling 电负性；χ_i 为合金中 i 主元的 Pauling 电负性。

一般地，高熵合金的电负性差 $\Delta\chi<0.36$，大多数高熵合金的 $\Delta\chi$ 在 0.10～0.20 之间。

7）价电子浓度

合金的价电子浓度对固溶体稳定性的影响效果主要表现为 Hume-Rothery 准则中的原子价效应。当主元间的原子价接近时，主元的固溶度越大，合金中固溶体越相对稳定。当价电子浓度发生变化或超过某一极限时，主元之间的结合键便会不稳定，有重新分配的倾向，使得固溶体稳定性下降，并有利于金属间化合物的析出。对多主元高熵合金的价电子浓度 *VEC* 表达如下：

$$VEC=\sum_{i=1}^{n}c_i(VEC)_i \tag{10-13}$$

式中，$(VEC)_i$ 为合金中 i 主元的价电子浓度。

一般认为，根据合金的价电子浓度不能判断其是否形成高熵固溶体，但可以根据价电子浓度预测价电子浓度与固溶体结构及固溶体相稳定性的关系。根据现有的研究结果可以总结出：当 $VEC\geqslant8.0$ 时，FCC 结构固溶体相较稳定；当 $VEC<6.87$ 时，BCC 结构固溶体相较稳定；FCC+BCC 双相结构出现在 $6.87<VEC<8.0$ 的区域。

8）其它因素

关于动力学因素对高熵合金固溶体相形成规律和相变规律影响的研究越来越受到重视。研究认为，与非晶合金相比，高熵合金的相组成受冷却速度的影响较小，但是提高冷却速率仍然可以影响高熵合金的组织结构。

（3）设计方法

目前常用的高熵合金的设计方法主要是依据上述主要热力学设计要素，设计合金的主元种类和数量，再根据研究经验总结进行后续强化机理设计及制备工艺、组织、性能与优化设计：

① 主元与合金系设计。优先参照已有多主元高熵合金化学成分设计实例，选择新高熵合金组成元素的选择范围或合金系。

② 微量或少量附加合金元素选择与设计。根据有关合金化理论及研究经验，选择可固溶于多主元高熵合金固溶体的少量附加合金元素，附加元素应不与其它组元反应产生化合物相，附加元素的种类及其相对含量的选择，可根据研究经验采用大量计算法或实验法确定。

③ 主元替换。考虑资源与经济性、工艺性，可参照现有多主元高熵合金的组成元素及其含量，对其中个别元素进行同特性或特性互补性元素替换。

④ 实验验证。以新的多主元高熵合金制备实验结果进行修正，以确定新高熵合金成分设计方案。

⑤ 基于材料基因组的计算材料学辅助设计。应用材料基因组思想及研究结果进行多主元高熵固溶体合金设计，可基于对各种成分的高熵固溶体相性能的实验研究数据，根据相关化学成分的 FCC、BCC、HCP 结构的高熵合金常温下的性能设计高熵合金的化学成分。

⑥ 基于材料基因组的高通量制备、性能检测辅助设计及优化。应用材料高通量实验方法辅助多主元高熵合金设计及优化。

⑦ 合金制备工艺性及使用性能评价。考虑合金制备工艺对环境保护、资源回收利用、可持续发展等政策、经济因素影响，综合评价合金的加工工艺性能和使用性能是否达到技术指标要求。

10.1.3 高熵合金种类与结构

（1）高熵合金的分类

高熵合金通常按照微观结构、元素组成等进行分类。

1）按微观结构分类

按照微观结构，高熵合金可以分为固溶体结构高熵合金、非晶结构高熵合金、多相复合高熵合金三类。

① 固溶体结构高熵合金。固溶体结构高熵合金指的是组织为固溶体的高熵合金。传统固溶体合金仍然保持溶剂组元的晶体结构。而高熵合金由于其元素种类众多，元素含量相当，其形成的固溶体结构不同于任何一种元素，不同原子随机占据晶格点阵，其并不存在溶质与溶剂的区别，常见的固溶体高熵合金包括面心立方固溶体高熵合金、体心立方固溶体高熵合金、密排六方固溶体高熵合金。这些固溶体通常是完全无序固溶体，少量为有序固溶体。

② 非晶结构高熵合金。即形成的相结构为非晶的高熵合金，其成分满足高熵合金的定义，而结构为原子无序排列的非晶态。

③ 多相复合高熵合金。高熵合金中元素间的作用非常复杂，往往形成包含无序固溶体相、有序相或金属间化合物相等多相结构，此类合金称为多相复合高熵合金。

2）按元素组成划分

高熵合金按元素组成可划分为等原子比高熵合金、非等原子比高熵合金和微合金化高熵合金三类。

等原子比高熵合金的所有组成元素的原子分数相同，如 CoCrFeNiAl 高熵合金。

非等原子比高熵合金的各主元元素的原子分数不相等，如 $CoCrFeNiCuAl_{0.3}$ 高熵合金。

微合金化高熵合金，指的是在前两者基础上，添加微量的其它元素进行微合金化，以获得某些特殊性能，或强化某一性能，例如 $CoCrFeNiCuAl_{0.5}B$、$CoCrFeNiCuAl_{0.5}B_{0.2}$ 高熵合金。

（2）高熵合金的晶体结构

高熵合金的晶体结构可分为晶体和非晶体两大类，高熵合金在大多数情况下都以晶体形式存在。高熵合金常见的晶体结构有面心立方结构、体心立方结构和密排六方结构，以及非晶结构。与传统合金不同的是，高熵合金中存在严重的晶格畸变。

① 面心立方结构(FCC)。与传统合金相似，高熵合金的 FCC 结构中，不同的主元原子倾向于随机占据晶格阵点，引起的晶格畸变非常严重。高熵合金的 FCC 结构同样有无序与有序之分，与传统合金相比，高熵合金的有序 FCC 结构的有序度有所下降。

② 体心立方结构(BCC)。高熵合金体心立方结构模型见图 10-3(b)。当合金中原子出现有序排列时，例如某类原子占据体心位置，形成有序 B_2 或 DO_3 结构，此类有序结构的长程有序度明显降低，反映在 XRD 谱图上表现为有序衍射峰的消失或减弱。

③ 密排六方结构(HCP)。高熵合金中 HCP 结构相对较少，多集中于稀土元素基的高熵合金，例如 HoDyYGdTb、CoFeReRu 等高熵合金具有单相 HCP 结构，$Ti_{0.3}CoCrFeNi$ 具有 FCC＋HCP 两相结构。

④ 非晶结构。高熵合金的非晶结构往往也是快速凝固得到的，即合金凝固时原子来不及扩散规则排列，冻结下来得到类似液体结构的长程无序固体相，俗称液态金属、金属玻璃，无晶粒与晶界，耐腐蚀性能较高。表 10-1 列出了部分典型高熵合金及其热力学参数。

表 10-1　部分典型高熵合金及其热力学参数

合金	结构	δ/%	ΔH_{mix} /(kJ/mol)	ΔS_{mix} /[J/(mol·K)]	T_m /K	Ω	VEC	$\Delta\chi$
CoCrFeNiAl	BCC	3.25	−12.32	13.38	1675	1.82	7.2	0.120
CoCrFeNiCu	FCC	1.07	3.2	13.38	1760	7.36	8.8	0.090
$CoCrFeNiCuAl_{0.5}$	FCC	3.82	−1.52	14.7	1685	16.29	8.27	0.110
CoCrFeNiCuAl	BCC＋FCC	4.82	−4.78	14.9	1622	3.06	7.83	0.120
$CoCrFeNiCuAl_{1.5}$	BCC＋FCC	3.38	−7.04	14.78	1569	3.3	7.46	0.120
$CoCrFeNiCuAl_{2.3}$	BCC	3.84	−9.38	14.35	1500	2.29	6.97	0.130
CoCrFeNiCuAlSi	BCC＋FCC	4.51	−18.86	16.18	1632	1.4	7.29	0.120
MnCrFeNiCuAl	BCC	4.73	−3.11	14.9	1581	4.62	7.5	0.170
TiCoCrFeNiCuAlV	BCC＋FCC	3.87	−13.94	17.29	1735	2.15	7	0.140
$TiCr_{0.5}FeNiCuAl$	BCC＋FCC	6.45	−13.4	14.7	1641	1.56	7.09	0.150
TiCrFeNiCuAl	BCC＋FCC	6.29	−13.67	14.9	1682	1.83	7	0.145
CoCrFeNiCuAlV	BCC＋FCC	4.69	−7.76	16.18	1705	3.56	7.4	0.125
$Ti_{0.5}CoCrFeNiCu_{0.5}Al_{0.5}$	BCC＋FCC	3.25	−10.84	13.75	1738	2.52	8	0.130
CoFeNiCuV	FCC	2.63	−1.78	14.9	1834	13.35	8.6	0.100
MnCrFeNiCu	BCC＋FCC	0.92	2.72	13.38	1710	8.41	8.4	0.140
$Mn_2CrFeNi_2Cu$	FCC	0.99	0.44	12.98	1713	50.53	8.43	0.150
$MnCr_2Fe_2NiCu$	BCC＋FCC	0.84	2.61	12.89	1785	8.82	8	0.130
WNbMoTa	BCC	2.27	−6.49	11.5	3178	3.62	3.5	0.360
WNbMoTaV	BCC	3.18	−4.54	13.33	2950	8.67	3.4	0.340
$Ti_{0.3}CoCrFeNi$	FCC＋HCP	4.06	−8.89	12.83	1886	2.69	8.6	0.120
$CoCrFeNiCuAl_{0.5}B_{0.2}$	FCC＋硼化物	3.77	−4	13.44	1709	6.6	8.1	0.115
$CoCrFeNiAlMo_{0.5}$	BCC＋σ 相	3.47	−11.44	14.7	1786	229	7.09	0.159
ZrHfTiCuFe	化合物	9.84	−13.84	13.38	1949	1.64	6.2	0.250
AlCrMoSiTi	有序 BCC ＋Mo_5Si_3	4.91	−31.08	13.38	1919	0.75	4.6	0.23
TiCoCrNiCuAlY	Cu_2Y ＋$AlNi_2Ti$ ＋Cu＋Cr＋未知相	13.85	−19.37	16.18	1926	1.62	6.57	0.230

10.1.4　高熵合金的界面

(1) CuCoNiCrAl$_x$Fe 高熵合金

Yeh J W 等设计制备了 $CuCoNiCrAl_xFe$ 系列高熵合金，其中 x＝0～3.0。图 10-7 为铸

态 CuCoNiCrAlFe 合金的显微组织。可以看出，铸态 CuCoNiCrAlFe 高熵合金的显微组织为枝晶组织，枝晶由调幅分解的无序 BCC 相和有序 FCC 相组成，枝晶之间由 FCC 相组成(图 10-7A)。TEM 分析表明，铸态 CuCoNiCrAlFe 高熵合金的组织组成较复杂，如图 10-7B 所示：图中 a 区为细小的调幅组织；b 区为条状调幅组织，其上分布有纳米析出相(图 10-7B 中的 c)；d 为条状调幅组织之间的纳米析出相。图 10-7C 为图 10-7B 的 BCC 相[011]带轴的选取电子衍射(SAD)花样；D 为图 10-7B 中 a 区 BCC 相[001]+(010)超结构的 SAD 花样；E 为图 10-7B 中 b 区 FCC 相[011]带轴的 SAD 花样。

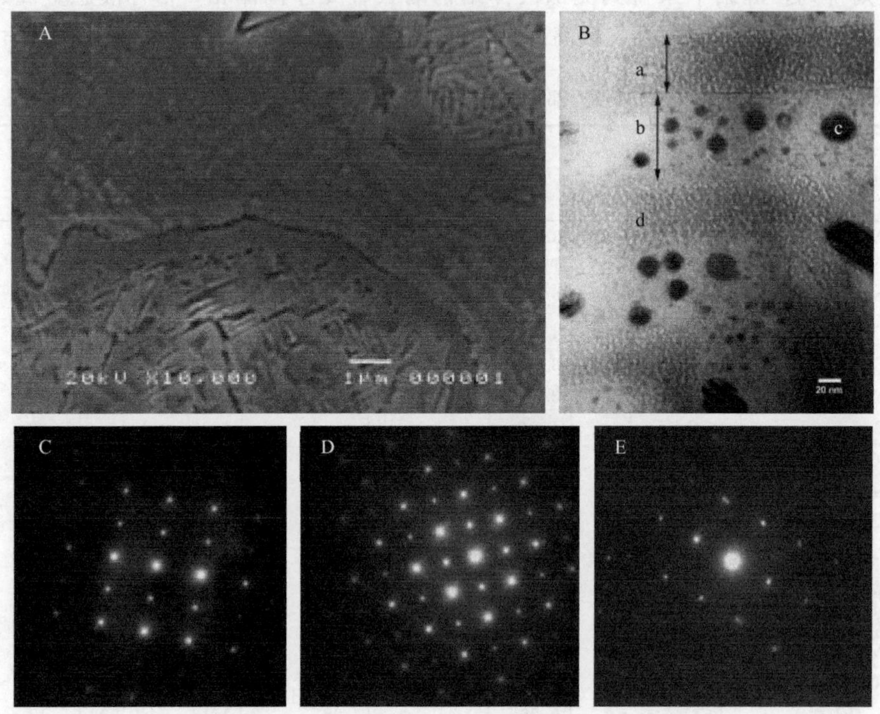

图 10-7　铸态 CuCoNiCrAlFe 合金的显微组织

A—合金的 SEM 枝晶组织；B—TEM 明场像（a 为调幅组织，b 为调幅分解条状组织，c 为条状调幅组织中的纳米析出相，d 为条状调幅组织之间的纳米析出相）；C、D、E—对应图 B、图 B 中的 a、图 B 中的 b 的选取电子衍射花样

根据对传统合金的研究经验，在多元素合金体系中可能会形成大量的金属间化合物或其它复杂相，然而在高熵合金中并未出现这种现象。图 10-8 为铸态 $CuCoNiCrAl_xFe$ 高熵合金的 XRD 谱图。从图 10-8 中只能识别出非常简单的 FCC 和 BCC 固溶体相结构。含铝量在 $x=0\sim0.5$的合金为比较简单的 FCC 结构。当 x 超过 0.8，除了 FCC 外，还出现 BCC 结构，进一步发生亚稳态分解，出现由有序 BCC(B2)和无序 BCC(A2)组成的调幅组织，为 SEM、TEM 和 XRD 结果所证实。$x>2.8$ 时得到了单一的 BCC 结构。从其它不同含量的 Cu、Co、Ni、Cr 或 Fe 的铸态高熵合金中也可得到类似的简单结构。另外，十主元等原子比的铸态 CuCoNiCrAlFeMoTiVZr 高熵合金也具有简单组织结构，包括两个 BCC 相(晶格常数 a 分别为 0.299nm 与 0.315nm)和 1 个非晶相。

高熵合金的耐磨性与相同硬度的钢铁材料类似。此外，尤其是那些含有铜、钛、铬、镍的高熵合金的耐腐蚀性和不锈钢一样优秀，其它含铬或铝的高熵合金表现出优秀的抗氧化性

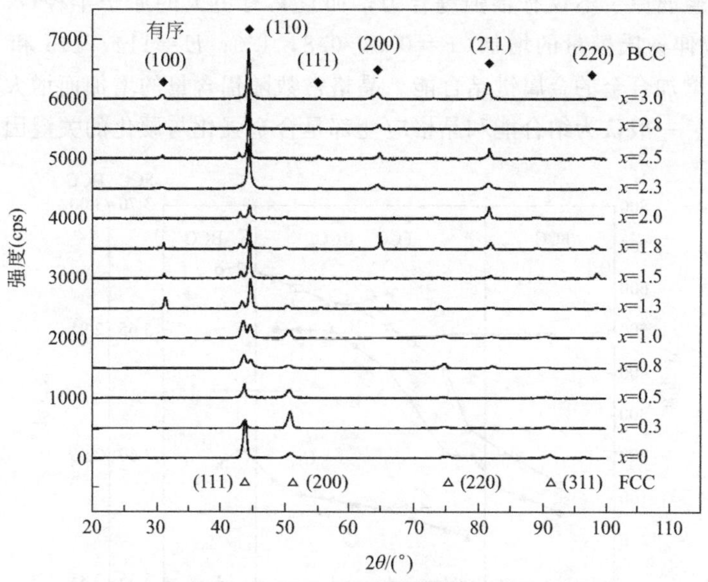

图 10-8 铸态 $CuCoNiCrAl_xFe$ 高熵合金的 XRD 谱图

能。高熵合金的制备方法除了传统的铸锭冶金外，其它技术如快速凝固、机械合金化和薄膜涂层沉积也被用于生产具有不同特性的高熵合金。这些高熵合金也很容易生成简单的纳米晶基体或非晶基体，这取决于它们的组成和加工条件。例如，快淬的 CuCoNiCrAlFeTiV 箔和溅射制备的 $Cu_{0.5}CoNiCrAl$ 膜均由简单的 BCC 结构组成(如图 10-9 所示)。在图 10-9A 中，快淬的 CuCoNiCrAlFeTiV 合金箔的平均晶粒尺寸为 0.8μm，而在图 10-9B 中溅射制备的 $Cu_{0.5}CoNiCrAl$ 薄膜的平均晶粒尺寸只有 7nm。

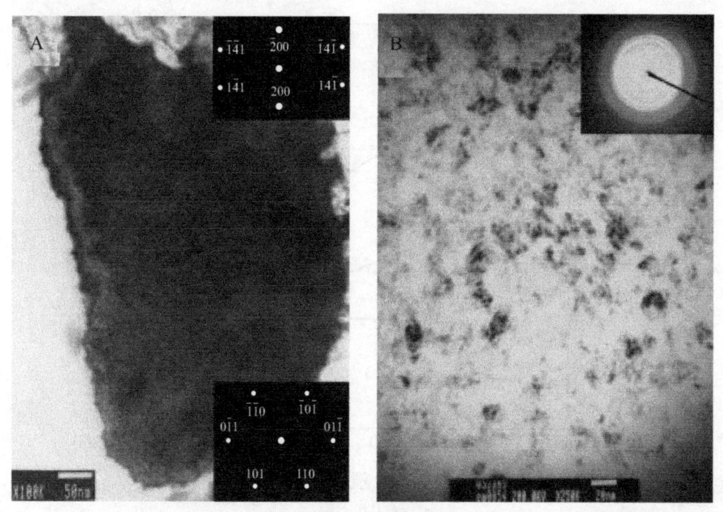

图 10-9 高熵合金的 TEM 明场像和选区电子衍射花样

A—快淬 CuCoNiCrAlFeTiV 薄膜；B—溅射态 $Cu_{0.5}CoNiCrAl$ 薄膜

图 10-10 为铝含量对 $CuCoNiCrAl_xFe$ 合金系硬度的影响。可以看出，铝含量对合金系的硬度影响很大，随铝含量的增加，合金硬度从 133HV 增加到 655HV。$CuCoNiCrAl_xFe$ 体系组织由 FCC 和 BCC 固溶体组成，其硬度升高与铝原子对每种固溶体相的固溶强化机制

有关。铝与其它金属原子不仅有很强键合力，而且具有更大的原子半径(0.14317nm)。CuCoNiCrAl$_x$Fe 拉伸杨氏模量的增加($x=0.5$，0.8，1.0；$E=114$、145 和 163GPa)有力证明了铝原子可以增加合金的金属键结合能。晶格常数随铝含量的增加而增大，表明相应的晶格应变效应更大。一般认为结合能和晶格应变都是合金强化与硬化的关键因素。

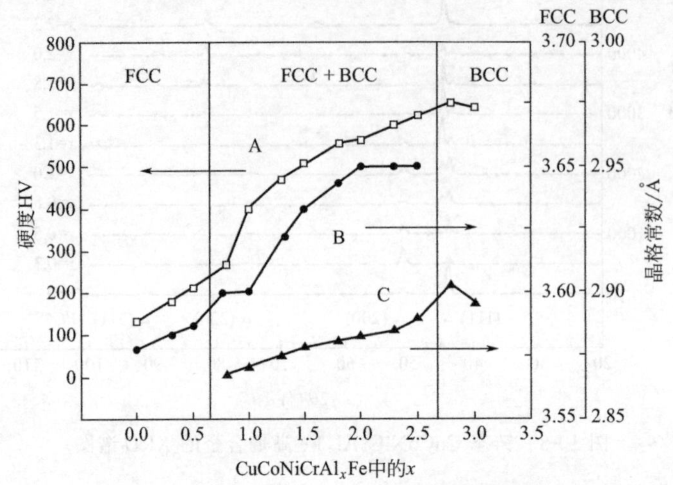

图 10-10　CuCoNiCrAlxFe 系合金的硬度与晶格常数

A—CuCoNiCrAl$_x$Fe 合金的硬度；B—FCC 相的晶格常数；C—BCC 相的晶格常数

图 10-11 表明 FCC 结构的 CuCoNiCrAl$_{0.5}$Fe 合金的压缩屈服强度在室温至 800℃时保持不变。压缩后观察到明显的桶状无断裂变形，断面收缩率高达 30%，表明高熵合金具有高塑性。这些合金具有良好的稳定性、高温强度和延展性，是高温应用的理想材料。

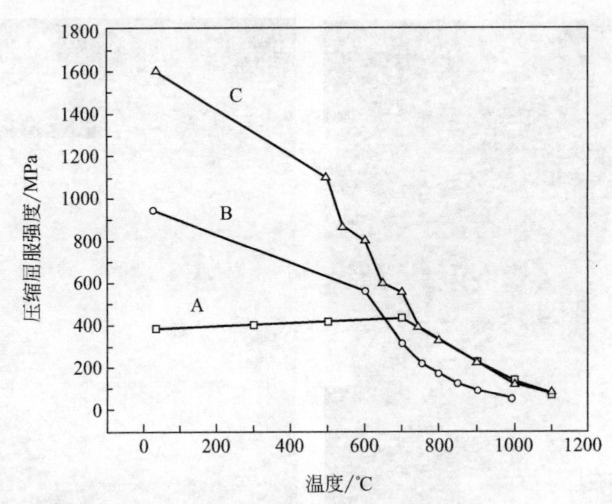

图 10-11　CuCoNiCrAl$_x$Fe 系合金的压缩屈服强度

A—CuCoNiCrAl$_{0.5}$Fe；B—CuCoNiCrAl$_{1.0}$Fe；C—CuCoNiCrAl$_{2.0}$Fe

(2) AlCo$_x$CrFeNi$_{3.1-x}$ 高熵合金

Zhang L 和 Zhang Y 等采用真空感应熔炼法制备了 AlCoCrFeNi$_{2.1}$ 和 AlCo$_{0.4}$CrFeNi$_{2.7}$ 高熵合金(铝、钴、镍纯度：99.9%。铬、铁纯度：99.5%～99.6%。以上均为质量分数)。

熔炼时，先将炉膛预抽真空至 6×10^{-2}Pa，再回充高纯氩气至 0.06MPa。所有的原料被放置在 ZrO_2 坩埚，加热到 600℃，并保持 1h 以去除水汽。浇注温度在 1500℃，使用 IRTM-2CK 红外高温计监测温度，控温精度为±2℃。将约 2.5kg 熔化的过热合金液注入长度为 220mm、上端内径 62mm、底部内径 50mm 的高纯度石墨坩埚。$AlCoCrFeNi_{2.1}$ 和 $AlCo_{0.4}CrFeNi_{2.7}$ 的宏观、光学和 SEM 图像如图 10-12 所示。图 10-12A 为 Ni2.1 和 Ni2.7 合金的块锭的宏观形貌。图 10-12（b）、（c）分别为 Ni2.7 和 Ni2.1 的光学显微组织，可以清楚

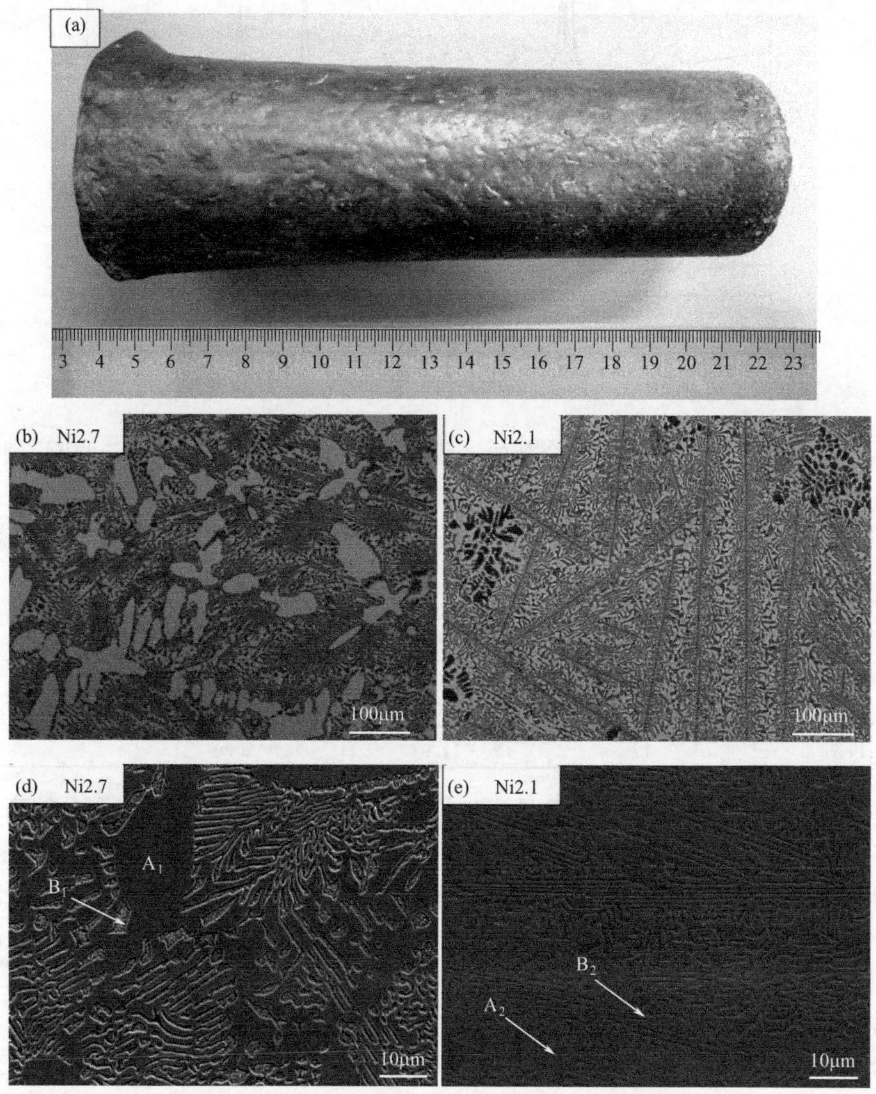

图 10-12 $AlCo_xCrFeNi_{3.1-x}$ 高熵合金的显微组织

（a）铸锭；（b）Ni2.7 光学显微组织；（c）Ni2.1 光学显微组织；

（d）Ni2.7SEM 显微组织；（e）Ni2.1SEM 显微组织

地看到，Ni2.1 合金形成了均匀的片状组织，这与共晶合金的特征一致。Ni2.7 合金有许多大的初晶相[图 10-12(b)中的白色部分]。图 10-12（d）、（e）显示了这两种合金的 SEM 组织。两相共晶组织成分差异明显，图中区域 A_1 和 A_2 富含 Co、Cr、Fe 元素，而区域 B_1 和 B_2 富含 Al、Ni 元素。Ni2.7 合金中 A_1 初晶相较大，其它部分为 A_1+B_1 共晶结构。Ni2.1

合金中形成细小的 A_2+B_2 层片状共晶。

图 10-13 为 $AlCo_xCrFeNi_{3.1-x}$ 高熵合金的 XRD 谱图。可以看出，两种合金内部同时存在 FCC 和 B2 结构。因此，Co 和 Ni 比例的变化对其影响不大。

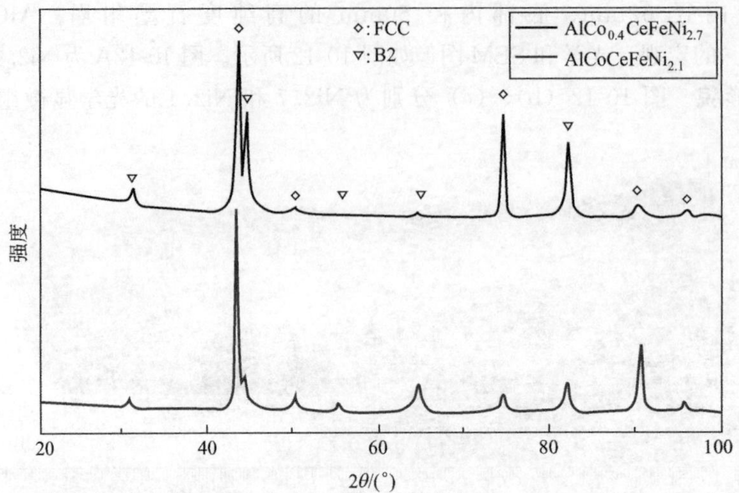

图 10-13　$AlCo_xCrFeNi_{3.1-x}$ 高熵合金的 XRD 谱图

表 10-2 显示了 Ni2.7 和 Ni2.1 合金的一些热力学参数。由于 Co 和 Ni 的原子半径相似，在其它元素含量不变的情况下，调整 Co 和 Ni 的比例不会影响合金的原子半径差 δ。与 Ni2.1 合金相比，Ni2.7 合金中 Ni 较多，Co 较少，导致混合熵 ΔS_{mix} 较小。随着熵值的增大，合金的性能呈现先增大后减小的趋势。

表 10-2　$AlCo_xCrFeNi_{3.1-x}$ 高熵合金的热力学参数

合金	δ/%	ΔH_{mix}/(kJ/mol)	ΔS_{mix}/[J/(mol·K)]	Ω
$AlCo_{0.4}CrFeNi_{2.7}$	5.17	−12.39	11.89	1.62
$AlCoCrFeNi_{2.1}$	5.17	−11.94	12.89	1.83

两种合金的冲击韧性也有明显差异。与拉伸试验结果相似，FCC 相含量较高的 Ni2.7 合金具有更好的冲击韧性。在低温和高应变率下，两种合金的冲击韧性差异更明显。Ni2.7 合金中的 FCC 相含量较大，这可能导致其在低温和高应变率下具有良好的冲击韧性。温度对高熵合金冲击韧性的影响研究的结果总结并绘制在图 10-14(a)中。高熵合金的冲击韧性相对分散。具有 FCC 结构的 $Al_{0.1}CoCrFeNi$、$Al_{0.3}CoCrFeNi$、CoCrFeNi 和 CoCrFeMnNi 高熵合金的冲击能量较高，均在 150J 以上。另外，CoCrFeNi 在冲击过程中发生相变，所以也具有≤100J 的冲击能量，而其它合金的冲击能量很低且<10J。Ni2.7 和 Ni2.1 合金的冲击韧性处于图 10-14 (a) 的中间区域。随着温度的降低，冲击韧性变化不大，在 77～298K 之间没有出现韧-脆转变。

屈服强度与冲击韧性的关系如图 10-14(b)所示。$Al_{0.1}CoCrFeNi$ 和 $Al_{0.3}CoCrFeNi$ 合金冲击韧性均超过了大多数金属材料，而它们的屈服强度略低。$AlCo_xCrFeNi_{3.1-x}$ 合金的冲击韧性较差，但仍优于 AZ91C 合金、Be、Cr 和一些碳钢。特别是 Ni2.7 合金的冲击能量与合金钢的相当。$AlCo_xCrFeNi_{3.1-x}$ 合金的屈服强度高于大多数材料(如低合金钢、X70 钢、X80 钢)，如图 10-14 (b) 所示。

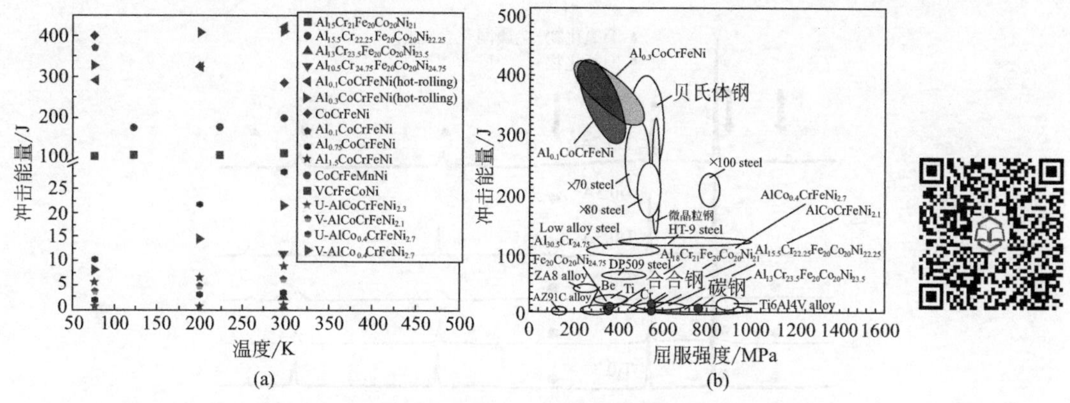

图 10-14 温度与屈服强度对高熵合金冲击韧性的影响

(3) 粉末冶金 $Ni_{1.5}Co_{1.5}CrFeTi_x$ (x= 0.3, 0.5, 0.7) 高熵合金

Moravcik I 等采用机械合金化（MA）和电火花等离子烧结（SPS）的粉末冶金方法制备了三种 $Ni_{1.5}Co_{1.5}CrFeTix$ 的合金（其中 $x=0.3,0.5,0.7$）。表 10-3 列出了烧结态和退火态 $Ni_{1.5}Co_{1.5}CrFeTix$（$x=0.3$，0.5，0.7）合金的组织与综合性能。可以看出，随 Ti 含量增加，合金基体中 FCC 固溶体含量变化不大，氧化物与金属间化合物等强化相含量有所增加，烧结态 Ti0.7 合金的强化相含量达 7.1%。退火后，三种合金的硬度均降低，Ti0.7 合金的硬度从 556HV 降低到 500HV。退火态合金的抗拉强度随 Ti 含量的增加而显著提高，最高达 1618.5MPa（Ti0.7）。图 10-15 为三种 $Ni_{1.5}Co_{1.5}CrFeTix$ 高熵合金烧结态与退火态的 XRD 谱图，结果表明该类合金由 FCC 固溶体相、Ti 的氧化物与少量金属间化合物组成。

表 10-3 烧结态和退火态 $Ni_{1.5}Co_{1.5}CrFeTix$（$x=0.3$，0.5，0.7）合金的组织与综合性能

组织特性与性能	烧结态			退火态		
	Ti0.3	Ti0.5	Ti0.7	Ti0.3	Ti0.5	Ti0.7
孔隙率	3.77	0.03	0.02	0.43	0.06	0.01
平均晶粒尺寸/μm	0.44	1.69	1.14	1.30	1.74	2.13
氧化物平均大小/nm	61.80	94.41	87.40	155.54	171.13	171.13
氧化物面积百分比/%	5.01	5.09	5.03	7.39	8.32	8.29
晶格常数/nm	0.358	0.358	0.359	0.358	0.359	3.60
FCC 相含量/%	95.40	96.40	92.90	96.60	96.50	96.00
氧化物+金属间化合物含量/%	4.60	3.60	7.10	3.40	3.50	4.00
显微硬度 $HV_{0.1}$	448±20.01	524±25.6	556±22.0	355±4.5	379±3.9	500±7.4
弹性模量 E/GPa				229.8	265.6	228.7
屈服强度 $R_{p0.2}$/MPa				781.5	930.5	1281.5
抗拉强度 R_m/MPa				845	1199	1618.5
延伸率 A_t/%				2.1	14.1	8.8
断面收缩率 Z/%				2.8	24.8	12.1

图 10-16 为三种 $Ni_{1.5}Co_{1.5}CrFeTix$ 高熵合金烧结态与退火态的 SEM 背散射电子显微组织，可以看出，合金中 FCC 相晶粒与黑色氧化物一样均有粗化趋势。在 Ti0.3 和 Ti0.7 合金中均存在明显的粗大氧化物条状分布组织，EDS 分析表明其为 Ti 的氧化物。FCC 晶粒内部也有非常细的黑色颗粒，这些颗粒可能是金属间化合物颗粒。

(4) AlxCoCrFeNi 高熵合金

Haghdadi N 等采用电弧重熔制备了 $Al_{0.6}CoCrFeNi$ 和 $Al_{0.9}CoCrFeNi$ 两种高熵合金，

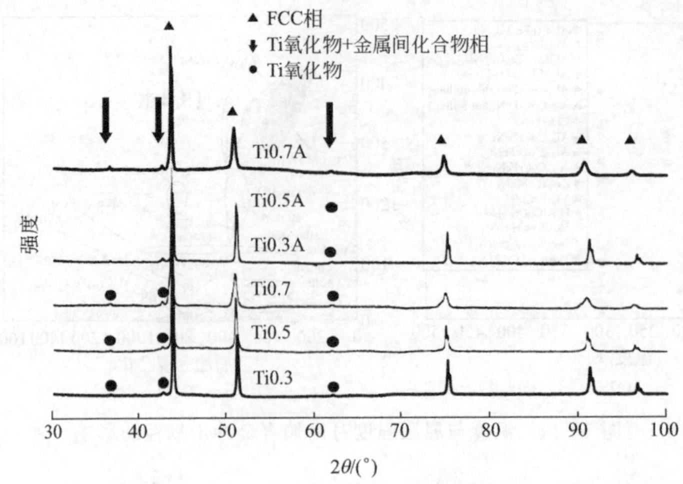

图 10-15　$Ni_{1.5}Co_{1.5}CrFeTix$ 高熵合金烧结态与退火态的 XRD 谱图

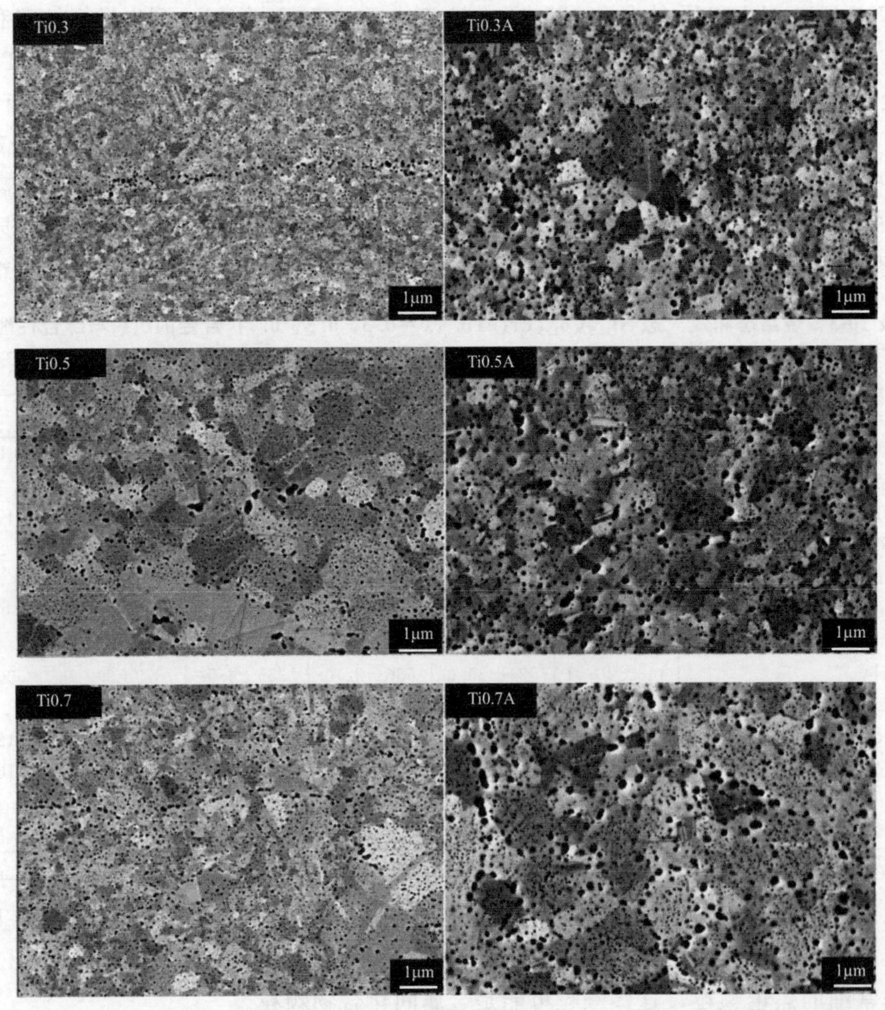

图 10-16　$Ni_{1.5}Co_{1.5}CrFeTi_x$ 高熵合金烧结态与退火态的 SEM 背散射电子显微组织

采用水冷式铜模浇铸得到约 250g 合金锭，熔炼时采用高纯度氩气保护。每个合金成分至少五次重熔，每次倒转合金锭以减少成分偏析。对铸锭进行均匀化处理，在氩气环境下加热至1100℃，保温24h后水淬固溶处理。图10-17为铸态$Al_{0.9}$CoCrFeNi高熵合金的显微组织与EDS元素面分布。$Al_{0.9}$CoCrFeNi合金的铸态组织由等轴的BCC晶粒组成[图10-17(a)]。SEM/EDS分析显示晶粒之间为Al-Ni贫化的无序BCC相(A2)和网状有序/无序BCC相(B2/A2)。

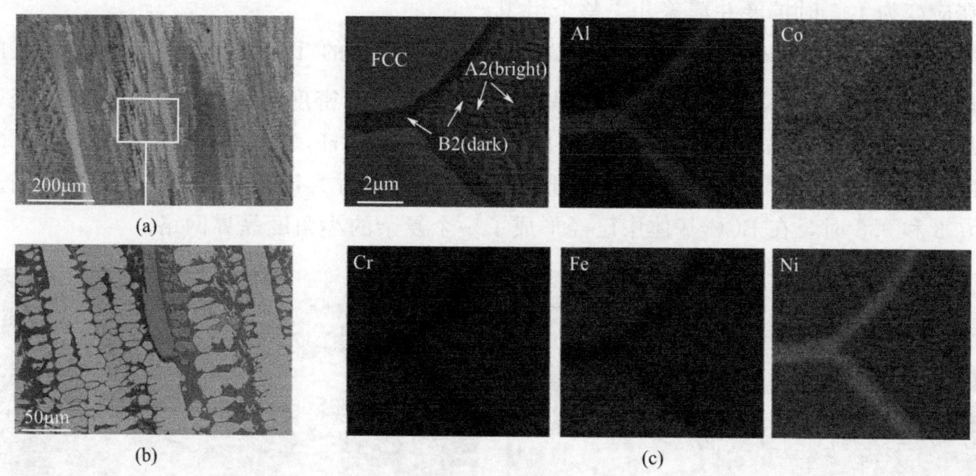

图10-17　铸态$Al_{0.9}$CoCrFeNi高熵合金的显微组织与EDS元素面分布

图10-18为$Al_{0.6}$CoCrFeNi高熵合金的真应变为0.5的热变形EBSD组织，可以看出在

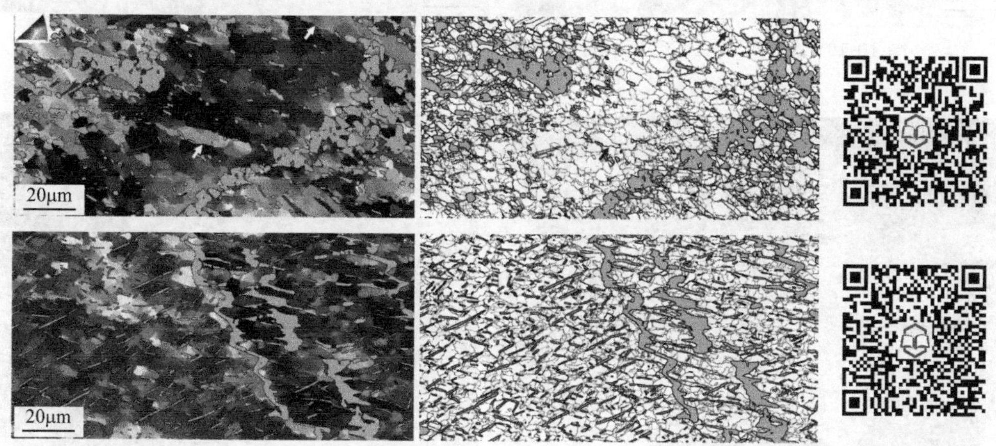

图10-18　$Al_{0.6}$CoCrFeNi高熵合金的真应变为0.5的热变形EBSD组织

(绿色、紫红色、浅绿色和黑色细线条分别表示晶界位向差分别为$0.7°<\theta<2°$，$2°<\theta<5°$，$5°<\theta<15°$，$\theta>15°$，红线为$\Sigma3$孪晶边界。图中粗的海军蓝线表示相界面。灰色是BCC相位。箭头为变形区域内的大角度晶界)

应变为0.5的相界面附近区域有再结晶迹象。在之前的工作中已经介绍了两种主要的不连续动态再结晶（DDRX）成核机制，包括在亚边界演化过程中的孪生和几何必要晶界(geometrically necessary boundaries，GNBs)的形成。每种机制都是热变形条件的函数。试验条件下两种动态再结晶（DRX）成核机制都可以观察到。除了在微观结构中有大量的GNBs外，DRX区域的一个主要特征是退火孪晶的形成，这意味着该合金中出现了DDRX后孪晶链的形成，这与该合金中FCC相的低的堆垛层错能有关。Gleiter提出，在DRX过程中，退火

孪晶倾向于通过“生长意外”形成。值得注意的是，该合金中的 DDRX 与典型的单相合金有一些不同，在典型的单相合金中，DDRX 通过波纹状晶界凸出形成，导致新晶核的形成和晶粒的生长。在这种情况下，高度扭曲的相界面取代了晶界。但是，远离相界面的区域在 0.5 的应变下不发生 DDRX。在这些变形区域内也很少观察到大角度晶界，这些边界似乎主要是通过低角度晶界对位错的逐渐吸收和亚晶粒的合并而形成的。随着进一步变形，DDRX 区域在应变为 1.5 时扩展并覆盖几乎整个组织。

图 10-19 为 $Al_{0.6}CoCrFeNi$ 合金 FCC 基体中位错结构的 TEM 明场像[1,2,3 区域的衍射矢量分别对应$(11\bar{1})$，(200)和$(1\bar{1}1)$晶面]，显示出较低密度的大弧度钉扎位错，表明其在热加工中动态再结晶驱动力不足。图 10-20 为 $Al_{0.9}CoCrFeNi$ 合金的真应变为 0.5 时的 TEM 位错结构的明场像，合金 BCC 和 FCC 两相的变形行为比较特殊，EBSD 表明当真应变为 0.3 和 0.5 时，在 BCC 基体中已经形成了一个复杂的小角度晶界网络。

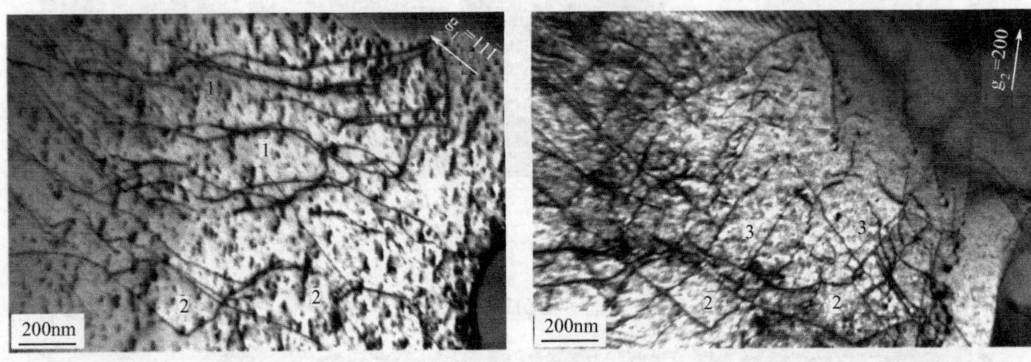

图 10-19　$Al_{0.6}CoCrFeNi$ 高熵合金的真应变为 0.5 时的 TEM 位错结构的明场像

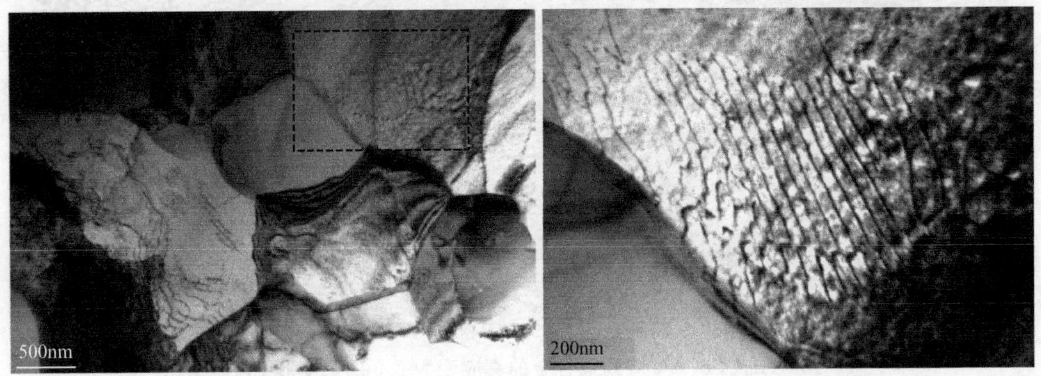

图 10-20　$Al_{0.9}CoCrFeNi$ 高熵合金的真应变为 0.5 时的 TEM 位错结构的明场像

10.2　芯片用引线框架铜合金界面

10.2.1　Cu-Mg-Fe-Sn-P-RE 合金的设计与制备

（1）合金设计

由于集成电路芯片用引线框架材料强度及导电率的提高主要依赖于析出强化，且析出强化型铜合金的析出强化效果主要取决于：合金元素的类型及其对溶解度变化曲线的影响；合金元素在 Cu 中的极限溶解度以及在室温下的平衡溶解度；析出相的种类、数量、分布、大小、形态等因素。合金导电率的高低主要取决于：合金元素的类型；合金元素对固溶体导电率的影响；合金元素在室温下的平衡溶解度等因素。

因此，设计引线框架高性能铜合金的主要原则，即合金成分设计的关键是：合理设计和控制析出相的种类、数量、分布、大小、形态，尽量降低合金元素在基体内的残留量。

综合上述对合金强度和导电率两方面的要求，合金元素应能够满足以下条件：合金元素固溶于 Cu 中，对 Cu 基体导电率的影响要小；在高温时，合金元素在 Cu 基体中的溶解度要大；在室温下，合金元素在 Cu 基体中的平衡溶解度要尽量小；在析出过程中，析出相弥散分布并与基体保持共格关系；析出相稳定性好，在较高温度下不易长大。

根据上述两条要求，所确定的合金系应具备图 10-21 所示的相图特征。对合金元素加入量的设计主要考虑其对合金强度和导电性两方面的影响。按合理的比例加入，使其形成第二相强化粒子，在满足电导率的前提下，尽可能提高合金的强度。图 10-22 列出了不同合金元素固溶于铜基体中时，不同加入量对固溶体电导率的影响，可以看出，固溶体的电导率与合金元素的加入量成线性关系，合金元素加入量越多，则电导率越低。因而要使固溶体的电导率大于 80%IACS，室温下固溶体中合金元素的含量应越少越好。但从提高析出强化效果的角度来看，合金元素加入量不可太少，否则，其弥散强化效果很弱。合金元素加入量一般不应低于 0.1%，低于此值，难以得到明显的弥散强化效果。

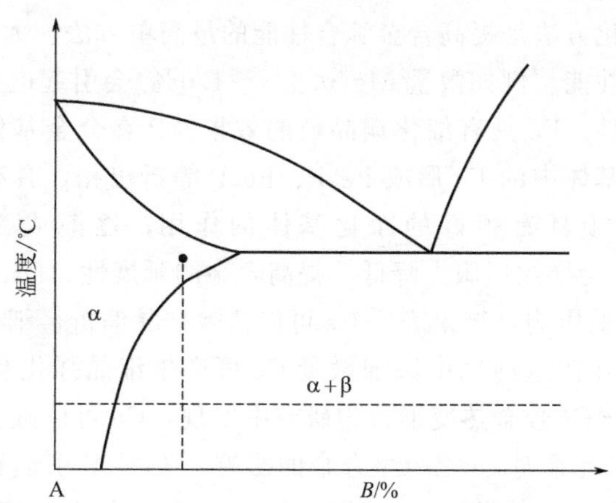

图 10-21　所选择合金系应具备的相图特征

从图 10-22 中可见，满足产生析出强化要求的元素有：Cr、Zr、Be、Fe、Ni、P、Si、Co、Cd。微量的 Ag、Cd、Cr、Zr、Mg 使铜基体的电导率降低较少，而 P、Si、Fe、Co、Be、Mn、Al 等强烈降低 Cu 的电导率，0.1%的加入量已使铜合金的电导率急剧下降，仅电导率就达不到 80%IACS。为了提高材料的强度和硬度，就需要增加强化相，同时考虑析出相的数量、分布、大小等对合金电导率的影响等。

例如，在 Cu-Ni-Si 合金中加入微量合金元素 Ag。Ag 作为合金元素加入 Cu 中，可产生显著的固溶强化效应，从而提高了铜的强度和硬度，但对电导率的影响很小。一般说来，固溶强化对铜的导电性和强度所产生的效应是矛盾的，铜中加入合金元素，溶质原子溶入晶格后会引起晶体点阵畸变，这种畸变的晶格点阵对运动电子的散射作用也相应加剧。但 Ag 与可固溶于铜的其它元素不同：含 Ag 量较少时，铜的电导率和热导率的下降不多，对塑性的

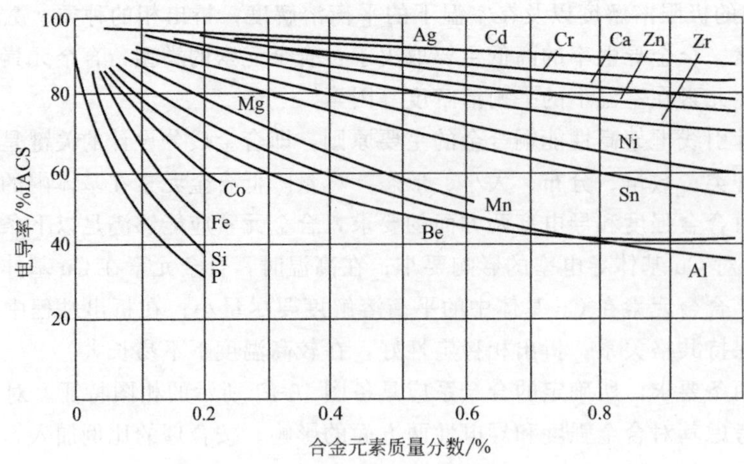

图 10-22　合金元素对铜电导率的影响

影响也甚微，并显著提高铜的再结晶温度。考虑到提高析出强化效果，合金元素加入量一般不应低于0.1%，所以Ag的加入量应该略高于0.1%。由于Ni与Si能形成Ni_2Si析出相，Ni与P能形成Ni_3P析出相，对合金的强度及电导率都有很大影响，所以选取P为添加元素。P室温下在Cu中的溶解度为<0.6%，会急剧地降低合金的电导率，加入量如果小于0.05%，对导电性的影响较小，所以加入量应尽量小于0.05%。

目前，多元微合金化方法是提高合金综合性能的最简单方法。大量研究表明，添加合金元素可以改善铜合金的性能。例如微量Mg(0.3%～1.0%)会引起电导率的降低，但是可以显著提高合金的抗氧化性。Fe具有细化铜晶粒的效果。P在合金基体中有脱氧的作用，还可以净化基体，容易与基体中的Fe形成Fe_2P、Fe_3P等析出相，具有很好的弥散强化的作用。此外，稀土元素由于具有很好的净化基体的作用，逐渐成为近年来研究的热点。Stanford等发现添加Ce会导致屈服点降低，提高合金的延展性。Dai等研究了Ce对Cu-Cr-Zr合金非真空熔炼过程的影响，结果表明Ce可以消除枝晶偏析，细化晶粒，同时具有净化基体的功能。Li等发现在铸造纯铜中添加微量Ce可产生细晶强化和Cu_6Ce第二相析出强化。Zhang等在对Cu-Zr-Cr合金热变形行为研究中发现，Ce可以减少热变形过程中的流变失稳。Chen等研究了Y元素对Cu-Zr-Cr合金的影响，发现Y引起铜基体晶粒细化，提高了材料的强度和硬度。Zhang等发现加入到Cu-Mg-Te合金中的Y容易与氧形成Y_2O_3，从而提高材料的强度。上述研究结果表明，要想在保证电导率不会大幅度下降的前提下提高铜合金的性能，加入稀土元素不失为一种有效便捷的方法。

根据上述思路，设计了新型芯片引线框架用Cu-0.4Mg-0.2Fe-0.2Sn-0.15P、Cu-0.4Mg-0.2Fe-0.2Sn-0.15P-0.15Y与Cu-0.4Mg-0.2Fe-0.2Sn-0.15P-0.15Ce三种合金（分别简称Cu-0.4Mg、Cu-0.4Mg-0.15Y与Cu-0.4Mg-0.15Ce），通过微量合金元素Fe、Sn、P和少量稀土元素Ce和Y的添加，即通过多元微合金化法，使用低成本的元素和热处理工艺的结合，实现多种析出相的析出，来达到固溶强化、形变强化、弥散强化和细晶强化的统一，改善合金的组织与综合性能。

（2）合金制备

合金的熔炼原料为纯铜、纯镁、纯锡以及Cu-10%Fe和Cu-13%P中间合金。在ZG-0.01真空中频感应熔炼炉中熔炼，并通入氩气作为保护气体。熔炼温度为（1200±10)℃，浇注完成后在室温下冷却。将铸锭切去冒口并去除氧化皮，然后进行均匀化退火。在箱式电阻炉（RSS-1200）中随炉升温至900℃并保温2h，随后立即取出，将铸锭置于XJ-500金属型材挤压机上加工成ϕ35mm的棒材。

10.2.2 Cu-Mg-Fe-Sn-P-RE 合金的铸态及热变形显微组织

（1）铸态与热挤压态组织

图10-23为Cu-0.4Mg、Cu-0.4Mg-0.15Ce和Cu-0.4Mg-0.15Y合金铸态和热挤压后的显微组织。其中图10-23(a)、图10-23(b)和图10-23(c)分别为Cu-0.4Mg、Cu-0.4Mg-0.15Ce和Cu-0.4Mg-0.15Y合金的铸态组织，合金基体中出现了严重的枝晶偏析。

图10-23(d)、(e)、(f)分别为三种合金相应的挤压态组织，可以看出均匀化退火和热挤压工艺的结合有效地消除了铸造过程中的枝晶偏析，使Cu-0.4Mg(-RE)合金的显微组织均匀。

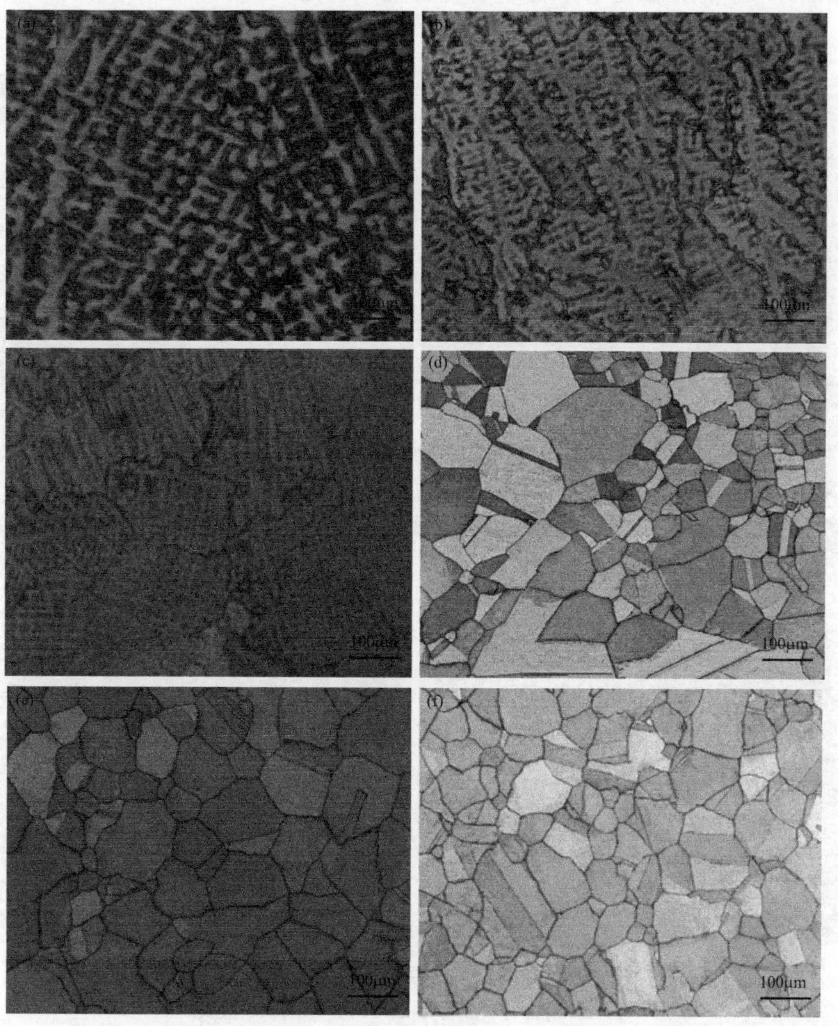

图10-23 铸态[(a)、(b)、(c)]与热挤压态[(d)、(e)、(f)]组织

(a)，(d) Cu-0.4Mg合金；(b)，(e) Cu-0.4Mg-0.15Ce合金；(c)，(f) Cu-0.4Mg-0.15Y合金

（2）等温压缩变形组织

1）Cu-0.4Mg 合金

图 10-24(a)为 Cu-0.4Mg 合金在 500℃和 $1s^{-1}$变形时的显微组织。从图中可以看出，在低温条件下变形时，基体中主要是变形的晶粒，出现了大量的剪切带，但是没有新的组织的出现，变形导致应力集中并产生加工硬化。因此，合金的流变应力迅速上升。图 10-24(b)为图 10-24(a)在高倍显微镜下的显微结构。图 10-24(c)为合金在 800℃、$1s^{-1}$变形时的显微组织。从图中可以看出，大量的细小的动态再结晶晶粒聚集在晶界处，此时的组织称为“项链组织”。Cu-0.4Mg 合金基体主要由项链结构组成，表明在这种条件下，合金的动态再结晶速率迅速增加，从而逐渐消除加工硬化的过程，并降低峰值应力。由于晶界处蕴藏着较高的可用于动态再结晶的畸变能，因此动态再结晶晶粒优先在晶界处形核，并不断吞噬周围变形基体长大。从图 10-24(d)可以观察到更明显的动态再结晶现象，在晶界附近出现了大量的动态再结晶颗粒。但是在这种状态下合金性能不稳定，在加工过程中极易出现变形和开裂。因此，实际生产中要尽量避免在该条件下进行热加工。

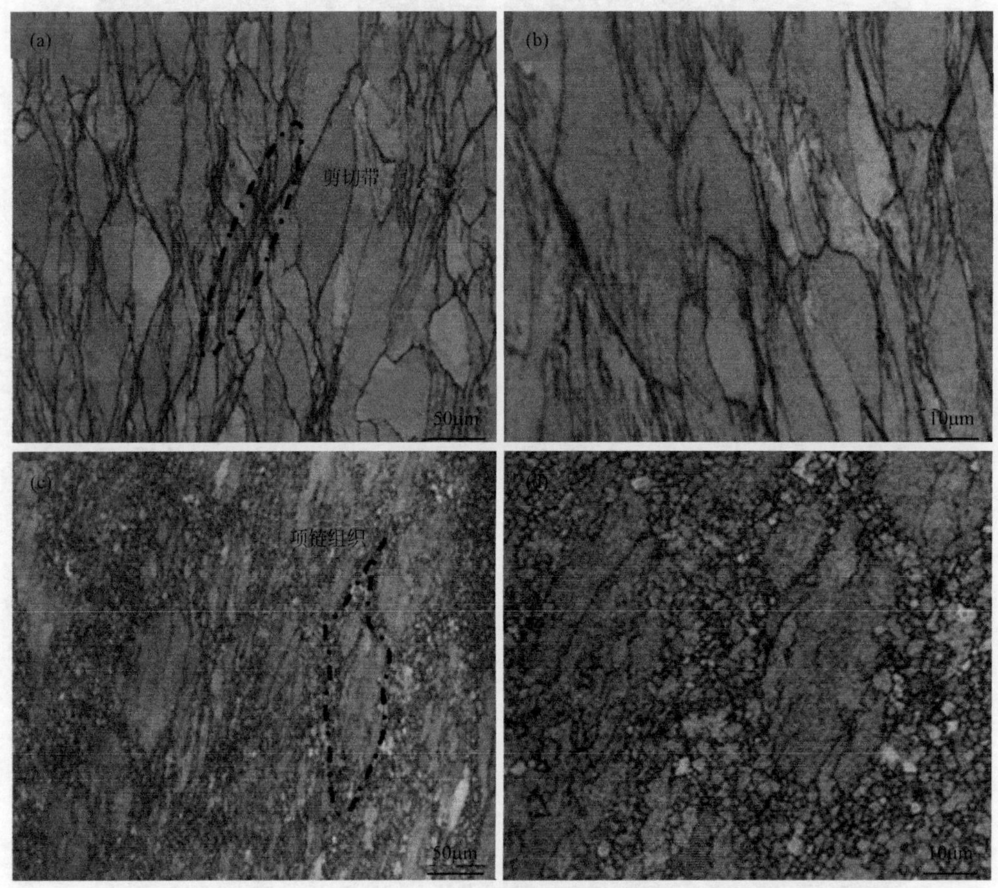

图 10-24　Cu-0.4Mg 合金在不同温度下应变速率为 $1s^{-1}$ 的显微组织

(a)500℃；(b)图(a)放大；(c)800℃；(d)图(c)放大

2）稀土的影响

大量研究表明稀土元素的加入可促进第二相的析出，并起到很好的弥散强化作用。Cu-0.4Mg-0.15Ce 和 Cu-0.4Mg-0.15Y 合金在 800℃、$0.01s^{-1}$条件下热变形的 TEM 微观结构如图 10-25(a)和图 10-25(b)所示。图 10-25(a)和(b)中，可以在基体中观察到大量细小的析出相，钉扎在晶界和位错线处的析出相阻碍了晶界和位错的迁移，导致合金的流变应力升高。此外，亚晶粒形成也受到阻碍，从而推迟了动态再结晶的发生。

图 10-25(c)是图 10-25(a)中红色区域的放大像，可以更加清楚地观察到析出相对位错的

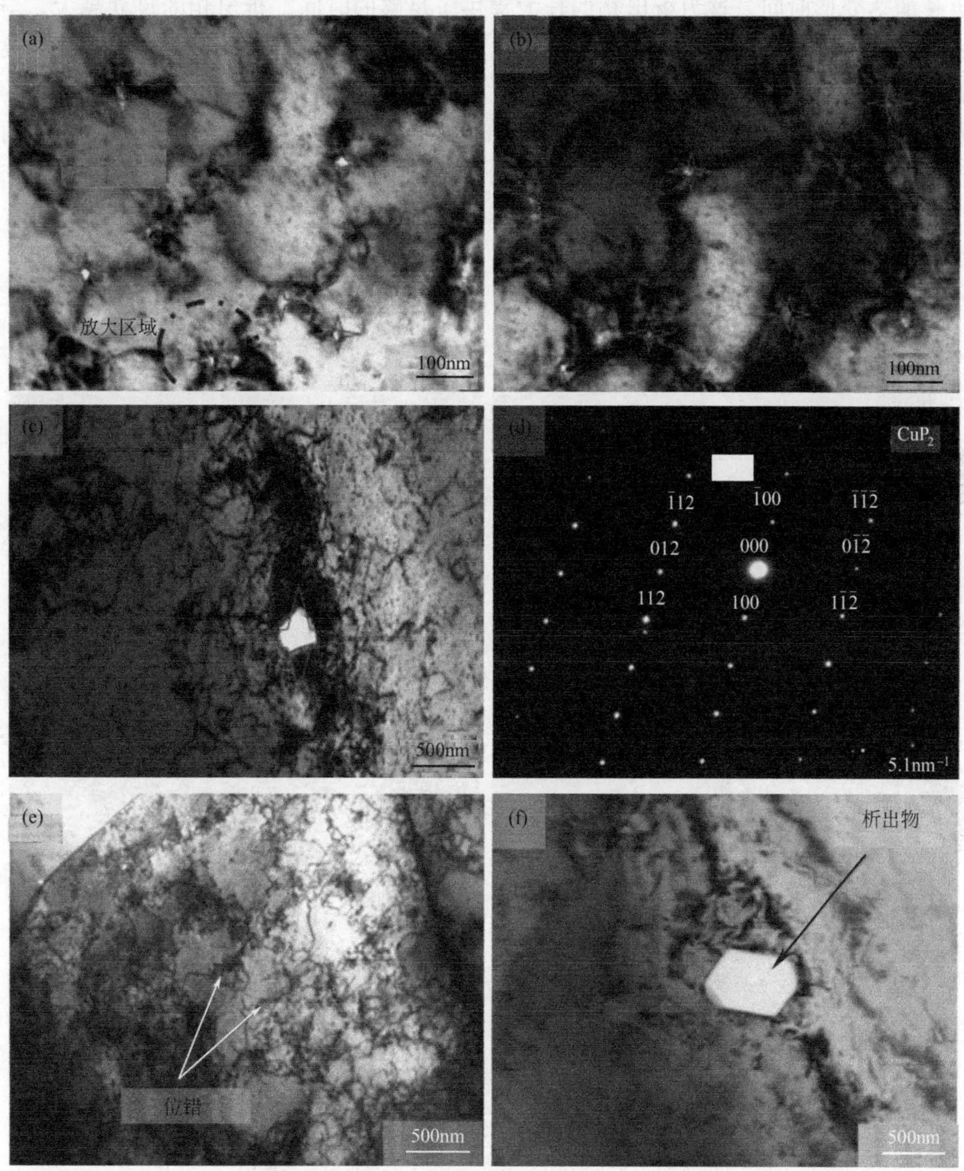

图 10-25 Cu-0.4Mg-0.15Ce(Y)合金的 TEM 微观结构

(a) Cu-0.4Mg-0.15Ce 合金；(b) Cu-0.4Mg-0.15Y 合金在 800℃和 $0.01s^{-1}$条件下变形；(c) 图 (a) 中红色圆形区域的放大像；(d) 第二相选区衍射花样标定 (Cu-0.4Mg-0.15Ce 合金)；(e) 600℃和 $0.01s^{-1}$变形；(f) 800℃和 $0.001s^{-1}$变形

钉扎。经过图 10-25(d)选区衍射花样标定后，确定图 10-25(a)和(b)中的析出相均为 CuP_2。这很好地解释了稀土元素的添加使得 Cu-0.4Mg-0.15Ce 和 Cu-0.4Mg-0.15Y 的流变应力高于 Cu-0.4Mg 的现象。在图 10-25(e)中仅观察到大量位错，并且未发现析出相。但是与图 10-25(a)中 Cu-0.4Mg-0.15Ce 合金在 800℃、$0.01s^{-1}$ 条件下热变形的组织相比，600℃、

0.01s^{-1}条件下热变形时基体中的位错密度更高。这表明，当应变速率一定时，在高温下热变形会通过发生动态再结晶来抵消加工硬化，降低流变应力，改善合金热加工性能。同时发现在800℃、0.01s^{-1}条件下发生了析出相的析出，而600℃低温条件下没有析出相的析出。

另外，图10-25(f)中的析出相尺寸大于图10-25(c)中的析出相。这是因为低应变速率意味着更长的热变形时间，这为析出相的长大提供了足够的时间。析出相的尺寸越大，与基体之间的相互作用越弱，强化效果也随之降低。因此，合金的流变应力随应变速率的减小而降低。

以Cu-0.4Mg-0.15Ce和Cu-0.4Mg-0.15Y合金为例，分析合金在热变形过程中的显微组织演变。图10-26为Cu-0.4Mg-0.15Ce合金在热变形条件下的显微组织。当合金在500℃、0.01s^{-1}条件下热变形时，基体中的原始晶粒沿变形方向被拉长，此时并没有新的

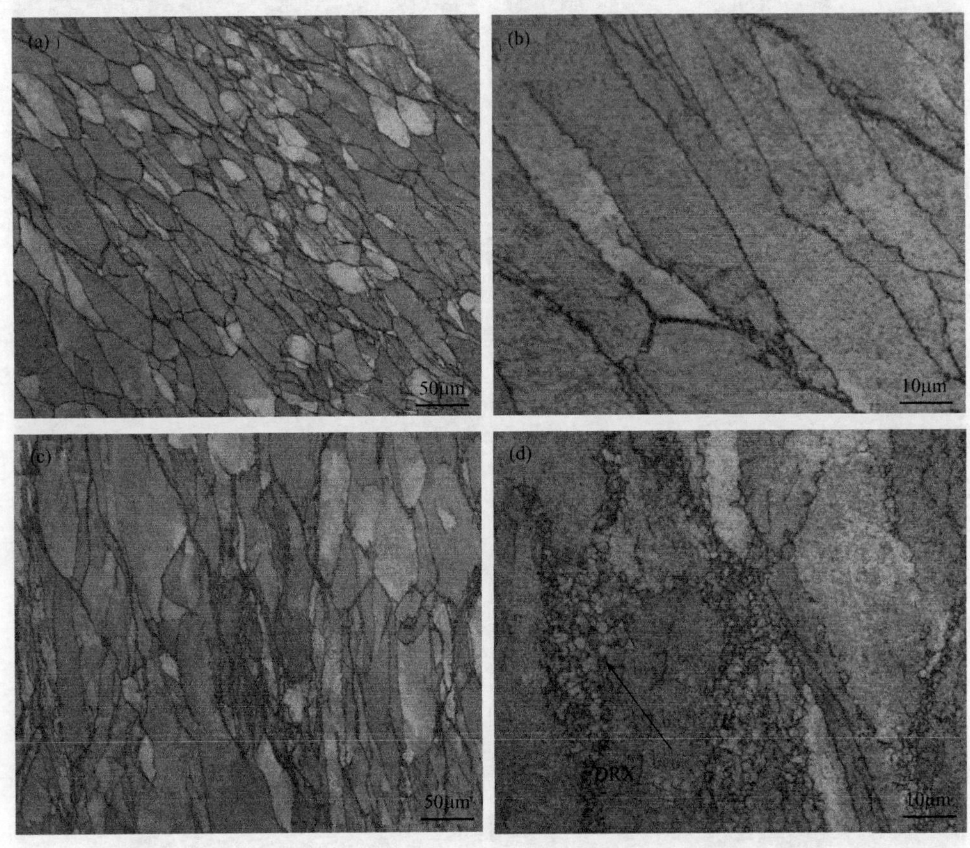

图10-26　Cu-0.4Mg-0.15Ce合金在不同变形条件下的显微组织

(a) 500℃，0.01s^{-1}；(b) 图(a)中剪切带的放大像；

(c) 600℃，0.01s^{-1}；(d) 图(c)中动态再结晶晶粒的放大像

晶粒出现，如图10-26(a)所示。从图10-26(b)可以更加清楚地观察到基体中存在的主要是变形的晶粒，部分晶界附近出现了剪切带，并未发生动态再结晶。

当Cu-0.4Mg-0.15Ce合金在600℃、0.01s^{-1}条件下热变形时，由于较高的变形温度可以为动态再结晶提供能量，因此在该条件下发生了动态再结晶。此外，由于变形使得晶界数量增加，晶界处有较大畸变能，可以为动态再结晶提供大量的形核位点，因此动态再结晶晶粒最先在晶界处形核。如图10-26(c)所示，在一些原始晶界附近出现大量细小的动态再结晶

颗粒。从图 10-26(d)中可以观察到更明显的动态再结晶现象，动态再结晶晶粒逐渐取代原来基体中粗大的变形原始晶粒，这是动态再结晶的典型特征。

图 10-27 Cu-0.4Mg-0.15Ce 合金在不同变形条件下的显微组织

(a) 700℃，$0.01s^{-1}$；(b) 800℃，$0.01s^{-1}$；(c) 850℃，$0.01s^{-1}$；(d) 850℃，$0.001s^{-1}$

图 10-27(a)是 Cu-0.4Mg-0.15Ce 合金在 700℃、$0.01s^{-1}$条件下热变形的显微组织。可以观察到，大量的动态再结晶晶粒在晶界处增殖，导致晶界在晶界迁移过程中出现锯齿状。同时，动态再结晶晶粒吞噬周围的晶粒长大。这一时期的显微组织称为“项链组织”。项链显微组织的出现表明，应变诱导原始大角度晶界的迁移是动态再结晶的主要形核机制。此外，高温和低应变速率有利于动态再结晶晶粒的形核和生长。图 10-27(b)所示是 Cu-0.4Mg-0.15Ce 合金在 800℃、$0.01s^{-1}$条件下热变形的显微组织。可以观察到大量的等轴晶粒均匀分布在晶粒中，基体中的原始晶粒已被完全取代。此时，Cu-0.4Mg-0.15Ce 合金基体中加工硬化和动态再结晶处于动态平衡。该状态下合金晶粒尺寸相似，组织均匀、性能稳定，是较适宜的热加工条件。

热变形温度继续升高，Cu-0.4Mg-0.15Ce 合金在 850℃、$0.01s^{-1}$条件下热变形的显微组织如图 10-27(c)所示。可以看出，基体主要是由尺寸、大小、晶体取向不一致的晶粒组成，这时的组织称为“混晶组织”。由于混合晶粒结构在热变形过程中会导致材料断裂，因此，在实际生产应用中应避免在该条件下进行热加工处理。图 10-27(d)所示为 Cu-0.4Mg-0.15Ce 合金在 850℃、$0.001s^{-1}$条件下热变形的显微组织。由于应变速率较低，因而等轴晶粒具有足够的时间来完全长大，因此这一时期基体中的动态再结晶晶粒粗化，基体中存在的主要是粗大的完成动态再结晶的晶粒。同时，这表明动态再结晶是在较高的变形温度和较低应变速率下完成。如图 10-28 所示，在 Cu-0.4Mg-0.15Y 合金中观察到相似的微观结构演变。

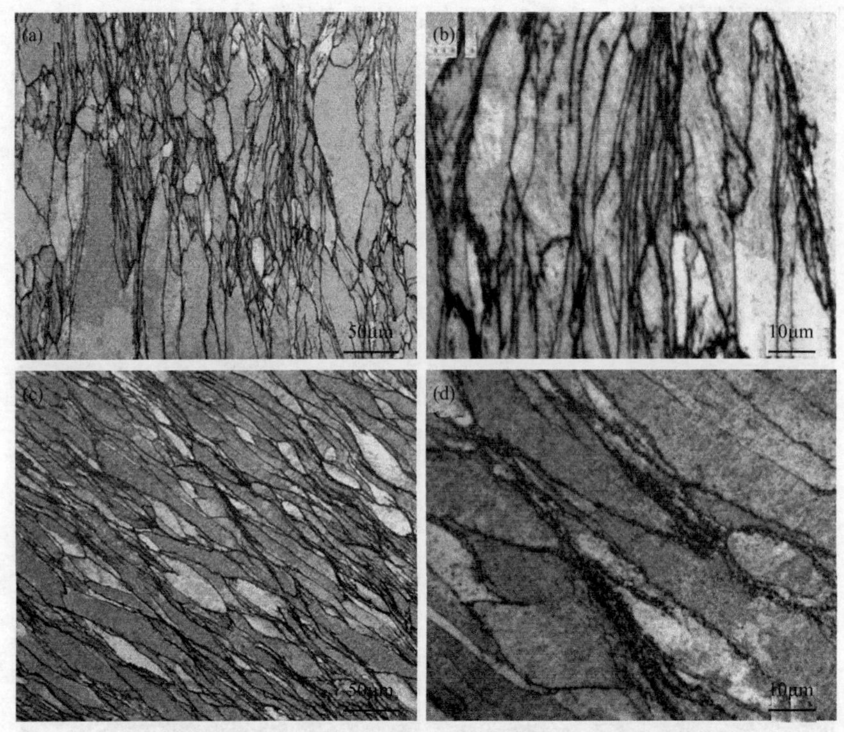

图 10-28　Cu-0.4Mg-0.15Y 合金在不同变形条件下的显微组织
(a) 500℃，$0.01s^{-1}$；(b) 图(a)中剪切带的高倍像；
(c) 600℃，$0.01s^{-1}$；(d) 图(c)中动态再结晶晶粒的高倍像

3）热变形组织 TEM 分析

为了更加准确地描述合金热变形过程中的组织变化，对 Cu-0.4Mg(-RE)合金的 TEM 微观结构进行分析。

Cu-0.4Mg-0.15Ce 合金和 Cu-0.4Mg-0.15Y 合金在 500℃、$0.01s^{-1}$条件下变形的 TEM 微观结构分别如图 10-29(a)和图 10-29(b)所示，当在低温条件下变形时，位错密度迅速上升。两种合金基体内部出现了大量的位错胞，位错之间交割缠结，产生加工硬化。因此，在热变形初期，合金的流变应力迅速上升。图 10-29(c)和(d)所示为 Cu-0.4Mg-0.15Ce 合金和 Cu-0.4Mg-0.15Y 合金在 800℃、$0.01s^{-1}$条件下变形时的 TEM 微观结构。由于热变形温度升高，动态再结晶软化占主导地位，动态再结晶控制热变形过程，基体中的位错密度迅速降低。同时在合金基体中观察到大量的亚晶粒，亚晶粒的出现，显著消除了加工硬化。图 10-29(e)和(f)分别是 Cu-0.4Mg-0.15Ce 合金和 Cu-0.4Mg-0.15Y 合金在 850℃、$0.001s^{-1}$条件下变形时的 TEM 微观结构。合金基体中形成了大角度晶界的晶粒。大角度晶界的出现表明在该条件下两种合金均完成了动态再结晶，这也验证了高温和低应变速率更有利于动态再结晶的发生。

总之，稀土元素的 Ce 和 Y 的添加阻碍了 Cu-0.4Mg 合金的动态再结晶的发生。图 10-30 是 Cu-0.4Mg 合金在 800℃，$0.01s^{-1}$条件下变形时的 TEM 结构，基体中的晶粒完全是大角度晶界，说明 Cu-0.4Mg 合金在该条件下已经发生了完全再结晶。对比图 10-29(c)和(d)中的 Cu-0.4Mg-0.15Ce 和 Cu-0.4Mg-0.15Y 合金，在相同的热变形条件下，加入稀土元

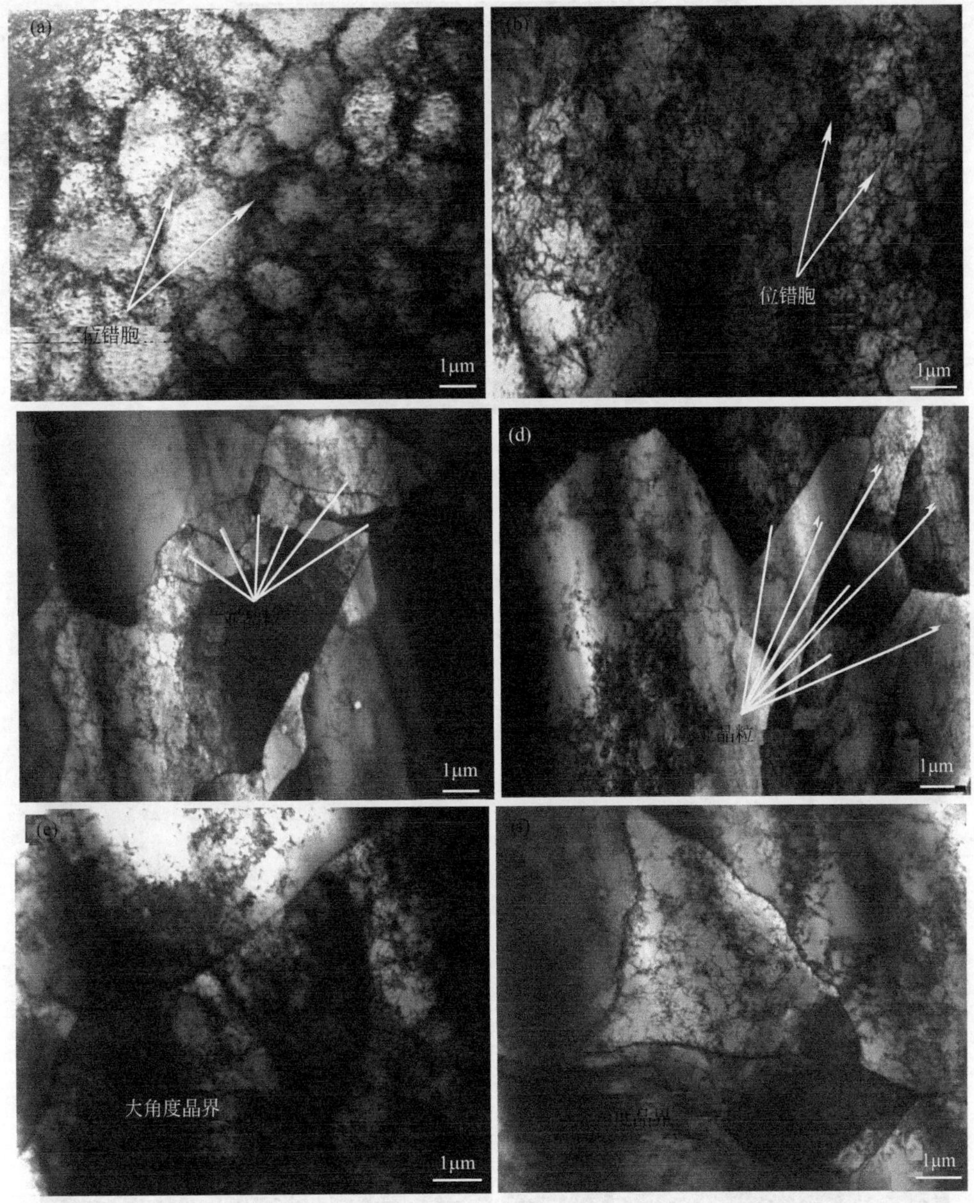

图 10-29　合金在不同热变形条件下的 TEM 微观结构

(a) Cu-0.4Mg-0.15Ce，500℃，$0.01s^{-1}$；(b) Cu-0.4Mg-0.15Y，500℃，$0.01s^{-1}$；
(c) Cu-0.4Mg-0.15Ce，800℃，$0.01s^{-1}$；(d) Cu-0.4Mg-0.15Y，800℃，$0.01s^{-1}$；
(e) Cu-0.4Mg-0.15Ce，850℃，$0.001s^{-1}$；(f) Cu-0.4Mg-0.15Y，850℃，$0.001s^{-1}$

素的两种合金还未完成动态再结晶，基体中仍然存在着大量的亚结构。这充分证明了稀土元素的添加提高了 Cu-0.4Mg 合金的动态再结晶温度并抑制了动态再结晶过程的发生。

大量研究表明，微量稀土元素的加入可以促进第二相的析出，目前在 Cu-Mg 系合金的研究中已经发现了大量不同的析出相。Cheng 等对 Cu-Cr-Zr-Mg 在 400℃时效时，发现了大量的富 Cr 相。Chaim 等对 Cu-Mg 合金进行研究，发现在 450℃以上温度进行时效时基体中有 Cu_2Mg 相的析出。Maki 等对 Cu-6Mg 合金在 400℃进行时效，基体中也发现了大量的 Cu_2Mg 相。目前针对 Cu-Mg 合金热变形过程中的析出相的研究较少。

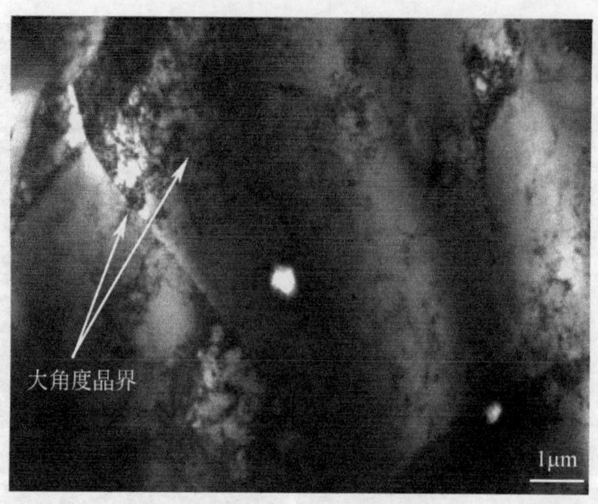

图 10-30 Cu-0.4Mg 合金在 800℃、0.01s^{-1}条件下变形时的 TEM 结构

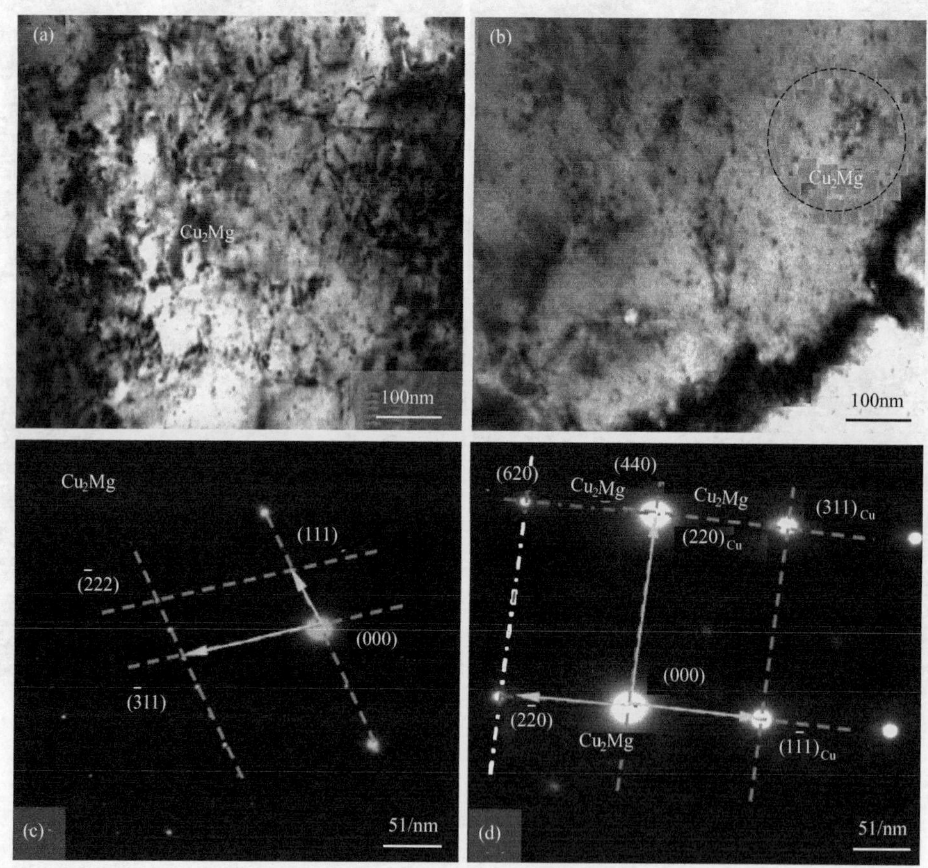

图 10-31 合金在 850℃、0.001s^{-1}条件下变形时的第二相的 TEM 微观结构

(a) Cu-0.4Mg-0.15Ce 合金；(b) Cu-0.4Mg-0.15Y 合金；

(c) 图(a)中的第二相的选区衍射花样标定；(d) 图(b)中的第二相的选区衍射花样标定

TEM 分析表明，在 Cu-0.4Mg-0.15Ce 和 Cu-0.4Mg-0.15Y 合金经过 850℃、0.001s^{-1}热变形后的基体中发现了大量弥散分布的第二相，分别如图 10-31(a)和图 10-31(b)所示。相应的选区衍射花样标定结果如图 10-31(c)和图 10-31(d)所示。Cu-0.4Mg-0.15Ce 和 Cu-

0.4Mg-0.15Y 两种合金中的析出相均为 Cu_2Mg 相，与合金设计预期相符。此外，在 Cu-0.4Mg-0.15Y 合金中发现了新的析出相。

图 10-32(a)为 Cu-0.4Mg-0.15Y 合金在 800℃、0.01s^{-1}条件下变形时的第二相的 TEM 微观结构；图 10-32（b）为相应的第二相选区衍射花样标定，确定该析出相为面心立方的 YP 相。从图 10-32(a)中还可以观察到 YP 相周围还存在着高密度的位错胞，YP 相的钉扎作用使得位错难以运动。因此，这也是 Cu-0.4Mg-0.15Y 合金的流变应力高于 Cu-0.4Mg 和 Cu-0.4Mg-0.15Ce 合金的原因。

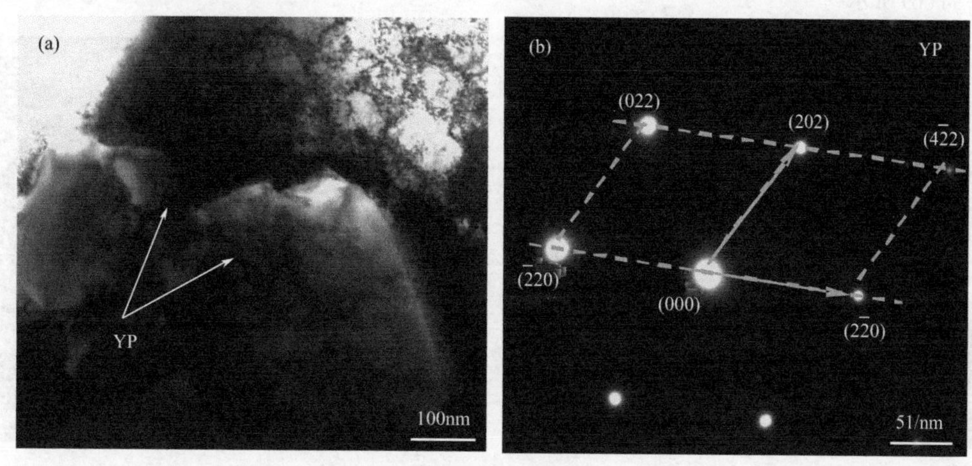

图 10-32　Cu-0.4Mg-0.15Y 合金在 800℃、0.01s^{-1}条件下变形

（a）第二相的 TEM 微观结构；（b）第二相选区衍射花样标定

Cu-0.4Mg-0.15Y 在 800℃、0.01s^{-1}条件下热变形时，合金基体中出现了大量的孪晶，如图 10-33（a）所示。孪晶界对位错运动和多边化亚结构的形成具有一定的阻碍作用，亚结构形成受阻，合金需要更高的能量才能使动态再结晶发生，使得 Cu-0.4Mg-0.15Y 合金的热变形激活能和显微硬度均高于 Cu-0.4Mg-0.15Ce 和 Cu-0.4Mg 合金。相应的选区衍射花样标定如图 10-33(b)所示。

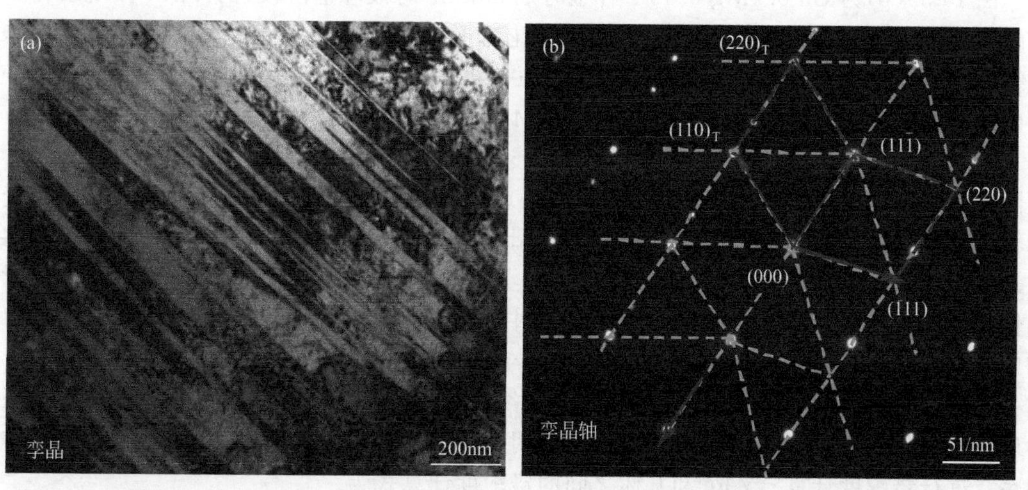

图 10-33　Cu-0.4Mg-0.15Y 合金在 800℃、0.01s^{-1}条件下变形的 TEM 微观结构

（a）孪晶结构；（b）选区衍射花样标定

10.2.3 Cu-Mg-Fe-Sn-P-RE合金的组织及时效沉淀相界面

(1) 固溶及冷变形组织

面心立方晶体受到外加应力，极易产生孪晶，冷变形后会产生大量孪晶。Cu-0.4Mg-0.15Y合金冷变形前后的显微组织如图10-34所示。图10-34(a)为固溶处理后的显微组织，基体中可以观察到少量退火孪晶，经过60%冷变形，基体中出现了大量形变纳米孪晶，如图10-34(b)所示。

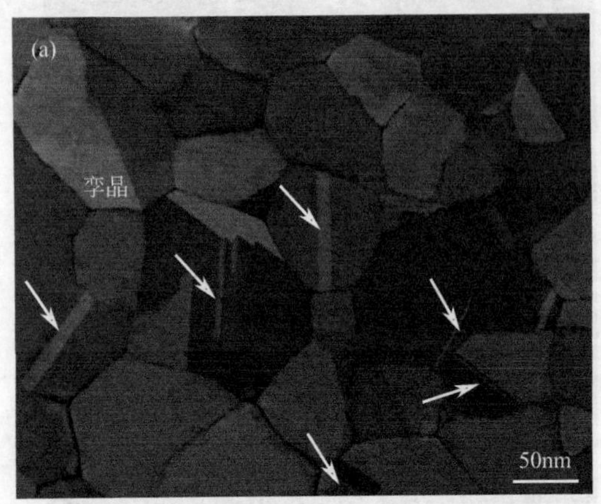

图10-34 Cu-0.4Mg-0.15Y合金的显微组织

(a) 固溶处理；(b) 60%冷变形

(2) 时效过程中析出相的演变

图10-35为Cu-0.4Mg-0.15Y合金在60%冷变形和460℃短时间时效后的TEM微观结构。图10-35 (a) 为Cu-0.4Mg-0.15Y合金时效10min的TEM微观结构，可以观察到大量尺寸约为3nm的超细析出相分布在基体中，起到弥散强化的效果。因此，在时效初期，Cu-0.4Mg-0.15Y合金的硬度显著增加。

图10-35(b)为Cu-0.4Mg-0.15Y合金时效20min(时效峰值阶段)的TEM微观结构，相应的暗场像如图10-35(d)所示。析出相呈现花瓣形状，粒子之间有一条非对比线，且非对比线的方向与布拉格反射矢量垂直。根据Cu-Fe二元合金相图，可以判断析出相为γ-Fe。为确定该析出相，得到图10-35(c)的HRTEM形貌，如图10-36(a)所示。

图10-36(a)中花瓣状的a_1区域的傅里叶变换和傅里叶逆变换的图像分别如图10-36(b)和图10-36(c)所示。图10-36(d)和图10-36(e)分别为所选区域a_2（铜基体）的傅里叶变换和傅里叶逆变换图像。从图10-36(b)可以看出，a_1中析出相的斑点几乎与基体斑点重合，但是相应的傅里叶逆变换中却出现了应力场。同时，在析出相与基体的界面处发现了大量周期性位错，由字母T表示。反观图10-36(e)中铜基体的傅里叶逆变换，并没有出现应力场和位错。因此，推测a_1区域处存在晶格常数与基体接近的析出相。

铜的(200)和γ-Fe的(200)具有近似的晶格常数，分别为0.181nm和0.183nm，选区衍射斑点很难分辨，因此观察到的是重合的衍射斑点。为确定γ-Fe和Cu基体之间的晶体学关系，进行错配度计算。γ-Fe和基体之间的错配度计算式为

$$\delta=\frac{d_1-d_2}{d_1} \tag{10-14}$$

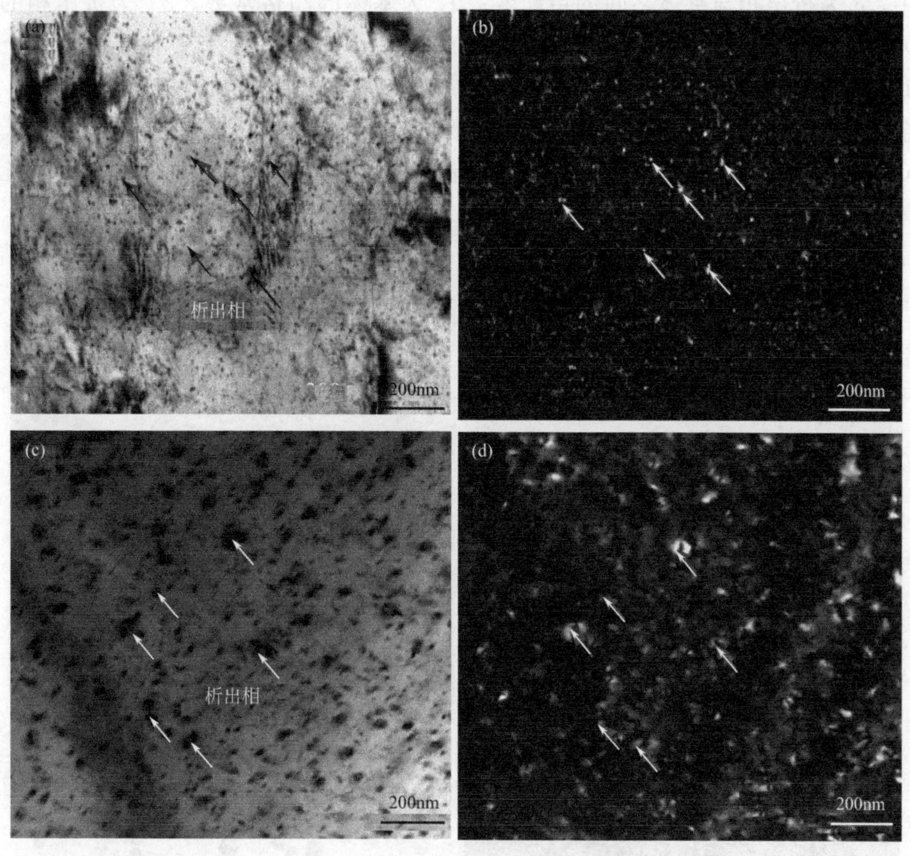

图 10-35 Cu-0.4Mg-0.15Y 合金在 60%冷变形和 460℃短时间时效后的 TEM 微观结构

(a) 10min 明场像；(b) 图(a)的暗场像；(c) 20min 明场像；(d) 图(c)的暗场像

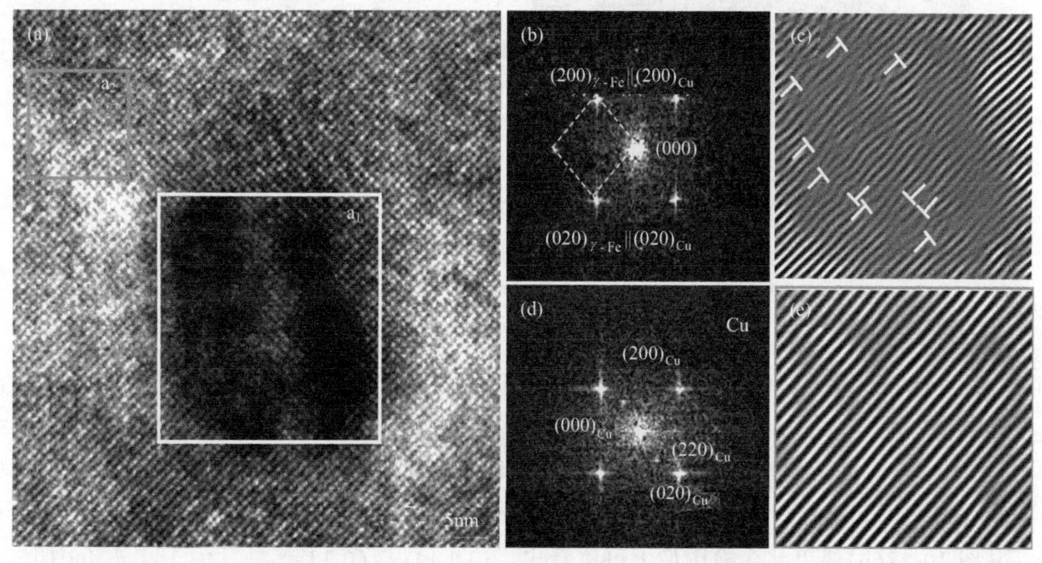

图 10-36 Cu-0.4Mg-0.15Y 合金的 HRTEM 像

(a)图 10-35(c)的 HRTEM 像；(b)图(a)中 a_1 区域的傅里叶变换[$(200)_{\gamma\text{-Fe}}$和$(200)_{Cu}$]；

(c)图(b)的傅里叶逆变换；(d)图(a)中 a_2 区域的傅里叶变换；(e)图(d)的傅里叶逆变换[$(020)_{Cu}$和$(200)_{Cu}$]

式中，δ 为析出相与基体之间的错配度；d_1 为基体的晶格常数，d_2 为析出相的晶格常数。$(200)_{Cu}$和$(200)_{\gamma\text{-}Fe}$两晶面之间的错配度为 0.5%，说明 γ-Fe 和基体之间为完全共格关系。因此，确定该析出相为 γ-Fe。纳米尺寸的 γ-Fe 粒子阻碍了位错和晶界的运动，显著提高了合金的强度和硬度，从而导致了 Cu-0.4Mg-0.15Y 合金时效峰值阶段的产生。此外，γ-Fe和 Cu 基体界面处的高密度位错在增强铜基复合材料中起重要作用。这意味着此处析出相与基体之间存在内应力，有利于改善界面的结合力。

图 10-37 为 Cu-0.4Mg-0.15Y 合金在 60%冷变形和 460℃时效后的 TEM 微观结构。图

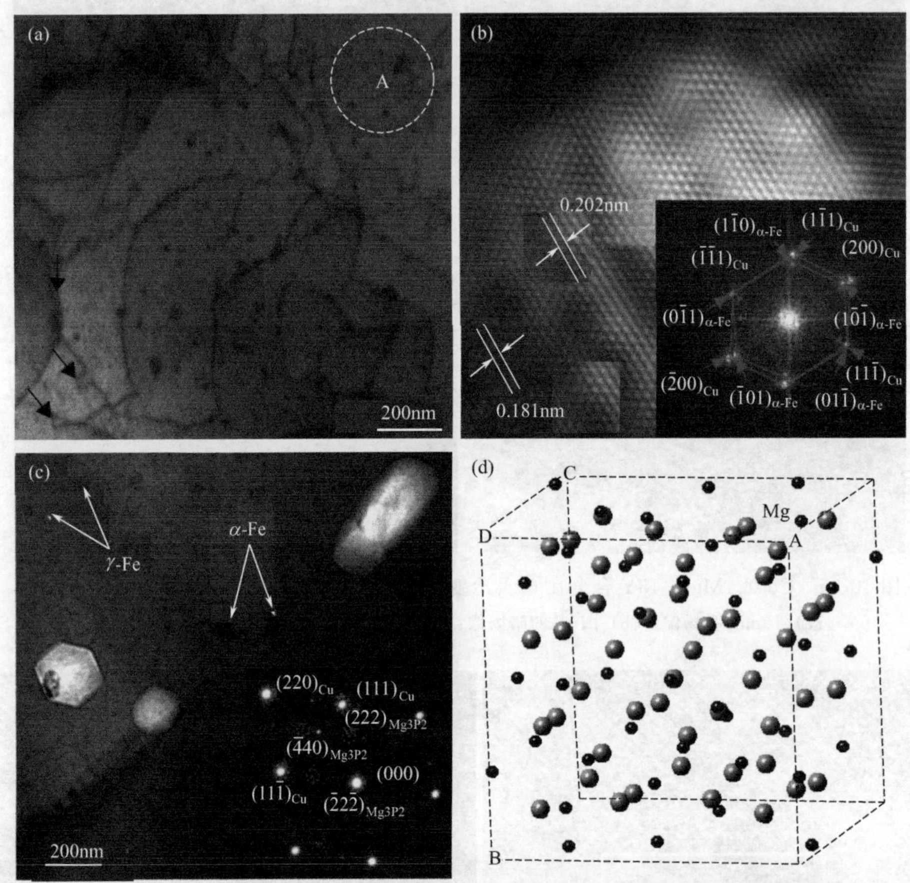

图 10-37 Cu-0.4Mg-0.15Y 合金在 60%冷变形和 460℃长时间时效后的 TEM 和 HRTEM 像

(a) 1h 明场像；(b) 图(a)中 A 区域的 HRTEM 像及其傅里叶逆变换；

(c) 8h 明场像；(d) Mg_3P_2 晶胞示意图

10-37(a)是 Cu-0.4Mg-0.15Y 合金时效 1h 的明场像，图中箭头处可以看到明显的位错绕过运动现象，即典型的奥罗万强化机制。位错绕过粒子进行运动，并留下位错环。图 10-37(b)是图 10-37(a)中的傅里叶及傅里叶逆变换图像，经过选区衍射花样标定，确定该析出相为 α-Fe（从<011>C_u 方向观察）。这表明部分 γ-Fe 失去与基体的完全共格关系而转变为 α-Fe。从图 10-37(b)傅里叶变换图像上可以看出，$(\bar{1}\bar{1}1)_{Cu}/\!/(0\bar{1}1)_{\alpha\text{-}Fe}$，$[0\bar{1}\bar{1}]_{Cu}/\!/[\bar{1}\bar{1}\bar{1}]_{\alpha\text{-}Fe}$，即$(\bar{1}\bar{1}1)_{Cu}$和$(0\bar{1}1)_{\alpha\text{-}Fe}$两晶面之间符合西山关系。$(200)_{Cu}$和$(10\bar{1})_{\alpha\text{-}Fe}$的晶面间距分别为 0.181nm 和 0.202nm，根据式(10-14)计算出错配度为 11.6%。因此，$(200)_{Cu}$和$(10\bar{1})_{\alpha\text{-}Fe}$晶面之间为半共格关系。因此，由于这种共格到半共格关系的转变，使得处于过时效阶段

Cu-0.4Mg-0.15Y合金的显微硬度显著降低。

图 10-37(c)是 Cu-0.4Mg-0.15Y 合金时效 8h 的 TEM 微观结构，可以观察到此时的 α-Fe 呈现出圆盘状，基体中仍然存在未转变 α-Fe 的 γ-Fe 粒子。此外，还发现了正六边形的 Mg_3P_2 相。该相为立方晶系，Ia-3 空间群，晶格常数 $a=12.03$Å，从$[110]_{Cu}$方向观察，Mg_3P_2 相的晶胞示意图如图 10-37(d)所示。由于时效时间的延长，第二相不断长大，与基体的相互作用减弱，导致了显微硬度降低。

图 10-38(a)和图 10-38(b)分别为 Cu-0.4Mg-0.15Y 合金时效 1h 和 8h 的 TEM 微观结构。遂选取衍射花样进行标定，可以发现时效 1h 出现的 Mg_3P_2 与基体之间没有明显的位向关系。但是随着时效过程的继续，时效 8h 后，Mg_3P_2 相明显长大。但由于 Mg_3P_2 相相较于 γ-Fe 相数量较少，因此认为主要强化相为 γ-Fe 相。Kim 等对 Cu-Fe-P 合金的研究发现，粗大的 Fe_2P 和 Fe_3P 粒子的出现导致了合金显微硬度的降低。但是在本试验中并没有观察到 Fe_2P 或 Fe_3P 的出现。因此推测，由于 Mg 和 P 的结合形成 Mg_3P_2 相，一方面该析出相的出现阻碍了粗大的 Fe_3P 的出现，另一方面，降低了合金基体中 Mg 和 P 固溶原子对电子的散射作用，在提高电导率的同时又避免了显微硬度的降低，这也是本试验的成功之处。

综上所述，Cu-0.4Mg-0.15Y 经 60%冷变形，在 460℃时效 20min 后具有最大的显微硬度和较高的电导率。为了判定该条件下 Cu-0.4Mg-0.15Y 合金的综合性能，对其抗拉强度进行测量。

10.3 高速铁路接触线用铜合金表面与界面

铜合金因具有优良的传导性能、高强度、耐腐蚀等特点，在电子、电力、机械和国防等诸多领域广泛使用。21 世纪以来，我国的高新技术和智能制造发展迅速，对铜合金的需求量越来越大。近年来，我国高铁建设步伐加快，对铁路接触线性能指标要求提高。接触线除日常的磨损外，还容易遇到机械问题而短路，从而导致弓网故障。此外，高速列车在运行过程中，有时候会产生电火花，使接触线局部受热，容易发生熔断，同时电蚀损耗增大。接触线的性能，对高铁的安全产生重要影响。因此，高速铁路接触线要具有以下性能：①优异的导电性能。电流在传输过程中会有损耗，而导电性好，可以减少损耗，保证供电系统电压稳定。②良好的抗拉强度。接触线会受到非正常的机械冲击，而具有良好的抗拉强度，可防止接触线断裂，一般抗拉强度大于 40kN。③良好的耐蚀性。接触线长期暴露在外面，容易受到雨水冲刷以及恶劣天气的影响，对线材表面腐蚀很大。④良好的导热性。接触线受到摩擦而发热，需要尽快地将热量散发出去。

10.3.1 Cu-Zr-RE 合金的设计与制备

(1) 合金设计

高强度高导电铜合金因其强度较高、导电性能优异而得名，其优良的力学性能和物理性能决定了其在半导体、微电子、5G 通信、高速轨道交通等行业举足轻重。随着战略新兴产业的兴起，对铜合金高强高导性能的研究和开发引起了广泛的关注，其强度和导电性能得到持续提高。由于铜合金强度和导电性的不可兼得性，所以，人们对铜合金的研究热点一直集中在如何在保证合金较高导电性的情况下，尽可能地使合金强度得到提高。

锆青铜是以纯铜为基体，加入金属元素锆熔炼得到的一种功能材料。Cu-Zr 合金不仅导

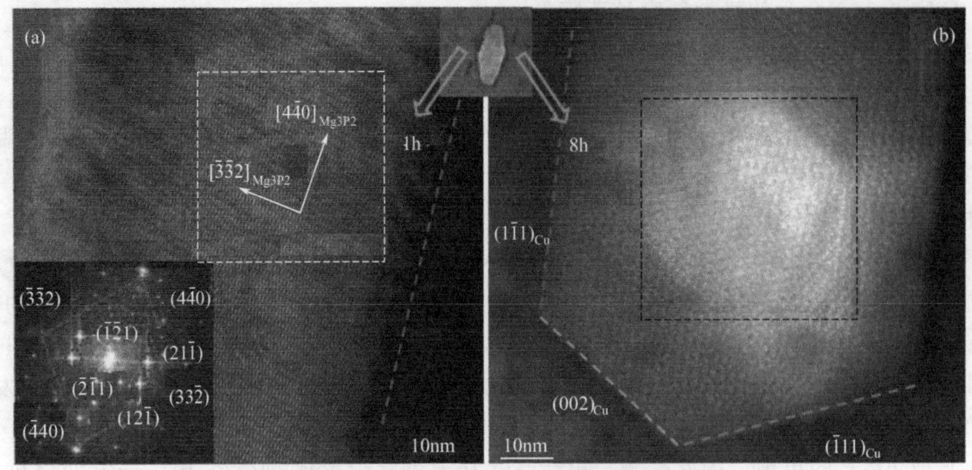

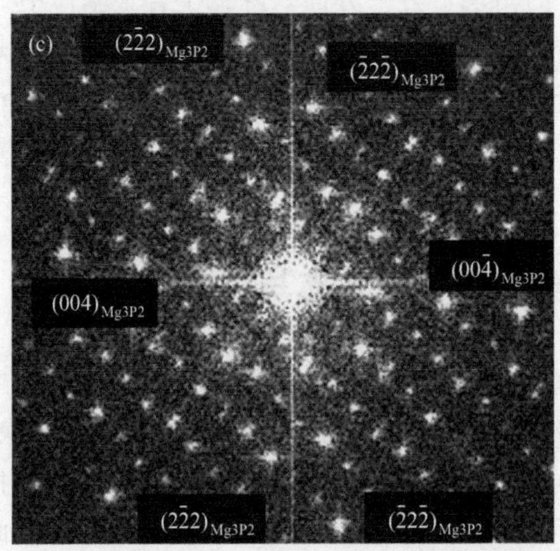

图 10-38 Cu-0.4Mg-0.15Y 合金 60%冷变形和时效后的 HRTEM 像

(a) 1h；(b) 8h；(c) 图(b)的选区衍射花样

电能力优异，而且塑性好，有较强的抗氧化能力和良好的耐磨性；并且，锆的加入提高了合金的再结晶温度，所以合金的软化温度高，抗蠕变能力很强；更重要的是，合金的强度和硬度也因为锆细化晶粒而得到提升；因此，此类合金在较高温度下具有良好的适应性。目前，在电子、军工、航空航天、交通等各方面均有应用。

图 10-39 为 Cu-Zr 系相图，由图可知，锆元素在铜中的固溶度极低，即使是在共晶温度966℃，锆元素在铜中的固溶度也只有 0.15%。并且，温度的微降也会使其固溶度急剧减少，在稍低的温度下，溶解度几乎为零（$T=500$℃时，固溶度为 0.01%）。所以，对铜锆合金可以通过时效的方式来进行强化，将其归类为时效强化型合金。

目前，对于提高锆青铜综合性能方面的研究主要集中在：①适量提高合金中锆元素的含量。②对合金进行适度变形，提高合金强度。③加入第三乃至多种合金元素，增强 Cu-Zr 合金。

Cu-Zr 合金在时效过程中的析出相种类是目前研究的焦点。目前，有文献证明的析出相有 Cu_4Zr、Cu_5Zr、$Cu_{10}Zr_7$、Cu_3Zr、$Cu_{51}Zr_{14}$。

在考虑合金成分的设计过程中，加入了微量的稀土元素（Y、Ce、Nd）。由于化学性质

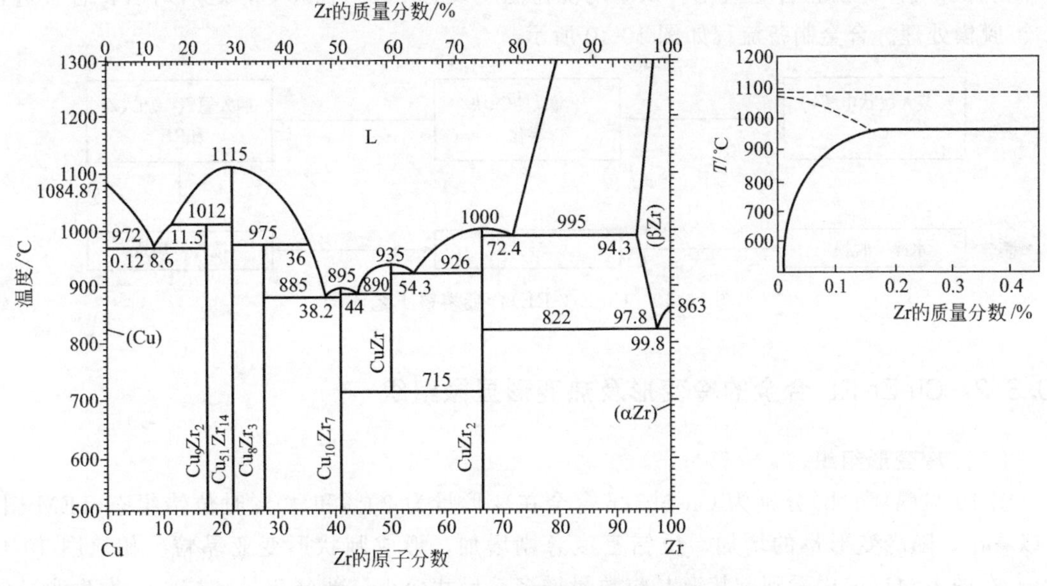

图 10-39　Cu-Zr 相图（右图为富铜侧部分）

活泼的特性，稀土可以除杂、净化合金基体，能显著提高合金的力学性能和化学性能，因此，稀土在冶金工业生产中被誉为金属材料的“维生素”。并且，稀土与铜基体几乎不固溶的特点，使得加入稀土后合金的导电性能不受影响。大量研究表明，微量稀土的加入可以细化晶粒、促进动态再结晶、影响析出相的形核和长大。因此，在制备铜合金过程中，大量的研究者会考虑加入少量或者微量的稀土，以期提高合金的物理和力学性能，这种方法已成为目前研究提高铜合金性能的热点之一。

四种合金的设计成分和实际成分含量分别如表 10-4 和表 10-5 所示。

表 10-4　设计的四种合金化学成分（质量分数/%）

合金	Zr	Y	Ce	Nd	Cu
Cu-Zr	0.2	0	0	0	余量
Cu-Zr-Y	0.2	0.15	0	0	余量
Cu-Zr-Ce	0.2	0	0.15	0	余量
Cu-Zr-Nd	0.2	0	0	0.15	余量

表 10-5　制备的四种合金实际成分（质量分数/%）

合金	Zr	Y	Ce	Nd	Cu
Cu-Zr	0.147	0	0	0	余量
Cu-Zr-Y	0.192	0.138	0	0	余量
Cu-Zr-Ce	0.183	0	0.068	0	余量
Cu-Zr-Nd	0.144	0	0	0.102	余量

（2）合金制备

本文试验用原材料主要有（括号内的百分数为用质量分数表示的纯度）：纯电解铜（99.99%），块状锆（99.95%），稀土钇、钕（99.95%）和 Cu-20%Ce 中间合金。

试验用四种合金为 Cu-0.2%Zr、Cu-0.2%Zr-0.15%Y、Cu-0.2%Zr-0.15%Ce 和 Cu-0.2%Zr-0.15%Nd，均是在真空中频炉（型号：ZG-0.01）中熔炼而成，整个熔炼过程用氩

气作为保护气体，防止合金氧化。试验的浇铸温度设为1200～1250℃，之后对所得合金进行水冷-脱模处理。合金制备流程如图 10-40 所示。

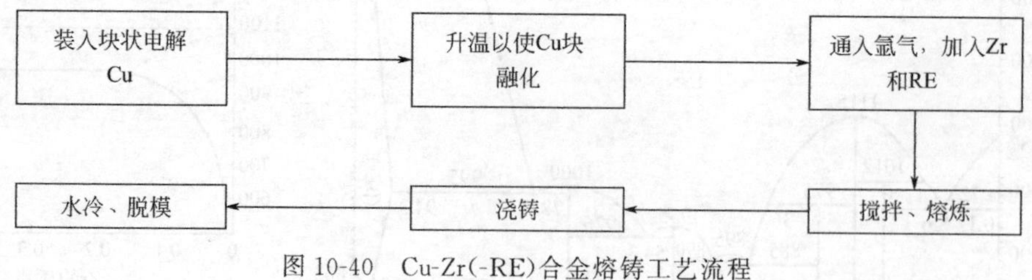

图 10-40　Cu-Zr(-RE)合金熔铸工艺流程

10.3.2　Cu-Zr-RE 合金的冷变形及热变形显微组织

（1）冷变形组织

图 10-41(a)和(b)分别为 Cu-0.2Zr 合金在变形量为 20%和 40%时位错组态 TEM 图，可以看出，随冷变形量的增加，位错密度急剧增加，形成胞状形变亚晶粒。相比图 10-41(a)，在图 10-41(b)中看到胞状亚晶粒数量增多，尺寸变小，部分亚晶粒拉长，发生明显的塑形变形。

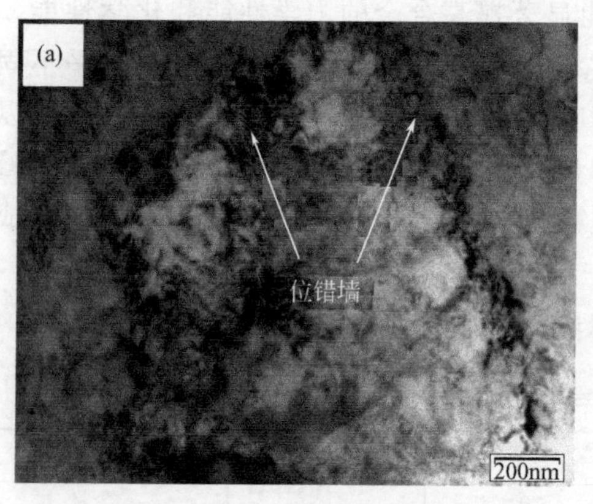

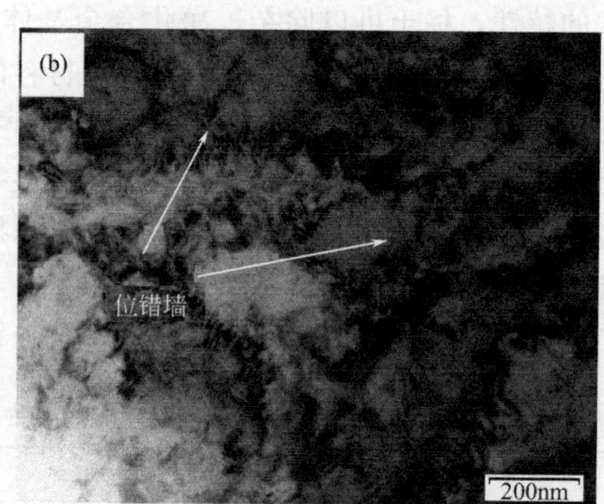

图 10-41　Cu-0.2%Zr 合金经过 20%(a)和 40%(b)变形后的 TEM 微观结构

（2）等温压缩变形组织

1）Cu-0.2Zr-0.15Y 合金

图 10-42 为 Cu-0.2Zr-0.15Y 合金的部分显微组织图。在图 10-42（a）中可以看到，由于压缩，所以晶粒都呈现扁长形，因为具有低温(650℃)高应变速率($10s^{-1}$)，所以在此区域进行热加工易导致位错集中，使应力过大，以致产生裂纹而断裂，是不稳定的。降低应变速率到 $0.001s^{-1}$，因为在晶界处容易形核，所以，在图 10-42(b)中可以看到在晶界的周围有细小晶粒的出现，这种类型的晶粒也被称为“项链组织”，在此区域进行热加工，由于晶粒大小不一，性能不稳定，易产生缺陷，要避免在此条件下进行热加工。图 10-42(c)是处于较高试验温度(850℃)和较低压缩速率（$0.1s^{-1}$）的显微组织，图中布满了大小均匀的等轴晶，这就意味着在此条件下发生了动态再结晶，因为晶粒大小均匀、细小，所以在这个范围内进行合金的热加工是最佳选择。在图 10-42(d)中，因温度较高，所以再结晶较 850℃时更容易发生，并且完成整个再结晶过程也会用时较短，因为热压缩速率一样，所以有多余的时

间使再结晶晶粒长大，长大的晶粒在压缩过程中没有细小的晶粒稳定，所以此区域也是热加工时尽量回避的区域。

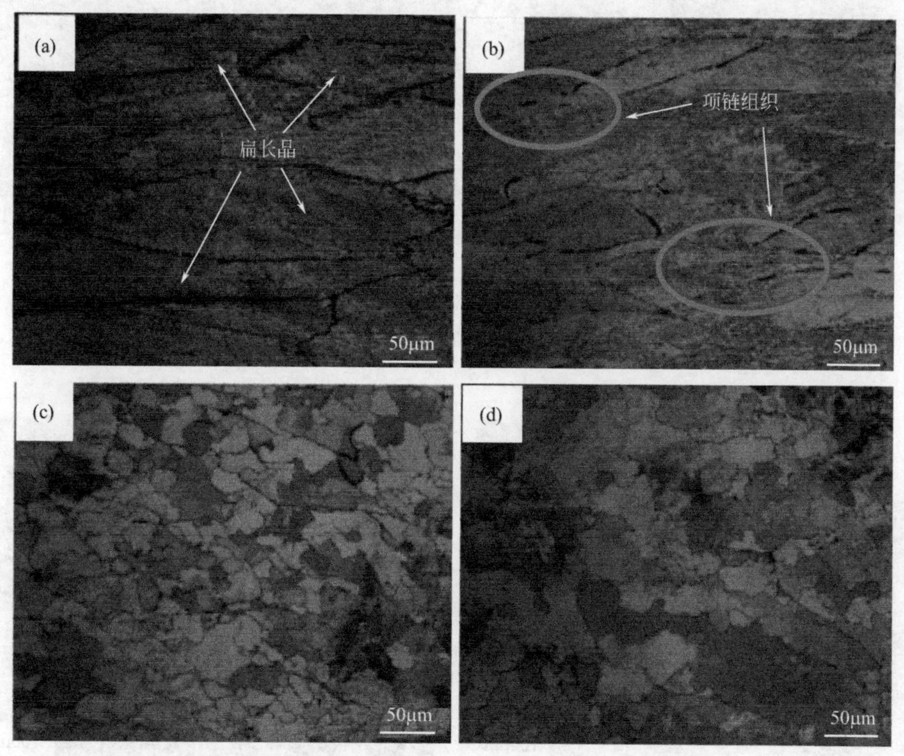

图 10-42　Cu-0.2Zr-0.15Y 合金在不同条件下的显微组织

(a) 650℃，$10s^{-1}$；(b) 650℃，$0.001s^{-1}$；

(c) 850℃；$0.1s^{-1}$；(d) 900℃，$0.1s^{-1}$

以 Cu-0.2Zr-0.15Y 合金在恒应变速率、不同温度下热压缩后的显微组织为例，分析热加工温度对合金组织的影响。图 10-43 为在应变速率为 $0.01s^{-1}$ 时，合金分别在 650℃、750℃和 850℃时热变形的显微组织。由图 10-43 可知，当温度较低时(如 650℃)，晶粒在垂直于试样被压缩的方向上被拉长，并且部分大角度晶界视野变得模糊不清[图 10-43(a)]；若温度继续升高，就会在局部观察到动态再结晶形核，而且其再结晶形核的区域随着温度的升高而增多，当温度达到 750℃时，动态再结晶基本完成[图 10-43(b)]；继续升高温度(如 850℃)，动态再结晶晶粒继续长大，形成均匀的等轴晶，并且低温时形成的被拉长晶粒也被完全取代[图 10-43(c)]。由图 10-43(a)还可知，在试样中心部位是动态再结晶形核优先发生的区域，并逐渐向边沿区域延伸扩展。这是因为在热压缩过程中，试样的中心部位是最大应变区，随压缩的进行，合金的晶粒尺寸随之不断减小，相对于边沿区域，位于中心部位的塑性变形量较大，因此位错密度也相对较高，因此，在中间部位，动态再结晶更为剧烈。

应变速率对热变形组织的影响。图 10-44 为变形温度 $T=850$℃，应变速率分别为 $0.1s^{-1}$、$1s^{-1}$时合金热压缩变形的显微组织。由图 10-44 可知，若温度不变，合金动态再结晶更易在较高应变速率下发生。这是因为在热压缩试验过程中，只有形变量足够大时，畸变能带来的驱动力方可促进动态再结晶的进行，应变速率越大，变形时间逐渐缩短，形成的位错来不及消失，合金材料单位时间内积聚的畸变能越多，动态再结晶就越容易进行。对比图 10-44(a)、(b)发现，图 10-44(b)中的晶粒尺寸破碎细小，所以此条件更有利于动态再结晶的

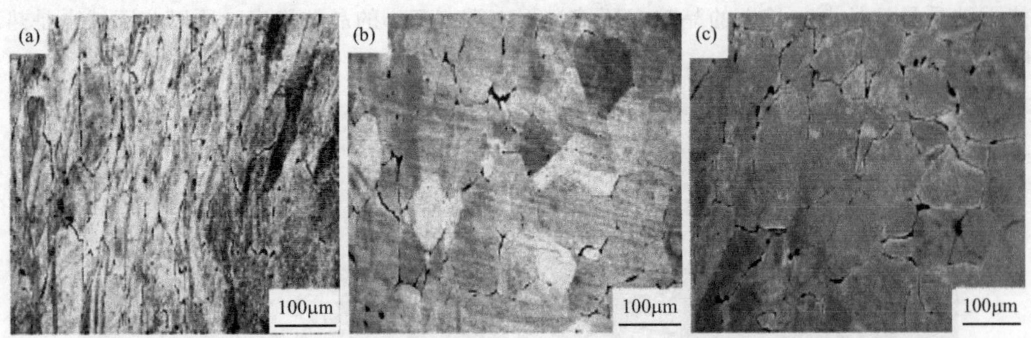

图 10-43 应变速率为 $0.01s^{-1}$ 时 Cu-0.2Zr-0.15Y 合金在不同温度下压缩后的显微组织

(a) $T=650℃$；(b) $T=750℃$；(c) $T=850℃$

发生。

图 10-44 $T=850℃$ 时 Cu-0.2Zr-0.15Y 合金在不同应变速率下压缩后的显微组织

(a) $\dot{\varepsilon}=0.1s^{-1}$；(b) $\dot{\varepsilon}=1s^{-1}$

2) Cu-0.4Zr 合金

图 10-45 为 Cu-0.4Zr 合金在变形温度为 900℃时，不同应变速率下热变形后的显微组织。从图 10-45 中可以看出，经 900℃等温压缩后，在 5 个应变速率下 Cu-0.4Zr 合金都发生了动态再结晶，并出现了大量动态再结晶晶粒。

当应变速率较低（$0.001s^{-1}$）时，因为变形时间相对较长，新生成的动态再结晶晶粒有相当多的时间来吞噬晶界长大，因此晶粒尺寸较大，如图 10-45(a)所示；而在图 10-45(b)、(c)、(d)中，动态再结晶晶粒部分长大，长大晶粒和新晶粒共同存在，由于应变速率升高，所以变形时间相对变少，使再结晶晶粒的形核和生长受到了抑制；在较高的变形速率（$10s^{-1}$）时，如图 10-45(e)所示，组织内均是未长大的小晶粒，由于变形速率较快，变形时间就会相应地缩短，位错来不及消失以致缺陷增多，再结晶核心就会增多，导致形核的数量增多，并且再结晶晶粒择优于原始晶界处形核，同时原子的不充分扩散阻碍其长大，所以动态再结晶晶粒比较小。由此可知合金显微组织变化明显受到应变速率的影响，即随着应变速率的升高，其晶粒的长大逐渐减慢。

(3) Cu-1.0Zr-(RE) 合金

1) 变形温度的影响

图 10-46 为 Cu-1.0Zr-0.15Y 合金在应变速率为 $0.1s^{-1}$ 时，不同变形温度下的显微组

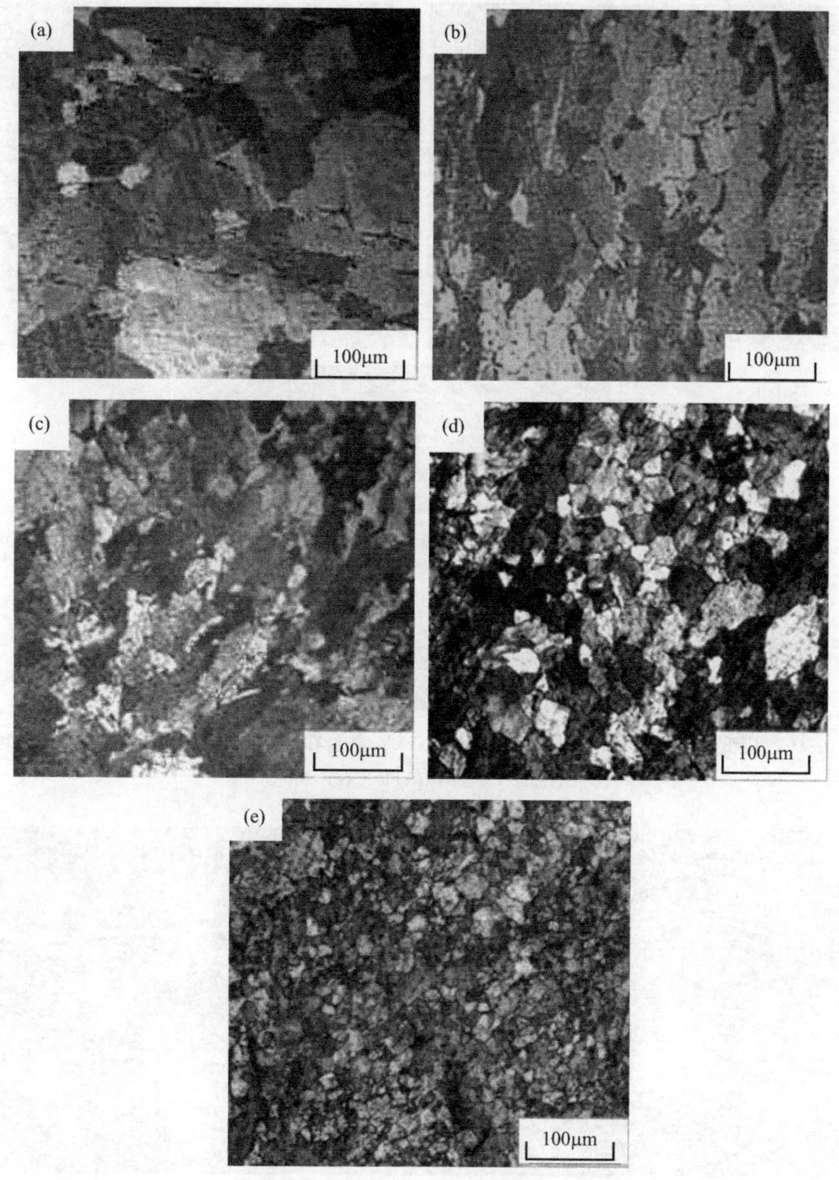

图 10-45 $T=900$℃时 Cu-0.4Zr 合金在不同应变速率下热变形后的显微组织

(a) $\dot{\varepsilon}=0.001\text{s}^{-1}$；(b) $\dot{\varepsilon}=0.01\text{s}^{-1}$；(c) $\dot{\varepsilon}=0.1\text{s}^{-1}$；(d) $\dot{\varepsilon}=1\text{s}^{-1}$；(e) $\dot{\varepsilon}=10\text{s}^{-1}$

织。当温度为 550℃时，晶粒沿变形方向被拉长，这是因为在较低的变形温度下，合金仅发生动态回复。当变形温度升高到 750℃时，有一些细小的等轴晶粒出现在晶界附近，表明合金中有一部分晶粒已经发生了动态再结晶。当变形温度升高至 900℃时，动态再结晶晶粒不断长大，合金的显微组织中存在的主要是等轴晶。在变形温度升高的过程中，晶粒内部的变形晶粒逐渐被无畸变等轴晶粒取代，并且晶粒的尺寸有一定的增加。因此，当应变速率一定时，提高合金的变形温度有助于动态再结晶过程的发生。

2）应变速率的影响

图 10-47 为 Cu-1.0Zr-0.15Y 合金在 900℃、不同应变速率下的显微组织。从图 10-46 可以看出，当应变速率比较大，例如为 10s^{-1}时，应变时间相对比较短，短时间的快速挤压使

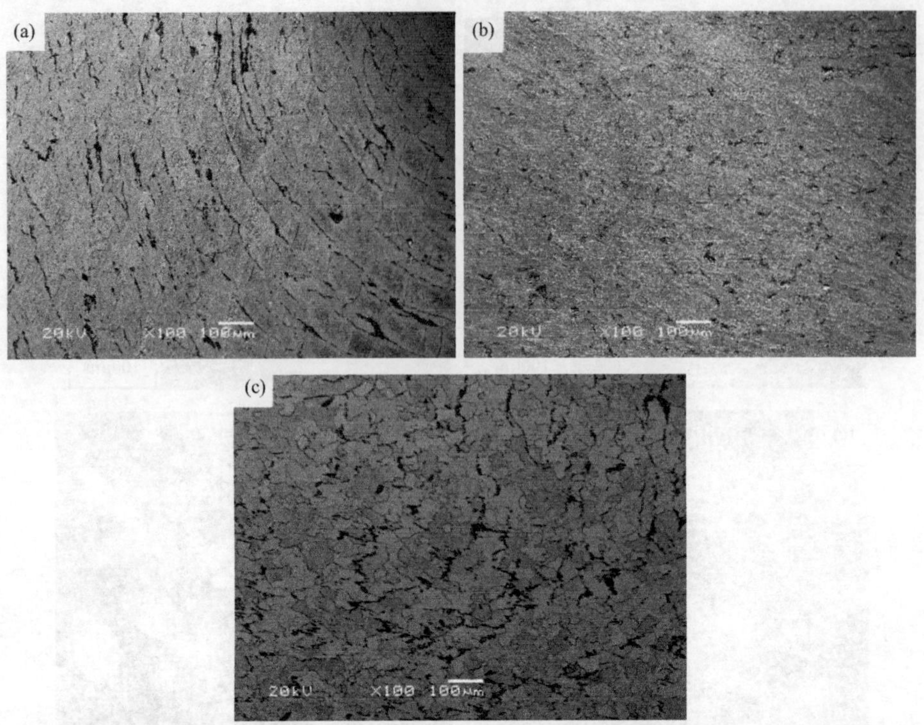

图 10-46 应变速率为 $0.1s^{-1}$ 时 Cu-1.0Zr-0.15Y 合金在不同温度下热压缩后的显微组织

(a) 550℃；(b) 750℃；(c) 900℃

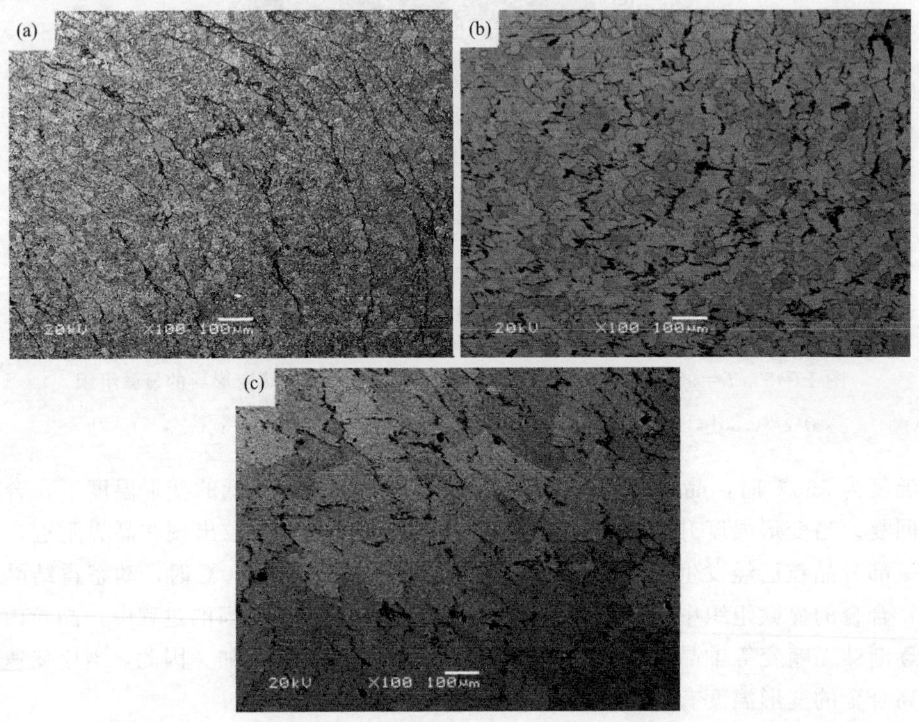

图 10-47 Cu-1.0Zr-0.15Y 合金在 900℃下不同应变速率时的显微组织

(a) $10s^{-1}$；(b) $0.1s^{-1}$；(c) $0.001s^{-1}$

其畸变能迅速升高，但是原子没有足够的时间进行扩散，不利于再结晶晶粒的形核和长大，但也能够看到一些细小的动态再结晶晶粒在晶界附近出现，如图 10-47(a)所示。随着应变速率的降低，当降至 $0.1s^{-1}$时，变形晶粒有较充足的时间进行再结晶晶粒形核和生长，动态再结晶晶粒有一定的长大，如图 10-47(b)所示。随着应变速率的进一步降低，当降至 $0.001s^{-1}$时，变形晶粒有充足的时间进行再结晶晶粒形核和生长，变形合金发生完全的动态再结晶，并且再结晶晶粒进一步长大，如图 10-47(c)所示。

3）稀土元素的影响

图 10-48 为 Cu-1.0Zr 和 Cu-1.0Zr-0.15Y 合金在不同热变形条件下的显微组织。当应变速率为 $0.1s^{-1}$，变形温度为 550℃时，这两种合金以拉长的大晶粒为主，此时并未出现再结晶现象，如图 10-48(a)、(b)所示。通过图 10-49(a)可以看出，当温度为 550℃时，由于未发生大角度晶界的迁移，晶粒的形状仍保持着拉长形变亚晶组成的晶粒，在拉长的亚晶粒晶界上出现大量的位错缠结，晶体中存在的第二相阻碍位错的运动。当温度达到 850℃时，第二相对位错的钉扎作用减弱，位错摆脱第二相向晶界处运动，晶界比较清晰，在表面张力作用下晶界突出成圆弧状，如图 10-49(b)所示，晶界夹角将近 120°表明亚晶粒已经完成合并，形成大角度晶界，出现明显的动态再结晶特征。

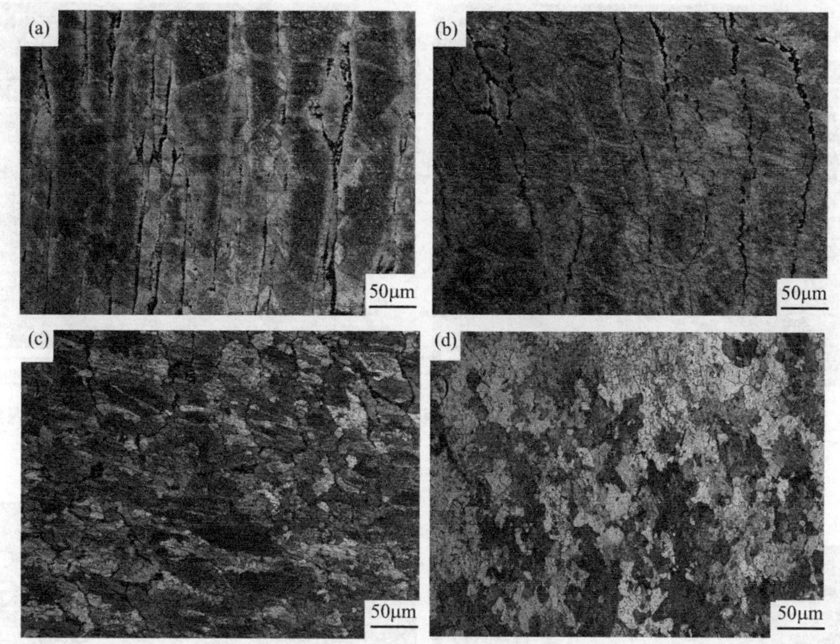

图 10-48　Cu-1.0Zr[(a),(c)]和 Cu-1.0Zr-0.15Y[(b),(d)]合金在不同温度下热变形显微组织($0.1s^{-1}$)

(a)，(b) 550℃；(c)，(d) 850℃

通过对比图 10-48(c)、图 10-48(d)可以看出，在同一变形温度和应变速率下，添加稀土元素 Y 的 Cu-1.0Zr-0.15Y 合金更容易发生动态再结晶。原始晶粒大小和第二相分布对动态再结晶有重要影响。稀土 Y 为表面活性元素，添加稀土 Y 可以降低固-液界面张力，减少形核功，从而使临界形核半径变小，细化晶粒。晶粒细小则产生的晶界较多，在晶界处形成的畸变区也较多，可以提供更多的形核位置，有利于再结晶的形核。另一方面，弥散分布的细小析出相，在基体形变时储存能量，可以为再结晶的形核提供更多的能量，促进动态再结晶的发生。

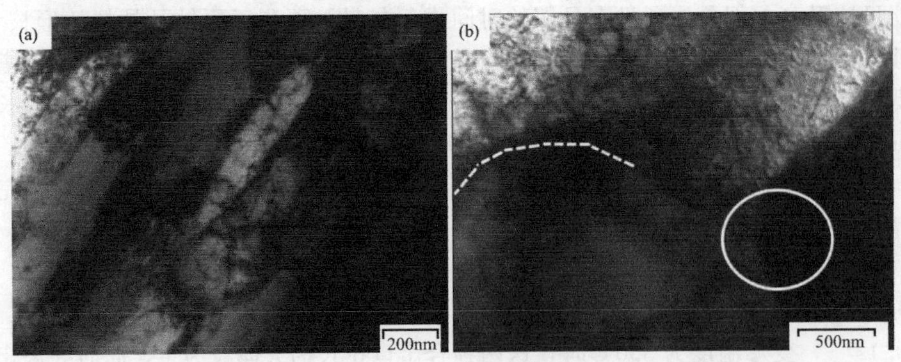

图 10-49 应变速率为 0.1s^{-1}时 Cu-1.0Zr 合金在不同温度下的 TEM 微观结构

(a) 550℃；(b) 850℃

(4) 热变形 TEM 结构分析

为了进一步分析 Cu-Zr(-RE)合金的显微组织变化，选取 Cu-0.4Zr、Cu-0.4Zr-0.15Y 合金部分试样在透射电子显微镜下分析，其 TEM 衍衬像见图 10-50～图 10-52，并对 Cu-0.4Zr-0.15Y 合金的析出相进行标定，确定了其为 Cu_5Zr。

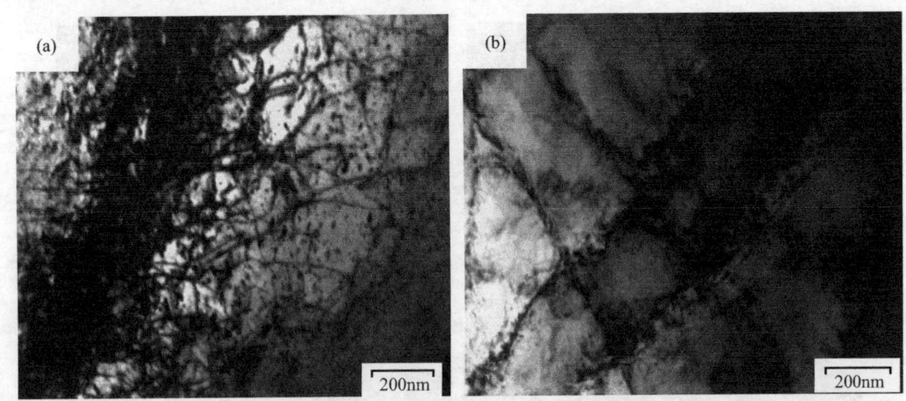

图 10-50 $T=900$℃时 Cu-0.4Zr 合金在应变速率为 0.01s^{-1}条件下热压缩的 TEM 微观结构

(a) 位错缠结；(b) 胞状组织

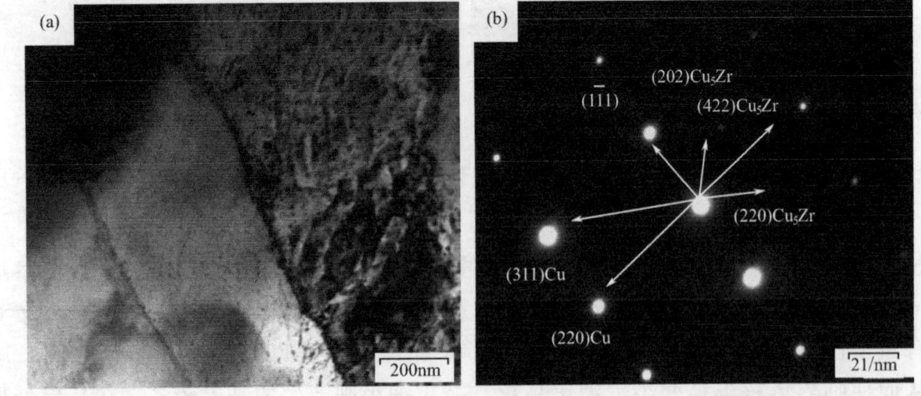

图 10-51 $T=750$℃时 Cu-0.4Zr-0.15Y 合金在应变速率为 1s^{-1}条件下热压缩后的 TEM 微观结构

(a) 明场像；(b) 选区衍射斑点及标定

从微观角度分析，从图 10-50(a)中可看出，位错分布不均匀，位错间、位错与第二相颗粒之间相互交割、缠结，合金内部位错密度是逐步升高的。位错的可动距离随微应变的增加逐渐被限制在一定的尺寸范围内，并形成胞状组织，如图 10-50(b)所示。由于温度较高，应变速率较小，合金有发生动态再结晶的趋势，而且变形组织中大量的胞状组织及位错缠结有助于合金动态再结晶核心的形成，有利于发生动态再结晶。

根据再结晶形核机制，从图 10-51(a)中可看出，由于温度较低，应变速率较大，大角度晶界的迁移较困难，晶粒的形状仍保持着拉长的晶粒，在拉长的晶界一侧出现大量被析出相钉扎的位错，在晶界处比较集中。经标定，析出相为 Cu_5Zr，见图 10-51(b)。弥散分布的 Cu_5Zr 质点密度较大，钉扎了位错的滑移、攀移与晶界的迁移，从而阻碍了再结晶形核。在再结晶形核后生长的过程中，Cu_5Zr 弥散相同样能起到阻碍作用。因为晶粒长大本身是一个晶界迁移的过程。在稍大的应变速率 $1s^{-1}$ 条件下，变形时间比较短，较大的位错密度促进了弥散晶粒 Cu_5Zr 的动态析出，Cu-0.4Zr-0.15Y 合金处于动态回复阶段。

从图 10-52 可知，大角度晶界一侧为未再结晶形变区，另一侧分布着再结晶晶粒。对比图 10-51(a)和图 10-52(a)，可以看出，在相同的温度下，图 10-51(a)中的位错密度比图 10-52(a)中的大，在同一变形温度及相同的位错增殖条件下，应变速率越低，有越多的时间进行动态回复，所以位错密度较小，在回复过程中，胞内的位错越来越少，胞壁的位错重新排列和抵消，使胞壁减薄而逐渐变得平直，最后形成位错网络。

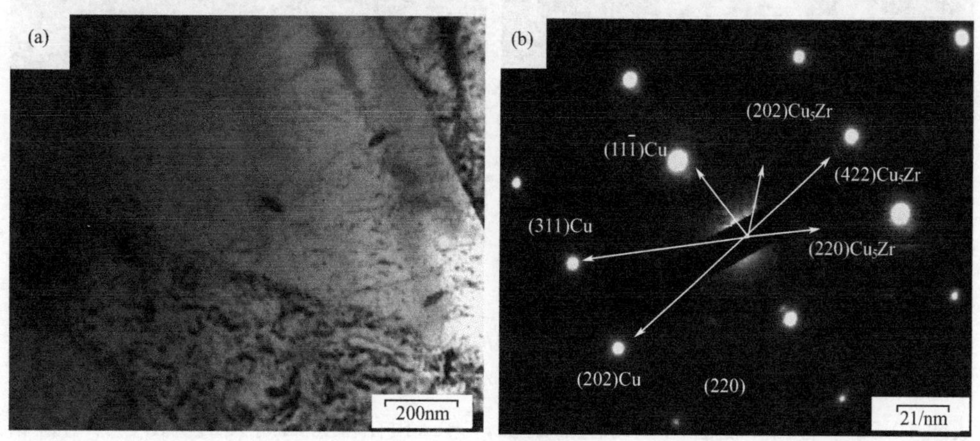

图 10-52 $T=750℃$ 时 Cu-0.4Zr-0.15Y 合金在应变速率为 $0.01s^{-1}$ 条件下热压缩后的 TEM 微观结构

(a) 明场像；(b) 选区衍射斑点及标定

10.3.3 Cu-Zr-RE 合金的时效结构及沉淀相界面

图 10-53 为 Cu-0.2%Zr 合金在 450℃和 500℃条件下经过 40%变形后，分别时效 1h 的透射图片，在图 10-53(b)中发现了更多的析出相。

Cu-Zr(-RE)合金经 80%的冷变形后，在 500℃温度下时效 0.25h 和 2h 后的微观组织，如图 10-54～图 10-56 所示。可以看出，Cu-Zr(-RE)合金固溶＋时效后，其显微组织呈现出不是很明显的晶界组织，且有更多的弥散分布于基体之上的点状第二相析出，且析出的第二相尺寸比固溶态时更细小；在形变过程中，材料强度明显提高是由于位错大量增殖，位错间严重交割和缠结。

从图 10-54(a)中看出，时效 0.25h，大量的位错缠结出现在组织内部，较少的析出强化

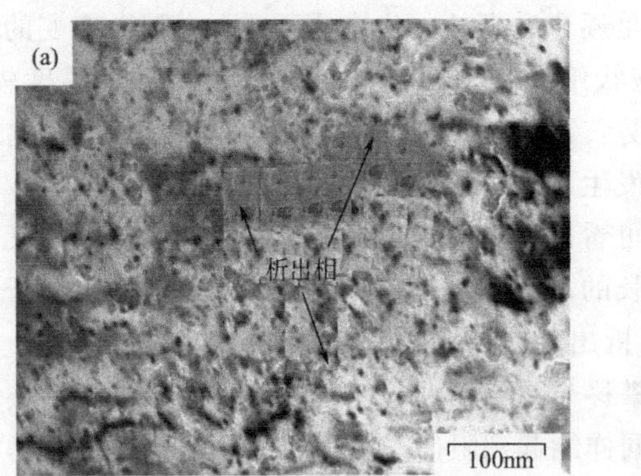

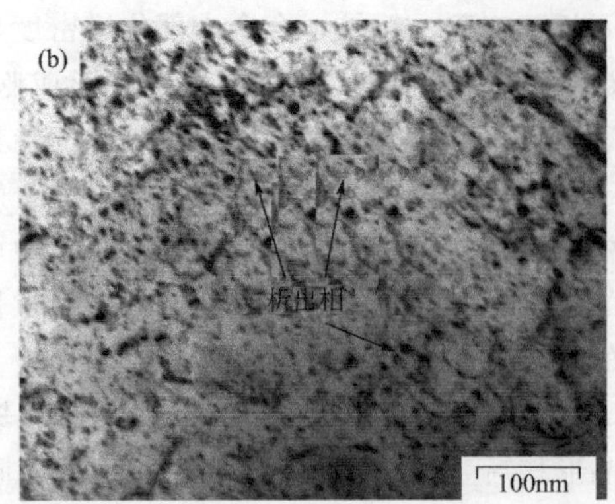

图 10-53　Cu-0.2%Zr 合金经 40%变形在 450℃(a)和 500℃(b)条件下时效 1h 的 TEM 微观结构

相颗粒弥散分布于组织内，位错运动困难是位错和析出相的交互作用导致的，从而促进了合金的强化。从图 10-54(b)可看到，时效 2h 后，位错有所减少，析出相逐渐增多且有所长大。

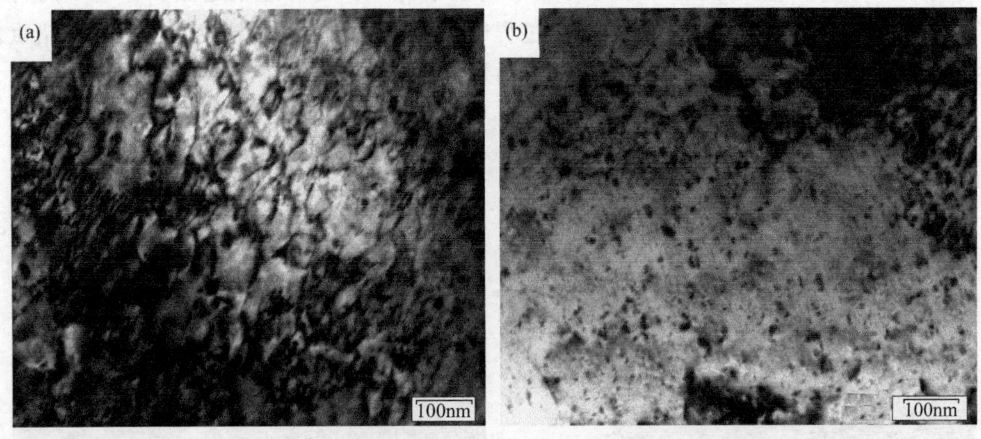

图 10-54　500℃时不同时效时间的 Cu-0.4Zr 合金 TEM 微观结构

(a) 0.25h；(b) 2h

从图 10-55 中看出，随着时效时间的延长，第二相在位错四周大量析出，并与位错形成强烈的交互作用，从而提升了合金的显微硬度。对比图10-54 与图10-55 发现，Cu-0.4Zr-0.15Y 合金的析出相较细小，这与添加稀土元素 Y 有关。对比图10-55(a)和图10-56(a)，可

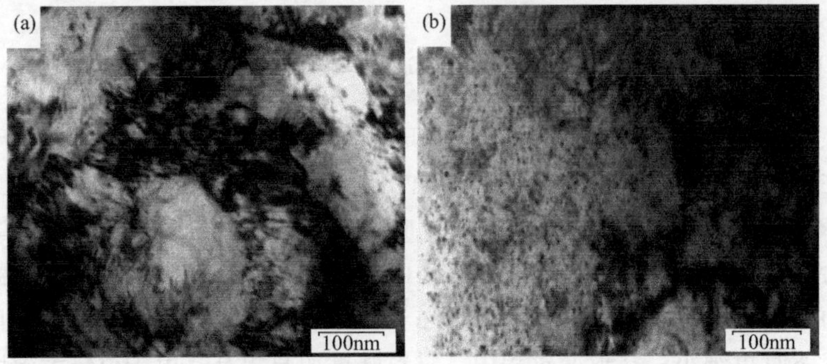

图 10-55　500℃时不同时效时间的 Cu-0.4Zr-0.15Y 合金 TEM 微观结构

(a) 0.25h；(b) 2h

以看到，时效相同时间(0.25h)，Cu-0.4Zr-0.15Ce 合金的析出相明显增多，这说明添加的稀土元素 Ce 可以促进固溶体脱溶，析出金属间化合物。

图 10-57 为 Cu-1.0Zr 合金经过 60%冷变形在 450℃条件下时效 6h 时的 TEM 照片。基体中存在弥散分布的析出相，通过衍射花样标定，确定析出相为 $Cu_{10}Zr_7$，如图 10-57(b)所示。通过高分辨透射电镜照片，可以看到有明暗相间的莫尔条纹[图 10-57(c)]，析出相使晶格错配而产生弹性应力场，可以提高合金的强度。

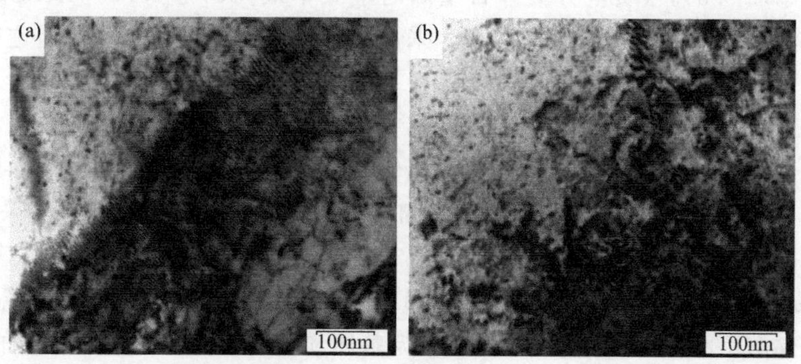

图 10-56　500℃时不同时效时间的 Cu-0.4Zr-0.15Ce 合金 TEM 微观结构
(a) 0.25h；(b) 2h

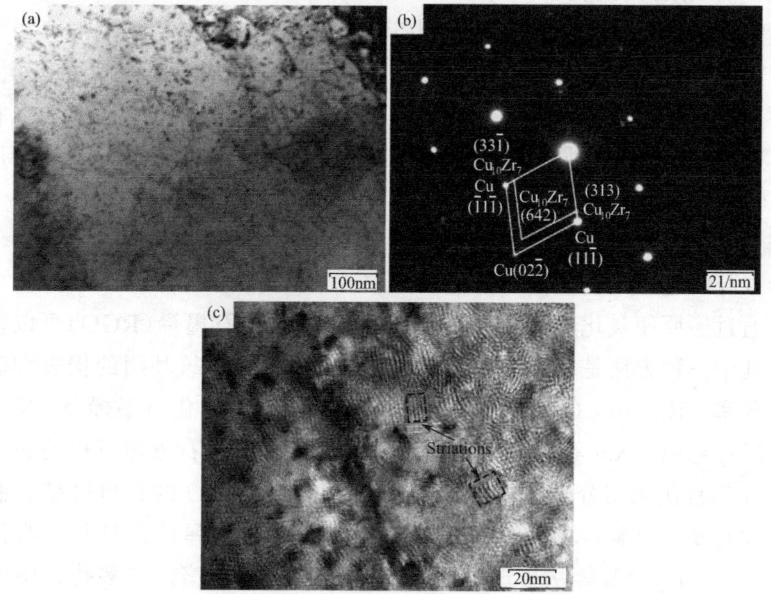

图 10-57　Cu-1.0Zr 合金经过 60%冷变形后在 450℃时效 6h 的析出相的 TEM 明场像(a)、选区电子衍射花样(b)和 HRTEM 像(c)

10.4　氧化石墨烯掺杂电接触复合材料的表面与界面

近年来，石墨烯及其衍生物(如氧化石墨烯和还原氧化石墨烯)作为理想的金属基复合材料增强体逐渐引起了越来越多的关注。石墨烯是只有一个原子层厚度的二维材料，是由 sp^2 杂化的碳原子紧密排列而成的蜂窝状二维晶体结构。石墨烯和铜是两类差异明显但互补的电导体材料，而且石墨烯是已知二维材料中强度和硬度最高的二维晶体物质，其理论弹性模量高达 1.1TPa，抗拉强度可达 125GPa，单层石墨烯热导率高达 5000W/(m·K)，是铜的十几倍。电学性能方面，其载流子迁移率可达到 200000cm^2/(V·s)。因此石墨烯被认为是发展高性能，特别是高传导金属基复合材料的理想增强体。

Tang 等在铜基体中添加体积分数为 1%的石墨烯纳米片，使铜基体的屈服强度增加了 94%，弹性模量增加了 6%。Varol T 等采用粉末冶金方法制备了不同石墨烯含量的铜基复合材料，发现添加 0.5%（质量分数）石墨烯时电导率最高，为 78.5%IACS。以上研究多采用石墨烯作为金属基复合材料的增强相，采用粉末冶金方法进行制备。但这些外加的方法导致石墨烯与铜基体界面结合较弱。

原位增强通过冶金反应，化学合成等能够提高石墨烯和金属界面的润湿性和结合力。为了优化界面结合并充分发挥石墨烯极佳的导电性，有研究者尝试在铜基体表面原位制备石墨烯的工艺，其中研究最多的便是采用化学气相沉积(CVD)法。Chen Y K 等采用 CVD 法以聚甲基丙烯酸甲酯为碳源，Cu 为基体和催化剂制备了 3D-Gr/Cu 复合材料，其中掺杂质量分数为 0.5%的石墨烯，其拉伸极限提高了 35.7%。Cao M 等基于珍珠母的叠层强化机理，采用聚甲基丙烯酸甲酯作为固体碳源，Cu 作为基体和催化剂，通过粉末冶金的方法制备了层状结构的仿生 Gr/Cu 复合材料，其拉伸极限和杨氏模量相对于纯铜基体分别提高了 73%和 25%。Tour 等使用新的固态碳源在 Cu 表面制备了石墨烯和掺杂石墨烯，获得的石墨烯具有层数可控、低缺陷的特点。

在铜基体中采用外加的方式或是原位制备石墨烯增强铜基复合材料时，虽然力学性能都有一定的提高，但是界面结合较弱，严重制约了石墨烯作为理想增强体的应用。而将增强体更换为氧化石墨烯后，界面结合有所改善。氧化石墨烯是一种碳骨架含有含氧官能团的二维材料，官能团中的氧原子和碳骨架中的碳原子以共价键的形式连接，从而使碳原子由石墨烯中的 sp^2 杂化转变为 sp^3 杂化。氧化石墨烯含有大量的 OH、COOH、C═O 和 C(O)O 基团。这些基团使氧化石墨烯具有良好的润湿性、分散性和表面活性。然而，由于这些基团的存在，石墨烯本身的电导率会急剧下降。

实际上，通过还原使氧化石墨烯(GO)转变为还原氧化石墨烯(RGO)可以使电导率得到恢复。例如，其中一种方法是在 900～1000℃条件下加热，含氧基团的损失和碳骨架的重构大大提高了电导率。Ramirez C 等报道了在火花等离子烧结氧化石墨烯/Si_3N_4 复合材料时，氧化石墨烯可以被还原。Xia 等也提出在高温烧结过程中氧化石墨烯可以还原为还原氧化石墨烯。Hwang J 等首次采用分子级混合的工艺通过 CuO 与 GO 的共价键结合制备了还原氧化石墨烯增强铜基复合材料，掺杂 2.5%(体积分数)RGO 后弹性模量和屈服强度分别提升了 30%和 80%。Xiong D B 等从珍珠母的组织结构中获得灵感，在多孔铜中浸渍了 GO 溶液，通过真空烧结制备了 RGO 增强铜基复合材料，材料的抗拉强度和杨氏模量分别提高了 41%和 12%，但其导电、导热性略微下降。Yang Z 等同样基于珍珠母的结构灵感，采用分子级混合工艺制备了 2.5%(体积分数)RGO/Cu 复合材料，抗拉强度达到 748MPa，电导率最高达到 70%IACS。

此外，通过在界面处原位形成具有钉扎作用的少量的氧化物和碳化物，从而增强石墨烯等与基体之间的界面结合力也是一种有效的强化机制。例如，可以尝试在铜合金中添加 Ti、Cr、W、Zr 等金属，使石墨烯与这些金属形成金属碳化物，这些位于界面处的纳米颗粒“锚固”在石墨烯表面，能够提高界面结合力。例如，Chu K 等研究了 RGO 增强 CuCr 合金的强化机理，结果表明，烧结过程中在界面处形成了纳米 Cr_7C_3，界面处纳米粒子的存在有助于提高界面结合力，也有利于载荷的传递。Chen B 等发现通过界面反应形成的 Al_4C_3 对于碳纳米管增强铝基复合材料界面强度和性能的提高起了重要的作用。综上所述，设计一种综合发挥石墨烯和纳米颗粒强化作用的增强体用于铜基复合材料有可能解决诸多问题。

10.4.1 GO/Al_2O_3-Cu/35W5Cr 复合材料的设计与制备

将含有众多含氧官能团的氧化石墨烯掺杂到铜基体中，提高了界面的润湿性和结合力。在 900～1000℃的真空气氛下加热时，由于碳骨架的重构被还原为还原氧化石墨烯(RGO)，所以导电、导热性能得到提升。在 Al_2O_3-Cu/35W5Cr 触头材料中掺杂少量的氧化石墨烯(GO)，获得了 GO/Al_2O_3-Cu/35W5Cr 复合材料。通过 XPS、拉曼光谱和透射电子显微镜等表征研究了在真空高温烧结过程中氧化石墨烯官能团的变化以及还原后的氧化石墨烯对复合材料性能的影响，讨论了氧化石墨烯对复合材料的强化机理，工艺流程和强化机理如图 10-58 所示。

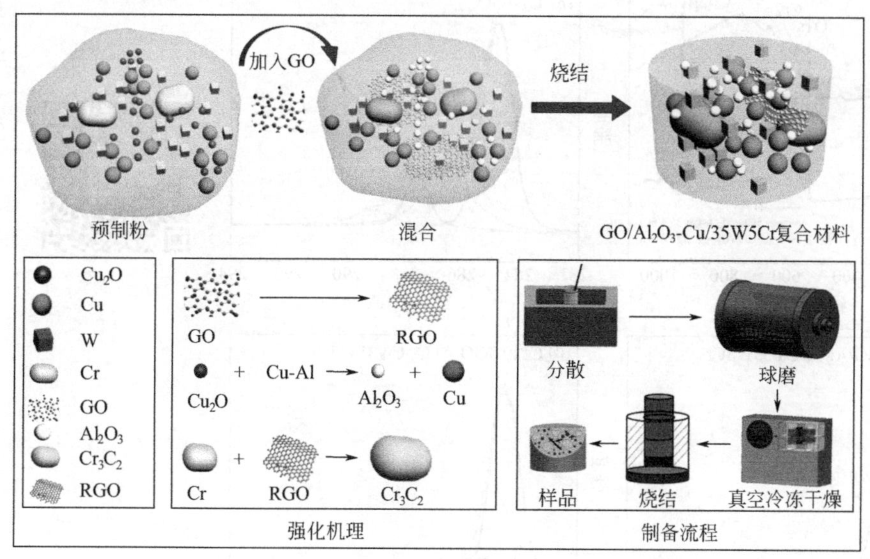

图 10-58 氧化石墨烯增强复合材料制备流程和强化机理

10.4.2 GO/Al_2O_3-Cu/35W5Cr 复合材料的电子结构分析

(1) XRD 和拉曼光谱分析

GO、掺杂 0.3%(质量分数)GO 和 0.5%(质量分数)GO 的复合粉体的 X 射线衍射分析如图 10-59 所示。从 X 射线衍射图谱中可以看出，天然石墨和试验所用的氧化石墨烯的特征峰对应的 2θ 分别在 26.5°和 12°。XRD 特征峰的变化反映了石墨片层结构的变化，含氧官能团的大量引入导致晶面间距变大。衍射峰强度表示材料的结晶程度，图中石墨的衍射峰高而且窄，但 GO 的却相反。表明氧化石墨烯缺陷度明显增加，主要与官能团的引入有关。

拉曼光谱分析是利用光的散射原理开发的一种表征技术，是研究碳材料分子结构的有效手段。图 10-59(b)是 GO 和不同 GO 含量的复合粉体拉曼光谱：D 峰是缺陷峰，主要由碳骨架的结构变化和 sp^3 杂化碳原子引起，反映了氧化石墨烯的缺陷度和无序度；G 峰是由 sp^2

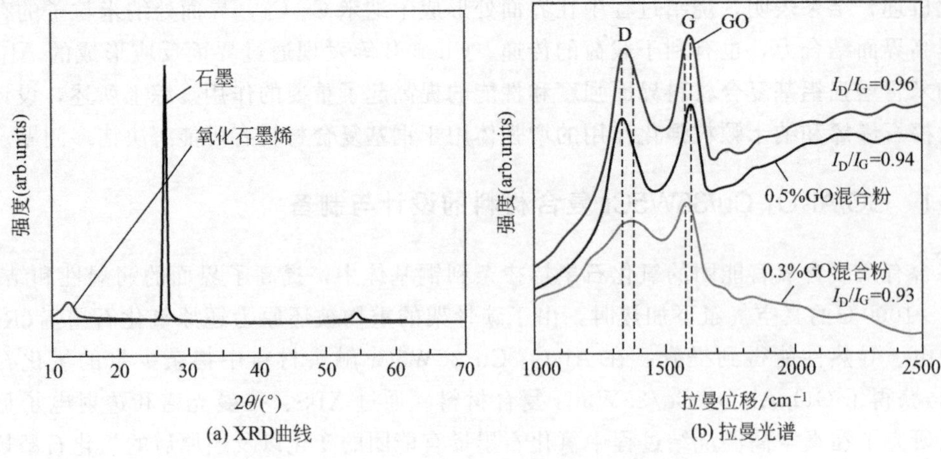

图 10-59 复合粉体的 XRD 和拉曼光谱分析

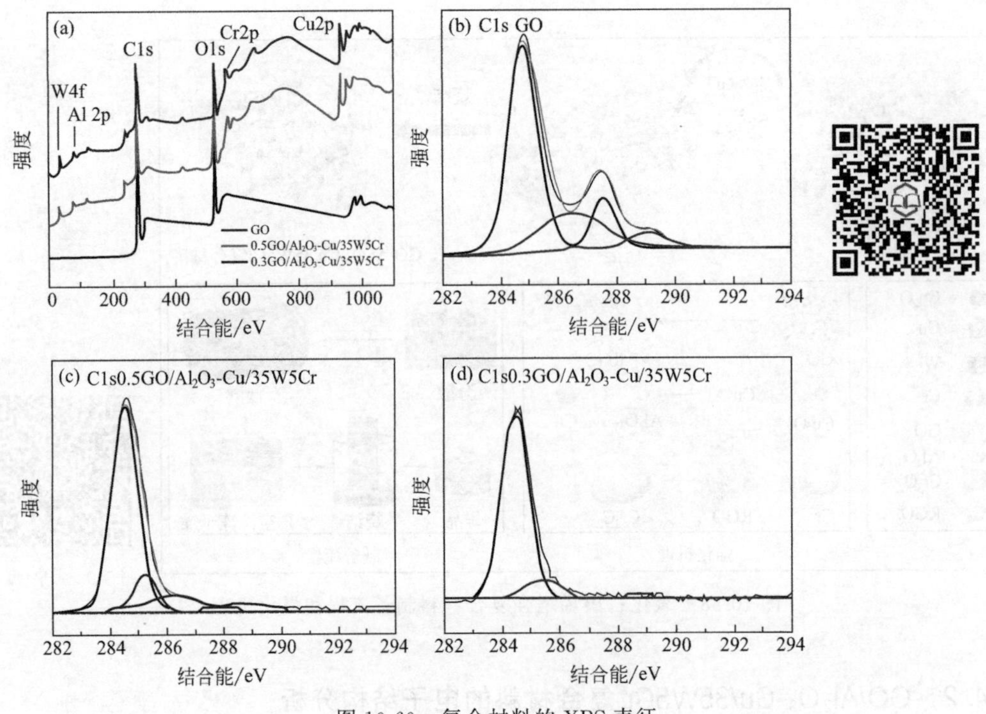

图 10-60 复合材料的 XPS 表征

(a) 全谱分析；(b) GO 的 C1s 谱线；

(c) 0.5GO/Al_2O_3-Cu/35W5Cr 的 C1s 谱线；(d) 0.3GO/Al_2O_3-Cu/35W5Cr 的 C 1s 谱线

杂化的碳原子引起，反映了 GO 的对称性。I_D/I_G 通常用来表征石墨烯的缺陷密度。由图可知，三种试样的 D 峰、G 峰分别在 1354cm^{-1}、1594cm^{-1}处出现，这是氧化石墨烯的特征峰。而经过混粉球磨和冷冻干燥后，GO 和两种复合粉体的 I_D/I_G 值分别为 0.96、0.94 和 0.93，这就意味着经过分散和冷冻干燥后，GO 在复合粉体中依然保持原有的结构特征。

（2）XPS 分析

常用 X 射线光电子能谱来表征石墨烯及其衍生物的化学结构和组成。它不仅揭示了样品的元素组成，还说明了不同含氧官能团的比例。图 10-60(a)为氧化石墨烯和两种复合材料的测量扫描光谱。根据XPS谱峰的不同，两种复合材料分别表现出W4f峰、Al2p峰、C1s峰、O1s峰、Cr2p峰和Cu2p峰。对应的结合能分别为31eV、75eV、284eV、530eV、580eV、932eV。Cu2p谱、W4f谱、Cr2p谱、Al2p谱如图10-61所示。碳原子在复合材料中的不同状态和氧化水平可以从C1s谱中得到，如图10-60(b)～(d)所示。C1s谱拟合后，C1s谱上GO的特征信号峰分别为284.5eV、286.4eV、287.5eV和289.1eV，分别对应于sp^2和sp^3的C—C、C—O、C═O和O═C—O。

为了研究真空热压烧结过程中氧化石墨烯的还原情况，计算了不同官能团的相对含量，如表10-6所示。由表10-6可知，与GO相比，两种复合材料中sp^2和sp^3 C—C键的比例都有所增加，而其它键的比例则急剧下降。这说明在真空热压烧结过程中氧化石墨烯大部分被还原为还原氧化石墨烯，对恢复石墨烯的导电性具有重要意义。

表10-6 复合材料中不同官能团的相对含量

材料	C—C/C═C	C—O	C═O	C(O)O
GO	60.4%	22.44%	11.85%	5.31%
0.3GO/Al_2O_3-Cu/35W5Cr	82.44%	11.9%	2.89%	2.77%
0.5GO/Al_2O_3-Cu/35W5Cr	76.4%	10.6%	9.9%	3.1%

10.4.3 GO/Al_2O_3-Cu/35W5Cr复合材料的微观结构及强化相界面

(1) GO/Al_2O_3-Cu/35W5Cr复合材料的显微组织

图10-62是掺杂有0.3%(质量分数)GO和0.5%(质量分数)GO的复合材料烧结态的显微组织。图10-62(a)、(b)显示，W和Cr两种不同形状的颗粒较均匀地分布在铜基体上，无明显团聚产生，且基体表面结合致密。

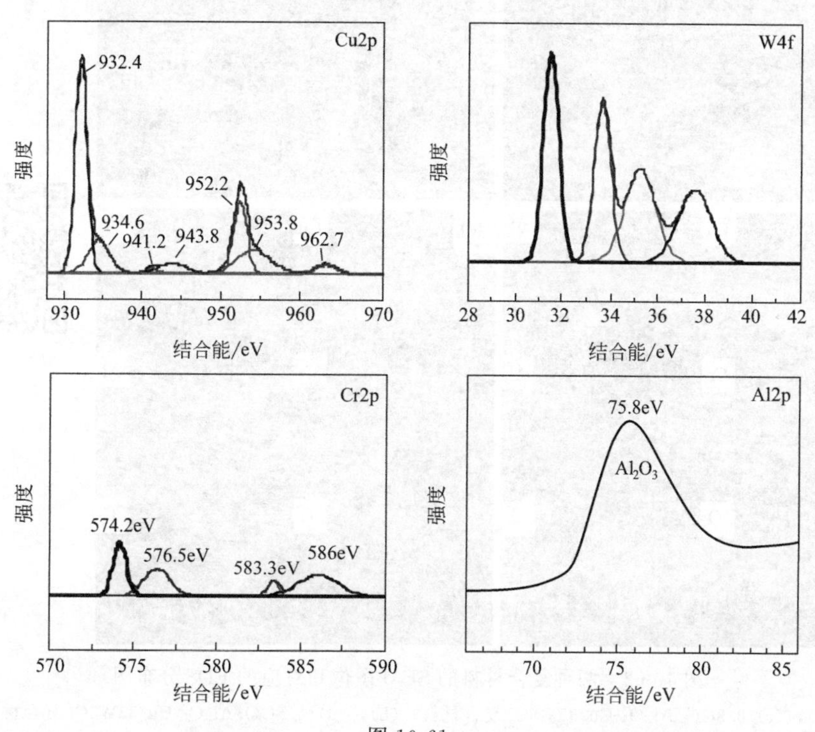

图10-61

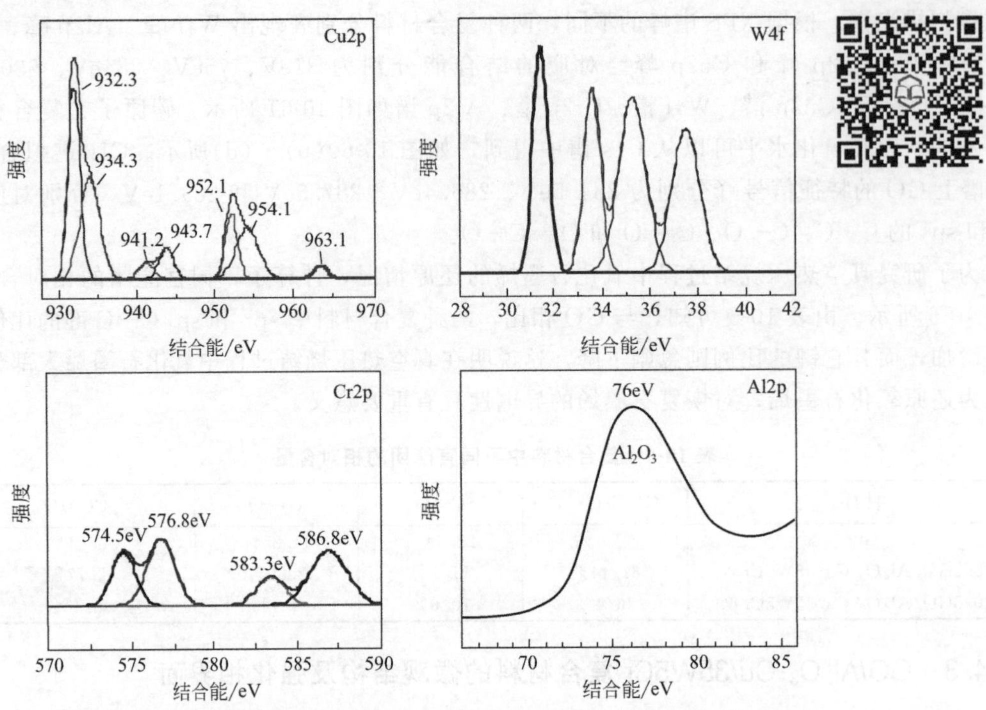

图 10-61 0.3GO/Al_2O_3-Cu/35W5Cr 复合材料的 XPS 谱图

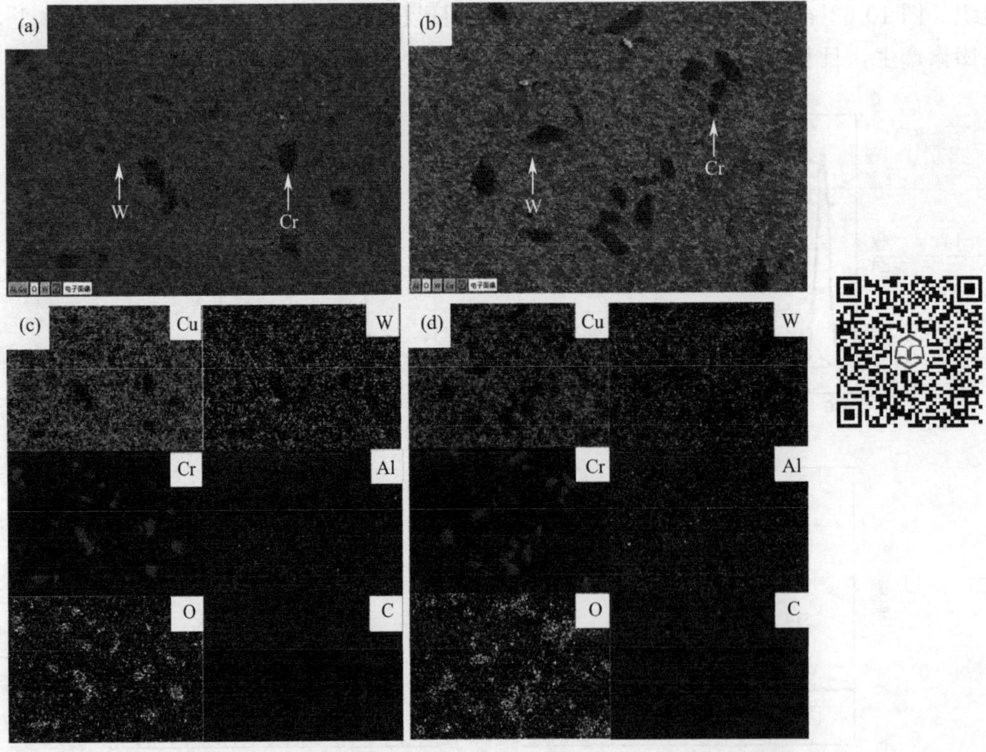

图 10-62 两种复合材料的 SEM 图像和对应的 EDS 分布图

(a)，(c) 0.3GO/Al_2O_3-Cu/35W5Cr 复合材料；(b)，(d) 0.5GO/Al_2O_3-Cu/35W5Cr 复合材料

为了进一步分析掺杂氧化石墨烯的烧结态复合材料的微观组织，采用高分辨透射电子显

微镜对 0.5GO/Al_2O_3-Cu/35W5Cr 复合材料进行了表征，如图 10-63 和图 10-64 所示。从图 10-63(a)～(c)可以看到，大量的纳米氧化铝颗粒弥散分布在基体中，并钉扎位错从而强化基体；另外在图 10-63(e)中还发现了少量的铜的纳米晶。图 10-64(a)、(b)是在 950℃热压烧结中 GO 失去部分含氧官能团被还原成 RGO；另外，有少量的 C 原子与 Cr 发生反应，在界面处原位形成纳米 Cr_3C_2，如图 10-64(c)～(d)所示，纳米颗粒锚固在还原氧化石墨烯表面，提高了界面的结合强度并且强化了基体。

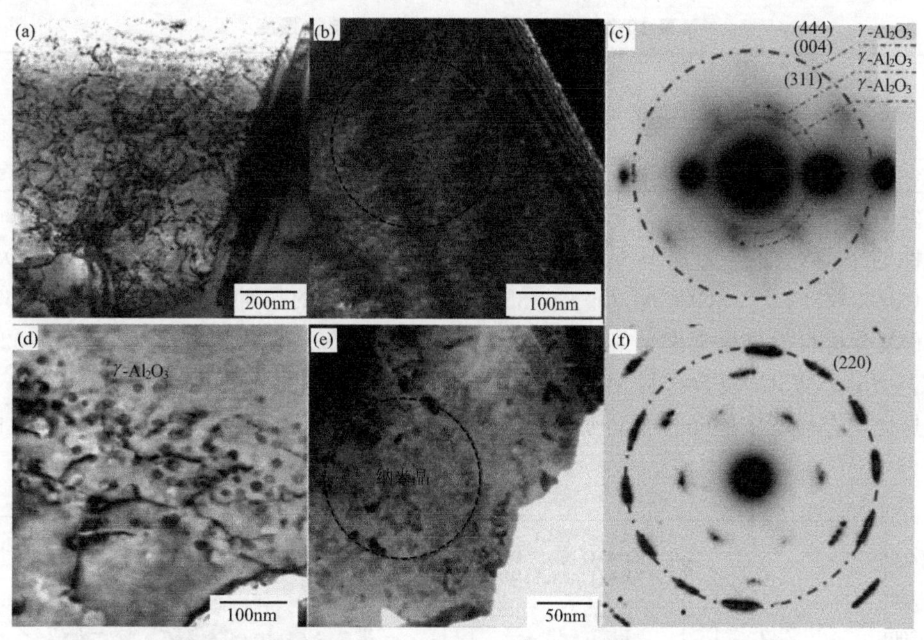

图 10-63 0.5GO/Al_2O_3-Cu/35W5Cr 复合材料的 TEM 图像（一）

(a),(b),(d),(e)TEM 图像;(c)图(b)的选区衍射斑点;(f)图(e)的选区衍射斑点

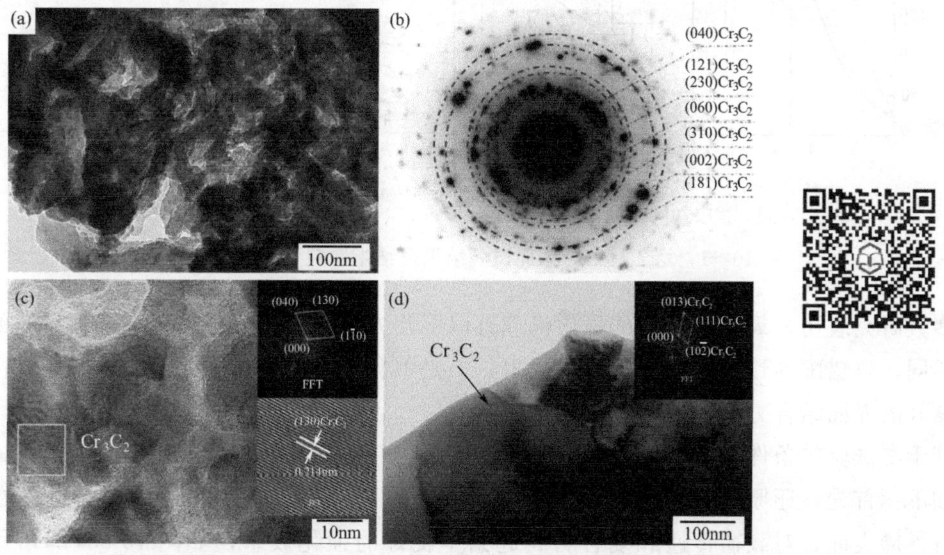

图 10-64 0.5GO/Al_2O_3-Cu/35W5Cr 复合材料的 TEM 图像（二）

(a),(d)TEM 图像;(b)图(a)的选区衍射斑点;(c)Cr_3C_2 的高分辨像和 Cr_3C_2 的 FFT 和 IFFT 变换

（2）GO/Al_2O_3-Cu/35W5Cr复合材料的综合性能和力学性能

两种复合材料的电导率、布氏硬度和致密度等综合性能如表10-7所示。经计算，0.3GO/Al_2O_3-Cu/35W5Cr和0.5GO/Al_2O_3-Cu/35W5Cr烧结态试样的致密度均大于98.5%。与之前的Al_2O_3-Cu/35W5Cr相比，掺杂氧化石墨烯的两种复合材料的电导率分别是68.4%IACS和64.5%IACS。虽然在真空烧结过程中氧化石墨烯的官能团不能完全脱去，会导致电导率略微下降，但是因为热压烧结时轴向压力由15MPa提高至30MPa，致密度也提高了1%左右，所以掺杂氧化石墨烯后复合材料电导率略微提高。

表10-7　复合材料的综合性能和抗拉强度

材料	电导率/%IACS	HBW	相对密度/%	抗拉强度/MPa
Al_2O_3-Cu/35W5Cr	62.2±0.24	127±2.58	97.6±0.03	277±5.09
0.3GO/Al_2O_3-Cu/35W5Cr	68.4±0.32	144±1.97	98.8±0.02	403±5.88
0.5GO/Al_2O_3-Cu/35W5Cr	64.5±0.58	151±2.21	98.6±0.02	371±4.32

良好的电触头必须具有良好的力学性能和加工性能，过低的抗拉强度会导致电触头的机械磨损性能下降，而且无法满足苛刻服役条件下的要求。Al_2O_3-Cu/35W5Cr、0.3GO/Al_2O_3-Cu/35W5Cr、0.5GO/Al_2O_3-Cu/35W5Cr复合材料的拉伸试验结果如图10-65(a)所示。三种复合材料的抗拉强度分别为(277±5.09)MPa、(403±5.88)MPa和(371±4.32)MPa。与Al_2O_3-Cu/35W5Cr复合材料相比，氧化石墨烯复合材料的拉伸强度分别提高了45%和34%。这说明在现有实验条件下，加入0.3%(质量分数)的氧化石墨烯可获得最佳的强化效果。

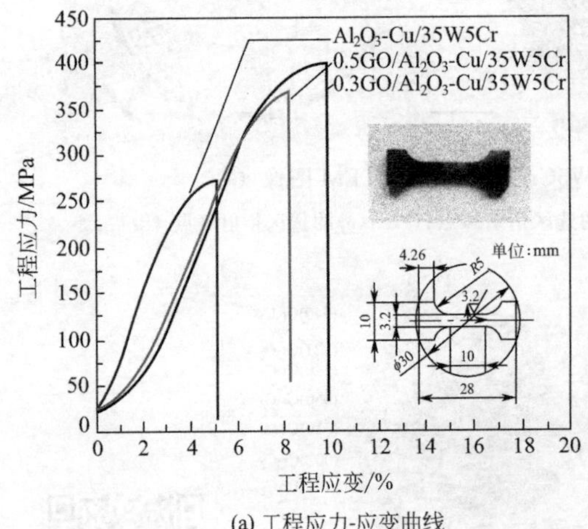

(a) 工程应力-应变曲线

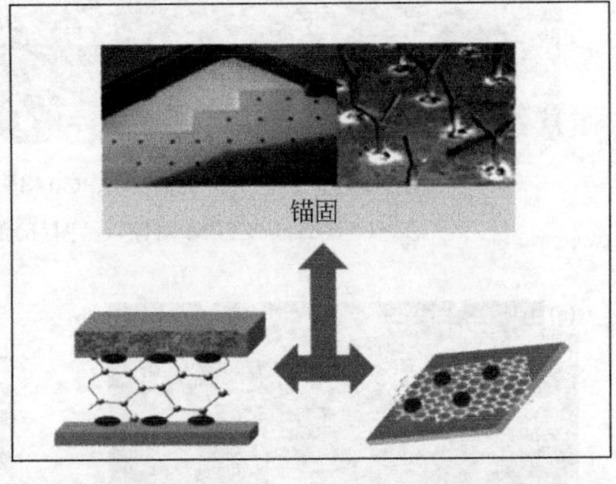

(b) 纳米颗粒锚固强化机理

图10-65　复合材料的拉伸试验结果及纳米颗粒锚固强化机理

多数研究表明，氧化石墨烯的强化机理有以下几方面：一是氧化石墨烯和铜基体的膨胀系数不同，热错配导致界面处位错运动受阻；二是氧化石墨烯本身的承载和传递载荷作用；三是良好的界面结合力。

基于本试验的条件和微观组织分析，对掺杂氧化石墨烯后材料抗拉强度显著提高的原因分析如下：首先，还原后的氧化石墨烯能够承载并传递载荷，纳米Cr_3C_2颗粒锚固在还原氧化石墨烯表面，对载荷传递和复合材料起到了良好的强化效果，如图10-65(b)所示；其次，球磨和热压烧结过程中存在细晶强化作用，TEM图像显示铜基体中形成了少量的纳米晶，这也会导致复合材料的强度提高。

10.4.4 GO/Al_2O_3-Cu/35W5Cr 复合材料的电接触表面

电触头在闭合或分断电路过程中，电弧能量的热-力作用导致在电弧的作用下巨大的热流使触头表面熔化、汽化，熔化金属甚至产生喷溅，这就是电弧侵蚀现象。图 2-7 是在低倍电子显微镜下两种含 GO 触头在 DC30V，30A 条件下的电弧侵蚀形貌(SEM 图像和 3D 轮廓)。两种复合材料的阳极和阴极表面分别形成了凸起和凹坑。

图 10-66 是高倍电镜下电触头的侵蚀形貌，图 10-66(a)～(d)中在触头表面分别形成了喷溅状的小液滴、凸起、液体铺展和珊瑚状的组织等组织结构。在电弧高温下 Cu 首先熔化喷溅，形成了液滴或者快速凝固后出现了铺展的现象，造成了大量 Cu 的侵蚀；W 在高温下经历了再烧结的过程，形成了一个个针状的组织，这种骨架状结构可以限制液体的流动，从而减少材料的喷溅。熔融金属的流动喷溅和金属液桥的断裂等原因导致触头表面凹凸不平，加上难熔金属的富积，导致了珊瑚状组织的出现。

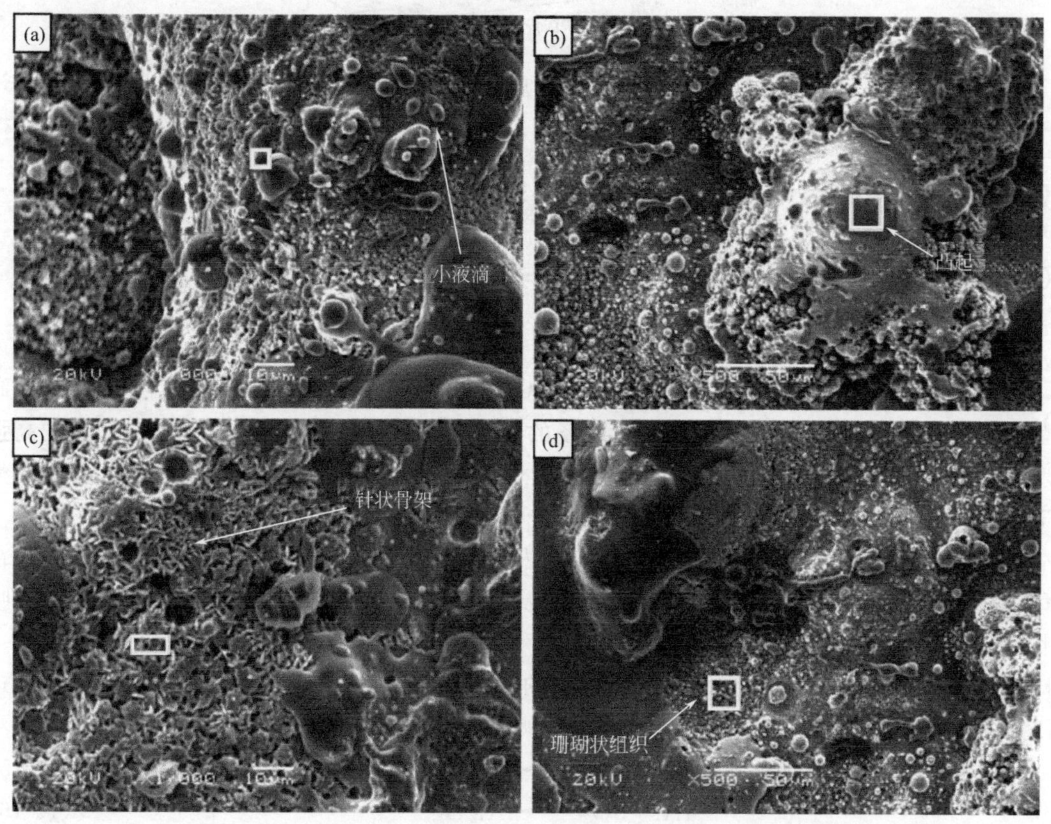

图 10-66 0.5GO/Al_2O_3-Cu/35W5Cr 复合材料的高倍电弧侵蚀形貌

(a) 液滴；(b) 凸起；(c) 针状骨架；(d) 珊瑚状组织

利用扫描电镜自带的 EDS 能谱对四种典型的电弧侵蚀形貌进行了分析，结果如图 10-67 所示。喷溅形成的液滴中 Cu 含量高达 73.27%，远远高于 56.44%的理论含量。针状的骨架和珊瑚状结构分别是由于 W 和 Cr 的富集而形成，二者的含量达到了 78.52%和 16.95%。W 颗粒经历再烧结并富集的现象在前面未掺杂氧化石墨烯的复合材料的电接触试验中也得到了验证。

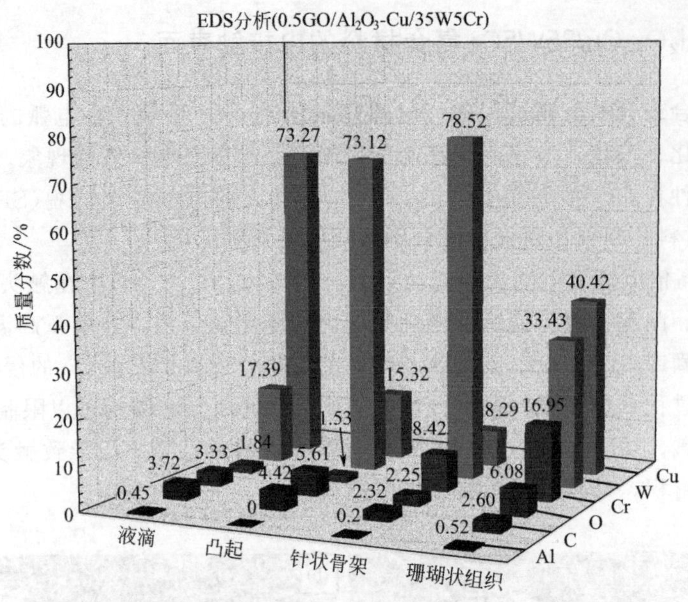

图 10-67　高倍 SEM 图像下典型侵蚀形貌的 EDS 能谱分析数据

10.5 真空开关用电接触复合材料的表面与界面

10.5.1 TiC/Cu-Al_2O_3 复合材料的设计与制备

(1) TiC/Cu-Al_2O_3 复合材料设计

采用真空热压-内氧化烧结法制备了 TiC/Cu-Al_2O_3 复合材料。由于 TiC 与 Cu 两组元润湿性差、互不固溶，因此粉末冶金技术制备的 TiC/Cu-Al_2O_3 复合材料既能具有 TiC 的高强度、高硬度、高熔点和 Cu 的高导电、导热性和优良延展性的优点，且能够根据需要调整 TiC 与 Cu 的配比得到所需性能。

试验把 Cu-0.28%Al、Cu_2O 和不同含量及粒径的 TiC 颗粒混合，Cu_2O 作为供氧源在真空条件下进行热压-内氧化烧结，在真空和高温条件下，Cu_2O 分解提供的活性氧原子吸附并溶于 Cu-Al 颗粒表面；在内氧化反应中，活性氧原子优先与 Al 发生氧化生成 Al_2O_3，弥散分布于 Cu 基体，从而起到弥散强化铜的作用，并与 TiC 组元紧密结合形成 TiC/Cu-Al_2O_3 复合材料。反应方程式为

$$2Cu_2O \longrightarrow 4Cu + O_2 \tag{10-15}$$

$$4Al + 3O_2 \longrightarrow 2Al_2O_3 \tag{10-16}$$

由式(10-15)与式(10-16)得到

$$3Cu_2O + 2Al \longrightarrow Al_2O_3 + 6Cu \tag{10-17}$$

(2) TiC/Cu-Al_2O_3 复合材料制备

将 Cu-0.28%Al、Cu_2O 和不同含量 TiC 颗粒混合，Cu_2O 作为供氧源在真空条件下进行热压-内氧化烧结。在真空和高温条件下，Cu_2O 分解提供的活性氧原子吸附并溶于 Cu-Al 颗粒表面；在内氧化反应中，活性氧原子优先与 Al 发生氧化反应生成 Al_2O_3，弥散分布于 Cu 基体，从而起到弥散强化铜的作用，并与 TiC 组元紧密结合形成 TiC/Cu-Al_2O_3 复合材

料。采用真空热压烧结工艺制备，600℃保温 20min，加压 10min；950℃保温 20min，加压 50min，压力 30MPa。

真空热压-内氧化烧结是对冷压烧结、热压烧结、内氧化等方法的发展，其主要优点是：

① 简化生产过程：将内氧化、压制和烧结整合在一起，能够节约时间，减少能源消耗；

② 压制力较低：由于是烧结和加压同时进行，粉末在受热时变形抗力减小，因此采取较低的压制力就能使粉末变形，便于压制成型，从而提高材料的致密度；

③ 产品质量高：在真空环境下材料受到的污染小，材料的化学成分稳定；

④ 另外，下模腔内形成负压，可提高产品的致密度。

1）Al_2O_3 含量的确定

Cu-Al_2O_3 材料中的弥散相 Al_2O_3 由 Cu-Al 粉经内氧化生成，Cu-Al 粉中 Al 含量的多少直接影响 Cu-Al_2O_3 基体的性能：Al 含量过多将显著降低材料的电导率，Al 含量过少又不能起到弥散强化的作用。美国 SCM 公司的专利表明 Cu-Al 粉中 Al 的质量分数在 0.1%～1.1%，文献表明当 Al 的质量分数在 0.2%～0.5%时 Cu-Al_2O_3 材料具有较佳的综合性能，考虑到本试验内氧化时间较短，故选用 Cu-0.28%Al 作为原料。

2）Cu_2O 含量的确定

由式(10-21)经计算可知，Cu-0.28%Al 在理论上完全发生内氧化需要 Cu_2O 的质量为 Cu-0.28%Al 质量的 2.24%。在内氧化过程中，氧化温度、氧化时间、环境决定着 Cu_2O 能否充分分解并与 Al 发生反应。Cu_2O 的加入量对 Cu-Al_2O_3 材料的导电性起着关键作用：Cu_2O 过少将导致 Al 不能完全反应，仍然固溶在 Cu 中，不能起到弥散强化的作用：Cu_2O 过多，未发生反应的 Cu_2O 将会降低材料的导电性。参照文献中关于 Cu_2O 含量的确定方法，本试验选取 Cu_2O 质量为 Cu-0.28%Al 质量的 3.78%。

3）工艺参数的确定

在 VDBF-250 真空钎焊扩散焊机中采用自制的高强度、高密度、高纯度石墨模具制备 TiC/Cu-Al_2O_3 复合材料。石墨模具能够承受高温、高压，利于热传导且材质较轻。内氧化过程中，温度是 Cu_2O 失去活性氧原子、Al 得到活性氧原子的主要原因。温度越高，原子的活性越大，活性氧原子的迁移和扩散速率越高，扩散和内氧化越容易进行，这是因为温度越高，内氧化反应速率越大，Al 向 Al_2O_3 的转变就越完全。但在内氧化反应中，并不是温度越高越好。温度越高，反应产物 γ-Al_2O_3 向 α-Al_2O_3 转变的倾向越严重，这将降低弥散强化的效果。考虑到 Cu 的熔点为 1083℃，故将本试验选择的烧结温度定为 950℃，压制力 30MPa。在试验中采取分段升温、分段加压的方法，便于模具传热，使样品温度一致。

10.5.2 TiC/Cu-Al_2O_3 的微观结构及强化相界面

（1）烧结态显微组织

图 10-68 为采用真空热压-内氧化烧结法制备的 TiC/Cu-Al_2O_3 复合材料的原始微观组织。由图 10-68 可看出，灰黑色的 TiC 颗粒均匀地分布在灰白色的弥散铜基体上，无明显的团聚现象。弥散铜基体组织较为致密、均匀，无明显空隙。对比图 10-68(a)～(c)可知，随着 TiC 含量的增加，在 TiC/Cu-Al_2O_3 复合材料的弥散铜基体上，灰黑色 TiC 颗粒明显增多，基本上无团聚现象。TiC 颗粒大致分布在 Cu 的晶界处，TiC 与 Cu 界面较分明。随着 TiC 含量的增加，在界面结合处出现一些空洞，由于 TiC 颗粒棱角分明，颗粒间相互抵触形

成空洞，阻碍了 Cu 粉的填充，形成微观空洞。

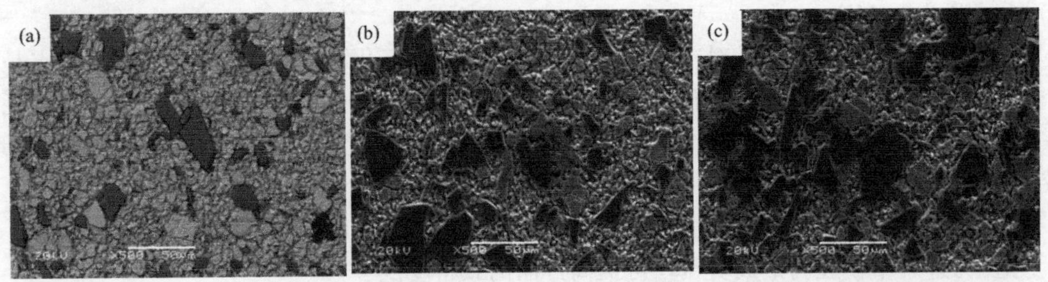

图 10-68　不同 TiC 体积分数的烧结态 $TiC/Cu-Al_2O_3$ 复合材料的显微组织

(a) 10%；(b) 20%；(c) 30%

图 10-69 为 10%(体积分数)$TiC/Cu-Al_2O_3$ 复合材料的原始微观组织，可以看出，内氧化生成的纳米级的 Al_2O_3 颗粒均匀弥散分布在铜基体上，即生成弥散铜基体。内氧化生成的 Al_2O_3 颗粒均匀分布在晶粒内部，晶界处的数量较少。γ-Al_2O_3 作为增强相均匀弥散分布于铜基体上，无论是 γ-Al_2O_3 的粒径还是微粒间距均为纳米级。$TiC/Cu-Al_2O_3$ 复合材料发生变形时，大量弥散分布的纳米级 γ-Al_2O_3 微粒能够作为位错源，造成位错缠结，增加位错密度，阻碍基体中晶界运动及位错的滑移，从而提高 $TiC/Cu-Al_2O_3$ 复合材料的强度。

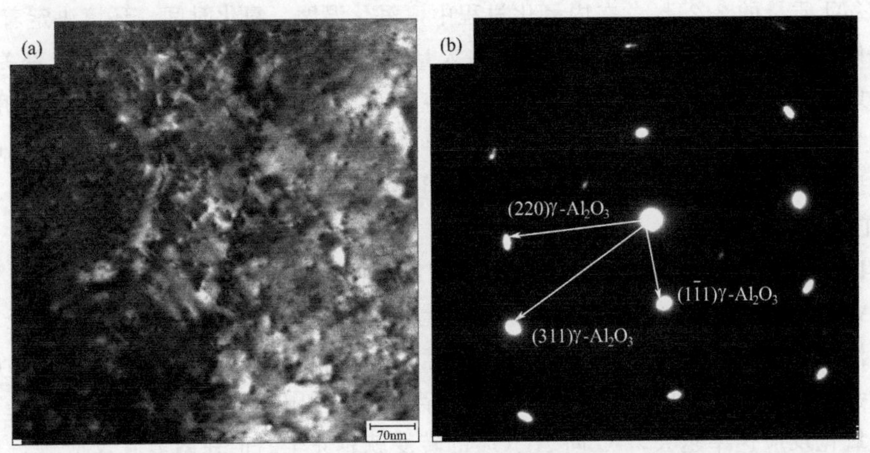

图 10-69　10%$TiC/Cu-Al_2O_3$ 复合材料原始微观组织

表 10-8 为不同 TiC 体积分数的 $TiC/Cu-Al_2O_3$ 复合材料的性能。随着 TiC 含量的增加，致密度逐渐下降，这是由于 TiC 与 Cu 之间的润湿性极差，在真空环境下，1200℃时润湿角仅为 109°，不利于材料进一步致密化。另外 TiC 含量增加，使得 TiC 颗粒整体表面积增加，颗粒间的缝隙增多，加大了铜粉的填充难度，不利于铜粉的流动和填充，从而降低致密度。$TiC/Cu-Al_2O_3$ 复合材料烧结态时的电导率低于 50%IACS。由于 TiC 的导电性极差，所以随着 TiC 含量的增加，其颗粒总面积增大，这将增大电子的散射作用，使电阻增加。Cu 与 TiC 两组元的熔点、密度、线膨胀系数均有很大差距，在真空热压-内氧化烧结过程中容易使增强体 TiC 颗粒与 Cu 基体之间产生热应力，造成晶格畸变，晶格散射作用增强。在 TiC 含量由 10%增加到 20%时，材料的布氏硬度明显增加，而 TiC 含量增加到 30%时布氏硬度却降低，这与致密度下降了 3.4%有关。在载荷增大时，材料的致密度将逐渐成为影响硬度的重要因素。

表 10-8 不同 TiC 体积分数的 $TiC/Cu-Al_2O_3$ 复合材料的性能

TiC 体积分数/%	致密度/%	电导率/%IACS	硬度 HBW
10	98.5	48.7	113
20	97.1	42.5	128
30	93.7	35.7	108

(2) 热变形组织

图 10-70 为 10% $TiC/Cu-Al_2O_3$ 复合材料在不同条件下热变形后的微观组织。对比图 10-70(a)、(c)可知，在应变速率为 $0.001s^{-1}$，变形温度为 450℃时的晶粒较细小，未发生动态再结晶；而变形温度为 850℃时，弥散铜基体中出现较多等轴状的晶粒，变形痕迹尚未完全消失，这表明基体中部分区域发生了动态再结晶。而在热加工图中，应变速率 0.01～$0.1s^{-1}$，850℃高温变形区域的功率耗散效率值较高。从图 10-70(d)中看到较多的纤维组织，TiC 与 Cu 界面处小晶粒较多，热加工过程中应力容易在该区域出现集中，易引起界面开裂而生成微裂纹，在热加工选择工艺参数时应避开该区域。

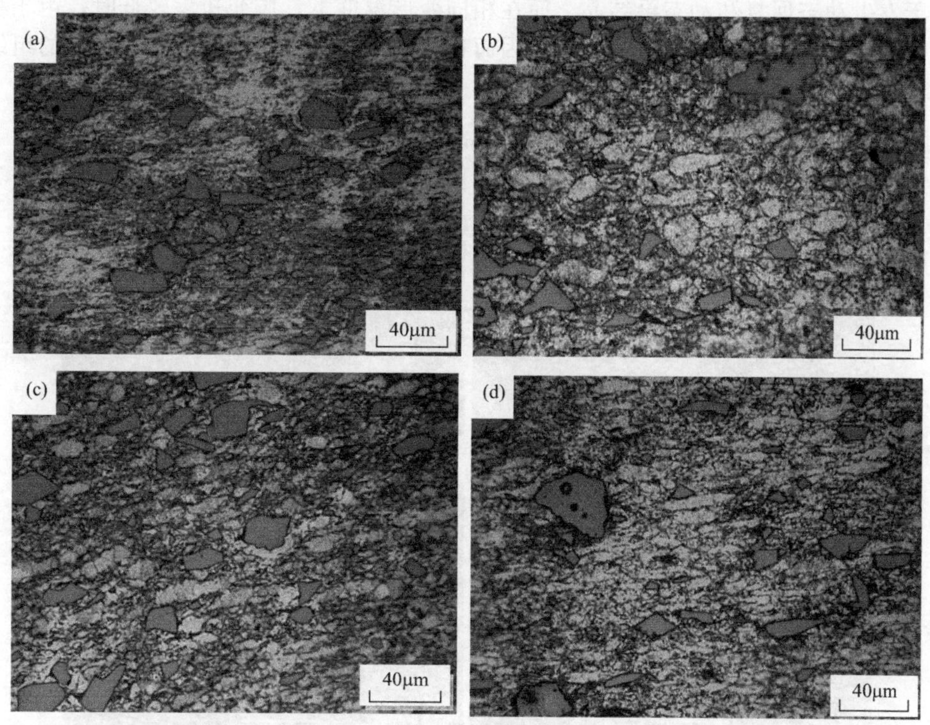

图 10-70 10% $TiC/Cu-Al_2O_3$ 复合材料热压缩后的显微组织

(a) T=450℃，$\dot{\varepsilon}=0.001s^{-1}$；(b) T=450℃，$\dot{\varepsilon}=1s^{-1}$；(c) T=850℃，$\dot{\varepsilon}=0.001s^{-1}$；(d) T=850℃，$\dot{\varepsilon}=1s^{-1}$

图 10-71 为 10% $TiC/Cu-Al_2O_3$ 复合材料在 850℃、$0.001s^{-1}$条件下热变形后的微观组织。在图 10-71(a)中可以看到晶界处有大量位错塞积。在内氧化反应过程中，活性氧原子沿亚晶界的晶格扩散的激活能高于短程扩散的激活能，且在铜基体中，Al 原子易通过短程扩散偏聚于亚晶界和晶界处，从而使 Al_2O_3 在晶界偏聚形成位错源，位错的存在能够提高材料的强度。从图 10-71(b)中可以看出在变形后材料的界面处出现非晶过渡层，由于 Cu 与 TiC 之间溶解性、润湿性均较差，不利于形成良好的界面结合，而非晶结合层能够使 Cu 与 TiC 界面结合形成过渡，提高界面结合能力。另外，非晶层的形成原因还有待探究。

图 10-72 为 20%(体积分数) $TiC/Cu-Al_2O_3$ 复合材料在热变形后的微观组织。由图 10-72 可知，在相同的应变速率下，变形温度较高时变形后的组织呈现等轴晶，而变形温度较

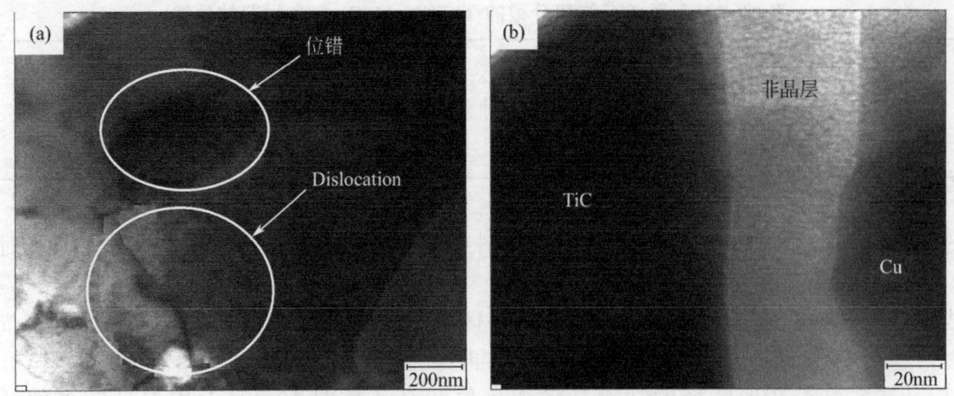

图 10-71 10%TiC/Cu-Al_2O_3 复合材料在 850℃、0.001s^{-1}条件下热变形后的微观组织

低时组织呈现纤维状。这是由于在应变速率相同时，材料发生变形的时间相同，若温度高则材料易于发生动态回复和动态再结晶。而在相同变形温度下，应变速率较低时，由于变形时间较长能够给晶粒足够的时间回复长大，因而在较低的应变速率下，材料变形后的组织呈现等轴晶。

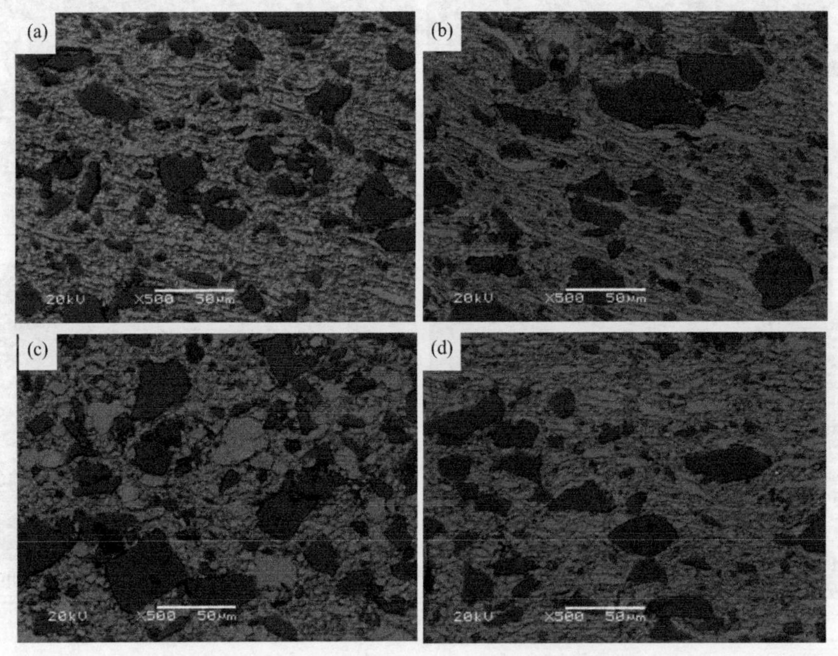

图 10-72 20%TiC/Cu-Al_2O_3 复合材料热压缩后的显微组织

(a) $T=450℃$，$\dot{\varepsilon}=0.001s^{-1}$；(b) $T=450℃$，$\dot{\varepsilon}=1s^{-1}$；(c) $T=850℃$，$\dot{\varepsilon}=0.001s^{-1}$；(d) $T=850℃$，$\dot{\varepsilon}=1s^{-1}$

参考文献

[1] 徐滨士，朱绍华．表面工程的理论与技术［M］．北京：国防工业出版社，1999.

[2] 陈学定，韩文正．表面涂层技术［M］．北京：机械工业出版社，1994.

[3] 赵文轸．材料表面工程导论［M］．西安：西安交通大学出版社，1998.

[4] Desjonqueres M C，Spanjaard D. Concepts in Surface Physics ［M］. Berlin：Springer，1996.

[5] 温诗铸，黄平．界面科学与技术［M］．北京：清华大学出版社，2011.

[6] Hans Luth. Solid Surface，Interfaces and Thin Films ［M］. Berlin：Springer，2010.

[7] 曹立礼．材料表面科学［M］．北京：清华大学出版社，2009.

[8] 胡福增，陈国荣，杜永娟．材料表界面［M］．上海：华东理工大学出版社，2001.

[9] 杨序纲，吴琪琳．石墨烯纳米复合材料［M］．北京：化学工业出版社，2018.

[10] 邱成军，王元化，王义杰．材料物理性能［M］．哈尔滨：哈尔滨工业大学出版社，2003.

[11] 胡庚祥，钱苗根．金属学［M］．上海：上海科学技术出版社，1984.

[12] 陶杰，姚正军，薛烽．材料科学基础［M］．北京：化学工业出版社，2006.

[13] William F. Smith，Javad Hashemi. 材料科学与工程基础［M］．英文版・原书第4版．北京：机械工业出版社，2006.

[14] 陈騑騢．材料物理性能［M］．北京：机械工业出版社，2006.

[15] 李志林．材料物理［M］．北京：化学工业出版社，2019.

[16] 贾贤．材料表面现代分析方法［M］．北京：化学工业出版社，2010.

[17] 姜晓霞，沈伟．化学镀理论及实践［M］．北京：国防工业出版社，2000.

[18] 李炎．材料现代微观分析技术——基本原理及应用［M］．北京：化学工业出版社，2011.

[19] 余永宁，毛卫民．材料的结构［M］．北京：冶金工业出版社，2001.

[20] 温诗铸．摩擦学原理［M］．北京：清华大学出版社，1991.

[21] 曾燕伟．无机材料科学基础［M］．武汉：武汉理工大学出版社，2019.

[22] 万进，田煜，周铭，等．载荷对壁虎刚毛束的摩擦各向异性特性影响的实验研究［J］. Acta Physica Sinica，2012 (1)：345-352.

[23] 郭策，孙久荣，戈应滨，等．壁虎脚底毛黏附机制的生物学效应［J］．中国科学：生命科学，2012 (2)：142-149.

[24] 徐祖耀，李麟．材料热力学［M］．北京：科学出版社，2001.

[25] 陆栋，蒋平，徐至中．固体物理学［M］．上海：上海科学技术出版社，2005.

[26] 刘宁．高熵合金的凝固组织与性能研究［M］．镇江：江苏大学出版社，2018.

[27] 张勇，陈明彪，杨潇，等．先进高熵合金技术［M］．北京：化学工业出版社，2019.

[28] 周泽翔，程海斌，薛理辉，等．改善化学镀层结合力的方法及其检测手段［J］．材料导报，2006，20 (2)：79-81.

[29] 胡赓祥，蔡珣，戎咏华．材料科学基础［M］．第2版．上海：上海交通大学出版社，2009.

[30] 王毅坚．Ni-P化学镀层及其复合镀层结合强度的声发射研究［J］．无损检测，2006，28(6)：296-298.

[31] 张永康，孔德军，冯爱新，等．涂层界面结合强度检测研究(Ⅱ)：涂层结合界面应力检测系统［J］．物理学报，2006，55(11)：6008-6012.

[32] 周俊华，徐可北，葛子亮．热障涂层厚度涡流检测技术研究［J］．航空材料学报，2006，26(3)：353-354.

[33] 刘振作．涂层耐磨性试验方法与测试仪器［J］．试验技术与试验机，2004，44(1-2)：3-7.

[34] 王峰会，张勇，王泓．热障涂层氧化残余应力大小与演化过程测试［J］．实验力学，2006，21(5)：607-610.

[35] 伍超群，周克崧，邓畅光．浅谈热喷涂涂层残余应力的测试技术［J］．表面技术，2005，34(5)：82-83.

[36] 徐滨士，朱少华．表面工程的理论与实践［M］．北京：国防工业出版社，1999.

[37] 刘勇，田保红，刘素芹．先进材料表面处理和测试技术［M］．北京：科学出版社，2008.

[38] 日本材料研究学会．先端材料丛书：表面处理和材料［M］．东京：衣华房，1996：154-170.

[39] 钱苗根，姚寿山，张少宗．现代表面技术［M］．北京：机械工业出版社，2001.

[40] 仁平宣弘，三尾淳．はじめての表面处理技术［M］．东京：工业调查会株式会社，2003.

[41] 王娟．表面堆焊与热喷涂技术［M］．北京：化学工业出版社，2004.

[42] 姚寿山，李戈扬，胡文彬．表面科学与技术［M］．北京：机械工业出版社，2005.

[43] 田保红．高速电弧喷涂 Fe_3Al/WC 复合涂层高温冲蚀行为研究［D］．沈阳：中科院金属研究所，2000.

[44] 曲敬信，汪泓宏．表面工程手册［M］．北京：化学工业出版社，1998.

[45] 陈少华，彭志龙．壁虎黏附微观力学机制的仿生研究进展［J］．力学进展，2012，42(3)：282-292.

[46] Erdemir A，Donnet C. Tribology of diamond-like carbon films：recent progress and future prospects［J］. Journal of Physics D：Applied Physics，2006，39(18)：311-327.

[47] Erdemir A. The role of hydrogen in tribological properties of diamond-like carbon films［J］. Surface and Coatings Technology，2001，146-147:292-297.

[48] Geim A K，Dubonos S V，Grigorieval V，et al. Microfabricated adhesive mimicking gecko foot-hair［J］. Nat. Mater.，2003，2(7)：461-463.

[49] Mahdavi A，Ferreira L，Sundback C，et al. A biodegradable and biocompatible gecko-inspired tissue adhesive［J］. Proceedings of the National Academy of Sciences of the United States of America，2008，105(7)：2307-2312.

[50] 师昌绪．材料大辞典［M］．北京：化学工业出版社，1994.

[51] 张金升，许凤秀，王英姿，等．功能材料综述．现代技术陶瓷［J］. 2003，(3)：40-44.

[52] 王正品，张路，王玉宏．金属功能材料［M］．北京：化学工业出版社，2004.

[53] 王润．金属材料物理性能［M］．北京：冶金工业出版社，1992.

[54] 马如璋，蒋民华，徐祖雄．功能材料学概论［M］．北京：冶金工业出版社，1999.

[55] 关振铎，张中太，焦金生．无机材料物理性能［M］．北京：清华大学出版社，2003.

[56] 宋学孟．金属物理性能分析［M］．北京：机械工业出版社，1989.

[57] 詹姆斯·谢弗，等．工程材料科学与设计［M］．余永宁，强文江，等译．北京：机械工业出版社，2003.

[58] 汪复兴．金属物理［M］．北京：机械工业出版社，1981.

[59]《功能材料及其应用手册》编写组．功能材料及其应用手册［M］．北京：机械工业出版社，1991.

[60] 江东亮，闻建勋，陈国民，等．新材料［M］．上海：上海科学技术出版社，1994.

[61] 刘永辉．电化学测试技术［M］．北京：北京航空学院出版社，1987.

[62] 姜晓霞，李诗卓，李曙．金属的腐蚀磨损［M］．北京：化学工业出版社，2003.

[63] 刘平，田保红，赵冬梅．铜合金功能材料［M］．北京：科学出版社，2004.

[64] 田保红，刘平，徐滨士，等．热喷涂合成 Fe_3Al 基涂层的高温摩擦学特性［J］．中国有色金属学报，2003，13(4)：974-978.

[65] 余永宁．金属学原理［M］．北京：冶金工业出版社，2000.

[66] 曾晓雁，吴懿平．表面工程学［M］．北京：机械工业出版社，2001.

[67] 姜银方，朱元右，戈晓岚．现代表面工程技术［M］．北京：化学工业出版社，2006.

[68] Wang S J，Lia X，Chen Z H. The effect of residual stress an adhesion-induced instability in micro-electromechanical systems［J］. Thin Solid Films，2009，518:257-259.

[69] Kawasaki T，Takai Y，Ikuta T，et al. Wave field restoration using three-dimensional Fourier filtering method［J］. Ultramicroscopy，2001，90：47-50.

[70] De Boer M P，Michalske T A. Accurate method of determining adhesion of cantilever beams［J］. Journal of Applied Physics，1999，86:817-823.

[71] Zhao Y P，Yu T X. Failure modes of MEMS and microscale adhesive contact theory［J］. International Journal of Nonlinear Sciences and Numerical Simulation，2000，1:361-370.

[72] 唐贺锋，殷婷，徐洪亮，等．微束流高速电弧喷涂枪的设计［J］．新技术新工艺，2010(8)：89-92.

[73] 田保红，徐滨士，马世宁，等．高速电弧喷涂 3Cr13 钢雾化粒子温度和飞行速度数值模拟［J］．机械工程学报，2005(7)：169-173.

[74] 田保红，徐滨士，马世宁，等．热喷涂 FeCrAl/WC 涂层的组织和高温冲蚀行为［J］．焊接学报，2004(3)：75-78,132.

[75] 田保红，徐滨士，胡军志．Al_2O_3/FeCrNi 粉芯丝材高速电弧喷涂工艺参数优化试验研究［J］．热加工工艺，2004(4)：21-22.

[76] 田保红，徐滨士，马世宁，等．高速电弧喷涂 Fe_3Al/WC 复合涂层高温冲蚀行为研究［J］．中国表面工程，2000(1)：22-26，3.

[77] 徐滨士，马世宁，刘世参，等．高速电弧喷涂粒子速度和雾化特性研究［J］．机械工程学报，2000(1)：36-40.

[78] 田保红，徐滨士，马世宁，等．电弧喷涂金属基复合材料涂层［J］．洛阳工学院学报，1999(4)：12-16.

[79] 田保红，李诗卓，徐滨士，等．高速电弧喷涂层的组织和性能［J］．热加工工艺，1999(3)：3-5.

[80] 田保红，黄金亮，吴磊，等．稀土氧化物和激光熔覆对复合合金喷涂层耐磨性的影响［J］．焊接学报，1996(2)：88-93.

[81] 刘素芹，黄金亮，田保红，等．Ni 基激光熔覆合金层的组织结构及热腐蚀性能［J］．热加工工艺，2008(13)：99-101.

[82] 王顺兴，田保红，李全安，等．激光熔覆技术在排气门和模具上的应用研究［J］．中国表面工程，2000(4)：41-43.

[83] 李春华，徐恺悌，王顺兴，等．激光熔覆工艺对排气门熔覆层质量的影响［J］．金属热处理，2000(7)：8-9.

[84] 郑世安，王顺兴，赵涛，等．激光熔覆 Ni 基合金涂层的腐蚀磨损性能研究［J］．中国表面工程，2000(2)：23-26，50.

[85] 黄金亮，田保红，常连智．CeO_2 对 NiCrBSi-WC 合金激光熔覆层组织和摩擦磨损行为的影响［J］．热加工工艺，1999(4)：3-6.

[86] 郑世安，王顺兴，董企铭，等．激光熔覆 Ni 基合金层的高温干摩擦磨损性能研究［J］．中国表面工程，1999(1)：25-29，50.

[87] 田保红，吴磊，郑世安，等．CeO_2 对 NiCrBSi 激光熔覆层组织和性能的影响［J］．金属热处理学报，1997，18(2)：59-63.

[88] 吴磊，田保红，王顺兴，等．激光熔覆镍基 WC 层的耐蚀性能研究［J］．热加工工艺，1997，(2)：8-10.

[89] 马峰，蔡珣．膜基界面结合强度表征和评价［J］．表面技术，2001，30(5)：15-19.

[90] 刘勇，龙永强，刘平，等．液固两相介质流中 Cu-Cr-Zr 合金的冲蚀磨损行为［J］．中国有色金属学报，2007(10)：1650-1655.

[91] 刘勇，刘平，董企铭，等．Cu-Cr-Zr-Ce-Y 合金时效析出特性和受电磨损行为研究［J］．材料热处理学报，2005，26(5)：92-96.

[92] 刘勇，孙永伟，田保红，等．载电条件下 30% Mo/Cu-Al_2O_3 复合材料的摩擦学行为［J］．材料热处理学报，2013，34(5)：1-5.

[93] 刘勇，龙永强，田保红，等．接触线用铜合金剥层磨损行为［J］．功能材料，2008，39(3)：392-394，402.

[94] 彭冀湘，刘勇，王顺兴，等．火焰熔覆镍基/陶瓷涂层的耐磨性研究［J］．中国表面工程，2003，16(1)：16-19.

[95] 刘勇，刘素芹，李春华，等．激光熔覆合金层组织与高温磨损性能的研究［J］．金属热处理，2002，27(10)：21-22.

[96] 刘勇，王顺兴，田保红．硬质合金堆焊层经热处理后的耐磨性研究［J］．中国表面工程，2002，15(3)：17-19.

[97] 刘勇，王顺兴．B、C、N 共渗层腐蚀磨损性能研究［J］．矿山机械，2002，30(2)：47-48.

[98] 白少先，黄平．双电层电黏度对润滑性能的影响研究［J］．摩擦学学报，2004，24(2)：168-171.

[99] 刘玉亮，田保红，何鹏宇，等．铜板带热镀锡工艺研究［J］．热加工工艺，2020，49(6)：103-105.

[100] 殷婷，田保红，刘玉亮，等．铜及铜合金加工材热镀锡研究进展［J］．有色金属材料与工程，2019，40(1)：55-60.

[101] Zhang Xiaohui，Zhang Yi，Tian Baohong，et al. Arc erosion behavior of the Al_2O_3-Cu/(W，Cr)electrical contacts［J］. Composites Part B：Engineering，2019，160(3)：110-118.

[102] 李志林．材料物理［M］．北京：化学工业出版社，2014.

[103] 何明奕，刘丽．表面活性剂对热镀锡液与镀件表面改性的影响［J］．金属热处理，1999，24(12)：26-28.

[104] 王星星，谭群燕，薛鹏，等．镀锡银钎料扩散过渡区的物相和形成机制［J］．材料导报，2017，31(8)：66-69.

[105] Diao Hui，Wang Chunqing，Wang Lei. Bonding of aluminum alloy byhot-dipping tin coating［J］. Advanced Materials Research，2008，32：93-97.

[106] Buresch I. Effects of intermetallic phases on the properties of tin surfaces on copper alloys［J］. Vde Fachberichte，2011，(67)：38-46.

[107] 李明茂，黄志斌，余泽武．锡熔体抗氧化性能改性的研究［J］．热加工工艺，2012，41(24)：155-157.

[108] 吴圣杰，刘新院，李化龙，等．高硬度镀锡板的时效敏感性［J］．金属热处理，2016，41(8)：24-28.

[109] 王立生，林涛，邵慧萍，等．热处理对热镀镍基涂层组织及性能的影响［J］．金属热处理，2010，35(12)：51-55.

[110] Chang T C，Hon M H，Wang M C. Intermetallic compounds formation and interfacial adhesion strength of Sn-9Zn-0. 5Ag solder alloyhot-dipped on Cu substrate［J］. Journal of Alloys & Compounds，2003，352(1-2)：168-174.

[111] 谭娟，王俊，高海燕，等．高强钢合金化热镀锌研究进展［J］．材料导报，2008，22(2)：64-67.

[112] Zhang Z G，Peng Y P，Mao Y L，et al. Effect ofhot-dip aluminizing on the oxidation resistance of Ti-6AI-4V alloy athigh temperatures［J］. Corrosion Science，2012(55)：187-193.

[113] 董博文，龙伟民，张青科，等．BCu68Zn 钎料表面热镀锡的工艺研究［J］．精密成形工程，2015，7(1)：61-65.

[114] 宋明明，刘春昉．圆铜线热镀锡生产工艺的探讨［J］．光纤与电缆及其应用技术，2010，5(10)：32-35.

[115] Gagliano R A，Ghosh G，Fine M E. Nucleation kinetics of Cu_6Sn_5 by reaction of molten tin with a copper substrate［J］. Journal of Electronic Materials，2002，31(11)：1195-1202.

[116] 孙欣，娄堤征．新型金属镀层材料在镀层铜线上应用［J］．电线电缆，2000(1)：33-35.

[117] Narayanan T S N S，Park Y W，Kang Y L. Fretting corrosion of lubricated tin plated copper alloy contacts：Effect of temperature［J］. Tribology International，2008，41(2)：87-102.

[118] Lin Yu-Wei，Lin Kwang-Lung. Nucleation behaviors of the intermetallic compounds at the initial interfacial reaction between the liquid Sn3. 0Ag0. 5Cu solder and Ni substrate during reflow［J］. Intermetallics，2013，32(1)：6-11.

[119] Li J F，Mannan S H，Clode M P，et al. Interfacial reactions between molten Sn-Bi-X solders and Cu substrates for liquid solder interconnects［J］. Acta Materialia，2006，54(11)：2907-2922.

[120] 孔霞，李沪萍，罗康碧，等．锡废料综合利用的研究进展［J］．化工科技，2011，19(2)：59-63.

[121] 赵杰，李宁，孙武，等．化学镀锡晶须的研究进展［J］．电镀与环保，2006，26(4)：1-3.

[122] Tao-Chih Chang，Min-Hsiung Hon，Moo-Chin Wang. Intermetallic compounds formation and interfacial adhesion strength of Sn-9Zn-0. 5Ag solder alloyhot-dipped on Cu substrate［J］. Journal of Alloys and Compounds，2003，352：168-174.

[123] 朱宏喜，田保红，张毅，等．C194 铜合金表面热浸镀 SnAgCu 镀层的组织与性能［J］．材料热处理学报．2019，40(4)：114-120.

[124] LB 膜制备方法［EB/OL］．［2020-07-07］. https://bbs. xianjichina. com/forum/details_42595.

[125] 张毅，田保红，陈小红，等．Cu-Al-Y 合金稀土渗铝及内氧化研究［J］．铸造，2006(9)：937-939.

[126] 张毅，田保红，陈小红，等．纯铜表面稀土渗铝层的内氧化［J］．河南科技大学学报(自然科学版)，2005(3)：4-6，105.

[127] 陈小红，李炎，田保红，等．低铝铜合金表面渗铝及内氧化的研究［J］．铸造技术，2006(2)：167-169.

[128] 陈小红，李炎，田保红，等．Cu-Al-Y 合金表面渗铝研究［J］．特种铸造及有色合金，2005(11)：23-24，5.

[129] Zou Y，Ma H，Spolenak R. Ultrastrong ductile and stablehigh-entropy alloys at small scales［J］. Nature Communications，2015，6：7748.

[130] Gludovatz B，Hohenwarter A，Catoor D，et al. A fracture-resistanthigh-entropy alloy for cryogenic applications［J］. Science，2014，345(6201)：1153-1158.

[131] Yeh J W，Chen S K，Lin S L，et al. Nanostructuredhigh-entropy alloys with multiple principal elements：novel alloy design concepts and outcomes［J］. Advanced Engineering Materials，2004，6(5)：299-302.

[132] Zhang L，Zhang Y. Tensile properties and impact toughness of $AlCo_xCrFeNi_{3.1-x}$ ($x=0.4$，1)high-entropy alloys［J］. Frontiers in Materials，2020，7(Article 92)：1-8.

[133] Moravcik I，Gamanov S，Moravcikov-Gouvea L，et al. Influence of Ti on the tensile properties of thehigh Strengtbh powder metallurgyhigh entropy alloys［J］. Materials，2020，13(578)：1-18.

[134] Haghdadi N，Primig S，Annasamy M，et al. Dynamic recrystallization in AlxCoCrFeNi duplexhigh entropy alloys［J］. Journal of Alloys and Compounds，2020，830：154720.

[135] 张毅，田保红，李炎，等．纯铜催渗渗铝及其内氧化研究［J］．热加工工艺．2005(1)：1-2.

[136] Wang B J，Zhang Y，Tian B H，et al. Effects of Ce and Y addition on microstructure evolution and precipitation of Cu-Mg alloy hot deformation［J］. Journal of Alloys and Compounds，2019，781：118-130.

[137] 王冰洁，田保红，张毅，等．Cu-0.8% Mg-0.2% Fe 合金热变形行为及热加工图［J］．材料热处理学报，2018，39(1)：145-151.

[138] 张毅，李丽华，国秀花，等．一种高强高导铜镁合金接触线及其制备方法［P］．中国专利：ZL 2016 1 1070455.6，2018.

[139] Su J H，Dong Q M，Liu P，et al. Research on aging precipitation in a Cu-Cr-Zr-Mg alloy［J］. Material Science and Engineering A，2005，392(1-2)：422-426.

[140] 戴姣燕，尹志民，张俊．形变热处理对 Cu-0.1% Fe-0.03% P 合金组织和性能的影响［J］．金属热处理，2008，33(2)：64-68.

[141] Shen L，Li Z，Dong Q Y，et al. Microstructure and texture evolution of novel Cu-10Ni-3Al-0.8Si alloy during hot deformation［J］. Journal of Materials Research，2016，31：1113-1123.

[142] Ji G L，Li Q，Li L. A physical-based constitutive relation to predict flow stress for Cu-0.4Mg alloy duringhot working［J］. Material Science and Engineering A，2014，615：247-254.

[143] 刘平，刘喜波，贾淑果，等．微量铈和铬对 Cu-0.1Ag 合金接触线的性能影响［J］．稀有金属，2006，30(1)：39-42.

[144] 贾淑果，刘平，任凤章，等．微量 Zr 对 Cu-Ag 合金再结晶的影响［J］．功能材料，2005，36(2)：206-208.

[145] 王冰洁，田保红，张毅，等．稀土元素 Y 对 Cu-0.4% Mg 合金热变形行为的影响［J］．材料热处理学报，2018，39(7)：126-134.

[146] 张毅，田保红，陈小红，等．纯铜表面催渗渗铝及弥散强化研究［J］．有色金属(冶炼部分)，2005(2)：47-49.

[147] Kim H G，Lee T W，Han S Z，et al. Microstructural study on effects of C-alloying on Cu-Fe-P cast alloy［J］. Metals and Materials International，2012，18(2)：335-339.

[148] Zhang Y，Tian B H，Volinsky A A，et al. Dynamic recrystallization model of the Cu-Cr-Zr-Ag alloy under hot deformation［J］. Journal of Materials Research，2016，31(9)：1275-1285.

[149] Stanford N，Atwell D，Beer A，et al. Effect of microalloying with rare-earth elements on the texture of extruded magnesium-based alloys［J］. Scripta Materialia，2008，59(7)：772-775.

[150] Dai J Y，Mu S G，Wang Y R，et al. Influence of La and Ce on microstructure and properties of Cu-Cr-Zr Alloy［J］. Advanced Materials Research，2011(295-297)：1168-1174.

[151] Li H H，Zhang S H，Chen Y，et al. Effects of small amount addition of rare earth Ce on microstructure and properties of cast pure copper［J］. Journal of Materials Engineering Performance，2015，8(24)：2857-2865.

[152] 张毅，田保红，陈小红，等．纯铜稀土催渗渗铝及其内氧化［J］．铸造技术．2006(3)：255-257.

[153] Zhang Y，Chai Z，Volinsky A A，et al. Processing maps for the Cu-Cr-Zr-Y alloy hot deformation behavior［J］. Material Science and Engineering A，2016，662：320-329.

[154] Chen J，Zhang Y，He J P，et al. Metallographic analysis of Cu-Zr-Al bulk amorphous alloys with yttrium addition［J］. Scripta Materialia，2006，54(7)：1351-1355.

[155] Zhang X G，Han J N，Chen L，et al. Effects of B and Y additions on the microstructure and properties of Cu-Mg-Te alloys［J］. Journal of Materials Research，2013，28(19)：2747-2752.

[156] 孙慧丽，张毅，柴哲，等．Cu-0.2% Zr-0.15% Y 合金动态再结晶及组织演变［J］．材料热处理学报，2016，37(4)：60-64.

[157] Zhilyaev A P，Shakhova I，Morozova A，et al. Grain refinement kinetics and strengthening mechanisms in Cu-0.3Cr-0.5Zr alloy subjected to intense plastic deformation［J］. Material Science and Engineering A，2016，654：131-142.

[158] 赵瑞龙，刘勇，田保红，等．纯铜的高温变形行为［J］．金属热处理，2011，36(8)：17-20.

[159] Lei Q，Li Z，Li S，et al. High-temperature deformation behavior of Cu-6.0Ni-1.0Si-0.5Al-0.15Mg-0.1Cr alloy［J］. Journal of Materials Science，2012，47(16)：6034-6042.

[160] 张强，余新泉，陈君，等．稀土钇含量对 B10 铜合金组织和性能的影响［J］．机械工程材料，2015，39(1)：14-19.

[161] Shukla A K，Murty SV S N，Sharma S C，et al. Constitutive modeling of hot deformation behavior of vacuum hot pressed Cu-8Cr-4Nb alloy［J］. Materials Design，2015，75：57-64.

[162] Wu Y T，Liu Y C，Li C，et al. Deformation behavior and processing maps of Ni_3Al-based superalloy during

isothermalhot compression [J]. Journal of Alloys and Compounds, 2017, 712: 687-695.

[163] Vinogradov A, Ishida T, Kitagawa K, et al. Effect of strain path on structure and mechanical behavior of ultra-fine grain Cu-Cr alloy produced by equal-channel angular pressing [J]. Acta Metallurgica, 2005, 53(8): 2181-2192.

[164] Cheng J Y, Shen B, Yu F X. Precipitation in a Cu-Cr-Zr-Mg alloy during aging [J]. Materials Characterization, 2013, 81(4): 68-75.

[165] Chaim R, Pelleg J, Talianker M. TEM observation of a Cu-Mg age-hardenable alloy [J]. Journal of Materials Science, 1987, 22: 1609-1612.

[166] Maki K, Ito Y, Matsunaga H, et al. Solid-solution copper alloys withhigh strength and high electrical conductivity [J]. Scripta Materialia, 2013, 68(10): 777-780.

[167] 董琦祎，汪明朴，贾延琳，等．磷含量对 Cu-Fe-P 合金组织与性能的影响 [J]．材料热处理学报，2013，34(6): 75-79.

[168] Dong Q Y, Shen L N, Wang M P, et al. Microstructure and properties of Cu-2. 3Fe-0. 03P alloy during thermomechanical treatments [J]. Transactions of Nonferrous Metals Society of China, 2015, 25(5): 1551-1558.

[169] Kim J K, Jeong H G, Hong S I, et al. Effect of aging treatment onheavily deformed microstructure of a 6061 aluminum alloy after equal channel angular pressing [J]. Scripta Materialia, 2001, 45(8): 901-907.

[170] Tian Ka, Tian Baohong, Liu Yong, et al. Study on thermal deformation behavior of Cu-Zr-Ce alloy [C]. Advances in Engineering Research, International conference on Civil, Structure, Environmental Engineering (I3CSEE)Guangzhou, 2016, 65: 308-312.

[171] 田卡，田保红，刘勇，等．高锆含量 Cu-1%Zr-0. 15%Ce 合金热变形行为研究 [J]．中国稀土学报，2016，34(3): 297-302.

[172] 田卡，田保红，张毅，等．铈对 Cu-Zr 合金热变形激活能和性能的影响 [J]．中国稀土学报，2016，34(4): 432-438.

[173] 张孝雷，夏涛，陈子勇，等．高锌超高强铝合金的均匀化退火工艺 [J]．材料热处理学报，2014，35(3): 63-67.

[174] 任欣，王浩军，李红萍，等．Cu、Mg 含量对 Al-Cu-Mg-Fe-Ni 铝合金组织性能的影响 [J]．材料热处理学报，2015，36(10): 53-58.

[175] Batra I S, Dey G K, Kulkami U D, et al. Precipitation in a Cu-Cr-Zr alloy [J]. Materials Science and Engineering A, 2003, 356(1-2): 32-38.

[176] 罗先甫，郑子樵，钟继发，等．Mg、Ag、Zn 多元微合金化对新型 Al-Cu-Li 合金时效行为的影响 [J]．中国有色金属学报，2013，23(7): 1833-1842.

[177] 谢强，王巍，李海若，等．高速铁路接触线气动力特性的风洞试验研究 [J]．中国铁道科学，2012，33(6): 75-82.

[178] 王庆娟，王静怡，杜忠泽，等．高性能铜铬锆合金的特点及应用 [J]．材料导报，2012，26(5): 106-109.

[179] 柳瑞清，谢水生，蔡薇，等．引线框架用 Cu-Cr-Zr 合金的加工与性能研究 [J]．稀有金属，2006，30(2): 246-250.

[180] 丰振军，杜忠泽，王庆娟，等．高强高导 Cu-Cr-Zr 系合金的研究进展 [J]．热加工工艺，2008，37(8): 86-89.

[181] Li X M, Starink M J. Identification and analysis of intermetallic phases in overaged Zr containing and Cr containing Al-Zn-Mg-Cu alloys [J]. Journal of Alloys and Compounds, 2011, 509(2): 471-476.

[182] 陈一胜，韩宝军．高强高导铜合金的研究进展 [J]．南方冶金学院学报，2004，25(2): 17-21.

[183] 赵冬梅，董企铭，刘平，等．高强高导铜合金化机理 [J]．中国有色金属学报，2001，11(z2): 21-24.

[184] 肖翔鹏，柳瑞清，易志勇，等．二级时效形变对 Cu-Cr-Zr-Mg 合金组织与性能影响研究 [J]．材料导报，2016，30(12): 81-85.

[185] Bi L M, Liu P, Chen X H, et al. Analysis of phase in Cu-15% Cr-0. 24% Zr alloy [J]. Transactions of Nonferrous Metals Society of China, 2013, 23(5): 1342-1348.

[186] 蒋龙，姜锋，戴聪，等．Cu-Te-Zr 合金的预变形与时效特性 [J]．中国有色金属学报，2010，20(5): 878-884.

[187] Abib K, Hadj L F, Rabahi L, et al. DSC analysis of commercial Cu-Cr-Zr alloy processed by equal channel angular pressing [J]. Transactions of Nonferrous Metals Society of China, 2015, 25(3): 838-843.

[188] 何启基．金属力学性能 [M]．北京：冶金出版社，1982：190-195.

[189] 冯端．金属物理学 [M]．北京：科学出版社，1987：154-160.

[190] 甘卫平，王义仁，陈铁平，等. 6013铝合金热变形行为研究 [J]. 材料导报，2006，20(5)：111-113.

[191] Bayraktar E，Mora R，Garcia I M，et al. Heat treatment surface roughness and corrosion effects on the damage mechanism of mechanical components in the veryhigh cycle fatigue regime [J]. International Journal of Fatigue，2009，31(10)：1532-1540.

[192] 刘勇，刘平，李伟，等. Cu-Cr-Zr-Y合金时效析出行为研究 [J]. 功能材料，2005，36(3)：377-379.

[193] Sellars C M，Mctegart W J. On the mechanism of hot deformation [J]. Acta Metallurgica，1966，14(9)：1136 -1138.

[194] Bruni C，Forcellese A，Gabrielli F. Hot workability and models for flow stress of NIMONIC 115 Ni base super alloy [J]. Journal of Materials Processing Technology，2002，125(1)：242-244.

[195] Momeni A，Dehghani K. Characterization ofhot deformation behavior of 410 martensitic stainless steel using constitutive equations and processing maps [J]. Materials Science and Engineering A，2010，527(21-22)：5467-5473.

[196] Deng Y，Yin Z M，Huang J W. Hot deformation behavior and microstructural evolution of homogenized 7050 aluminum alloy during compression at elevated temperature [J]. Materials Science and Engineering A，2011，528(3)：1780-1786.

[197] Ardell A J. Precipitation Hardening [J]. Metall. Trans. A，1985，16(12)：2131-2165.

[198] Eshelby J D. The determination of the elastic field of an ellipsoidal inclusion and related problems [J]. Mathematical and Physical Sciences，1957，241(1226)：376-396.

[199] Lee C G，Wei X D，Kysar J W. Measurement of the elastic properties and intrinsic strength of monolayer graphene [J]. Science，2008，32：385-388.

[200] Tang Y X，Yang X M，Wang R R，et al. Enhancement of the mechanical properties of graphene-Cu composites with graphene-nickelhybrids [J]. Materials Science and Engineering A，2014，599：247-254.

[201] Varol T，Canakci A. Microstructure，electrical conductivity and hardness of multilayer graphene/copper nanocomposites synthesized by flake powder metallurgy [J]. Metals and Materials International，2015，21：704-712.

[202] Chen Y K，Zhang X，Liu E，et al. Fabrication of three-dimensional graphene/Cu composite by in-situ CVD and its strengthening mechanism [J]. Journal of Alloy and Compounds，2016，688：69-76.

[203] Cao M，Xiong D B，Tan Z Q，et al. Aligning graphene in bulk copper：Nacre-inspired nanolaminated architecture coupled with in-situ processing for enhanced mechanical properties andhigh electrical conductivity [J]. Carbon，2017，117：65-74.

[204] Sun Z，Yan Z，Yao J，et al. Growth of Graphene from Solid Carbon Sources [J]. Nature，2010(468)：549-552.

[205] Zhu Y W，Murali S，Cai W W，et al. Graphene and graphene oxide：synthesis，properties，and applications [J]. Advanced Materials，2010，22：3906-3924.

[206] Ramirez C，Garzón L，Miranzo P，et al. Electrical conductivity maps in graphene nanoplatelet/silicon nitride composites using conducting scanning force microscopy [J]. Carbon，2011，49：3873-3880.

[207] Xia H Y，Zhang X，Shi Z Q，et al. Mechanical and thermal properties of reduced graphene oxide reinforced aluminum nitride ceramic composites [J]. Materials Science & Engineering A，2015(639)：29-36.

[208] Hwang J，Yoon T，Jin S H，et al. Enhanced Mechanical Properties of Graphene/Copper Nanocomposites Using a Molecular-Level Mixing Process [J]. Advanced Materials，2013，25：6724-6729.

[209] Xiong D B，Cao M，Guo Q，et al. Graphene-and-copper artificial nacre fabricated by a preform impregnation process：bioinspired strategy form strengthening-toughening of metal matrix composite [J]. ACS Nano，2015，9：6934-6943.

[210] Yang Z，Wang L，Shi Z，et al. Preparation mechanism of hierarchical layered structure of graphene/copper composite with ultrahigh tensile strength [J]. Carbon，2018，127：329-339.

[211] Chu K，Wang F，Li Y B，et al. Interface structure and strengthening behavior of graphene/CuCr composites [J]. Carbon，2018，133：127-139.

[212] Chen B，Shen J，Ye X，et al. Solid-state interfacial reaction and load transfer efficiency in carbon nanotubes

(CNTs)-reinforced aluminum matrix composites [J]. Carbon, 2016, 114: 198-208.

[213] 艾拉特·迪米夫，齐格弗里德·艾格勒．氧化石墨烯基本原理与应用 [M]．张强强，何平鸽，俞祎康，等译．北京：机械工业出版社，2018: 182-190.

[214] Cui P, Lee J H, Hwang E, et al. One-pot reduction of graphene oxide at subzero temperatures [J]. Chemical Communications, 2011, 47: 12370-12372.

[215] Ferrari A C, Meyer J C, ScardaciV, et al. Raman spectrum of graphene and graphene layers [J]. Phys. Rev. Lett, 2006, 97: 187401-187404.

[216] Miranzo P, Ramirez C, Manso B R, et al. In situ processing of electrically conducting graphene/SiC nanocomposites [J]. Journal of the European Ceramic Society, 2013, 33: 1665-1674.

[217] Zhang Q, Cai C, Qin J W, et al. Tunable self-discharge process of carbon nanotube based supercapacitors [J]. Nano Energy, 2014, 4: 14-22.

[218] Yang D X, Velamakanni A, Bozoklu G, et al. Chemical analysis of graphene oxide films after heat and chemical treatments by X-ray photoelectron and micro-Raman spectroscopy [J]. Carbon, 2009, 47: 145-152.

[219] Tang Y X, Yang X M, Wang R R, et al. Enhancement of the mechanical properties of grapheme-copper composites with graphene-nickel hybrids [J]. Materials Science & Engineering A, 2014, 559: 247-254.

[220] Chen B, Shen J, Ye X, et al. Solid-state interfacial reaction and load transfer efficiency in carbon nanotubes (CNTs)-reinforced aluminum matrix composites [J]. Carbon, 2016, 114: 198-208.

[221] Zhang D D, Zhan Z J. Strengthening effect of graphene derivatives in copper matrix composites [J]. Journal of Alloys and Compounds, 2016, 654: 226-233.

[222] Li Z, Zhao L, Guo Q, et al. Enhanced dislocation obstruction in nanolaminated graphene/Cu composite as revealed by stress relaxation experiments [J]. Scripta Materialia, 2017, 131: 67-71.

[223] Boxman R L, Goldsmith S, Greenwood A. Twenty-five years of progress in vacuum arc research and utilization [J]. IEEE Transactions on Plasma Science, 1998, 25: 1174-1186.

[224] 杨志强，张爱国，刘勇，等．真空热压烧结制备 TiC10/Cu-Al_2O_3 复合材料及其性能研究 [J]．热处理，2013, 28(3): 56-59.

[225] Yang Zhiqiang, Liu Yong, Tian Baohong, et al. Hot compression performance of TiC10/Cu-Al_2O_3 composite prepared by vacuumhot-pressed sintering [J]. Advanced Materials Research, 2013, 750-752: 99-102.

[226] 杨志强，刘勇，田保红，等．TiC 颗粒增强弥散铜基复合材料的动态再结晶 [J]．材料热处理学报，2013, 34(S2): 6-9.

[227] 杨志强，刘勇，田保红，等．10vol% TiC/Cu-Al_2O_3 复合材料的热变形及动态再结晶行为研究 [J]．材料热处理学报，2013, 34(12): 35-40.

[228] 杨志强，刘勇，田保红，等．真空热压烧结制备 10vol% TiC/Cu-Al_2O_3 复合材料及热变形行为研究 [J]．功能材料，2014, 45(2): 02147-02151.

[229] Frage N, Froumin N, Dariel M P. Wetting of TiC by non-reactive liquid metals [J]. Acta Materialia, 2002, 50: 237-245.

[230] RajkovicV, Bozic D, Milan T. Properties of copper matrix reinforced with various size and amount of Al_2O_3 particles [J]. Journal of Materials Processing Technology, 2008, 200(1): 106-114.

[231] 杨志强，刘勇，田保红，等．TiC 含量为 30% 的 Cu-Al_2O_3 复合材料的热压缩行为 [J]．特种铸造及有色合金，2014, 34(4): 433-436.

[232] 杨志强，刘勇，田保红，等．应用非线性拟合法研究材料的动态再结晶 [J]．材料热处理学报，2014, 35(6): 224-228.

[233] 杨志强，刘勇，田保红，等．TiC/Cu-Al_2O_3 复合材料动态再结晶临界条件 [J]．复合材料学报，2014, 31(4): 963-969.

[234] Shi Z Y, Yan M F. The preparation of Al_2O_3-Cu composite by internal oxidation [J]. Applied Surface Science, 1998, 134(1): 103-106.

[235] 李红霞，田保红，宋克兴，等．内氧化法制备 Al_2O_3/Cu 复合材料 [J]．兵器材料科学与工程，2004, 27(5): 64-68.

[236] 秦思贵，周武平，熊宁，等．TiC/Cu 复合材料的研究进展［J］．粉末冶金工业，2006，16(2)：38-42.

[237] 杨志强，刘勇，田保红，等．TiC/Cu-Al_2O_3 复合材料的强化机理及动态再结晶行为［J］．中国有色金属学报，2014，24(6)：1524-1530.

[238] 程建奕，汪明朴，李周，等．Cu-Al_2O_3 纳米弥散强化铜合金的短流程制备工艺及性能［J］．材料科学与工艺，2005，13(2)：127-130.

[239] 郑冀，赵乃勤，李宝银，等．内氧化 Al_2O_3/Cu-Cr 复合材料工艺与性能的研究［J］．材料热处理学报，2001，22(4)：48-51.

[240] 梁淑华，徐磊，方亮，等．Cu-Al 预合金粉末中 Al 内氧化工艺的分析［J］．金属学报，2004，40(3)：309-313.

[241] 周洪雷，田保红，刘勇，等．氧化剂含量对 Cu-Al_2O_3/Cr 复合材料组织与性能的影响［J］．热加工工艺，2008，37(10)：15-17.

[242] 白扑存，代雄杰，赵春旺，等．Al_2O_3/Al 复合材料的界面结构特征［J］．复合材料学报，2008，25(1)：88-92.

[243] Tian B H，Liu Y，Song K X，et al. Microstructure and properties at elevated temperature of a nano-Al_2O_3 particles dispersion-strengthened copper base composite［J］. Materials Science and Engineering A，2006，435：705-709.

[244] Zhang X H，Zhang Y，Tian B H，et al. Graphene oxide effects on the Al_2O_3-Cu/35W5Cr composite properties［J］. Journal of Materials Science & Technology，2020，37：185-199.

[245] Zhang X H，Zhang Y，Tian B H，et al. Thermal deformation behavior of the Al_2O_3-Cu/(W，Cr)electrical contacts［J］. Vacuum，2019，164：361-366.

[246] Zhang X H，Zhang Y，Tian B H，et al. Cr effects on the electrical contact properties of the Al_2O_3-Cu/15W composites［J］. Nanotechnology Reviews，2019，8：128-135.

[247] Zhang X H，Zhang Y，Tian B H，et al. Review of nano-phase effects in high strength and conductivity copper alloys［J］. Nanotechnology Reviews，2019，8：383-395.

[248] 张晓辉，田保红，刘勇，等．真空热压烧结-内氧化法制备弥散铜/(W，Cr)触头材料的电接触性能［J］．中国有色金属学报，2019，29(6)：1242-1249.

[249] 张晓辉，田保红，薛慧慧，等．氧化石墨烯/弥散铜钨铬电触头材料的性能［J］．材料热处理学报，2019，40(8)：1-9.

[250] 张毅，张晓辉，田保红，等．一种氧化石墨烯增强弥散铜钨铬电触头材料及其制备方法［P］．中国专利：ZL 2019 1 0214369. 5，2019.

[251] Tian Ka，Tian Baohong，Volinsky A A，et al. Y addition effects onhot deformation behavior of Cu-Zr alloys with high Zr content［J］. Archives of Metallurgy and Materials. 2018，63(2)：875-882.

[252] Tian Ka，Tian Baohong，Zhang Yi，et al. Aging strengthening mechanism of the Cu-1. 0Zr alloy［J］. Metallurgical and Materials Transactions A-Physical Metallurgy and Materials Science，2017，48A(11)：5628-5634.

[253] Wang Bingjie，Zhang Yi，Tian Baohong，et al. Effects of Ce addition on the Cu-Mg-Fe alloy hot deformation behavior［J］. Vacuum，2018，155：594-603.

[254] Yang Zhi-qiang，Liu Yong，Tian Bao-hong，et al. Model of critical strain for dynamic recrystallization in 10% TiC/Cu-Al_2O_3 composite［J］. Journal of Central South University. 2014，21(11)：4059-4065.

[255] 黄冬梅，唐海霞，赵永武，等．纺织机钢丝圈表面类金刚石膜的制备及摩擦特性研究［J］．润滑与密封，2020，45(4)：113-117，129.

[256] 田卡，田保红，刘勇，等．高 Zr 含量 Cu-1. 0% Zr-015% Y 合金高温变形行为［J］．稀有金属材料与工程．2018，47(4)：1143-1148.

[257] 张毅，安俊超，贾延琳．铜基材料热变形与热加工工艺［M］．北京：化学工业出版社，2018.